# 印刷品质量检测实用手册

YINSHUAPIN ZHILIANG JIANCE SHIYONG SHOUCE

刘吉燕◎编著

云南出版集团
云南人民出版社

图书在版编目（CIP）数据

印刷品质量检测实用手册/刘吉燕编著．—昆明：云南人民出版社，2016.4

ISBN 978－7－222－14528－3

Ⅰ．①印… Ⅱ．①刘… Ⅲ．①印刷品－质量检验－手册 Ⅳ．①TS807－62

中国版本图书馆 CIP 数据核字（2016）第 063671 号

出 品 人：刘大伟
责任编辑：陆卫华　陈粤梅
装帧设计：陶汝昌
责任校对：陆卫华　吴　彬
责任印制：洪中丽

《印刷品质量检测实用手册》
刘吉燕　编著

出版　云南出版集团公司　云南人民出版社
发行　云南人民出版社
社址　昆明市环城西路 609 号
邮编　650034
网址　www.ynpph.com.cn
E－mail　ynrms@sina.com
开本　787mm×1092mm　1/16
印张　36.75
字数　830 千字
版次　2016 年 4 月第 1 版第 1 次印刷
印刷　昆明市五华区教委印刷厂
书号　ISBN 978－7－222－14528－3
定价　130.00 元

如有图书质量与相关问题请与我社联系
审校部电话：0871－64164626　印制科电话：0871－64191534

云南人民出版社公众微信号

# 出版说明

这是一本介绍印刷品质量检测的手册。全书分上篇、下篇和附录三部分。上篇共五章，从印刷概述、印刷的主要材料到印刷工艺，全面介绍了从事印刷品质检工作必须了解的基础知识。下篇共四章，介绍印刷成品的印装质量检测，根据印刷品的类型，对出版物、包装品和商业票据的检测进行了流程化的总结和归纳，以全新的角度将检测过程归纳为由表及里的检测步骤和相应的方法，涵盖了现行国家标准和行业标准中规定的大部分检测点，可有效地帮助质检人员快速、准确地对质量问题做出判断。附录收录了38个检测标准及出版物印刷品常见的质量缺陷和纸张的一些基础知识。

本书是一本具有较强实用性、可操作性的工具书，可供印刷业入门者学习、从业者使用、研究者备查；也可供出版单位和印刷业务较多的单位使用。

此外，本书是根据目前现行的标准编写，随着标准的更新和颁布，本书再版时将做相应的调整和修改。

2016年4月

# 目 录

## 上篇 基础知识

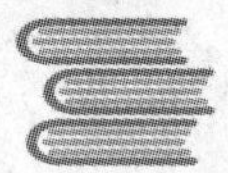
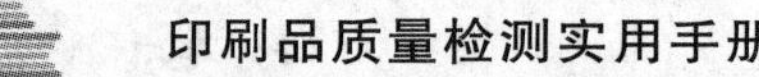

# 下篇 质量检测

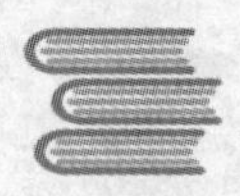

# 上篇　基础知识

# 第一章　印刷概述

## 一、印刷的定义

《印刷技术术语　第 1 部分：基本术语》（GB/T 9851.1－2008）中将印刷定义为：使用模拟或数字的图像载体将呈色剂或色料（如油墨）直接转移到承印物上的复制过程。

“印刷”两字源于古代以毛笔蘸墨涂敷在印版的表面，覆纸张在印版的表面上，再用干毛刷在纸张上轻轻刷拂，使印版凸起的反向图文上的油墨在纸张上印出正向图文的墨迹。因这一刷便得一印，故称印刷。

从书法拓片到经文雕版，从宋代的活字印刷到近代铅活版印刷，传统的印刷就是印版上的油墨或色料在压力的作用下转移至承印物的过程。而到了 20 世纪 90 年代，随着电子、激光、计算机等技术向印刷领域不断扩展，以及高科技成果在印刷中的应用，对以印版和压力为基础的传统印刷提出了挑战，不需要印版和压力的数字化印刷方法层出不穷。激光打印，电子束成像，喷墨打印，热蜡转印，热升华转印等，使印刷的定义有了新的内涵。

印刷是一种对原稿图文信息的复制技术，是一种视觉上的再现技术。它最大的特点是能够将原稿的图文信息大量、经济地再现在各种各样的承印材料上。印刷品可以广泛流传和长久保存，其优势是电影、电视、照相等其他复制技术无法比拟的。

## 二、印刷的分类

印刷技术的分类方法有多种，可根据印刷品色彩和承印物分类，也可根据版材及印刷机种类分类。

### （一）按印版表面的结构分类

1. 平版印刷

平版印刷是运用水墨相斥原理，在同一平面印版上有亲墨图文部分和亲水的非图文部分，先用润版液润湿印版的非图文部分，使其形成有一定厚度的均匀的抗拒油墨浸润的水膜；然后再用油墨覆盖印版的图文部分，使其形成一定厚度均匀的墨膜，在压力的作用下，印版将图文油墨先压印到橡皮滚筒上，然后经橡皮滚筒将油墨转印到承印物上。

2. 凸版印刷

凸版印刷是用凸版施印的一种直接印刷方式，凸版印刷由于印版上的图文部分明显高于空白部分，可以附着较厚的油墨，通过较大的压力（柔性版印刷除外）使图文印迹转移到承印物的表面。

3. 凹版印刷

凹版是用刻刀或其他方式在印版表面刻出与原稿图文相对的凹坑，再在凹坑里涂以油墨，使凹坑中所含的油墨直接压印到承印物上的一种印刷工艺。

4. 孔版印刷（丝网印刷）

孔版亦称透版、模版。孔版印刷是利用誊写版、镂空版、丝网版等印版的镂空部分，将油墨通过镂空部分漏印在承印物上的印刷方式。

5. 柔性版印刷

柔性版是指使用柔性版，通过网纹辊传递油墨的印刷方式。过去将柔性版印刷划分到凸版印刷这一类，随着柔性版印刷的广泛应用以及它兼有胶印和凹印的方式和特点，从而单列一类。

6. 无版印刷或数字印刷

将原稿上的图文信息，通过计算机数字化信息处理以后，通过静电、喷涂、加热等方式，直接将墨水、涂料等转换成印刷品的一种印刷方式。在数字印刷过程中，不需印版，所以又称为无版印刷或直接印刷。

## （二）按印刷品色彩分类

1. 单色印刷

一个印刷过程中，只在承印物上印刷一种颜色的油墨，叫作单色印刷。

2. 多色印刷

一个印刷过程中，在承印物上印刷两种或两种以上颜色的油墨，叫作多色印刷。一般是指利用黄（Y）、品红（M）、青（C）三原色油墨和黑（BK）油墨叠印再现原稿颜色的印刷。

## （三）按媒质转移到承印物上方式分类

按照这种方式，可将印刷分为模拟印刷和数字印刷。

1. 模拟印刷

指传统的印刷方式，是利用有形的图文载体（如胶片、印版）将媒质（油墨、色料等）转移到承印物上的复制技术。就模拟印刷而言，它所复制的图文信息是以印版为基础的，一经固定，不能更改。现代化的模拟印刷机，主要是利用机械的方式将墨槽（或墨筒）中的油墨传递到印版上，再经机械加压的方式将印版上的图文信息转移到承印物上。印刷过程中图文信息并非以数字形式存储和传递，而是以有形的印版为基础。其特点决定了用这种模式进行印刷复制有一定的局限性，会受到时间和空间上的限制。

常见的模拟印刷有：平版印刷、凹版印刷、凸版印刷、丝网印刷等。

2. 数字印刷

数字印刷，指使用数据文件将媒质转移到承印物上的复制技术。广义地说，如果设置一个系统，并向这个系统输入由图文原稿转换而来的数字化信息流，使之能够直接输出到承印物上，这种印刷就属于数字印刷。数字印刷中计算机是整个系统的中心，它不需胶片或印版，即使有印版，印版上的图文信息也是可以更改的数字化可变信息；它可以利用印版和压力（如 Indigo 数字印刷机）或不需印版和压力（如喷墨、电凝聚成像

等)，实现直接将图文数字信息向承印物转移。

所复制的图文信息是数字化信息，可以通过网络、光缆传输，也可以进行高密压缩存储。因此，利用数字印刷方式可以实现在用户需要的地点和时间，按用户的需求输出印刷品，实现真正意义上的按需印刷。

### (四) 按印刷品用途分类

按印刷品的用途一般分为书刊印刷、报纸印刷、包装装潢印刷、广告印刷、地图印刷、有价证券印刷及特种印刷等。

书刊印刷的印刷量很大，最早采用铅字凸版印刷，20 世纪 70 年代以后，逐渐使用感光树脂凸版印刷，一般为单色；90 年代以后，随着计算机汉字信息处理技术在印刷中的应用，利用计算机排版的平版印刷的书刊越来越多，同时高速、彩色的商业轮转印刷机也越来越多地用于书刊的印刷，使书刊印制日趋精美。

报纸印刷是仅次于图书、杂志印刷量的一种印刷，要求具有准确性和时间性。20 世纪 70 年代以前，主要采用铅字版印刷，80 年代以后，大量使用轮转胶印印刷。部分报纸也会根据自身需要，采用柔版印刷方式。

广告印刷的范围较广，有商品样本、招贴画、广告牌等，要求印刷时间短，印刷质量好，一般采用单张纸平版胶印。大幅面的广告牌，多采用丝网印刷或使用大幅面喷绘的方式印刷。

包装装潢印刷主要用于商品的包装、装潢及商标，要求印刷精美，起到保护商品、宣传商品和推销商品的作用。食品包装还要求环保，无污染。印刷的承印材料种类很多，有纸板，纸张，塑料薄膜，软管，各种复合材料、玻璃、金属等。印刷方法主要有凹印、柔印，还有平版印刷、丝网印刷及特种印刷等。

有价证券印刷的成品主要是钞票、邮票、债券等，这类印刷品的印刷与普通的印刷模式有较大的区别，并有严密的防伪技术要求。主要用凹版印刷，平版、凸版等方式为辅。

特种印刷是采用不同于一般的制版、印刷、印后加工方法和材料，供特殊用途的印刷。如静电植绒印刷、全息照相印刷、立体印刷、木刻水印、水转移印刷等。许多包装装潢材料，手机外壳，汽车内饰、古字画复制都是采用特种印刷完成的。

## 三、印刷的要素

传统的模拟印刷，必须具有原稿、印版、呈色材料、承印材料、印刷机械等五大要素，才能实现对原稿的大量复制。

对数字印刷而言，也必须具有原稿、呈色材料、承印材料、印刷机械等。至于印版，有的数字印刷过程无需印版和印刷压力，直接将页面数字信息利用色粉或色料呈现在承印材料上，如喷墨、喷绘、热升华、电凝聚成像、激光打印等；有些数字印刷也需要印版和印刷压力（如 Xerox、HP Indigo 等印刷机的成像版），只不过这种印版上的信息是数字式的而非模拟信号。

### （一）原稿

原稿是印刷复制的对象，是各种被复制的实物、画稿、照片、印刷品及数字或媒体原稿等的总称。原稿是制版、印刷的基础。原稿质量的优劣，直接影响印刷成品的质量。因此，必须选择和设计适合印刷的原稿。

原稿有反射原稿、透射原稿、电子原稿等，每类原稿又可以分为文字、线条、图像或单色、彩色等。

### （二）印版

印版是用于传递油墨至承印物上的图文载体。对模拟印刷，原稿上的图文信息，需要通过一种有形的载体—印版，将信息利用油墨呈现在承印物上。原稿上的图文信息传递到印版上，印版的表面就被分成着墨的图文部分和非着墨的空白部分。印刷时，图文部分黏附的油墨，在压力的作用下便转移到承印物上。

印版按照图文部分和空白部分的相对位置、高低差别或传递油墨的方式，被分为凸版、平版、凹版、孔版几大类。用于制版的材料有金属的和非金属的两大类。

1. 凸版

图文部分明显高于空白部分的印版。常用的印版有橡胶凸版和感光树脂版、柔性版及最初使用的铅活字版、铅版、木石雕版等。

2. 平版

图文部分与空白部分几乎处于同一平面的印版。常用的印版有：用金属为版基的 PS 版、以纸张或聚酯薄膜为版基的平版、平凹版、多层金属版和蛋白版等。

3. 凹版

图文部分低于空白部分的印版。常用的印版有：手工或机械雕刻凹版、电子雕刻凹版。

4. 孔版

图文部分为通孔的印版。常用的印版有：丝网版、誊写版、镂空版等。

### （三）呈色材料

呈色材料是在印刷过程中，转移到承印物上的成像物质。有流体的油墨，也有含黏合剂的固体色粉、色料等。

油墨是使用最多的呈色材料。油墨的组成主要有颜料、连结料和各种辅助成分。

### （四）承印物

承印物是能够接受油墨或吸附色料并呈现图文的各种物质的总称。随着印刷品种类的增多，印刷中使用的承印物包罗万象，有纸张、塑料薄膜、纤维织物、金属、陶瓷等。其中，纸张是用量最大的承印材料。

1. 纸张

植物纤维纸主要由纤维、填料、胶料和色料等组成。纸张的用途非常广泛，印刷中常用的纸张有书写纸、胶版纸、新闻纸、轻型纸、铜版纸和特种纸等。

2. 其他承印材料

其他承印材料一般指除植物纤维纸张之外的材料，如使用最多的各种塑料薄膜及合成纸、铁皮、铝箔等。

## （五）印刷机械

印刷机械是用于生产印刷品的机器设备的总称。它的功能是使印版图文部分的油墨或需要呈现的图文信息转移到（或呈现在）承印物表面。

自1440年由德国人谷登堡发明的第一台垂直螺旋手扳印刷机问世以来，印刷机经过了不断发展，目前已有了凸版印刷机、平版印刷机、凹版印刷机、孔版印刷机、特种印刷机，以及数字印刷机等各种类别，从低速印刷机发展到高速印刷机；从手动印刷机发展到自动、以及自动控制质量印刷机；从单面印刷机发展到双面、单双面可转换的印刷机；从单一印刷方式的印刷机发展到几种印刷方式的组合印刷机；从印刷发展到印前、印刷、印后联机印刷设备。印刷机的发展为印刷提供了高效、便捷、多功能、高质量的服务。

印刷机的种类繁多，结构复杂多样，对印刷机进行分类、命名，有利于选用，归纳和管理。同样从印刷机的名称型号中，可以了解印刷设计的功能和特点，为印刷设备的正确选择和使用提供帮助。印刷机分类方法有很多，主要可以按照以下的方法分类（见图1－1）。

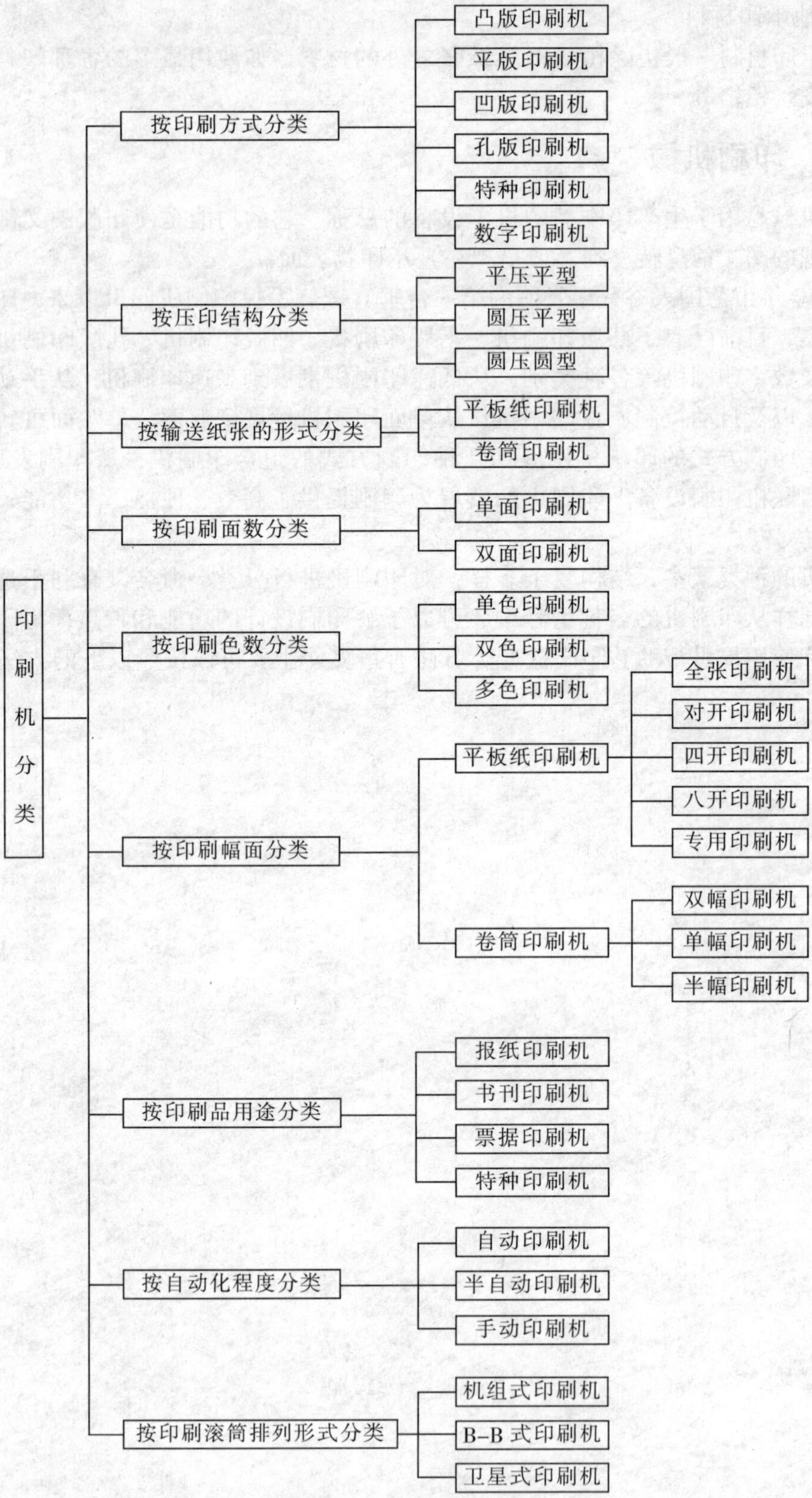

- 印刷机分类
  - 按印刷方式分类
    - 凸版印刷机
    - 平版印刷机
    - 凹版印刷机
    - 孔版印刷机
    - 特种印刷机
    - 数字印刷机
  - 按压印结构分类
    - 平压平型
    - 圆压平型
    - 圆压圆型
  - 按输送纸张的形式分类
    - 平板纸印刷机
    - 卷筒印刷机
  - 按印刷面数分类
    - 单面印刷机
    - 双面印刷机
  - 按印刷色数分类
    - 单色印刷机
    - 双色印刷机
    - 多色印刷机
  - 按印刷幅面分类
    - 平板纸印刷机
      - 全张印刷机
      - 对开印刷机
      - 四开印刷机
      - 八开印刷机
      - 专用印刷机
    - 卷筒印刷机
      - 双幅印刷机
      - 单幅印刷机
      - 半幅印刷机
  - 按印刷品用途分类
    - 报纸印刷机
    - 书刊印刷机
    - 票据印刷机
    - 特种印刷机
  - 按自动化程度分类
    - 自动印刷机
    - 半自动印刷机
    - 手动印刷机
  - 按印刷滚筒排列形式分类
    - 机组式印刷机
    - B–B 式印刷机
    - 卫星式印刷机

**图 1－1　印刷机分类**

# 第二章 印刷的主要材料

## 第一节 承印材料

印刷的承印材料包括纸张和非纸张两大类。其中纸张的应用最为广泛，在出版物印刷中占的比重最大。而非纸张类主要应用于包装品印刷，如塑料、复合膜和金属等。

### 一、纸张

纸是纸和纸板的总称。它是悬浮于纸浆中的植物纤维在纸机上脱水后通过氢键缔和、纤维交织所形成的各向异性的薄片状物质，具有很多特殊的性质。塑料薄膜则是高分子树脂通过熔融拉伸或挤压形成的。在印刷产品中，纸类占到承印材料的70%以上，纸张是承印材料中品种最多的一类。

#### （一）纸张的组成

纸张的组成分为基本组成和辅助材料。纸张的基本组成是植物纤维。除此之外，为了提高和完善纸张的各项性能，还要加入其他辅助成分，如胶料、填料、色料等。

1. 基本组成。纸张基本组成的植物纤维主要组分是纤维素、半纤维素和木素。纤维素和半纤维素都是含有多羟基的线型高分子。分子之间可以通过氢键相互缔和，纤维之间可以发生重叠交织，这两点构成了纸张的基本结构，也构成了纸张的强度基础。木素是疏水物质，不易吸水润胀，且易氧化；木素含量高时纸张显得硬而脆，还易变黄，所以一般制浆中要一定程度地除去木素，高级纸张则要求除去更多。

2. 辅助材料。辅助材料是为了完善或提高纸张的特定性能而加入的材料。主要包括胶料、填料和色料。

胶料是抗液性的胶体物质或成膜物质，可以是松香胶、聚乙烯醇、淀粉、羟甲基纤维素、动物胶等。这些胶料可以单独使用或混合使用，可以直接加到纸浆中（内部施胶）或涂布在纸张表面（表面施胶）。加入胶料的主要目的是在一定程度上提高纸张的抗水能力，同时也能增强纸张的强度。

填料是一些颗粒细小、洁白、化学稳定性好、光折射率高的无机盐或金属氧化物。这些固体颗粒加入到纸浆中可以明显提高纸张的不透明度、白度和平滑度，改善纸张的吸墨性和形稳性。但加入填料会在某种程度上影响纤维间的交织，因此会使纸张的强度降低。普通纸中填料含量为10%～15%。其中滑石粉、白土和碳酸钙是最常用的填料。

色料是用于纸张染色和调色的颜料或染料。加入色料一方面是为了生产有色纸张，同时，在呈黄色至灰白色的纸浆中加入蓝紫色或红蓝色的染料，可以吸收一部分黄光，从而使纸张“显白”。另外，有些纸张会加入荧光增白剂，以提高纸张的白度。但因为食品安全及环保原因，食品包装类用纸特别是烟标用纸是禁止加入荧光增白剂的。

## （二）纸张的质量指标

纸张的质量指标大致可分为：外观质量、基本物理性质、力学性质、化学性质、光学性质及其他特性。

1. 外观质量。也称外观纸病，是指掉毛、掉粉、硬质块、褶皱、条痕、斑点、透光点、裂口和孔眼等色泽不一致等肉眼可以观察到的缺陷。

2. 基本物理性质。包括纸张的定量、厚度、表现密度、平滑度、吸收性等纸张最为普遍的性能。

3. 力学性质。称为机械性质或强度性质，又可分为静态强度和动态强度。静态强度包括几个质量指标：扩张强度、耐破度、撕裂度、耐折度等；动态强强度包括下面几个指标：戳穿强度、环压强度、压缩强度等。

4. 化学性质。包括纸张的化学组成、纸张的吸湿性、酸碱性、耐久性等。

5. 光学性质。光学性能指白度（亮度）、色泽、光泽度、透明度、不透明度等。

6. 其他特性。有些纸还要求有某些特殊性能，主要有：水溶性（例如保密文件用纸等），水不溶性（例如茶叶袋纸等），电气性能（例如电气绝缘纸的电磁性能），韧性牛皮纸具有张力吸收性能等。

纸张的质量、性能直接影响到印刷品的质量，某些文献甚至认为，纸张的质量指标已经涵盖了纸张的印刷适性。

## （三）纸张的印刷适性

纸张的印刷适性指的是纸张适合印刷要求的性能总称。

主要的印刷适性有物理性质，如平滑度、吸墨性；力学性质，如抗张强度、表面强度等；光学性质，如白度、不透明度、光泽度以及纸张含水率、酸碱性等。

1. 表面平滑度

指纸张表面凹凸的程度，它反映了印刷油墨通过网点显现的程度。当纸张平滑度高时，纸张表面达到近似镜面的平滑程度，网点的还原性好，图像层次丰富。当纸张平滑度低时，纸张表面凹凸不平，油墨透入凹部，网点缺失，图像层次感差。因此，当胶片挂网线数越高，承印纸张平滑度要求也越高。即越精细的印刷，纸张平滑度也要越高。

2. 吸墨性

指的是纸张对油墨的吸收能力。纸张是一种多孔材料，不同于塑料薄膜、金属类承印物，它具有与土壤、沉积岩层相似的结构。由纤维网络形成的孔隙是纸张吸收油墨的基础，因而吸墨性便成为印刷用纸的一个重要质量指标，它决定着油墨印刷到纸张表面后的渗透量和渗透速率。许多印刷故障常常就是由于纸张对油墨的吸收能力与所采用的印刷条件不相适应造成的。纸张对油墨吸收能力过大，导致印迹无光泽，甚至产生透印和粉化现象。纸张对油墨的吸收能力太小，则减慢油墨的干燥速度，会导致背面蹭脏。特别是对于依靠渗透干燥的高速印刷更是如此。

3. 方向性和正反两面性

纸张在成形的过程中，由于受到重力和牵引力的影响，使大部分纤维沿抄纸机运行方向排列，从而形成纸张的方向性。纤维长度方向称为纵向，而与纤维长度垂直的方向称为横向。对单张纸而言，根据裁切方法不同，又可以分为纵向纸和横向纸。通常将纸张纵向与纸张长边平行的纸称为纵向纸（或称直丝缕、顺丝缕纸）；把纸张纵向与长边垂直的纸称为横向纸（或称逆丝缕纸）。一般而言，纸张纵向的抗张强度、耐折度都比横向高，而吸湿变形率比横向低。因此，印刷或印后加工中，应考虑纸张方向性对印刷品质量的影响。在单张纸胶印中，最好选择纵向纸，这样有利于减少纸张的吸湿变形，提高套准的精度。同时，在书刊的印刷中，书芯最好是直丝缕的，以保证书本的平整度。

由于目前纸张成形时大多采用单面脱水，使一部分细小纤维、填料、胶料等随水分一同脱去，所以造成了纸张具有正、反两面性。正面的平滑度较高，而反面比较清洁，抗掉粉掉毛的能力比较高，表现为反面的临界拉毛速度比正面高。但由于反面纸面比较粗糙，在同样的条件下，印刷品的密度低于正面。

4. 抗张强度

纸张的抗张强度指单位宽度的纸或纸板断裂前所能承受的最大张力。单位为牛/平方厘米（$N/cm^2$）或帕斯卡（Pa），国际标准以 $kN/m^2$ 表示。平板纸张往往作纵向测定或横向测定，分别称作纵向抗张力或横向抗张力；而卷筒纸只测定纵向抗张指数。

抗张强度反映了纸张抵抗外力拉伸的能力。一般来说如果木浆含量高，抗张强度就高，这会明显减少印刷过程中突然出现的断纸现象，保证印刷质量，提高印刷速度。

5. 表面强度

纸张的表面强度是指纸张表层细小纤维、填料、胶料之间，涂层粒子间、涂层与原纸间结合的牢固程度，用“T”表示。纸张表面强度的高低是决定纸张在印刷过程中是否发生掉粉、掉毛及剥纸等故障的关键因素，纸张产生“拉毛”现象，不仅给印刷工艺过程带来极大的困难，同时也会严重地影响印刷品的质量。

6. 白度

纸张的白（亮）度是指蓝光漫反射因数，即纸张在蓝光（波长 457nm）照射下，所体现出来的反射能力。由于印刷品是以视觉为主的产品，因此，光反射效率的高低直接影响印刷品色彩的反差。白度高，光的漫反射率高，彩度增强；白度低，光的漫反射率低，色差难以分辨，彩度也相对减弱。但白度也不是越高越好，白度过高容易引起视疲劳，特别是中小学教材不宜选择白度过高的纸张。

7. 不透明度

纸张不透明度是指纸张不透光的性质。它是影响纸张印刷透印的主要原因之一。不透明度过低将会对印刷品的质量有直接影响，尤其对于双面印刷的纸张更为重要。一般来说，不透明度愈大，透印发生的概率就愈小。

8. 光泽度

纸张光泽度是指纸张表面在反射、入射光能力方面与完全镜面反射能力的接近程度。对印刷纸张来说，光泽度是反映纸张在光学作用下的显像能力。纸张的光泽度与印刷品的光泽度有直接的关系，成正比关系，但对于同一涂布量的纸来说，纸张光泽度高并不意味着用它印刷的印刷品光泽度也高，同时，光泽度高会产生眩光，阅读时容易疲倦

（晃眼）。因此，以文字为主的出版物往往采用低光泽度的纸张；而以宣传为主的商业印刷里，高光泽度的涂料纸仍占主流。

9. 含水率

纸张含水率的变化使纸张产生伸缩变形，而且纸张横向的变形更为严重。纸张的伸缩变形在工艺上会引起套印不准，压印起皱，同时，纸张含水率变化还会影响纸张的强度和静电等问题。为减少或避免这些故障，除要求印刷车间应保持相对稳定的温度、湿度外，纸张在印刷前一般要进行调湿处理。所谓调湿处理，是将纸张放在与印刷车间相同的湿度、温度环境中吊晾。其目的是使纸张的含水率与印刷车间的温、湿度相平衡，消除纸张的紧边和荷叶边，同时，反复调湿还可以使纸张含水率对湿度变化的敏感性降低。

10. 酸碱性（PH 值）

在纸张制造的过程中，如施胶、涂布等过程，由于所用材料的影响，会造成纸张整体或纸张表面呈现弱酸性或弱碱性。纸张的酸碱性主要影响纸张的耐久性和油墨的干燥性能。

纸张的耐久性包括纸张自身的强度和印刷品保持颜色不变（褪）色的能力。由于酸或碱的存在，使纤维素大分子苷键断裂，造成纸张强度降低。另外，纸张表面呈弱酸性或弱碱性，容易使油墨中颜料的官能团发生反应，造成油墨的变色或褪色。对依靠氧化聚合完成干燥结膜的油墨，当纸张表面呈现弱酸性时，会抑制反应的进行，使油墨干燥所需的时间明显延长。

## （四）常用印刷纸张的特性及用途

纸张根据印刷机印刷的形式，分为平板纸和卷筒纸。其中平版纸也被称为单张纸，适宜印刷精度较高的彩色产品。如画册、海报和包装装潢品。其规格多为 787mm × 1092mm、850mm × 1168mm、880mm × 1230mm、889mm × 1194mm。卷筒纸则适宜印刷生产周期短且量大的印刷品。如报纸和中小学教材。卷筒纸的规格（宽度）以 787mm、850mm 和 890mm 的居多。

纸张根据是否在表面施以涂料分为非涂料纸和涂料纸两大类以及纸张与其他材料复合而成的其他印刷纸类。非涂料纸就是纸张表面没有涂料；涂料纸是在纸张抄造后，又在纸张表面涂布了一层白色矿物质涂料，并进行压光处理的平滑度较高的纸张。

1. 非涂料纸

新闻纸

新闻纸的克重通常以 $45g/m^2$、$47g/m^2$、$49g/m^2$、$51 \sim 52g/m^2$ 为主。由于白度不高，耐久性差，主要用于印刷报纸类印刷品。由于报纸多以双面印刷为主，纸张的不透明度要求高。报纸印刷主要是以高速轮转机印刷为主，纸张还应有较好的抗拉伸强度，以避免高速印刷过程出现断纸影响生产效率。新闻纸的纸浆原料中木素含量较高，使新闻纸易发黄、变脆。因此需长期保留的资料，不宜用新闻纸。为了节约资源，国际上倡导实行纸张的低定量化，即原来普遍采用 $45 \sim 51g/m^2$ 的新闻纸，现在降为 $36 \sim 46g/m^2$。同时新闻纸也能针对客户的需要生产出不同颜色的、为不同行业服务的纸品。例如欧美流行的橙色新闻纸，用于印刷经济类报纸；红色新闻纸，用于印刷庆贺类新闻刊物；黄色新

闻纸，用于印刷通信类、广告类产品；绿色新闻纸，用于印刷环境保护的宣传资料。

书写纸

书写纸的克重通常以45g/m$^2$、52g/m$^2$、60g/m$^2$、70g/m$^2$、80g/m$^2$ 为主，其用途主要以学习中供水笔、圆珠笔书写使用，也可供印刷、打字使用，所以书写纸类印刷以制作信笺、练习簿、日记本、表格、货单等为主。由于它主要供书写使用，因此要求纸张在普遍使用签字笔、钢笔等水性墨水的过程中不会出现水迹发花、发胀、透墨迹的现象。

胶版纸

胶版纸分为单胶和双胶纸。胶版纸的克重通常以60g/m$^2$、70g/m$^2$、80g/m$^2$、90g/m$^2$、l00g/m$^2$、120g/m$^2$、150/m$^2$ 居多，白度较高，用途十分广泛，除了专供胶印机用来印刷书刊内页、商标标贴外，还可以印刷宣传广告、产品目录等。在硬包装盒类产品中，胶版纸主要用于内衬裱糊。通常 60~80g/m$^2$ 的胶版纸主要用于书刊内页印刷；80~100g/m$^2$ 的胶版纸主要用于食品类商标标贴印刷；100~150g/m$^2$ 的胶版纸用于宣传广告的彩色印刷，或作为精装书内衬页用纸、包装箱及包装盒的内裱纸。

胶版纸应用广泛，纸张紧度要求较高，施胶度要好，以保证其耐水性、伸缩率，在印刷中不易起毛、掉粉。随着胶版纸的质量逐步提高，其白度与平滑度越来越接近铜版纸。用户为了降低成本，逐步趋向使用低定量的胶版纸。

轻型胶版纸

轻型胶版纸即轻型纸，是一种更人性化的纸种，不含荧光增白剂，高机械浆含量，环保舒适。采用的原色调可以保护读者尤其是老人和儿童的眼睛，便于阅读和携带。轻型纸的质感和松厚度好，不透明度高，印刷适应性和印刷还原性好。

轻型纸音译叫法为蒙肯纸，在瑞典的 Munkedkal（蒙肯戴尔），当地的一家造纸企业生产的轻型纸张就地取名也叫 Munkedkal，当这种纸首次被引进到中国时，它便有了“蒙肯”这个名字。由于它是我国最早引进的轻型胶版纸，所以现在国内便习惯性地称轻型纸为蒙肯纸。在欧美及日本等发达国家，大部分的图书是用这种纸印刷的。

定量从 60~100 g/m$^2$ 不等，一般是平板纸。

邮票纸

邮票是有价证券类印刷品，也是长期保存的印刷品之一，其耐久性直接影响邮票的寿命与价值，因此邮票纸是属于国家专控纸品种。邮票纸的定量为 84g/m$^2$，以凹版印刷方式为主，纸质均匀、坚挺、强度高、伸缩性小，具有优良的平滑度与耐水性，且酸度以中性为好，以利于长期保存。

地图纸

地图纸是专供地图印刷的一种高级印刷纸，定量以 80g/m$^2$、100g/m$^2$、120g/m$^2$ 为主，其特点是纸的伸缩率低、纸质紧、耐水性好，为了携带方便，耐折度高于一般非涂料纸，特别是一些军用地图对纸张的要求更高。

扑克牌纸板

扑克牌纸板又称游戏牌纸，专供纸牌印刷，定量在255～280g/m$^2$之间。扑克牌纸板的特点是：要求纸板挺度高；纸质不同于白卡纸，属于多层挂面纸板。扑克牌的印刷工艺是一项专门的印刷工艺技术，使用专用的印刷设备来印刷。

字典纸

字典纸是一种薄型的高级印刷纸，定量以28g/m$^2$、30g/m$^2$、35g/m$^2$、40g/m$^2$为主，主要用于篇幅较多、便于携带的工具类书籍。其特点是纸质洁白细腻、薄而不透，强韧耐折。字典纸因用途过窄，常常是以销定产，国外主要将字典纸用于《圣经》的印刷，也称为圣经纸。

花饰纸

花饰纸是多种艺术装饰用纸的统称，包括花纹纸、木纹纸、斑纹纸、布纹纸等名目繁多的品种。花饰纸的定量指标为涵盖纸类从薄至厚的全部标准，运用范围也十分广泛，如名片、请柬、红包、贺年卡、产品标牌、书籍封面、高档化妆品纸盒、工艺硬盒的外裱装饰用纸等。花饰纸极大地丰富了纸类的艺术内涵与多彩的表现力。

花纹纸基本上属于染色纸，其染色分为内染与外染，内染即纸浆染色后抄造；外染为纸浆只漂白不染色，待成纸后，可根据客户需要进行染色。

按有无压花，花饰纸又分有纹纸与无纹纸。经过对纸张的色彩处理后，再根据需要进行的压花纹的工艺，类似于凹版印刷方式，只是无油墨的浸润，便可获得有凹凸感纹饰的花饰纸。一般花饰纸公司有多种压制花纹以供客户选择。

花饰纸的表面处理光泽度相差也很大，有表面非常粗糙、类似古典美的花饰纸；也有无光泽、类似清新典雅现代美感的花饰纸；还有高光泽度璀璨夺目的花饰纸。

牛油纸

牛油纸也称防油纸，是具有防止油脂渗透的包装纸。其特点是纸质具有半透明状、表面平滑细腻、抗拉强度高、耐折叠。与牛油纸类似性能的纸张还有硫酸纸等。牛油纸的定量主要从28～150g/m$^2$不等，主要用途为食品包装，但近年来也有许多高档画册将其运用在扉页处，印刷一些具有朦胧感的画面以达到若隐若现的艺术效果。

牛皮纸

牛皮纸以其纸面显黄褐色、质地坚韧、抗张强度大、近似牛皮而得名。牛皮纸的定量以40～250g/m$^2$为主，用途为包装商品、工业用品的外包装箱或小型包装箱的用纸，也是一些文件袋、信封等文具用品的用纸。

2. 涂料纸

铜版纸

铜版纸按涂层加工可以分为：双面铜版纸与单面铜版纸。铜版纸按表面光泽度可以分为：光泽度较高的铜版纸，无光泽或光泽度较低的无光铜版纸或亚粉纸。

铜版纸的特征是白度高、平滑度好、质地紧密、挺度好，可以印刷高网线数的印刷产品，适合印刷各种彩色宣传招贴、画册、书刊封面、美术图片等。对于有阅读要求的书刊、画册应选择无光泽度的亚粉纸，因为光泽度较高的铜版纸容易引起视觉的疲劳。

铜版纸的表面涂层以矿物质涂料为主，经过超高压光、干燥处理，纸质既白又光，但不耐折叠，尤其在157g/m$^2$ 以上定量的铜版纸，更易折断，特别是在折页机上进行折页时，易发生破裂，因此印刷需要折叠加工的印品时，尽量避免使用。铜版纸易吸湿变形，并且无法还原，因此在使用中应注意环境湿度的控制，特别是在裁切后已打开包装的待机印刷的间隙，必须用防潮纸或防潮薄膜进行有效的防潮护理，以减少由于变形而导致的印刷输纸故障。

平板纸规格：648mm×953mm，787mm×970mm，787mm×1092mm，889mm×1194mm等目前国内尚无卷筒铜版纸。

轻涂纸

轻涂纸是指涂布量较低的一种涂布纸。一般涂布纸的涂层用料量在15%左右，轻涂纸则为10%左右，定量以50～120/m$^2$ 为主，可列入低档铜版纸系列。轻涂纸具有铜版纸的特征，价格便宜，主要用于一般广告宣传画册、期刊、外派彩色宣传单等产品的印刷，以卷筒纸轮转机印刷为主。

铸涂纸

铸涂纸又称玻璃卡纸，属高光泽度铜版纸。定量在80～280g/m$^2$ 之间，其特征为特别光亮，犹如镜面，适用于最密细网线的印刷作业。网点、色调、光泽的再现性好，图像清晰立体感强。同时，它比普通铜版纸的紧度高、弹性好、吸墨性好、不掉粉等，可用于胶印、凹印、凸印、丝网印刷等多种印刷方式。铸涂纸主要用于高级美术图片、彩色广告、挂历、不干胶商标等产品的印刷，价格相对比铜版纸略高。

白卡纸

白卡纸是指白度极高、性能类似铜版纸的卡纸，定量一般在200g/m$^2$ 以上。白卡纸的特征为白度高、挺度好、纸面平整。白卡纸主要用途是印刷名片、证书、请柬、画册、台历、高档书籍、画册封面，高级化妆品、药品的包装。特别适宜印后纸面的装饰性加工，成型效果好，立体感强。

白板纸

白板纸又称单面涂布白板纸。它是指进行单面涂布加工，定量在200g/m$^2$ 以上的白色纸板。白板纸单面涂布纸层，具有白度高、平滑度好、油墨吸收性和印刷光泽度与铜版纸几乎相同的特征。由于白板纸的内部结构分为表层、内芯层、底层，而且使用不同的纸浆，因此与同样克重的白纸相比要松厚一些，纸张的伸缩率也略大于白卡纸，在套印误差精度方面也不如白卡纸。白板纸主要用于一般食品与药品的包装印刷，或大型高档纸箱的裱印，其未涂布的另一纸面有利于包装箱瓦楞纸层的粘裱。

金、银卡纸

金、银卡纸是指以白卡纸为基础，对纸面单层进行镀金膜或镀银膜加工的装饰用纸，定量在200～350g/m$^2$之间，其特征是使纸具有金属质感。金、银卡纸主要用于豪华型印刷产品的加工，如贺卡、高级酒盒、高档化妆品盒、礼品盒的制作。特别适合丝网印刷中的装饰性效果，如七彩、水晶、磨砂、镭射等处理，达到光彩夺目、色彩斑斓的奇妙效果。

3. 其他印刷纸类

合成纸

合成纸又称撕不烂纸，最早称为塑料纸。这是由于其具有纸的性质，又区别于塑料薄膜，由高分子合成树脂经纸化处理而得到，因此定名为合成纸。合成纸的克重一般在47～192g/m$^2$不等。合成纸的特征为质轻、有弹性、表面平滑、网点还原性好、耐水性强，并且具有保温、绝热的性能，尺寸稳定性好，易于套色印刷。合成纸可以用来印刷耐水的航海图、地图以及各种食品、药品的包装以及标签印刷品，用途十分广泛。

复合纸

用塑料薄膜或铝箔等多层材料复合而成的纸板称为复合纸，复合加工纸不仅能改善纸和纸板的外观性能和强度，主要的是提高防水，防潮，耐油，气密保香等性能，同时还会获得热封性，阻光性，耐热性等。

## （五）纸张的选用

纸张的选用是一个需要综合考虑、认真对比并且谨慎选择的事，一般情况下，需要考虑几个因素：一是根据印品的用途选择适宜的纸张类型，如胶版纸或铜版纸；二是充分了解所选定类型纸张的印刷适性；最后确定纸张的规格、定量（重量）、并核算用纸量（书刊）。

1. 纸张的规格

纸张的规格是指纸张制成后，经过修整切边，裁成一定的尺寸。过去是以多少“开”（例如8开或16开等）来表示纸张的大小，如今我国采用国际标准，规定以A0、A1、A2、B1、B2……标记来表示纸张的幅面规格。标准规定纸张的幅宽（以X表示）和长度（以Y表示）的比例关系为X∶Y＝1∶n。

按照纸张幅面的基本面积，把幅面规格分为A系列、B系列和C系列；幅面大小排列顺序为A＜C＜B，如图2－1。同一系列纸张尺寸的关系为：①全张纸两条边长之比为1∶$\sqrt{2}$；②各种版式的名称中，字母后面的数字表示基本尺寸对半折了多少次，如A0表示全张，A1表面对半折了一次，即常称的对开，A3表示对半折了三次，即八开，以此类推。

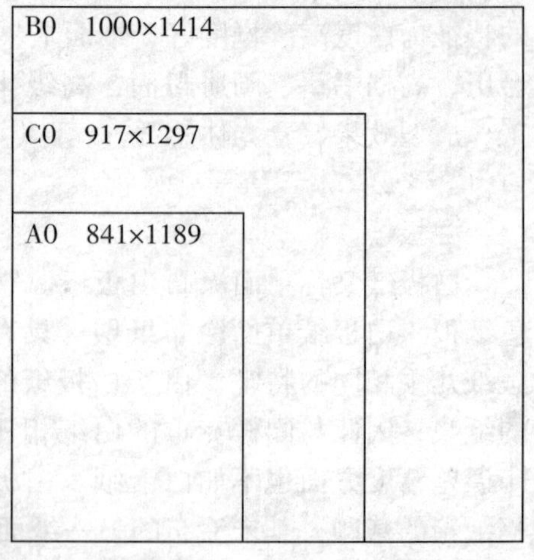

图2－1　纸张幅面图

幅面规格为 A0 的幅面尺寸：841mm × 1189mm，幅面面积为 1 平方米；B0 的幅面尺寸为 1000mm × 1414mm，幅面面积为$\sqrt{2}$平方米；C0 的幅面尺寸为 917mm × 1297mm，幅面面积为 1.25 平方米；复印纸的幅面规格只采用 A 系列和 B 系列，其中 A3、A4、A5、A6 和 B4、B5、B6，7 种幅面规格为复印纸常用的规格。C 组纸张尺寸主要用于信封。三种系列纸张尺寸见表 2－1。更多纸张规格、开本及成品尺寸见本书附录三。

**表 2－1　纸张规格尺寸表**

| 类 | A 系列（mm） | B 系列（mm） | C 系列（mm） |
|---|---|---|---|
| 0 | 841 × 1189 | 1000 × 1414 | 917 × 1297 |
| 1 | 594 × 841 | 707 × 1000 | 648 × 917 |
| 2 | 420 × 594 | 500 × 707 | 458 × 948 |
| 3 | 297 × 420 | 353 × 500 | 324 × 458 |
| 4 | 210 × 297 | 250 × 353 | 229 × 324 |
| 5 | 148 × 210 | 176 × 250 | 162 × 229 |
| 6 | 105 × 144 | 125 × 176 | 114 × 162 |
| 7 | 74 × 105 | 88 × 125 | 81 × 114 |
| 8 | 52 × 74 | 62 × 88 | 57 × 81 |
| 9 | 37 × 52 | 44 × 62 | |
| 10 | 26 × 37 | 31 × 44 | |

2. 纸张的定量

（1）定量是纸张的基本性质。纸张的定量若不符合标准，则纸张的其他性质，如厚度、强度、不透明度等也很难符合印刷要求，一般地，纸张重量越大，纸张越厚，但也有的纸张因为紧度（密度）高而出现定量高而厚度低的情况。

（2）不同定量纸张的适用原则是：

①通常书籍类内页用纸为 60～80g/m$^2$ 纸张，封面用纸为 157g/m$^2$ 以上的铜版纸。

②需要覆膜的封面纸张应选用 200g/m$^2$ 以上的铜版纸，否则封面容易卷曲。

③需要上光、磨光等印后加工的纸张，应采用 200g/m$^2$ 以上的白卡纸或白板纸为宜。

④需要磨砂、起皱纹等特殊效果的丝网印刷的纸张，应采用 250/m$^2$ 以上的金卡纸或银卡纸，并且注意金膜与银膜的镀膜质量。

⑤标签类用纸及广告宣传用纸为 80～157g/m$^2$ 纸张为宜，太厚不易折叠，太薄在贴标中容易出现褶皱。

⑥软纸盒类包装宜选用 200g/m$^2$ 以上的白卡纸或白板纸，否则纸张的挺度不够。

⑦硬纸盒类需裱糊用的面纸，采用 157g/m$^2$ 铜版纸或 100g/m$^2$ 以上的非涂料纸为宜。

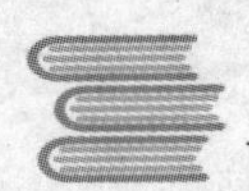


3. 书刊印刷用纸量的计算

在书刊印刷中，计算印刷量和用纸量时，常用“印张”和“令”来表示。“印张”是印刷书籍时每一本书所用纸数量的计量单位，全张纸幅面的一半（即一张对开纸）两面印刷后为一个印张，也可以这样理解，一张全张纸单面印刷为1个印张，一张全张纸双面印刷为2个印张；“令”是纸张的计量单位，1令为500张全张纸，一张全张纸双面印刷为2个印张，一令纸合1000个印张。

计算某一图书的正文用纸量，首先要确定图书的印张数。根据页码与印张的换算关系：全书的总页码数（正文中的空码、暗码均应计算在内）除以开数等于印张数。用一本书的印张数乘以总印数即得到正文的总印张数。

由于印刷行业用令计算用纸量，故用总印张数除以1000，可得总用纸令数，其公式如下：

用纸量（令）=总面数/开本×印数/1000

例如：某图书为32开本，总页码为336（已含扉页、目录和暗码），印数5000册，求每本的印张数和总用纸令数。

解：（一）每本印张数：336/32=10.5（印张）

（二）总用纸令数：336/32×5000/1000=52.500（令）

## 二、非纸类的承印材料

一般指除植物纤维纸张之外的材料，如使用最多的各种塑料薄膜及合成纸，还有铁皮、铝箔等也在承印材料中占有一定的比例。

这些材料与纸张相比最大的特点是，它们大都具有非吸收性或低吸收性的表面，因而在这些材料表面进行印刷要解决的两个关键问题是油墨的附着和油墨的干燥。

### （一）塑料薄膜类

塑料是可塑性高分子聚合物的简称，是由多个单元或链节组成的大分子物质。其特征主要有耐水、耐酸碱、印刷光泽度好、有良好的呈色效果、轻薄易携带，在包装材料应用中占有很大的比例，广泛地应用于食品包装、药品包装、化妆品包装、液体包装、粉质包装等包装领域。塑料作为包装材料，根据内装物品的特征、色彩而印刷出的各类图文造型，可以使包装更加美观，色彩鲜艳夺目、清晰明快、层次丰富、立体感强，充分反映商品的高品位和高质量，可以起到促进销售与消费的作用。在塑料表面进行印刷以凹版或柔性版印刷方式为主。

### （二）金属类

金属类的承印材料主要有马口铁（镀锡钢板）、无锡薄钢板（化学处理钢板TFS）、锌铁板、黑钢板、铝板、铝冲压板以及铝、白铁皮复合材料等，主要用于金属罐、盖类、易拉罐的印刷，以平凹版间接印刷方式为主。

### （三）电子纸、电子墨

电子纸和电子量的概念最初是在20世纪70年代由Xerox（施乐）的Parc研究员提出的。电子纸和电子墨是合二为一的东西。简单地说，电子纸是带有电极的薄胶片，而在胶片上涂覆的一层带电物质，便是电子墨。

电子纸是一种显示设备，厚度和重量都与普通纸张接近，质地柔软，甚至可以卷取。电子纸的两个支柱是塑料晶体管和电子墨水。

电子墨水本身是一种可以涂在任何表面的液体，主要由数以百万计的微胶囊所组成，每一个微胶囊的大小只有人的头发丝直径的1/2，而每个微胶囊又是由带电的颜料颗粒悬浮在着色溶液中所构成的。只要适当地给以电流，就能使数以百万计的带电颗粒利用电泳原理变换颜色，从而根据人们的设定不断地改变所呈现的图案和文字。

非纸类承印材料除塑料薄膜类、金属类外，还有木质类、皮革类、纺织品、玻璃类等。正有人们所说，除了空气和水，世上没有不能成为印刷承印材料的物质。

## 第二节 油 墨

油墨是印刷的重要材料，它通过印刷将图案、文字呈现在承印物上。最早发明的墨是水溶性固体，是可燃物质不完全燃烧的残余物与树胶均匀混合并干燥的产物。印刷时，将这种墨涂布在雕刻木版上，覆上纸，再用刷子轻轻拭之，使墨沾在纸上，就得到印刷品了。金属版出现以后，由于这种水性墨不能在金属版面上均匀涂布，因此出现了以油脂为基质调入颜料的油性油墨。

最初的油墨，颜料是天然无机矿物质，连接料是植物或动物油脂。这类油墨，干燥速度慢，印品光泽度差，对承印物附着能力差。随着化学工业的发展，油墨制造中广泛地采用了新型的合成树脂和高级有机颜料，油墨的种类更为丰富，性能也更为优良。但随着印刷技术的发展，各种承印物的开发使用，对油墨的性能、品种也提出了新的要求，如直接制版印刷、数字打样和数字印刷的发展，应运而生了各种喷墨印刷油墨、电子油墨和无水胶印油墨；同时环保意识的提高，用于柔性版、凹版印刷的水基油墨，UV油墨等也得到了长足的发展。

### 一、油墨的分类

不同的印品需要的油墨性能不同，不同印刷版材采用的油墨品种不同，不同的承印物使用的油墨品种也不同。通常按以下方式分类：

1. 按印刷方式分类，分为平版印刷、凸版印刷、凹版印刷、柔版印刷、丝网印刷类油墨。

2. 按承印物分类，分为纸类、薄膜类、金属类、玻璃类、陶瓷类、皮革类、纺织品类油墨等。

3. 按色彩效能分类，分为套色油墨、普通彩色、快干亮光型、UV型、UV混合型油墨等。

4. 按油墨干燥类型分类，分为渗透干燥型、渗透－氧化结膜型、挥发干燥型、紫外光固化型。

5. 按特种印刷用途分类，分为热敏型、光学型、导电型、磁性型、发泡型、防伪型油墨。

## 二、油墨的组成

油墨由主剂和助剂组成。主剂中颜料赋予油墨颜色，连结料提供油墨必要的转移传递性能和干燥性能；作为助剂的各种添加剂，用以改善油墨的性能，调节油墨的印刷适性。

1. 主剂，包括颜料和连结料。

颜料是油墨中的固体成分，为油墨的显色物质，一般是不溶于水的色素。颜料本身的结构和性质决定其色相、油墨的色偏和饱和度等。

连结料是油墨的液体成分，具有一定黏着性和黏度。其组成可以是植物油、矿物油、有机溶剂、水、各类天然或合成树脂、蜡质等。作用有二：一是作为颜料的分散介质，使油墨能顺利地传递和转移；二是连结料中的成膜物质在承印物表面形成有光泽、耐摩擦的墨膜。

2. 助剂，包括填充剂、稀释剂、防结皮剂、防反印剂及增滑剂等。

填充剂是一种调节油墨浓度的助剂，还能增加油墨膜层的厚度，改善其耐磨性，但具着色力和遮盖力。主要有硫酸钡、滑石粉、碳酸钙和氢氧化铝等，使用时将其研碎成白色粉末。

稀释剂的作用是降低油墨黏度，防止发生剥膜现象，使油墨具有作业适性。常用的稀释剂有低聚合亚麻油、矿物油等。

防结皮剂的作用是抑制油墨的干燥速度，防止油墨在机械上干燥结膜。它的主要成分是有机还原剂和抗氧剂。它可以添加于油墨中，也可以撒布于接触油墨的机械上。

防反印剂的作用是防止印刷油墨层反印到纸张背面，以保证印刷质量。最常用的防反印剂是玉米淀粉。

增滑剂的作用是改善油墨的耐摩擦性和流动性，降低黏度，提高膜层的光洁度，减少纸张拉毛现象。油墨中常用的增滑剂有高熔点的微晶蜡、合成蜡等。

其他助剂有分散剂、湿润剂、干燥剂、稳定剂等。

## 三、油墨的理化性质

油墨的理化性质主要是指其密度、细度、透明度、光泽度、耐光性、耐热性以及耐酸、碱、水、溶剂（醇）性。

1. 密度

密度是指20℃时，单位体积油墨的重量。用 $g/cm^3$ 表示。油墨的密度决定于油墨中应用原料的种类及其比例，并受外界温度的影响。油墨的密度与印刷工艺有着一定的关系。油墨的密度关系到印刷过程中油墨的用量。在相同的印刷条件下，密度大的油墨用

量大于密度小的油墨。

油墨的密度过大，主要是因为油墨中颜料的密度大所致。在印刷过程中，由于连结料无法带动密度过大的颜料颗粒一起转移，使颜料等固体颗粒堆积在墨辊、印版或橡皮布表面，形成堵版现象。特别是在高速印刷或油墨稀度较大时，使用密度大的油墨更容易出现这种现象。同时，密度大的油墨与密度小的油墨混合使用时，若二者差距过大，容易产生墨色分层现象。密度小的油墨上浮，密度大的下沉，使油墨表面的颜色偏向于密度小的油墨，底部油墨的颜色则偏向于密度大的油墨。一般情况下，印刷油墨的密度在1g/cm$^3$到2.25g/cm$^3$之间。

2. 细度

细度是指油墨中颜料、填充料等固体粉末在连结料中的分散程度，又称分散度。它表明了油墨中固体颗粒的大小及颗粒在连结料中分布的均匀程度。油墨的细度好表明固体粒子的细微，油墨中固体粒子的分布均匀。油墨的细度关系到油墨的流变性、流动度及稳定性等印刷适性，是一项很重要的质量指标。油墨的细度差，颗粒粗，印刷中会引起堵版现象。在平版胶印和凹印中会引起毁坏印版和刮刀的现象。而且由于颜料的分散不均匀，油墨颜色的强度不能得到充分发挥，影响油墨的着色力及干燥后墨膜的光亮程度。

一般来说，印刷网点数比较高的印刷品时，对油墨的细度要求更高。

3. 透明度

透明度是指油墨对入射光线产生折射（透射）的程度。印刷中透明度是指油墨均匀涂布成薄膜状时，能使承受物体的底色显现的程度。油墨的透明度低，不能使底色完全显现时，便会在一定程度上将底色遮盖，所以油墨的这种性能又称为遮盖力。油墨的透明度与遮盖力成反比关系，透明度用油墨完全遮盖某种底色时油墨层的厚度来表示，厚度越大，表明油墨的透明度越好、遮盖力越低。不同的印品，对油墨透明度的要求不同。如打底油墨，要求油墨具有完全遮盖承印物底色的能力；而彩色印刷品则要求透明度高，如果后一色油墨的透明性不良，会影响色光减色的效果，从而导致叠印出的颜色产生偏差。

透明度取决于油墨中颜料与连结料折射率的差值，并与颜料的分散度有关。颜料与连结料的折射率差值越小，颜料在连结料中的分散度越好，则油墨的透明度越高。

4. 光泽度

光泽度指印刷品表面的油墨干燥后，在光线照射下，向同一个方向集中反射光线的能力。光泽度高的油墨在印刷品上表现为亮度大。光泽度主要决定于油墨中连结料的种类及性质，油墨制造中炼制工艺的处理以及墨膜干燥后的平整程度。此外油墨的光泽度还受到油墨组成中颜料的性质，粒子的大小形状及分散度的影响；油墨的透性、流平性、干燥性等性能的影响；承印基材的影响等等。

5. 耐光性

耐光性是指油墨在日光灯照射下，颜色不发生变化的能力。油墨的耐光性表明了印刷品在光线照射下褪色或变色的程度。耐光性强的油墨印刷后虽经日光长期照射，印刷品褪变色程度小；耐光性差的油墨其印刷品容易褪变色，甚至颜色会完全褪掉。油墨的耐光性主要取决于颜料。油墨的耐光性对印刷过程无影响，主要是关系到印刷品的使用过程。

6. 耐热性

耐热性是指油墨受热时颜色不发生变化的能力。耐热性强表明了印刷品被加热到较高温度时，油墨不会产生变色现象。油墨的耐热性主要取决于颜料和连结料的种类及性能。

7. 化学性

这项性能是指油墨在酸、碱、水、醇或其他溶剂的作用下，颜色及性能不发生变化的能力，又称为油墨的耐化学性或耐抗性。油墨的耐化学性强，在酸、碱等物质的作用下，颜色和油墨的性质不会发生变化。油墨的耐化学性是由颜料和连结料的种类及性能决定的，并与颜料和连结料结合的状态有关，与油墨的稳定性有关。

## 四、油墨的印刷适性

承印物、印刷油墨以及其他材料与印刷条件相匹配、适合于印刷作业的性能，叫作印刷适性。

油墨的印刷适性，指油墨与印刷条件相匹配，适合于印刷作业的性能。主要有黏度、黏着性、触变性、干燥性等。

1. 黏度

油墨在流动中表现出来的内摩擦特性，叫作油墨的黏滞性，量度油墨黏滞性的物理量，叫作油墨的黏度。不同的印刷工艺条件，如不同的印版，不同的传墨方式，不同的印刷速度等对油墨的黏度有不同的要求，一般印刷机的速度愈快，要求油墨的黏度愈小。

2. 黏着性

油墨对被转移的物面有一定的附着力，墨膜在传递和转移的过程中所表现出的阻止墨膜破裂的能力，力的大小称为黏着性。黏着性高，要求相应物面的黏附力也高，如果纸张的表面强度不高，则会造成明显的“拉毛”现象；而黏着性太低，不利于油墨的转移也在一定程度上影响油墨的流平。印刷过程中，如果油墨的黏着性和承印物的性能、印刷条件不匹配，则会发生纸张的掉粉、掉毛、油墨叠印不良、印刷版脏污等印刷故障。

3. 触变性

在一定温度下，油墨受到一定的外力作用时，随时间延长，黏度不断下降，并逐渐稳定，而当外部作用力消失时，油墨的黏度又会重新恢复的性质。胶印油墨具有一定的触变性。印刷过程中，如果油墨的触变性不良，则会发生“下墨不畅”，传墨不均匀，网点严重扩大等印刷故障。为了防止上述故障的发生，需用墨铲经常搅拌墨斗中的油墨或在墨斗中安装油墨搅拌器，不时搅拌油墨。

4. 干燥性

油墨的干燥比较复杂，主要有以下三种形式：

（1）渗透干燥。油墨中的连结料，有一部分渗透到承印物里，另一部分与颜料一起固着在承印物表面而干燥。高速卷筒纸印刷机使用的非热固性轮转油墨，一般以渗透干燥为主，主要印刷报纸、期刊。新闻纸油墨是这一类型的典型油墨。

（2）氧化聚合干燥。油墨中的连结料和空气中的氧发生聚合反应，在承印物表面成

膜而干燥。胶印亮光树脂油墨，颜色鲜艳，光泽性好，主要以氧化聚合干燥为主，用于印刷高档精细的胶印产品。

（3）挥发干燥。油墨中的部分连结料，挥发到空气中，剩余的连结料连同颜料固着在承印物表面而干燥。这类油墨起初是用挥发型溶剂为连结料的，所用的连结料是对人体有危害的苯、二甲苯。随着环保意识的增强，水基墨应运而生，得到越来越广泛的使用。挥发干燥的油墨特别适合印刷没有吸收性的薄膜材料，如塑料薄膜、金属箔等。

除此之外，油墨的干燥还有紫外线、红外线、热固化等多种形式。许多油墨的干燥，常常是以两种干燥形式相结合来完成墨膜干燥的。例如，单张纸的快固着胶印油墨，适用于印刷一般的胶印产品，它是利用渗透和氧化聚合相结合的方式进行干燥的。印刷过程中，如果油墨的干燥不良，将会引起印张背面蹭脏、粘页、墨膜无光泽、油墨“晶化”等印刷故障。

为了加快油墨的干燥速度，可以在油墨中加入催干剂。常用的催干剂有：钴燥油、锰燥油、铅燥油等。为了降低油墨的干燥速度，可以在油墨中加入干燥抑制剂。

## 第三节　制版材料

印刷版简称印版。是用于传递油墨至承印物上的印刷图文的载体。

印版基材按印刷版所用版材不同，有木版、石版、锌版（亚铅版）、铝版、铜版、镍版、钢版、玻璃版、石金版、镁版、电镀多层版、纸版、尼龙版、塑胶版、橡皮版等。

广泛运用的主要有以下几种：

### （一）重氮树脂感光版

重氮树脂感光版（又称 PS 版），是重氮盐和酚醛树脂合成感光液，涂布于经过电解和阳极氧化处理的铝板上而制成，可存放半年到一年，用于阳片制版，既可制成即涂型感光版又可制成预制型感光版。

1. 光聚合型 PS 版

此种 PS 版用阴图原版晒版，图文部分的重氮感光膜见光硬化，留在版上，非图文部分的重氮感光膜不见光，不会硬化，被显影液除去。

2. 光分解型 PS 版

该类 PS 版用阳图原版晒版，非图文部分的重氮化合物见光分解，被显影液溶解除去，留在版上的仍然是没有见光的重氮化合物。

PS 版的亲水性、耐磨性、化学稳定性都比较好，因此耐印率也较高。同时 PS 版砂目细密，分辨率高，形成的网点光洁完整，故色调再现性好，图像清晰度高；PS 版的空白部分具有较高的含水分的能力，印刷时印版的耗水量大，水、墨平衡容易控制。PS 版以其优势，在印刷行业中使用最为广泛。

### （二）铜锌版

铜锌版是指以铜版或锌版为材料，用腐蚀或雕刻方法制成的凸版，复制连续调的图像要求精细的，常用铜板做版材，制成的版称为铜版；复制线条原稿，则选用锌版做版材，制成的版称为锌版。习惯上将两者统称为铜锌版。

在活字排版中，铜锌版一般用铁钉或粘贴的方法，固定在特制的木板托或特制的金属板托上，与活字拼在一起组成印版。在铅版制版中，铜锌版和活字一起压制纸型，浇铸成铅版。铜锌版也可以直接安装在凸版印刷机上印刷。

### （三）铅版

铅版又叫纸型铅版。以活字版为原版压制纸型，再通过纸型复制成铅版，不仅可以提高印版的耐印力，而且可以用于异地或多台印刷机印刷。

### （四）感光树脂版

感光性树脂凸版，是以感光性树脂为料，通过曝光、冲洗而成的光聚合型凸版。它与照相排版、计算机排版技术相结合，既提高了制版速度，又彻底的替代了铅合金印版，使“冷排”更加完善，为凸版印刷开创了新途径。

1. 液体固化型感光树脂版

液体固化型感光树脂版，简称液体树脂版。感光前，树脂为黏稠、透明的液体，感光后交联成固态。

2. 固体硬化型感光性树脂版

固体硬化型感光树脂版，简称固体树脂版。在聚脂薄膜的片基上，涂布有感光树脂，经曝光、冲洗即可得浮雕状的凸版。

### （五）蛋白版

蛋白版，专用于阴片制版，是以锌板为版基、重铬酸铵和蛋白（主要是禽蛋）作为感光膜，为即涂型感光版，不能存放。

### （六）多层金属平凹版

多层金属平凹版，由亲油的铜作为图文部分的基础，而由亲水的铬或镍作为空白部分的基础，以铜板或铝板作为版基，镀铜后再镀上铬或镍，再用阳版制版方法制成印刷版，为即涂型感光版，不能存放。

## 第四节　印后加工材料

## 一、印后加工材料的分类

印后加工材料分为连接类材料、表面整饰类材料、装帧类材料、功能类材料四大类。

### （一）连接类材料

指能将物质粘接或订缝在一起的材料。分为两类，一类是胶粘材料，适用于印后加工中各种物料的粘结；另一类是订缝材料，适用于骑马订、古线订、锁线订、缝纫订、活页订等装订形式书页的连接的。

## （二）表面整饰类材料

指通过一定的印后加工工艺，使印刷品表面具有某种保护、装饰效果的材料。分为四类，第一类上光材料，适用于包装装潢、书刊封面、商标、广告、挂历、大幅装饰、招贴画等印刷品的表面涂布；第二类覆膜材料，适用于各类印刷品的表面覆膜加工；第三类烫印材料，适用于各类书刊产品、包装装潢产品等的表面烫饰加工；第四类植绒材料，适用于各类书刊产品、包装装潢产品等的表面装饰加工。

## （三）装帧类材料

指书籍造型及加工所需的各种装饰材料。分为四类，第一类封面材料，适用于制作各种书册的封面；第二类书壳材料，适用于硬质封面的书壳及函套、函盒；第三类书背材料，适用于书背的加工与造型装饰；第四类衬纸材料，适用于书芯和书封的过渡连接及书壳、函盒内衬的装饰加工。

## （四）功能类材料

指能使印刷品具备一定的发光、感应、识别等特殊效果的材料。它适用于书刊、包装装潢、有价证券等产品的防伪标识、信息识别、装饰及其他特殊功能的加工。分为发（反）光类材料、感应类材料、识别类材料、显示类材料和其他材料。

印后加工材料分类具体见表 2－2。

**表 2－2　印后加工材料分类**

| 类别 | | | 常用品种 |
|---|---|---|---|
| 连接类材料 | 胶粘材料 | 动植物类黏合剂 | 松香、骨胶、淀粉黏合剂 |
| | | 合成树脂类黏合剂 | 乙烯－醋酸乙烯共聚物（EVA）、丙烯醋酸酯（PMA）、聚氨酯（PUR）、苯丙树脂（PA）、聚醋酸乙烯酯（PVAC）、聚乙烯醇（PVA）、乙烯醋酸乙烯酯（VAE）、聚烯烃（PO） |
| | 订缝材料 | 线 | 金属丝、化纤线、棉线 |
| | | 环（卡） | 塑料环（卡）、金属环（卡） |
| 表面整饰类材料 | 上光材料 | 无色油墨或涂料 | 油性光油、水性光油、紫外光（UV）固化光油、吸塑油 |
| | 覆膜材料 | 高分子薄膜材料 | 双向拉伸聚丙烯（BOPP）、聚酯（PET） |
| | 烫印材料 | 金属箔 | 金箔、银箔 |
| | | 电化铝箔 | 电化铝、镭射电化铝、珠光电化铝 |
| | | 粉箔 | 色箔、色片 |
| | 植绒材料 | 绒 | 尼龙绒、聚氨酯绒、棉绒、腈纶绒 |
| | 其他材料 | 特种油墨或色料 | 仿蚀刻油墨、仿冰花油墨、仿磨砂油墨、发泡油墨、凸字油、硅胶、珍珠粉、闪粉（PET 色片） |

续表

| 类别 | | | 常用品种 |
|---|---|---|---|
| 装帧类材料 | 封面材料 | 纸质类 | 胶版纸、铜版纸、卡纸、花纹纸、牛皮纸、复合纸 |
| | | 织物类 | 丝绸、棉布、麻布、化纤织品、丝绒 |
| | | 涂布类 | 漆纸、漆布、PVC 涂布纸、金属涂布纸 |
| | | 其他 | 皮革、再生皮革、塑料 |
| | 书背材料 | 书背纸 | 牛皮纸、胶版纸、皱纹纸 |
| | | 书背布 | 纱布、无纺布、棉布、复合布 |
| | | 堵头布 | 棉、丝、化纤织品 |
| | | 丝带 | 丝、化纤织品 |
| | | 筒子纸 | 牛皮纸 |
| | 书壳材料 | | 纸板、复合板、木板 |
| | 衬纸材料 | | 胶版纸、铜版纸、卡纸、花纹纸 |
| | 其他材料 | | 金属、骨签、木轴、绳、磁铁、色料、木板等 |
| 功能类材料 | 发（匣）光类材料 | | 荧光、蓄光、自发光，反光等 |
| | 感应类材料 | | 温变、感微波、感辐射、电致变色、遇水变色（湿敏）、光致色变、感香、磁性防伪等 |
| | 识别类材料 | | 防涂改、化学加密、压敏等 |
| | 显示类材料 | | 光学可变、镜像变色、液晶等 |
| | 其他材料 | | 激光全息膜、激光全息贴纸，防水、防腐等 |

## 二、书刊装订黏合剂

目前我国书刊装订用黏合剂以热熔胶为主，运用最广泛的是 EVA 热熔胶，而代表发展趋势的是 PUR 热熔胶。

### （一）EVA 热熔胶

EVA 热熔胶是一种热塑性的不需溶剂，不含水分，100% 固体的可熔性聚合物。在常温下为固体，加热熔融到一定程度便成为能流动的且有一定黏性的液体，熔融后的 EVA 热熔胶为浅棕色半透明或本白色的粘结剂。EVA 热熔胶作为一种胶合剂，由于有易贮存保管、固化快、黏着力强、公害低污染少、有再粘性、使用方便等特点，广泛运用于机械化的书刊无线胶粘订。EVA 热熔胶的特点很适合现代化高速生产，具体如下：

1. 易贮存保管。EVA 热熔胶在常温下通常为固体，加热到一定程度时熔融为液体，

一旦冷却到熔点（即软化点）以下，又迅速变成固体。在 0～40℃之间均可贮存，且易保管。

2. 固化快、黏着力强。EVA 热熔胶的胶层既有一定柔性和韧性，又有一定硬度，很合适用机械进行书刊本册的粘结，固化时间只有十几秒，黏着力强，粘结效果好。

3. 公害低污染少。EVA 热熔胶是一种热塑性粘结剂，其液体要在一定温度下才能保证熔化，当低于熔点以下便不能再流动了，所以不会因胶液流失而造成污染。

4. 有再粘性。使用 EVA 热熔胶时，当被涂抹在被粘物上的胶层固化或硬化后，还可以通过再加热熔融软化或恢复其液体状，重新粘接使用。如果遇到所粘书刊本册出现质量问题时，如粘不齐、缩帖等，还可以将胶加热软化将书刊本册修复，以减少损失。

5. 使用方便。使用时，只要将固体胶块放入贮器内加热（或电热板加热），熔融成所需黏度的液体黏剂，并涂抹在被粘物体上经整齐压合后，便可在几秒钟内完成粘结固化，几分钟后就可以达到硬化冷却干燥程度，可进行裁切成册。

## （二）PUR 热熔胶

PUR 胶全称为单组分湿固化聚氨酯热熔胶，是一种反应型的预聚体。当其与空气或基材中的水分接触时，就会在一定时间内快速发生聚合交联反应。

PUR 胶与一些常用的热熔性胶黏剂相比，具有很大的优势，是一种胶体黏合性能好、粘接强度高，且固化后的胶层在非常宽阔的温度范围内都能保持良好状态的环保型胶黏剂。一些先进国家使用 PUR 胶已近 20 年，且应用较为广泛，据了解，PUR 胶的应用份额已占所有胶订书总量的 60% 以上。近几年我国也开始使用 PUR 胶粘结书刊本册和覆膜，但主要用于加工外单，使用地域范围不广。特点如下：

1. 粘结性能好。PUR 胶具有良好的粘结性能，其特点是可以粘结各种类型和定量的纸张（包括卡纸、纸板），对于印刷在纸质承印物上的各种油墨、覆膜、UV 上光表面等都有良好的粘结效果，这是由其分子极性决定的。将黏结好的书册单张页用标准拉力仪器进行测试，其拉力值①一般可达到 9N/cm（EVA 热熔胶标准为 4.5N/cm），可见 PUR 胶粘结性能牢固可靠。

2. 耐温性好。采用 PUR 胶粘结书刊本册和覆膜，既耐高温，又耐低温，承受温度的范围在 -40～160℃之间，适合各地区一年四季使用。这种特性对不同环境温度下的书册生产、储存与翻阅牢固度都没有影响，对产品质量大有好处。这也是改造和使用 PUR 胶的原因之一。

3. 书册平摊性良好。采用 PUR 胶粘结书册具有良好的平摊性，无论任何纸质和厚度的书册，阅读时都能达到平整舒适地翻阅要求。相比 EVA 热熔胶，PUR 胶不但强度高还具有良好的柔韧性。PUR 胶的推荐厚度为 0.3mm（干燥后），超薄的胶层和胶体本身极强的柔韧性使书刊翻阅时，无须用手按压即可摊平展开。

4. 覆膜的透明性好。覆膜用水性即涂方法，EVA 热熔胶用量为 16～18$g/m^2$，PUR 胶用量只有 3～4$g/m^2$。由于用 PUR 胶的厚度小，涂层极薄，提高了印品的图文清晰度，印

① 拉力值，既粘接强度，指两个被粘物在粘接后分离所用的力，此处指书册被粘接后用力将其中书页分开的力。这种力是用牛顿每厘米（N/cm）来表示。

迹更加逼真，效果更好。

5. 环保性强。我国每年使用 EVA 热熔胶黏结书刊本册的用量大致在 15000 吨左右。EVA 主要由天然石油类（占 50% 左右）、松香及松香酯、石蜡等多种成分组成，会造成一定的环境污染，而 PUR 胶则是环保材料，且熔融时采用完全密封装置，能减少资源浪费和环境的污染，符合我国今后材料环保化的发展趋势。

6. 应用可靠。采用 PUR 胶有很好的可靠性，可以让使用者放心操作，主要包括以下几方面。(1) 技术质量优势：不易掉页、散页、粘结牢固可靠；书背不易起皱褶，平整美观；耐温范围广、适用不同地区；翻阅平整、阅读舒服；抗溶剂的浸蚀。(2) 社会环境价值：设备能耗低；减少生态的破坏；节约能源；用胶量少。(3) 经济成本优势：胶料成本与 EVA 相比基本持平；省人工和工时；降低设备能耗；成品率高，能避免客户的投诉；可承接更高要求的外单增加企业效益。

7. 设备改造简单，成本划算。在无线胶订设备上使用 PUR 胶，进行设备改造是非常简单的。只需要在现有胶订设备的上胶与涂胶部位做简单改造，换上喷嘴或胶轮，再配上一套熔胶装置就可成为使用 PUR 胶的胶订新设备。从成本上分析，主要投资在熔胶机和涂胶装置上，进口熔胶机比较贵，国产设备相对便宜很多。

使用 PUR 涂胶的厚度一般只有 0.3mm，虽然 EVA 胶的价格低，但涂层厚（标准规定 1.0 ±0.2mm），PUR 胶的用量只需 EVA 胶用量的 1/4 ~ 1/3。如果再用较高档的 EVA 胶去粘结较厚的铜版纸，那么成本可能比 PUR 胶还高。现在有些平装书刊为了牢固、避免散页，通常采用先锁线后胶包的方式，这样成本就更高了，且工序复杂，延长了生产周期。如果使用 PUR 胶进行加工就会节省大量工时及成本，极大地提高生产效率，增强书刊的牢固性。

# 第三章　印前工艺

## 第一节　基础知识

### 一、文字

印前文字信息处理指的是对客户提供的文字原稿按照客户的要求进行字体、字号、字距、行距、版式设计等，并利用文字信息处理系统输出符合印刷要求的制版软片或纸样的工艺技术。

#### （一）字体

字体是从形体结构系统的角度上对字符系统所做的类型概括，通常一种字体具有统一的风格和特点。文字的字体分为汉字字体和外文字体两种。

1. 汉字字体

具有一个单字本身的构成特点，每个字都有完整的架构，有的像图画或形似象征性的图形的集合。宋体、楷体、黑体以及近代改良宋体的仿宋体，是中文书刊最常用的四种字体。

（1）宋体：字形方正，笔画横平竖直，横细竖粗，棱角分明，结构严谨，整齐均匀，有极强的笔画规律性，阅读时有一种舒适醒目的感觉，在现代印刷中主要用于书刊或报纸的正文部分。

（2）楷体：正楷、正体。从程邈创立的隶书逐渐演变而来，更趋简化，横平竖直，结构上更趋严整。楷书的特点在于规矩整齐，是字体中的楷模，所以称为楷书，通常用于正文或小标题。

（3）黑体：机器印刷术的历史产物，以几何学的方式确立汉字的基本结构（它是构建性的，而非书写性的），其均匀的笔画宽度和平滑的笔画弧度表现出一种稳定、醒目的特征，多用于标题。

（4）仿宋体：是宋体的变体，仿照宋版书上所刻的字体，笔画粗细均匀，字体优美清新，线条流畅，给人以娟细柔美之感，此种类型的字体，适用于文艺类出版物正文。

其他常用字体还有大标宋、小标宋、大黑、中黑、中圆、细圆、草书、舒体、隶书、魏碑、小篆等，艺术类的有雪峰体、彩云体、海报体等近 30 余种，在此不再累述。按字库出品人不同，又分为方正字体、方正兰亭字体、微软字体、汉仪字体、文鼎字体、华康字体等，其字体各具特色。

2. 外文字体

对于外文字体而言，在我国的书刊印刷中最为常用的字体有四种，它们是衬线体（Times New Roman）和非衬线体（Arial）、等宽字体（Courier New）和变宽字体（Century）。此外，在外文字体的每一种字体中又分为Regular、BoldItalic、Bold、italic四种字体族，这四种字体族分别对应的是北大方正排版软件中外文字体的白正体、白斜体、黑正体、黑斜体。对于其他形式的印刷品（如杂志，宣传品）来说，在外文字体的选择上比较富余，也有几十种字体供选择，如方头正、方头斜、花体等字体。

| | | | |
|---|---|---|---|
| Times New Roman | ABCDEFG | Regular | ABCDEFG（白正） |
| Arial | ABCDEFG | *BoldItalic* | *ABCDEFG*（白斜） |
| Courier New | ABCDEFG | **Bold** | **ABCDEFG**（黑正） |
| Century | ABCDEFG | ***italic*** | ***ABCDEFG***（黑斜） |

## （二）字号

字体的大小称为字号，以方形文字为基准，对于长的或扁的变形字则用字的双向尺寸系统来衡量，常用的计量文字大小的方法有号数制、点数制和级数制三种。我国采用号数制解释文字大小，国际上通用点数制来解释文字大小。

1. 号数制

汉字大小定为七个等级，按一、二、三、四、五、六、七排列，在字号等级之间又增加一些字号，并取名为小几号字，如小四号、小五号等。号数越高，字越小。号数制的特点是用起来简单、方便。国内印刷品多采用号数制。

| 正 | 正 | 正 | 正 | 正 | 正 | 正 | 正 | 正 | 正 | 正 | 正 | 正 | 正 |
|---|---|---|---|---|---|---|---|---|---|---|---|---|---|
| 七号 | 小六号 | 六号 | 小五号 | 五号 | 小四号 | 四号 | 小三号 | 三号 | 小二号 | 二号 | 小一号 | 一号 | 初号 |

2. 点数制

点数制是国际上通用的印刷字体大小的计量方法，点（Point）用来计量文字大小，英文的译音称为磅，也可用字母“p”或“pt”来表示。点和国际标准长度计量单位之间的换算关系为：lp = 0.35146mm≈0.35mm；1英寸 = 72p。国外的电子出版软件中多用点数制。

| 正 | 正 | 正 | 正 | 正 | 正 | 正 | 正 | 正 | 正 | 正 | 正 | 正 | 正 |
|---|---|---|---|---|---|---|---|---|---|---|---|---|---|
| 6p | 8p | 9p | 10p | 11p | 12p | 14p | 18p | 24p | 30p | 36p | 48p | 60p | 72p |

3. 级数制

级数制是照排机采用的文字大小计量方法。它是根据手动照排机控制字形大小的镜头齿轮移动来计算，每个齿为一级。“级”也可以用K或j来表示，级和毫米间的换算关系为：1j（K） = 0.25mm = 0.714p，1p = 0.35mm = 1.4j（K）。

## 二、图像

印刷中使用的原稿，大体可以分为实物形式原稿和数字形式原稿两大类。

### （一）实物原稿

实物原稿是指可视的图文信息以有形的实体为载体的一类原稿，如照片、印刷品、反转片、油画、图画等，此类图像一般通过人工绘制和照相机摄取。

### （二）数字原稿

数字原稿是指通过数码相机摄取，或通过绘图软件绘制的图像。常见数字图像文件格式有：

1. 矢量图。也称为面向对象的图像或绘图图像，在数学上定义为一系列由线连接的点。根据几何特性来绘制图形，矢量可以是一个点或一条线，矢量图只能靠软件生成，文件占用内在空间较小，因为这种类型的图像文件包含独立的分离图像，可以自由无限制的重新组合。它的特点是放大后图像不会失真，和分辨率无关，适用于图形设计、文字设计和一些标志设计、版式设计等。

2. BMP。Bitmap（位图）的简写，它是 Windows 操作系统中的标准图像文件格式，能够被多种 Windows 应用程序所支持。

3. JPEG。Joint Photographic Experts Group（联合图像专家小组）的缩写。是最常见的一种图像格式。JPEG 文件的扩展名为.jpg 或.jpeg。其压缩技术十分先进，它用有损压缩方式去除冗余的图像和彩色数据，获得极高的压缩率的同时能展现十分丰富生动的图像。换句话说，就是可以用最少的磁盘空间得到较好的图像质量。因此应用最广泛，是目前相关软件支持的通用格式。

4. GIF。Graphics Interchange Format（图形交换格式）的缩写。顾名思义，这种格式是用来交换图片的，多用于网络传输。

5. TIFF。TIFF（Tag Image File Format）是广泛使用的图像格式。它的特点是图像格式复杂、存贮信息多。正因为它存储的图像细微层次的信息非常多，图像的质量也得以提高，故而非常有利于原稿的复制。

6. PSD。PSD 其实是 Photoshop 进行平面设计的一张“草稿图”，它里面包含有各种图层、通道、遮罩等多种设计的样稿，以便于下次打开文件时可以修改上一次的设计。在 Photoshop 所支持的各种图像格式中，PSD 的存取速度比其他格式快很多，功能也很强大。

7. PNG。PNG（Portable Network Graphics）是一种新兴的网络图像格式。PNG 是目前保证最不失真的格式，它汲取了 GIF 和 JPG 二者的优点，存贮形式丰富，兼有 GIF 和 JPG 的色彩模式。

# 第二节　图文输入

## 一、文字的输入

文字输入方式分为键盘输入，文字自动识别输入，语音识别输入等。

### （一）键盘输入

是指文字录入人员按照特定的编码方式，利用标准英文小键盘输入汉字的方法。利用文字编辑软件输入后，存储形成电子文档，再通过排版软件进行排版输出。随着电脑的普及，现在绝大多数书稿已经是电子文档，可直接用于排版。

为了将各种符号输入计算机或其他设备（如手机）而采用的编码方法称为输入法。汉字输入的编码方法，基本上都是采用将音、形、义与特定的键相联系，再根据不同汉字进行组合来完成汉字的输入的。

常用的文字输入法有拼音输入法、五笔输入法、内码输入法。

拼音输入法是按照拼音规则来进行输入汉字的，不需要特殊记忆，符合人的思维习惯，只要会拼音就可以输入汉字。拼音输入法容易掌握，操作简单，是大多数人选用的输入法。目前主流的拼音输入法主要有搜狗、紫光、微软、谷歌、拼音加加和智能ABC等。

五笔字型输入法是王永民在1983年8月发明的一种汉字输入法，也称为“王码五笔”。五笔字型完全依据笔画和字形特征对汉字进行编码，是典型的形码输入法。五笔输入法是目前中国以及一些东南亚国家如新加坡、马来西亚等国的最常用的汉字输入法之一。五笔输入法相对于拼音输入法具有重码率低的特点，熟练后可快速输入汉字，是专业排版人员常用方式。

内码输入法，即区位输入法。采用内码输入法，只要输入字的代码即可调用相应字。在五笔、拼音等输入法还不太完善时，特殊的字符是需要用内码输入法输入，而现在许多特殊字符可使用输入法所带的软键盘来输入。

### （二）文字自动识别输入

文字自动识别输入是采用图像扫描等输入设备来模拟人的视觉，将记录在物质载体上（如纸张）的文字读人计算机，通过一些预处理，将文字进行数字量化，抽取文字结构特征，通过识别系统给出识别的结果。就目前情况来看，汉字自动识别输入方法主要有汉字印刷体识别和手写体识别两种方法。汉字印刷体识别，简称OCR，现在使用较多，技术也比较成熟，识别率也较高，一般在购买扫描仪时会随机赠送这种识别软件。手写体识别由于手写体因人而异，识别较困，在技术上还有待于进一步提高。

### （三）语音识别输入

语音输入的最终目标就是将人们的语音通过计算机接收、分析和识别形成数字化文字。目前而言这类输入法对发音者发音准确、声调辨识存在难点，应用不太广泛。

## 二、图像的输入

### （一）实物图像

包括传统的照片、文本页面、图纸、美术图画、照相底片、菲林软片，纺织品、标牌面板、印制板样品等人工绘制的图画和通过相机摄取的影像，需要通过扫描仪将光信号变为数字信号数据后才能输入计算机。

### （二）数字图像

包括用数码相机拍摄的照片和由绘图人员利用绘图软件绘制的图像，他们的共同点是以电信号方式存储，与计算机编辑、排版软件兼容。使用更方便，编辑更灵活。电子图库的建立，可以使得图像的获得更为便利。

### （三）印刷图像要求

为了能在印刷时有效地还原图像的质量，转换后的图像还需要注意以下几个指标的合理设置。

1. 分辨率

分辨率是图像主要的技术指标，它决定着图像细节的精细程度。通常情况下，图像的分辨率越高，所包含的像素就越多，图像就越清晰。但分辨率也不是越高越好，当分辨率达到一定数值后，不会使印刷更清晰，反而会加大存储空间。通常图像分辨率在300～600dpi（Dots Per Inch），印刷出片175～300dpi之间便已足够。对于丝网印刷应用而言，一般600dpi就足够了。

2. 锐度

也叫“清晰度”，它是反映图像平面清晰度和图像边缘锐利程度的一个指标。如果将锐度调高，图像平面上的细节对比度也更高，看起来更清楚，使物体鼓起或凹陷表现更好，更有立体感。

3. 反差

图像反差包括亮度差、色反差和反差平衡。只有反差适中，图像才能体现过渡层次，色彩变化会比较多，使照片有深度和立体感。

4. 饱和度

饱和度，指的是色彩的纯度。纯度越高，表现越鲜明；纯度较低，表现则较黯淡，色饱和度表示光线的彩色深浅度或鲜艳度。

# 第三节　图文处理

在传统的印刷工艺流程中，印前需要通过手工方式对设计原稿的图文信息进行制作，要经过植字、画黑白稿、照相制版、电子分色、胶版拷贝等工序完成印前图文信息处理。随着印刷技术的进步，印前制作方式发生了巨大改变。1985年，美国出现的DTP（Desktop Publishing）概念，它最初用于非专业的内部出版印刷，主要是解决出版系统文字编排问题和处理黑白文字制作。随着计算机硬件设备和技术的发展，DTP 处理文件的范围不断扩大，到 20 世纪 80 年代后期，桌面出版系统已由单纯的处理文字信息发展到能处理彩色图像与图文混排及图文信息的输出，形成了较为成熟的彩色桌面出版系统（CDTP：Color DTP）。

## 一、文字处理

### （一）基础的文字编排

用于电脑中的文字格式化与排版。主要是对文字编辑、修改功能，使用者可以很方便地在计算机上进行文字录入，以及对文字内容进行增、删、改、插入、查找、替换、复制、移动等操作。Microsoft Word 简称 Word 是最知名的文字处理软件，在办公室应用较为广泛。近年来 Word 软件的功能不断加强，也可以进行信息输入和基本的图文编排。通常在 Word 中将文字储存为 txt 或 dos 格式，可以送到各种平台的工作站，并与使用的排版设计软件和绘图软件相兼容，便于排版使用。除 Word 外，现有的中文文字处理软件主要有金山公司的 WPS、永中 Office 和开源为准则的 OpenOffice 等。但输出的精度较差，输出设备一般为打印机，适用于办公需要。

### （二）专业的排版系统

专业的计算机排版系统也称之为精密照排系统或激光照排系统，主要应用于印刷厂、输出中心等单位。在这个系统中主要包括计算机、扫描仪、激光打印机、激光照排机、喷墨打印机、CTP 制版机、栅格图像处理器（RIP）等设备。在软件上配置有 Adobe 公司的 InDesign、PageMaker，Quark 公司的 QuarkXpress，北大方正公司的方正、维思、飞腾、蒙泰排版软件、文渊阁排版软件等。方正多用于主要排纯文字（目前已极少用），维思用于简单的图文，飞腾多用于图文混排的报刊排版。对于复杂的版式，Adobe 公司的 In Design、PageMaker 更加适用。InDesign 博众家之长，从多种桌面排版技术汲取精华，如将 QuarkXPress 和 CorelVentura 等高度结构化程序方式与较自然化的 PageMaker 方式相结合，为杂志、书籍、广告等灵活多变、复杂的设计工作提供了一系列更完善的排版功能。

## 二、图像处理

### （一）图形处理

主要是为配合文字说明，有针对性地绘制图形。传统手工绘制图形，需要配合扫描仪，将光信号转换为数字信号，再运用图形处理软件进行精细化处理。而目前更多的图形生成是运用计算机包括 Adobe Illustrator、Corel DRAW、AutoCAD 等绘图软件完成的。这类软件广泛应用于印刷出版、海报书籍排版、专业插画、多媒体图像处理和互联网页面的制作等。

### （二）图像处理

Photoshop 影像处理软件的功能日益强大，其色彩的调整、影像的合成、图片的修饰和处理摄影作品和绘画作品上功能强大，备受平面设计师的青睐。是其他类似软件无可比肩的，也是主流专业图像处理的首选。

## 三、设计排版

### （一）设计流程

1. 明确设计及印刷要求，接受客户资料。

2. 设计：包括输入文字、图像、创意、拼版。

3. 输出黑白或彩色校稿供客户修改。

4. 按校稿修改。

5. 再次出校稿，供客户修改，直到定稿。

6. 客户签字定稿后出菲林（胶片）。

7. 印前打样；送交印刷打样，供客户再次检查是否有问题，如无问题则由客户签字确认，印前设计全部工作即告完成。如果打样中有问题，修改后重新输出菲林。

### （二）版式要求

印刷品，特别是书刊，需要严格的版式要求，以体现其正规性、严肃性。也是质量要求的关键所在。

排版的版式要求是指一个页面中对版面提出的要求，以及版面中各元素（成品尺寸、天头、地脚、切口、订口、版心尺寸、正文、书眉、页码、脚注、图表等）在排版时的要求，全书版式应统一（见图 3 -1）。

1. 版心尺寸

一般是用每页（面、码）多少行、每行多少个字来计量。版心参数有正文字号及字体、每页行数、每页字数、行间距离四项内容。给出了这 4 个基本参数后版心大小也就确定了。版心尺寸受开本太小限制，相互之间有一定的对应关系。

2. 天头

版心上沿至成品幅面上沿之间的空白区域。

3. 地脚

版心下沿至成品幅面下沿之间的空白区域。

4. 书眉

指在正文上方，占一行位置，既起到装饰作用，又方便翻阅。一般有正线、反线或文武线装饰，双码排书名，单码排章名。

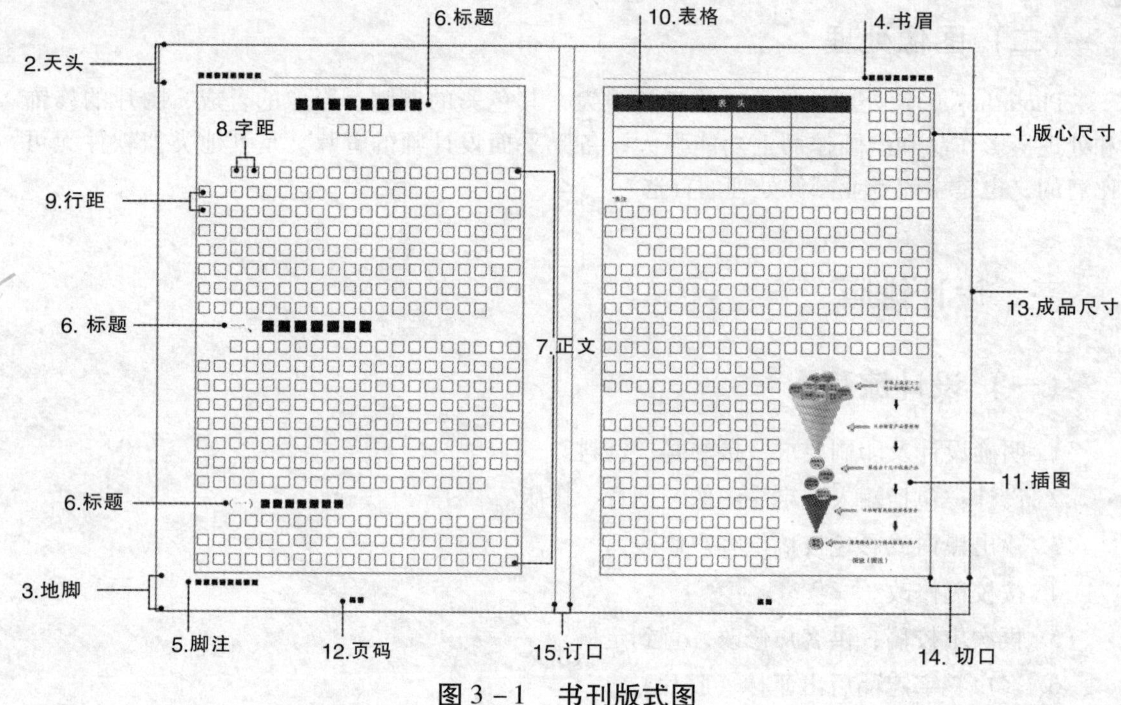


图 3－1　书刊版式图

5. 注

注释或引文，即书稿中引用他人的文字，或需做出的解释和说明。注分为脚注（即将本版面所有注释，编号列于版面下端）、篇后注（将本篇书稿所有注释，集中排于本篇文章之末）、书后注（将全书注释集中排放于正文之后）、行内注（即在叙述文字的行中加入必要的解释）、段后注（即于正文一段文字之后插入所需要的解释）、页末注（即将注释排入一页之后的版面内）。

6. 标题

是反映图书内容的纲要，起挈领作用的文字。根据书稿内容、结构的不同而采用不动层级，各级标题遵循“由大到小，由重到轻，变化有序，区别有秩”的原则，全书各级标题字体、字号前后统一，使图书内容层次分明，方便阅读理解。

7. 正文

书刊的本文，区别于“序言”、“注解”、“附录”等的文字部分。

8. 字距

文字的字距是指书刊、期刊和报纸排版中正文每一个字之间的距离。文字有字身和字芯之分，字身要比字芯大，而印刷字只印刷文字的字芯。所以文字的字号越大，字与字之间的距离也越大。字与字之间的距离为零，称为密排。字与字之间的距离小于零，称为紧缩。字与字之间的距离大于零，称为加宽。

9. 行距

行距是指书刊、期刊和报纸排版中正文每行之间的距离。在文字的排版中，正文的行距一般为正文字号的二分之一。正文文字的字号越大，行距之间的距离也就越大。

10. 表格

又称为表，是一种组织整理的数据的手段，按所需的内容项目画成格子，分别填写文字或数字的书面材料，便于统计查看。若表格内容过多，一个版面难于排下，则可分解排于一个以上的版面，下页表格称“续表”。

11. 插图、插页

插图是图书内容形象的表达，是文字的补充说明。

插页是插图版面超过开本范围的、单独印刷插装在书刊内、印有图或表的单页。有时版面不超过开本，但用不同于正文的纸张或颜色印刷的书页，也叫插页。

12. 页码

是指表示页次的数码，一般排在书籍外切口的下角或上角。书中奇数页码叫作“单页码”，偶数页码叫作“双页码”。通常插图、插表的整页计页码但不显示页码，称为“暗页码”；衬页、扉页、版权页和篇页、无字的空白页不计页码，但需计入全书总页数内。序言、目录的页码另计。对于分册装订的书籍，既可单本计算页码，也可连续计算页码。

13. 成品尺寸

指书刊幅面的规格大小，也叫作开本。

14. 切口

版心外侧边缘至成品幅面裁切边缘之间的空白区域。

15. 订口

版心内侧边缘至成品幅面装订边缘之间的空白区域。

## 第四节　图文的输出

经过计算机排版之后的文字，最终需要通过输出设备进行输出。

### 一、RIP 技术

在由计算机将文字信息输出打印到输出设备之间，还要经过一个中间过程，即图文信息的光栅化处理。称为光栅图像处理器，其主要作用是将计算机制作版面中的各种图像、图形和文字解释成打印机或照排机能够记录的点阵信息，并通过一种“挂网”的算法来体现图像的色彩深浅和粗细程度，然后控制打印机或照排机将图像点阵信息记录在纸上或胶片上（见图3－2）。RIP 通常分为硬 RIP 和软 RIP 两种，也有软硬件结合的 RIP。硬件 RIP 安装在照排机里面，是一台专用于挂网计算的计算机。内置有 RIP 的照排机，其前端输出主机只对计算机文件进行简单的计算或根本不计算就将中间结果和挂网参数等信息传输给它，由它内部的 RIP 系统进行后续计算，由于是专用硬件计算，所以它的计算速度非常快，同时由于与输出部分连在一起，所以输出控制也十分便捷，整个照排系统显得十分高效和稳定。缺点是价格昂贵，添加功能和升级也十分复杂。以前主要是因为计算机的运算速度和存储量有限，无法完成大数据量的运算，所以照排机基本上采用了硬 RIP 的方式。现在计算机的计算速度已经有了明显的提高，RIP 的解释和挂网算法

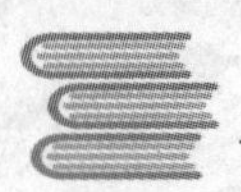



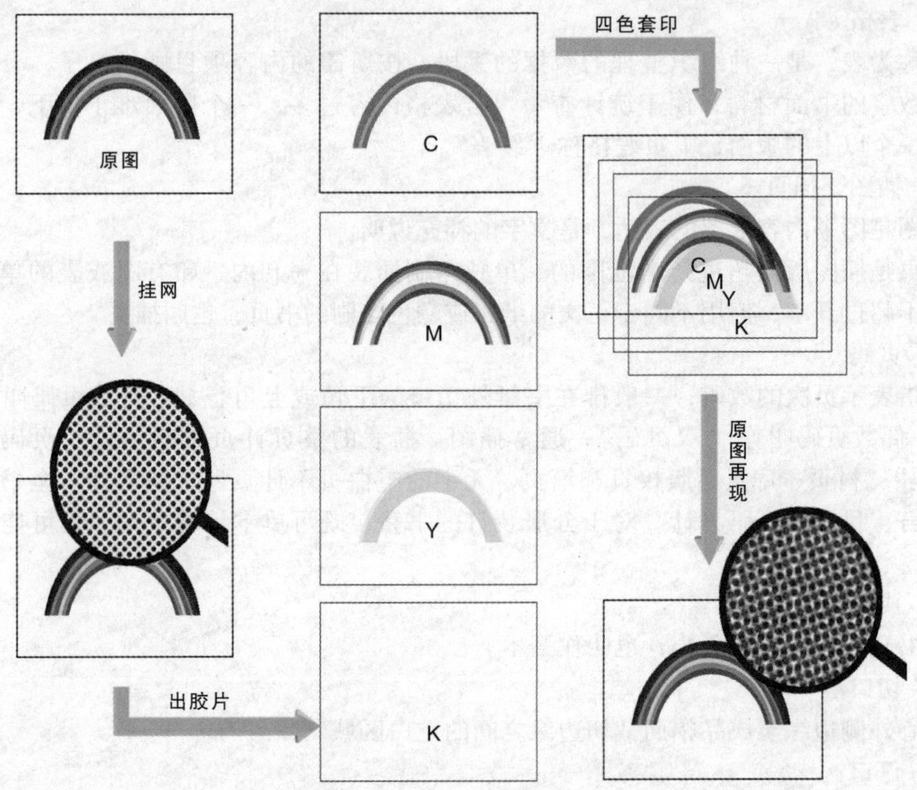


图 3－2　网点与图像再现的关系

也不断改进，所以用软件 RIP 的方式已经能满足照排机输出的要求。软件 RIP 就是一个专用软件，安装在普通电脑中，与其他常见的应用软件一样，在电脑操作系统环境下完成工作。所以它具有安装简单、参数设置方便、功能添加和版本升级十分容易的优点，而且其解释速度也不再落后于硬 RIP 甚至超过硬件 RIP，并且可以随着计算机运行速度的提高而提高，因此已越来越受到用户的青睐。

## 二、色彩模式

常用的颜色模式有 RGB、CMYK。

RGB 颜色模式，即自然光模式。在该模式下，图像的颜色由红、绿、蓝三原色混合而成。当图像中某像素的 R、G、B 值都为 0 时，像素颜色为黑色；R、G、B 值都为 255 时，像素颜色为白色。当 R、G、B 值相等时，像素颜色为灰色，RGB 模式仅适用于屏幕显示。

CMYK 是印刷模式。其图像颜色由青（C）、品红（M）、黄（Y）、黑（K）4 种颜色混合而成的。在数字图像处理时，一般不采用 CMYK 模式，因为该颜色模式下的图像文件占用的存储空间较大，但如果制作的图像需要用于打印或印刷，在输出时可将图像的模式改为 CMYK 模式。定稿后，经 RIP（光栅图像处理器）把版面描述成点阵图像，并分成 C（青色）、M（品红）、Y（黄色）、K（黑色）四色胶片制版。

## 三、加网技术

加网技术即是将图文部分分割成无数着墨面积大小不同或着墨厚薄不同的小点。这种小点叫作印刷网点，网点是组成图像的最小单位。在印刷过程中，连续调和半色调图像都是由网点的疏密来进行调整表现的。而通过将 CMYK 四色的网点混合，则可以表现出无穷多的颜色。

网点分为调幅网点和调频网点。简单地说，调幅网点的网点密度是固定的，通过调整网点的大小来表现色彩的深浅，从而实现了色调的过渡。而调频网点的网点大小是固定的，它是通过控制网点的密集程度来实现阶调。网点越大，密度越高，则着墨越多，网点 100% 覆盖，称为“实地”；反之则着墨浅，甚至网点 0 覆盖，为“空白”或“纸色”。

此外，印刷时还需要注意网点大小、网点形状、网点角度、网线精度等因素的调控。

## 四、输出设备

激光打印机：激光打印机是照排系统的主要输出设备之一。因其输出影像质量低于照排机，所以主要用于输出校对样张，也可用于制作轻印刷系统的制版原稿。

激光照排机：激光照排机是计算机排版系统的主要输出设备，照排的胶片经过冲洗加工，即可用于制版。

直接制版机（Computer to Plate，缩写 CTP 也称为 CTP 制版机）：是指通过激光光束直接对印版扫描曝光，让计算机中的数字页面在印刷版版材上直接成像的设备。直接制版机是在计算机排版发展到一定阶段的产物。在计算机直接出软片之后水到渠成而出现的一项新工艺。由予它免除了软片、显影等传统印刷的工序，受到印刷界的普遍青睐。直接制版机出现初期价格昂贵，让印厂让而却步，但近年来价格的亲民化，使其成为主流的印前输出设备。

# 第五节　印刷制版

印刷制版是印前的工艺流程之一，是将原稿复制成印版的统称。有将铅活字排成活字版，以及用活字版打成纸型现浇铸成复制凸版和将图像经照像或电子分色获得底片，用底片晒制凸版、平版、凹版等一系列的制版方法。传统的制版工艺与其他流程相比，自动化程度相对较低，手工工序较多，主要依赖于操作工的经验。随着 CTP 和数字化印刷制版技术的普及，传统制版工艺将逐渐退出市场。

## 一、制版分类

目前，经过数字化印前系统处理并组合好版式的图文信息，是以数字页面的形式存储的。用于印刷的输出途径有多种。

### （一）间接制版

是通过激光照排机输出用于制版的加网分色的胶片，即 CTF 工艺（Computer to Film），再用胶片去晒版（将胶片上的图文信息通过光学晒像的方法晒制在印版上），然后即可上机印刷。

### （二）直接制版

计算机直接制版（Computer to Plate，简称 CTP）是指将计算机中的数字页面通过成像设备，由激光光束直接对印版扫描曝光，输出成像到印刷版版材上的工艺过程。包括两种路径：

1. 通过直接制版系统直接制作出印版，即 CTP 工艺（Computer to Plate 即脱机直接制版），再进行印刷。

2. 通过在机直接制版印刷系统输出印刷品，即 Computer to Press（如 DI 印刷机）。

### （三）无版或直接印刷

是通过数字印刷系统直接输出印刷品，即直接印刷，包括数字印刷（Computer to Print/Paper）和数码打样（Computer to Proof），分别得到数字印刷品和数码样张。

## 二、工艺比较

计算机直接制版分为脱机直接制版和在机直接制版两种方式。脱机直接制版简称为 CTPlate，是采用单独的直接制版机，完成从计算机中的数字页面向印版的转换；在机直接制版简称为 CTPress，是采用与印刷机一体的印版照排机完成从计算机中的数字页面向印版的转换，通常又被称为直接成像印刷机（即 DI 印刷机）。

计算机直接制版工艺是一种更精确的工艺，制版前被复制的图文信息以数字页面的形式存储在各种存储器中，便于保存和修改，而制版操作采用计算机控制的激光束曝光成像。使得网点边缘更清晰、图像清晰度更高、尺寸精度更高，能满足高品质印刷品的要求。与传统的平版制版工艺（Computer to Film，简称 CTF）相比，CTP 制版工艺不但省去了传统激光照排的软片成像、拼版、晒版和 PS 版显定影处理等一系列工艺过程和相应的出片、冲洗设备，还用数字化技术取代了传统的模拟技术或模拟/数字混合技术，既节约了材料，避免了菲林显影处理液的污染，又简化了制版工艺过程，大大提高了工作效率，因此 CTP 技术被誉为印刷领域的一次技术革命。

另外，与传统的 CTF 制版工艺所采用的机械打样方式不同，在计算机直接制版工艺流程中，必不可少地有一个数字打样的过程，只有通过数字样张来检查将要输出的页面，在确保数据文件没有任何问题后，才能进行印版的输出。因此，计算机直接制版 CTP 工艺的全程是一个数字化的工作过程。

计算机直接制版工艺所使用的版材称为 CTP 版材，所使用的直接制版机又叫作印版照排机（Platesetter），而光源一般采用激光（波段范围从红外激光、可见光到紫外光）。CTP 版材是 CTP 技术的核心部分，与传统的制版过程相比，CTP 版材显著的印刷适性是

传统版材所不能比拟的，如网点质量。由于 CTP 技术使得印刷过程趋于简单，印刷速度快，提高了复制信息的高保真性。因而对 CTP 版材的研究开发呈上升趋势，出现了很多类型的 CTP 版材。

# 第六节　图文的再现

## 一、打样

打样是印刷生产流程中一个不可缺少的工序，是联系印前与印刷的关键环节，对印刷质量控制、印刷风险与成本减少至关重要。

### （一）打样的目的

打样的目的主要包括以下两个方面：第一，检查印前工序中可能出现的错误；第二，为正式印刷提供样张和标准。

打样工序既可以看作是制版的后工序对印版的效果进行检验，又可以作为印刷的前工序模拟印刷进行试印，为印刷寻求最佳的匹配条件并提供墨色标准。因此打样不仅可以检查印前在设计、制作、出片、晒版等过程中可能出现的差错，而且能为之后的印刷提供依据和标准。

### （二）打样的作用

打样作为沟通制版和印刷桥梁的手段，其最基本的作用就是在实际印刷前获得彩色校准用的样张，为客户提供印刷产品的实际模拟的效果。具体而言包括以下几方面：

1. 确认彩色复制的质量，并作为客户认可复制效果的依据。

2. 作为实际印刷参照的标准。打样为正式印刷提供墨色、网点再现范围等参考数据及实际印刷的标准参照样张。

3. 可作为小批量复制的实际印刷品。

## 二、打样分类

打样按照印刷工艺的不同可分为胶印打样、凸印和柔印打样、凹印打样、网印打样；按照实用目的的不同可分为版式打样、彩色打样、合约打样和远程打样等；按照打样方式的不同可分为硬打样（如机械打样、感光材料打样）、软打样（如屏幕打样）；按照打样技术水平的不同可分为传统打样（如机械胶印打样）、数码打样。

目前，生产中最常见的打样是传统的机械胶印打样，随着印前技术及相关技术的发展，开始采用打印机进行版式打样与彩色打样，并向专业数码打样方向发展。以下主要就传统的机械打样和数码打样两种打样方法加以介绍。

### （一）机械打样

机械打样俗称传统打样，是先将印前输出的原版软片晒制成打样印版，再将印版安装到传统的机械打样机上，按适当的色序进行套印打样。它是在与印刷条件基本相同的条件下，把印版上的图文油墨转移到承印物上，印刷少量样张的方法。传统打样与正式印刷的过程有很多相似之处，如打样用的纸张、油墨、版材需要与印刷用的材料相一致；打样色序和印刷色序相一致等。以胶印打样为例，打样机也是利用油水不相溶的原理进行印刷，不同之处在于传统打样机是圆压平的印刷方式，而印刷机多采用圆压圆印刷方式。这种打样方式是最传统的也是较可靠的一种打样方法，它使用与正式印刷机相似的设备、印版、纸张和油墨。打样机一般都是单色或双色机，自动化程度不高，需要较高的操作技能和经验，而且必须事先制作印版。打样机打样效率低，需要恒温恒湿环境控制，成本较高。

## （二）数码打样

所谓数码打样，就是把数字印前系统制作的页面数据，不经过任何形式的模拟手段输出软片或制版而直接通过彩色打印机输出样张，以检查印前工序的图像页面质量，为印刷工序提供参照样张，并为用户提供可以确认签字付印的印刷依据。数码打样分为软打样和硬打样。软打样是将数字页面直接在计算机显示屏上进行显示，它能够做到与计算机处理实时显示，具有速度快、成本低的优点。但因为是加色法显色原理，而且材质和观察条件也与实际印刷品相差较远，此为缺点。硬打样如同计算机彩色喷绘一样，直接将数字页面转换成彩色硬拷贝。由于计算机图像处理和模拟、控制技术的进步，尽管纸张和呈色剂都与实际印刷不完全一样，但数字硬打样已经可以做到与实际印刷品效果非常接近，高质量的产品相似度可达到95%以上。

## （三）机械打样与数码打样的对比

1. 图像再现性能

彩色图像再现性能包括图像、线条和文字的阶调范围、实地或饱和色的密度或色度、灰平衡、层次曲线的还原性。

在数码打样时，彩色管理软件通过测量需模拟印刷的标准文件色块和所配打印机的标准文件色块，分别得到ICC格式的数据，经彩色管理系统软件计算，建立打样过程所需的特性校准文件Profile。这样，所有需打样的页面图像文件，只要送至数码打样系统，就能输出与后续印刷相匹配的打样样张。无论印刷用什么样的纸张和油墨，数码打样系统均可模拟。如果说目前各种不同数码打样系统在打样质量上还有微小差别的话，这主要反映了它们所配套的彩色管理软件的性能差别。

而在机械打样中，由于菲林感光材料的特性导致网点线性的不稳定和不可控，再加之PS版树脂感光材料在晒版过程中的不稳定性，以及机械打样机在速度、压力、压印方式等方面均与实际印刷不同，以至于机械打样很难精确模拟实际印刷。

2. 分辨率

由于数码打样系统通常采用喷墨打印或激光打印技术，一般输出的是调频网点或连续色调结构，因此只要有600dpi以上的输出分辨率，其打样的样张即可达到调幅网点150lpi的效果。现在大多数彩色打印机均可达到这样的图像分辨率。

新一代数码打样系统的RIP可以输出与实际印刷效果一致的调幅网点，因此要求打

印机有更高的分辨率。目前，印厂普遍使用的大幅面喷墨打印机中，EPSON 喷墨打印机输出分辨率最高可达 2880dpi，HP 喷墨打印机最高可达 2400dpi，输出与实际分辨率效果一致的调幅网点图像是没有问题的。但从实际网点结构来看，样张上的网点边缘没有实际印刷网点清晰，只不过用肉眼看不见这种微细差别，人们需要的是整个图像的视觉分辨率与印刷相同即可。

3. 稳定性与一致性

由于数码打样系统是由数码页面文件直接送至打样系统，在输出样张之前，全部由数码信号控制和传输，因此无论何时输出，哪怕时间相隔数周、数月甚至数年，同一电子文件输出的效果是完全一致。当然这种稳定性的前提是彩色打印机硬件性能，如喷墨的墨滴大小、墨水和承印物等能保持一致。

对于传统机械打样技术，除了纸张、油墨、PS 版应该保持稳定以及打样设备的状态如版台"压力"、纸台"压力"、橡皮布和衬垫的高度、水辊和墨辊的压力等应保持正常外，机械打样的效果还受环境条件、墨量及其均匀性、水墨平衡等诸多因素影响，打样过程中相连样张的实地密度无法保持一致，更不用说还取决于操作人员的水平等人为因素了。

相对于机械打样，数码打样几乎不受环境、设备、工艺等方面的影响，更不受操作人员的影响，其稳定性、一致性较为理想。

4. 输出速度

很长时间以来，数码打样系统的输出速度一直是该技术能否普及推广的瓶颈。直到市场上出现大幅面、高分辨率喷墨打印机后，输出一张大对开（102cm × 78cm）720dpi 样张的时间，需要 40 分钟以上，这还不包括 RIP 解释的时间。现在同样幅面、相同分辨率的样张的输出时间，有多种机型可在 5 分钟之内完成，这样的样张输出速度，远远快于传统打样的时间。

5. 打样幅面

过去，一般高性能数码打样系统多为 A3 幅面。随着喷墨打印机硬件分辨率和速度的逐步提高、墨盒容量的加大、不停机更换墨盒技术的应用，大幅面输出的喷墨打印机层出不穷，目前已有输出幅宽达 1. 5 米以上的数码打样系统，各种幅面的机型完全可以模拟各种印刷机幅的效果。

6. 系统成本

机械打样系统不仅需要昂贵的打样设备，而且还需配套约 $50m^2$ 以上的打样室并配备空调设备等，同时还需要输出分色片、晒版的支持，打样成本相对较高。而数码打样系统的只需配置彩色打印机、控制计算机以及配套 RIP 和彩色管理软件。一套大幅面（大对开）的数码打样系统，售价不超过 12 万元。虽然耗材（如墨水、专用打印纸）目前还较贵，但输出同样幅面，同样数量的样张（以 4 张计算），总成本仍比机械打样便宜。随着墨水成本的降低、仿专用打印纸的推广，数码打样的成本将会更低。

同时，数码打样系统所占空间非常小，不需要严格的环境条件。由于不经输出分色片、晒版、机械打样等工序，不仅大大缩短印前设计、制作、打样的总周期，节省了大量的原材料，而且还可以避免机械打样时样张错误，重新返工造成工时和材料的浪费。

7. 人员素质要求

机械打样需要经验丰富、素质较高的操作人员，在作业量大时，还需倒班换人，这不仅会带来打样质量不稳定，而且也增加了生产成本。而数码打样系统一般不需要专人，只要制作设计人员懂得正确使用打样控制计算机即可。另外数码打样系统可以 24 小时不间断地工作，所有这些都是机械打样不能比拟的。

数码打样在刚面世时，印刷界很多人都不看好。随着时间的推移和技术的逐渐成熟，大家的观念也在改变，尤其是随着 CTP 在国内逐渐由概念到真正实施，对数码打样产生了很大的推动作用。从长远看，随着数码打样技术的发展，数码打样技术替代机械打样技术是一种趋势。

机械打样与数码打样的对比也可参见表 3 - 1。

表 3 - 1　机械打样与数码打样对比表

| 打样类型 / 比较项目 | 机械打样 | 数码打样 |
|---|---|---|
| 样张一致性 | 一般 | 较好 |
| 输出速度 | 较慢 | 较快 |
| 打样幅面 | 较为固定 | 较为灵活 |
| 打样成本 | 较高 | 较低 |
| 人员要求 | 较高 | 无特殊要求 |
| 其他 | 需要分色片输出<br>晒版配套<br>占地面积大<br>环境要求高 | 直接打样，不需晒版配套<br>占地面积小<br>无特殊环境要求 |

# 第七节　印前检查

打样确认后，在正式批量印刷之前，还应进行以下几项印前检查，以保证批量成品的质量。

## （一）纸张的质量

首先检查纸张的规格（纸张类型、尺寸、定量）是否符合生产通知单的要求，然后检查纸张的含水量。纸张的含水量对胶印质量来说尤为重要，在印刷时，纸张在一定的时间和环境条件下，吸收水分量和释放水分量相等，要避免纸张过度吸潮产生荷叶边和纸张脱水产生的紧边以及正反面含水量不同导致的卷曲等现象发生。

环境的湿度变化影响纸张的含水量。环境相对湿度每变化 ±10%，纸张的含水量也

变化±10%；相对湿度不变，温度每变化±5℃，纸张含水量变化±0.15%。所以，印刷车间温度一般控制在23℃～25℃，相对湿度45%～65%，季节不同，温度可以有一定的变化。

### （二）油墨的选择

在油墨的选择上，要根据印刷的需求，由印刷纸张和印刷色序来确定所用油墨的色相。若原色墨不能还原印样的要求，就需调配专色墨。

油墨的黏性和流动性可根据实际需求来调节，当环境温度高时，油墨应稠一些；纸张结构疏松、表面粗糙、吸墨性好时，油墨可适当稀一些。同时应根据版面着色的面积，印品的尺寸大小和印数来确定调配专色的用量，调少了会出现二次调配的色差问题，调多了会造成浪费。

最后还应根据印刷环境温度、纸张的性能、油墨的性能确定加入燥油的用量。铜版纸、胶版纸比新闻纸燥油用量多，当环境温度低，湿度高时，燥油用量相对也多。

### （三）润版液

在使用润湿液时，应根据油墨的种类、油墨的性质、印版的结构、燥油的用量、车间的环境温度与湿度、纸张的特性、印刷机的印速来确定和控制润湿液的PH值。

### （四）印版的复核

为了避免印版上机后出现问题，在上机前应进行印版复核。其内容包括：印版的种类、印版有无划痕、背面有无异物、印版的色别、规格、各种色标、规矩线以及图文网点的质量等。

### （五）色序的安排

通常四色胶印印刷色序采用黑、青、红、黄或黑、红、青、黄，但为了达到印刷的最佳效果，色序安排应综合考虑印刷机、油墨、纸张等要求，如暗色先印、亮色后印；透明性弱的油墨先印、透明性强的油墨后印；原稿以暖调为主的印件先印黑、青，后再印红、黄；原稿以冷色调为主的印件先印红、后印青；干燥慢的油墨先印，干燥快的油墨后印等。

### （六）橡皮布的状态

橡皮布的安装应注意表面平整，平均误度不能超过±0.04mm，各处张力一致，均匀地包裹在衬垫外，而且不能歪斜。如安装不当会产生套印误差，降低印版耐印力等问题。如遇到印灰底白板等厚纸压坏橡皮布则会有“凸包”现象发生，导致印刷油性下降，转移网点不实等问题，这时就应及时更换。

### （七）衬垫的种类

衬垫是印版滚筒和橡皮滚筒的填充物质，又称包衬，起校正滚筒压力的作用。一般分为硬性、中性和软性三种。它们都具有不同的挤压形变值和弹性。要根据设备的精度

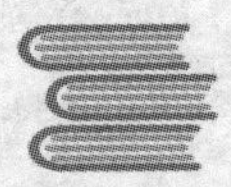


和设备的磨损程度来选择适合的衬垫。印前需检查衬垫的选用是否得当，以保证印刷质量。

以上七项检查完毕后，印刷机操作人员在控制台前，对油墨进行预设，经反复打版使规线套印准确，印墨平稳，确认印样与打样一致后，方可批量印刷。

# 第四章 印刷工艺

在印刷技术的发展进程中，各种不同方式的印刷纷呈异彩，在不同领域里发挥着各自的优势。

印刷的分类方法有多种，可根据印刷品色彩和承印物分类，也可根据版材及印刷机种类分类。最常见的是以印刷的版面结构划分为平版印刷、凸版印刷、凹版印刷、丝网印刷、柔性版印刷、数字印刷等印刷方式。

## 第一节 平版印刷

平版印刷是使用平版（即图文部分与非图文部分基本上处于同一个平面的印版）进行的印刷。分为石印、胶印及珂罗版印刷，其中胶印的运用最为广泛。

### 一、平版印刷的起源及发展

平版印刷术相对于其他印刷方式而言发展较晚，从发明到现在才 200 多年。1798 年，塞纳菲贝德（Alois Senefelder）利用油水相斥的原理在平面上印刷，用脂肪性油墨将文字反写于石版上，再涂上硝酸与树胶液后上墨印刷，这就是最早的平版印刷。

平版印刷术自发明以来，主要经历了以下三个方面的工艺进展：

1. 版材：石版→玻璃版→铜、锌金属版→铝金属版。石版术现保留为一种绘画画种—石版画。玻璃版（珂罗版）现保留在文物真迹的复制阶段。铜、锌版基由于金属结晶较粗，分辨力受限，亲水性也较差，所以已被铝版基所取代。

2. 制版方式：手工描绘→重铬酸感光胶体系→重氮感光胶体系。手工描绘方式现仍用于美术石版画的创作。重铬酸感光胶体系原来应用于铜、锌版和蛋白版、锌版 PVA 平凹版，由于重铬酸胶的毒性和暗反应缺陷，已被淘汰，现在广泛应用重氮感光胶制作 PS 平版。

3. 印刷方式：直接平印→间接胶印。平版印刷发明时，是采用直接印刷方式，即用感脂性墨条在石版上描画反向图文，空白部分经过亲水化处理后，印刷时先用水润湿版面，然后用墨辊滚墨，印墨只能附着在图文亲墨部分，在版面放置白纸后，施压，印版图文部分油墨转移到白纸上。

### 二、平版印刷的原理与工艺

平版印刷是运用水油相斥原理，在同一平面印版上有亲油图文部分和亲水的非图文

部分，先用润湿液润版，然后再用油墨润湿印版的图文部分，形成一定厚度均匀的墨膜，在印刷机压力的作用下，印版上有网点的图文部分被压印到橡皮滚筒上，橡皮滚筒又将油墨网点再转印到承印物上，完成平版印刷（见图4－1）。

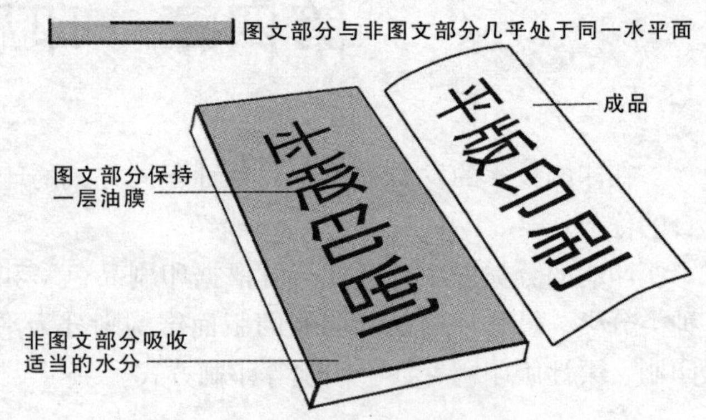


图4－1　平版印刷原理示意图

现代平版印刷是间接印刷。由于当印刷版面上的油墨和水转印到纸张时，纸张会吸水而变形，因此人们将印版滚筒上的印纹先转印至橡皮滚筒上，再转印至纸上，又由于橡皮滚筒只吸油墨而不吸水，且有一定的弹性，在一定压力的作用下即使是粗糙有凹凸肌理的特种纸张，也能较好地印刷。平版印刷运用网点重叠、并置的手段，以CMYK色套印来还原现实的色彩，套印精准，稳定性好，使印品的品质得到了保障。

平版印刷工艺流程如图4－2所示。

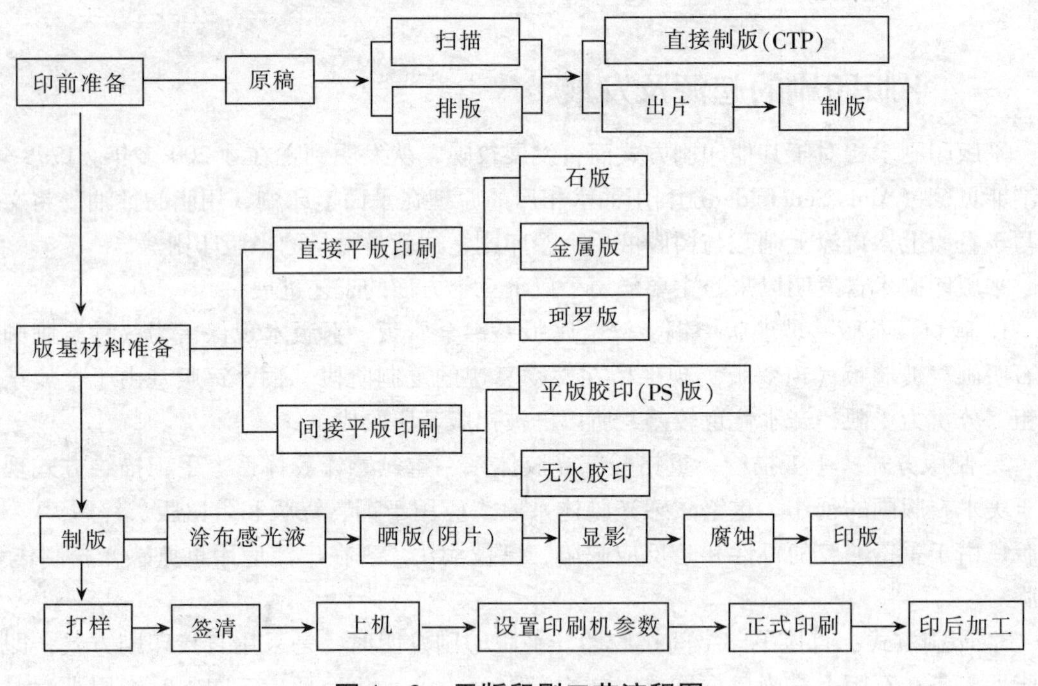


图4－2　平版印刷工艺流程图

# 第二节　凸版印刷

凸版印刷是用凸版（图文部分凸起的印版）进行的印刷。凸版印刷由于印版上的图文部分明显高于空白部分，可以附着较厚的油墨，通过较大的压力（柔性版印刷除外）将油墨压入纸面的微孔中，在纸张上印出印纹。

## 一、凸版印刷的起源及发展

凸版印刷是历史最为悠久的一种印刷方法。距今1300多年前，我国发明的雕版印刷术，就是应用凸版进行印刷。宋代毕昇发明胶泥活字，继而王祯设计木刻活字、轮转排字架、华燧首创铜活字技术后，德国人谷登堡创造的铅合金（铅、锑、锡合金）活字版技术奠定了现代印刷术的基础。20世纪70年代以前，凸版印刷主要使用铅合金活字版、复制铅版印刷，不仅劳动强度大，而且环境污染严重。80年代以后，一直沿用的铅合金活字排版工艺逐渐被激光照排和感光树脂版制版工艺取代，凸版印刷又得到了新的发展。尤其新型的柔性版印刷工艺，使传统的凸版印刷有了重大突破。

凸印产品具有轮廓清晰、笔触有力、墨色鲜艳的特点，目前更多地运用于艺术类、有价证券类的印刷。如运用保留至今木刻水印继承发展了我国古老的饾版技术，采用人工雕刻木质凸版，用水性颜料在宣纸上进行套印，复制连续调的水墨画和彩墨画，能绝妙地保持国画原作的笔调、气韵和风格，达到乱真的效果，故闻名于世界。

## 二、凸版印刷的原理与工艺

在凸版印刷中，印刷机的给墨装置先使油墨分配均匀，然后通过墨辊将油墨转移到印版上，由于凸版上的图文部分远高于印版上的非图文部分，因此，墨辊上的油墨只能转移到印版的图文部分，非图文部分则没有油墨。印刷机的给纸机构将纸输送到印刷机的印刷部件，在印版装置和压印装置的共同作用下，印版图文部分的油墨则转移到承印物上，从而完成一件印刷品的印刷（见图4－3）。

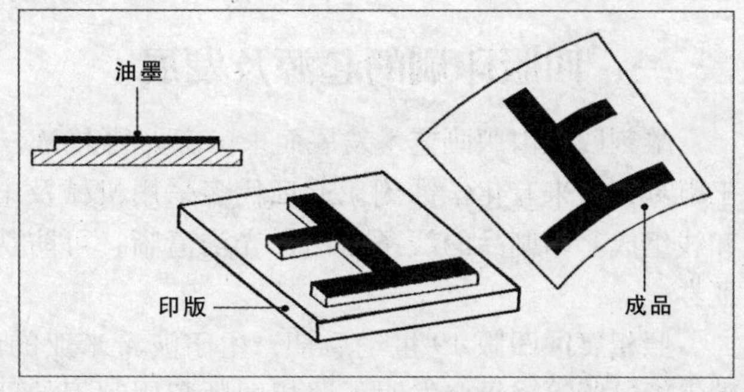

图4－3　凸版印刷原理示意图

凸版印刷的工艺流程，如图 4－4 所示。

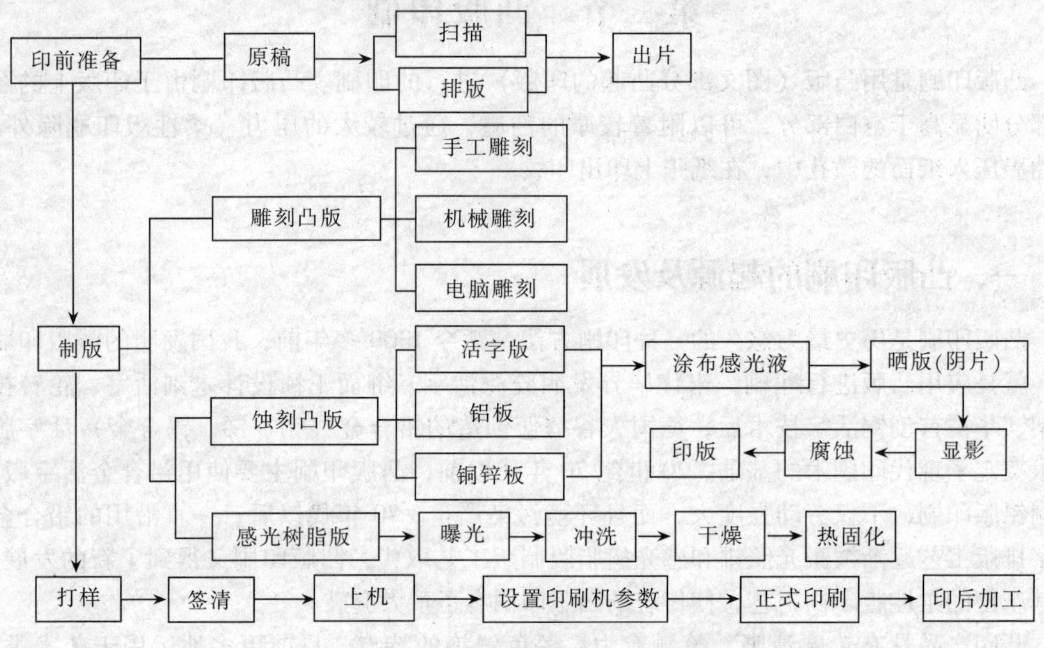


图 4－4 凸版印刷工艺流程图

## 第三节 凹版印刷

凹版印刷是用凹版（图文低于非图文部分的印版）进行的印刷。印刷时全版着墨，然后刮拭版面，使仅在图文部分留有油墨，转移到承印物上，成为印刷品。

### 一、凹版印刷的起源及发展

雕刻凹版由版画艺术发展而来。意大利人 M · 菲尼圭拉于 1452 年发明。起初全是手工雕刻，后来有化学蚀刻，近现代多采用机械及电子雕刻。版面由深浅和粗细不同的点和线组成。印刷品的线条略凸，光洁清晰，可防伪造，故多用于印刷钞票、邮票等有价证券。

照相腐蚀凹版 19 世纪后期，生于波希米亚的画家 K · 克利克，运用前人的照相术、碳素纸过版等成果，发明了照相凹版和用刮刀的凹版印刷方法。版面图文的着墨部分为有规则排列的细小孔穴（网穴），一般呈正方形，大小相同，但深浅不一，容墨量不同。其印刷品墨色厚实，并能取得与原稿图像色调层次完整一致的印刷效果，是凹版印刷用得最普遍的一种，所以也称为传统照相凹版。半个多世纪以来，已发展了几种新的照相腐蚀凹版，如参照胶印网点结构，其着墨孔穴大小不同，而深浅一致或不一致，印刷质量较好。

电子雕刻凹版 20 世纪中期，开始有凹版电子雕刻机，它用扫描头和电脑控制的钻石刻刀，在滚筒上刻出图文的着墨孔穴呈倒金字塔形，大小和深浅都有变化。其印刷质量

不亚于照相腐蚀凹版，并具有操作简单、制版时间短、无废液处理问题等优点。

近代凹版印刷的印版大都制作在圆滚筒表面，采用圆压圆的印刷方式。通常压印滚筒在上，印版滚筒在下。印版滚筒下部浸在油墨槽中，版面从槽中取得油墨（也有用墨泵喷墨或由浸在墨槽中的墨辊传墨给版面）。墨槽上方设有薄钢片刮刀压在印版滚筒表面，刮除版面上无图文处的油墨（也有用逆向旋转的揩墨辊揩拭的）。留存于版面图文着墨孔穴（或线）内的油墨，在转到两滚筒相切处时转移到通过该处的纸（塑料膜、铝箔等）上，印出图文。

## 二、凹版印刷的原理与工艺

印刷时，先使整个印版表面涂满油墨，然后用特制的刮墨机构，把空白部分的油墨去除干净，使油墨只存留在图文部分的网穴中，再在较大的压力作用下，将油墨转移到承印物表面，见图4－5。

凹版印刷的工艺流程，如图4－6所示。

图4－5　凹版印刷原理示意图

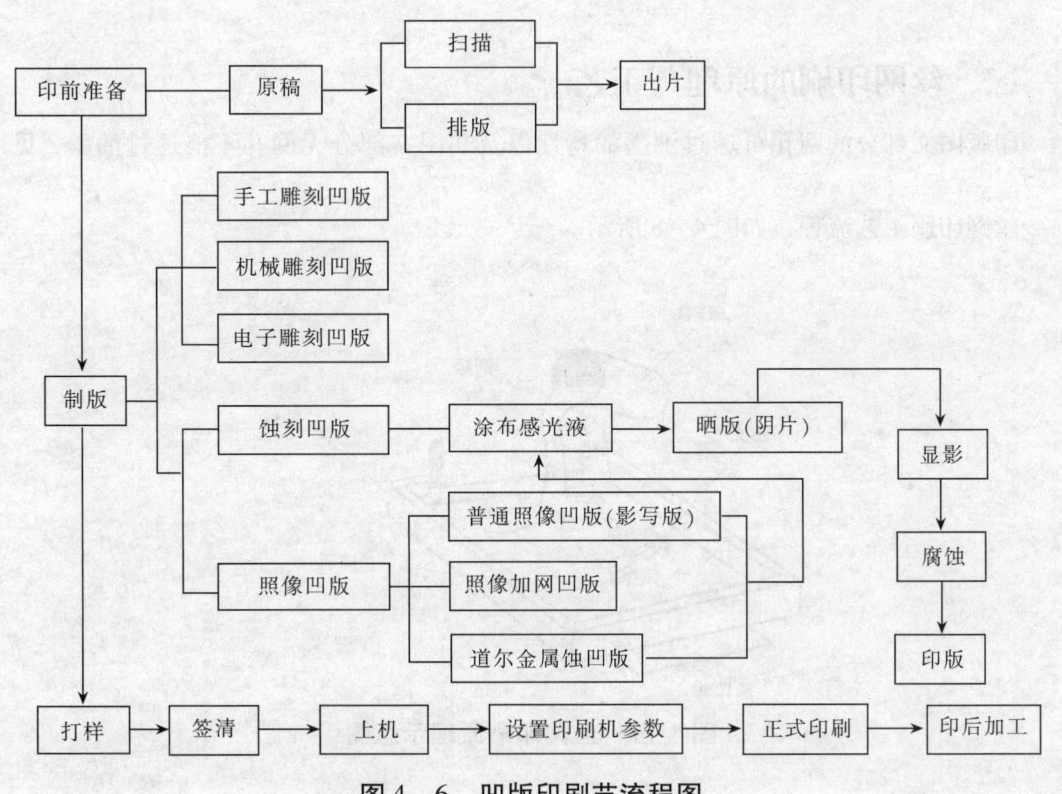


图4－6　凹版印刷艺流程图

# 第四节　丝网印刷

丝网印刷即印版呈网状，印刷时印版上的油墨在刮墨板的挤压下从版面通孔部分漏印在承印物上的印刷。

## 一、丝网印刷的起源及发展

源于秦汉时代的夹缬印花工艺，距今已有2000多年的历史，东汉时已有相当水平的夹缬蜡染产品，到了唐代印花工艺有所革新，即在印刷版底部绷上网，从此夹缬印花工艺发展为网印印花。唐代宫廷衣裙上的图案已能用网印工艺印刷了，并且图案精美细致，之后，网版印刷技术开始向日本传播。到了宋朝，丝网印刷又有了发展，开始在网印用的染料里加入淀粉类的胶粉，调成浆料进行印刷。使用浆料印刷改进了原来使用的油性涂料，用这种浆料印制的印品显得更加绚丽多彩。国外许多研究网印的学者不得不承认，丝网印刷法是中国的一大发明。1905年英国人萨姆埃鲁·希文研究出了使用丝绸网的印刷方法，并取得了专利。以后，美国人约翰·布鲁斯瓦斯设计出丝印多色套印法，用于广告牌的印刷。20世纪40年代以后，网版印刷开始采用感光材料制版，提高了图文的精度。

## 二、丝网印刷的原理与工艺

印版图文部分的网孔可透过油墨的特性以及非图文部分无网孔不能透过油墨，见图4－7。

丝网印刷工艺流程，如图4－8所示。

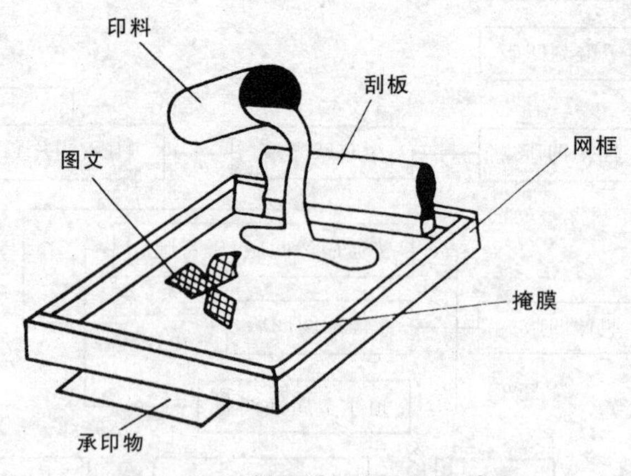


图4－7　丝网印刷原理示意图

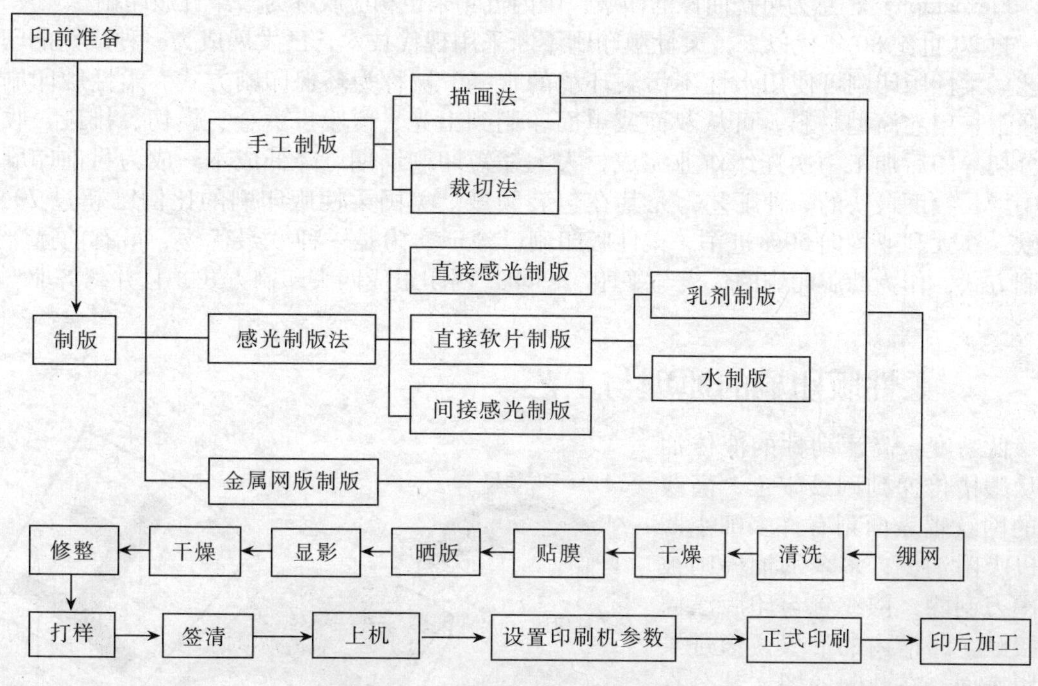


图 4－8　丝网印刷工艺流程图

## 第五节　柔性版印刷

柔性版是利用光敏树脂版的凸印版，将油墨传递到承印品上的印刷工艺。柔性版印刷也属于凸版印刷中的一类，并兼有胶印和凹印的方式和特点。

### 一、柔性版印刷的起源及发展

柔性版印刷作为特殊的凸印方法，最初称为“苯胺印刷”。以用苯胺染料制成的挥发性液体色墨而得名。

使用苯胺印刷的确切时间无从考证，有的资料说源自德国，有的资料说源自英国，但实际公认的第一台苯胺印刷机是 1905 年英国人豪威研制的。此发明于 1908 年 12 月 7 日授予英国专利 16519 号。由于当时采用手工雕刻橡皮版，只能印些大字、大色块简单图案、粗糙简单的产品，以至此技术徘徊了 30～40 年。

20 世纪 30 年代出现了玻璃纸，其透明无吸收性，既轻又薄，不能用凸版、平版印刷，凹印费用又高，而苯胺印刷可以胜任又可进行卷筒印刷而受到人们的重视。20 世纪 50～60 年代聚乙烯薄膜的出现，并大量应用于包装上，进一步促进了苯胺印刷的发展。

由于苯胺油墨采用有毒的煤焦油作为制墨的原料，苯胺染料产生的颜色虽很鲜艳，但易褪色，致使当时的苯胺印刷的应用受到很大的限制。随着苯胺印刷技术的日渐成熟，印刷方法、使用设备和油墨的不断完善和改进，油墨专家为其研制出新的油墨，不再使用煤焦油作为生产原料，易褪色的苯胺染料被不易褪色、耐光性强的染料或颜料所代替，因而苯胺印刷这一叫法也就没有意义了。1952 年 10 月 21 日美国包装学会第 14 届学术讨论会上正式改名

为"Flexography"，意为可挠曲性的印版，国内近年来也相应改称为"柔性版印刷"。

自20世纪80年代以来，柔性版印刷不断采用现代技术，已发展成为一种成熟的印刷工艺。柔性版印刷可使用水性不污染环境的水墨，被称为环保印刷方式。柔性版印刷设备通常采用卷筒型材料，可从双面或单面印刷到上光、覆膜、烫金、模切、排废、收卷或分切等印后加工一次连续作业完成，大大缩短印刷周期、降低成本。成为目前印刷工艺中增长幅度最快的一种工艺，尤其在包装领域。美国柔性版印刷的比例已超过70%，西欧、澳大利亚均向50%进军，柔性版印刷已被证实为是一种"最优秀、最有前途"的印刷方式，作为凸版印刷的代表与平印、凹印、网印组成四大印刷方式，且并驾齐驱。

## 二、柔性版印刷的原理与工艺

低黏度、高流动性的液体油墨从墨槽传递到网纹辊上，高线数的网纹辊表面刻有许多细小凹槽以吸附油墨，多余的油墨则被刮墨刀刮除，网纹辊与印版滚筒相接触，凹槽内的油墨便滚过柔性版表面，在凸起的图文部分在印版滚筒与压印滚筒的轻压力作用下，将印版中的油墨转移到承印物表面上（见图4-9）。

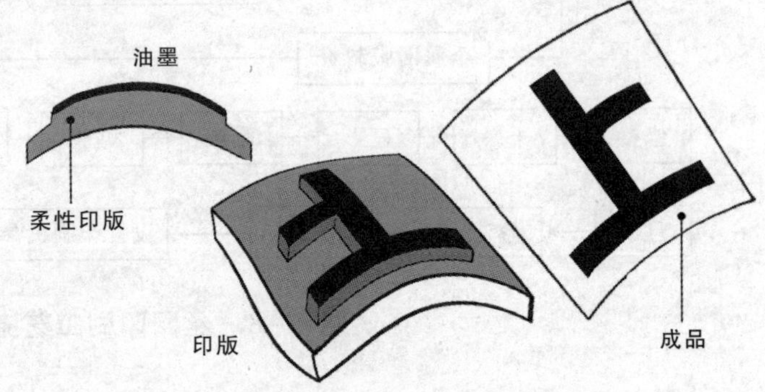


图4-9　柔性版印刷原理示意图

柔性版印刷工艺流程，如图4-10所示。

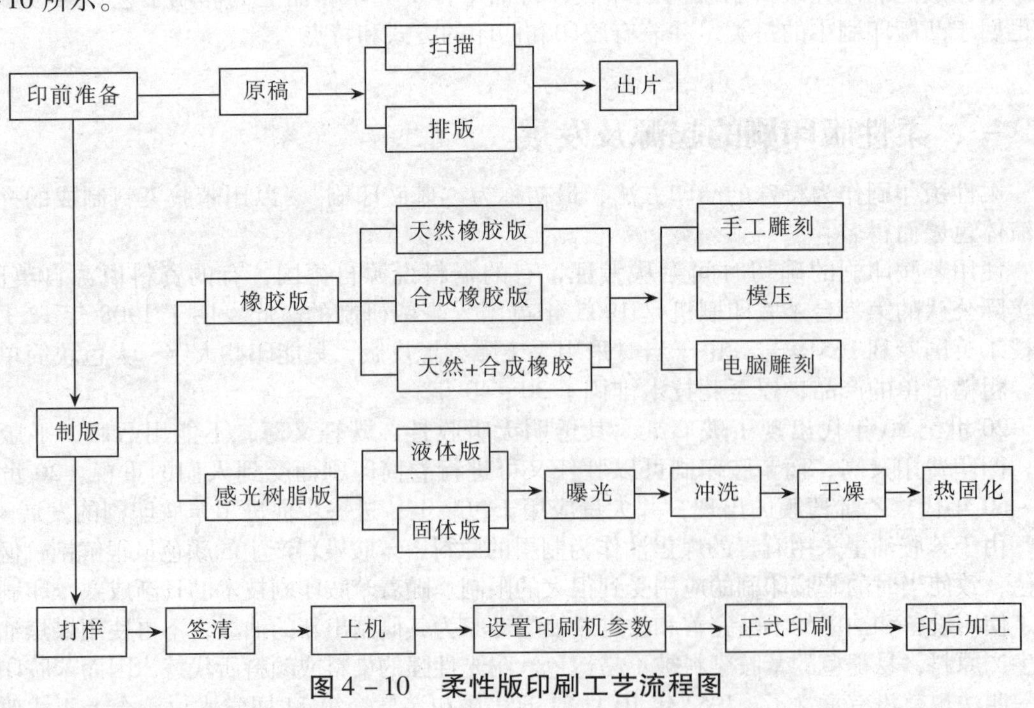


图4-10　柔性版印刷工艺流程图

# 第六节　数字印刷

是将原稿上的图文信息，通过计算机数字化信息处理以后，直接转换成印刷品的一种印刷方式。在数字印刷过程中，不需印版，所以又称为无版印刷或直接印刷。

## 一、数字印刷的起源及发展

随着计算机、网络以及光盘为代表的数字技术、网络技术和新媒体技术在印刷产业中的广泛应用，印刷的产业技术基础正在悄然发生一场革命性的变化，传统的模拟印刷正在被数字印刷取代。数字印刷技术是20世纪90年代发展起来的，是一种不需网片和印刷制版的全新的印刷技术，简化了传统印刷工艺中繁琐的工艺环节，形成一种快速、经济、适合于短版的模式。

## 二、数字印刷的原理与工艺

数字印刷系统是由计算机印前处理系统和数字印刷机共同组成。其工作原理是操作者将原稿图文数字信息或数字媒体的数字信息或从网络系统上接收的网络数字文件输出到计算机，在计算机上进行创意，修改、编排成为客户满意的数字化信息。经RIP加网装置处理，成为相应的单色像素数字信号传至激光控制器，发射出相应的单色激光束，由感光材料制成的印版滚筒，经感光后形成可以吸附油墨或墨粉的图文，然后转印到纸张等承印物上。数字印刷主要采用数字成像技术，根据其成像的物理或化学原理可以分为以下几种：静电照相成像，喷墨成像，磁记录成像，离子成像和热敏成像等。其中静电照像成像和喷墨成像技术应用最多，技术最为成熟，被广泛应用于印刷系统中。

数字印刷机的工艺流程，如图4－11所示。

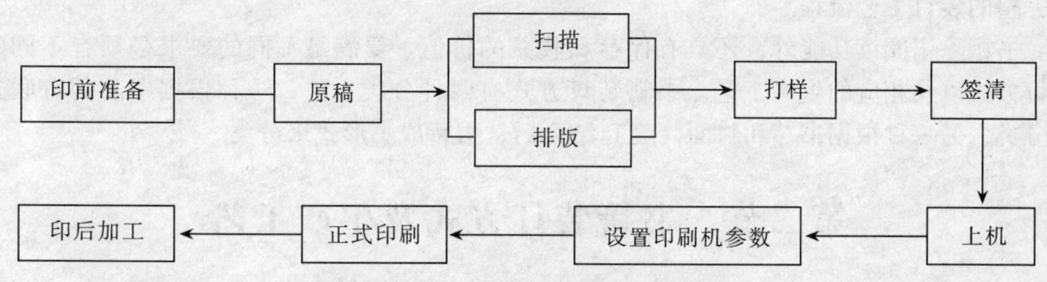


图4－11　数字印刷机工艺流程图

# 第五章　印后加工工艺

## 第一节　书籍装订简况

### 一、书籍装订方式及发展

书籍装订技术起源于印刷术发明之前，大约在3000年前的殷商时代，它是随着人们对文字的发明和使用而产生的。我国书籍装订的形式，大致上由龟册、简策的简单装订开始，经过卷轴装，发展成为经折装、旋风装、蝴蝶装、包背装、线装等古代装订形式。现代的装订主要是平装、精装和骑马订装等形式。每一种装订形式都经过了漫长的变化过程，而每一种装订形式，每一个变化又因当时的经济文化条件、书籍的制作方法、使用的材料不同而各具特色。

### 二、书籍装订方式的分类

书籍由两个主要部分书芯和封面组成。书芯由书帖按照帖码顺序，配集串订成册。无论采用有线或无线的串订方法，均称为书芯订联。书芯订联在书刊装订工艺流程中属于前半部分加工过程。与此同时，平装书封面裁切或精装书封面制作也开始配套进行，为平装书包封面或精装书的套合做好准备。当书芯与封面结合在一起，加工成书籍后，就完成了对书装订工艺流程后半部分的加工。书芯订联、封面准备及两者的结合，组成了完整的装订工艺流程。

书籍除了阅读功能外，还具有保存和收藏的价值。要满足不同的要求必须有不同的装订方式以及相应的生产工艺。书籍装订方式有两种分类方法，一种根据书芯的订联方式分类，另一种根据书芯和封面（壳）结合后，书籍成书形式来分类。

## 第二节　书籍装订方式及生产工艺

### 一、书芯订联方式及生产工艺

常见的书芯订联方式主要有平订、锁线订、骑马订、塑料线烫订、锁线胶背订和无线胶背订6种。

#### （一）平订

平订是将配好的书帖相叠后在订口一侧离边沿五毫米处用线或铁丝订牢。按订书所

用材料的不同，有“缝纫平订”和“铁丝平订”两种方式。

缝纫平订使用工业缝纫机，以线为订书材料。铁丝平订使用订书机，以铁丝为订书材料。因铁丝易锈蚀以致书页松散，现已少用。平订须占用一定宽度的订口，书页只能呈“不完全打开式”，书刊太厚则不容易翻阅，所以平订一般适用于书页不到 100 张的书刊，现在这一工艺已基本被淘汰。

### （二）锁线订

锁线订又称“串线订”，是将配好的书帖用线逐帖串订成书芯。装订时，依次将每一书帖“骑”在锁线机上，用带线的订针顺序订穿每一书帖的居中折缝将各页连缀，同时锁线穿梭而过将各帖书页“锁”紧成册。因订线在书页居中折缝处，书页可呈“完全打开式”。锁线订适用于书页较多的书刊，但书背上订线较多，因而平整度较差。

### （三）骑马订

骑马订是将封面与正文的书帖在订书机上成“骑势”套叠后，用铁丝在左右两页相连的书帖居中折缝处穿过，将封面连同正文书帖一起订牢。骑马订的工艺流程短，出书快，成本低。但是，由于书页仅仅依靠两个铁丝钉联结，而且铁丝易生锈，所以牢度较差。骑马订一般只适用于期刊或页数较少的图书。

### （四）塑料线烫订

塑料线烫订是预先单独订合各书帖再胶粘连帖的订联方法。在折页机进行最后一折之前，在每一书帖的居中折缝线上塞进一根特制的 N 形塑料线，并使其两根订脚穿透各个书页后外露；再在订脚处加热，使塑料线熔化沿折缝与书帖粘合；然后进行最后一折，形成已由塑料线烫订牢的单独书帖。最后，把配好的各帖书帖用无线胶背订方式连成书芯。

### （五）锁线胶背订

锁线胶背订也称“锁线胶粘订”，是将“锁线”和“胶背”两种方式结合起来的订联方式。装订时，先用“锁线”法将书帖订连起来，再用“胶背”法粘牢。这种方式兼备两种订联方式之长，较为牢固。

### （六）无线胶订

无线胶订也称“无线胶粘订”，是将书帖或书页完全用胶黏剂粘合。装订时，先将排好次序的若干书帖捆紧，并将书帖居中折缝边打毛，再横向锯出若干条一定深度的沟槽，然后涂布胶水，待胶水渗透、干燥，书页就被粘牢。这种订联方式可用于书页较多的书刊，书背平整度也较好。但是，如果胶水的黏度不强或施胶不当，书页容易脱落。

## 二、书籍成书形式及生产工艺

根据书籍的成书形式，通常分为精装、平装和骑马订三个基本类型，而不同的成书形式其生产工艺也不同。

## （一）精装

精装是现代书籍的主要装帧形式之一（见图5－1）。是书刊装订加工中比较精致的装帧方法，装帧工艺复杂。精装一般以纸板作为书壳，其面层用纸、布、麻丝、漆布等材料，经装饰加工，烫印上彩色文字或图案后做成硬质封面。书芯经加工后，书背成为圆弧形或平直形。硬质封面和书芯两者营合，构成造型美观，挺括坚实，翻阅方便的精装书籍。

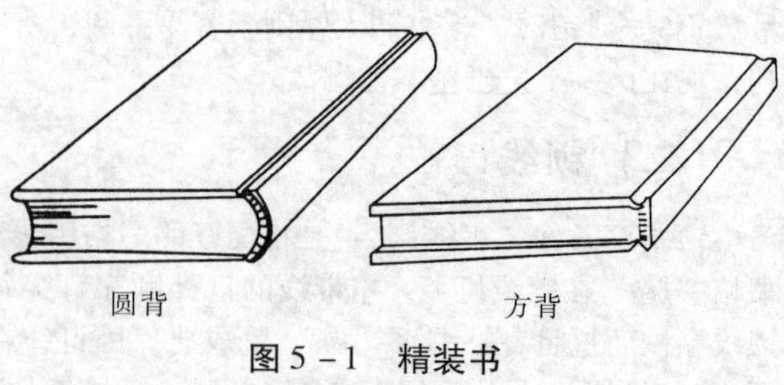

图5－1　精装书

精装书籍的加工一般用机械来完成。除用各种单机外，还有精装书芯加工联动线及效率较高的精装联动线。对于规格、用料特殊，印数很少的精装书籍，仍用手工来完成。

精装书籍的加工流程见图5－2。

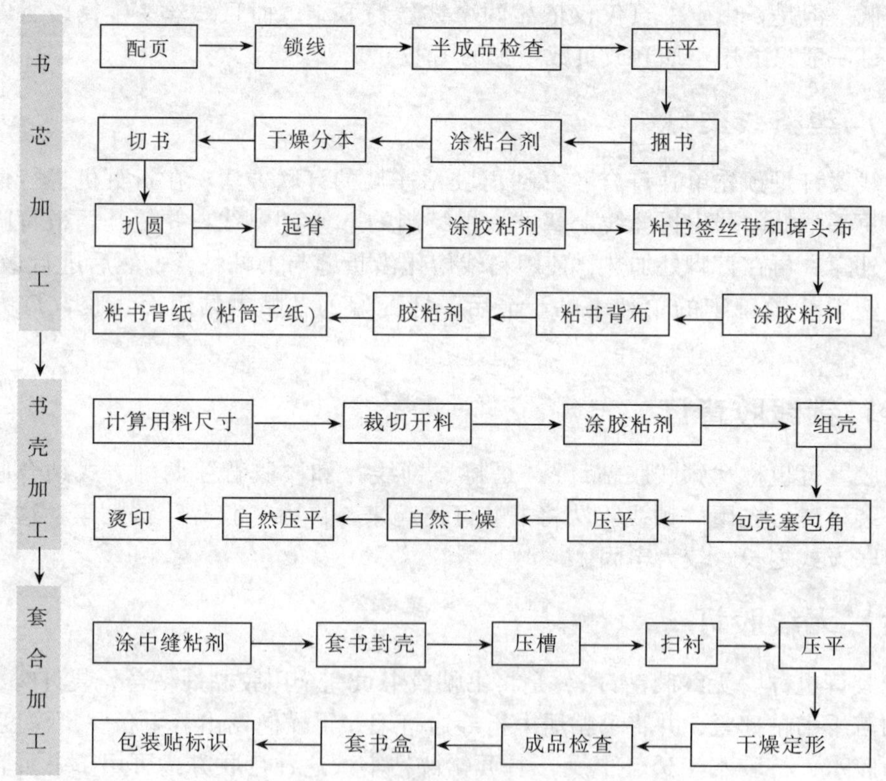

图5－2　精装书籍加工流程图

1. 精装书籍的形式

精装书籍的形式常以书芯书背加工的形状、书壳的外形及结构、书芯与书壳套合的形式进行分类。

（1）书芯书背的形状

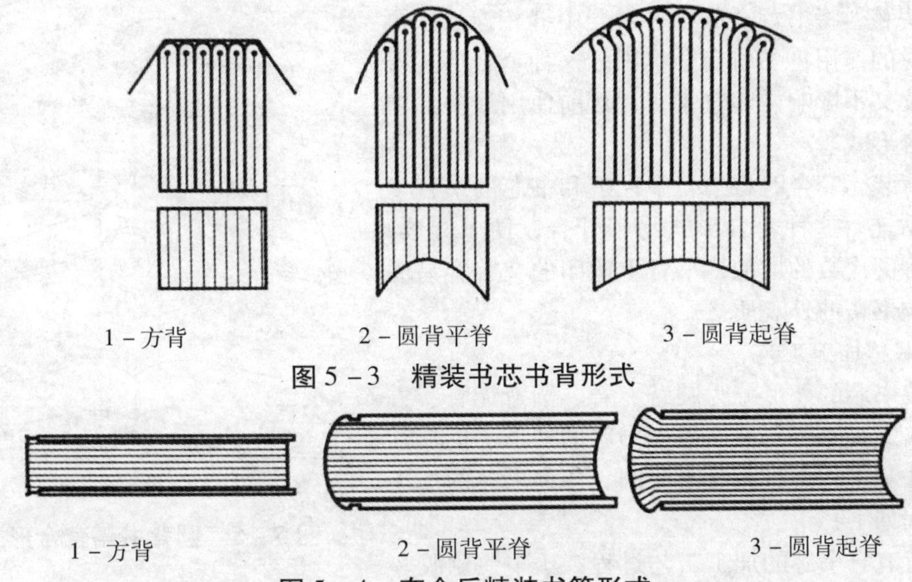


图5－3　精装书芯书背形式



图5－4　套合后精装书籍形式

书芯书背的形状分为圆背和方背（或称平背）二种。根据是否起脊①，圆背可分为起脊圆背和平脊圆背；而方背一般不起脊。（见图5－3、图5－4）

（2）书壳外形

①方角、圆角、包角书壳

将书壳纸板前口两角切成圆形的为圆角书壳；不切圆角、切口边互相垂直的为方角书壳，方角书壳加工方便，但易损坏；圆角书壳加工较麻烦，但使用圆角不易损坏；包角书壳则是在书壳的前口两角上包上皮革或织品，纸面书壳多用包角，用织品包上书角可以延长书籍的使用寿命。

②整面书壳和接面书壳

用一整块表面材料糊制的书壳为整面书壳。表面材料不是一整块，而是封面和封底用一种材料，书腰用另一种材料拼粘的书壳为接面书壳。

（3）书壳套合形式

①方背书芯套合形式

方背书芯套合的形式分为两种，第一种为方背假脊，即用与书芯厚度加上两块封面纸板厚度相同的中径纸板镶在书背后形成书脊的形式。第二种是方背平脊和方脊，即按书芯的厚度糊上中径纸板，套合时压出阶梯的形式称为方脊，不压出阶梯的形式称为平脊。

②圆背书籍套合形式

圆背书籍套合形式分为硬背装、腔背装和柔背装（见图5－5）。

硬背装。套合时将书壳中径部分粘上硬质纸板后再与书芯后背纸直接粘连，这种形式虽然可以保持书背上烫印文字的耐久效果，但由于书背被中径纸板固定，翻阅时不易

① 起脊是在扒圆的书脊部加工出一条隆起棱线的工艺。书籍前后封与书背的连接处称为书脊。

摊平。

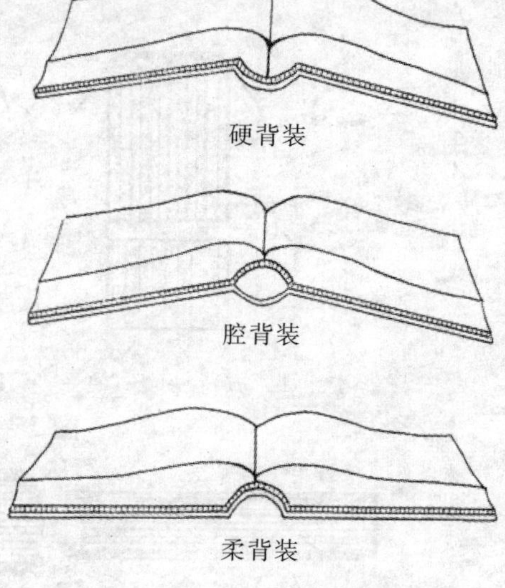


**图 5－5　圆背书籍套合形式**

腔背装。将书背脊部与书封壳中缝相连接，再利用环衬的作用将书册套合牢固。这种套合形式既方便阅读又不影响烫印效果，是目前使用最多的精装书套合形式。

柔背装。套合时将书壳中径纸和书芯的书背卡纸直接粘连。这种套合形式易于开合，便于阅读，但随着翻阅次数的增加，书背上烫印的文字容易脱落，影响书籍的外观质量。

2. 书芯加工工艺

精装书芯的外形分为圆背有脊、圆背无脊、方背和活络式套壳等几种，由于书芯的外形不同，其加工方法和工艺流程也各不相同。各种书芯的加工工艺过程如下：

圆背有脊书芯的加工工艺过程：压平→刷胶→干燥→裁切→扒圆→起脊→刷胶→粘纱布→粘堵头布、书背纸→干燥。

圆背无脊书芯加工工艺过程与圆背有脊书芯的加工方法完全一样，只是省去起脊工序。方背书芯的加工工艺过程则省去了扒圆、起脊两道工序。如果是活络套式书芯，在压平后需经裱卡、干燥，而后按照圆背无脊书芯加工工艺进行。

（1）压平

压平就是将经锁线成册的书芯压平实的过程。压平是在专用的压平机上进行的。经压平以后，使书芯与书背的厚度一致，整书厚度比原来变薄，并且平整、结实，为书背的刷胶、烘干工序打下定型基础。

（2）刷胶

压平后的书芯进行第一次刷胶，其作用是在保持书背的可塑性、柔韧性的前提下，使书芯初步定型，书芯和书背成为一个结实的整体，为下一工序加工时书芯不致发生相互移动，保持书背的形状，并提高成书的牢度和耐用性。书芯刷胶可以用手工刷胶和机械刷胶两种方法。

（3）裁切

精装书芯经刷胶，待基本干燥后用单面切书刀或三面切书刀，按书刊的开本尺寸进行裁切。

（4）扒圆

经三面裁切后，将书芯的背部做成圆弧形，成为圆背精装书芯的加工，称为扒圆。

扒圆后书芯的各个书帖以至书页都均匀地相互错开微小距离，使书芯的前口和订口的折缝处成为均匀的半圆形。这样因锁线订使书背变厚的问题，在圆背凸出处得以解决，平衡了锁线书芯的书背和切口处的厚度，改变了书芯的外形。圆背书芯易于翻阅摊平，同时也给书壳与书芯的连接提供了方便，增强了连接牢度。

（5）起脊

将扒圆后书芯的书背与环衬连接处加工出脊垄，形成沟槽的过程称为起脊。起脊也

是为了防止扒圆后的书芯回圆变形的一种书芯加工工艺方法。

起脊的目的是压实书背，将扒圆的书脊揉倒；通过两边凸起的脊垄，可以确保扒圆所形成的圆弧形态，一方面起定型作用，一方面也美化书籍的外观。此外，沿凸起的脊垄可以压出清晰的槽沟，使书壳易于开合，在翻阅书页时，减少纸张对书背、胶层的弹性作用力，因而也增加了书芯的牢度。

(6) 贴背

贴背，又称“三粘”。指在书芯背上粘纱布、堵头布、书背纸的工序。

贴背对书背的最后加固起着非常重要的作用。书芯经扒圆起脊后，书背产生了较大的变形，如不采取有效措施，扒圆、起脊后的书芯很快就会恢复原形。因此，在书背上涂以胶液，粘上纱布、堵头布、书背纸，以使书芯的外形固定，并使帖与帖之间、书壳与书帖之间的连接牢度提高，使上书壳后的书籍美观耐用。

贴背可以手工完成，更多的是用书芯贴背机完成。贴背的工艺过程是：刷胶→贴纱布→二次刷胶→贴堵头布及书背纸。

(7) 裱卡

裱卡是指在活络套书芯的两面粘上硬质卡纸（纸厚约 0.5mm，一般为灰、黄纸板）的加工工艺。贴硬质卡纸有两种方法，一种是将硬质卡纸粘在上下环衬上；另一种是将卡纸直接粘在订口上。裱卡后的书芯经压平、干燥、三面裁切制成光本书芯，然后再进行书芯加工。

使用时，将卡纸塞在塑料封面的套层内，成为可以自由装拆的活套精装书刊。

3. 书壳制作

(1) 精装书壳的结构

精装书壳分为整面书壳和接面书壳两种（见图 5-6）。

整面书壳是由一张完整的封面材料制成（如全布面、全纸面）。接面书壳的封面材料不是一整块，通常是封面和封底用一种材料，书腰用一种材料并接而成（如布腰纸面、皮腰布面和包四角的封面）。

常用的裱面材料有绸缎、人造革、漆布、塑料纸、各种织物及纸张等。里层材料，即组成前、后封的材料，多采用纸板。中径纸用厚纸或纸板。

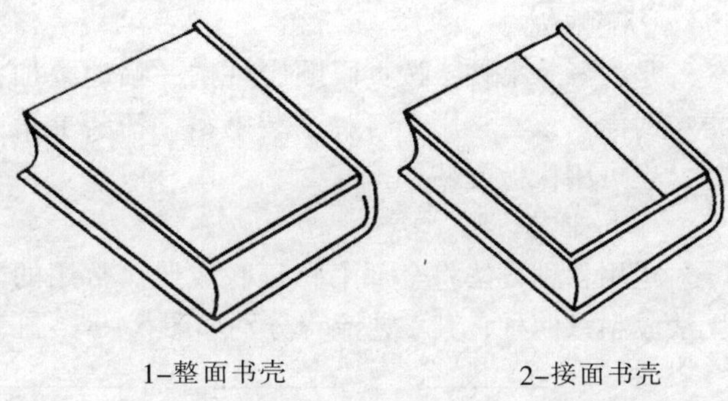

1-整面书壳　　2-接面书壳

**图 5-6　精装书壳**

书壳在展开平放时，前后封中间的距离叫中径。前后封的硬纸板与中径纸板中间的距离叫中缝，也称隔槽、书槽。

4. 上书壳

把精装书芯和书壳套合在一起，经刷胶使其粘合固定的工艺称为上书壳。上书壳是制作精装书籍的最后一道工序。精装书壳与书芯的套合有三种方法：普通式、筒子式和套合式。普遍采用的方法是普通式上书壳法，其他两种方法较少使用。

## （二）平装

平装书的装订工艺分为书芯加工和包封面。

1. 书芯加工

（1）折页

把印好的大幅面的书页，按照页码顺序和规定的幅面折叠成书帖的过程，称为折页。任何书籍的装订，几乎都首先要把大幅面的书页经过折叠成书帖，才能供下道工序工作。

折页的方式，大致可以分为垂直交叉折页法、平行折页法、混合折页法。根据书帖不同的折叠方法，还可分正折和反折、单联和双联等各种不同的形式。

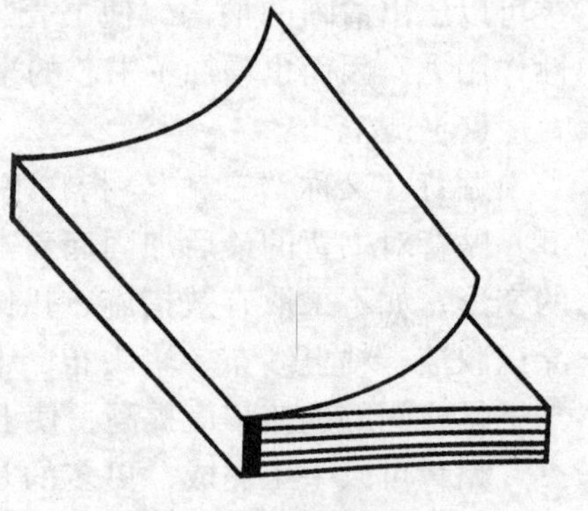

图5－7　平装书

（2）配帖（配页）

将折叠好的书帖，或者根据版面需要在某些书帖上或书帖中，按照各种书刊装订的要求，经过粘页后，以页码顺序配齐各版、各页，使之组成册的工艺过程，称为配帖或配页，又称排书。

各种书刊，除单帖成本外，都必须经过配帖的过程才能成本。配帖的方法有套帖法和配帖法两种。

①套帖法

是将一个书帖按页码顺序套在另一个书帖的里面或外面，成为一本书刊的书芯，最后把书芯的对面套在书芯的最外面，供订本成书。一般用于期刊或小册子，而且常用骑马订方法装订成册。

②配帖法

是将各个书帖，按页码顺序一帖一帖地叠加在一起，成一本书刊的书芯，供订本后再包封面。该法常用于各种平装书籍，精装书籍或无线胶粘订的书刊。配帖可用手工配帖，也可用机械配帖。

（3）书芯订联

运用各种方法将全部书帖订联成册。常用的方法有：铁丝平订、缝纫订、锁线订和无线胶粘订四种，其工艺流程分别如图5－8、图5－9、图5－10和图5－11所示。

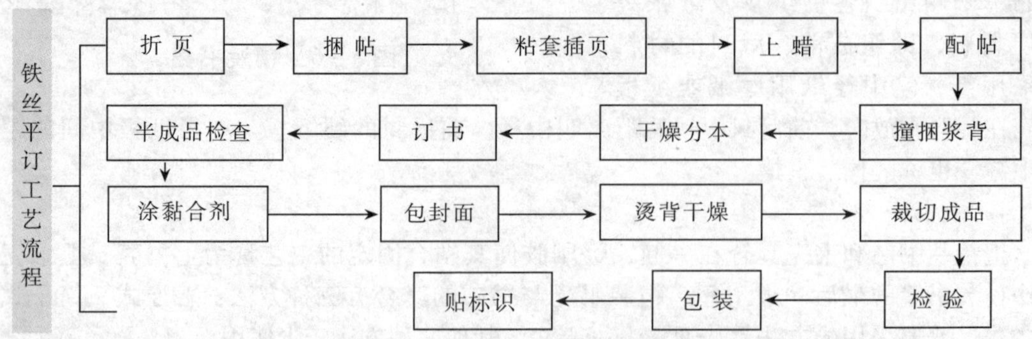


图5－8　铁丝平订工艺流程图

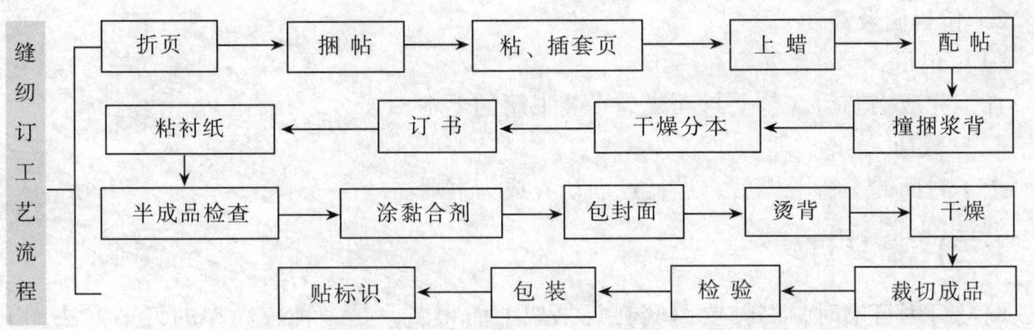


图 5－9　缝纫订工艺流程图

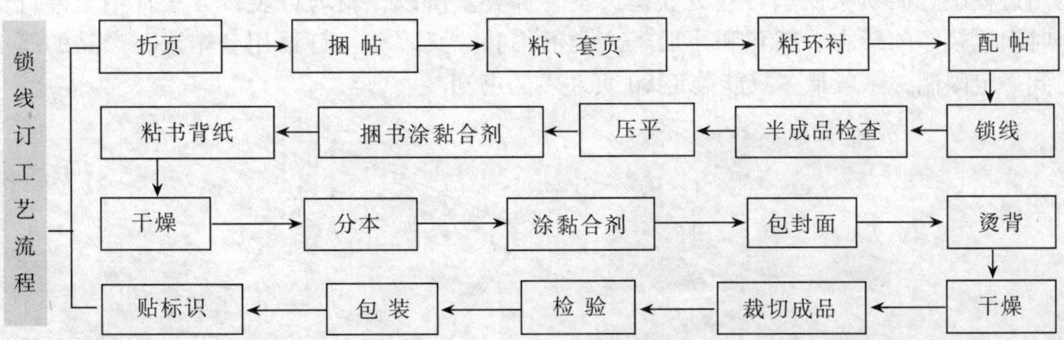


图 5－10　锁线订工艺流程图

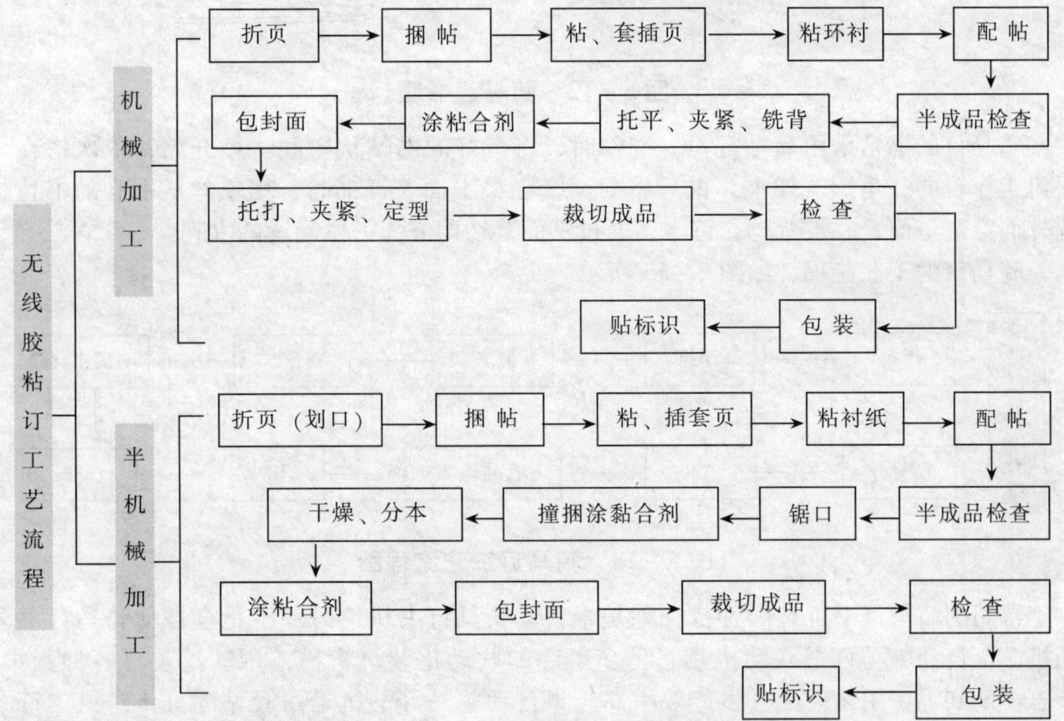


图 5－11　无线胶粘订工艺流程表

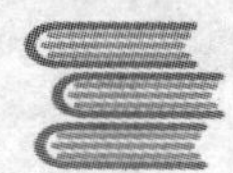


2. 包封面及裁切

(1) 包封

加工完成书芯后，包上封面成为平装书籍的毛本。

(2) 裁切

上了封面的书待干燥后，进行三面切齐成为书册。

## (三) 骑马订

骑马订因订书时，书帖要跨骑在订书架上而得名。是一种较简单的订书方法。工艺流程短，出书速度快；用铁丝穿订，用料少，成本低；书本容易开合，翻阅方便。但在使用过程中封面易从铁丝订连处脱落，不易保存。所以，骑马订装订方法常用于装订保存时间比较短的杂志、期刊和小册子之类的书籍。又因骑马订采用套帖法，产品的厚度受到一定限制，一般最多只能装订 80 页左右的书刊。

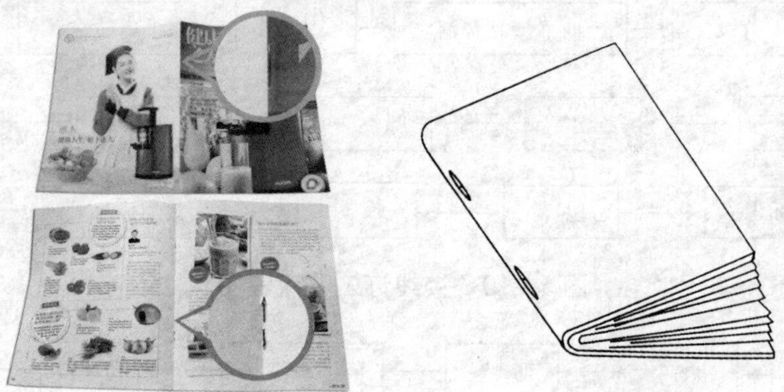

图 5 - 12　骑马订书籍

骑马订的书帖采用套帖配页。配帖时，将折好的书帖从中间一帖开始，依次搭在订书机工作台的三角形支架上，最后将封面套在最上面。订书时，用铁丝从书刊的书背折缝外面穿进里面，并被弯脚、订本，通过三面裁切即成为可供阅读的书刊。

骑马订的工艺流程，如图 5 - 13 所示。

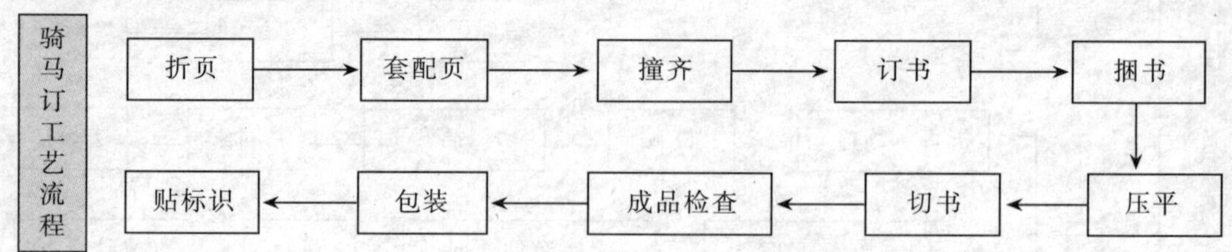


图 5 - 13　骑马订工艺流程图

常用的骑马订书机有两种：一种是半自动骑马订书机；另一种是全自动骑马订书联动机。全自动骑马订书联动机是一种多工序的联动化装订机械，用铁丝装订各种画报、杂志、期刊等，用途广泛，生产效率高。半自动骑马订书机是由套帖配页传送链、订书机构和收书装置三个主要部分组成，完成套帖配页和骑马订书两个工序的作业。配页和订书的工艺过程是：由人工把折好的书页打开，分别依次搭在集帖链的三角支架上，三

角架下有一条匀速转动的传送链，链上的等距离推页爪将撞齐的书页送到订书机头下进行订书。

## 第三节　表面整饰工艺

### 一、覆膜

印刷品覆膜工艺（又称贴膜），就是将塑料薄膜涂上黏合剂，与纸印刷品经加热、加压后使之黏合在一起，形成纸塑合一的产品的加工技术。经覆膜的印刷品，由于表面多了一层薄而透明的塑料薄膜，使表面更加平滑光亮，从而提高了印刷品的光泽度和牢度，图文颜色更鲜艳，同时还起到防水、防污、耐磨、耐折、耐化学腐蚀等作用。

#### （一）覆膜的特点

覆膜属干式复合，热压复合前，黏合剂涂布装置将胶液均匀地涂敷于塑料薄膜表面，经干燥装置干燥后，由复合装置对塑料薄膜与印刷品进行热压复合，最后获得纸塑合一的产品。

覆膜产品的粘合牢度取决于薄膜、印刷品与黏合剂之间的粘合力。实现一定粘合强度的基本条件主要包括：黏合剂分子对薄膜和印刷品表面的润湿、移动、扩散和渗透。

#### （二）覆膜工艺

覆膜加工工艺主要有半自动操作和全自动操作两类。半自动操作除上胶、热压复合等部分是机械操作外，输纸、分切等部分作业都由人工操作，劳动强度大，生产效率不高。全自动操作从输纸开始，到涂胶、复合、分切、成品收齐均由机械完成，省时省工，生产效率高，尽管有上述差异，但它们的工艺流程都是相同的。首先用辊涂装置将黏合剂均匀地涂布在塑料薄膜上，经过烘箱（道）将溶剂蒸发掉，然后，将已印刷好的印刷品牵引到热压复合装置上，并在此将塑料薄膜和印刷品压合，成为纸塑合一的覆膜产品。

覆膜工艺按所采用的原材料及设备的不同，可分为即涂覆膜工艺和预涂薄膜工艺。即涂覆膜工艺操作时先在薄膜上涂布黏合剂，之后再热压。预涂覆膜工艺是将黏合剂预先涂布在塑料薄膜上，经烘干收卷后，在无黏合剂涂布装置的覆膜设备上进行热压，从而完成覆膜过程。预涂覆膜工艺因覆膜设备不需要黏合剂加热干燥系统，大大地简化了覆膜工艺，而且操作十分方便，可以随用随开机，生产灵活性大；同时无溶剂气味，无环境污染，改善了劳动条件；更重要的是它完全避免了气泡、脱层等覆膜故障的发生，覆膜产品的透明度极高，具有广阔的应用前景和推广价值。

覆膜的工艺流程，如图 5 – 14 所示。

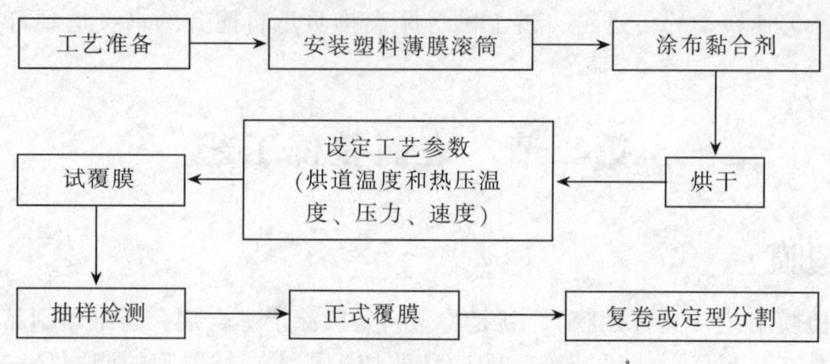


图 5－14　覆膜工艺流程图

## 二、上光

上光就是在印刷品表面涂敷（喷或印）上一层无色透明的涂料，经流平、干燥、压光以后，在印刷品的表面形成薄而均匀的透明光亮层。上光不仅可以增强表面光亮，保护印刷图文，而且不影响纸张的回收再利用。因此，被广泛地应用于包装纸盒、书籍、画册、招贴画等印品的表面加工。纸印刷品的上光加工工艺包括涂料上光、UV 上光、珠光颜。

图 5－15　上光印刷品

### （一）上光的原理与特点

1. 上光原理

印刷品上光是通过上光涂料在印刷品表面的流平、压光，借以改变纸张表面呈现光泽的物理性质。由于上光时涂上的涂料薄层具有高的透明性和平滑度，因而不仅在印刷品表面上呈现了新物质的光泽，而且又能使印刷品上原有图文的光泽透射出来。

2. 上光的特点

印刷品表面的光泽由两部分组成：一部分是本体反射光，即印刷品本身的画面特性；另一部分是表面反射光，即印刷品的表面性能。印刷品能够呈现出来的光泽，除受本体反射光的影响外，其表面平滑度越高，所呈现出的光泽也就越强。

上光加工通过涂料在印刷品表面的流平成为光滑的表面，增加其表面平滑度，使之呈现出更强的光泽。

### （二）上光工艺

上光工艺就是在印刷品表面涂布上一层无色透明的涂料，经流平、干燥、压光后，在印刷品的表面形成薄而均匀的透明光亮层的技术和方法。

1. 上光工艺过程

印刷品的上光工艺过程一般包括上光涂料的涂布和压光两项操作。上光涂料的涂布，即采用一定的方式，在印刷品的表面均匀地涂布上一层上光涂料的过程。常用涂布方式有喷刷涂布、印刷涂布和上光涂布机涂布三种。在印刷品表面涂布上光涂料之后，通常尚需经过压光机的压光。压光机压光能够改变干燥后的上光涂层的表面状态，使其形成理想的镜面。

2. 上光工艺的分类

上光工艺可按不同方式综合分类：按上光方式可分为脱机上光工艺和联机上光工艺；按上光涂料可分为氧化聚合型涂料上光、溶剂挥发型涂料上光、光固化型涂料上光和热固化型涂料上光；按产品可分为全部上光、局部上光、消光和艺术上光；按印刷品输入方式可分为手工输纸上光和自动输纸上光等。

### （三）上光涂料

目前发展起来的各类上光涂料都有其自身的工艺优势。氧化聚合型上光涂料主要靠空气中的氧发生聚合反应而干燥成膜，对干燥源的要求不高，设备投资少；溶剂挥发型上光涂料依靠涂料中溶剂挥发干燥成膜，在涂布、干燥、成膜过程中具有较好的流平性，其加工性能和适用范围宽，适用于各种档次、大批量印刷品的上光加工；热固化型上光涂料依靠成膜树脂中高分子结构所含有的活性官能基团和涂料中的催化剂，遇热发生交联反应干燥成膜，固化快，生产效率高，适用于自动化上光加工；光固化型上光涂料是通过吸收辐射光能量后，涂料分子内部结构发生聚合反应而干燥成膜，其上光涂层的光泽度高，膜层的耐磨性、耐折性、耐热性能都比较好，适用于高档次印刷品的上光加工。

## 三、烫印

亦称“烫金”。分烫金、银、铜、铝箔；烫色粉箔；烫硬印等。是在印刷品上烫印各种纹饰和文字，使产品具有金碧辉煌、锦上添花的效果。其过程是先将金属印版高温加热，然后放箔压印。过去使用金墨和金箔烫印，现所用原料，大多是电化铝。现在所说的烫金多指电化铝烫印。

图 5－16　烫印印刷品

### （一）电化铝箔材分类及特点

1. 电化铝箔材的结构

电化铝烫印箔，一般由五层不同材料组成，从反面到正面依次为基膜层（也称片基）、隔离层（也称脱离层）、保护层（又称颜色层）、铝层和胶黏层。基膜层一般为双向拉伸的聚酯薄膜，主要起支撑作用，其他各层均依附其上；隔离层使电化铝箔与基膜互相隔离，烫印时便于脱箔；保护层主要是显示电化铝的色彩，烫印后罩印在图案的表

面又起保护作用；铝层是利用金属铝能较好地反射光线的特点，使电化铝呈现金属光泽，一般由真空喷铝的方法完成，“电化铝”的名称由此而来；胶粘层是在烫印时，电化铝箔与被烫印材料接触，遇热后起良好的粘结作用。

2. 电化铝箔材的分类及特点

就其颜色而言，以金色和银色较为普遍。近年又研制出了类似蛇皮、皮革、木纹等皮革织物及木质的电化铝新品种，它们与真实的皮革、木材具有同样的质感。

电化铝箔材有许多种类，就其用途而言，主要可分为烫印纸张、塑料、皮革等几大类，另有一类——全息烫印箔。全息烫印箔是对具有烫印功能的薄膜箔进行全息激光处理，以其二维、三维、二维/三维、点阵、旋状、合成全息等具有高光泽、五彩缤纷并可变幻万千的色彩二维、三维全息图、线性几何全息图、分色阴影效果全息图、线状勾勒全息图、双通道效果全息图、旋转全息图等图像，对印刷品或纸张进行表面整饰。不仅起到装饰作用，更起到了防伪作用。如今，应用全息烫印箔进行烫印的全息定位烫印技术已广泛应用于有价证券和商品包装印刷。

3. 电化铝烫印工艺

电化铝烫印是利用热压转移的原理，将铝层转印到承印物表面。在一定温度和压力作用下，热熔性的有机硅树脂脱落层和黏合剂受热熔化，有机硅树脂熔化后，其粘结力减小，铝层便与基膜剥离，热敏黏合剂将铝层粘结在烫印材料上，带有色料的铝层就呈现在烫印材料的表面。

由此可知，电化铝烫印的要素主要为被烫物的烫印适性、电化铝材料性能以及烫印温度、烫印压力、烫印速度，操作过程中要重点对上述要素进行控制。

电化铝烫印的方法有压烫法和滚烫法两种。无论采用哪种方法，其操作工艺流程一般都包括以下几项内容，如图 5－17 所示。

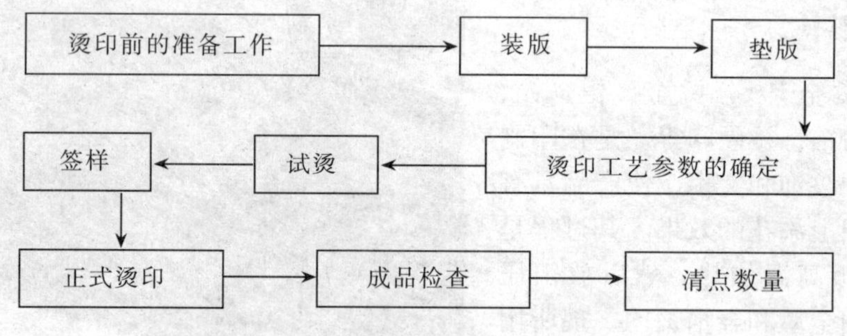


**图 5－17　电化铝烫印工艺流程图**

## 四、模切与压痕

模切工艺就是用模切刀根据产品设计要求的图样组合成模切版，在压力作用下，将印刷品或其他板状坯料轧切成所需形状和切痕的成型工艺。

压痕工艺则是利用压线刀或压线模，通过压力在板料上压出线痕，或利用滚线轮在板料上滚出线痕，以便板料能按预定位置进行弯折成型。用这种方法压出的痕迹多为直线形，故又称压线。压痕还包括利用阴阳模在压力作用下将板料压出凹凸或其他条纹形

状，使产品显得更加精美并富有立体感。

在大多数情况下，模切压痕工艺往往是把模切刀和压线刀组合在同一个模版内，在模切机上同时进行模切和压痕加工，故可简单称之为模压。

图 5－18　模切印刷品

## （一）模切、压痕产品的特点及应用

模压加工技术主要是用来对各类纸板进行模切和压痕，同时也可用于对皮革、塑料等材料进行模切和压痕加工。

模压加工操作简便、成本低、投资少、质量好、见效快，对加工后的制品可大幅度提高档次，在提高产品包装附加值方面起着重要的作用。模压加工的这些特点，使其越来越广泛地应用于各类印刷纸板的成型加工中，已经成为印刷纸板成型加工不可缺少的一项重要技术。

1. 产品的分类及特点

目前，采用模压加工工艺的产品主要是各类纸容器。纸容器主要是指纸盒和纸箱。这两者之间很难截然分开，但人们习惯上往往从容器的尺寸、纸板的厚薄、被包装物的性质、容器结构的复杂程度以及型式是否规范等方面来加以区分。纸盒按其加工成型的特点，可分为折叠纸盒和粘贴纸盒两大类。

折叠纸盒是用各类纸板或彩色小瓦楞纸板做成。制作时，主要经过印刷、表面加工、模切压痕、制盒等过程。其平面展开结构是由轮廓裁切线和压痕线组成，并经模切压痕技术成型，模压是其主要的工艺特点。这种纸盒对模切压痕质量要求较高，故规格尺寸要求严格。模切压痕是纸盒制作工艺的关键工序之一，是保证纸盒质量的基础。

粘贴纸盒是用贴面材料将基材纸板粘贴接合而成。在基材纸板成型中，有时也需要用模压加工的方法。

制作瓦楞纸箱的原材料是瓦楞纸板，加工时多采用圆盘式分纸刀进行裁切，用压线轮滚出折叠线。但模切压痕也是一种有效的生产方法，尤其是对于一些非直线的异形外廓和功能性结构，如内外摇盖不等高以及开有提手孔、通风孔、开窗孔等，只有采用模压方法，才便于成型。

2. 模压原理

模压前，需先根据产品设计要求，用钢刀（即模切刀）和钢线（即压线刀）或钢模排成模切压痕版（简称模压版），将模压版装到模压机上，在压力作用下，将纸板坯料轧切成型并压出折叠线或其他模纹（见图 5－19）。

钢刀进行轧切，是一个剪切的物理过程；而钢线或钢模则对坯料起到压力变形的作用；橡皮用于使成品或废品易于从模切刀刃上分离出来；垫版的作用类似砧板。根据垫

版所采用材料的不同，模切又可分为软切法和硬切法两种。

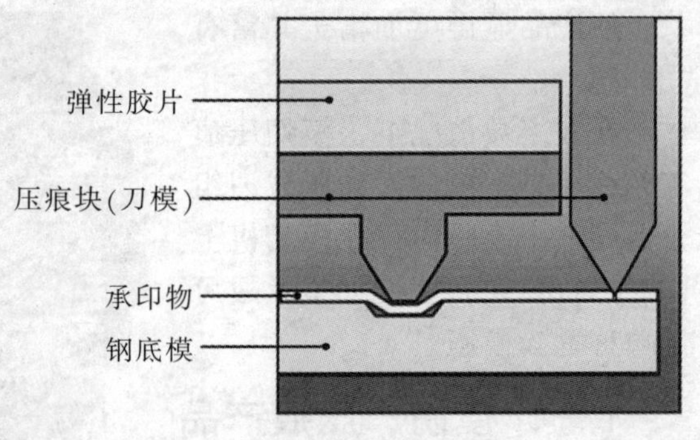


图 5－19　模压原理图

## （二）模切、压痕版的排版

模切、压痕版的排版，俗称排刀，即将钢刀、钢线或钢模用各种衬空材料，拼组成模压版的工艺操作过程。模切压痕版的分类及特点如下。

1. 按制版时采用不同的衬空材料分类

模压版所用材料主要有钢刀、钢线、衬空材料及橡皮等，而钢刀钢线在模压版中的位置是由衬空材料来确定的因素。

铅类衬空材料模压版包括各种规格的空铅、衬铅和铅条等，其规格与活字排版的衬空材料相同；其特点是排版操作简单方便，改版灵活性好，重复使用率高，成本低，实用性强。

钢类衬空材料模压版如钢型刻版、钢板刻版等，制版时需经机械加工，因而工艺复杂，难度较高，重复使用率低，成本高，周期长；但坚固耐用，比较适用于大批量或定型产量的模切。

铝类树空材料模压版特点是质地轻，加工方便；但改版困难，底版只能一次性使用，因而成本也较高。

## （三）模切压痕工艺

一般模切压痕工艺的流程见图 5－20。

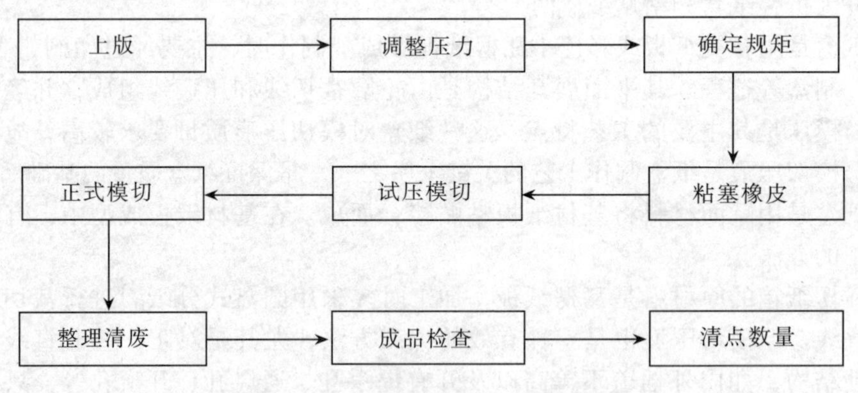


图 5－20　模切压痕工艺流程图

在模切、压痕之前要制作模压版，模压版的格位必须与印刷的格位相符；而后在模切机上利用模压版工艺流程对印后纸板进行加工。

将制作好的模压版，安装固定在模切机的版框中，初步调整好位置，获取初步模切压痕效果的操作过程称为上版。上版前，要求校对模切压痕版，确认符合要求后，方可开始上版操作。

调整版面压力，一般分两步进行。先调整钢刀的压力：垫纸后，先开机压印几次，

目的是将钢刀碰平、靠紧垫版，然后用面积大于模切版版面的纸板（通常使用 400 ~ 500g/m$^2$）进行试压，根据钢刀切在纸板上的切痕，采用局部或全部逐渐增加或减少垫纸层数的方法，使版面各刀线压力达到均匀一致；再调整钢线的压力；一般钢线比钢刀低 0.8mm，为使钢线和钢刀均获得理想的压力，应根据所模压纸板的性质对钢线的压力进行调整。

规矩是在模切压痕加工中用以确定被加工纸板相对于模版位置的依据。在版面压力调整好以后，应将模版固定好，以防模压中错位。确定规矩位置时，应根据产品规格要求合理选定，一般以尽量使模压产品居中为原则。在确定并粘贴定位规矩以后，应先试压几张，并仔细检查。对折叠式纸盒，还应作成型规格、质量等项检验。橡皮粘塞在模版主要钢刀刃的两侧，利用橡皮弹性恢复力的作用，可将模切分离后的纸板从刃口部推出，橡皮应高出刀口 3 ~ 5mm。

在一切调整工作就绪后，应先模压出样张，并作一次全面检查，看产品各项指标是否符合要求。在确认所检各项均达到标准，留出样张后，即可正式开机生产。每工作一天，应重新对产品各项要求检查一次，以便及早发现问题并进行处理。对模切压痕加工后的产品，应将多余边料清除，称为清废，也称落料、除屑、撕边、推芯等，即将盒芯从坏料中取出并进行清理。清理后的产品切口应平整光洁，必要时应用砂纸对切口进行打磨或用刮刀刮光。清理后再进行成品检查，在产品质量检验合格后，进行点数包装。

## （四）激光模压概述

激光制版系统就是应用激光和计算机等技术来加工模切压痕版。这种模版制造方法能使底版制作实现自动化。只要把待模切产品的图样、纸板厚度等参数输入电子计算机，便可控制底版制作系统，使底版按照所需模版图样在激光束下自动地移动。这种模版制作方法改变了传统的铅空法或锯切法中精度差、速度慢、没有重复性、无法适应包装自动化生产线要求的状况。目前激光切割的模切版已广泛应用于印刷、包装装潢行业，产品涉及汽车、家电、轻工、食品、药品等领域。这种新工艺的优点可归纳为：

1. 速度快、周期短。激光切割可提高工效几倍至十几倍。一般情况下，一块模切版只需 1 ~ 3 小时即可完成编程及切割任务。

2. 质量好、精度高。激光制作模压版由计算机控制，尺寸精度可提高一个数量级，误差 ±0.05mm，任何复杂图形都可加工。对于异型版、多联版及一刀分两色、两边无杂色的模压版，用传统工艺制作非常困难，而激光工艺的积累误差很小，制成品非常精美。

3. 重复性好。计算机编制的程序可以存储，大批生产时，需要多块相同的模压版。新工艺只需调出程序再切制即可，有极好的重复性，而传统工艺则无法办到。

4. 无毒无害，对工人的技术要求不高。

# 下篇　质量检测

# 第六章　出版物印装质量检测

## 第一节　出版物综述

### 一、出版物的定义

出版物是指以传播为目的贮存知识信息并具有一定物质形态的出版产品。是以读者所需要的信息知识构成内容，以一定的表达方式陈述信息知识（包括文字、图像、符号、声频、视频、代码等），以一定的物质载体作为知识信息存在的依据。以一定的生产制作方式使知识信息附着于物质载体上，并以一定的外观形态呈现出来的特定产品。

常见形态包括出版物印刷品、唱片、录音带、录像带、激光视盘等声像出版物，缩微胶片、缩微胶卷等缩微出版物，磁盘、光盘等电子出版物。

本篇着重于出版物印刷品的检测，对其他形式的出版物暂不作探讨。

### 二、出版物的分类

广义的出版物，包括定期出版物和不定期出版物两大类。

1. 定期出版物：报纸和杂志（也称期刊）。

报纸按出版时间分为日报和非日报。凡每周出版4次以上的为日报，不足4次的为非日报。报纸又可分为内容广泛供广大群众阅读的一般报纸和内容专门供特定对象阅读的专业性报纸。

杂志（期刊）一般有周刊、旬刊、半月刊、月刊、双月刊、季刊、年刊等。年刊一般称年鉴。杂志也有个别不定期出版的，如增刊、专刊等。

2. 不定期出版物：不定期出版物主要有书籍和图片两种形式。

书籍即有封面并装订成册的书册，主要包括图书、教材、画册等。对于一些书事先规定大概出版日期、连续出版的书籍称为丛书或丛刊。

图片即没有封皮亦无装订的印刷品，如挂图、单幅地图、单张图画（宣传画、年画）等。

## 三、书籍的组成部分及结构

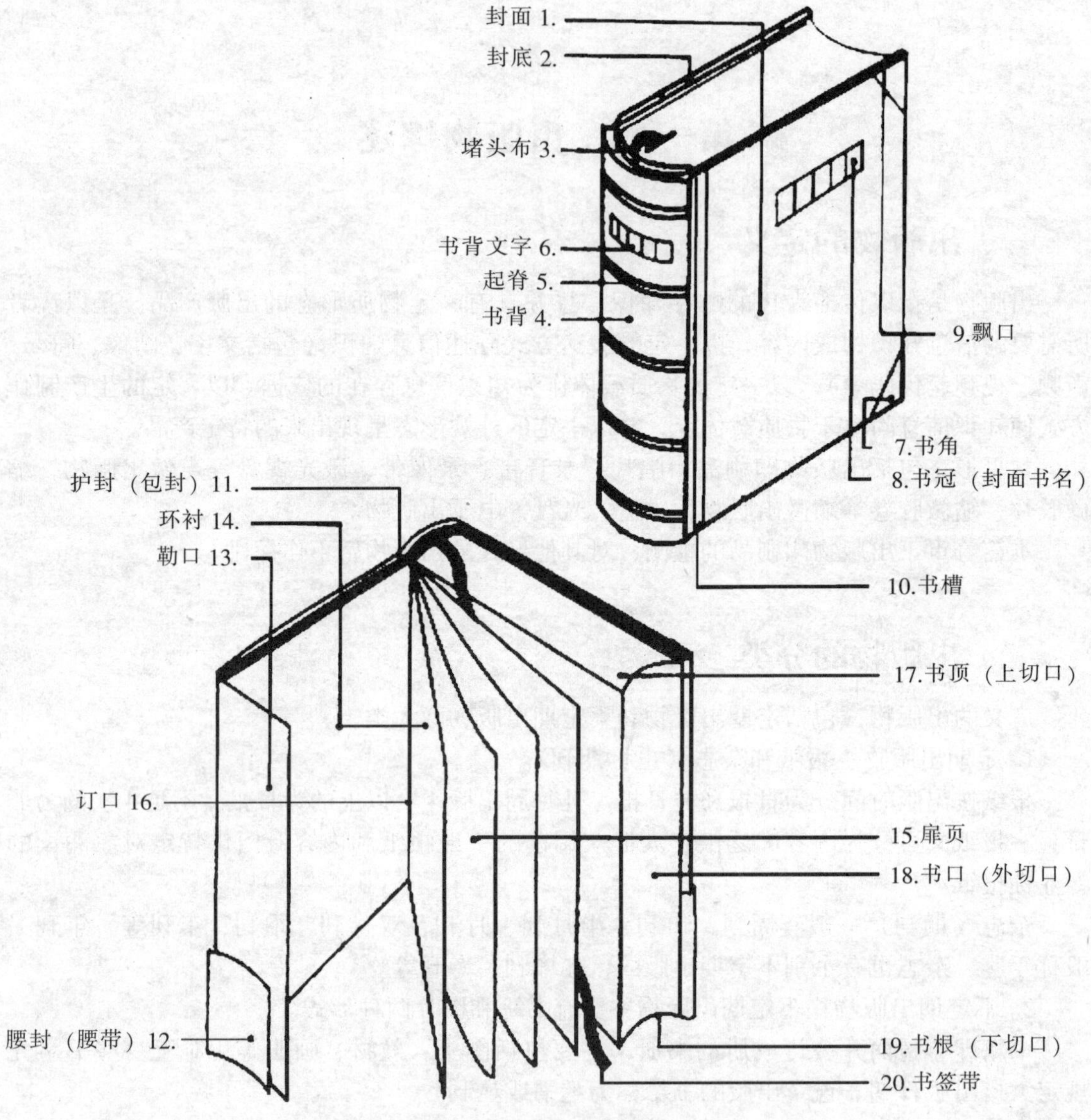

封面 1.
封底 2.
堵头布 3.
书背文字 6.
起脊 5.
书背 4.
9.飘口
7.书角
8.书冠（封面书名）
护封（包封）11.
环衬 14.
勒口 13.
10.书槽
17.书顶（上切口）
订口 16.
15.扉页
18.书口（外切口）
腰封（腰带）12.
19.书根（下切口）
20.书签带

图 6－1　精装书籍结构图

1. 封面：封一，也称封皮、书衣、外封、皮子等，是用硬纸板或软质材料加工后，包在书芯外面的，保护书芯和装饰书籍的部分。一般印有书名、著译者、出版者或与书籍的内容有关的如从书名等。封皮分面（封面）与里（封里）或称封一、封二、封三、封四。

封二：也称前封里，是封面的背页，封二一般是空白的，有的图书或期刊往往利用它来印图片或广告等。

封三：也称封底里，是封底的里面一页，封三一般是空白的，但无勒口的图书或期

刊往往利用它来印图片或广告等。

2. 封底：是书的最后一页，也叫封四，一般印有标准书号、条码、定价和出版社的标志等。期刊一般在封面印条码，在封底印版权页，也有印其他非正文部分的文字、广告、图片。

3. 堵头布：也称花头布、堵布等。是一种经加工制成的带有线棱的布条，用来粘贴在精装书芯书背上下两端，即堵住书背两端的布头。其作用一是可以将书背两端的书芯牢固粘联；二是可以装饰书籍外观。

4. 书背：指书帖配册后需粘联（或订联）的平齐部分，为了便于查找，会印有书名、著译者或出版者以及多卷书的卷数等。

5. 书脊：书脊指连接书的封面和封四，以缝、钉、粘或其他方法装订而成的转折部位，包括护封的相应位置。

6. 书背文字：为了便于查找，在书背处会印有书名、著译者或出版者以及多卷书的卷数等。

7. 书角：指书刊前口上下的两个90°边角。

8. 书冠：印于封面的书名，是一本书最重要的识别标志，提供读者查找图书的门径。除封面外，书名还印在书背、扉页和版权页、护封、书函口等。书名可以准确揭示图书的内容和类别，而附于书名下的副书名起着确定书籍内容、价值、特点、解释和补充书名的辅助作用。

9. 飘口：精装书壳超出书芯切口的部分。

10. 书槽：也称书沟或槽沟。指精装书套合后封面和封底的书脊联接部分所压进去的两个沟槽。

11. 护封（包封）：也叫包封、护书纸，是保护书籍封面的外套。一般用于比较讲究的书籍或经典著作，作用是保护书壳、增加书籍的庄重和艺术感。通常印有书名、出版者和图案，起着保护封面和美化书籍的作用，多用于精装本书籍。

12. 腰封（腰带）：也称“书腰纸”，是包裹在封面中部的一条纸带，属于外部装饰物。一般用牢度较强的纸张制作，包裹在书籍封面的腰部，主要作用是装饰封面或补充封面的表现不足。

13. 勒口：书籍封面沿切口向里折叠的部分，有前、后勒口之分。保护覆膜封面不起翘，起到平整和保护书芯的作用。宽度一般为5～10cm，印有作者简介、内容提要等。

14. 环衬：设置在图书封面与书芯之间的双连书页。两张书页虽中间有折缝却不分离，其中一张书页整面粘贴在封二（或封三）上，另一张紧挨折缝粘贴在书芯上，可显著增强封面与书芯的联结牢度，并具有一定的美化装帖作用。设在书芯前面的称“前环衬”，在后面的称“后环衬”。精装图书必须使用前、后环衬，平装图书可选用其中之一或两者皆可。

15. 扉页：指衬纸后面印有书名和出版者的单张页，一面正背印有完整的书名、著作者和出版者的名称，背面印有版权说明、图书在版编目（CIP）数据、版本记录等。有些丛书、多卷书、作者数量众多的书（如大型工具书）等，还在主书名页之前设有附书名页。有些书籍在加工时衬纸和扉页印在一起（即双张二页）称为扉衬页。

16. 订口：书刊需要订联的一边、靠近书籍装订处的空白叫订口。

17. 天头：版心上侧边缘至成品幅面裁切边缘之间的空白区域。

18. 书口（外切口）：版心外侧边缘至成品幅面裁切边缘之间的空白区域。

19. 地脚：版心下侧边缘至成品幅面裁切边缘之间的空白区域。

20. 书签带：一般用丝织品制成，是粘贴在书刊天头书背中间的，长出部分夹在书芯内，外露在地脚下，作为阅读到什么地方的标记。

21. 书壳：一种用硬纸板或软质封面、经加工后制成书籍封面。

22. 书芯：将折好的书帖按其顺序经配、订后的半成品称书芯、即毛本书，已装订成册，尚未包上封面的半成品图书。

23. 书函：古籍书外面的用蓝布或其他织品糊裱的壳子叫书函。

24. 其他

著者：即作者，指一本（套）书或文章的创作、整理、翻译的个人或团体。

出版者：是将书籍整理、付印、公布于社会和读者的个人或团体。正式出版物以出版社为出版者，便于读者认识。

版权页：是版本的记录页。版权页中，按规定应记录书名、著译者、出版者、发行者、印刷者、开本、印张、字数、版次、印次、印数、出版年月、书号、定价等项目。版权页主要供读者了解图书的出版情况，一般印在扉页背页的下端，有时由于印张的需要，单独印在正文后的单码上。

版次：是指一本书的出版次数。第一次出版的，称为“第一版”（初版）；若初版后，内容经过较大幅度的修改，重新排版印刷的称“第二版”（再版）。以此类推。

印次：是指一本书的印刷次数。从第一版第一次印刷开始计算，记录在版权页中。若出版了第二版，印次仍从第一版起累计计算。

印数：是指书刊在一次印刷中的数量，累计印数是从第一版第一次累计计算。例如，某书第一次印刷 5000 册，第二次印刷 10000 册，则第二次印刷时应记录为“印数：5001～15000 册”。

字数：是一本书刊的文字总和。书刊字数＝每行字数×每面行数×总面数。计算字数时，除正文外，还应包括其他一切文字版面及插图、表格。每面的空行不扣除，仍以满版计算。记录在版权页上的字数通常以“千字”为单位。

序：也称序言，序录、序略、例言、前言。主要说明编写的动机、目的、经过、篇章、结构、资料使用范围，读者对象，写作分工、写作过程中所遇到的困难和所得到的帮助等。

译者的话：主要介绍翻译本书的目的、主要内容、适用范围及对本书的评价等。

目录：图书正文前所载目次。为便于读者检索正文，列出各篇、章、节等的顺序和所在的页码。目录与正文的页码分开，独立编排。

正文：以文字构成的书刊主体。包含书稿文字、标题、书眉、页脚、表格、插图、注等。

参考文献：在编写过程中取材和参考的重要资料，并注明书名、著译者、出版者、出版年月。内部出版的书刊资料不能作为正式出版物参考文献范围处理。

附录：是附加于图书正文后面的有关文章、图表、索引、资料等，便于读者查考，或有助于读者理解正文。

后记：又称跋。出版者往往利用后记说明本书的性质、用途和特点，也有附加说明出版情况的，与序言没有本质的区别，只是位置与写作的着重点有差异。有些说明文字不便于作为正文前的部分，放在正文后更恰当一些，于是形成后记或跋。

# 第二节　精装出版物的检测

本节内容适用于精装书籍或精装本册的成品检测，不包括教材或教辅。

## 一、精装书的定义

精装是书籍的一种装订方式，指书芯经订联、裁切、造型后，用硬纸板或软质材料作书壳的，表面装潢讲究和耐用、耐保存的一种书籍装订方式，精装书即是用这种装订方式加工的书籍。

## 二、精装书的分类

根据书壳的软硬分为硬壳精装和软壳精装；根据书背的形状分为圆背精装和平背精装；根据起脊高度分为真脊精装和假（平）脊精装；根据书角的形状分为直角精装和圆角精装；根据书芯与书壳连接方式不同可分为柔背装、硬背装和腔背装；根据封面加工不同分整面精装、接面精装等。

## 三、精装书的检测项目及检测流程

### （一）检测项目

1. 成品尺寸：规格大小、歪斜误差。

2. 切口：外观。

3. 书壳：外观、软书壳、硬书壳、套印误差、密度允差、覆膜、上光、烫印、压凸凹。

4. 书背：外观、圆背、书背字、书背布、书背纸、筒子纸、堵头布。

5. 护封：尺寸、勒口。

6. 书脊：外观、高度。

7. 书槽：外观、宽度、深度。

8. 飘口：外观、尺寸。

9. 书签带：外观、长度、宽度。

10. 胶粘剂：外观、背胶、侧胶、渗胶深度。

11. 环衬：外观。

12. 扉页：外观。

13. 书帖：外观。

14. 书芯：外观、裁切尺寸、图文印刷、装订要求。

## （二）检测流程

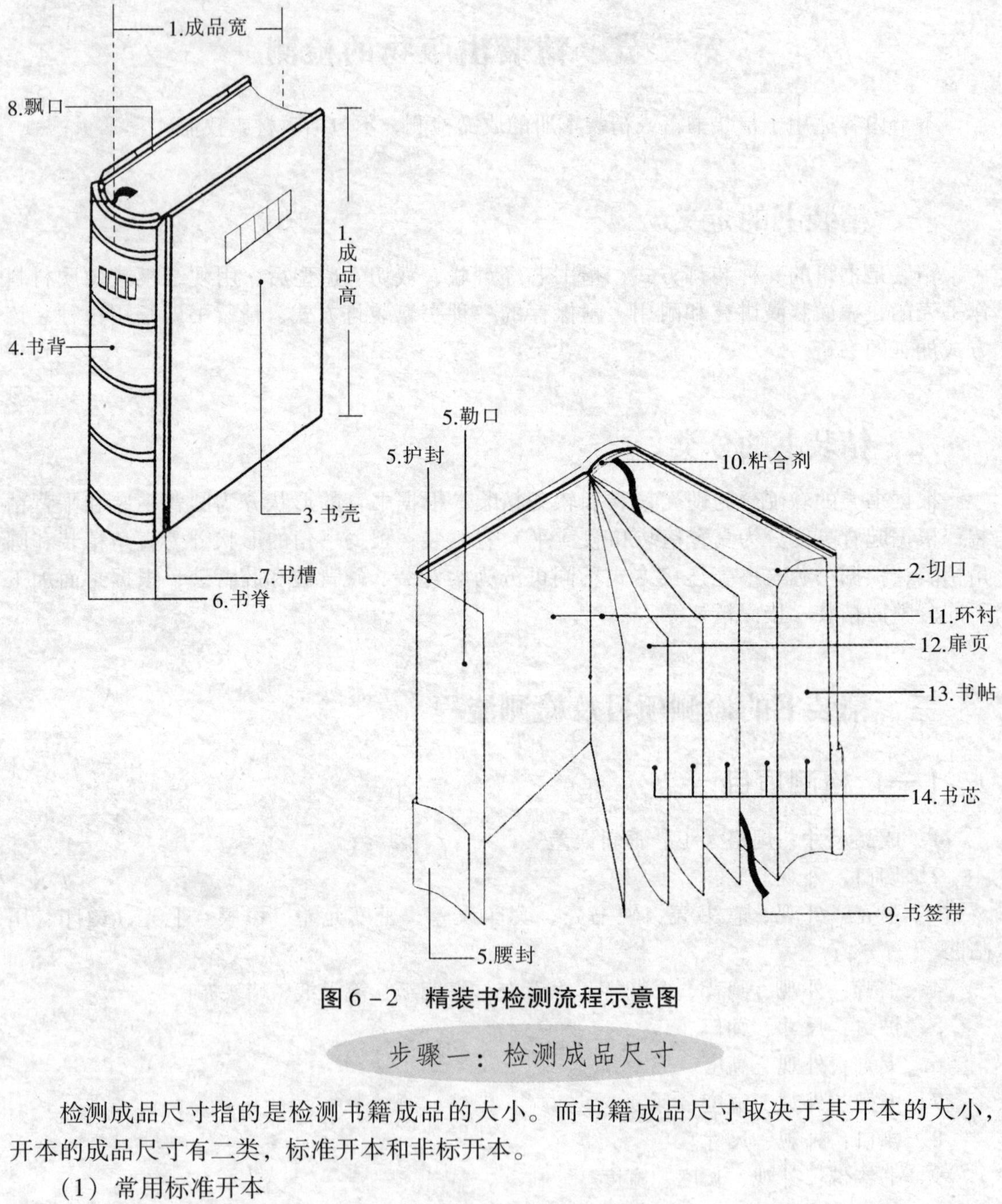

1.成品宽
8.飘口
1.成品高
4.书背
3.书壳
7.书槽
6.书脊
5.勒口
5.护封
10.粘合剂
2.切口
11.环衬
12.扉页
13.书帖
14.书芯
9.书签带
5.腰封

图6－2　精装书检测流程示意图

### 步骤一：检测成品尺寸

检测成品尺寸指的是检测书籍成品的大小。而书籍成品尺寸取决于其开本的大小，开本的成品尺寸有二类，标准开本和非标开本。

（1）常用标准开本

A系列的全纸有890mm×1240mm和900mm×1280mm两种纸张规格，但裁切后开本尺寸一致。B系列的全纸只有1000mm×1400mm一种纸张规格（见表6－1）。

**表 6－1　图书和杂志开本及其幅面尺寸**

标准：GB/T 788－1999　　　　　　　　　　　　　　　　　　（单位：mm）

| 系列 | 未裁切单张纸尺寸 | 已裁切成开本（允差 ±1mm） | |
|---|---|---|---|
| | | 代号 | 公称尺寸 |
| A | 890×1240M① | A4 | 210×297 |
| | 890M×1240 | A5 | 148×210 |
| | 890×1240M | A6 | 105×144 |
| | 900×1280M | A4 | 210×297 |
| | 900M×1280 | A5 | 148×210 |
| | 900×1280M | A6 | 105×144 |
| B | 1000M×1400 | B5 | 169×239 |
| | 1000×1400M | B6 | 119×165 |
| | 1000M×1400 | B7 | 82×115 |

（2）常用非标开本

习惯上将 889mm×1194mm、880mm×1230mm 和 850mm×1168mm 三种纸张规格称为大度纸；而正度纸只有一种，尺寸为 787mm×1092mm（见表 6－2）。

**表 6－2　常用非标开本幅面尺寸表**　　（单位：mm）

| 规　格 | 开　本 | 成品尺寸 | 开　本 | 成品尺寸 | 开　本 | 成品尺寸 | 开　本 | 成品尺寸 |
|---|---|---|---|---|---|---|---|---|
| 889×1194 | 16 | 210×285 | 32 | 142×210 | 64 | 105×138 | 128 | 69×102 |
| 880×1230 | 16 | 212×294 | 32 | 147×208 | 64 | 104×146 | 128 | 71×102 |
| 850×1168 | 16 | 203×280 | 32 | 140×202（203） | 64 | 101×137 | 128 | 68×99 |
| 787×1092 | 16 | 185×260 | 32 | 130×184 | 64 | 95×130（126） | 128 | 62×89 |

为了让大家对开本有进一步的理解，下面举一些精装书开本的例子。787mm×1092mm 规格 32 开的精装书：如商务印书馆出版的《新华词典》（2001 年修订版）和上海辞书出版社出版的文字鉴赏辞典系列丛书；880mm×1230mm 规格 32 开的精装书：如商务印书馆出版的《现代汉语词典（第 6 版）》和《牛津高阶英汉双解词典（第四版增补本）》。

检测时需要明确的是，标准开本的检测按 GB/T 788－1999《图书和杂志开本及其幅面尺寸》规定执行；而非标尺寸的开本允差也可参照此标准。具体要求可在签订印制合同时与出版者或委印方商定。此外，精装书的书壳略大于书芯，测量成品尺寸应测量书芯尺寸，而非书壳尺寸。

① M 表示纸张的丝绺方向与该尺寸边平行

检测项一：规格大小

标准要求：允差 ±1mm。

标准项二：歪斜误差

标准要求：≤1.5mm。

相关标准：GB/T 788－1999《图书和杂志开本及其幅面尺寸》

检测工具：精度为0.5mm 的钢板尺。

## 步骤二：检测切口

检测切口指的是检测书籍三面切光的部分。切口有天头切口，地脚切口和前切口（也称书口、翻口）之分。切口位置通常出现的问题是明显刀花，即切口部分不光滑且有凹凸不平的花纹。刀花影响外观也不利于后续加工，如烫印滚金口。有的精装书会在切口烫粘上一层金色或银色的金属箔（即赤金箔）或电化铝，即滚金口，使书籍呈现别样的光泽，增添华彩。如云南人民出版社出版的《中国贝叶经全集（第1卷）》整本书册，美观大气，闪闪的滚金口更是寓意着佛性的光辉。

检测项：外观

标准要求：书册切口面无刀花、连页。

相关标准：GB/T 30325－2013《精装书籍要求》

检测方法：目测法。

## 步骤三：检测书壳

检测书壳指的是检测书籍的封面（也称书衣、外封）。精装书的书壳有软硬之分，软壳用卡纸，硬壳用纸板。检测前需对书壳有一些了解：一是尺寸，精装书的书壳略大于书芯，尺寸为书芯加上飘口的尺寸；二是压痕线，也叫翻阅线，位于封一和封四，位置略宽于粘口（侧胶），起到保护书籍和方便翻阅的作用（见图6－3）；三是圆角，书籍前口上下两角切成一定程度的圆势称圆角。圆角造型美观，书角也不易折损。一些低幼读物为避免小朋友的手指被尖角划伤，贴心地将书角设计成圆角（见图6－4）。

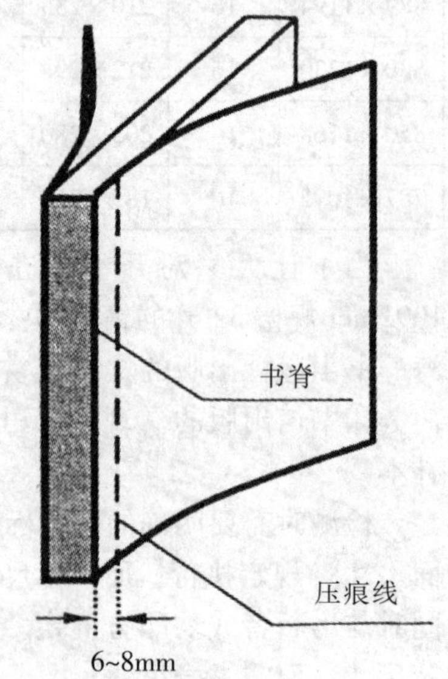

图6－3 压痕线示意图

标准对纸板材料做了规定，主要有含水率和紧度的规定。材料选择的合格与否直接影响书壳的加工和成书质量，在此仅作为需知项；覆膜的粘接强度和色差值在 GB 27934.1－2011 有规定，而 GB/T 30325－2013 对此没有规定，也作需知项。

检测项一：外观

标准要求：四角垂直，歪斜误差≤1.5 mm；无毛边或破头；无破损。

检测项二：软书壳

标准要求：压痕线位置在封一和封四上，距书脊6～8mm（见图6－3）。

检测项三：硬书壳

标准要求：

（1）裁切尺寸：允差±1mm。

（2）天头地脚尺寸：允差±1mm。

（3）前切口尺寸：允差±2mm。

（4）包边宽：15mm。

（5）圆角皱褶：不少于5个。

（6）翘曲高度：无明显翘曲。

（7）掀开角度：不小于120°。

（8）封面四角：切角中心处压边线应与包边压线在同一直线上；接缝压边宽为2mm。

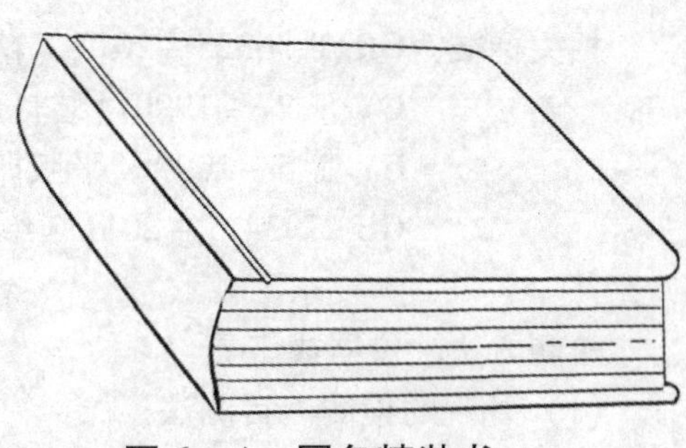

图6－4　圆角精装书

检测项四：套印误差

标准要求：精细印品≤0.1mm；一般印品≤0.2mm。

检测项五：密度允差

标准要求：同批产品不同印张的实地密度允许误差为：青（C）、品红（M）≤0.15；黑（B）≤0.2；黄（Y）≤0.1（参照CY/T 5－1999的规定）。

检测项六：覆膜

标准要求：

（1）外观：干净、平整、无明显卷曲；无起皱、起泡、起膜、亏膜、划伤；破口≤4mm。

（2）粘接强度：≥2.67N/cm；当薄膜与印刷品剥离时，油墨大部或全部转移到薄膜胶面上或粘接强度符合后加工要求。

（3）色差值：覆膜后实地色差。亮光膜：黑≤3，品红≤3，青≤3，黄≤3；亚光膜：黑≤10，品红≤7，青≤7，黄≤7。

检测项七：上光

标准要求：外观均匀，无划痕和脏迹；套印允差±0.5mm。

检测项八：烫印

标准要求：图文不糊、不花、清晰、牢固、有光泽；套印允差±0.5mm。

检测项九：压凸凹

标准要求：外观轮廓清晰，边沿无爆裂；套印允差±0.5mm。

需知项：纸板材料

标准要求：

（1）纸板尺寸：误差±1mm。

（2）外观：表面光滑，材质轻、松、挺、平。

（3）含水率：8%～12%。

（4）纸板紧度（表现密度）：0.66～0.90g/cm³。

（5）纸板开料方向：应与封面材料丝缕方向垂直。

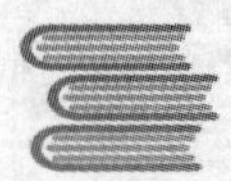



相关标准：GB/T 30325－2013《精装书籍要求》

CY/T 27－1999《装订质量要求及检验方法——精装》

CY/T 5－1999《平版印刷品质量要求及检验方法》

GB 27934.1－2011《纸质印刷品覆膜过程控制及检测方法第1部分：基本要求》

检测方法、仪器或工具：

（1）外观的检测。目测法。

（2）粘接强度的检测。目测法或用电子剥离试验机检测。

（3）套印误差的检测。用带刻度的精度为0.5mm的10倍以上放大镜检测。

（4）尺寸误差的检测。用精度为0.1mm的游标卡尺检测。

（5）掀开角度的检测。用半圆仪检测。

（6）密度的检测。用密度仪检测。

（7）色差的检测。用分光光度计检测。

## 步骤四：检测书背

检测书背指的是检测书籍的后背，即检测书帖配册后需订联的平齐部分。书背常被误认为书脊，此误可能来自 GB 11668－89《图书和其他出版物的书脊规则》2.1 规定"书脊指连接书的封面和封四，以缝、钉、粘或其他方法装订而成的转折部位，包括护封的相应位置。"然而，此后颁布的标准和出版的书籍已将书背与书脊分开表述。如：GB/T 9851.7－2008《印刷技术术语第7部分：印后加工术语》和 GB/T 30325－2013《精装书籍要求》分别在3.15和3.3中将起脊统一描述为"起脊是在扒圆的书脊部加工出一条隆起棱线的工艺"。此外，印刷工业出版社2000年出版的《精、平装工艺及材料》在148－149页中将书脊描述为"书脊即书芯表面与书背的联接处。也是精装书刊前后书壳与书背的联接处。平装书刊的书脊是平齐的，书芯表面与书背垂直；而精装书刊的书脊，由于书背的变形，有些书脊则高出书芯的表面，如圆背真脊书芯。精装的书脊有真、假脊之分，真脊是利用造型加工将书脊砸出一条棱线后高于书芯表面；假脊是书背造型（或不造型）后书脊不再做其他加工与书芯表面在同一平面上"，其位置如图6－5所示。

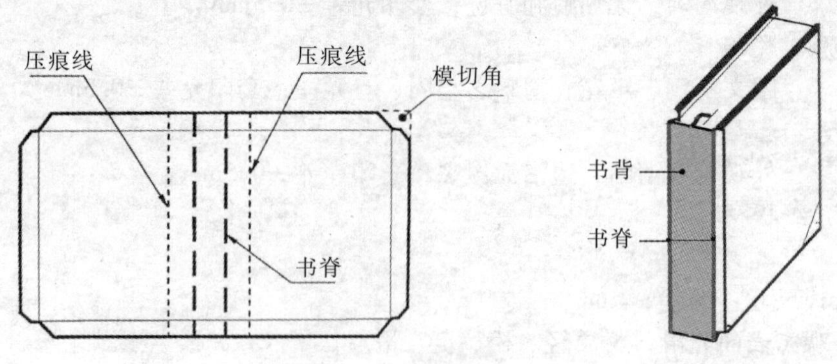


图6－5　书脊示意图

精装书书背是否牢固、平整与书背纸、筒子纸和堵头布的选用和粘贴关系很大。书

背纸最好选用强度好、拉力大、韧性好且牢固的牛皮纸。筒子纸一般用在书芯厚度在40mm以上的圆背书，要求具有较好的强度和柔韧性。堵头布是粘贴在已裁切的精装书书芯后背两端的布，它将每帖折痕堵盖住，只露线绳棱，可使各帖之间牢固联结，又可使书籍外形美观；堵头布粘贴前，应用黏合剂过浆，干燥挺括后再使用，否则两端布头出毛，影响书籍美观。

GB/T 30325 在书背布、书背纸和筒子纸的长度要求比 CY/T 27－1999 的要严，检测时任选其一执行。

检测项一：外观

标准要求：平直，无起皱，破损。

检测项二：圆背

标准要求：

（1）弧度：扒圆后前口弧度上下对称且与书背一致；圆势（圆背书芯的弧度）在 90°～120°①或 90°～130°②之间（见图 6－6）。

（2）弧长：无脊书背弧长为书背厚度的 1.15 倍；有脊书背弧长为书背厚度与纸板厚度之和的 1.15 倍。

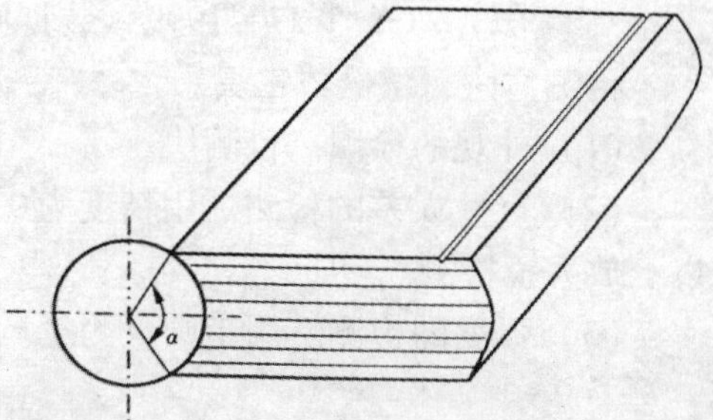

图 6－6　圆背弧度示意图

检测项三：书背字

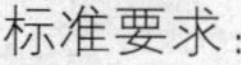

标准要求：

（1）套书书背字上下误差：≤2.5 mm。

（2）平移允差：书背宽≤10 mm，允差≤1mm；书背宽 10～20 mm，允差≤2mm；宽 20～30 mm，允差≤2.5 mm；书背宽＞30 mm，允差≤3mm。

（3）歪斜允差：书背宽≤10 mm，允差≤0.7 mm；书背宽 10～20 mm，允差≤1.5 mm；宽 20～30 mm，允差≤1.8 mm；书背宽＞30 mm，允差≤2mm。

检测项四：书背布

标准要求：

（1）长度：书芯长度减去 15～20mm③ 或书芯长度减去 15～25mm④

（2）宽度：书芯背宽度（弧长）±40～50mm。

检测项五：书背纸

标准要求：

（1）长度：书芯长度减去 4～5mm⑤ 或书芯长度减去 4～6mm⑥

（2）宽度：书背宽度（弧长）加上 1mm。

---

① 为 GB/T 30325－2013《精装书籍要求》6.1.5 的规定。

② 为 CY/T 27－1999《装订质量要求及检验方法——精装》3.3.4.9 的规定。

③ 为 GB/T 30325－2013《精装书籍要求》6.1.15 表 1 的规定。

④ 为 CY/T 27－1999《装订质量要求及检验方法——精装》3.3.7 的规定。

⑤ 为 GB/T 30325－2013《精装书籍要求》6.1.15 表 1 的规定。

⑥ 为 CY/T 27－1999《装订质量要求及检验方法——精装》3.3.8 的规定。

检测项六：筒子纸

标准要求：

（1）长度：书芯长度减去4～5mm[①]或书芯长度减去2～4mm[②]

（2）宽度：两个书背宽度（弧长）加上5 mm。

检测项七：堵头布

标准要求：

（1）外观：线棱整齐外露，平服牢固，两端不起毛。

（2）长度：为书背宽度（弧长）加上1mm。

（3）宽度：10～15 mm。

相关标准：GB/T 30325－2013《精装书籍要求》

CY/T 27－1999《装订质量要求及检验方法——精装》

检测方法、仪器或工具：

（1）外观的检测。目测法。

（2）尺寸误差的检测。用精度为0.5 mm的钢板尺和带刻度的精度为0.5 mm的10倍以上放大镜检测。

（3）弧度的检测。用半圆仪测量。

## 步骤五：检测护封

检测护封指的是检测套在精装书书壳外的包封纸。其作用是保护书壳，增加书籍的庄重和艺术感。护封有时配有腰封（也称书腰纸），形似“腰带”束在护封的腰部起装饰作用。此外，护封在书籍封面沿前切口向里折叠的部分叫勒口，宽约5～10cm。

检测项一：尺寸

标准要求：护封上下尺寸与书壳尺寸一致，允差±2 mm；护封书背字居中。

检测项二：勒口

标准要求：折边与书壳前口齐平。

相关标准：GB/T 30325－2013《精装书籍要求》

检测工具：精度为0.5 mm的钢板尺。

## 步骤六：检测书脊

检测书脊指的是检测精装书前后书壳与书背的联接处。精装的书脊有真假脊之分，真脊是利用造型加工将书脊砸出一条棱线后高于书芯表面；假脊是书背造型（或不造型）后书脊不再做其他加工与书芯表面在同一平面。起脊高度根据书壳纸板厚度的不同而不同。脊高等于封面厚度加上胶层厚度再加上硬纸板厚度。精装书壳纸板的厚度一般有2mm、2.5mm和3 mm三种规格。当纸板厚度为3 mm时，书脊的高度为3～4 mm；当纸板厚度小于2 mm时，脊高约为3 mm。

① 为GB/T 30325－2013《精装书籍要求》6.1.15表1的规定。

② 为CY/T 27－1999《装订质量要求及检验方法——精装》3.3.9的规定

检测项一：外观

标准要求：上下脊高一致，棱线平直；书脊高度K以纸板厚度为准，书脊凸出部分与书芯表面之间的夹角为120°±10°（见图6－7）。

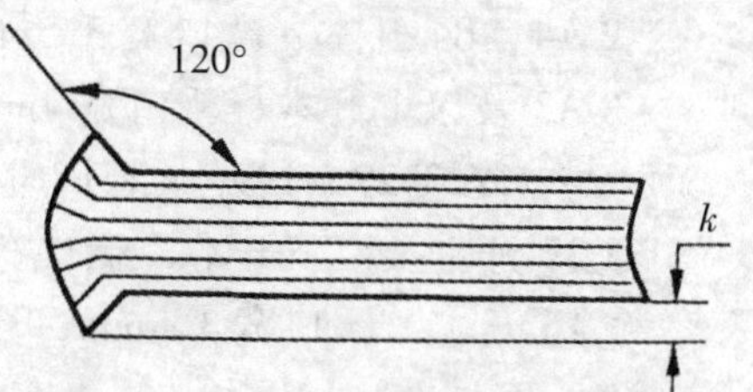


图6－7　起脊夹角示意图

检测项二：高度

标准要求：起脊高度为3～4 mm（见图6－8）。

相关标准：GB/T 30325－2013《精装书籍要求》

检测方法、仪器或工具：

（1）外观的检测。精度为0.1mm游标卡尺和半圆仪并结合目测法检测。

（2）高度的检测。使用精度为0.5mm的钢板尺检测。

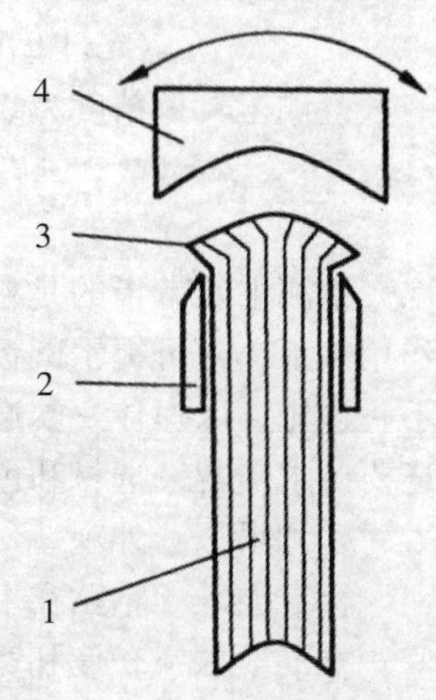


1. 书芯；2. 夹书钳；
3. 书脊；4. 起脊块

图6－8　起脊过程示意图

## 步骤七：检测书槽

检测书槽指的是检测精装书的书沟或沟槽，也就是检测精装书套合后封面和封底的书脊联接部分所压进去的两个沟槽。精装书的书槽与平装书的压痕线位置和作用相似，都有方便翻阅和保护书籍的作用。

检测项一：外观

标准要求：槽面无皱褶、破裂、起泡，槽形牢固、清晰。

检测项二：宽度

标准要求：7mm。

检测项三：深度

标准要求：纸板厚度加上0.5mm。

相关标准：GB/T 30325－2013《精装书籍要求》

CY/T 27－1999《装订质量要求及检验方法——精装》

检测方法和工具：

（1）外观的检测。目测法。

（2）尺寸的检测。用精度为0.5mm的钢板尺和精度为0.1mm游标卡尺检测。

## 步骤八：检测飘口

检测飘口指的是检测精装书籍经套合加工后，书封壳超出书芯切口的部分。飘口的作用是保护书芯和使书籍美观。

检测项一：外观

标准要求：三方飘口一致。

检测项二：尺寸

标准要求：

（1）GB/T 30325－2013《精装书籍要求》的规定。

①A5及以下开本，飘口宽3mm，允差±0.5mm。

②A4、B4 开本、飘口宽 3.5mm，允差 ±0.5mm。

③A3 及以上开本，飘口宽 4mm，允差 ±0.5mm。

（2）CY/T 27－1999《装订质量要求及检验方法——精装》的规定。

①32 开本及以下开本，飘口宽 3mm，允差 ±0.5mm。

②16 开本，飘口宽 3.5mm，允差 ±0.5mm。

③8 开本及以上开本，飘口宽为 4mm，允差 ±0.5mm。

相关标准：GB/T 30325－2013《精装书籍要求》

CY/T 27－1999《装订质量要求及检验方法——精装》

检测工具：精度为 0.1mm 的游标卡尺。

## 步骤九：检测书签带

检测书签带指的是检测精装书里用于纪录阅读进度夹在书芯里的丝带。丝带虽小，作用却不小，可提示阅读进度，还可体现书籍风格，从细处彰显档次。长度不宜过长也不宜过短，以捏住一端通过书角方便翻阅为宜；宽度应按书籍开本大小而定，相配为宜；还要讲求美观，选材和色调应符合整书的设计风格。

检测项一：外观

标准要求：粘贴在书背居中位置，粘正、粘平、粘牢。

标准要求：长度和宽度

标准要求：

（1）GB/T 30325－2013《精装书籍要求》的规定。

①长度：书芯对角线长度加上 20mm。

②宽度：3～7mm。

（2）CY/T 27－1999《装订质量要求及检验方法——精装》的规定。

①长度：书芯对角线长度加上 10～20mm。

②宽度：32 开本及以下为 2～3mm，16 开本及以上为 3～7mm。

以上两个标准都对丝带的长度和宽度作了规定，检测时任选其一既可。

相关标准：GB/T 30325－2013《精装书籍要求》

CY/T 27－1999《装订质量要求及检验方法——精装》

检测方法和工具：目测法和精度为 0.5mm 的钢板尺。

## 步骤十：检测胶粘剂

检测胶粘剂指的是检测连接书壳与书芯的黏合剂。胶粘剂有多种分类方法，根据固化速度分高速胶和低速胶；根据被粘物的质地分为书版纸用胶与铜版纸用胶；根据使用时是否加温分为热胶和冷胶；根据使用位置不同分为背胶和侧胶；还有动物胶、淀粉胶、和水基胶（PVA）等。

标准还规定了热熔胶的初步固化时间、固含量和胶温和胶水比例，这些属于材料及使用要求，不属成品检测的范围，在此仅作需知项。

检测项一：外观

标准要求：粘接牢固；无漏胶、溢胶、野胶现象。

检测项二：背胶

标准要求：

（1）厚度1.0±0.2mm。

（2）背胶无空泡（空背）现象。

检测项三：侧胶

标准要求：

（1）宽度3~7mm。

（2）无封皮（一侧或两侧）、无侧胶或粘接不上的现象；无侧胶粘接封二、封三图文现象。

检测项四：渗胶深度

标准要求：书帖间的渗胶深度不应超过1mm，无侧漏现象。

需 知 项：胶粘剂材料和使用要求

标准要求：

（1）初步固化时间：动物胶用于书壳为3~10s，用于书背为3~8s；水基胶用于书背为5~12s，用于扫衬为6~15s。

（2）胶温和胶水比例：动物胶胶温在75℃±10℃，胶水比例1∶3左右；水基胶（PVA）胶温在45℃±10℃，胶水比例1∶2左右。

（3）固含量：水基胶的固含量应在45%以上。

相关标准：GB/T 30325－2013《精装书籍要求》

CY/T 27－1999《装订质量要求及检验方法——精装》

CY/T 40－2007《书刊装订用EVA型热熔胶使用要求及检测方法》4.3

《印制质量缺陷认定和综合判定方法》（国家新闻出版广电总局2016.3）

检测工具：精度为0.5mm的钢板尺、精度为0.1mm的游标卡尺。

## 步骤十一：检测环衬

检测环衬指的是检测精装书连接书芯和封皮的双连书页。环衬的作用为稳固封面和内芯的连接。

检 测 项：外观

标准要求：环衬与书封粘接平整、无皱褶、不起泡、粘接牢固；黏合剂少而匀，不溢不花，不漏涂。

相关标准：GB/T 30325－2013《精装书籍要求》

CY/T 27－1999《装订质量要求及检验方法——精装》

检测方法：目测法。

## 步骤十二：检测扉页

检测扉页指的是检测衬纸下面印有书名和出版者的单张页。扉页的正面印有完整的书名、著作者和出版者的名称，背面印有版权说明、图书在版编目（CIP）数据、版本记录等。有些丛书、多卷书、作者数量众多的书（如大型工具书）等，还在主书名页之前设有附书名页。有些书籍在加工时衬纸和扉页印在一起（即双张二页）称为扉衬页。

标准对扉页的检测没有明确规定，可参照书芯的检查项目进行，从外观上检查即可。

检 测 项：外观

标准要求：参照书芯的检查项目进行。检查其平整度、完整性和图文印刷质量等。

相关标准：GB/T 30325－2013《精装书籍要求》

CY/T 27－1999《装订质量要求及检验方法——精装》

检测方法：目测法。

## 步骤十三：检测书帖

检测书帖指的是检测大张页（即全张）或对开按号码及版面的顺序，折成几折后成为多张页的一沓纸。书帖折数越多，页码和折齐边的误差就越大；且书帖越厚空气储存量也可能越多，加工时不按折数划口排除空气，势必影响成书质量，造成八字折，页码、齐边等误差超标，书背上下宽不一致等问题。此外，还会出现连刀页，这是由于垫刀板的不适或切刀高度不当，造成一沓书册在裁切后最底下的一页没被裁断的现象。

书帖的加工要求在此仅作需知项。

检 测 项：外观

标准要求：

（1）无白页、小页、残页。

（2）无连刀页、缩页（帖）≤2.5mm。

（3）无散页、掉页。

（4）无错帖（多帖、少帖、重帖、混帖、倒头帖）。

需 知 项：加工要求

标准要求：

（1）三折及三折以上书帖，应划口排除空气。

（2）59g/m$^2$ 以下纸张最多折四折，60～80g/m$^2$ 纸张最多折三折，81g/m$^2$ 以上纸张最多折二折。

相关标准：CY/T 27－1999《装订质量要求及检验方法——精装》

检测方法和工具：目测和使用精度为0.5mm的钢板尺检测。

## 步骤十四：检测书芯

检测书芯指的是检测折好后按顺序配、订好的书帖。书芯是一本书最重要的部位，需要检测的项也最多。从外观、成品尺寸到图文印刷再到订联方式，共4个大项，10余个小项。

页码误差和接版误差是常出现的质量缺陷，两者有时是矛盾的，接版对齐了页码误差就超标，页码对齐了而接版误差又超标。书帖在折叠时每折一折都会有自然误差，如果属于设计问题，加工时应以接版齐为准，或相互照顾，有出血的书册应以血齐（外露印迹整齐）为准。此外，锁线订开本与订位、订组数的关系也需要注意。精装书只有一个标准CY/T 27－1999《装订质量要求及检验方法——精装》3.2.1表2对此有规定。该规定与CY/T 25－1999《装订质量要求及检验方法——平装》3.2.1表2的规定一致，规定的开本为习惯开本（非标开本），而2013年6月1日施行的GB/T 30325－2013《精装

书籍要求》并未补充标准开本的规定，在这点上没有平装书规定的完整。实际操作中，印厂担心针组（针眼）过多造成纸张脆裂，往往减少1～2个针组。

不属于成品检测项目，但必须了解的规定有：一是实地密度，实地密度的检测是印刷过程中重要的色彩控制手段，需要对样张上的色标进行测量，而成书后，色标已被裁切，无法测量实地密度值，但质检人员也应了解。二是关于网点和相对反差值的检测，属印刷过程检测，在此作为需知项列出。

检测项一：外观

标准要求：

（1）一无图文缺失：无墨皮、砂眼；无糊字、坏字、文字或表格无缺笔断划；无虚花、掉版。

（2）二无污损：无过版页、粘脏、和废页；破损、破洞；脏污、油污、水印。

（3）三无皱折：无八字折或折角、无死折、无皱折。

检测项二：裁切尺寸

标准要求：允差 ±1.5mm。

检测项三：图文印刷

标准要求：

（1）文字墨色：无明显色差或$\Delta D \leqslant 0.2$。

（2）套印：精细印品≤0.1mm；一般印品≤0.2mm。

（3）密度：

①实地密度。精细印刷品，黄（Y）0.85～1.1；品红（M）1.25～1.5；青（C）1.3～1.55；黑（BK）1.4～1.7；一般印刷品，黄（Y）0.8～1.05；品红（M）1.15～1.4；青（C）1.25～1.5；黑（K）1.2～1.5。

②同批产品不同印张的实地密度允差。青（C）、品红（M）≤0.15；黑（B）≤0.2；黄（Y）≤0.1。

（4）网点：网点清晰，角度准确，不出重影。精细印刷品50%网点的增大值范围为10%～20%；一般印刷品50%网点的增大值范围为10%～25%。

（5）相对反差值（K值）：精细印品≤0.1mm；一般印品≤0.2mm。

检测项四：装订要求

标准要求：

（1）折页要求：

①接版允差：±1.5mm。

②页码误差（含封面、折边与书芯前口误差）：相连页码误差<4mm，全书页码误差<7mm① 或相连页码误差<3mm，全书页码误差<5mm②。

（2）锁线订要求：

①外观：松紧适当，无漏锁，扎破衬、断线和线圈现象。

②开本与针位、针组数的关系：

① 为CY/T 27－1999《装订质量要求及检验方法——精装》3.1.4的规定。

② 为GB/T 30325－2013《精装书籍要求》7.2的规定。

A. 8 开及以上开本，针位与切口距离 20 ~25mm，针组数 4 ~7。

B. 16 开针位与切口距离 20 ~25mm，针组数 3 ~5。

C. 32 开，针位与切口的距离 15 ~20mm，针组数 2 ~4。

D . 64 开及以下开本，针订与切口的距离 10 ~15mm，针组数 2 ~3。

③用线规格：42 支纱或 60 支纱、4 股或 6 股的白色腊光塔线或相同规格的塔形化纤线。

（3）胶粘订要求：

①总体要求：禁止使用植物类黏合剂；黏合剂能渗透到书帖最里页张上，以粘牢为准。

②锯口深度：2 ~3mm。

③锯口宽度：1. 5 ~2. 5mm。

④锯口数：8 开 10 ~12 个；16 开 8 ~10 个；32 开 6 ~8 个；64 开 4 ~6 个。

相关标准：CY/T 5 -1999《平版印刷品质量要求及检验方法》

GB/T 30325 -2013《精装书籍要求》

CY/T 27 -1999《装订质量要求及检验方法——精装》

《印制质量缺陷认定和综合判定方法》（国家新闻出版广电总局 2016. 3）

检测方法、仪器或工具：

（1）外观的检测。目测法。

（2）文字墨色、密度、网点和相对反差值的检测。用密度计检测。

（3）套印误差的检测。用精度为 0. 5mm 的 10 倍以上的放大镜检测。

（4）尺寸误差的检测。用精度为 0. 5mm 的钢板尺检测。

精装书籍的具体检测流程见表 6 -3。

**表6-3 精装书籍印装质量检测流程表**

| 检测步骤 | 检测部位 | 检测项 | | 指标值 | | 严重质量缺陷 | 一般质量缺陷 | 标准编号 | 严重质量缺陷的分类 | 检测方法、工具或仪器 |
|---|---|---|---|---|---|---|---|---|---|---|
| | | | | 定量指标 | 定性指标 | | | | | |
| 1 | 成品尺寸 | 规格大小 | | ±1mm | | ±2mm（含），边长差或对角线长差超过3mm | ±1mm（含） | GB/T788-1999 | B/C | 精度为0.5mm的钢板尺 |
| | | 歪斜误差 | | ≤1.5mm | | | | | | |
| 2 | 切口 | 外观 | | | 无刀花、连页 | 严重刀花(有手感)且严重影响外观 | 轻微 | GB/T30325-2013 | B/C | 目测法 |
| 3 | 书壳 | 外观 | | 四角垂直，歪斜误差≤1.5mm | 无毛边或破头；无破损； | 严重影响外观 | 轻微 | CY/T27-1999 | | 目测、直角三角板、精度为0.5mm的钢板尺 |
| | | 软书壳 | 压痕线位置 | 在封一和封四上，距书脊6～8mm | | | | GB/T30325-2013 | | 精度为0.5mm的钢板尺 |
| | | 硬书壳 | 裁切尺寸 | ±1mm | | | | GB/T30325-2013 | | 精度为0.1mm的游标卡尺 |
| | | | 天头地脚尺寸 | 允差±1mm | | | | GB/T30325-2013 | | 精度为0.1mm的游标卡尺 |
| | | | 前切口尺寸 | 允差±2mm | | | | GB/T30325-2013 | | 精度为0.1mm的游标卡尺 |
| | | | 包边宽 | 15mm | | | | GB/T30325-2013 | | 精度为0.5mm的钢板尺 |
| | | | 圆角皱褶 | 不少于5个 | | | | GB/T30325-2013 | | 目测法 |
| | | | 翘曲高度 | | | >2mm严重影响外观 | 明显翘曲1～2mm | | B | 精度为0.5mm的钢板尺 |
| | | | 掀开角度 | 不小于120° | | | | GB/T30325-2013 | | 半圆仪 |
| | | | 封面四角 | 接缝压边宽为2mm | 切角中心处压边线应与包边压线在同一直线上 | | | GB/T30325-2013 | | 精度为0.5mm的钢板尺 |

续表

| 检测步骤 | 检测部位 | 检测项 | | 指标值 | | 严重质量缺陷 | 一般质量缺陷 | 标准编号 | 严重质量缺陷的分类 | 检测方法、工具或仪器 |
|---|---|---|---|---|---|---|---|---|---|---|
| | | | | 定量指标 | 定性指标 | | | | | |
| 3 | 书壳 | 纸板材料* | 纸板尺寸 | 误差±1.0mm | | | | CY/T27-1999 | | 精度为0.5mm的钢板尺 |
| | | | 纸板外观 | | 表面光滑，材质轻、松、挺、平 | | | GB/T30325-2013 | | 目测法 |
| | | | 纸板含水率 | 8%～12% | | | | GB/T30325-2013 | | 按照GB/T462的规定检测 |
| | | | 纸板紧度(表现密度) | 0.66～0.9g/m³ | | | | GB/T30325-2013 | | 按照GB/T26203的规定检测 |
| | | | 纸板开料方向 | | 应与封面材料丝缕方向垂直 | | | GB/T30325-2013 | | 目测 |
| | | 封面套印误差 | | 精细印品≤0.10mm<br>一般印品≤0.20mm | | ≥0.25mm(含) | ≥0.2mm(含) | CY/T5-1999 | B/C | 30～50倍读数放大镜或精度为0.5mm的10倍以上放大镜 |
| | | 密度允差 | | 同批产品不同印张的实地密度允许误差为：<br>青（C）、品红（M）≤0.15mm；<br>黑（B）≤0.2mm；<br>黄（Y）≤0.1mm | | 青、品红版>0.3；黄版>0.25；黑版>0.35 | 青、品红版>0.2；黄版>0.15；黑版>0.25 | 参照CY/T5-1999 | | 密度计 |
| | | 覆膜 | | 外观：破口≤4mm | 干净、平整、无明显卷曲；无起皱、起泡、起膜、亏膜、划伤 | 严重影响外观（覆膜起泡超$10mm^2$、起皱超10mm，起膜≥$10mm^2$） | 轻微 | GB/T30325-2013 | B | 目测法 |

续表

| 检测步骤 | 检测部位 | 检测项 | 指标值 | | | 严重质量缺陷 | 一般质量缺陷 | 标准编号 | 严重质量缺陷的分类 | 检测方法、工具或仪器 |
|---|---|---|---|---|---|---|---|---|---|---|
| | | | 定量指标 | | 定性指标 | | | | | |
| 3 | 书壳 | 覆膜 | 粘结强度 | ≥2.67N/cm | 当薄膜与印刷品剥离时，油墨大部或全部转移到薄膜胶面上或粘结强度符合后加工要求 | | | GB27934.1—2011、GB/T18359-2009 | | 目测或电子剥离试验机 |
| | | | 覆膜后实地色差 | 亮光膜：黑≤3，品红≤3，青≤3，黄≤3；亚光膜：黑≤10，品红≤7，青≤7，黄≤7 | | | | GB27934.1—2011 | | 密度计或色度仪 |
| | | 上光 | 套准误差±0.5mm | | 应均匀，无划痕和脏迹 | 严重影响外观 | 轻微 | GB/T30325-2013 | B | 30～50倍读数放大镜或精度为0.5mm的10倍以上放大镜 |
| | | 烫印 | 套印误差±0.5mm | | 图文不糊、不花、清晰、牢固、有光泽， | 不可辨认 | 可辨认 | GB/T30325-2013 | A | 带刻度的精度为0.5mm的10倍以上放大镜检测 |
| | | 压凸凹 | 套印误差±0.5mm | | 轮廓清晰，边沿无爆裂 | | | GB/T30325-2013 | | 带刻度的精度为0.5mm的10倍以上放大镜检测 |

续表

| 检测步骤 | 检测部位 | 检测项 | | 指标值 | | 严重质量缺陷 | 一般质量缺陷 | 标准编号 | 严重质量缺陷的分类 | 检测方法、工具或仪器 |
|---|---|---|---|---|---|---|---|---|---|---|
| | | | | 定量指标 | 定性指标 | | | | | |
| 4 | 书背 | 外观 | | | 应平直，无起皱，破损 | 严重影响外观 | 轻微 | | B | 目测 |
| | | 圆背 | 弧度 | 圆背书芯的弧度（圆势）在90°～120°或90°～130°之间 | 扒圆后前口弧度上下对称且与书背一致 | 严重影响外观 | 轻微 | GB/T30325-2013 | | 半圆仪 |
| | | | 弧长 | 无脊书背弧长为书背厚度的1.15倍；有脊书背弧长为书背厚度与纸板厚度之和的1.15倍 | | | | GB/T30325-2013 | | 精度为0.5mm的钢板尺 |
| | | 书背字 | 套书书背字上下误差 | ≤2.5mm | | | | CY/T27-1999 | B | 精度为0.5mm的钢板尺 |
| | | | 平移允差 | 书背宽≤10mm，允差≤1mm；宽10～20mm，允差≤2mm；宽20～30mm，允差≤2.5mm；宽>30mm，允差≤3mm | | | | GB/T30325-2013 | | 精度为0.5mm的钢板尺 |
| | | | 歪斜允差 | 书背宽≤10mm，允差≤0.7mm；宽10～20mm，允差≤1.5mm；宽20～30mm，允差≤1.8mm；宽>30mm，允差≤2mm | | | | | | 精度为0.5mm的钢板尺 |

续表

| 检测步骤 | 检测部位 | 检测项 | | 指标值 | | 严重质量缺陷 | 一般质量缺陷 | 标准编号 | 严重质量缺陷的分类 | 检测方法、工具或仪器 |
|---|---|---|---|---|---|---|---|---|---|---|
| | | | | 定量指标 | 定性指标 | | | | | |
| 4 | 书背 | 书背布 | 长度 | 书芯长度－15～20mm或15～25mm | | | 书背布与书壳连接短于书芯25mm | GB/T30325-2013 | B | 精度为0.5mm的钢板尺 |
| | | | 宽度 | 书芯背宽度（弧长）±40～50mm | | | | | | |
| | | 书背纸 | 长度 | 书芯长度－4～5mm或4～6mm | | | | | | 精度为0.5mm的钢板尺 |
| | | | 宽度 | 书背宽度（弧长）＋1mm | | | | | | |
| | | 筒子纸 | 长度 | 书芯长度－4～5mm或2～4mm | | | | | | 精度为0.5mm的钢板尺 |
| | | | 宽度 | 两个书背宽度（弧长）＋5mm | | | | | | |
| | | 堵头布 | 外观 | | 线棱整齐外露，平服牢固，两端不起毛 | | | | | 目测 |
| | | | 长度 | 为书背宽度（弧长）＋1mm | | | | | | 精度为0.5mm的钢板尺 |
| | | | 宽度 | 10～15mm | | | | | | |

续表

| 检测步骤 | 检测部位 | 检测项 | 指标值 | | 严重质量缺陷 | 一般质量缺陷 | 标准编号 | 严重质量缺陷的分类 | 检测方法、工具或仪器 |
|---|---|---|---|---|---|---|---|---|---|
| | | | 定量指标 | 定性指标 | | | | | |
| 5 | 护封 | 尺寸 | 护封上下尺寸与书壳一致，允差±2mm | | | ＞2mm | GB/T30325-2013 | | 精度为0.5mm的钢板尺 |
| | | 勒口 | | 勒口的折边与书壳前口齐平 | 严重影响外观 | ＞1.0mm | GB/T30325-2013 | B | 精度为0.5mm的钢板尺 |
| 6 | 书脊 | 外观 | 书脊高度K以纸板厚度为准，书脊凸出部分与书芯表面之间的夹角为120°±10° | 上下脊高一致，棱线平直； | | | GB/T30325-2013 | | 目测法和半圆仪 |
| | | 高度 | 起脊高度为3～4mm | | | | CY/T27-1999 | | 精度为0.5mm的钢板尺 |
| 7 | 书槽 | 外观 | | 槽面无皱褶、破裂、起泡，槽形牢固、清晰 | 严重影响外观 | 不平服或宽度＞4mm或＜2mm | GB/T30325-2013 | B | 目测 |
| | | 宽度 | 7mm | | | | GB/T30325-2013 | | 精度为0.5mm的钢板尺 |
| | | 深度 | 纸板厚度＋0.5mm | | | | GB/T30325-2013 | | 精度为0.5mm的钢板尺 |
| 8 | 飘口 | 外观 | | 三方飘口一致 | | | GB/T30325-2013 | | 目测 |
| | | 尺寸 | A5开本及以上3±0.5mm；A4、B4开本，3.5±0.5mm；A3开本及以上，4±0.5mm | | 严重不一致或歪斜，严重影响外观 | 8K及以上：＞4.5mm或＜3.5mm；16K：＞4mm或＜3mm；32K及以上：＞3.5mm或＜2.5mm | CB/T30325-2013 | B | 飘口宽度用精度为0.1mm游标卡尺测 |
| | | | 32开本及以下为3±0.5mm；16开本及以下为3.5±0.5mm；32开本及以下为4±0.5mm | | | | CY/T27-1999 | | |

续表

| 检测步骤 | 检测部位 | 检测项 | 指标值 | | | 严重质量缺陷 | 一般质量缺陷 | 标准编号 | 严重质量缺陷的分类 | 检测方法、工具或仪器 |
|---|---|---|---|---|---|---|---|---|---|---|
| | | | 定量指标 | | 定性指标 | | | | | |
| 9 | 书签带 | 外观 | | | 粘贴在书背居中位置，粘正、粘平、粘牢 | | 书签带过短，短于对角线 | GB/T30325-2013 | | 目测法 |
| | | 长度 | 书芯对角线长度加上20mm或10～20mm | | | | | GB/T30325-2013 | | 精度为0.5mm的钢板尺 |
| | | 宽度 | 3～7mm或32开本及以下为2～3mm，16开本及以上为3～7mm | | | | | | | |
| 10 | 胶粘剂 | 外观 | | | 粘接牢固；无漏胶、溢胶、野胶现象 | 影响使用 | 较为严重，但不影响使用 | 总结自《印质量缺陷认定和综合判定方法》（国家新闻出版广电总局2016.3） | A | 目测 |
| | | 初步固化时间* | 动物胶 | 用于书壳为3～10s；用于书背为3～8s | | | | GB/T30325-2013<br>GB/T30325-2013 | | |
| | | | 水基胶（PVA） | 用于书背为5～12s；用于扫衬为6～15s | | | | GB/T30325-2013<br>GB/T30325-2013 | | |
| | | 固含量* | 水基胶的固含量应在45%以上 | | | | | GB/T30325-2013 | | 按GB/T2793的规定检测 |
| | | 胶温和胶水比例* | 动物胶 | 胶温在75℃±10℃，胶水比例1：3左右 | | | | CY/T27-1999 | | |

续表

| 检测步骤 | 检测部位 | 检测项 | 指标值 | | | 严重质量缺陷 | 一般质量缺陷 | 标准编号 | 严重质量缺陷的分类 | 检测方法、工具或仪器 |
|---|---|---|---|---|---|---|---|---|---|---|
| | | | 定量指标 | | 定性指标 | | | | | |
| 10 | 胶粘剂 | 胶温和胶水比例* | 水基胶（PVA） | 胶温在45℃±10℃，胶水比例1：2左右 | | | | | | |
| | | 背胶 | 厚度1±0.2mm | | 背胶无空泡（空背）现象 | 散页、掉页、背胶断裂 | 露胶根，小空泡 | CY/T40－2007 | A | 目测和精度为0.5mm的钢板尺 |
| | | 侧胶 | 宽度3～7mm | | 无封皮（一侧或两侧）无侧胶或粘接不上的现象 | 两侧无侧胶或粘接不上 | 一侧无侧胶或粘接不上 | CY/T40－2007 | A | 目测和精度为0.5mm的钢板尺 |
| | | | | | 无侧胶粘接封二、封三图文现象 | 压字，影响阅读 | 压图，不影响阅读 | 《印制质量缺陷认定和综合判定方法》（国家新闻出版广电总局2016.3） | A | 目测和精度为0.5mm的钢板尺 |
| | | 渗胶深度 | 书帖间的渗胶深度不应超过1mm,无侧漏 | | | | | GB/T30325-2013 | | 精度为0.1mm的游标卡尺 |
| 11 | 环衬 | 外观 | | | 环衬与书封粘接平整、无皱褶、不起泡、粘接牢固；黏合剂少而匀，不溢不花，不漏涂 | 环衬破裂 | 明显皱折 | GB/T30325-2013 | B | 目测 |
| 12 | 扉页 | 外观 | 参照书芯的检查项目进行，检查其平整度、完整性和图文印刷质量等 | | | | | GB/T30325-2013<br>CY/T27-1999 | | 目测 |

续表

| 检测步骤 | 检测部位 | 检测项 | 指标值 | | 严重质量缺陷 | 一般质量缺陷 | 标准编号 | 严重质量缺陷的分类 | 检测方法、工具或仪器 |
|---|---|---|---|---|---|---|---|---|---|
| | | | 定量指标 | 定性指标 | | | | | |
| 13 | 书帖 | 外观 | | 白页、小页、残页 | | | | | 目测和精度为0.5mm的钢板尺 |
| | | | 缩帖≤2.5mm | 连刀页、缩页（帖） | 缩帖≥2mm | 连刀页或缩帖＜2mm | CY/T27-1999 | A | |
| | | | | 散页、掉页 | 影响使用 | | | A | |
| | | | | 错帖：多帖、少帖、重帖、混帖、倒头帖 | 影响使用 | | CY/T27-1999 | A | |
| | | 加工要求* | | 三折及三折以上书帖，应划口排除空气；59g/m²以下纸张最多折四折，60g/m²～80g/m²纸张最多折三折，81g/m²以上纸张最多折二折 | | | | | |
| 14 | 书芯 | 外观 | | 无图文缺失：无墨皮、砂眼；无糊字、坏字、文字或表格无缺笔断划；无虚花、掉版 | 大面积，影响阅读 | 小面积，不影响阅读 | 总结自相关标准和《印制质量缺陷认定和综合判定方法》（国家新闻出版广电总局2016.3） | A/B | 目测和精度为0.5mm的钢板尺 |
| | | | | 无污损：破损、破洞；脏污、油污、水印；无过版页、粘脏、和废页。 | 严重影响阅读 | 影响阅读 | | A/B | |
| | | | | 无皱折：无八字折或折角、无死折、无皱折 | 死折、图文断开＞2mm或影响阅读 | 不影响阅读 | | A | |

续表

| 检测步骤 | 检测部位 | 检测项 | | | 指标值 | | 严重质量缺陷 | 一般质量缺陷 | 标准编号 | 严重质量缺陷的分类 | 检测方法、工具或仪器 |
|---|---|---|---|---|---|---|---|---|---|---|---|
| | | | | | 定量指标 | 定性指标 | | | | | |
| 14 | 书芯 | 裁切尺寸 | | | 允差±1.5mm | | | | GB/T30325-2013 | | 精度为0.1mm的游标卡尺 |
| | | 图文印刷 | 文字墨色 | | $\Delta D$≤0.2 | 无明显色差 | $\Delta D$≥0.3 | $\Delta D$≥0.2 | 《印制质量缺陷认定和综合判定方法》（国家新闻出版广电总局2016.3） | B | 密度计 |
| | | | 套印误差 | | 精细印品≤0.10mm；一般印品≤0.20mm | | ＞0.3mm | ＞0.2mm | CY/T5-1999 | B/C | 30～50倍读数放大镜或精度为0.5mm的10倍以上放大镜 |
| | | | 密度 | 实地密度 | 精细印刷品：黄(Y)0.85～1.10；品红(M)1.25～1.50；青(C)1.30～1.55；黑(BK)1.40～1.70 | | | | CY/T5-1999 | | 密度计 |
| | | | | | 一般印刷品：黄(Y)0.80～1.05；品红(M)1.15～1.40；青(C)1.25～1.50；黑(K)1.20～1.50 | | | | | | |

续表

| 检测步骤 | 检测部位 | 检测项 | | 指标值 | | | 严重质量缺陷 | 一般质量缺陷 | 标准编号 | 严重质量缺陷的分类 | 检测方法、工具或仪器 |
|---|---|---|---|---|---|---|---|---|---|---|---|
| | | | | 定量指标 | | 定性指标 | | | | | |
| 14 | 书芯 | 图文印刷 | 密度 | 同批产品不同印张的实地密度允差 | 青（C）、品红（M）≤0.15；黑（BK）≤0.2；黄（Y）≤0.1 | | | | CY/T5-1999 | | |
| | | | 网点* | 精细印刷品50%网点的增大值范围为10%～20%；一般印刷品50%网点的增大值范围为10%～25% | | 网点清晰，角度准确，不出重影。 | 网点重影超过版芯面积50%以上 | | CY/T5-1999 | | 精度为0.5mm的10倍以上放大镜测控条或密度计 |
| | | | 相对反差值（K值）* | 精细印刷品黄0.25～0.35；品红、青、黑0.35～0.45；一般印品黄0.20～0.30；品红、青、黑0.30～0.40 | | | | | CY/T5-1999 | | 密度计 |
| | | 装订要求 | | 接版允差 | ±1.5mm | | 关键部位＞2mm | ＞1.5mm | GB/T30325-2013 | B | 精度为0.5mm的钢板尺 |
| | | | 折页要求 | 页码误差（含封面、折边与书芯口误差） | 相连页＞4mm或3mm；全书＞7mm或5mm | | | ＞4mm或3mm | CY/T27-1999<br>GB/T30325-2013 | | 精度为0.5mm的钢板尺 |

续表

| 检测步骤 | 检测部位 | 检测项 | | 指标值 | | | 严重质量缺陷 | 一般质量缺陷 | 标准编号 | 严重质量缺陷的分类 | 检测方法、工具或仪器 |
|---|---|---|---|---|---|---|---|---|---|---|---|
| | | | | 定量指标 | | 定性指标 | | | | | |
| 14 | 书芯 | 装订要求 | 锁线订要求 | 外观 | 松紧适当，无漏锁，扎破衬、断线和线圈现象 | | | | | | 目测 |
| | | | | 开本与针位、针组数 | ≥8开，针位与切口距离20～25mm，针组4～7；16开，针位与切口距离20～25mm，针组3～5；32开，针位与切口的距离15～20mm，针组2～4；≤64开，针位与切口的距离10～15mm，针组2～3 | | | | CY/T27-1999 | | |
| | | | | 用线规格* | 42支纱或60支纱、4股或6股的白色腊光塔线或相同规格的塔形化纤线 | | | | CY/T27-1999 | | |

续表

| 检测步骤 | 检测部位 | 检测项 | | 指标值 | | | 严重质量缺陷 | 一般质量缺陷 | 标准编号 | 严重质量缺陷的分类 | 检测方法、工具或仪器 |
|---|---|---|---|---|---|---|---|---|---|---|---|
| | | | | 定量指标 | | 定性指标 | | | | | |
| 14 | 书芯 | 装订要求 | 胶粘订要求 | 总体要求 | 粘合剂能渗透到书帖最里页张上，以粘牢为准，严禁用植物类粘合剂 | | | | CY/T27-1999 | | 目测 |
| | | | | 锯口深度* | 2～3mm | | | | | | 精度为0.5mm的钢板尺 |
| | | | | 锯口宽度* | 1.5～2.5mm | | | | | | |
| | | | | 锯口数* | 8开10～12；16开8～10；32开6～8；64开4～6 | | | | CY/T27-1999 | | 目测 |

说明：1.严重质量缺陷指那些严重超出现行国家标准及行业标准中合格产品技术指标范围，产生严重的不良视觉，甚至影响阅读或使用的质量问题。

2.一般质量缺陷指那些超出现行国家标准及行业标准中合格产品技术指标范围，产生一定的不良视觉，但不影响阅读或使用的质量问题。

3.表头“严重质量缺陷的分类”栏依据《印制质量缺陷认定和综合判定方法》（国家新闻出版广电总局2016.3）编制，如有新版，应作相应更新。

4.表格中标有“*”的项为需知项。

## 四、精装书的判定规则

根据相关标准和国家新闻出版广电总局2016年3月发布的《印制质量缺陷认定和综合判定方法》的规定，图书印刷质量判定等级分为“合格”和“不合格”；单册样品和批量样品的判定如下。

### (一) 单册判定

符合下列其中一条的单册样品判定为不合格（判定标准详见表6-3）：

1. 存在1项及以上A类严重质量缺陷的。
2. 存在2项及以上B类严重质量缺陷的。
3. 存在1项C类严重质量缺陷和2项及以上一般质量缺陷的。
4. 存在4项及以上一般质量缺陷的本版图书。

### (二) 批量判定

按照批质量抽检方案（见表6-4）要求，根据库存量抽取一定样本，进行逐本检查并累计不合格品总数。当样本中的不合格数小于或等于合格判定数时，则该批为合格批；当样本中的不合格数大于或等于不合格判定数时，则该批为不合格批。

**表6-4　精装书印装批质量抽样方案**

（检查水平为S-4，AOL值9.0）　　（单位：册）

| 库存量（批量） | 151~500 | 501~1200 | 1201~10000 | 10001~35000 | 35001~500000 | ≥500001 |
|---|---|---|---|---|---|---|
| 抽取样本数 | 13 | 20 | 32 | 50 | 80 | 125 |
| 合格判定数 | 1 | 2 | 3 | 5 | 7 | 10 |
| 不合格判定数 | 2 | 3 | 4 | 6 | 8 | 11 |

如果一份产品形成二个检查批次，按表6-5确定二次抽样方案样本大小、判定数组：

**表6-5　二次抽样方案**　　（单位：册）

| 库存量（批量） | 501~1200 | 1201~10000 | 10001~35000 | 35001~500000 | ≥500001 |
|---|---|---|---|---|---|
| 第一样本数 | 13 | 20 | 32 | 50 | 80 |
| 第一合格判定数 | 0 | 1 | 2 | 3 | 5 |
| 第一不合格判定数 | 3 | 3 | 5 | 6 | 9 |
| 第二样本数 | 13 | 20 | 32 | 50 | 80 |
| 第二合格判定数 | 3 | 4 | 6 | 9 | 12 |
| 第二不合格判定数 | 4 | 5 | 7 | 10 | 13 |

# 第三节　平装出版物的检测

本节内容适用于平装书籍、期刊和平装本册的成品检测，不包括教材和教辅。

## 一、平装书的定义

指的是用平装形式装订成型的书刊和本册。即书芯订联后，包上软质封面并裁切成册的书刊和本册。

## 二、平装书的分类

根据书芯订联方式的不同可分为四类：一铁丝平订；二缝纫订；三锁线订；四无线胶粘订。目前应用最多的是无线胶粘工艺，而铁丝平订已基本淘汰，故本书重点介绍了无线胶粘订平装书的检测方法和流程。

## 三、平装书的检测项目及检测流程

### （一）检测项目

1. 成品尺寸：规格大小、歪斜误差。
2. 切口：外观。
3. 书壳：外观、用纸定量、套印误差、密度允差、覆膜、上光、烫印或压凹凸。
4. 书背：外观、书背字。
5. 护封：裁切尺寸、勒口。
6. 书脊：岗线。
7. 压痕线：压痕要求、位置。
8. 胶粘剂：外观、背胶、侧胶、粘接强度。
9. 环衬：外观。
10. 扉页：外观。
11. 书帖：外观。
12. 书芯：外观、裁切尺寸、图文印刷、装订要求。

## （二）检测流程

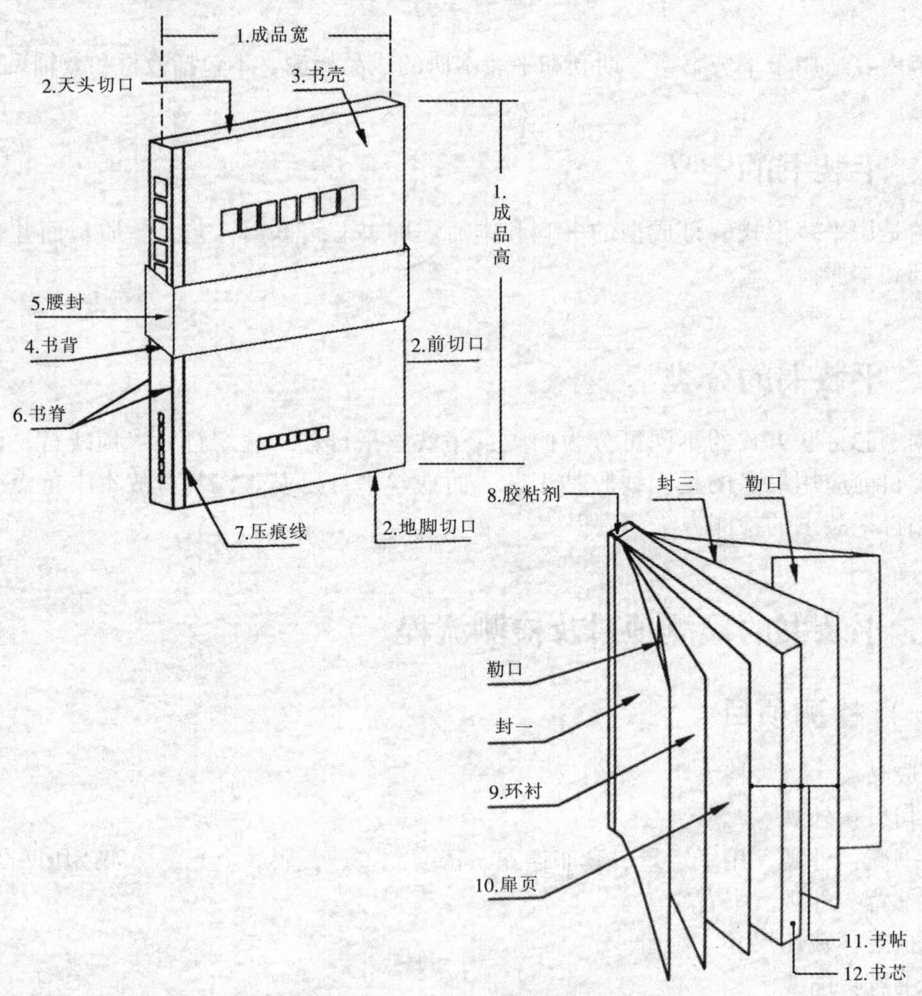


图 6－9　平装书检测流程示意图

### 步骤一：检测成品尺寸

检测成品尺寸指的是检测书籍成品的大小。书籍成品尺寸取决于其开本的大小，常用的开本尺寸参见本章第二节的相关内容，较为详尽的规格尺寸参见本书附录三。

关于平装书的开本允差，三项标准对此有规定。GB/T 788－1999《图书和杂志开本及其幅面尺寸》规定“标准开本的允差为±1mm”；GB/T 30326－2013《平装书籍要求》7.4 规定“成品尺寸允差±1.5mm”；CY/T 28－1999《装订质量要求及检验方法——平装》3.4.3 规定“成品裁切歪斜误差≤1.5mm”。标准尺寸按 GB/T 788－1999 执行，非标尺寸参照 GB/T 30326－2013 或 CY/T 28－1999 执行，也可按合同约定执行。

检测项一：规格大小

标准要求：标准尺寸开本允差±1mm；非标尺寸开本允差±1.5mm。

检测项二：歪斜误差

标准要求：成品歪斜误差≤1.5mm。

相关标准：GB/T 788－1999《图书和杂志开本及其幅面尺寸》

GB/T 30326－2013《平装书籍要求》

CY/T 28－1999《装订质量要求及检验方法——平装》

检测工具：精度0.5mm的钢板尺。

## 步骤二：检测切口

检测切口指的是检测书籍三面切光的部分。切口有天头切口，地脚切口和前切口之分。切口位置通常出现的问题是明显刀花，即切口部分不光滑且有凹凸不平的花纹。刀花影响外观，不方便翻阅也不利于后续加工，如烫印滚金口。一般平装书很少在切口位置滚金口①，但也有少量书籍采用这一工艺，如云南人民出版社2013年出版的《丽江的柔软时光》，笔记本做滚金口的则相对较多一些。

检 测 项：外观

标准要求：书册切口面无刀花，无连刀页，无破损。

相关标准：GB/T 30326－2013《平装书籍要求》

CY/T 28－1999《装订质量要求及检验方法——平装》

检测方法：目测法。

## 步骤三：检测书壳

检测书壳指的是检测书籍的封面。平装书的书壳尺寸与书芯尺寸以及成品尺寸应一致。此外，平装书书壳用纸应控制在一定定量的范围，定量一般为120～250g/m$^2$，不宜太薄也不宜太厚。

标准规定，平装书封面烫印和压凹凸的套印允差值小于等于0.3mm，而精装书封面的允差值小于等于≤0.5mm，在这点上平装书的标准显然要严格些。

检测项一：外观

标准要求：无破损、毛边、破头；无粘坏封面，无折角，不显露钉锯，四角方正；破口≤4 mm。

检测项二：用纸定量

标准要求：120～250g/m$^2$。

检测项三：套印误差

标准要求：精细印品≤0.1mm；一般印品≤0.2mm。

检测项四：密度允差

标准要求：青（C）、品红（M）≤0.15mm；黑（B）≤0.2mm；黄（Y）≤0.1mm。

检测项五：覆膜

标准要求：

（1）外观：干净、平整、无明显卷曲；无起皱、起泡、起膜、亏膜和划伤现象；破口≤4mm。

① 在书籍切口位置烫粘上一层金、银色的金属箔或电化铝。

（2）粘接强度：≥2.67N/cm；或当薄膜与印刷品剥离时，油墨大部或全部转移到薄膜胶面上。

（3）色差值：指覆膜后的实地色差。亮光膜，黑≤3，品红≤3，青≤3，黄≤3；亚光膜，黑≤10，品红≤7，青≤7，黄≤7。

检测项六：上光

标准要求：

（1）A版铜版纸上光后光泽度比上光前增加30%，白度降低率不得超过20%。

（2）外观平整、无花斑、无皱折，不掉光等。

检测项七：烫印或压凹凸

标准要求：

（1）套印允差≤0.3mm。

（2）同批色差$\Delta E_{ab}^*$≤3。

（3）图文不糊、不花、清晰、牢固、有光泽。

相关标准：CY/T 5－1999《平版印刷品质量要求及检验方法》
GB/T 30326－2013《平装书籍要求》
CY/T 28－1999《装订质量要求及检验方法——平装》
GB 27934.1－2011《纸质印刷品覆膜过程控制及检测方法　第1部分：基本要求》

检测方法、仪器或工具：

（1）外观的检测。目测法。

（2）用纸定量的检测。用定量取样器和电子天平测定，或经验目测。

（3）套印误差的检测。用带刻度的精度为0.5mm的10倍以上放大镜检测。

（4）密度允差的检测。用密度计。

（5）覆膜的检测。外观目测；粘接强度用目测或电子剥离试验机；色差用分光光度计检测。

（6）上光的检测。外观目测；光泽度用光泽度仪检测。

（7）烫印或压凹凸的检测。外观目测；套印用带刻度的精度为0.5mm的10倍以上放大镜检测；色差用分光光度计检测。

## 步骤四：检测书背

检测书背指的是检测书籍的后背，即检测书帖配册后需订联的平齐部分。平装书的书背一般为直背。也有较为特别的设计，书背是裸露的，称裸背线装。如人民文学出版社2013年出版的《人生若只如初见》。

检测项一：外观

标准要求：平整（直）、无褶皱、无破损。

检测项二：书背字

标准要求：

（1）平移允差：书背宽≤10mm，允差≤1mm；书背宽10～20mm，允差≤2mm；书背宽20～30mm，≤2.5mm；书背宽>30mm，允差≤3mm，见图6－10。

（2）歪斜允差：书背宽≤10 mm，允差≤0.7 mm；书背宽 10～20 mm，允差≤1.5 mm；书背宽 20～30 mm，允差≤1.8 mm；书背宽＞30 mm，允差≤2mm，见图 6－11。

（3）与天头切口的距离允差：±2mm。

（4）套书书背字上下误差：≤2.5mm。

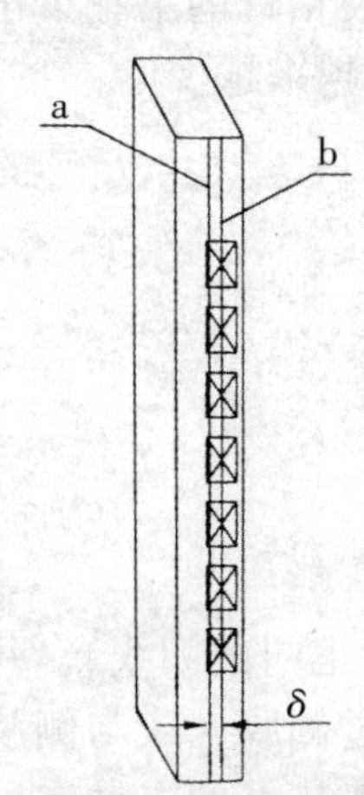


a—书背中心线；

b—书背文字中心线。

**图 6-10 书背文字中心线对书背中心线平移允差示意图**

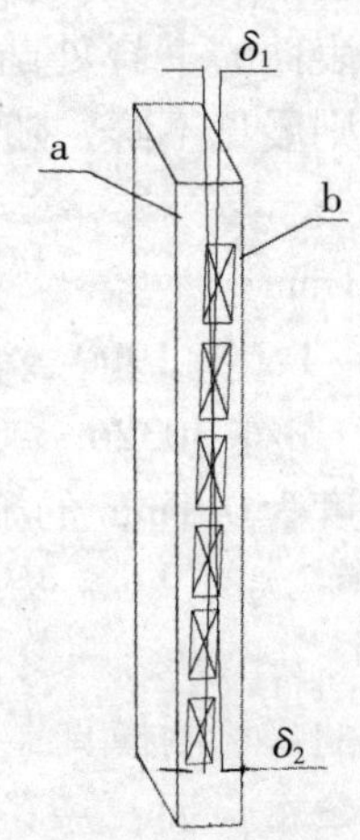


δ—书背文字中心线对书背中心线平移允差；

$\delta_1$—书背文字中心线对书背中心线歪斜允差；

$\delta_2$—书背文字中心线对书背中心线歪斜允差。

**图 6-11 书背文字中心线对书背中心线歪斜允差示意图**

相关标准：CY/T 28－1999《装订质量要求及检验方法——平装》
GB/T 30326－2013《平装书籍要求》

检测方法和工具：外观目测法，尺寸误差用精度为 0.5mm 的钢板尺检测。

## 步骤五：检测护封

检测护封指的是检测套在平装书封面外的包封纸。护封有时配有腰封（又称书腰纸）形似“腰带”束在护封的腰部起装饰作用。此外，护封在封面沿前切口向里折叠的部分叫勒口，宽约 5～10cm，前勒口一般印有作者简介和内容摘要，方便读者在较短的时间了解该书。

检测项一：裁切尺寸

标准要求：上下误差：≤2mm。

检测项二：勒口

标准要求：勒口线超出书芯前切口不大于 2mm；护封或封面勒口的折边与书芯前口对齐，误差≤1mm。

相关标准：CY/T 28－1999《装订质量要求及检验方法——平装》
GB/T 30326－2013《平装书籍要求》

检测工具：精度为 0.5mm 的钢板尺。

## 步骤六：检测书脊

检测书脊指的是检测书籍前后书壳与书背的联接处。平装书的书脊与书芯表面在同一平面上。平装书的书脊处出现的质量问题一般为岗线，即平装书册包本后，由于种种原因造成书背与书表面的书脊处凸出的一条线棱。一般无线胶粘订的书很少出现这一问题，铁丝平订的书则屡见不鲜，随着无线胶粘订的普及，岗线越来越少见。

检 测 项：岗线

标准要求：≤1mm。

相关标准：CY/T 28－1999《装订质量要求及检验方法——平装》
同 GB/T 30326－2013《平装书籍要求》

检测工具：精度为 0.1mm 的游标卡尺。

## 步骤七：检测压痕线

检测压痕线指的是检测模具在平装书封面上压出的线痕（也叫翻阅线）。每本平装书有两条压痕线，一条在封面，一条在封底。其位置一般略超过侧胶，或与侧胶齐平，可保护侧胶，保护书籍，还便于读者翻阅。平装书的压痕线与精装书的书槽有异曲同工之妙，位置相近，作用相似。

关于封面压痕纸张的定量要求，有两项标准对此有描述，且有出入。一是 CY/T 28－1999《装订质量要求及检验方法——平装》3.3.2C 规定“封面用纸超 200g，应压痕；二是 CY/T 40－2007《书刊装订用 EVA 型热熔胶使用要求及检测方法》4.3.8 规定”使用 $100g/m^2$ 以上纸张作封面应压书脊和侧胶痕。而也有专家认为 150 $g/m^2$ 以上书封面应做压痕。从 GB/T 30326－2013《平装书籍要求》5.2.3 的规定“平装书封面用纸的定量为 $120g/m^2$～$250g/m^2$”和平装书封面一般超 100 $g/m^2$ 来看，只要是平装书，封面最好都做压痕处理，特别是无线胶粘订的书，至于压力的大小和时间的长短得充分考虑封面用纸的耐折（破）度和内文的用纸定量等因素。

检测项一：压痕要求

标准要求：封面用纸的定量超 $100g/m^2$① 或 $200g/m^2$②。

检测项二：位置

标准要求：压痕线与书脊的距离为 6～8mm。

相关标准：CY/T 28－1999《装订质量要求及检验方法——平装》
CY/T 40－2007《书刊装订用 EVA 型热熔胶使用要求及检测方法》
GB/T 30326－2013《平装书籍要求》

检测工具：精度为 0.5mm 的钢板尺。

## 步骤八：检测胶粘剂

检测胶粘剂指的是检测连接书壳与书芯的黏合剂。胶粘剂有多种分类方法，根据固

① 为 CY/T 40－2007《书刊装订用 EVA 型热熔胶使用要求及检测方法》4.3.8 规定。

② 为 CY/T 28－1999《装订质量要求及检验方法——平装》3.3.2.C 的规定。

化速度分高速胶和低速胶；根据被粘物质的质地分为书版纸用胶与铜版纸用胶；根据使用时是否加温分为热胶和冷胶；根据使用位置不同分为背胶和侧胶，还有动物胶、淀粉胶、和水基胶（PVA）等。我国平装书已普及无线胶粘订，书刊用胶中 EVA 热熔胶是使用最广，用量最大的；而价格较昂贵的 PUR 胶因性能更优，也在扩大使用。不同型号、种类的胶的性能都不一致，使用时要掌握正确的方法。以 EVA 热熔胶的使用为例，除了控制好软化点和胶温外，还需掌握好“三个点”。即开放时间点（6 ~ 13 秒）、固化时间点（8 ~ 14 秒）和冷却硬化时间点（3 分钟），在不同的时间点要完成不同的工序，否则定会出现装订质量问题，造成极大浪费。如不在开放时间完成书背粘合、夹紧定型，则会出现粘接不牢、空背、掉页等问题；未达到冷却硬化时间对书册进行裁切，会造成书背变形、书册歪斜等问题。

年纪较长的印刷从业者常把侧胶称为浆口。两者位置相同，只因书芯订连方式不同而叫法不同；无线胶粘订的书籍叫侧胶，铁丝平订或锁线订的书籍叫浆口。

此外，还有两个指标需要注意：一是平装书胶层的粘接强度指标与教材的指标要求一致，都为≥4. 5N/cm。二是背胶的厚度。GB/T 30326 - 2013《平装书籍要求》6. 4. 2. 6 规定 EVA 背胶的厚度为 1. 0 ±0. 2mm，即 0. 8 ~ 1. 2mm；GB/T 18359 - 2009《中小学教科书用纸、印制质量要求和检验方法》3. 5. 3. 1 规定为≤1. 5mm。有些印厂担心书页散落，通过增加背胶厚度来增强粘接强度，增至 1. 2 ~ 1. 5mm 。

检测项一：外观

标准要求：背胶厚度均匀，无空洞；粘接牢固；无漏胶、溢胶、野胶现象。

检测项二：背胶

标准要求：EVA 胶厚度为 1. 0 ±0. 2mm；PUR 胶厚度为 0. 4 ±0. 1mm。

检测项三：侧胶

标准要求：宽度 3 ~ 6mm① 或 3 ~ 7mm②。

检测项四：粘接强度

标准要求：≥4. 5N/cm。

需 知 项：胶粘剂的使用要求

标准要求：

（1）热熔胶的使用要求：

①总体要求：根据书册纸质、厚度选择正确型号的胶；不同型号的胶不混用。

②EVA 胶裁切时间：大于 3 分钟，即大于书籍粘好后定形牢固待裁切的时间。

③EVA 胶预热时间：2 小时以上。

④PUR 胶预热时间：大于 15 分钟。

（2）水基胶的要求：

①初步固化时间：用于书背为 5 ~ 12 秒。

②固含量：应在 45% 以上。

相关标准：GB/T 30326 - 2013《平装书籍要求》

---

① 为 GB/T 30326 - 2013《平装书籍要求》6. 4. 2. 7 的规定。

② 为 CY/T 28 - 1999《装订质量要求及检验方法——平装》3. 3. 1. a 的规定。

CY/T 28－1999《装订质量要求及检验方法——平装》

检测方法、仪器或工具：

（1）外观的检测。目测法。

（2）背胶厚度和侧胶宽度的检测。用精度为0.1mm的游标卡尺和精度为0.5mm的钢板尺检测。

（3）粘接强度的检测。用书刊装订强度仪检测。

## 步骤九：检测环衬

检测环衬指的是检测书籍连接书芯和封皮的双连书页。标准对平装书环衬的检测没有规定，可参照国家新闻出版广电总局2016年3月发布的《图书印装和环保质量判定规则》执行。

检 测 项：外观

标准要求：环衬和书芯前后无皱折

相关标准（规范性文件）：《图书印装和环保质量判定规则》（国家新闻出版广电总局2016.3）

检测方法：目测法。

## 步骤十：检测扉页

检测扉页指的是检测衬纸下面印有书名和出版者的单张页。扉页的检测可参照书芯的检查项进行，从外观上检查即可。

检 测 项：外观

标准要求：检查外观，看其平整度、完整性和图文印刷质量等。

相关标准：GB/T 30326－2013《平装书籍要求》

CY/T 28－1999《装订质量要求及检验方法——平装》

检测方法：目测法。

## 步骤十一：检测书帖

检测书帖指的是检测大张页（即全张）或对开按号码及版面的顺序，折成几折后成为多张页的一沓纸。书帖折数越多，页码和折齐边的误差就越大，且书帖越厚空气储存量可能越多，加工时不按折数划口排除空气，势必影响成书质量，造成八字折，页码，齐边等误差超标，书背上下宽不一致等问题。随着标准的推行，越来越多的印刷机（轮转）和折页机安装了划口装置，大大减少了八字折的产生。此外，书帖部位还会出现连刀页和破头。连刀页是由于垫刀板的不适或切刀高度不当，造成一沓书册在裁切后最底下的一页没被裁断的现象；破头是书册裁切后由于无破头装置等原因造成书背上下两端撕裂破碎的现象。

书帖的加工是装订工序的开端，对成书的装订质量起着重要的作用，标准对这部分除了外观的要求外，还有加工要求。加工要求属过程管控的内容，质检人员也应有所了解。

检 测 项：外观

标准要求：

（1）平服整齐，无白页、小页、残页。

（2）无连刀页、缩页（帖）≤2.5mm。

（3）无散页、掉页。

（4）无错帖（多帖、少帖、重帖、混帖、倒头帖）。

需 知 项：加工要求

标准要求：

（1）三折及三折以上书帖，应从二折起在折缝线上划口排除空气。

（2）59g/m$^2$ 以下纸张最多折四折，60～80g/m$^2$ 纸张最多折三折，81g/m$^2$ 以上纸张最多折二折。

相关标准：CY/T 28－1999《装订质量要求及检验方法——平装》

GB/T 30326－2013《平装书籍要求》

检测方法和工具：外观目测；尺寸误差使用精度为 0.5mm 的钢板尺测量。

## 步骤十二：检测书芯

检测书芯指的是检测折好后按顺序配、订好的书帖。书芯是一本书最重要的部位，需要检测的项也最多，从外观、成品尺寸到图文印刷再到订联方式共四个大项，10 余个小项。页码误差和接版误差是书芯部位常出现的质量缺陷。两者有时是矛盾的，接版对齐了页码误差就超标，页码对齐了而接版误差又超标。书帖在折叠时每折一折都会有自然误差，如果属于设计问题，加工时应以接版齐为准，或相互照顾，有出血的书册应以血齐（外露印迹整齐）为准。

锁线订开本与订位、订组数的关系也需要注意。有两项标准作了要求，CY/T 25－1999《装订质量要求及检验方法——平装》的 3.2.1 表 2（同 CY/T 27－1999《装订质量要求及检验方法——精装》3.1.5 表 2）和 GB/T 30326－2013《平装书籍要求》的 6.4.1 表 2。两项标准规定的不同在于前项的开本为习惯开本（非标尺寸），而后项的开本为标准开本，后者补充了前者的空白。实际操作中，印厂担心针组（针眼）过多造成纸张脆裂，往往减少 1～2 个针组。

不属于成品检测项目，但必须了解的检测项目。

（1）实地密度。实地密度的检测是印刷过程中重要的色彩控制手段，需要对样张上的色标进行测量，而成书后，色标已被裁切，无法测量实地密度值，但质检人员也应了解。

（2）网点和相对反差值的检测，是印刷过程的检测，在此作为需知项列出。

检测项一：外观

标准要求：

（1）一无图文缺失：无墨皮、砂眼；无糊字、坏字、文字或表格无缺笔断划；无虚花、掉版。

（2）二无污损：无过版页、粘脏、和废页；破损、破洞；脏污、油污、水印。

（3）三无皱折：无八字折或折角、无死折、无皱折。

检测项二：裁切尺寸

标准要求：允差±1.5mm。

检测项三：图文印刷

标准要求：

（1）文字墨色：无明显色差。

（2）套印（彩色）：精细印刷品的套印允许误差≤0.1mm；一般印刷品的套印允许误差≤0.2mm。

（3）密度：

①实地密度。精细印刷品，黄（Y）0.85～1.1；品红（M）1.25～1.5；青（C）1.30～1.55；黑（BK）1.4～1.7；一般印刷品，黄（Y）0.8～1.05；品红（M）1.15～1.4；青（C）1.25～1.5；黑（K）1.2～1.5。

②同批产品不同印张的实地密度允差。青（C）、品红（M）≤0.15；黑（BK）≤0.2；黄（Y）≤0.1。

（4）相对反差值（K值）：精细印刷品，黄0.25～0.35；品红、青、黑0.35～0.45；一般印刷品，黄0.2～0.3；品红、青、黑0.3～0.4。

（5）网点：网点清晰，角度准确，不出重影。精细印刷品50%网点的增大值范围为10%～20%；一般印刷品50%网点的增大值范围为10%～25%。

检测项四：装订要求

标准要求：

（1）折页要求。

①接版允差（横竖或左右）：±1.5mm。

②页码位置误差（含封面、折边与书芯前口误差）：相连页码误差：≤4mm①或≤3mm②；全书页码误差：≤7mm①或≤5mm②。

（2）锁线订要求。

①外观要求：无断线、漏锁、线圈；锁线松紧一致。

②开本与针位、针组数的关系：

A. ≥8开，针位与切口距离20～25mm，针组数4～7。

B. 16开针位与切口距离20～25mm，针组数3～5。

C. 32开，针位与切口的距离15～20mm，针组数2～4。

D. ≤64开，针位与切口的距离10～15，针组数2～3。

E. ≥A3、B3，针位与切口的距离20～25mm，针组数≥8。

F. A4、B4，针位与切口的距离20～25mm，针组数≥6。

G. A5、B5，针位与切口的距离15～20mm，针组数≥4。

H. A6、B6，针位与切口的距离10～15mm，针组数≥3。

（3）胶粘订（用EVA胶）要求。

①铣背深度：1.5±0.5mm。

---

① 为CY/T 28－1999《装订质量要求及检验方法——平装》3.1.4的规定。

② 为GB/T 30326－2013《平装书籍要求》7.2的规定。

②铣背歪斜允差：小于2mm。

③拉槽深度：1.5±0.5mm。

④拉槽间距：不大于7mm。

⑤拉槽宽度：0.8~1.5mm。

⑥开本与锯口（拉槽）数：8开10~12；16开8~10；32开6~8；64开4~6。

相关标准：GB/T 30326-2013《平装书籍要求》

CY/T 25-1999《装订质量要求及检验方法——平装》

CY/T 5-1999《平版印刷品质量要求及检验方法》

检测工具和仪器：

（1）外观的检测。目测法。

（2）尺寸误差的检测。用精度为0.1mm的游标卡尺和精度为0.5mm的钢直尺检测。

（3）套印误差的检测。用精度为0.5mm的10倍以上放大镜检测。

（4）密度的检测。用密度计检测。

平装书籍的具体检测流程见表6-6。

**表6-6　平装书籍印装质量检测流程表**

| 检测步骤 | 检测部位 | 检测项 | 指标值 | | 严重质量缺陷 | 一般质量缺陷 | 标准编号 | 严重质量缺陷的分类 | 检测方法、工具或仪器 |
|---|---|---|---|---|---|---|---|---|---|
| | | | 定量指标 | 定性指标 | | | | | |
| 1 | 成品尺寸 | 规格大小 | ±1.5mm | | | ≥1mm | GB/T30326-2013、CY/T28-1999 | B/C | 精度为0.5mm的钢板尺 |
| | | 歪斜误差 | ≤1.5mm | | | ≥2mm | | | |
| 2 | 切口 | 外观 | | 无刀花，无连刀页，无破损 | 严重刀花且严重影响外观 | 轻微 | GB/T30326-2013、CY/T28-1999 | B | 目测法 |
| 3 | 书壳 | 外观 | 破口≤4.0mm | 无破损、毛边或破头；无粘坏封面，无折角，不显露钉锯，四角方正 | 严重影响外观 | 轻微 | CY/T28-1999 | B | 目测法 |
| | | 用纸定量 | 120～250g/m² | | | | GB/T30326-2013 | | 定量取样器和电子天平 |
| | | 套印误差 | 精细印品≤0.1mm<br>一般印品≤0.2mm | | ≥0.25mm或严重影响外观 | >0.2mm | CY/T5-1999 | B/C | 30～50倍读数放大镜或精度为0.5mm的10倍以上放大镜 |
| | | 密度允差（同批产品不同印张的实地密度） | 青（C）、品红（M）≤0.15mm；黑（B）≤0.2mm；黄（Y）≤0.1mm | | 青、品红版>0.3；黄版>0.25；黑版>0.35 | 青、品红版>0.2；黄版>0.15；黑版>0.25 | CY/T5-1999 | | 密度计 |

续表

| 检测步骤 | 检测部位 | 检测项 | | 指标值 | | 严重质量缺陷 | 一般质量缺陷 | 标准编号 | 严重质量缺陷的分类 | 检测方法、工具或仪器 |
|---|---|---|---|---|---|---|---|---|---|---|
| | | | | 定量指标 | 定性指标 | | | | | |
| 3 | 书壳 | 覆膜 | 外观 | 破口≤4.0mm | 干净、平整、无明显卷曲；无起皱、起泡、起膜、亏膜、划伤 | 严重影响外观(覆膜起泡超10mm$^2$、起皱超10mm,起膜≥10mm$^2$) | 轻微 | GB/T30326-2013 | B | 目测法 |
| | | | 粘结强度 | ≥2.67N/cm | 当薄膜与印刷品剥离时，油墨大部或全部转移到薄膜胶面上；或粘结强度符合后加工要求 | | | GB27934.1—2011、GB/T18359-2009 | | 目测或电子剥离试验机 |
| | | | 覆膜后实地色差 | ①亮光膜：黑≤3，品红≤3,青≤3，黄≤3；②亚光膜：黑≤10，品红≤7,青≤7,黄≤7 | | | | GB27934.1—2011 | | 分光光度计 |
| | | 上光 | | A级铜版纸上光后光泽度比上光前增加30%，白度降低率不得超过20% | 平整、无花斑、无皱折，不掉光等 | 严重影响外观 | 轻微 | GB/T30326-2013 | B | 带刻度的精度为0.5mm的10倍放大镜、光译度仪 |
| | | 烫印或压凹凸 | | 套印允差≤0.3mm；同批色差$\Delta E_{ab}^*$≤3 | 图文不糊、不花、清晰、牢固、有光泽， | 不可辨认 | 可辨认 | GB/T30326-2013 | A | 30～50倍读数放大镜或精度为0.5mm的10倍以上放大镜、分光光度计 |

续表

| 检测步骤 | 检测部位 | 检测项 | | 指标值 | | 严重质量缺陷 | 一般质量缺陷 | 标准编号 | 严重质量缺陷的分类 | 检测方法、工具或仪器 |
|---|---|---|---|---|---|---|---|---|---|---|
| | | | | 定量指标 | 定性指标 | | | | | |
| 4 | 书背 | 外观 | | | 平整（直）、无褶皱、无破损 | 严重影响外观 | 轻微 | GB/T30326-2013 | B | 目测 |
| | | 书背字 | 平移允差 | 书厚≤10mm，允差1mm；书厚10～20mm，允差2mm；书厚20～30mm，≤2.5mm；书厚＞30mm，允差≤3mm | | 严重影响外观（书背字不完整、平移或歪移至封面、封底2mm以上） | | CY/T28-1999 | B | 精度0.5mm的钢板尺 |
| | | | 歪斜允差 | 书背宽≤10mm，允差0.7mm；宽10～20mm，允差≤1.5mm；宽20～30mm，允差1.8mm；宽＞30mm，允差≤2mm | | | | GB/T30326-2013 | | 精度0.5mm的钢板尺 |
| | | | 与天头切口的距离允差 | ±2mm | | | | GB/T30326-2013 | | 精度0.5mm的钢板尺 |
| | | | 套书书背字上下误差 | ≤2.5mm | | | | 参见CY/T27-1999 | | 精度0.5mm的钢板尺 |
| 5 | 护封 | 裁切尺寸 | | 上下误差≤2mm | | | ＞2mm | CY/T28-1999 | B | 精度0.5mm的钢板尺 |
| | | 勒口 | | 勒口线超出书芯前切口＜2mm | | 严重影响外观 | ≤1.0mm | GB/T30326-2013 | | |
| | | | | 护封或封面勒口的折边与书芯前口对齐，误差≤1mm | | | ＞1mm | CY/T28-1999 | | |

续表

| 检测步骤 | 检测部位 | 检测项 | | 指标值：定量指标 | 指标值：定性指标 | 严重质量缺陷 | 一般质量缺陷 | 标准编号 | 严重质量缺陷的分类 | 检测方法、工具或仪器 |
|---|---|---|---|---|---|---|---|---|---|---|
| 6 | 书脊 | 岗线 | | ≤1mm | | | ＞1.0mm | CY/T28-1999 | B | 精度0.1mm的游标卡尺 |
| 7 | 压痕线 | 压痕要求 | | 封面用纸定量超100g/m²或200g/m² | | | | CY/T28-1999 | | 克重或定量取样器和电子天秤仪 |
| | | 位置 | | 与书脊距离为6～8mm | | | | GB/T30326-2013 | | 精度0.5mm的钢板尺 |
| 8 | 胶粘剂 | 外观 | | | 背胶厚度均匀，无空洞 | | | GB/T30326-2013 | | 目测 |
| | | | | | 粘接牢固；无漏胶、溢胶、野胶现象 | 影响使用 | 较为严重，但不影响使用 | 参照《印制质量缺陷认定和综合判定方法》（国家新闻出版广电总局2016.3） | A | |
| | | 热熔胶的使用要求* | 总体要求 | | 根据书册纸质、厚度选择正确型号的胶；不同型号的胶不同混用 | | | GB/T30326-2013 | | |
| | | | EVA胶裁切时间 | 大于3分钟，即使用EVA胶包本的裁切时间得待胶硬化定型后再进行 | | | | GB/T30326-2013 | | |
| | | | EVA胶预热时间 | 2小时以上 | | | | GB/T30326-2013 | | |
| | | | PUR胶预热时间 | 大于15分钟 | | | | | | |

续表

| 检测步骤 | 检测部位 | 检测项 | | 指标值 | | 严重质量缺陷 | 一般质量缺陷 | 标准编号 | 严重质量缺陷的分类 | 检测方法、工具或仪器 |
|---|---|---|---|---|---|---|---|---|---|---|
| | | | | 定量指标 | 定性指标 | | | | | |
| 8 | 胶粘剂 | 水基胶（PVA）要求* | 初步固化时间 | 用于书背为5～12s | | | | GB/T30326-2013 | | |
| | | | 固含量 | 45％以上 | | | | GB/T30326-2013 | | 按GB/T2793的规定检测 |
| | | 背胶 | EVA胶厚度 | 1±0.2mm | 背胶无空泡（空背）现象 | 散页、掉页、背胶断裂 | 露胶根，小空泡 | GB/T30326-2013 | A | |
| | | | PUR胶厚度 | 0.4±0.1mm | | | | | | |
| | | 侧胶 | | 宽度3～6mm或3～7mm | 无封皮（一侧或两侧）无侧胶或粘接不上的现象 | 两侧无侧胶或粘接不上 | 一侧无侧胶或粘接不上 | GB/T30326-2013 | A | 精度为0.5mm的钢板尺、精度为0.1mm的游标卡尺 |
| | | | | | 无侧胶粘接封二、封三图文现象 | 压字，影响阅读 | 压图，不影响阅读 | | | |
| | | 粘接强度 | | ≥4.5N/cm | | | | GB/T30326-2013 | B | 书刊装订强度仪 |
| 9 | 环衬 | | | | 环衬和书芯前后无皱折 | | 明显皱折 | 参照《印制质量缺陷认定和综合判定方法》（国家新闻出版广电总局2016.3） | | 目测 |
| 10 | 扉页 | | | 参照书芯的检查项目进行，检查其平整度、完整性和图文印刷质量等 | | | | | | 目测 |

续表

| 检测步骤 | 检测部位 | 检测项 | 指标值 | | 严重质量缺陷 | 一般质量缺陷 | 标准编号 | 严重质量缺陷的分类 | 检测方法、工具或仪器 |
|---|---|---|---|---|---|---|---|---|---|
| | | | 定量指标 | 定性指标 | | | | | |
| 11 | 书帖 | 外观 | 缩帖≤2.5mm | 平服整齐，无白页、小页、残页、连刀页、散页、掉页；无缩帖，无错帖（多帖、少帖、重帖、混帖、倒头帖） | 影响使用和阅读 | 连刀页或缩帖＜2mm | CY/T28-1999<br>GB/T30326-2013 | A | 目测和精度为0.5mm的钢板尺 |
| | | 加工要求* | | ①三折及三折以上书帖，应从二折起在折缝线上划口排除空气；②59g/m²以下纸张最多折四折，60g/m²～80g/m²纸张最多折三折，81g/m²以上纸张最多折二折。 | | | | | |
| 12 | 书芯 | 外观 | | 无图文缺失；无墨皮、砂眼；无糊字、坏字、文字或表格无缺笔断划；无虚花、掉版 | 不可辨认 | 可辨认 | 参照相关标准和《印制质量缺陷认定和综合判定方法》（国家新闻出版广电总局2016.3） | A/B | 目测 |
| | | | | 无污损：破损、破洞；脏污、油污、水印；无过版页、粘脏、和废页。 | 影响阅读 | 不影响阅读 | | A/B | |
| | | | | 无皱折；无八字折或折角、无死折、无皱折 | 死折、图文断开＞2mm或影响阅读 | 不影响阅读 | | A | |

续表

| 检测步骤 | 检测部位 | 检测项 | | | 指标值 | | 严重质量缺陷 | 一般质量缺陷 | 标准编号 | 严重质量缺陷的分类 | 检测方法、工具或仪器 |
|---|---|---|---|---|---|---|---|---|---|---|---|
| | | | | | 定量指标 | 定性指标 | | | | | |
| 12 | 书芯 | 裁切尺寸 | | | 允差±1.5mm | | | | GB/T30326-2013 | | 精度为0.5mm的钢直尺 |
| | | 图文印刷 | 文字墨色色差 | | | 墨色无明显色差 | $\Delta D \geq 0.3$ | $\Delta D \geq 0.2$ | 《印制质量缺陷认定和综合判定方法》（国家新闻出版广电总局2016.3） | B | 密度仪 |
| | | | 套印(彩色) | | 精细印刷品≤0.10mm；一般印刷≤0.20mm | | >0.3mm或严重影响外观 | >0.2mm | CY/T5-1999 | B/C | 30～50倍读数放大镜或精度为0.5mm的10倍以上放大镜 |
| | | | 密度* | 实地密度 | 精细印刷品：黄(Y)0.85～1.1；品红(M)1.25～1.5；青(C)1.30～1.55；黑(BK)1.4～1.7 | | | | CY/T5-1999 | | 密度计 |
| | | | | | 一般印刷品：黄(Y)0.8～1.05；品红(M)1.15～1.4；青(C)1.25～1.5；黑(K)1.2～1.5 | | | | | | |
| | | | | 同批产品不同印张的实地密度允差 | 青（C）、品红（M）≤0.15；黑（BK）≤0.2；黄（Y）≤0.1 | | | | CY/T5-1999 | | 密度计 |

续表

| 检测步骤 | 检测部位 | 检测项 | | | | 指标值：定量指标 | 指标值：定性指标 | 严重质量缺陷 | 一般质量缺陷 | 标准编号 | 严重质量缺陷的分类 | 检测方法、工具或仪器 |
|---|---|---|---|---|---|---|---|---|---|---|---|---|
| 12 | 书芯 | 装订要求 | 相对反差值（K值）* | 精细印刷品 | | 黄0.25～0.35；品红、青黑0.35～0.45 | | | | CY/T5-1999 | | 密度计 |
| | | | | 一般印刷品 | | 黄0.2～0.3；品红、青黑0.3～0.4 | | | | | | |
| | | | 网点* | | | 精细印刷品50%网点的增大值范围为10%～20%；一般印刷品50%网点的增大值范围为10%～25% | 网点清晰，角度准确，不出重影。 | 网点重影超过版芯面积50%以上 | | CY/T5-1999 | | 带刻度的精度为0.5mm的10倍放大镜、测控条或密度计 |
| | | | 折页要求 | 接版允差（横竖或左右） | | 允差±1.5mm | | 关键部位＞2mm | ＞1.5mm | GB/T30326-2013 | B | 精度0.5mm的钢直尺 |
| | | | | 页码位置误差（含封面、折边与书芯前口误差） | 相连页 | ≤4mm或≤3mm | | | ＞4mm或＞3mm | CY/T28-1999<br>GB/T30326-2013 | | 精度为0.1mm的游标卡尺或精度为0.5mm的钢直尺 |
| | | | | | 全书 | ≤7mm或≤5mm | | | ＞7mm或＞5mm | | | |
| | | | 锁线订要求 | 外观 | | | 无断线、漏锁、线圈；锁线松紧一致 | | | GB/T30326-2013 | | 目测法 |
| | | | | 开本与针位、针组数 | | ≥8开，针位与切口距离20～25mm，针组数4～7；16开针位与切口距离20～25mm，针组数3～5；32开，针位与切口的距离15～20mm，针组数2～4；≤64开，针位与切口的距离10～15，针组数2～3 | | | | CY/T25-1999 | | 目测法 |

续表

| 检测步骤 | 检测部位 | 检测项 | | | 指标值 | | 严重质量缺陷 | 一般质量缺陷 | 标准编号 | 严重质量缺陷的分类 | 检测方法、工具或仪器 |
|---|---|---|---|---|---|---|---|---|---|---|---|
| | | | | | 定量指标 | 定性指标 | | | | | |
| 12 | 书芯 | 装订要求 | | | ≥A3、B3，针位与切口的距离20～25mm，针组数≥8；A4、B4，针位与切口的距离20～25mm，针组数≥6；A5、B5，针位与切口的距离15～20mm，针组数≥4；A6、B6，针位与切口的距离10～15mm，针组数≥3 | | | | GB/T30326-2013 | | |
| | | | 胶粘*订要求(用EVA胶) | 铣背深度 | 1.5±0.5mm | | | | GB/T30326-2013 | | 精度为0.1mm的游标卡尺或精度为0.5mm的钢直尺 |
| | | | | 铣背歪斜允差 | ＜2mm | | | | GB/T30326-2013 | | |
| | | | | 拉槽深度 | 1.5±0.5mm | | | | GB/T30326-2013 | | |
| | | | | 拉槽间距 | ≤7mm | | | | GB/T30326-2013 | | |
| | | | | 拉槽宽度 | 0.8～1.5mm | | | | GB/T30326-2013 | | |
| | | | | 开本与锯口(拉槽)数 | 8开10～12；16开8～10<br>32开6～8；64开4～6 | | | | CY/T28-1999 | | |

说明：1.严重质量缺陷指那些严重超出现行国家标准及行业标准中合格产品技术指标范围，产生严重的不良视觉，甚至影响阅读或使用的质量问题。
2.一般质量缺陷指那些超出现行国家标准及行业标准中合格产品技术指标范围，产生一定的不良视觉，但不影响阅读或使用的质量问题。
3.“质量缺陷的分类”栏依据《印制质量缺陷认定和综合判定方法》（国家新闻出版广电总局2016.3）编制，如有新版，应作相应更新。
4.表格中标有“*”的项为需知项。

## 四、平装书的判定规则

根据相关标准和国家新闻出版广电总局 2016 年 3 月发布的《印制质量缺陷认定和综合判定方法》的规定，图书印制质量制定等级分为“合格”和“不合格”，单册样品和批量样品的判定如下。

### （一）单册判定

符合下列其中一条的单册样品判定为不合格（判定标准详见表 6－6）：

1. 存在 1 项及以上 A 类严重质量缺陷的。
2. 存在 2 项及以上 B 类严重质量缺陷的。
3. 存在 1 项 C 类严重质量缺陷和 2 项及以上一般质量缺陷的。
4. 存在 4 项及以上一般质量缺陷的本版图书。
5. 存在 5 项及以上一般质量缺陷的教材教辅。

### （二）批量判定

与精装书籍规定相同。

# 第四节　骑马订出版物的检测

本节适用于骑马装订书籍、期刊和本册的成品检测，不包括教材和教辅。

## 一、骑马订书籍的定义

骑马订是一种简单的书籍装订形式。加工时封面与书芯各帖配套在一起成为一册，经订联、裁切后即可成书。装订后的骑马订书册订锯外露在书籍的最后一折缝上。由于订书时书芯是骑在订书机上装订的，故称骑马订装（见图 6－12）。

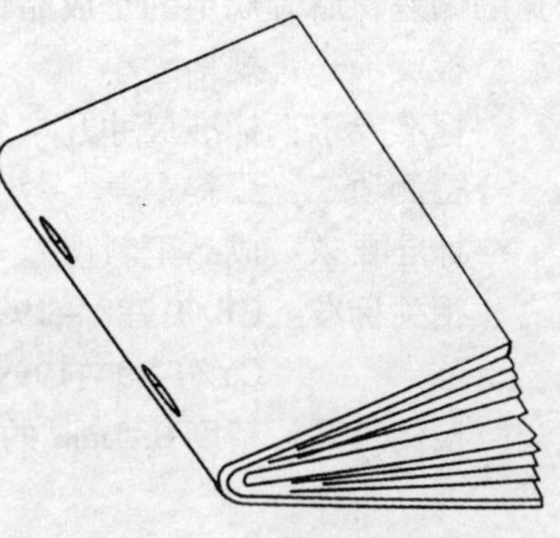

图 6－12　骑马订书籍

骑马订的书册一般厚度较小，通常在 4mm 以下，超过 4mm 采用骑马订装会因书册过厚而不牢固。骑马订在较薄的期刊和教辅中应用较广，如《读者》《中国新闻周刊》和《咬文嚼字》等期刊采用的就是骑马订形式。

## 二、骑马订书籍的检测项目及检测流程

### （一）检测项目

1. 成品尺寸：规格大小、歪斜误差。
2. 切口：外观。
3. 书壳：外观、套印误差、色差、覆膜、上光、烫印或压凹凸。
4. 书背：外观、订位、铁丝规格。
5. 书帖：外观。
6. 书芯：外观、图文印刷、装订要求。

### （二）检测流程

#### 步骤一：检测成品尺寸

检测成品尺寸指的是检测书籍成品的大小。书籍成品尺寸取决于其开本的大小，常用的开本尺寸参见本章第二节的相关内容，较为详尽的规格尺寸参见本书附录三。

关于骑马订书籍的开本允差，两项标准对此有规定。GB/T 788－1999《图书和杂志开本及其幅面尺寸》规定，标准开本的允差为±1mm；CY/T 29－1999《装订质量要求及检验方法——骑马订装》3.4.1“成品裁切歪斜误差≤1.5mm”。前者规定的是成品长、宽的偏差，后者规定的是成品偏离版心中心线的偏差。

检测项一：规格大小

标准要求：标准尺寸开本允差±1mm。

检测项二：歪斜误差

标准要求：成品歪斜误差≤1.5mm。

相关标准：GB/T 788－1999《图书和杂志开本及其幅面尺寸》

CY/T 29－1999《装订质量要求及检验方法——骑马订装》

检测工具：精度0.5mm的钢板尺。

#### 步骤二：检测切口

检测切口指的是检测指书籍三面切光的部分。

检 测 项：外观

标准要求：书册切口面无刀花，无连刀页，无破损。

相关标准：CY/T 29－1999《装订质量要求及检验方法——骑马订装》

检测方法：目测法

#### 步骤三：检测书壳

检测书壳指的是检测书籍的封面。CY/T 29－1999《装订质量要求及检验方法——骑马订装》对书壳的检测仅限于外观，未涉及套印、色差、覆膜、上光、烫印或压凹凸。

检测时，可参照 CY/T 5－1999《平版印刷品质量要求及检验方法》和 GB 27934.1－2011《纸质印刷品覆膜过程控制及检测方法　第 1 部分：基本要求》的相关规定执行。

检测项一：外观

标准要求：破口≤4mm；无破损、毛边、破头；无粘坏封面，无折角，四角方正，整洁无压痕。

检测项二：套印误差

标准要求：精细印品≤0.1mm；一般印品≤0.2mm。

检测项三：色差（同批产品不同印张的实地密度）

标准要求：青（C）、品红（M）≤0.15mm；黑（B）≤0.2mm；黄（Y）≤0.1mm。

检测项四：覆膜

标准要求：

（1）外观：干净、平整、无明显卷曲；无起皱、起泡、起膜、亏膜和划伤现象。

（2）粘接强度：大于等于 2.67N/cm；或当薄膜与印刷品剥离时，油墨大部或全部转移到薄膜胶面上。

（3）色差值：覆膜后实地色差。亮光膜：黑≤3，品红≤3，青≤3，黄≤3；亚光膜：黑≤10，品红≤7，青≤7，黄≤7。

检测项五：上光

标准要求：

（1）外观平整、无花斑、无皱折，不掉光等。（2）A 级铜版纸上光后光泽度比上光前增加 30%，白度降低率不得超过 20%。

检测项六：烫印或压凹凸

标准要求：

（1）图文不糊、不花、清晰、牢固、有光泽。

（2）套印允差≤0.3mm；同批色差 $\Delta E_{ab}^{*} \leq 3$。

相关标准：CY/T 29－1999《装订质量要求及检验方法——骑马订装》

CY/T 5－1999《平版印刷品质量要求及检验方法》

GB 27934.1－2011《纸质印刷品覆膜过程控制及检测方法　第 1 部分：基本要求》

检测方法、仪器或工具：

（1）外观的检测。目测法。

（2）套印误差的检测。用带刻度的精度为 0.5mm 的 10 倍以上放大镜检测。

（3）密度的检测。使用密度计检测。

（4）覆膜的检测。粘接强度用目测法结合电子剥离试验机检测；色差用分光光度计检测。

（5）光泽度的检测。使用光泽度仪检测。

## 步骤四：检测书背

检测书背指的是检测书帖配册后需订联的部分。骑马订书背形同马鞍，钉背外露。骑马订铁丝的选用根据书册的纸质和厚度，一般选用直径为 0.5mm（25 号）和 0.55mm（24 号）的铁丝，骑马联动线一般用这两个号，而少数纸质较厚硬的书册才使用直径为

0.6mm（23 号）的铁丝。

检测项一：外观

标准要求：无坏钉、漏钉及垂钉；钉脚平整、牢固，钉子均订在折缝线上。

检测项二：订位

标准要求：钉距外钉眼距书芯长上下各 1/4，允差 ±3mm。

检测项三：铁丝规格

标准要求：铁丝直径为 0.5～0.6mm。

相关标准：CY/T 29－1999《装订质量要求及检验方法——骑马订装》

检测方法和工具：目测及精度为 0.5mm 的钢板尺。

## 步骤五：检测书帖

检测书帖指的是检测大张页（即全张）或对开按号码及版面的顺序，折成几折后成为多张页的一沓纸。书帖折数越多，页码和折齐边的误差就越大，且书帖越厚空气储存量可能越多，加工时不按折数划口排除空气，势必影响成书质量，造成八字折，页码，齐边等误差超标，书背上下宽不一致等问题。随着标准的推行，越来越多的印刷机（轮转）和折页机安装了划口装置，大大减少了八字折的产生。此外，连刀页、破头和压痕也是书帖部位容易出现的质量缺陷。连刀页是由于垫刀板的不适或切刀高度不当，造成一沓书册在裁切后最底下的一页没被裁断的现象；破头是书册裁切后由于无破头装置等原因造成书背上下两端撕裂破碎的现象；压痕一般指在用单面刀切书时，千斤压力下无垫板而造成所切书册每一沓最上的一本被压出 U 形痕迹的现象。

书帖的加工是装订工序的开端，对成书的装订质量起着重要的作用，标准对这部分除了外观的要求外，还有加工要求，加工要求属过程管控的内容，质检人员也应有所了解。

检 测 项：外观

标准要求：

（1）缩帖≤2.5mm、书帖歪斜≤2mm。

（2）平服整齐，无白页、小页、残页、连刀页、散页、掉页。

（3）无缩帖，无错帖（多帖、少帖、重帖、混帖、倒头帖）。

需 知 项：加工要求

标准要求：

（1）三折及三折以上书帖，应从二折起在折缝线上划口排除空气。

（2）59g/m² 以下纸张最多折四折，60～80g/m² 纸张最多折三折，81g/m² 以上纸张最多折二折。

相关标准：CY/T 29－1999《装订质量要求及检验方法——骑马订装》

检测方法：精度为 0.5mm 的钢板尺和目测法。

## 步骤六：检测书芯

检测书芯指的是检测折好后按顺序配、订好的书帖。书芯是一本书最重要的部位，需要检测的项也最多。页码误差和接版误差是容易出现的质量缺陷。两者有时是矛盾的，接版对齐了页码误差就超标，页码对齐了而接版误差又超标。书帖在折叠时每折一折都

会有自然误差，如果属于设计问题，加工时应以接版齐为准，或相互照顾，有出血的书册应以血齐（外露印迹整齐）为准。

不属于成品检测项目，但必须了解的项目。

（1）实地密度。实地密度的检测是印刷过程中重要的色彩控制手段，需要对样张上的色标进行测量，而成书后，色标已被裁切，无法测量实地密度值。

（2）关于网点和相对反差值的检测属过程检测，在此作为需知项列出。

检测项一：外观

标准要求：

（1）一无图文缺失：无墨皮、砂眼；无糊字、坏字、文字或表格无缺笔断划；无虚花、掉版。

（2）二无污损：无过版页、粘脏、和废页；破损、破洞；脏污、油污、水印。

（3）三无皱折；无八字折或折角、无死折、无皱折。

检测项二：图文印刷

标准要求：

（1）文字墨色：无明显色差，$\Delta D \leqslant 0.2$。

（2）套印误差：精细印刷品的套印允许误差≤0.1mm；一般印刷品的套印允许误差≤0.2mm。

（3）密度：

①实地密度。精细印刷品，黄（Y）0.85～1.1；品红（M）1.25～1.5；青（C）1.3～1.55；黑（BK）1.4～1.7；一般印刷品，黄（Y）0.8～1.05；品红（M）1.15～1.4；青（C）1.25～1.5；黑（K）1.2～1.5。

②同批产品不同印张的实地密度允差。青（C）、品红（M）≤0.15；黑（BK）≤0.2；黄（Y）≤0.1。

（4）相对反差值（K值）：精细印刷品，黄0.25～0.35；品红、青、黑0.35～0.45；一般印刷品，黄0.2～0.3；品红、青、黑0.3～0.4。

（5）网点：精细印刷品50%网点的增大值范围为10%～20%；一般印刷品50%网点的增大值范围为10%～25%；网点清晰，角度准确，不出重影。

检测项三：装订要求

标准要求：

（1）接版允差（横竖或左右）：允差±1.5mm。

（2）页码误差：相连页码误差≤4mm，全书页码误差≤7mm。

相关标准：CY/T 29－1999《装订质量要求及检验方法——骑马订装》

CY/T 5－1999《平版印刷品质量要求及检验方法》

《印制质量缺陷认定和综合判定方法》（国家新闻出版广电总局2016.3）

检测方法、仪器或工具：

（1）外观的检测。目测法。

（2）文字墨色和密度的检测。用密度计检测。

（3）套印误差的检测。用带刻度的精度为0.5mm的10倍以上放大镜检测。

（4）尺寸误差的检测。用精度为0.1mm的游标卡尺或精度为0.5mm的钢直尺检测。

骑马订书籍的具体检测流程见表6－7。

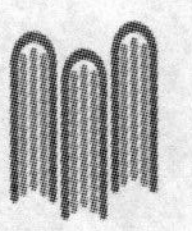



## 表6-7　骑马订书籍印装质量检测流程表

| 检测步骤 | 检测部位 | 检测项 | | 指标值 | | 严重质量缺陷 | 一般质量缺陷 | 标准编号 | 严重质量缺陷的分类 | 检测方法、工具或仪器 |
|---|---|---|---|---|---|---|---|---|---|---|
| | | | | 定量指标 | 定性指标 | | | | | |
| 1 | 成品尺寸 | 规格大小 | | ±1mm | | ±2mm | ±1mm | GB/T788-1999 | B/C | 精度为0.5mm的钢板尺 |
| | | 歪斜误差 | | ≤1.5mm | | ±2.5mm | ±1.5mm | | | |
| 2 | 切口 | 外观 | | | 无刀花，无连刀页，无破头 | 严重刀花（有手感）且严重影响外观 | 轻微 | CY/T29-1999 | B | 目测法 |
| 3 | 书壳 | 外观 | | 破口≤4mm | 无破损、毛边或破头；无粘坏封面，无折角，四角方正，整洁无压痕 | 严重影响外观 | 轻微 | CY/T29-1999 | B | 精度为0.5mm的钢板尺和目测法 |
| | | 套印误差 | | 精细印品≤0.1mm；一般印品≤0.2mm | | ≥0.25mm或严重影响外观 | ＞0.2mm | CY/T5-1999 | B/C | 30～50倍读数放大镜或精度为0.5mm的10倍以上放大镜 |
| | | 色差（同批产品不同印张的实地密度） | | 青（C）、品红（M）≤0.15mm；黑（B）≤0.2mm；黄（Y）≤0.1mm | | 青/品红版＞0.3；黄版＞0.25；黑版＞0.35 | 青/品红版＞0.2；黄版＞0.15；黑版＞0.25 | CY/T5-1999 | | 密度计 |
| | | 覆膜 | 外观 | 破口≤4.mm | 干净、平整、无明显卷曲；无起皱、起泡、起膜、亏膜、划伤 | 严重影响外观（覆膜起泡超10$mm^2$、起皱超10mm，起膜≥10$mm^2$） | 轻微 | GB/T30326-2013、BG/Z 79341-2011、GB/T 18359-2009 | B | 目测<br>精度为0.5mm的钢板尺 |

续表

| 检测步骤 | 检测部位 | 检测项 | | 指标值 | | 严重质量缺陷 | 一般质量缺陷 | 标准编号 | 严重质量缺陷的分类 | 检测方法、工具或仪器 |
|---|---|---|---|---|---|---|---|---|---|---|
| | | | | 定量指标 | 定性指标 | | | | | |
| 3 | 书壳 | 覆膜 | 粘结强度 | ≥2.67N/cm | 当薄膜与印刷品剥离时，油墨大部或全部转移到薄膜胶面上；或粘结强度符合后加工要求 | | | | | 目测和电子剥离试验机 |
| | | | 色差值 | 覆膜后实地色差。亮光膜：黑≤3，品红≤3，青≤3，黄≤3；亚光膜：黑≤10，品红≤7，青≤7，黄≤7 | | | | | | 分光光度计 |
| | | 上光 | | A级铜版纸上光后光泽度比上光前增加30%，白度降低率不得超过20% | 平整、无花斑、无皱折，不掉光等 | 严重影响外观 | 轻微 | CY/T17-1995 | B | 带刻度的精度为0.5mm的10倍以上放大镜和光泽度仪 |
| | | 烫印或压凹凸 | | 套准允差≤0.3mm；同批色差$\Delta E_{ab}^{*}\leq 3$ | 图文不糊、不花、清晰、牢固、有光泽 | 不可辨认 | 可辨认 | GB/T30326-2013 | A | 带刻度的精度为0.5mm的10倍以上放大镜 |
| 4 | 书背 | 外观 | | | 无坏钉、漏钉及垂钉，钉脚平整、牢固，钉子均钉在折缝线上 | 影响使用 | 不影响使用 | CY/T29-1999 | A/B | 目测法 |
| | | 订位 | | 钉距外钉眼距书芯长上下各1/4，允差±3.0mm | | ＞6mm | ＞3mm | CY/T29-1999 | C | 精度为0.5mm的钢板尺 |

续表

| 检测步骤 | 检测部位 | 检测项 | 指标值 | | 严重质量缺陷 | 一般质量缺陷 | 标准编号 | 严重质量缺陷的分类 | 检测方法、工具或仪器 |
|---|---|---|---|---|---|---|---|---|---|
| | | | 定量指标 | 定性指标 | | | | | |
| 4 | 书背 | 铁丝规格 | 铁丝直径为0.5～0.6mm | | | | CY/T29-1999 | | 精度为0.5mm的游标卡尺 |
| 5 | 书帖 | 外观 | 缩帖≤2.5mm；书帖歪斜≤2.0mm | 平服整齐，无白页、小页、残页、连刀页、散页、掉页；无缩帖，无错帖（多帖、少帖、重帖、混帖、倒头帖） | 影响使用 | | CY/T29-1999 | A | 精度为0.5mm的钢板尺和目测法 |
| | | 加工要求* | | 1. 三折及三折以上书帖，应从二折起在折缝线上划口排除空气；2. 59$g/m^2$以下纸张最多折四折，60～80$g/m^2$纸张最多折三折，81$g/m^2$以上纸张最多折二折。 | | | | | |
| 6 | 书芯 | 外观 | | 无图文缺失：无墨皮、砂眼；无糊字、坏字、文字或表格无缺笔断划；无虚花、掉版 | 影响阅读<br>严重影响外观 | 不影响阅读 | 总结自《印制质量缺陷认定和综合判定方法》（国家新闻出版广电总局2016.3） | A/B | 目测法 |

续表

| 检测步骤 | 检测部位 | 检测项 | | | 指标值 | | 严重质量缺陷 | 一般质量缺陷 | 标准编号 | 严重质量缺陷的分类 | 检测方法、工具或仪器 |
|---|---|---|---|---|---|---|---|---|---|---|---|
| | | | | | 定量指标 | 定性指标 | | | | | |
| 6 | 书芯 | 外观 | | | | 无污损：破损、破洞、脏污、油污、水印；无过版页、粘脏、和废页；无过版页、粘脏、和废页。 | 影响阅读 | 不影响阅读 | | | |
| | | 外观 | | | | 无皱折：无八字折或折角、无死折、无皱折 | 死折图文断开>2mm或影响阅读 | 不影响阅读 | | | |
| | | 图文印刷 | 文字墨色色差 | | $\Delta D \leqslant 0.2$ | 无明显色差 | $\Delta D \geqslant 0.3$ | $\Delta D \geqslant 0.2$ | 《印制质量缺陷认定和综合判定方法》（国家新闻出版广电总局2016.3） | B | 密度计 |
| | | 图文印刷 | 套印误差 | | 精细印刷品≤0.1mm；一般印刷品≤0.2mm | | >0.3mm或严重影响外观 | >0.2mm | CY/T5-1999 | B/C | 30～50倍读数放大镜或精度为0.5mm的10倍以上放大镜 |
| | | 图文印刷 | 密度* | 实地密度 | 精细印刷品：黄(Y)0.85～1.1；品红(M)1.25～1.5；青(C)1.3～1.55；黑(BK)1.4～1.7 | | | | CY/T5-1999 | | 密度计、带刻度的精度为0.5mm的10倍以上的放大镜 |

续表

| 检测步骤 | 检测部位 | 检测项 | | | 指标值 | | 严重质量缺陷 | 一般质量缺陷 | 标准编号 | 严重质量缺陷的分类 | 检测方法、工具或仪器 |
|---|---|---|---|---|---|---|---|---|---|---|---|
| | | | | | 定量指标 | 定性指标 | | | | | |
| 6 | 书芯 | 图文印刷 | 密度* | | 一般印刷品：黄(Y)0.8～1.05；品红(M)1.15～1.4；青(C)1.25～1.5；黑(K)1.2～1.5 | | | | | | 密度计、带刻度的精度为0.5mm的10倍以上的放大镜、测控条 |
| | | | | 同批产品不同印张的实地密度允差 | 青（C）、品红（M）≤0.15；黑（BK）≤0.2；黄（Y）≤0.1 | | | | CY/T5-1999 | | |
| | | | 相对反差值（K值）* | 精细印刷品 | 黄0.25～0.35；品红、青、黑0.35～0.45 | | | | CY/T5-1999 | | |
| | | | | 一般印刷品 | 黄0.2～0.3；品红、青、黑0.3～0.4 | | | | | | |
| | | | 网点* | | 精细印刷品50%网点的增大值范围为10%～20%；一般印刷品50%网点的增大值范围为10%～25%； | 网点清晰，角度准确，不出重影。 | 网点重影超过版芯面积50%以上 | | CY/T5-1999 | | |
| | | 装订要求 | 接版允差（横竖或左右） | | ±1.5mm | | 关键部位＞2mm | ＞1.5mm | CY/T29-1999 | B | 精度为0.5mm的钢板尺 |
| | | | 页码误差 | 相连页码误差 | ≤4mm | | | | CY/T29-1999 | | 精度为0.5mm的钢板尺 |
| | | | | 全书页码误差 | ≤7mm | | | | | | |

说明：1.严重质量缺陷指那些严重超出现行国家标准及行业标准中合格产品技术指标范围，产生严重的不良视觉，甚至影响阅读或使用的质量问题。
2.一般质量缺陷指那些超出现行国家标准及行业标准中合格产品技术指标范围，产生一定的不良视觉，但不影响阅读或使用的质量问题。
3.表头“质量缺陷分类栏”是依据《印制质量缺陷认定和综合判定方法》（国家新闻出版广电总局2016.3）编制，如有新版，应作相应更新。
4.表格中标有“*”的项为需知项。

## 三、骑马订书籍的判定规则

根据相关标准和国家新闻出版广电总局 2016 年 3 月发布的《印制质量缺陷认定和综合判定方法》规定，图书印制质量判定等级分为“合格”和“不合格”，单册样品和批量样品的判定如下。

### （一）单册判定

符合下列其中一条的单册样品判定为不合格（判定标准详见表 6－7）：

1. 存在 1 项及以上 A 类严重质量缺陷的。
2. 存在 2 项及以上 B 类严重质量缺陷的。
3. 存在 1 项 C 类严重质量缺陷和 2 项及以上一般质量缺陷的。
4. 存在 4 项及以上一般质量缺陷的本版图书。
5. 存在 5 项及以上一般质量缺陷的教材教辅。

### （二）批量判定

与精装书籍规定相同。

# 第五节　中小学教科书的检测

本节内容适用于九年义务制教育的中小学教科书和教辅的成品检测。

在我国教科书的印制是一项政治任务，关乎民生，牵动千家万户。保证“课前到书，人手一册”是出版系统每个环节的一致目标。教科书的生产周期短，印量大，春秋两季教材对印厂的生产和技术能力是一个很大的考验。大规模的生产一般采用批量检测的方法，主要执行两个标准：GB/T 18359－2009《中小学教科书用纸、印制质量要求和检验方法》和 GB/T 18358－2009《中小学教科书幅面尺寸及版面通用要求》。

## 一、中小学教科书的检测项目及检测流程

### （一）检测项目

1. 成品尺寸：规格大小、歪斜误差。
2. 切口：外观。
3. 书壳：外观、用纸定量、覆膜、上光。
4. 书背：胶粘订、骑马订。
5. 勒口：误差。
6. 书脊：岗线。
7. 压痕线：压痕条件、位置。
8. 胶粘剂：外观、背胶、侧胶、粘接强度。

9. 书帖：外观、加工要求。

10. 书芯：外观、图文印刷、装订要求。

## （二）检测流程

### 步骤一：检测成品尺寸

检测成品尺寸指检测教科书成品的大小。任何书籍的成品尺寸都取决于用纸规格和幅面尺寸的大小，教材也不例外，与图书期刊相比，教材用纸的幅面尺寸较少，也较为固定。只有三个标准规格的幅面尺寸和一个非标规格的幅面尺寸。

（1）标准规格的幅面尺寸（见表6-8）。

**表6-8　教科书成品标准规格尺寸表**　（单位：mm）

| 幅面尺寸代号 | 成品尺寸 |
|---|---|
| A5 | 148×210 |
| B5 | 169×239 |
| A4 | 210×297 |

（2）非标规格的幅面尺寸

成品尺寸为184mm×260mm，即全纸规格为787mm×1092mm的16开的尺寸。因为该规格属过渡淘汰的非标尺寸，无论是GB/T 18358-2001和GB/T 18358-2009中只是在附录中列出，未在标准正文中表述。

（3）两个学段教科书的幅面尺寸。根据GB/T 18358-2009《中小学教科书幅面尺寸及版面通用要求》的规定，九年义务教育学段的幅面尺寸有三种：A5、B5和184mm×260mm；高中学段的幅面尺寸有四种：A5、B5、A4和184mm×260mm。

（4）非标开本的回潮。在大范围推行GB/T 788-1999《图书和杂志开本及其幅面尺寸》和GB/T 18358-2001《中小学教科书幅面尺寸及版面通用标准》之后，教材用纸以A、B系列的标准尺寸居多，印厂也大量配备了相应的印刷设备。然而787规格不仅没有退出教科书领域，还有回潮现象，如2014年起，人教版的教材又是以787的规格居多。787的16开本较A、B系列的开本小巧、轻便，成人读者尚且喜欢，何况是体量更小的未成年人，学生每天背着沉重的书包，使用“苗条”又轻便的教材，也是一种“减负”。

（5）教科书成品尺寸的允差没有书刊的严格，教科书±1.5mm，书刊±1mm。

检测项一：规格大小

标准要求：成品尺寸允差±1.5mm。

检测项二：歪斜误差

标准要求：成品歪斜误差≤2mm。

相关标准：GB/T 788-1999《图书和杂志开本及其幅面尺寸》

GB/T 18359-2009《中小学教科书用纸、印制质量要求和检验方法》

GB/T 18358-2009《中小学教科书幅面尺寸及版面通用要求》

检测方法：使用精度0.1mm的标准直尺检测。

## 步骤二：检测切口

检测切口指的是检测教科书三面切光的部分。切口位置通常出现的问题是明显刀花和破头。

检 测 项：外观

标准要求：书册切口面无明显刀花、破和无毛边。

相关标准：GB/T 18359－2009《中小学教科书用纸、印制质量要求和检验方法》

检测方法：目测法。

## 步骤三：检测书壳

检测书壳指的是检测教科书的封面。检测前需了解以下几点：

（1）教科书封面用纸的定量。根据GB/T 18359－2009《中小学教科书用纸、印制质量要求和检验方法》3.1.1规定“封面应使用120g/m$^2$及以上”的纸张，而3.1.2表1《纸张技术要求》中纸张定量的最高定量为200g/m$^2$，据此可得出教材封面用纸定量为120～200g/m$^2$。

（2）覆膜工艺大幅减少。为提高教科书的耐磨性和耐水性，覆膜工艺一度非常流行。但封面覆膜后纸张回收很困难，且塑料膜很难降解，不利于环保，随着“绿色印刷”的施行，教科书覆膜工艺已大幅减少，上光工艺逐渐取代覆膜工艺。

（3）教科书封面工艺不多，规定较书刊宽松。教科书一般没有烫印或压凹凸工艺，对上光的规定也只是定性的描述，只有覆膜工艺与书刊要求一致。

检测项一：外观

标准要求：无明显刀花、破头、无毛边；破口≤4mm。

检测项二：用纸定量

标准要求：120～200g/m$^2$。

检测项三：覆膜

标准要求：

（1）外观：干净、平整、无明显卷曲；无起皱、起泡、起膜、亏膜和划伤现象；破口≤4mm。

（2）粘接强度：≥2.67N/cm；或当薄膜与印刷品剥离时，油墨大部或全部转移到薄膜胶面上。

（3）分割尺寸允差：覆膜分割后齐边尺寸准确，标准尺寸允差±1mm。

（4）色差值：覆膜后实地色差。亮光膜：黑≤3，品红≤3，青≤3，黄≤3；亚光膜：黑≤10，品红≤7，青≤7，黄≤7。

检测项四：上光

标准要求：上光均匀，无划痕、脏迹。

相关标准：GB/T 18359－2009《中小学教科书用纸、印制质量要求和检验方法》

检测方法、仪器或方法：

（1）外观的检测。目测法。

（2）用纸定量的检测。使用定量取样器和电子天平检测。

（3）覆膜的检测。粘接强度用目测结合电子剥离试验机检测；色差用分光光度计检测；尺寸误差用精度为使用精度 0.1mm 的标准直尺检测。

## 步骤四：检测书背

检测书背指的是检测书帖配册后需订联的平齐部分。教科书的书背分为两种，胶订书背和骑马订书背。

胶粘订的加工要求属过程控制范围，控制不好直接影响成品装订质量，质检人员也应该有所了解，在此一并列出。

检测项一：胶粘订

标准要求：

（1）外观：平直，无明显空背、褶皱、挂胶等缺陷。

（2）书背字平移、歪斜允差：书背厚 < 10mm，允差≤1mm；书背厚 10 ~ 20mm，允差≤2mm；书背厚 20 ~ 30mm，允差≤2.5mm；书背厚 > 30mm，允差≤3mm。

检测项二：骑马订

标准要求：

（1）外观：无坏钉、漏钉及重订；钉脚平整、牢固；钉子订在折缝线上。

（2）订位：位于钉锯外订眼距书芯上下各 1/4 处；允差 ±3mm；钉子订偏（折缝线）允差≤1mm。

需 知 项：胶粘订书背的加工要求

标准要求：

（1）铣背深度：以书帖被铣透为准，保证黏合剂能渗透到书贴最里页，不出现散页、脱页和书背折断现象。可参照 GB/T 30326 - 2013《平装书籍要求》6.4.2.5 规定为“1.5 ±0.5mm”。

（2）铣背歪斜度：小于等于 1mm。

（3）拉槽深度：1.5 ±0.5mm。

（4）拉槽间距：不大于 7mm。

（5）拉槽宽度：0.8 ~ 1.5mm。

相关标准：GB/T 18359 - 2009《中小学教科书用纸、印制质量要求和检验方法》

GB/T 30326 - 2013《平装书籍要求》

CY/T 28 - 1999《装订质量要求及检验方法——平装》

检测方法和工具：目测法和使用精度为 0.1mm 的标准直尺检测。

## 步骤五：检测勒口

检测勒口指的是检测书籍封面沿前切口向里折叠的部分。教科书很少设计勒口。

检 测 项：误差

标准要求：封面勒口与书芯前口误差≤1.5mm。

相关标准：GB/T 18359 - 2009《中小学教科书用纸、印制质量要求和检验方法》

检测工具：精度为 0.1mm 的标准直尺。

## 步骤六：检测书脊

检测书籍指的是检测教科书前后书壳与书背的联接处；平装教科书的书脊与书芯表面在同一平面上，骑马订教科书没有书脊。

检 测 项：岗线

标准要求：岗线≤1mm。

相关标准：GB/T 18359－2009《中小学教科书用纸、印制质量要求和检验方法》

检测工具：精度为0.1mm的游标卡尺。

## 步骤七：检测压痕线

检测压痕线指的是检测模具在教科书封面上压出的线痕（又称翻阅线）。GB/T 18359－2009中对压痕线没有要求，但从实际使用的角度来看，压痕线还是有必要的，一是保护教科书，二是方便学生翻阅。根据CY/T 40－2007《书刊装订用EVA型热熔胶使用要求及检测方法》4.3.8规定“使用100g/$m^2$以上纸张作封面应压书脊和侧胶痕”来看，教科书也应压痕。至于压力的大小和时间的长短得充分考虑封面用纸的耐折（破）度和内文的用纸克重等因素。

检测项一：压痕要求

标准要求：封面用纸超100g/$m^2$。

检测项二：位置

标准要求：与书脊距离为6～8mm。

相关标准：可参照CY/T 40－2007《书刊装订用EVA型热熔胶使用要求及检测方法》和GB/T 30326－2013《平装书籍要求》的相关规定。

检测工具：精度为0.5mm的钢板尺。

## 步骤八：检测胶粘剂

检测胶粘剂指的是检测连接书壳与书芯的黏合剂。教科书装订用胶粘剂，EVA热熔胶是绝对的主力，GB/T 18359－2009《中小学教科书用纸、印制质量要求和检验方法》规定“黏合剂应符合CY/T 40《书刊装订用EVA型热熔胶使用要求及检测方法》的要求”。同时，PUR热熔胶的应用也在逐步增多。PUR胶因价格较高和需配备专用胶锅设备，让印厂望而却步，然而PUR胶性能好，且能充分满足绿色印刷的要求，所以PUR胶的使用是大势所趋。

不同型号、种类的胶的性能都不一样。以使用EVA热熔胶为例，除了控制好软化点和胶温外，还需掌握好“三个点”。即开放时间点（6～13秒）、固化时间点（8～14秒）和冷却硬化时间点（3分钟），在不同的时间点要完成不同的工序，否则会出现装订质量问题，造成浪费。如不在开放时间完成书背粘合、夹紧定型，则会出现粘接不牢、空背、掉页等问题；未达到冷却硬化时间对书册进行裁切，会造成书背变形，书册歪斜等问题。

检测时需要注意，教科书胶粘剂的粘接强度与平装书的要求一致，而背胶厚度要求不同。

检测项一：外观

标准要求：粘结牢固，无漏胶，溢胶，野胶和粘连图文现象。

检测项二：背胶

标准要求：厚度≤1.5mm。

检测项三：侧胶

标准要求：宽度3～7mm。

检测项四：粘接强度

标准要求：≥4.5N/cm。

需 知 项：EVA热熔胶的使用要求

标准要求：

（1）总体要求：根据书册纸质、厚度选择正确型号的胶；不同型号的胶不同混用。质量应符合CY/T 40－2007中4.1.1要求。

（2）裁切时间：大于3分钟，即大于书籍粘好后定形牢固待裁切的时间。

（3）预热时间：2小时以上。

相关标准：CY/T 40－2007《书刊装订用EVA型热熔胶使用要求及检测方法》
GB/T 18359－2009《中小学教科书用纸、印制质量要求和检验方法》
GB/T 30326－2013《平装书籍要求》

检测工具和仪器：

（1）外观的检测。目测法。

（2）尺寸误差的检测。用精度为0.5mm的钢板尺检测。

（3）粘接强度的检测。用书刊装订强度检测仪检测。

## 步骤九：检测书帖

检测书帖指的是检测大张页（即全张）或对开按号码及版面的顺序，折成几折后成为多张页的一沓纸。书帖部位容易出现的质量缺陷是连刀页，这是由于垫刀板的不适或切刀高度不当，造成一沓书册在裁切后最底下的一页没被裁断形成的。

书帖的加工是装订工序的开端，对成书的装订质量起着重要的作用，教材的两个标准对这部分都没有明确的规定，可参照CY/T 28－1999《装订质量要求及检验方法——平装》3.1和GB/T 30326－2013《平装书籍要求》6.2.3的要求检测。

此外，书帖的加工要求属过程检测，在此仅作需知项。

检 测 项：外观

标准要求：

（1）平服整齐，无白页、小页、残页。

（2）无连刀页、缩页（帖）≤2.5mm。

（3）无散页、掉页。

（4）无错帖（多帖、少帖、重帖、混帖、倒头帖）。

需 知 项：加工要求

标准要求：

（1）三折及三折以上书帖，应从二折起在折缝线上划口排除空气。

（2）59g/m² 以下纸张最多折四折，60～80g/m² 纸张最多折三折，81g/m² 以上纸张最多折二折。

相关标准：CY/T 28－1999《装订质量要求及检验方法——平装》

GB/T 30326－2013《平装书籍要求》

检测方法和工具：外观用目测法；尺寸误差用精度为 0.5mm 的钢板尺检测。

## 步骤十：检测书芯

检测书芯指的是检测折好后按顺序配、订好的书帖。书芯是一本书最重要的部位，需要检测的项也最多。下面两项要求不属于成品检测项目，但必须了解。

（1）实地密度。实地密度的检测是印刷过程中重要的色彩控制手段，需要对样张上的色标进行测量，而成书后，色标已被裁切，无法测量实地密度值。质检人员也须对此有了解。

（2）关于网点和相对反差值的检测。是印刷过程的检测，在此作为需知项列出。

检测项一：外观

标准要求：

（1）一无图文缺失：无墨皮、砂眼；无糊字、坏字、文字或表格无缺笔断划；无虚花、掉版。

（2）二无污损：无过版页、粘脏、和废页；破损、破洞；脏污、油污、水印。

（3）三无皱折：无八字折或折角、无死折、无皱折。

检测项二：图文印刷

标准要求：

（1）墨色：无明显色差。

（2）套印误差：单色印刷正反面套印允差≤2mm；彩色套印误差≤0.2mm。

（3）密度：

①单色印刷印页折标印刷实地密度值：0.9～1.3。

②实地密度测量值：涂布美术印刷纸：黄（Y）0.85～1.2；品红（M）1.25～1.6；青（C）1.3～1.65；黑（K）1.4～1.8。彩色胶版印刷纸/胶版印刷纸：黄（Y）0.8～1.05；品红（M）1.1～1.4；青（C）1.1～1.4；黑（K）1～1.5。

③同批产品同色印刷实地密度允差：涂布美术印刷纸：黄（Y）≤0.1；品红（M）≤0.15；青（C）≤0.15；黑（K≤0.2；彩色胶版印刷纸/胶版印刷纸：：黄（Y）≤0.15；品红（M）≤0.2；青（C）≤0.2；黑（K）≤0.25。

（4）相对反差值（K 值）：

①涂布美术印刷纸：黄（Y）≥0.25；品红（M）、青（C）、黑（K）≥0.35。

②彩色胶版印刷纸/胶版印刷纸：黄（Y）≥0.2；品红（M）、青（C）、黑（K）≥0.28。

（5）网点。网点清晰，角度准确，不出重影。精细印刷品 50% 网点的增大值范围为 10%～20%；一般印刷品 50% 网点的增大值范围为 10%～25%。

检测项三：装订要求

标准要求：

(1) 接版允差（横竖或左右）：≤1.5mm。

(2) 页码位置误差（含封面、折边与书芯前口误差）。相连页码误差≤4mm，全书页码误差≤7mm 。

相关标准：GB/T 18359 - 2009《中小学教科书用纸、印刷质量要求和检验方法》
GB/T 30326 - 2013《平装书籍要求》
CY/T 25 - 1999《装订质量要求及检验方法——平装》

检测工具和仪器：

(1) 外观的检测。目测法。

(2) 套印误差的检测。用带刻度的精度为0.5mm 的10 倍以上的放大镜检测。

(3) 尺寸误差的检测。用精度为0.5mm 的钢直尺检测。

(4) 墨色、密度的检测。用密度计检测。

中小学教科书的具体检测流程见表6 - 9。

表6-9　中小学教科书印装质量检测流程表

| 检测步骤 | 检测部位 | 检测项 | | 指标值 | | 严重质量缺陷 | 一般质量缺陷 | 标准编号 | 严重质量缺陷的分类 | 检测方法、工具或仪器 |
|---|---|---|---|---|---|---|---|---|---|---|
| | | | | 定量指标 | 定性指标 | | | | | |
| 1 | 成品尺寸 | 规格大小 | | ±1.5mm | | ±2.5mm | ±1.5mm | GB/T18359-2009 | B/C | 精度为0.1mm的标准直尺 |
| | | 歪斜误差 | | ≤2mm | | | | GB/T18359-2009 | | 精度为0.1mm的标准直尺 |
| 2 | 切口 | 外观 | | | 无明显刀花，破头，无毛边 | 严重刀花（有手感）且严重影响外观 | 轻微 | GB/T18359-2009 | B | 目测法 |
| 3 | 书壳 | 外观 | | 破口≤4mm | 无明显刀花、破头、破损、无毛边 | 严重影响外观 | 轻微 | CY/T 28-1999 | B | 目测法、精度为0.5mm的钢板尺 |
| | | 用纸定量 | | 120～200g/m² | | | | GB/T18359-2009 | | 定量仪 |
| | | 覆膜 | 外观 | | 清晰、干净、平整、不模糊，无脏迹、无明显卷曲，无褶皱、破口、起膜、气泡、亏膜、划痕 | 严重影响外观（覆膜起泡超10mm²、起皱超10mm，起膜≥10mm²） | 轻微 | GB/T18359-2009 | B | 目测法和精度为0.1mm的标准直尺 |
| | | | 粘接强度 | ≥2.67N/cm | 当薄膜与印刷品剥离时，所有图文上的油墨都应全部或部分转移到薄膜胶面上 | | | GB/T18359-2009 | | 目测法和电子剥离试验机 |

续表

| 检测步骤 | 检测部位 | 检测项 | | 指标值 | | 严重质量缺陷 | 一般质量缺陷 | 标准编号 | 严重质量缺陷的分类 | 检测方法、工具或仪器 |
|---|---|---|---|---|---|---|---|---|---|---|
| | | | | 定量指标 | 定性指标 | | | | | |
| 3 | 书壳 | 覆膜 | 分割尺寸 | 覆膜分割后齐边尺寸准确，标准尺寸允差±1mm | | | | GB/T18359-2009 | | 精度为0.1mm的标准直尺 |
| | | | 覆膜前后色差（实地） | 亮光膜：黑≤3；品红≤3；青≤3；黄≤3 | | | | GB/T18359-2009 | | 分光光度计 |
| | | | | 亚光膜：黑≤10；品红≤7；青≤7；黄≤7 | | | | | | |
| | | 上光 | | | 上光均匀，无划痕、脏迹 | 严重影响外观 | 轻微 | GB/T18359-2009 | B | 带刻度的精度为0.5mm的10倍放大镜检测 |
| 4 | 书背 | 胶粘订 | 外观 | | 平直，无明显空背、褶皱、挂胶等缺陷 | 严重影响外观 | 轻微 | GB/T18359-2009 | B | 目测 |
| | | | | | 背胶无空泡（空背）现象 | 散页、掉页、背胶断裂 | 露胶根，小空泡 | 参照《印制质量缺陷认定和综合判定方法》（国家新闻出版广电总局2016.3） | A | |

续表

| 检测步骤 | 检测部位 | 检测项 | | | 指标值 | | 严重质量缺陷 | 一般质量缺陷 | 标准编号 | 严重质量缺陷的分类 | 检测方法、工具或仪器 |
|---|---|---|---|---|---|---|---|---|---|---|---|
| | | | | | 定量指标 | 定性指标 | | | | | |
| 4 | 书背 | 胶粘订 | 书背字平移、歪斜允差 | | | 书厚<10mm，允差≤1.0mm；书厚10～20mm，允差≤2.0mm；书厚20～30mm，≤2.5mm；书厚>30mm，允差≤3.0mm | 严重影响外观（书背字不完整、平移或歪移至封面、封底2mm以上） | | GB/T18359-2009 | B | |
| | | | 加工要求* | 铣背深度 | | 以书帖被铣透为准，以保证黏合剂能渗透到书贴最里页，不出现散页、脱页和书背折断现象 | | | GB/T18359-2009 | | 精度为0.1mm的标准直尺 |
| | | | | 铣背歪斜度 | ≤1mm | | | | GB/T18359-2009 | | |
| | | | | 拉槽深度 | 1.5±0.5mm | | | | GB/T30326-2013 | | |
| | | | | 拉槽间距 | <7mm | | | | GB/T30326-2013 | | |
| | | | | 拉槽宽度 | 0.8～1.5mm | | | | GB/T30326-2013 | | |
| | | 骑马订 | 外观 | | | 无坏钉、漏钉及重订，钉脚平整、牢固；钉子订在折缝线上 | 影响使用 | 不影响使用 | GB/T18359-2001 | A | 目测法 |

续表

| 检测步骤 | 检测部位 | 检测项 | | 指标值 | | 严重质量缺陷 | 一般质量缺陷 | 标准编号 | 严重质量缺陷的分类 | 检测方法、工具或仪器 |
|---|---|---|---|---|---|---|---|---|---|---|
| | | | | 定量指标 | 定性指标 | | | | | |
| 4 | 书背 | 骑马订 | 订位 | 位于钉锯外订眼距书芯上下各1/4处；允差±3.0mm；钉子订偏（折缝线）允差≤1.0mm | | | | CX/T 29-1999 | B | 精度为0.1mm的钢板尺 |
| 5 | 勒口 | 误差 | | 封面勒口与书芯前口误差≤1.5mm | | 严重影响外观 | ＞1mm | GB/T18359-2009 | B | 精度为0.1mm的钢板尺 |
| 6 | 书脊 | 岗线 | | ≤1mm | | | | GB/T18359-2009 | | 精度为0.1mm的游标卡尺 |
| 7 | 压痕线 | 压痕条件 | | 封面用纸超100g/m² | | | | CY/T28-1999、CY/T 40-2007 | | |
| | | 位置 | | 与书脊距离为6～8mm | | | | GB/T30326-2013 | | 精度为0.1mm的钢板尺 |

续表

| 检测步骤 | 检测部位 | 检测项 | | 指标值 | | 严重质量缺陷 | 一般质量缺陷 | 标准编号 | 严重质量缺陷的分类 | 检测方法、工具或仪器 |
|---|---|---|---|---|---|---|---|---|---|---|
| | | | | 定量指标 | 定性指标 | | | | | |
| 8 | 胶粘剂 | 外观 | | | 粘结牢固；无漏胶，溢胶，野胶现象 | 影响使用 | 较为严重，但不影响使用 | 参见《印制质量缺陷认定和综合判定方法》（国家新闻出版广电总局2016.3） | | 目测 |
| | | EVA热熔胶使用要求* | 总体要求 | | 根据书册纸质、厚度选择正确型号的胶；不同型号的胶不能混用。质量应符合CY/T40-2007中4.1.1要求 | | | CY/T40-2007 | | |
| | | | 裁切时间 | 大于3min | | | | 可参照GB/T30326-2013 | | |
| | | | 预热时间 | 2h以上 | | | | 可参照GB/T30326—2013 | | |
| | | 背胶 | 厚度 | ≤1.5mm | 背胶无空泡（空背）现象 | 散页、掉页、背胶断裂 | 露胶根，小空泡 | GB/T18359-2009 | | 精度为0.1mm的标准直尺 |
| | | 侧胶 | | | 无粘接不牢或缺胶、溢胶、粘连图文等缺陷 | | | GB/T18359-2009 | | 目测法 |
| | | | 宽度 | 3～7mm | 无封皮（一侧或两侧）无侧胶或粘接不上的现象 | 两侧无侧胶或粘接不上 | 一侧无侧胶或粘接不上 | 参见《印制质量缺陷认定和综合判定方法》（国家新闻出版广电总局2016.3） | A | 精度为0.1mm的标准直尺 |
| | | | | | 无侧胶粘接封二、封三图文现象 | 压字，影响阅读 | 压图，不影响阅读 | | | |

续表

| 检测步骤 | 检测部位 | 检测项 | 指标值 | | 严重质量缺陷 | 一般质量缺陷 | 标准编号 | 严重质量缺陷的分类 | 检测方法、工具或仪器 |
|---|---|---|---|---|---|---|---|---|---|
| | | | 定量指标 | 定性指标 | | | | | |
| 8 | 胶粘剂 | 粘接强度 | ≥4.5N/cm | | | | GB/T18359-2009 | B | 书刊装订强度检测仪 |
| 9 | 书帖 | 外观 | 缩帖≤2.5mm | 平服整齐，无白页、小页、残页、连刀页、散页、掉页；无缩帖，无错帖（多帖、少帖、重帖、混帖、倒头帖） | 影响使用和阅读 | 连刀页或缩帖＜2mm | CY/T28-1999 | | 目测和精度为0.5mm的钢板尺 |
| | | 加工要求* | | ①三折及三折以上书帖，应从二折起在折缝线上划口排除空气；②59g/m²以下纸张最多折四折，60～80g/m²纸张最多折三折，81g/m²以上纸张最多折二折。 | | | | | |
| 10 | 书芯 | 外观 | | 无图文缺失：无墨皮、砂眼；无糊字、坏字、文字或表格无缺笔断划；无虚花、掉版。图内文字清楚，线条、表格清楚，无明显模糊不清。 | 影响阅读或严重影响外观 | 不影响阅读 | 相关标准和《印制质量缺陷认定和综合判定方法》（国家新闻出版广电总局2016.3） | A/B | 目测 |

续表

| 检测步骤 | 检测部位 | 检测项 | | | 指标值 | | 严重质量缺陷 | 一般质量缺陷 | 标准编号 | 严重质量缺陷的分类 | 检测方法、工具或仪器 |
|---|---|---|---|---|---|---|---|---|---|---|---|
| | | | | | 定量指标 | 定性指标 | | | | | |
| 10 | 书芯 | 外观 | | | | 无污损：破损、破洞、脏污、油污、水印；无过版页、粘脏、和废页。 | 影响阅读 | 不影响阅读 | | A/B | 目测 |
| | | | | | | 无皱折：无八字折或折角、无死折、无皱折 | 死折、图文断开＞2mm或影响阅读 | 不影响阅读 | | A/B | |
| | | 图文印刷 | 文字墨色色差 | | | | Δ$D$≥0.3 | Δ$D$≥0.2 | 《印制质量缺陷认定和综合判定方法》（国家新闻出版广电总局2016.3） | B | 密度计 |
| | | | 套印误差 | 单色印刷正反面套印允差 | ≤2mm | | | | GB/T18359-2009 | | 30～50倍读数放大镜或精度为0.5mm的10倍以上放大镜 |
| | | | | 彩色套印误差 | ≤0.2mm | | ＞0.3mm严重影响外观 | ＞0.2mm | GB/T18359-2009 | B/C | 30～50倍读数放大镜或精度为0.5mm的10倍以上放大镜 |
| | | | 密度 | 单色印刷印页折标印刷实地密度值 | 0.9～1.3 | | | | GB/T18359-2009 | | 密度计 |

续表

| 检测步骤 | 检测部位 | 检测项 | | | 指标值 | | 严重质量缺陷 | 一般质量缺陷 | 标准编号 | 严重质量缺陷的分类 | 检测方法、工具或仪器 |
|---|---|---|---|---|---|---|---|---|---|---|---|
| | | | | | 定量指标 | 定性指标 | | | | | |
| 10 | 书芯 | 图文印刷 | 密度* | 实地密度测量值 | （1）涂布美术印刷纸：黄(Y)0.85～1.2；品红(M)1.25～1.6；青(C)1.3～1.65；黑(K)1.4～1.8。<br>（2）彩色胶版印刷纸/胶版印刷纸：黄(Y)0.8～1.05；品红(M)1.1～1.4；青(C)1.1～1.4；黑(K)1～1.5 | | | | GB/T18359-2009 | | 密度计 |
| | | | | 同批产品同色印刷实地密度允差： | （1）涂布美术印刷纸：黄(Y)≤0.1；品红(M)≤0.15；青(C)≤0.15；黑(K≤0.2<br>（2）彩色胶版印刷纸/胶版印刷纸：黄(Y)≤0.15；品红(M)≤0.2；青(C)≤0.2；黑(K)≤0.25 | | （1）涂布美术印刷纸：黄(Y)>0.2；青(C)、品红(M)>0.25；黑(K)>0.3<br>（2）彩色胶版印刷纸/胶版印刷纸：黄(Y)>0.25；青(C)、品红(M)>0.3；黑(K)>0.35 | （1）涂布美术印刷纸：黄(Y)>0.10；青(C)、品红(M)>0.15；黑(K)>0.20<br>（2）彩色胶版印刷纸/胶版印刷纸： | GB/T18359-2009 | | 密度计 |

续表

| 检测步骤 | 检测部位 | 检测项 | | | 指标值 | | 严重质量缺陷 | 一般质量缺陷 | 标准编号 | 严重质量缺陷的分类 | 检测方法、工具或仪器 |
|---|---|---|---|---|---|---|---|---|---|---|---|
| | | | | | 定量指标 | 定性指标 | | | | | |
| 10 | 书芯 | 图文印刷 | 密度 | | | | | 黄(Y)＞0.15；青(C)、品红(M)＞0.20；黑(K)＞0.25 | GB/T18359—2009 | | 密度计 |
| | | | 印刷相对反差K值* | 涂布美术印刷纸 | 黄(Y)≥0.25；品红(M)、青(C)、黑(K)≥0.35 | | | | | | |
| | | | | 彩色胶版印刷纸/胶版印刷纸 | 黄(Y)≥0.2；品红(M)、青(C)、黑(K)≥0.28 | | | | | | |
| | | | 网点* | | 精细印刷品50%网点的增大值范围为10%～20%；一般印刷品50%网点的增大值范围为10%～25% | 网点清晰，角度准确，不出重影。 | 网点重影超过版芯面积50%以上 | | 参见CY/T5-1999 | | 带刻度的精度为0.5mm的10倍放大镜、测控条 |
| | | 装订要求 | 接版允差（画面） | | ≤1.5mm | | 关键部位＞2mm | ＞1.5mm | GB/T18359-2009 | B | 精度为0.1mm的钢板尺 |

续表

| 检测步骤 | 检测部位 | 检测项 | | | 指标值 | | 严重质量缺陷 | 一般质量缺陷 | 标准编号 | 严重质量缺陷的分类 | 检测方法、工具或仪器 |
|---|---|---|---|---|---|---|---|---|---|---|---|
| | | | | | 定量指标 | 定性指标 | | | | | |
| 10 | 书芯 | 装订要求 | 页码位置误差（含封面、折边与书芯前口误差） | 相连页 | ≤4mm | | | | GB/T18359-2009《中小学教科书用纸、印制质量要求和检验方法》3.5.1e，同CY/T28-1999《装订质量要求及检验方法—平装》3.1.4； | | 精度为0.1mm的钢板尺 |
| | | | | 全书 | ≤7mm | | | | | | |

说明：1.严重质量缺陷指那些严重超出现行国家标准及行业标准中合格产品技术指标范围，产生严重的不良视觉，甚至影响阅读或使用的质量问题。

2.一般质量缺陷指那些超出现行国家标准及行业标准中合格产品技术指标范围，产生一定的不良视觉，但不影响阅读或使用的质量问题。

3.表头“质量缺陷的分类”栏是依据《印制质量缺陷认定和综合判定方法》（国家新闻出版广电总局2016.3）编制，如有新版，应作相应更新。

4.表格中标有“*”的项为需知项。

## 二、中小学教科书的判定规则

根据相关标准和国家新闻出版广电总局 2015 年 3 月发布的《印制质量缺陷认定和综合判定方法》的规定，图书印制质量判定等级分为“合格”和“不合格”；单册样品和批量样品的判定如下。

### （一）单册判定

符合下列其中一条的单册样品判定为不合格（判定标准详见表 6－9）：

1. 存在 1 项及以上 A 类严重质量缺陷的。
2. 存在 2 项及以上 B 类严重质量缺陷的。
3. 存在 1 项 C 类严重质量缺陷和 2 项及以上一般质量缺陷的。
4. 存在 5 项及以上一般质量缺陷的。

### （二）批量判定

教科书成品批质量抽检采用一次抽检方案，抽样方案样本大小、合格判定指标按表 6－10 执行。当抽样中不合格样品数大于合格判定数时，检验结果为批质量不合格。

**表 6－10　中小学教科书抽样、判定方案**

（检查水平为 S－3，AQL 值为 6.5）　　（单位：册）

| 库存量（批量） | 151～500 | 501～3200 | 3201～35 000 | 35001～500 000 | >500 000 |
|---|---|---|---|---|---|
| 抽取样本数 | 8 | 13 | 20 | 32 | 50 |
| 合格判定数 | 1 | 2 | 3 | 5 | 7 |

# 第六节　报纸的检测

## 一、适用范围

本节内容适用于采用新闻纸冷固型油墨（单色、多色）胶印印刷的报纸（含内部报纸）的质量要求和检验方法。采用涂轻纸、胶版纸或铜版纸印刷的报纸（含内部报纸），参看本书附录一，《平版印刷品质量要求及检验方法》（CY/T 5－1991）的印刷要求。

## 二、报纸印刷的特点

1. 新闻纸表面比较粗糙，网点还原较差，阶调的复制范围比较窄。
2. 油墨的干燥方式主要靠渗透干燥。
3. 印刷速度快。
4. 时效要求高。

## 三、检测条件

（一）作业环境呈中性灰色、防尘、整洁。

（二）作业环境温度为（23±5）℃；相对湿度为 $60\%^{+15}_{-10}$。

（三）照明条件：

1. CIE 标准照明体 $D_{65}$ 要求的光源。

2. 观察面上的照度应在 500～1500Lx 范围内。

3. 观察面的照度均匀度应不小于 80%。

## 四、报纸检测的依据

采用新闻纸印刷的报纸检测依据目前有二个，一是 GB/T 17934.3－2003《印刷技术 网目调分色片、样张和印刷成品的加工过程控制　第 3 部分：新闻纸的冷固型油墨胶印》（2003 年 12 月 1 日起执行）；二是《报纸印刷质量标准实施细则（彩色、黑白）》（中国报业协会 2004 年 1 月执行）。GB/T 17934.3－2003 等效于《ISO12647－3：1998 印刷技术 网目调分色片、样张及印刷成品的过程控制　第三部分新闻纸的冷固胶印》（简称“1998 版国际标准”），并根据我国实际情况进行了适当修正，实现了国家标准与 ISO 国际标准的统一。2005 年，ISO 发布了新版报纸印刷标准 ISO12647－3：2005，简称“2005 版国际标准”。该标准相对 1998 版国际标准有了较大改动，顺应了报纸印刷技术的发展变化，对一些不准确、不适当的参数进行了修正，如将套印误差从±0.30mm 提高为±0.15mm，色差数据也有所提升，增加了 CTP 和调频挂网的相关参数等。但我国还未根据“2005 版国际标准”颁布对应的国标，所以本书介绍的检测依据仍为根据“1998 得到国际标准”制定的 GB/T 17934.3－2003 和报协制定的实施细则。前者规定图片制作、出片、打样和印刷要求；后者规定了报纸成品的检测，将成品的检测项分为四大部分，以 100 分为总分，进行细化扣分，从而评定报纸等级。

## 五、报纸印制质量要求

（一）GB/T 17934.3－2003《印刷技术 网目调分色片、样张和印刷成品的加工过程控制　第 3 部分：新闻纸的冷固型油墨胶印》的相关规定

1. 图片制作

（1）阶调值总和

阶调值总和又叫油墨总量，是指彩色图片制作中，分色片同一部位各色版（C、M、Y、K）网点百分比之和。

新闻纸的冷固型油墨胶印印刷，油墨主要靠吸引渗透干燥，油墨总量值过大不易于干燥，易造成透印、糊版、蹭脏、压脏，图片层次不清，色调难调、偏色、套印误差等明显的印刷质量故障。一般印刷压力较小时，阶调值总和应低于 260%，有层次的暗调应低于 240%；印刷压力较大时，阶调值总和应低于 240%，有层次的暗调应在 220% 左右。

版面暗调部分面积较小时，阶调值总和应低于260%；暗调部分面积较大时，阶调值总和最好低于240%。同时，阶调值到达260%时，黑版阶调值不应超过85%，否则层次将难以再现。

标准要求：阶调值总和一定不超过260%。

（2）灰平衡

灰平衡是指在一定的印刷、打样条件下，将青、品红、黄三色油墨按一定比例叠印，得到视觉上中性灰的颜色，这时就称为实现了灰平衡，此时的青、品红、黄的网点百分比称为该点的灰平衡数据。

决定灰平衡数据的主要因素是油墨、纸张和印刷（包括打样）条件。不同的油墨、纸张、设备（主要是压力）、工艺、技术条件，得到的灰平衡数据也不同。在彩报印刷中，灰平衡数据的正确与否关系到色彩还原的准确性。通过实际测试，找到正确的灰平衡数据是彩报制作和印刷的基础。实际且准确的数据要在生产中才能得到。为有效控制质量，一般在报尾或中缝处加灰梯尺或灰平衡检测点来进行实际测试效果比较好。如果有条件，在固定的位置加固定的检测点进行的生产印刷，是控制彩报色彩的更为有效的方法。如《人民日报》《新闻出版报》等多家报纸就在报尾添加了灰平衡检测点，以便控制质量。（图例参见本书附录二《出版物印刷品常见的质量缺陷》）

标准要求：1/4阶调：青25%，品红18%，黄18%；中间调：青50%，品红40%，黄40%；3/4阶调：青75%，品红64%，黄64%。

2. 出片

（1）分色片实地密度和片基灰雾度

出片是将电子文件信息记录到胶片上，形成由文字、线条、网点构成的印刷用原版（片）的过程。而分色片的实地密度和片基灰雾密度则是决定胶片上的文字、线条、网点能否正确地转移或复制到印版上，从而实现大规模复制的关键。分色片实地密度低于3.50或灰雾度高于0.15就会影响正常晒版。但密度过高也会导致片基灰度增大，网点的线性曲线不稳定，从而达不到忠实复制的目的。另还应注意，GB/T 17934.3－2003中规定的片基灰雾密度值是包括台纸、胶片和单拼片后的灰雾密度值。通常片基灰雾密度大约为0.04～0.06，台纸灰雾密度大约为0.05～0.08。

标准要求：

①分色片实地密度（包括片基密度值）：≥3.5。

②片基灰雾度值（包括多层片基叠加后的）：≤0.15，网点区域的透明部分应通透。

检测仪器：透射密度仪。

（2）线性化误差

线性化误差是指分色片上测量的网点百分比与相对应的电子文件显示的网点百分比的差值。在实际生产中，亮调网点丢失或暗调糊死，印刷成品与原稿或样张在图片层次、色彩上相差较大的原因大都与分色片线性化误差有关。

标准要求：≤2%。

（3）网点质量（虚边）

标准要求：网点边缘（虚边）宽度不能大于网线宽度的1/40，分色片上的网点、文字不应有明显的破裂。

检测方法：用50～100倍的放大镜观察网点是否黑实，边缘是否光洁、有无虚边，有无明显的破裂，点形是否良好。

（4）分色片（外观）质量

标准要求：版面清洁，无划痕、脏迹、折痕。

检测方法：目测法。

①网线数

对于表面粗糙、平滑度低的新闻纸来说，过高的网线数易造成糊版、图片层次合并、细节丢失、高光层次损失过多等，故一般黑白报纸选择85～100线/英寸的网线数，而彩色报纸选择100～120线/英寸的网线数比较适宜，在这个范围内，可根据不同产品使用的纸张和设备条件确定使用多少线的网线。如果纸张、设备状况、人员技术水平和原稿质量不是很稳定的情况下，建议选择较低的网线数更有利于产品质量的稳定和控制。

标准要求：34线/cm～48线/cm（85线/in～120线/in）。

②网线角度

网线角度对色彩的再现有很大影响，网线角度选择不当，会产生影响图像复制效果的斑纹，也就是常说的“龟纹”（见本书附录二《出版物印刷品常见的质量缺陷》）。通常，45°的网线角度对人的视觉刺激最小，使人感到最为舒适，而0°或90°的网线角度对人的视觉刺激最大，最为敏感，也最易出现龟纹。因此，一般将最浅色放在0°或90°，主色版放在45°，如单色印刷的黑版或彩色印刷的品红版。

在实际生产中，分色片上的网线角度并非标准规定的那么固定。一般主色版的网线角度约为45°，黄版约为90°，青、品红和黑版的网线角度差为30°。主色版选择青版的情况也时有出现，所以，为了避免错版，最好在台纸上（PS版弯口位置）设置固定的色版文字标记。

标准要求：单色印刷网线角度应为45°。彩色印刷无主轴的网点（如方形、圆形），青、品红和黑版的网线角度差应为30°，主色版的网线角度应为45°，黄版与其他色版的网线角度相关15°。有主轴的网点（如椭圆形网点），青、品红和黑版的网线角度差应为60°，主色版的网线角度差应为45°或135°，黄版的网线角度为0°。

检测仪器：50～100倍计数放大镜（带光源）。

③网点形状

推荐使用椭圆网点是因为椭圆网点在40%和60%阶调值处分别有两次由于网点之间相互搭接出现的中“跳变”，使得阶调变化不是很明显，图片的层次、色彩过渡得比较自然，减少了印刷中的层次合并和色偏。但椭圆网点成线形的机会比较多，容易产生龟纹。所以，目前使用的都不是纯椭圆形网点。在实际生产中，方正RIP所产生的网点既不是方形网点，也不是圆形网点，而是开始是圆的，在中间调范围点形从圆形逐渐变为方形，并在50%网点处完全成为正方形网点，然后再逐渐变回圆形的网点。

标准要求：推荐使用椭圆形网点。第一次网点搭接出现在胶版阶调值为40%处，第二次网点搭接出现在阶调值为60%处。

检测仪器：50～100倍计数放大镜（带光源）。

④套准误差

一般精度达到0.05mm的进口内鼓和外鼓式照排机是没有问题的。多数企业也认为标

准比较宽松，只是间隔较长时间后，输出的第一张胶片通常套准误差较大。现在越来越多的报社印刷厂采用了 CTP 制版，所以上述出片的标准要求仅适用于需要出片的质量控制。

标准要求：一套分色片的对角线长度误差≤0.02%。

检测工具：50～100 倍计数放大镜（带光源）。

3. 印刷要求

新闻纸印刷的报纸，色差是一个非常重要的指标。目前，普遍采用 CIE LAB 色空间的概念来评价色差。CIE LAB 色空间是 1976 年国际照明委员会（CIE）推荐的均匀色空间。该空间是三维直角坐标系统。$L^*$ 为明度指数，$a^*$、$b^*$ 为彩色指数，$\Delta E_{ab}{}^*$ 为色差。在过去很长一段时间，印刷业用密度值来表示色彩，通过控制墨层的厚薄，用反射密度计测量，再现图片色彩。密度描述的是印刷油墨的特性，实际上是黑层的薄厚，而色度描述的是颜色的实际表现，它能按照人眼对颜色的感受性来描述颜色，比密度值更直观、更准确。

标准要求：

（1）常用新闻纸的 CIE $L^* a^* b^*$ 色度值、光泽度值和亮度值，见表 6－11。

**表 6－11　常用新闻纸的 CIE LAB $L^*$、$a^*$、$b^*$ 值、光泽度和亮度值**

| $L^{*a}$ | $a^{*a}$ | $b^{*a}$ | 光泽度[b]/% | 亮度[c]/% |
|---|---|---|---|---|
| 81 | 0 | 3 | <7 | 56 ±4 |

a　测量按照 GB/T 17934.1 中 5.6 的规定，用 $D_{50}$ 光源，2°视场，45°/0°或 0°/45°几何条件，黑色底衬。
b　测量按照 GB/T 8941.3 的规定。
c　460 nm 处的反射率。

（2）承印物颜色的偏差：打样纸与承印纸应一致，且两者间的偏差值参见表 6－12。

**表 6－12　打样承印物与印刷承印物的色差**

| | $\Delta L^*$ | $\Delta a^*$ | $\Delta b^*$ |
|---|---|---|---|
| 打样承印物应当≤ | 2 | 2 | 2 |
| 印刷承印物应当≤ | 2 | 1 | 1 |
| 印刷承印物起码≤ | 3 | 2 | 2 |

（3）新闻纸上或打样承印物上的油墨的 CIELAB $L^* a^* b^*$ 色度值，见表 6－13。

表 6 - 13　新闻纸上或打印承印物上的油墨的 CIE LAB $L^*$、$a^*$、$b^*$ 目标值

| | $L^{*a}$ | $a^{*a}$ | $b^{*a}$ |
|---|---|---|---|
| 青 | 57 | -23 | -27 |
| 品红 | 53 | 48 | 0 |
| 黄 | 79 | -5 | 60 |
| 黑 | 40 | 1 | 4 |
| 青 + 黄（绿） | 53 | -34 | 18 |
| 青 + 品红（蓝） | 41 | 7 | -22 |
| 品红 + 黄（红） | 52 | 41 | 25 |
| a 测量按照 GB/T 17934. 1 中 5. 6 的规定，用 $D_{50}$ 光源，2°视场，45°/0°或 0°/45°几何条件，黑色底衬 | | | |

（4）印刷原色油墨实地的 CIE LAB $\Delta E_{ab}{}^*$ 色差值，见表 6 - 14。

表 6 - 14　印刷原色油墨实地的 CIE LAB $\Delta E_{ab}{}^*$ 色差值

| | K | C | M | Y |
|---|---|---|---|---|
| 偏差 | 5 | 5 | 8 | 7 |
| 允差 | 3 | 3 | 5 | 4 |

检测仪器：色度仪。

（5）阶调值复制范围

阶调值复制范围是对晒版和印刷的要求。晒版时分色片上 3% 的网点要出齐，98% 的网点不糊死，印刷时 5% 的网点要能够稳定均匀地印到承印物上，85% 的网点不糊死。印刷中影响阶调复制的主要因素是印刷压力、印刷材料（如纸张、油墨）和印刷操作。其中纸张的表面平滑度和表面强度影响非常大。一些报社为控制成本选用适性较差的纸张，导致印刷难度加大，质量下降。

标准要求：分色片上 5% ~85% 的网点能够稳定均匀地转移到承印物上。

（6）套印误差

报纸的成品检测，套印误差是重要的指标，也是受到广告客户投诉最多的质量问题之一。许多印厂都认为，此处标准定得较宽，可市场上套印超标的报纸还是屡见不鲜。因此，印厂还是应充分重视造成套印误差的各种因素，争取每份报纸都不超标。

此外，2005 版的国际标准已提高要求，套印误差≤0. 15mm，虽然我国没颁布相应的国标，建议印厂以此为标准。

标准要求：任何两个色版的图像套印最大位置误差应≤0. 3mm。

检测工具：50 ~ 100 倍计数放大镜（带光源）。

（7）网点增大值

网点增大值，通常称为阶调增大值，是指印刷品某部位的网点面积覆盖率和原版

（分色片）上相应的网点面积覆盖率之间的差值。

网点的大小是印刷复制过程中最重要的一个参数。目前在彩色印刷复制中通常采用加网技术：调幅加网（AM）和调频加网（FM）。无论哪种加网方式，在印刷的过程中都存在网点的增加或减少，以及网点的几何变形，这些变化将影响颜色和阶调的再现，即影响印刷品的质量。当网点从分色片晒制成印版，再从印版转移到橡皮布，直到最终转移到承印物上，网点的大小发生了系列变化，在印刷过程中，网点适当的增大是正常现象，但是一定要控制在允许的范围内。新闻纸印刷的网点增大值较高，主要与设备状况（主要是印刷压力）、印刷材料（主要是纸张、橡皮布等）和墨层的厚度有关。在实际生产中，网点增大值主要是通过实地密度、中间调（50%网点处）、暗调（85%以上网点处）的状况来判断或控制的。

标准要求：

①目标值

测量彩色印刷品上对应胶片上50%网点处得到的网点增大值，见表6－15。

**表6－15　测量彩色印刷品上对应胶片上50%网点处得到的网点增大值**

| | 网点增大值 | |
|---|---|---|
| | 阳图型版材，接触曝光晒版 | 阴图型版材，接触曝光晒版 |
| 34线/cm | 24% | 30% |
| 40线/cm | 27% | 33% |

注：黑墨通常比彩色墨印刷的墨膜厚度厚，所以黑墨的网点增大要比彩墨高2%。

②误差与中间调扩展

打样样张、印刷品的网点增大值误差和最大中间调扩展，见表6－16。

**表6－16　打样样张、印刷品的网点增大值误差和最大中间调扩展**

| | | 打样偏差 | 印刷品 | |
|---|---|---|---|---|
| | | | 偏差 | 允差 |
| 分色片上阶调值 | 40%或50% | 4% | 5% | 5% |
| | 75%或80% | 3% | 4% | 3% |
| 最大中间调扩展 | | 打样 | 印刷品 | |
| | | 5% | 6% | |

注：最大中间调扩展是指在中间调处C、M、Y三原色网点增大值与目标值之间的最大允差。

说明：（1）网点增大值目标值的测量是测量彩色印刷品上对应胶片上50%网点处得到的网点百分比减去50%得到的，如实际测量结果是74%，则50%处的网点增大值就是24%。

（2）误差与中间调扩展的偏差是指产品与目标值的差异，允差是指产品与签样的差异。

检测仪器：测控条（测控条的网目线数应在34线/cm～48线/cm，圆形网点边缘宽度≤4μm，实地密度≥4）。

4. 印刷品的外观要求

（1）片面整洁，无明显的脏迹，无皱折。

（2）墨色均匀，文字清晰、无重影，无明显缺笔断划、糊字和坏字。

5. 检验仪器

（1）密度计（测量光孔孔径应≥3mm）。

（2）色度仪（测量光孔孔径应≥3mm）。

（3）50～100 倍计数放大镜；10～15 倍放大镜。

（4）测控条：测控条的网目线数应在 34 线/cm～48 线/cm（85 线/in～120 线/in），圆形网点，网点边缘宽度≤4μm，实地密度≥4。

（5）对光谱无选择、漫反射，具有 1.5±0.2 反射密度的黑色底衬。

（二）《报纸印刷质量实施细则（彩色、黑白）》的相关规定

1. 图片

（1）图片要求层次丰富，反差适中，不出现影响图片整体效果的绝网。

（2）彩色图片基本符合自然色调，不闷暗、低沉，不偏色。

（3）套印准确，误差不大于 0.3mm。

2. 题字

“题字”一项包括：报头、1 号字以上的标题字、带网装饰标题。要求墨色均匀，不花不白，报头符合密度要求，彩色套印准确。

3. 墨色

（1）一张报纸分为正反两面，要求墨色均匀一致。（标题实地密度大于 0.95，文字密度值为 0.18±0.02）。

（2）多版面的报纸要求各个对开张墨色基本一致。

4. 外观

（1）版面整洁，无明显脏迹、皱折，版心居中，天头略大于地脚，折叠整齐。

（2）文字清晰，无重影、糊字及坏字，无明显缺笔断划（小五号以下文字套印不在检测范围之内）。

说明：由于小 5 号字最细笔画宽度小于国家在“新闻纸的冷固型油墨胶印”标准中规定套印误差为 0.3mm，因此在报纸印刷质量检测时，小 5 号字（含小 5 号）以下文字套印不列入检测范围。

5. 各项计分办法

（1）图片。图片每期报纸全部合格为 100 分。

①套印误差大于 0.3mm 的每张图片扣 3～5 分；大于 0.2mm 扣 3 分；大于 0.15mm，每张图片扣 2 分。大面积绝网或严重偏色，每张扣 2～4 分。一般偏色每张图片扣 1 分。

②黑白图片反差拉不开缺少层次，每张扣 1～2 分。

③党和国家领导人的图片出现误差或严重偏色扣 4～5 分。

（2）题字。每期报纸全部合格为 100 分。

①实地密度为 0.95～1.20 之间，小于 0.95 的，每条标题扣 1～2 分。

②报头字不合要求每期扣 2 分。

③彩色标题套印不准每条扣1～2分。

（3）墨色。对开报纸按4块版计算，每版划为8条墨区，4块版为32条墨区，计算墨色条数如下：

对开张数　1　1.5　2　2.5　3

墨色条数　32　48　64　80　96

墨色分数计算公式为：（墨色合格条数/墨色条数）×100＝本期报纸的墨色分数

例：一期出两个对开张的报纸，墨色为64条，经评定其中18条不合格，合格的墨色为46条，计算应得分数为：

（64－18/64）×100＝71.88

（4）外观。每张对开报纸按4个版面计算，每个版面纵横分割为4块版面区，一张对开报纸为16块版面区，计算版面区块数为：

对开张数　1　1.5　2　2.5　3

版面块数　16　24　32　40　48

版面的质量分数计算公式为：（版面合格块数/版面总块数）×100＝版面应得分数

例：一期一张对开报纸版面区是16块，其中2块不合格，合格的有14块，其应得分数为：

（16－2/16）×100＝87.5分

①报纸每版外观出现条痕、脏污，视其面积大小扣减0.5～1块，在第一版出现上述问题扣1～2块。

②版心中由于各种原因出现局部墨色轻重不匀现象或局部重影，扣0.5～1块。

③漏印字迹，字迹糊死的，每处扣0.5块。

④正反面版心严重偏差，影响美观，每出现一处扣1～2块。

⑤文字套印不准（小五号字以上）扣1块。

以上四项得分相加后除4，所得分数即为当期报纸所得分数，四项扣分不重复计算。95分以上为精品级，94分～94.99分为优等级，93分～93.99分为良好级，92分～92.99分为合格级，92分以下为不合格。

## 六、报纸质量检测表格

编者根据以上两个依据编制了两份报纸成品检测表格，一是《报纸印刷质量检测数据》，用于单份报纸单日检测纪录，总评分100分，见表6－17。二是《报纸印刷质量月评比记分表》，用于单份报纸某月评分纪录，两表结合使用，可体现单份（某份）报纸在一段时间（某个月）的质量情况，见表6－18。

表 6－17　报纸印刷质量检测数据表

<table>
<tr><th colspan="2">检测项</th><th colspan="2">扣分项</th><th>实扣分</th><th>评语</th><th>要　求</th></tr>
<tr><td rowspan="9">图片</td><td rowspan="4">套印误差</td><td>党和国家领导人</td><td>4～5 分/张</td><td></td><td rowspan="9"></td><td rowspan="9">1. 要求层次丰富、反差适中，不出现影响图片整体效果的绝网。<br>2. 彩色图片基本符合自然色调、不闷暗、低沉，不偏色。<br>3. 套印准确，误差不大于 0.3mm</td></tr>
<tr><td>>0.3</td><td>3～5 分/张</td><td></td></tr>
<tr><td>>0.2</td><td>3 分/张</td><td></td></tr>
<tr><td>>0.15</td><td>2 分/张</td><td></td></tr>
<tr><td>绝网</td><td>大面积</td><td>2～4 分/张</td><td></td></tr>
<tr><td rowspan="3">偏色</td><td>党和国家领导人</td><td>4～5 分/张</td><td></td></tr>
<tr><td>严重偏色</td><td>2～4 分/张</td><td></td></tr>
<tr><td>一般偏色</td><td>1 分/张</td><td></td></tr>
<tr><td>反差拉不开层次（黑白）</td><td></td><td>1～2 分/张</td><td></td></tr>
<tr><td rowspan="3">题字</td><td>实地密度</td><td><0.95</td><td>1～2 分/条</td><td></td><td rowspan="3"></td><td rowspan="3">1. 实地密度为 0.95～1.20 之间<br>2. “题字”一项包括：报头 1 号字以上的标题字、带网装饰标题。要求墨色均匀，不花不白，报头符合密度要求，彩色套印准确。</td></tr>
<tr><td>报头字不合要求</td><td></td><td>2 分/期</td><td></td></tr>
<tr><td>彩色标题套印不准</td><td></td><td>1～2 分/期</td><td></td></tr>
<tr><td rowspan="4">墨色</td><td colspan="3">对开张数　1　1.5　2　2.5　3</td><td rowspan="4"></td><td rowspan="4"></td><td rowspan="4">1. 一张报纸分为正反两面，要求墨色均匀一致（标题密度大于 0.95，文字密度值 0.18±0.02）<br>2. 多版面的报纸要求各个对开纸墨色基本一致</td></tr>
<tr><td colspan="3">墨色条数　32　48　64　80　96</td></tr>
<tr><td colspan="3">本期报纸的墨色分数 =（墨色合格条数/墨色条数）×100</td></tr>
<tr><td colspan="3">（对开报纸按 4 块版计算，每版划为 8 条墨区，4 块版为 32 条墨区）</td></tr>
</table>

续表

| 外观 | 对开张数　1　1.5　2　2.5　3 | | | 1. 版面整洁，无明显脏迹、皱折、版心居中，天头略大于地脚，折叠整齐。<br>2. 文字清晰，无重影，糊字及坏字，无明显缺笔断划。 |
|---|---|---|---|---|
| | 版面块数　16　24　32　40　48 | | | |
| | 本期报纸版面应得分数 =（版面合格块数/版面总块数）×100 | | | |
| | 报纸每版外观出现条痕、脏污，视其面积大小扣减 0.5 ~ 1 块，在第一版出现上述问题扣 1 ~ 2 块 | | | |
| | 版心中由于各种原因出现局部墨色轻重匀现象或局部重影，扣 0.5 ~ 1 块 | | | |
| | 漏印字迹，字迹糊死的，每处扣 0.5 块 | | | |
| | 正反面版心严重偏差，影响美观，每出现一处扣 1 ~ 2 块 | | | |
| | 文字套印不准（小五号字以上）扣 1 块 | | | |

说明：以上四项得分相加后除 4，所得分数即为当期报纸所得分数，四项扣分不重复计算（精品级≥95 分；优等级 94 ~ 94.99 分；良好级 93 分 ~ 93.99 分；合格级 92 分 ~ 92.99 分；不合格 <92 分）

**表 6－18　×××报纸印刷质量月评比记分表**

承印厂：

| 日期 | 质量分数 | | | | | 评语 | 备注 |
|---|---|---|---|---|---|---|---|
| | 小计 | 图片 | 题字 | 墨色 | 外观 | | |
| | | | | | | | |
| | | | | | | | |
| | | | | | | | |
| | | | | | | | |
| | | | | | | | |
| | | | | | | | |
| | | | | | | | |
| | | | | | | | |
| | | | | | | | |
| | | | | | | | |
| | | | | | | | |
| | | | | | | | |
| | | | | | | | |
| | | | | | | | |
| | | | | | | | |
| | | | | | | | |
| | | | | | | | |
| | | | | | | | |
| 月评语 | | | | | | | |
| 月总平均分 | | | | | | | |

# 第七章 包装装潢印刷品印装质量检测

## 第一节 包装装潢印刷品概述

### 一、包装装潢印刷品的定义

包装装潢印刷是以保护、宣传、促销商品为主要目的而采用的印刷方式和印后加工处理技术。它是应用一般印刷技术成果并在一般印刷技术的基础上发展起来，并逐步形成的一个印刷工业体系。包装装潢印刷品包括商标标识、广告宣传品及作为产品包装装潢的纸、金属、塑料等的印刷品。

包装装潢印刷品与出版物印刷品最大的区别在于，承印材料的多样性，印后加工的复杂性以及印品的高辨识度。

### 二、包装装潢印刷品的分类

我国是包装大国，包装产品种类繁多，按其用途大致可分为食品包装、药品包装、化妆品包装、机电产品包装和化学危险品包装等。其中大部分的包装品由单一的印刷方式和印后加工完成；要求较高或工艺复杂的产品则由几种印刷方式来共同完成，如烟草包装品。按其印刷方式可分为平版包装装潢印刷品、凹版包装装潢印刷品、凸版包装装潢印刷品、柔性版包装装潢印刷品等。按其承印材料可分为纸类包装包装装潢印刷品、塑料包装装潢印刷品、复合材料包装装潢印刷品，金属、玻璃等材质的特种包装装潢印刷品。

### 三、包装装潢印刷品检测的几个术语

#### （一）主要部位

定义：画面上反映主题的部位，如图像、文字、标志。

理解要点：一般认为反映包装盒主题的正面部位为主要部位。

#### （二）次要部位

定义：画面上除主要部位以外的其他部位。

理解要点：不反映包装盒主题的部位，如包装盒底面或侧面。然而，笔者访问过的企业都认为，包装盒的每个部位都应视为主要部位，任何细节都不应放松要求。

### （三）精细产品

定义：采用高质量的印刷材料和精细制版印刷工艺生产、质量符合精细产品要求的高档装潢印刷品。

理解要点：包装价值相对较高、印面图案较靓丽、有艺术感、采用质量较为优良的主辅材料进行多色精细制版、印刷和印后整饰加工，并且符合精细产品各项技术要求的高档装潢印刷品。特点：1. 用纸较好；2. 油墨质量稳定；3. 四色以上印刷；网点清晰、层次清楚且过渡渐变平滑、色彩丰富等；4. 图文印刷面积较大；5. 套印精度高。笔者认为这是国标规定的产品分类，但企业不应照此划分，应将所有印品视为精细印品，严格要求。

### （四）一般产品

除精细产品以外的其他装潢印刷品。

# 第二节　平版包装装潢印刷品的检测

## 一、检测条件

（一）检验室温度、湿度：温度为23℃ ±5℃，相对湿度为$60\%^{+15}_{-10}$。

（二）试样预处理：在检验室温、湿度条件下，并在无紫外光照射环境中放置时间应不少于8小时。

（三）照明条件：CIE标准照明体$D_{65}$要求的光源；观察面上的照度应在500～1500Lx范围内；观察面的照度均匀度应不小于80%的规定。

## 二、检测项目及检测流程

### （一）检测项目

1. 印面外观：脏污和气泡点、图文清晰度、破损和划痕、总体要求。
2. 成品尺寸偏差：裁切偏差、模切偏差。
3. 印刷：实地、网点、套印误差、条码印刷质量、成品图案位置偏差。
4. 覆膜：外观、色差、粘接强度。
5. 上光、压光：成品质量要求。
6. 压凹凸：外观、基材要求、套印误差、凹凸效果。
7. 烫印：外观、基材要求、烫印材料、套印误差、同批同色色差、结合牢度。
8. 模切、压痕：外观、套准允差、折叠反弹力、压痕总体要求。
9. 粘合：外观、粘口、粘接强度、折叠纸盒开盒性能。

## （二）检测流程

### 步骤一：检测印面外观

外观检测包括四个部分，在了解和掌握外观总体要求的情况下，检查人员应仔细查看印品的外观是否有脏污和气泡点、图文是否清晰、是否有破损和划痕的现象。

检测项一：脏污和气泡点

标准要求：

（1）精细产品：主要部位无直径＞0.3mm 的脏污，直径≤0.3mm 的脏污不超过 2 处；次要部位无直径＞1mm 的脏污，直径≤1mm 的脏污不超 3 处。

（2）一般产品：主要部位无直径＞1.5mm 的脏污（墨皮、纸毛等），直径≤1.5mm 的脏污（墨皮、纸毛）不超过 2 处；次要部位无直径＞2mm 的脏污（墨皮、纸毛），直径≤2mm 的脏污（墨皮、纸毛）不超 5 处。

检测项二：图文清晰度

标准要求：

（1）图文印刷应清晰完整，层次清楚，网点清晰无变形、残缺和花糊版。

（2）小于 5.5P（7 号）的字应不影响认读。

检测项三：破损和划痕

标准要求：

无破损、划伤、划痕和破损。

检测项四：总体要求

标准要求：

（1）墨色鲜艳、深浅均匀，墨层厚实、有光泽。

（2）网点清晰、均匀、光洁，无变形、残缺和花糊版，色调层次清晰，过渡平滑。

（3）色相符合印样要求。

（4）文字清晰、小号字不影响认读。

（5）印面整洁，无褶皱、油迹、脏污等。

相关标准：GB/T 7705－2008《平版装潢印刷品》

检测方法：脏污和气泡点用精度为 0.01mm 的 20 倍读数放大镜测量，图文清晰度、破损和划痕、总体要求用目测法判断。

### 步骤二：检测成品尺寸偏差

包装品的成品尺寸直接影响到后期的成型和粘合，偏差过大不仅影响美观，还会影响到包装的牢固性。成品尺寸的偏差，有裁切和模切偏差，还有成型偏差，即纸盒类产品经糊盒成型后的长、宽、高偏差。不同的产品成型偏差要求不同，由企业与客户商定，本书不作描述。

检测项一：裁切尺寸偏差

标准要求：

（1）成品规格 390mm×543mm 及以下：精细产品 ±0.5mm；一般产品 ±1mm。

（2）成品规格 390mm×543mm 以上：精细产品：±1mm；一般产品 ±1.5mm。

检测项二：模切尺寸偏差

标准要求：

（1）成品规格 135mm×195mm 及以下：精细产品 ±0.4mm；一般产品 ±0.5mm。

（2）成品规格 135mm×195mm 以上：精细产品 ±0.8mm；一般产品 ±1mm。

相关标准：GB/T 7705－2008《平版装潢印刷品》

检测工具：精度为 0.02mm 的游标卡尺。

检测方法：在有尺寸规定的裁切或模切成品试样部测出其长度（精确至 0.1mm），与规定尺寸之差作为该成品规格尺寸的偏差值。

## 步骤三：检测印刷

作为商品的包装，精准的套印，正确的色相，良好的光泽，能吸引消费者的注意力，继而促进商品的销售，客户对此是非常看重的。印刷环节的检测，实地、网点和套印缺一不可，此外条码印制质量关乎商品属性的实现，也归入印刷环节检测。

下面先了解一些印刷环节的基础知识：

（1）关于实地密度和同色密度偏差。实地密度是指印刷品表面印有 100% 油墨的区域的密度值。同色密度偏差指的是同色实地密度变化的标准偏差。不同的客户对包装品色彩的浓淡有不同的要求，四色的实地密度很难达到 CY/T 5《平版印刷品质量要求及检验方法》中规定的要求，基于现实情况，GB/T 7705－2008《平版装潢印刷品》把密度的偏差要求归为“同色密度偏差”。

（2）关于同批同色色差。指同一批印件中不同印张在相同部位的同一墨色的一致程度，印刷时色差控制非常关键。如果同批包装产品的色差过大，商品出售时，可能会被消费者误认为是假冒产品，影响产品的销售和企业的声誉，印刷企业免不了被追责。

（3）关于墨层光泽度。指印刷品上墨层受光照射时向某一个方向反射光线的能力大小。同一印品在不同的几何角度下测出的光泽度是不同的，ISO 标准有 3 个角度 20°、60°、85°，其中 60°入射角被广泛使用，用该角度测定时，印品表面从无光泽到高光泽的区域都能被有效测量。GB/T 7705－2008 规定就是 60°入射角即 $G_s$（60°）。

（4）关于墨层耐磨性。规定包装品墨层耐磨性指标有两方面的原因：一是包装品在运输和销售过程中墨层容易被摩擦掉，影响图文的色彩与完整性，降低商品外包装的辨识度；二是一些印品如烟包、药包要上包装流水线进行内装物的包装，包装流水线也会擦伤印面墨层图文，图文缺失最终影响销售。

（5）关于网点。网点是构成印刷图像的基本元素，通过其面积或空间频率的变化再现图像的阶调和颜色。网点分为调幅（AM）和调频（FM）网点。调幅网点直径不同，但等距离分布；而调频网点直径相同，但分布距离不同。本书中不做特别说明的情况下，网点指的是调幅网点（AM）。平版胶印装潢印刷品除实地图案、文字、线条外，就是用半色调网点的大小来再现浓淡深浅的阶调层次，代替原稿上连续晕染的色调，从而完成对原稿图像的复制。

因此网点印刷至关重要，其中重点要控制好亮调网点再现百分率和 50% 网点增大值。亮调指图像上的明亮阶调，一般是用 0～30% 网点面积来表示，凡是图像上亮调小网点能

按要求全部印出来的部位，其色调就会呈现出连续平滑的变化，如有印不出（丢失）的部位，其图像亮调就显得较生硬，这就直接影响该图像的立体感和美感，因此亮调网点再现百分率是需要控制的指标。50%网点增大值通常称为阶调增大值，是指印刷品某部位的网点面积覆盖率和原版（分色片）上相应的网点面积覆盖率之间的差值，用 $\Delta F$ 表示。平版胶印是在印刷压力条件下实现图案油墨转移的，因此网点面积增大不可避免，这在一定程度上也是允许的，需要注意的是必须控制在指标值内。网点增大值不仅与网点自身结构有关，跟工艺、设备和操作等因素也有关。与网点线数成反比，网线越细，网点增大越大；与网点成数（阶调）有关，不同阶调的网点面积因周长不同增大值也不同。如方形网点是在50%处结网，圆形网点在78.5%处结网，会产生过渡层次丢失的情况；还与网点形状有关，方形网点比圆形网点增大值大。

GB/T 7705－2008 对网点印刷作了两点规定：亮调网点再现百分率和50%网点增大值。这两项指标属于过程检测，仅作需知项列出。

（6）关于套印误差。套印误差是反映印刷图文清晰度的一项十分重要的指标，也是双色和多色印刷过程中一项关键性的指标，套印准确与否直接影响到图文的色彩、层次等整体印刷效果，严重时会使图文模糊，出现俗话说的“双眼皮”现象，影响图文辨识。套印不准的原因很多，和设备、工艺、材料以及操作技术相关。

（7）关于商品条码印制。商品条码是指由一组排列的条、空及其对应代码组成，表示商品代码的条码符号，包括零售商品、储运包装商品、物流单元、参与方位等的代码与条码标识。在商品销售中，商品条码是标识商品身份的唯一代码，是商品的“护照号”。条码印刷非常重要，关乎商品属性的实现，如果条码印刷不达标，条码无法被识别，将直接影响商品销售。条码基础知识以及条码设计要求和印制要求，详见本书第九章。

（8）关于成品图案位置偏差（有对称要求）。指的是从成品外观可观察到的偏差。形成偏差的原因较多，可能由制版、印刷偏差引起，也可能是由印后加工的烫印、压凹凸或模切偏差造成。

检测项一：实地

标准要求：

（1）同色密度偏差：精细产品 $D_s \leqslant 0.05$；一般产品 $D_s \leqslant 0.07$。

（2）同批同色色差：精细产品当 $L^* > 50$ 时 $\Delta E_{ab}{}^* \leqslant 4$，当 $L^* \leqslant 50$ 时 $\Delta E_{ab}{}^* \leqslant 3$；一般产品。当 $L^* > 50$ 时 $\Delta E_{ab}{}^* \leqslant 6$，当 $L^* \leqslant 50$ 时 $\Delta E_{ab}{}^* \leqslant 5$。

（3）墨层光泽度：精细产品 $G_s$（60°）≥30%。

（4）墨层耐磨性：$A_s \geqslant 40\%$。

检测项二：网点

标准要求：

（1）亮调网点再现百分率：精细产品≤3%；一般产品≤5%。

（2）50%网点增大值：精细产品≤15%；一般产品≤20%。

检测项三：套印误差

标准要求：

（1）精细产品：主要部位≤0.1mm，次要部位≤0.2mm。

（2）一般产品：主要部位≤0.2mm，次要部位≤0.25mm。

检测项四：条码印刷质量

标准要求：符号等级≥1.5（EAN－13、EAN－8、UPC－A、UPC－E）；一般建议为2.5，但也有客户要求2.5以上。

检测项五：关于成品图案位置偏差（有对称要求）

标准要求：

（1）成品规格135mm×195mm及以下：精细产品±0.4mm；一般产品±0.5mm。

（2）成品规格135mm×195mm以上：精细产品：±0.8mm；一般产品±1mm。

相关标准：GB/T 7705－2008《平版装潢印刷品》

GB 12904－2008《商品条码　零售商品编码与条码表示》

GB/T 14257－2009《商品条码　条码符号放置指南》

GB/T 18348－2008《条码符号印制质量的检验》

检测仪器、工具及方法：

（1）同色密度偏差的检测。使用符合ISO14981的反射密度计检测。方法如下：

第一步测量。将试样按要求加底衬平放于检测台上，用反射密度计测量，其中小面积（135 mm×195 mm及以下）测5点，位置四周及中间各一点；大面积（135mm×195 mm以上）测10点，位置四周及中间各二点。第二步代入公式计算。

$$D_S = \sqrt{\frac{\sum_{i=1}^{n}(\overline{D} - D_i)^2}{n-1}}$$

公式中：

$D_S$—同色密度偏差；

$\overline{D}$－$n$次同色密度的平均值；

$D_i$－第i次所测的同色密度；

$n$－所测的次数。

计算出每件试样的偏差值，取其最大值为该试样的偏差值。如果试品是两面印刷品即正反面都印有图文时，采用颜色均匀的黑纸做底衬；单面印刷时，用白纸做底衬。同批试样所用底衬应一致。

（2）同批同色色差的检测。使用符合ISO13655的分光光度计（色差仪）检测。方法如下：

第一步，在试样中选一张为基准样张，用分光光度计先测出其CIE$L^*a^*b^*$①均匀色空间的$L^*a^*b^*$值；第二步，分别测出其余试样与基准样张同色同部位的色差；第三步，比较试样各色同批同色色差，以最大值作为该试样的同批同色色差。

（3）墨层光泽度的检测。使用符合ISO15994的光泽度仪，入射角为60°。方法如下：

取平整、无折皱的试样，用光泽度仪分别对试样不同色层表面进行测量，面积≤

① 注：CIE $L^*$、$a^*$、$b^*$色空间是1976年由国际照明委员会（CIE）推荐的均匀颜色空间，该空间是三维直角坐标系统。$L^*$为明度指数，$a^*$、$b^*$为彩度指数，$\Delta E_{ab}{}^*$为色差。

$100cm^2$ 的色层面上测 3 点，面积 > $100cm^2$ 的色层面上测 5 点，如果每个试样每种色泽度测量结果差值 >5 个光泽度单位时，应增加一倍测量点。然后，计算试样各点同色光泽度的平均值作为该试样该色的墨层光泽度。

（4）墨层耐磨性的检测。使用摩擦试验机和反射密度计检测。方法见 GB/T 7705－2008《平版装潢印刷品》6.8 的规定。

（5）亮调网点再现百分率的检测。使用精度为 0.01mm 的 20～50 倍放大镜检测。方法如下：

第一步，将成品试样平置于检测台上，用放大镜对试样上的测控条（符合 GB/T 18720《印刷技术印刷测控条的应用》）中各色由 6 个小方格（0.5%、1%、2%、3%、4%、5%）组成的亮调小网点再现率测试块进行目测鉴定，从大到小，以能见到一小方格内的网点出齐（全）为该试样各色亮调小网点再现率。第二步，取试样检测的各色亮调小网点再现率与本标准的指标值进行比对，判定是否符合。黄色的表现力在 CMYK 中是最弱的，检测黄（Y）色的小网点再现率时需特别仔细。

（6）50% 网点增大值的检测。使用反射密度计检测。方法 GB/T 7705－2008《平版装潢印刷品》6.10.2 的规定。需注意的是 GB/T 7705－2008 里的网点增大值指的是方形网点。

（7）套印误差的检测。使用精度为 0.01mm 的 20 倍读数放大镜检测。方法如下：先将试样放在标准观样光源下，用放大镜分别测量试样主要部位和次要部位任二色间的套印误差各 3 点，分别取其最大值，作为该试样主要部位和次要部位的套印误差。然后将试样检测的套印误差最大值与标准要求的值进行比对，判定是否符合。

（8）条码印刷质量的检测。使用符合 GB/T 18348－2008《商品条码　条码符号印制质量的检验》规定的条码检测仪检测。

（9）成品图案位置偏差（有对称要求）的检测。使用精度为 0.01mm 的 20 倍读数放大镜检测。

## 步骤四：检测覆膜

覆膜的分类根据工艺不同可分为即涂膜和预涂膜，也有分幅覆膜和开窗覆膜；根据覆膜材料的光泽度分为亮光膜和亚光膜。其中，即涂膜工艺因质量不稳定，不环保，不易回收，易起火等缺点，在发达国家已禁用，我国也在逐步减少即涂膜的使用。而预涂膜因工艺简单，质量稳定，较为环保等优点得到更多的运用。总体上，覆膜产品整体也在减少，更多被上光工艺取代。

检测项一：外观

标准要求：

（1）GB/T 7705－2008《平版装潢印刷品》的规定：精细产品覆膜粘结完整、牢固，覆膜面干净、平整，光洁度好，不变色，无皱折、起泡；一般产品覆膜粘结应完整、牢固，覆膜面基本干净、平整，无明显皱折、起泡等。

（2）GB/T 27934.1－2011《纸质印刷品覆膜过程控制及检测方法　第 1 部分：基本要求》的规定：图文清晰、表面干净、平整、无明显卷曲；无褶皱、划伤、脱膜、亏膜、起泡。

检测项二：色差

标准要求：

覆膜后四色实地油墨的 CIE$L^*a^*b^*\Delta E_{ab}^*$色差值。亮光膜：黑≤3，品红≤3，青≤3，黄≤3；亚光膜：黑≤10，品红≤7，青≤7，黄≤7。

检测项三：粘接强度

标准要求：

（1）当薄膜与印刷品剥离时，油墨大部或全部转移到薄膜胶面上。

（2）覆膜产品粘接强度符合印后加工要求。

相关标准：GB/T 7705－2008《平版装潢印刷品》

GB/T 27934.1－2011《纸质印刷品覆膜过程控制及检测方法第 1 部分：基本要求》

检测仪器和方法：外观和粘接强度用目测法，色差用分光光度计（色差仪）检测。

## 步骤五：检测上光、压光

上光和压光。上光指在印品表面涂布一层无色透明的涂料，经流平、干燥后在印刷品表面形成薄而匀的透明光亮层的印后加工工艺。其中 UV 上光是上光的一种，指利用紫外线照射引发 UV 光油的瞬间光化学反应，在印刷品表面形成具有网状化学结构的亮光涂层。压光指在印刷品上涂布底胶后再上压光涂料，待干燥后再通过压光机上的不锈钢光带热压、过光、冷却、剥离，使印品表面的膜层产生镜面的高光泽效果的工艺。

上光是继覆膜后发展起来的又一种装饰和保护印刷品的印后加工工艺。优点较多：1. 上光后纸张不会卷曲上翘；2. 上光后的纸印刷品可生物降解，不会产生塑料薄膜那样的二次污染；3. 能联机上光，在凹印机、胶印机和柔性版印刷版上增加上光装置后，可进行连线操作，提高加工精度和速度；4. 局部上光也增强商品需传递的信息。随着国家对绿色印刷的大力推行，环保型 UV 上光和水性上光受到越来越多的青睐。

关于平版装潢印刷品上光的标准有：GB/T 7705－2008《平版装潢印刷品》、GB/T 30671－2014《纸质印刷品紫外线固化光油上光过程控制要求及检验方法》、CY/T 17－1995《印后加工纸基印刷品上光质量要求及检验方法》。经综合比对之后认为 GB/T 30671－2014 比 CY/T 17－1995 的规定更适用、更全面和更规范。以下的标准要求就按 GB/T 30671－2014 和 GB/T 7705－2008 的规定列举。

此外，上光、压光的效果与原材料、设备、和工艺关系紧密，GB/T 30671－2014 也作了规定，详见表 7－1。

检测项：成品质量外观

标准要求：

（1）外观。

①GB/T 7705－2008 的规定：精细产品上光涂层涂布均匀，无气泡、条痕、起皱等，上光膜两侧亮度一致且光泽好，压光表面光亮度一致，且有高光泽；一般产品上光涂层涂布应基本均匀，表面允许有少量的可接受的细小气泡，但不可有条痕、起皱等，上光膜面两侧亮度应基本一致，光泽好，压光表面光亮度基本一致，应有较高光泽。

②GB/T 30671－2014 的规定：干净、平整、光滑、无明显的外观缺陷。

（2）光泽度。同一批次印品相同部位的光泽度差别应不大于 10GU（一般光泽度 75GU 以上为高光，光泽度 30GU 以下为亚光，光泽度在 30～75GU 之间为半亚光）

（3）UV 光油与印刷品的结合牢度。大于等于 90%。

（4）上光后耐磨性。

①UV 光油，$A_s \geqslant 70\%$；水性光油 $A_s \geqslant 40\%$。

②摩擦 50 次以上，无明显划痕或摩擦 300 次，无油墨转移，适合任一项耐磨性为合格。

（5）爆线。指的是压、折痕处出现破损的现象。上光、压光后的印面不应有宽度≤0.2mm，长度≤1mm 的裂痕；每 10cm 长度内，宽度＞0.2mm，长度＞1mm 的裂痕不超 6 个。

（6）色差。UV 上光后四色实地油墨及纸张空白位的 CIELAB$\Delta E_{ab}^*$ 黄≤3.5；品红≤3.5；青≤3；黑≤3；空白位≤2。

（7）光油套准。参照国内某大型烟企的规定，光油套印误差≤0.3mm。

相关标准：GB/T 7705－2008《平版装潢印刷品》

GB/T 30671－2014《纸质印刷品紫外线固化光油上光过程控制要求及检验方法》

检测仪器、工具和方法：

（1）外观检测。用目测法。

（2）光泽度检测。使用光泽度仪。

（3）UV 光油与印刷品的结合牢度检测。使用胶带压滚机和圆盘剥离试验机或将胶带粘贴于测试面，胶带与测试面间应贴紧无气泡，以 45 度角快速撕下；观察其上光是否良好，无脱落且牢固。

（4）上光后耐磨性的检测。使用摩擦实验机和反射密度计检测；检测方法见 GB/T 7705－2008《平版装潢印刷品》6.8 的规定。

（5）爆线的检测。压线痕后正折 180°一次，使用精度为 0.02mm 的刻度放大镜进行检测。

（6）色差的检测。用分光光度计（色差仪）检测。

（7）光油套准检测。使用精度为 0.01mm 的 20 倍读数放大镜检测。

## 步骤六：压凹凸

压凹凸指的是用模具将凹凸图案或纹理压到印品上的工艺。压凹凸是利用一对凹凸版将印刷品压出浮雕状图文的加工方法。经过压凹凸的印刷品，图案像浮雕一样有立体感，艺术效果好，大大提升了包装产品的附加值。

压凹凸的基材指的是在其上产生凹凸效果的材料，即纸质表面或上过光的纸质材料。基材要求虽不属成品检测范围，但直接影响到压凹凸等后加工的效果，本书将其归入了检测项。

检测项一：外观

标准要求：

精细产品凹凸印轮廓清晰、均匀，纸张纤维无断裂；一般产品凹凸印轮廓基本清晰、均匀，纸张纤维应无断裂；同一印品上有多个压凹凸图文或同批产品压凹凸的效果应无明显差异。

检测项二：套准误差

标准要求：小于等于0.3mm。

检测项三：基材要求

标准要求：标准的规定是表面平整清洁，无脏点瑕疵；表面张力≥$3.6\times10^{-2}$N/m。

检测项四：压凹凸效果

标准要求：同一印品上有多个压凹凸图文或同批产品压凹凸的效果应无明显差异。

相关标准：GB/T 7705－2008《平版装潢印刷品》

CY/T 60－2009《纸质印刷品烫印与压凹凸过程控制及检测方法》

检测仪器、工具和方法：

（1）外观的检测：用目测法，在标准光源下，按照抽样规则抽取多个样品，观察并比较其压凹凸效果。

（2）套准的检测：精度为0.01mm的20倍读数放大镜，在标准光源下，分别检测印刷品与压凹凸图案之间各三点的套印误差，取平均值即可。

（3）基材的检测：定性指标目测，表面张力测试方法如下：

原理：用一系列表面张力逐渐增加的混合溶液涂覆于薄膜表面，直至混合溶液恰好使薄膜表面润湿，此时该混合液的表面张力就近似地作为试样的表面润湿张力。

仪器：一个可涂覆12μm液膜的线锭，或者是可以提供相同测试结果的棉签；棕色玻璃滴瓶。

试验混合溶液：测量润湿张力所用的试验混合溶液是由试剂级的乙二醇乙醚（溶纤剂）、甲酰胺、甲醇和水混合。试验混合溶液应贮存在棕色玻璃滴瓶中，如果保存得当，混合溶液随时间的变化很小。如果经常使用，混合溶液需要在3个月后重新配制。

制样：试样的两个表面是互相接触的（通常正面接触反面）。当取样时，应小心地使被测表面不接触到其他物品。在实际试验中，将样品取下后应立即开始试验。一般样品尺寸为10cm×10cm。

试验环境：温度（23±2）℃、相对湿度（50±15）%。

试验步骤：

①将被测样品置于涂覆工具的平板上，在线锭前面将几滴测试混合溶液置于薄膜上，然后用锭使之迅速分散。如果用棉签来分散混合溶液，液体应迅速涂膜/片至少6cm$^2$，混合溶液的用量应使之成为一液体薄膜而无积液存在。在灯光下观察混合溶液所形成的液体薄膜，并记录下液体薄膜从连续状态分散至小液滴的时间。如果液体薄膜持续的时间超过2秒，则用更大表面张力的混合溶液在一个新的样品上重复试验，直至液体薄膜持续的时间接近2秒。如果液体薄膜持续少于2秒，则用更低表面张力的溶液来试验使之可以接近2秒。

②用试样表面润湿最接近2秒的混合溶液至少测定3次，该混合溶液的表面张力即被作为试样的润湿张力。

（4）压凹凸效果检测方法：目测。

## 步骤七：检测烫印

烫印指的是在纸张、纸板、纸品、涂布类等物品上，通过烫模将烫印材料转移在被烫物上的加工工艺。烫印工艺的印版图文不是直接印在承印物上，而是先印在中间体热转移纸上，再由中间体在加热、加压的条件下将图文转移到承印物上。

烫印基材指的是承载烫印转移材料的材料，即纸质表面或上过光的纸质材料。如果基材表面清洁度、平整度较差，容易造成烫印压力不均匀或者是烫印材料与基材无法实现良好接触而导致烫印图文模糊不清或烫印材料容易脱落的现象。对于上光工艺的纸质材料来说，表面张力也有要求，否则烫印材料无法牢固地转移到基材表面。

烫印材料有电化铝烫印箔、颜料箔、普通烫印箔、镭射烫印箔、水松纸烫印箔等。最常见的是电化铝烫印箔。

烫印结合牢度指的烫印材料经过印后加工环节后，应该牢固地附着在纸质印刷品上，以满足其表面整饰的作用。而由于加工环节各个要素的影响，对烫印材料附着在纸质基材上的能力有一定影响，从而使烫印材料在印刷产品生命周期内出现剥落现象而影响产品的美观。

检测项一：外观

标准要求：

（1）GB/T 7705－2008 的规定：精细产品光亮、清晰、牢固、平实，无虚烫、糊版、脏版和砂眼、不发毛、无缺笔断划，表面光亮；一般产品：完整清晰、牢固、平实，无明显虚烫、糊版、脏版，无明显残缺，表面光亮度无明显差异。

（2）CY/T 60－2009 的规定：烫印表面平实，图文完整清晰，无色变、漏烫、糊版、爆裂、气泡。

检测项二：基材要求

标准要求：表面平整清洁，无脏点瑕疵；表面张力$\geqslant 3.6\times10^{-2}$N/m。

检测项三：烫印材料

标准要求：烫印材料表面干净平整，无皱折；同批同色色差$\Delta E_{ab}{}^{*}\leqslant 1.5$。

检测项四：套印误差

标准要求：烫印图文与印刷图文的套准允差≤0.3mm。

检测项五：同批同色色差

标准要求：$\Delta E_{ab}{}^{*}\leqslant 3$。

检测项六：结合牢度

标准要求：大于等于90%。

相关标准：GB/T 7705－2008《平版装潢印刷品》

CY/T 60－2009《纸质印刷品烫印与压凹凸过程控制及检测方法》

检测方法：

（1）外观的检测。用目测法。

（2）基材的检测。外观用目测法，表面张力的检测见本节相关内容。

（3）烫印材料的检测。外观用目测法，色差用分光光度计（色差仪）检测。

（4）套印误差的检测。在标准光源下，用精度为0.01mm 的20 倍读数放大镜分别检

测印刷品与烫印图案之间各三点的套印误差，取平均值即可。

(5) 同批同色色差的检测。用分光光度计（色差仪）检测。

(6) 结合牢度的检测。可参照墨层结合牢度的检测方法检测，使用胶带压滚机和圆盘剥离试验机，方法参见 GB/T 7705－2008 的规定。

## 步骤八：检测模切、压痕

模切是用模具将印品切成所需形状的工艺。压痕是用模具在印品上压出线痕的工艺。许多印刷品，如商标、瓶贴、标签等，它们的边缘常采用弧线或圆角。容器类印刷品则因其形状复杂需轧折、切线才能便于成型。因此，普通切纸机无法切出，必须进行模切和压痕加工。模切与压痕是容器类印刷品的印后加工工艺，特别是纸盒类印刷品最常用。纸盒的成型加工一般是把模切用的钢刀和压痕用的钢线嵌排在同一块版面上，使模切与压痕作业一次完成（见图7－1）。

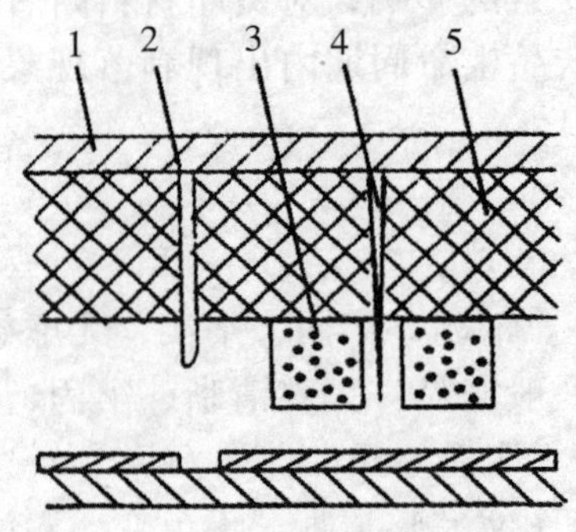


(a) 脱开状态

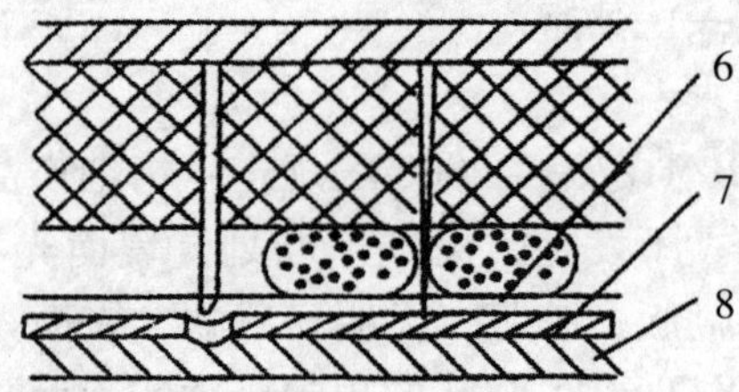


(b) 压合状态

1－版台　2－钢线　3－泡沫胶条　4－钢刀　5－木板　6－纸制品　7－垫版　8－压板

**图7－1　模切压痕工作原理**

经过模切、压痕加工，印刷品才能从平面的纸张变成结构新颖、折叠挺括、可以包装商品的容器，见图7－2。

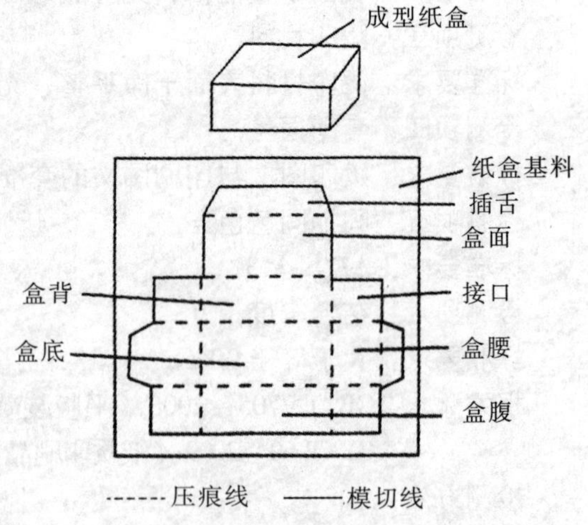


**图7－2　纸盒成型、结构示意图**

折叠反弹力也叫压痕挺度，指的是纸或纸板的折叠时的压痕力，即 90 度折痕的反弹力（见图7－3）。折叠反弹力是检验压痕质量的一个重要的因素。它是影响纸盒上机适应性的一个重要指标，其值过大，易使折痕开裂，造成纸张破损；其值过小，易造成压线不成型，使不合格品增多。这个力的大小视模切印刷品的不同而不同，具体大小根据其后续成型及其加工要求而定。有些印厂将折叠反弹力归为纵向和横向力，并根据不同的产品制定不同的指标。

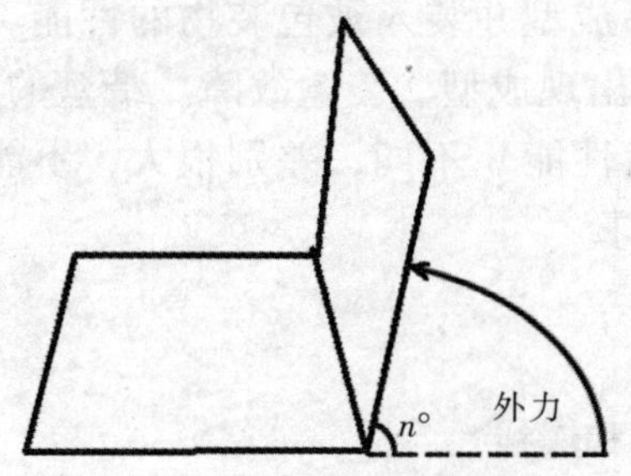


a）施加外力，使纸板折叠 n°

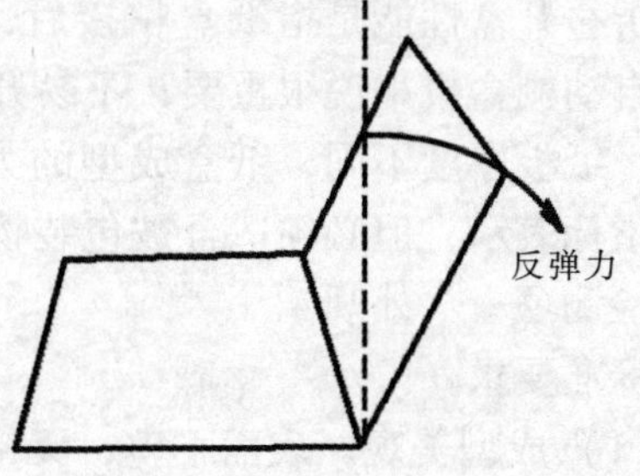


b）停止施加外力后，纸板受自身作用反镜

**图 7－3　折叠反弹力测试示意图**

此外，模切版制作要求与模切、压痕的效果密切相关，CY/T 59－2009 也作了规定，详见表 7－1。

检测项一：外观

标准要求：切口光滑、痕线饱满，无污渍、毛边、粘连和爆线，无明显压印痕迹。

检测项二：模切刀版与纸张的套准允差

标准要求：允差 ±0.5mm。

检测项三：折叠反弹力

标准要求：折叠反弹力符合后续加工及使用要求。

检测项四：压痕总体要求

标准要求：压痕宽度与纸张克重成正比。根据纸张克重确定压痕宽度，最终确保成型美观、压痕清晰、无暗线、炸线，折叠时压痕处不开裂；压痕深浅和宽度适中。

相关标准：CY/T 59－2009《纸质印刷品模切过程控制及检测方法》

检测方法：目测法。

（1）外观的检测。目测法。

（2）模切刀版与纸张的套准允差的检测。用精度为 0.01mm 的 20 倍读数放大镜检测。

（3）折叠反弹力的检测。将试样沿着压痕线 180°或者 90°，然后撤销施加的力，使试样沿着压痕线恢复到原来的状态。也可使用压痕挺度仪检测。

（4）压痕总体要求的检测。目测法。

## 步骤九：粘合

粘合也叫糊盒加工，是将经过模切、压痕加工的盒坯印刷品制成盒子的工艺过程。粘合是各种包装纸盒最后成型的一个非常重要的加工工序。

粘合偏差包括成型偏差、折叠偏差和压合位置差。粘合时，粘接部位上下盒片折叠时要对齐，不能错开，以确保成型美观；不同厚度纸板的偏差尺寸不同，一般折叠偏差不大于纸板厚度的 1.5 倍；压合位置要准确，确保粘接部位上下盒片已被黏合剂粘牢。

粘口是指制盒盒片粘接部位。纸盒为覆膜或上光产品时，表面张力较低，黏合剂不能很好地铺展和附合，不易粘接，所以标准要求粘接部位表面张力达到 $\geqslant 3.6 \times 10^{-2}$ N/m，以保证粘接强度。纸盒为普通纸板时，则不存在这个问题，因为普通纸板的表面张力远大于 $\geqslant 3.6 \times 10^{-2}$ N/m。

折叠开盒性能是指纸盒粘接后，在包装机上容易成型并装入被包装物的性能。对上高速自动糊盒机来说很重要，不易开盒的折叠纸盒会出现成型、装盒故障。纸盒的盒型、大小、纸板厚度不同，纸盒成型的力（折叠纸盒开盒性能）不同，差别很大，不能用固定的指标表示，但必须适合被包装物和包装设备的要求。

检测项一：外观

标准要求：

（1）成型美观，表面平整，无褶皱、擦痕、污渍和爆线。

（2）折叠偏差不大于纸板厚度的1.5倍。

（3）压合位置准确。

检测项二：粘口

标准要求：

（1）粘口的粘接部位表面张力≥$3.6\times10^{-2}$N/m。

（2）粘接部位涂层附着牢固（涂层主要指上光油和油墨）。

（3）涂胶位置准确，粘接牢固，涂布均匀，不溢胶。

检测项三：粘接强度

标准要求：

（1）粘接强度≥2.67N/m。

（2）黏合剂固化后揭开粘接部位，纸板纤维破损的面积不小于涂布黏合剂面积的50%，并且破损面分布均匀。

检测项四：开盒性能

标准要求：适合包装设备和被包装物的要求，容易成型，并且平整。

相关标准：CY/T 61－2009《纸质印刷品制盒过程控制及检测方法》

检测方法：

（1）外观的检测。用目测法和分度值为0.01mm标准量具。

（2）粘口的检测。粘口外观用目测法，表面张力的检测方法见本节相关内容。

（3）粘接强度的检测。使用电子拉力试验机检测，方法见CY/T 61－2009《纸质印刷品制盒过程控制及检测方法》6.3或直接用手撕开粘接部位，观察粘接位置的破损面。

（4）开盒性能的检测。靠生产实践来验证，具体看上自动糊盒机后是否顺畅。

平版包装装潢印刷品的检测流程详见表7－1。

**表7-1 平版包装装潢印刷品检测流程表**

| 检测步骤 | 检测部位 | 检测项 | 指标 | | | 标准编号 | 检测方法、工具或仪器 |
|---|---|---|---|---|---|---|---|
| | | | 定量指标 | | 定性 | | |
| | | | 精细产品 | 一般产品 | | | |
| 1 | 外观 | 脏污和气泡点 | 主要部位无直径＞0.3mm的脏污（墨皮、纸毛等），直径≤0.3mm的脏污（墨皮、纸毛）不超过2处；次要部位无直径＞1mm的脏污（墨皮、纸毛），直径≤1mm的脏污（墨皮、纸毛）不超3处 | 主要部位无直径＞1.5mm的脏污（墨皮、纸毛等），直径≤1.5mm的脏污（墨皮、纸毛）不超过2处；次要部位无直径＞2mm的脏污（墨皮、纸毛），直径≤2mm的脏污（墨皮、纸毛）不超5处 | 成品应整洁 | GB/T7705-2008 | 目测<br>精度为0.01mm的20倍读数放大镜 |
| | | 图文清晰度 | 小于5.5p（7号）的字应不影响认读 | 小于5.5p（7号）的字应不影响认读 | 图文印刷应清晰完整，层次清楚，网点清晰无变形、残缺和花糊版 | GB/T7705-2008 | 目测 |
| | | 破损和划痕 | | | 无破损、划伤、划痕和破损 | GB/T7705-2008 | 目测 |
| | | 总体要求 | | | ①墨色鲜艳、深浅程度均匀，墨层厚实、具有光泽；<br>②网点清晰、均匀、光洁，无变形残缺和花糊版，色调层次清晰，过渡平滑；<br>③色相符合印样要求；<br>④文字清晰、小号字不影响认读；<br>⑤印面整洁，无褶皱、油迹、脏污等。 | GB/T7705-2008 | 目测 |

续表

| 检测步骤 | 检测部位 | 检测项 | | 指标 | | | 标准编号 | 检测方法、工具或仪器 |
|---|---|---|---|---|---|---|---|---|
| | | | | 定量指标 | | 定性 | | |
| | | | | 精细产品 | 一般产品 | | | |
| 2 | 成品尺寸偏差 | 裁切偏差 | 390mm×543mm及以下 | ±0.5mm | ±1.0mm | | GB/T7705-2008 | 精度为0.02mm的游标卡尺 |
| | | | 390mm×543mm以上 | ±1.0mm | ±1.5mm | | | |
| | | 模切偏差 | 135mm×195mm及以下 | ±0.4mm | ±0.5mm | | GB/T7705-2008 | 精度为0.02mm的游标卡尺 |
| | | | 135mm×195mm以上 | ±0.8mm | ±1.0mm | | | |
| 3 | 印刷 | 实地 | 同色密度偏差 | $D_S \leqslant 0.05$ | $D_S \leqslant 0.07$ | | GB/T7705-2008 | 反射密度计 |
| | | | 同批同色色差 | 当$L^* > 50.00$时，$\Delta E_{ab}^* \leqslant 4.00$，当$L^* \leqslant 50.00$时，$\Delta E \leqslant 3.00$ | 当$L^* > 50.00$时，$\Delta E \leqslant 6.00$，当$L^* \leqslant 50.00$时，$\Delta E_{ab}^* \leqslant 5.00$ | | | |
| | | | 墨层光泽度 | $G_S(60°) \geqslant 30\%$ | | | | 光泽度仪 |
| | | | 墨层耐磨性 | $A_S \geqslant 40\%$ | | | | 摩擦试验机和反射密度计 |
| | | 网点 | 亮调网点再现百分率 | ≤3% | ≤5% | | GB/T7705-2008 | 反射密度计、20倍～50倍放大镜 |
| | | | 50%网点增大值 | ≤15% | ≤20% | | GB/T7705-2008 | |
| | | 套印误差 | | 主要部位≤0.1mm<br>次要部位≤0.20mm | 主要部位≤0.2mm<br>次要部位≤0.25mm | | GB/T7705-2008 | 精度为0.01mm的20倍读数放大镜 |
| | | 条码印刷质量 | | 符号等级≥1.5 | | | | 条码检测仪，检测方法见本书第九章 |

续表

| 检测步骤 | 检测部位 | 检测项 | | 指标 | | | 标准编号 | 检测方法、工具或仪器 |
|---|---|---|---|---|---|---|---|---|
| | | | | 定量指标 | | 定性 | | |
| | | | | 精细产品 | 一般产品 | | | |
| 3 | 印刷 | 成品图案位置偏差（有对称要求） | 135mm×195mm及以下 | ±0.4mm | ±0.5mm | | GB/T7705-2008 | 精度为0.01mm的20倍读数放大镜测量 |
| | | | | ±0.8mm | ±1.0mm | | GB/T7705-2008 | |
| 4 | 覆膜 | 外观 | | | | 精细产品覆膜粘结完整、牢固，覆膜面干净、平整，光洁度好，不变色，无皱折、起泡；一般产品覆膜粘结应完整、牢固，覆膜面基本干净、平整，无明显皱折、起泡等 | GB/T7705-2008 | 目测<br>精度为0.01mm的20倍读数放大镜 |
| | | 色差 | 覆膜后四色实地油墨的CIE$L^*a^*b^*$ $\Delta E_{ab}^*$色差值 | 亮光膜：黑≤3，品红≤3，青≤3，黄≤3<br>亚光膜：黑≤10，品红≤7，青≤7，黄≤7 | | | GB/T27934.1-2011 | 分光光度计 |
| | | 胶黏剂环保要求* | | 胶黏剂内苯、甲苯、二甲苯的总含量应小于1000mg/kg,其中苯的含量应小于100mg/kg；胶黏剂内卤代烃的含量应小于1000mg/kg | | | GB/T27934.1-2011 | 气相色谱—质谱联用法 |
| | | 粘结强度 | | 1.当薄膜与印刷品剥离时，油墨大部或全部转移到薄膜胶面上；2.覆膜产品粘结强度符合印后加工要求 | | | GB/T27934.1-2011 | 目测 |
| 5 | 上光、压光 | 外观 | | | | 精细产品上光涂层涂布均匀，无气泡、条痕、起皱等，上光膜两侧亮度一致、且光泽好，压光表面光亮度一致，且有高光泽；一般产品上光涂层涂布应基本均匀，表面允许有少量的可接受的细小气泡，但不可有条痕、起皱等，上光膜面两侧亮度应基本一致，光泽好，压光表面光亮度基本一致，应有较高光泽 | GB/T7705-2008 | 目测 |

续表

| 检测步骤 | 检测部位 | 检测项 | | | 指标 | | | 标准编号 | 检测方法、工具或仪器 |
|---|---|---|---|---|---|---|---|---|---|
| | | | | | 定量指标 | | 定性 | | |
| | | | | | 精细产品 | 一般产品 | | | |
| 5 | 上光、压光 | 原材料要求* | UV光油 | 黏度允差 | 相同型号允差为±10% | | | GB/T30671-2014 | 使用涂-4杯并按GB/T1723-1993《涂料粘度测定法》中黏度杯法的要求检测 |
| | | | | 最低固化能量 | 最低固化能量≤80mJ/cm$^2$ | | | GB/T30671-2014 | 调整固化设备输出能量为80mJ/cm2后，再对UV光油的最低固化能量进行检测 |
| | | | | 固化波长 | 280～420nm | | | GB/T30671-2014 | |
| | | | | 挥发性有机化合物$VOC_S$ | ≤20g/kg | | | GB/T30671-2014 | 按照GB/T23986-2009《色漆和清漆挥发性有机化合物（voc）含量的测定 气相色谱法》中规定 |
| | | | | 苯类溶剂限量 | A类（适用于烟包等要求严格的产品）：苯≤1mg/kg;甲苯、已苯和二甲苯总和≤100mg/kg | B类（适用于一般产品）：苯≤100mg/kg;甲苯、已苯和二甲苯总和≤2000mg/kg | | GB/T30671-2014 | 按照GB24613-2009《玩具用涂料中有害物质限量》的规定检测 |
| | | | | 重金属、邻苯二甲酸酯类物质限量 | 应符合GB24613《玩具用涂料中有害物质限量 》 | | | GB/T30671-2014 | |

续表

| 检测步骤 | 检测部位 | 检测项 | | | 指标 | | | 标准编号 | 检测方法、工具或仪器 |
|---|---|---|---|---|---|---|---|---|---|
| | | | | | 定量指标 | | 定性 | | |
| | | | | | 精细产品 | 一般产品 | | | |
| 5 | 上光、压光 | 原材料要求* | 底油 | 黏度允差 | 相同型号允差为±10% | | | GB/T30671-2014 | 使用涂−4杯并按GB/T1723-1993《涂料粘度测定法》中黏度杯法的要求检测 |
| | | | | 涂布适性 | | | 良好的涂布适性，能在印刷品表面形成一层均匀、连续的底油层 | GB/T30671-2014 | 目测 |
| | | | | 结合牢度 | | | 与纸张表面和UV光油均具有良好的结合牢度 | GB/T30671-2014 | 胶带压滚机和圆盘剥离试验机 |
| | | | | 挥发性有机化合物 $VOC_S$ | ≤500g/kg | | | GB/T30671-2014 | 气相色谱—质谱联用法、原子吸收光谱仪 |
| | | | | 重金属、邻苯二甲酸酯类物质 | | | 应符合GB24613《玩具用涂料中有害物质限量 》 | GB/T30671-2014 | |
| | | | 上光前纸质印刷品状态 | | 纸质印刷品油墨的表面张力≥38mN/m | | 纸张在印刷完成后，上光前的状态应是：表面平整、清洁；油墨已充分干燥； | GB/T30671-2014 | 表面张力检测方法见本节步骤六的相关内容 |
| | | 设备要求 | 紫外线灯 | | ①功率≥80W/cm；②发射能量≥80mJ/cm²；③发射的主波长在280～420nm之间 | | | GB/T30671-2014 | |

续表

| 检测步骤 | 检测部位 | 检测项 | | 指标 | | | 标准编号 | 检测方法、工具或仪器 |
|---|---|---|---|---|---|---|---|---|
| | | | | 定量指标 | | 定性 | | |
| | | | | 精细产品 | 一般产品 | | | |
| 5 | 上光、压光 | 设备要求* | 紫外灯箱 | 保证印刷品上光后温度在60℃以下 | | 应有冷却等辅助功能，保证灯管正常工作 | GB/T30671-2014 | 印刷品温度用红外测温计； |
| | | | 油槽 | | | 油槽具有搅拌、加热、过滤功能，并应加盖。 | GB/T30671-2014 | |
| | | 工艺要求* | 上光环境 | 温度（23±7）℃；相对湿度（60±20）% | | 洁净、避阳光、通风 | GB/T30671-2014 | |
| | | | 上光准备 | 底油、UV光油与纸质印刷品在上光环境中至少放置4h，使之与上光环境温湿度适应后再上光 | | | GB/T30671-2014 | |
| | | | 固化能量 | 印刷品表面吸收紫外线能量不小于80mJ/cm² | | | GB/T30671-2014 | 调整固化设备输出能量为80mJ/cm²后，再对UV光油的最低固化能量进行检测 |
| | | | UV光油涂布量 | 3～6g/m² | | ①根据不同的纸质设定涂布量，纸质越疏松涂布量越大；②同批次产品布量应均匀一致 | GB/T30671-2014 | 用定量的UV光油重量除以UV上光的总面积得出涂布量，单位为克每平方米 |
| | | | 操作要求 | | | ①纸质印刷品上光前应除粉、压平起平坐；②输纸正确，避免歪斜；③UV光油应避光，温度保持在23℃～50℃。 | GB/T30671-2014 | |
| | | 成品质量要求 | 外观 | | | 表述一：精细产品上光涂层涂布均匀，无气泡、条痕、起皱等，上光膜两侧亮度一致、且光泽好，压光表面光亮度一致，且有高光泽； | GB/T7705-2008<br>GB/T30671-2014 | 目测 |

续表

| 检测步骤 | 检测部位 | 检测项 | | 指标 | | | 标准编号 | 检测方法、工具或仪器 |
|---|---|---|---|---|---|---|---|---|
| | | | | 定量指标 | | 定性 | | |
| | | | | 精细产品 | 一般产品 | | | |
| 5 | 上光、压光 | 成品质量要求 | 外观 | | | 一般产品上光涂层涂布应基本均匀，表面允许有少量的可接受的细小气泡，但不可有条痕、起皱等，上光膜面两侧亮度应基本一致，光泽好，压光表面光亮度基本一致，应有较高光泽；表述二：干净、平整、光滑、无明显的外观缺陷。 | | 目测 |
| | | | 光泽度 | | | 同一批次印品相同部位的光泽度差别应不大于10GU① | GB/T30671-2014 | 光泽度仪 |
| | | | UV光油与印刷品的结合牢度 | $A \geqslant 90\%$ | | | GB/T30671-2014 | 胶带压滚机和圆盘剥离试验机 |
| | | | 耐磨性 | UV光油，$A_S \geqslant 70\%$；水性光油$A_S \geqslant 40\%$ | | 摩擦50次以上，无明显划痕或摩擦300次，无油墨转移，适合任一项耐磨性为合格 | GB/T30671-2014<br>GB/T7705-2008 | 摩擦实验机和反射密度计 |
| | | | 爆线 | ①不应有宽度≤0.2mm，长度≤1mm的裂痕；<br>②每10cm长度内，宽度＞0.2mm，长度＞1mm的裂痕不超6个 | | | GB/T30671-2014 | 精度为0.02mm的刻度放大镜 |
| | | 色差 | UV上光后四色实地油墨及纸张空白位的CIELAB $\Delta E_{ab}^{*}$ | 黄≤3.5；品红≤3.5；青≤3.0；黑≤3.0；空白位≤2.0 | | | GB/T30671-2014 | 分光光度计 |

①注：一般光泽度75GU以上为高光，光泽度30GU以下为亚光，光泽度在30～75GU之间为半亚光

续表

| 检测步骤 | 检测部位 | 检测项 | 指标 | | | 标准编号 | 检测方法、工具或仪器 |
|---|---|---|---|---|---|---|---|
| | | | 定量指标 | | 定性 | | |
| | | | 精细产品 | 一般产品 | | | |
| | | 套准 | 光油套准误差≤0.3mm | | | 参考自烟草行业标准 | 精度为0.02mm的刻度放大镜 |
| 6 | 压凹凸 | 外观 | | | 精细产品凹凸印轮廓清晰、均匀，纸张纤维无断裂；一般产品凹凸印轮廓基本清晰、均匀，纸张纤维应无断裂；同一印品上有多个压凹凸图文或同批产品压凹凸的效果应无明显差异 | GB/T7705-2008 | 目测 |
| | | 基材要求 | 表面张力≥$3.6\times10^{-2}$N/m | | 表面平整清洁，无脏点瑕疵 | CY/T60-2009 | 检测方法见本章第二节相关内容 |
| | | 套准误差 | ≤0.3mm | | | CY/T60-2009 | 精度为0.01mm的20倍读数放大镜 |
| | | 凹凸效果 | | | 同一印品上有多个压凹凸图文或同批产品压凹凸的效果应无明显差异 | CY/T60-2009 | 目测 |
| 7 | 烫印 | 外观 | | | 精细产品：光亮、清晰、牢固、平实，无虚烫、糊版、脏版和砂眼、不发毛、无缺笔断划；一般产品：完整清晰、牢固、平实，无明显虚烫、糊版、脏版，无明显残缺，表面光亮度无明显差异。 | GB/T7705-2008 | 目测<br>精度为0.01mm的20倍读数放大镜 |
| | | | | | 烫印表面平实，图文完整清晰，无色变、漏烫、糊版、爆裂、气泡 | CY/T60-2009 | 目测<br>精度为0.01mm的20倍读数放大镜 |
| | | 基材要求 | 表面张力≥$3.6\times10^{-2}$N/m | | 表面平整清洁，无脏点瑕疵 | CY/T60-2009 | 检测方法见本章第二节相关内容 |

续表

| 检测步骤 | 检测部位 | 检测项 | | 指标：定量指标：精细产品 | 指标：定量指标：一般产品 | 指标：定性 | 标准编号 | 检测方法、工具或仪器 |
|---|---|---|---|---|---|---|---|---|
| 7 | 烫印 | 烫印材料色差 | | 同批同色色差 $\Delta E_{ab}^{*} \leq 1.5$ | | 表面干净平整，无皱折 | CY/T60-2009 | 色度仪 |
| | | 套印误差 | | ≤0.3mm | | | CY/T60-2009 | 精度为0.01mm的20倍读数放大镜 |
| | | 同批同色色差 | | $\Delta E_{ab}^{*} \leq 3$ | | | CY/T60-2009 | 色度仪 |
| | | 结合牢度 | | $A \geq 90\%$ | | | CY/T60-2009 | 胶带压滚机和圆盘剥离试验机 |
| 8 | 模切 | 外观 | | | | 切口光滑、痕线饱满，无污渍、毛边、粘连和爆线，无明显压印痕迹 | CY/T60-2009 | 目测 |
| | | 模切版要求 | 模切版与设计尺寸误差 | | | ±0.2mm | CY/T59-2009 | 精度为0.01mm的游标卡尺 |
| | | | 模切刀高度 | 高度为23.80mm，允差±0.02mm | | | CY/T59-2009 | 精度为0.01mm的游标卡尺 |
| | | | 压痕线宽度要求 | 允差±0.3mm | | 横切纸及纸板：当压痕线与纸张纤维方向平行时，压痕线的宽度应为纸张厚度×1.5+压痕刀厚度；当压痕线与纸张纤维方向垂直时，压痕线的宽度应为纸张厚度×1.3+压痕刀厚度；<br>横切瓦楞纸板，当压痕线与纸张纤维方向平行时，压痕线的宽度应为纸张厚度×2+压痕刀厚度，当压痕线与纸张纤维方向垂直时，取压痕线的宽度应为纸张厚度×2+（0.1～0.15） | CY/T59-2009 | 精度为0.01mm的游标卡尺 |

续表

| 检测步骤 | 检测部位 | 检测项 | | 指标 | | | 标准编号 | 检测方法、工具或仪器 |
|---|---|---|---|---|---|---|---|---|
| | | | | 定量指标 | | 定性 | | |
| | | | | 精细产品 | 一般产品 | | | |
| 8 | 模切 | 套准允差 | 横切刀版与印张的套准允差 | 允差±0.5mm | | | CY/T59-2009 | 精度为0.01mm的20倍读数放大镜 |
| | | 压痕总体要求 | | | | 根据纸张克重，确定压痕宽度，正比，以确保成型美观或压痕清晰、无暗线、炸线，折叠时压痕处不开裂；压痕深浅和宽度适中 | | 目测 |
| | | 折叠反弹力 | | | | 符合后续加工及使用要求 | CY/T59-2009 | 挺度仪 |
| 9 | 粘合 | 外观 | | 折叠偏差不大于纸板厚度的1.5倍 | | ①成型美观，表面平整，无褶皱、擦痕、污渍和爆线；②压合位置准确。成型美观，位置准、牢固（粘合强度大于纸张纤维结合程度，纸板纤维脱落）、不溢胶 | CY/T61-2009 | 目测、精度为0.01mm的游标卡尺 |
| | | | | 粘位不正≤0.5mm，粘花盒面或溢胶≤0.25mm | | | 参考自某印企标准 | |
| | | 粘口（制盒盒片粘接部位） | | 粘接部位表面张力≥$3.6\times10^{-2}$N/m | | 粘接部位涂层附着牢固（涂层主要指上光油和油墨）；涂胶位置准确，粘接牢固，涂布均匀，不溢胶。 | CY/T61-2009 | 方法见本章第二节相关内容 |
| | | 粘接强度 | | 粘接强度≥2.67N/m或黏合剂固化后揭开粘接部位，纸板纤维破损的面积不小于涂布黏合剂面积的50%，并且破损面分布均匀。 | | | CY/T61-2009 | 拉力试验机 |
| | | 折叠纸盒开盒性能 | | | | 适合包装设备和被包装物的要求，容易成型，并且平整 | CY/T61-2009 | |

说明：表格中标有“*”的项为需知项。

## 三、判定规则

1. 生产条件基本相同的同一品种、同一规格、同一生产周期的一组单位产品为一批。

2. 按 GB/T 2828.1 检验抽样方案规定进行抽样，样本单位为件，每批最低样本抽样数一般为 5 件。

3. 不合格品的判定：每件产品按表 7－1 进行检验，有一项或一项以上技术指标不符合要求，则该产品为不合格品。

4. 不合格批的判定：每批产品按表 7－1 进行检验，其中有 1 件或 1 件以上产品为不合格品，则应加倍抽样复检。如仍有 1 件或 1 件以上产品为不合格品，则该批为不合格批。

上述九个检测项中，任何一项不合格即可判断为不合格。各企业也可根据不同的产品来制定相应的规则。

# 第三节　凹版包装装潢印刷品

## 一、检测条件

### （一）纸基包装品

1. 检验室温度、湿度：温度为 25℃ ±2℃，相对湿度为 60% ±15%。

2. 试样预处理：在检验室温、湿度条件下，并在无紫外光照射环境中放置时间不小于 8 小时。

3. 照明条件：CIE 标准照明体 $D_{65}$ 要求的光源；观察面上的照度应在 500～1500Lx 范围内；观察面的照度均匀度应不小于 80%。

### （二）塑料薄膜和玻璃纸装潢印刷品、包装复合膜印刷品

1. 检验室温度、湿度：温度为 23℃ ±5℃，相对湿度为 $60\%^{+15}_{-10}$。

2. 试样预处理：在检验室温、湿度条件下，并在无紫外光照射环境中放置时间应不少于 8 小时。

3. 照明条件：CIE 标准照明体 $D_{65}$ 要求的光源；观察面上的照度应在500～1500Lx 范围内；观察面的照度均匀度应不小于 80%。

## 二、检测项目及检测流程

凹版印刷品的检测标准主要有两个，GB/T 7707－2008《凹版装潢印刷品》和 QB/T 3007－2008《凹版纸基装潢印刷品》。GB/T 7707 适用于凹版印刷工艺生产的塑料薄膜和玻璃纸装潢印刷品、包装复合膜印刷品；QB/T 3007 适用于凹版印刷工艺生产的纸基装潢印刷品。

## （一）检测项目

1. 印面外观：脏污和气泡点、图文清晰度、破损和划痕、总体要求。
2. 成品尺寸偏差：裁切偏差、模切偏差。
3. 印刷：实地、套印误差、条码印刷质量、成品图案位置偏差。
4. 覆膜：外观。
5. 上光、压光：外观、成品质量要求。
6. 压凹凸：外观、基材要求、套准误差、凹凸效果。
7. 烫印：外观、基材要求、烫印材料、套准误差、同批同色色差、结合牢度。
8. 模切、压痕：外观、套印误差、压痕总体要求、折叠反弹力。
9. 粘合：外观、粘口、粘接强度、折叠纸盒开盒性能。

## （二）检测流程

步骤一：检测印面外观

检测项一：脏污和气泡点

标准要求：

（1）纸基类产品：精细产品主要部位允许有 1 个不明显缺陷的色点（直径不大于 0.7mm）；次要部位允许有 2 个不明显缺陷的色点（直径为 0.7～1mm）。一般产品主要部位允许有 2 个不明显缺陷的色点（直径不大于 1mm，次要部位允许有 3 个不明显缺陷的色点（直径为 1～1.5mm）。

（2）塑料薄膜、玻璃纸、包装复合膜类产品：整洁，无明显油墨污渍、残缺、刀丝。

检测项二：图文清晰度

标准要求：

塑料薄膜、玻璃纸、包装复合膜类产品的图文印刷应清晰完整，无残缺变形；小于 5.5P（7 号）的字应不影响认读。

检测项三：破损和划痕

标准要求：

参考 GB/T 7705－2008《平版装潢印刷品》5.5 的规定，要求无破损、划伤、划痕和破损。

检测项四：总体要求

标准要求：

（1）纸基类产品：

①印面应光洁、平整。

②实地印刷应平实、光洁。

③网点印刷应清晰、完整、均匀。

④图文、线条印刷应清晰完整，无残缺、脏污、刀丝、条痕。

⑤条码印刷完整、清晰、无残缺。符合国家标准要求。

⑥有卫生环保要求的印刷品，符合国家相关标准的规定。

（2）塑料薄膜、玻璃纸、包装复合膜类产品：

①成品应整洁，应无明显油墨污渍、残缺、刀丝等。

②实地印刷印迹边缘应光洁、墨色均匀、无明显水纹状。

③印刷层次过渡应平稳、无明显阶调跳跃。

④网点应清晰均匀、无明显变形和残缺。

⑤印刷色相应符合付印样张要求。

相关标准：QB/T 3007－2008《凹版纸基装潢印刷品》

GB/T 7707－2008《凹版装潢印刷品》

检测方法：脏污和气泡点用精度为0.01mm的20倍读数放大镜测量，图文清晰度、破损和划痕、总体要求用目测法判断。

## 步骤二：检测成品尺寸偏差

成品规格尺寸偏差有两类，裁切尺寸偏差和模切尺寸偏差。成型尺寸长、宽、高的偏差本书不作描述。此步骤仅适用于纸基类产品。

检测项一：裁切尺寸偏差

标准要求：

（1）390mm×540mm及以下：精细产品±0.5mm；一般产品±1mm。

（2）390mm×540mm以上：精细产品±1mm；一般产品±1.5mm。

检测项二：模切尺寸偏差

标准要求：

（1）135mm×195mm及以下：精细产品±0.3mm；一般产品±0.5mm。

（2）135mm×195mm以上：

精细产品±0.6mm；一般产品±1mm。

相关标准：QB/T 3007－2008《凹版纸基装潢印刷品》

GB/T 7707－2008《凹版装潢印刷品》

检测工具：精度为0.02mm的游标卡尺。

检测方法：在有尺寸规定的裁切或模切成品试样部测出其长度（精确至0.1mm），与规定尺寸之差作为该成品规格尺寸的偏差值。

## 步骤三：检测印刷

检测项一：实地印刷

标准要求：

（1）同色密度偏差 $D_s$：≤0.06。

检测仪器：符合ISO14981的反射密度计

（2）同批同色色差 CIEL*a*b*

①塑料薄膜、玻璃纸、包装复合膜类产品：$L^* > 50$ 时，$\Delta E_{ab}^* \leq 5$；$L^* \leq 50$ 时，$\Delta E_{ab}^* \leq 4$。

②纸基类产品：精细产品 $L^* > 50$ 时，$\Delta E_{ab}^* \leq 3.5$；$L^* \leq 50$ 时，$\Delta E_{ab}^* \leq 2.5$。一般产品 $L^* > 50$ 时，$\Delta E_{ab}^* \leq 4.5$；$L^* \leq 50$ 时，$\Delta E_{ab}^* \leq 3.5$。

(3) 墨层光泽度：塑料薄膜、玻璃纸、包装复合膜类产品 $G_s$ (60°) ≥35%。

(4) 墨层结合牢度：塑料薄膜、玻璃纸、包装复合膜类产品 $A_s$≥95%。

检测项二：套印误差

标准要求：

(1) 塑料薄膜、玻璃纸、包装复合膜类产品：

①双向拉伸类薄膜主要部位≤0.2mm，次要部位≤0.35mm。

②非双向拉伸类薄膜主要部位≤0.3mm，次要部位≤0.6mm。

(2) 纸基类产品：

①卷筒纸主要部位精细产品≤0.2mm；一般产品≤0.3mm。次要部位：精细产品≤0.3mm；一般产品≤0.4mm。

②单张纸主要部位：精细产品≤0.25mm；一般产品≤0.35mm。次要部位：精细产品≤0.4mm；一般产品≤0.5mm。

检测项三：条码印刷质量

标准要求：符号等级≥1.5 (EAN-13、EAN-8、UPC-A、UPC-E)；一般建议为2.5，但也有客户要求2.5以上。

检测项四：成品图案位置偏差（有对称要求的纸基产品）

标准要求：

(1) 成品规格135mm×195mm及以下：精细产品：±0.4mm；一般产品：±0.5mm。

(2) 成品规格135mm×195mm以上：精细产品：±0.8mm；一般产品：±1mm。

相关标准：QB/T 3007-2008《凹版纸基装潢印刷品》
GB/T 7707-2008《凹版装潢印刷品》
GB/T 18348-2008《条码符号印制质量的检验》

检测工具、仪器和方法：

(1) 实地印刷的检测。同色密度偏差用反射密度计检测；同批同色色差用分光光度计（色差仪）检测；墨层光泽度用光泽度仪检测；墨层结合牢度用胶带压滚机和圆盘剥离试验机检测，方法参见平版装潢印刷品的检测。

(2) 套印误差的检测。用精度为0.02mm的20倍读数放大镜检测。

(3) 条码印刷质量的检测。用条码检测仪检测。

(4) 成品图案位置偏差的检测。用精度为0.02mm的游标卡尺检测。

## 步骤四：检测覆膜

标准要求：

(1) 精细产品：覆膜贴合应完整、牢固；覆膜面应干净、平整、光洁，无皱褶、起泡、卷曲等。

(2) 一般产品：覆膜贴合应完整、牢固；覆膜面应基本干净、平整，无明显皱褶、起泡、卷曲等。

相关标准：QB/T 3007-2008《凹版纸基装潢印刷品》

检测仪器：目测法。

## 步骤五：检测上光、压光

上光和压光工艺一般适用于纸基产品，标准的要求也是纸基产品的指标。原材料要求、设备要求、工艺要求不属成品检测范围，具体要求参见平版装潢印刷品的检测或见表7－2。

检测项一：外观

标准要求：

（1）上光外观：精细产品上光涂层涂布应适量均匀，表面应干净、平整，无粘连、起泡、条痕或起皱；一般产品上光涂层涂布应基本适量均匀，表面应基本干净、平整，无粘连、起泡、条痕或起皱。

（2）压光外观：精细产品压光油涂布应适量均匀，压光后印刷品表面应不变色，无麻点，无起泡；压光后两侧膜面亮度应一致；一般产品压光油涂布应基本适量均匀，压光后印刷品表面应基本不变色，无麻点，无起泡，压光后两侧膜面亮度应基本一致。

检测项二：成品质量要求

标准要求：

（1）墨层上光后印面光泽度：$G_s$（60°）≥60%。

（2）其余几项指标同平版包装装潢印刷品的要求，具体参见本章第二节的相关内容。

相关标准：QB/T 3007－2008《凹版纸基装潢印刷品》

检测方法：

（1）外观的检测。用目测法。

（2）墨层上光后印面光泽度的检测。用光泽度仪检测。

（3）其他项的检测。参见平装包装装潢印刷品的检测。

## 步骤六：检测压凹凸

压凹凸的效果受制于基材的表面张力和平整清洁程度，虽不属成品检测项，但也需了解，标准规定详见表7－2。

检测项一：外观

标准要求：

（1）精细产品：图文凹凸轮廓应清晰、饱满，纸张应无破裂。

（2）一般产品：图文凹凸轮廓应基本清晰、饱满，纸张应无破裂。

检测方法：目测，在标准光源下，按照抽样规则抽取多个样品，观察并比较其压凹凸效果。

检测项二：套准误差

标准要求：

（1）CY/T 60－2009的规定：小于等于0.3mm。

（2）QB/T 3007－2008的规定：精细产品≤0.7mm；一般产品≤1mm。

检测项三：压凹凸效果

标准要求：同一印品上有多个压凹凸图文或同批产品压凹凸的效果应无明显差异。

相关标准：CY/T 60－2009《纸质印刷品烫印与压凹凸过程控制及检测方法》

QB/T 3007－2008《凹版纸基装潢印刷品》

检测工具及方法：

（1）外观和压凹凸效果的检测。都用目测法。

（2）套准误差的检测。用精度为0.01mm的20倍读数放大镜，在标准光源下，分别检测印刷品与压凹凸图案之间各三点的套印误差，取平均值即可。

## 步骤七：检测烫印

凹版包装装潢印刷品的烫印效果受制于基材的状况和烫印材料的质量，这两项规定不属成品检测范围，仅作需知项，具体要求见表7－2。

检测项一：外观

标准要求：

（1）QB/T 3007－2008的规定：精细产品，图文烫箔应完整清晰、牢固，无虚烫、糊版、脏版，无气泡、针眼、不变色；字迹烫箔应清晰，无发毛，无缺笔断划；表面光亮应均匀。一般产品，图文烫箔应完整清晰，牢固，无虚烫、糊版、脏版，无气泡、针眼，不变色；字迹烫箔应清晰，无明显残缺；图文烫箔表面光亮，无明显差异。

（2）CY/T 60－2009的规定：烫印表面平实，图文完整清晰，无色变、漏烫、糊版、爆裂、气泡。

检测项二：套印误差

标准要求：

（1）QB/T 3007－2008的规定：精细产品≤0.5mm；一般产品≤0.7mm。

（2）CY/T60－2009的规定：小于等于0.3mm。

检测项三：同批同色色差

标准要求：$\Delta E_{ab}^* \leqslant 3$。

检测项四：结合牢度

标准要求：大于等于90%。

相关标准：QB/T 3007－2008《凹版纸基装潢印刷品》

CY/T 60－2009《纸质印刷品烫印与压凹凸过程控制及检测方法》

检测工具、仪器及方法：

（1）外观的检测。用目测法。

（2）套印误差的检测。用精度为0.01mm的20倍读数放大镜检测。

（3）同批同色色差。用分光光度计（色差仪）检测。

（4）结合牢度的检测。用胶带压滚机和圆盘剥离试验机检测。

## 步骤八：检测模切、压痕

检测模切效果需要了解模切版的要求，详见表7－2。

检测项一：外观

标准要求：

（1）QB/T 3007－2008的规定：精细产品切线应光滑，无毛边，无粘连；一般产品

切线应光滑，无明显毛边及粘连。

（2）CY/T 60－2009 的规定：切口光滑、痕线饱满，无污渍、毛边、粘连和爆线，无明显压印痕迹。

检测项二：压痕外观

标准要求：同平版包装装潢印刷品的要求，详见表 7－2。

检测项三：压痕总体要求

标准要求：同平版包装装潢印刷品的要求，详见表 7－2。

检测项四：折叠反弹力

标准要求：同平版包装装潢印刷品的要求，详见表 7－2。

相关标准：QB/T 3007－2008《凹版纸基装潢印刷品》

CY/T 60－2009《纸质印刷品烫印与压凹凸过程控制及检测方法》

检测仪器和方法：参见平版包装装潢印刷品检测的相关内容。

## 步骤九：检测粘合

本步骤适用于需粘合的纸盒印刷品。

检测项一：外观

标准要求：同平版包装装潢印刷品的要求，详见表 7－2。

检测项二：粘口（制盒盒片粘接部位）

标准要求：同平版包装装潢印刷品的要求，详见表 7－2。

检测项三：粘接强度

标准要求：同平版包装装潢印刷品的要求，详见表 7－2。

检测项四：折叠纸盒开盒性能

标准要求：同平版包装装潢印刷品的要求，详见表 7－2。

相关标准：CY/T 61－2009《纸质印刷品制盒过程控制及检测方法》

检测仪器和方法：参见平版包装装潢印刷品检测的相关内容。

凹版包装装潢印刷品的检测流程见表 7－2。

**表7-2 凹版包装装潢印刷品检测流程表**

| 检测步骤 | 检测部位 | 检测项 | 指标 | | | 标准编号 | 检测方法、工具或仪器 |
|---|---|---|---|---|---|---|---|
| | | | 定量 | | 定性 | | |
| | | | 精细产品 | 一般产品 | | | |
| 1 | 外观 | 脏污和气泡点 | | | 整洁,无明显油墨污渍、残缺、刀丝 | GB/T7707-2008 | 目测、精度为0.01mm的20倍刻度放大镜 |
| | | | 主要部位允许有1个不明显缺陷的色点（直径不大于0.7mm）；次要部位允许有2个不明显缺陷的色点（直径为0.7～1.0mm） | 主要部位允许有2个不明显缺陷的色点（直径不大于1.0mm），次要部位允许有3个不明显缺陷的色点（直径为1.0～1.5mm） | | QB/T3007-2008 | |
| | | 图文清晰度 | 小于5.5P（7号）的字应不影响认读 | | 图文印刷应清晰完整，无残缺变形。 | GB/T7707-2008 | 目测 |
| | | 破损和划痕 | | | 无破损、划伤、划痕和破损 | 参考GB/T7705-2008 | 目测 |
| | | 总体要求 | | | ①印面应光洁、平整；②实地印刷应平实、光洁；③网点印刷应清晰、完整、均匀；④图文、线条印刷应清晰完整，无残缺、脏污、刀丝、条痕；⑤条形码印刷完整、清晰、无残缺。符合国家标准要求；⑥有卫生环保要求的印刷品，符合国家相关标准的规定。 | QB/T3007-2008 | 目测法及综合判定法 |

续表

| 检测步骤 | 检测部位 | 检测项 | | 指标 | | | 标准编号 | 检测方法、工具或仪器 |
|---|---|---|---|---|---|---|---|---|
| | | | | 定量 | | 定性 | | |
| | | | | 精细产品 | 一般产品 | | | |
| 1 | 外观 | 总体要求 | | | | ①成品应整洁，应无明显油墨污渍、残缺、刀丝等；②实地印刷印迹边缘应光洁、墨色均匀、无明显水纹状；③印刷层次过渡应平稳、无明显阶调跳跃；④网点应清晰均匀、无明显变形和残缺；⑤印刷色相应符合付印样张要求 | GB/T7707-2008 | 目测法及综合判定法 |
| 2 | 成品规格尺寸偏差 | 裁切偏差 | 390mm×540mm及以下 | ±0.5mm | ±1mm | | QB/T3007-2008 | 精度为0.02mm的游标卡尺 |
| | | | 390mm×540mm以上 | ±1mm | ±1.5mm | | | |
| | | 模切偏差 | 135mm×195mm及以下 | ±0.3mm | ±0.5mm | | QB/T3007-2008 | 精度为0.02mm的游标卡尺 |
| | | | 135mm×195mm以上 | ±0.6mm | ±1mm | | | |
| 3 | 印刷 | 实地 | 同色密度偏差 | $D_S \leqslant 0.06$ | | | GB/T7707-2008 | 反射密度计 |
| | | | 同批同色色差 CIE$L^*a^*b^*$ | $L^*>50$时，$\Delta E_{ab}{}^* \leqslant 5$ | | | GB/T7707-2008 | 分光光度计 |
| | | | | 精细产品$L^*>50$时，$\Delta E_{ab}{}^* \leqslant 3.5$；$L^* \leqslant 50$时，$\Delta E_{ab}{}^* \leqslant 2.5$。一般产品$L^*>50$时，$\Delta E_{ab}{}^* \leqslant 4.5$；$L^* \leqslant 50$时，$\Delta E_{ab}{}^* \leqslant 3.5$ | | | QB/T3007-2008 | |
| | | | 墨层光泽度 | $G_S(60°) \geqslant 35\%$ | | | GB/T7707-2008 | 光泽度仪 |
| | | | 墨层结合牢度 | $A \geqslant 95\%$ | | | GB/T7707-2008 | 胶带压滚机和圆盘剥离试验机 |

续表

| 检测步骤 | 检测部位 | 检测项 | | | 指标：定量：精细产品 | 指标：定量：一般产品 | 指标：定性 | 标准编号 | 检测方法、工具或仪器 |
|---|---|---|---|---|---|---|---|---|---|
| 3 | 印刷 | 套印误差 | 双向拉伸类薄膜 | | 主要部位≤0.2mm | 次要部位≤0.35mm | | GB/T7707-2008 | |
| | | | 非双向拉伸类薄膜 | | 主要部位≤0.3mm | 次要部位≤0.6mm | | | |
| | | | 卷筒纸 | 主要部位 | ≤0.2mm | ≤0.3mm | | QB/T3007-2008 | 精度为0.01mm的20倍读数放大镜 |
| | | | | 次要部位 | ≤0.3mm | ≤0.4mm | | | |
| | | | 单张纸 | 主要部位 | ≤0.25mm | ≤0.35mm | | | |
| | | | | 次要部位 | ≤0.4mm | ≤0.5mm | | | |
| | | 条码印刷质量 | | | 符号等级≥1.5 | | | GB/T18348-2008 | 条形码检测仪，检测方法见本书第九章 |
| | | 成品图案位置偏差（有对称要求） | 135mm×195mm及以下 | | ±0.4mm | ±0.5mm | | QB/T3007-2008 | 精度为0.02mm的游标卡尺 |
| | | | 135mm×195mm以上 | | ±0.8mm | ±1.0mm | | | |
| 4 | 覆膜 | 外观 | | | | | 精细产品：①覆膜贴合应完整、牢固；②覆膜面应干净、平整、光洁，无皱褶、起泡、卷曲等。一般产品：①覆膜贴合应完整、牢固；②覆膜面应基本干净、平整，无明显皱褶、起泡、卷曲等。 | QB/T3007-2008 | 目测、精度为0.01mm的20倍刻度放大镜 |

续表

| 检测步骤 | 检测部位 | 检测项 | | | 指标 | | | 标准编号 | 检测方法、工具或仪器 |
|---|---|---|---|---|---|---|---|---|---|
| | | | | | 定量 | | 定性 | | |
| | | | | | 精细产品 | 一般产品 | | | |
| 5 | 上光、压光 | 外观 | 上光 | | | | 精细产品：上光涂层涂布应适量均匀，表面应干净、平整，无粘连、起泡、条痕或起皱。一般产品：上光涂层涂布应基本适量均匀，表面应基本干净、平整，无粘连、起泡、条痕或起皱 | QB/T3007-2008 | 目测、精度为0.01mm的20倍刻度放大镜 |
| | | 外观 | 压光 | | | | 精细产品：压光油涂布应适量均匀，压光后印刷品表面应不变色，无麻点，无起泡；压光后两侧膜面亮度应一致。一般产品：压光油涂布应基本适量均匀，压光后印刷品表面应基本不变色，无麻点，无起泡；压光后两侧膜面亮度应基本一致。 | QB/T3007-2008 | 目测、精度为0.01mm的20倍刻度放大镜 |
| | | 原材料要求* | UV光油 | 黏度允差 | 相同型号允差为±10% | | | GB/T30671-2014 | 使用涂一4杯并按GB/T1723-1993《涂料粘度测定法》中黏度杯法的要求检测 |
| | | | | 最低固化能量 | 最低固化能量≤$80mJ/cm^2$ | | | GB/T30671-2014 | 调整固化设备输出能量为$80mJ/cm^2$后，再对UV光油的最低固化能量进行检测 |

续表

| 检测步骤 | 检测部位 | 检测项 | | | 指标 | | | 标准编号 | 检测方法、工具或仪器 |
|---|---|---|---|---|---|---|---|---|---|
| | | | | | 定量 | | 定性 | | |
| | | | | | 精细产品 | 一般产品 | | | |
| 5 | 上光、压光 | 原材料要求* | UV光油 | 固化波长 | 280～420nm | | | GB/T30671-2014 | |
| | | | | 挥发性有机化合物 $VOC_S$ | ≤20g/kg | | | GB/T30671-2014 | |
| | | | | 苯类溶剂限量 | A类（适用于烟包等要求严格的产品）：苯≤1mg/kg；甲苯、已苯和二甲苯总和≤100mg/kg | B类（适用于一般产品）：苯≤100mg/kg；甲苯、已苯和二甲苯总和≤2000mg/kg | | GB/T30671-2014 | 气相色谱—质谱联用法、原子吸收光谱仪 |
| | | | | 重金属、邻苯二甲酸酯类物质限量 | 应符合GB24613《玩具用涂料中有害物质限量 》 | | | GB/T30671-2014 | |
| | | | 底油 | 黏度允差 | 相同型号允差为±10% | | | GB/T30671-2014 | 使用涂－4杯并按GB/T1723-1993《涂料粘度测定法》中黏度杯法的要求检测 |
| | | | | 涂布适性 | | | 良好的涂布适性，能在印刷品表面形成一层均匀、连续的底油层 | GB/T30671-2014 | 目测 |

续表

| 检测步骤 | 检测部位 | 检测项 | | | 指标 | | | 标准编号 | 检测方法、工具或仪器 |
|---|---|---|---|---|---|---|---|---|---|
| | | | | | 定量 | | 定性 | | |
| | | | | | 精细产品 | 一般产品 | | | |
| 5 | 上光、压光 | 原材料要求* | 底油 | 结合牢度 | | | 与纸张表面和UV光油均具有良好的结合牢度 | GB/T30671-2014 | 胶带压滚机和圆盘剥离试验机 |
| | | | | 挥发性有机化合物$VOC_S$ | ≤500g/kg | | | GB/T30671-2014 | 气相色谱—质谱联用法、原子吸收光谱仪 |
| | | | | 重金属、邻苯二甲酸酯类物质 | | | 应符合GB24613《玩具用涂料中有害物质限量 》 | GB/T30671-2014 | |
| | | | 上光前纸质印刷品状态 | | 纸质印刷品油墨的表面张力≥38mN/m | | 纸张在印刷完成后，上光前的状态应是：表面平整、清洁；油墨已充分干燥； | GB/T30671-2014 | 见本章第二节相关内容 |
| | | 设备要求* | 紫外线灯 | | 功率≥80W/cm；发射能量≥80mJ/cm$^2$；发射的主波长在280～420nm之间 | | | GB/T30671-2014 | 发射能量用UV能量计测量；其他看设备参数 |
| | | | 紫外灯箱 | | 保证印刷品上光后温度在60℃以下 | | 应有冷却等辅助功能，保证灯管正常工作 | GB/T30671-2014 | 印刷品温度用红外测温计； |
| | | | 油槽 | | | | 油槽具有搅拌、加热、过滤功能，并应加盖。 | GB/T30671-2014 | |

续表

| 检测步骤 | 检测部位 | 检测项 | | 指标 | | | 标准编号 | 检测方法、工具或仪器 |
|---|---|---|---|---|---|---|---|---|
| | | | | 定量 | | 定性 | | |
| | | | | 精细产品 | 一般产品 | | | |
| 5 | 上光、压光 | 工艺要求* | 上光环境 | 上光车间温度（23±7）℃；相对湿度（60±20）% | | 洁净、避阳光、通风 | GB/T30671-2014 | |
| | | | 上光准备 | 底油、UV光油与纸质印刷品在上光环境中至少放置4h，使之与上光环境温湿度适应后再上光 | | | GB/T30671-2014 | |
| | | | 固化能量 | 印刷品表面吸收紫外线能量不小于80mJ/cm² | | | GB/T30671-2014 | |
| | | | UV光油涂布量 | 3～6g/m² | | ①根据不同的纸质设定涂布量，纸质越疏松涂布量越大；②同批次产品布量应均匀一致 | GB/T30671-2014 | |
| | | | 操作要求 | | | ①纸质印刷品上光前应除粉、压平起平坐；②输纸正确，避免歪斜；③UV光油应避光，温度保持在23℃～50℃。 | GB/T30671-2014 | |
| | | 成品质量要求 | 外观 | | | 干净、平整、光滑、无明显的外观缺陷 | GB/T30671-2014 | 目测 |
| | | | 光泽度 | | | 同一批次印品相同部位的光泽度差别应不大于10GU① | GB/T30671-2014 | 光泽度仪 |
| | | | 墨层上光后印面光泽度 | $G_S(60°)\geq60\%$ | | | QB/T3007-2008 | 光泽度仪 |

① 注：一般光泽度75GU以上为高光，光泽度30GU以下为亚光，光泽度在30GU～75GU之间为半亚光。

续表

| 检测步骤 | 检测部位 | 检测项 | | | 指标 定量 精细产品 | 指标 定量 一般产品 | 指标 定性 | 标准编号 | 检测方法、工具或仪器 |
|---|---|---|---|---|---|---|---|---|---|
| 5 | 上光、压光 | 成品质量要求 | UV光油与印刷品的结合牢度 | | $A \geqslant 90\%$ | | | GB/T30671-2014 | 胶带压滚机和圆盘剥离试验机 |
| | | | 耐磨性 | | UV光油$A_S \geqslant 70\%$；水性光油$A_S \geqslant 40\%$ | | 摩擦50次以上，无明显划痕或摩擦300次，无油墨转移，适合任一项耐磨性为合格 | QB/T3007-2008 | 摩擦实验机和反射密度计 |
| | | | 爆线 | | ①不应有宽度≥0.2mm,长度≥1mm的裂痕；②每10cm长度内，宽度＞0.2mm，长度＞1mm的裂痕不超6个 | | | GB/T30671-2014 | 精度为0.02mm的刻度放大镜 |
| | | | 色差 | UV上光后四色实地油墨及空白位的CIE$L^*a^*b^*$ $\Delta E_{ab}^*$ | 黄≤3.5；品红≤3.5；青≤3.0；黑≤3.0；空白位≤2.0 | | | GB/T30671-2014 | 色差仪 |
| | | | 套准 | | 光油套准误差≤0.3mm | | | | 精度为0.01mm的20倍读数放大镜 |
| 6 | 压凹凸 | 外观 | | | | | 精细产品：图文凹凸轮廓应清晰、饱满，纸张应无破裂；一般产品：图文凹凸轮廓应基本清晰、饱满，纸张应无破裂 | QB/T3007-2008 | 目测 |
| | | 基材要求 | | | 表面张力$\geqslant 3.6 \times 10^{-2}$N/m | | 表面平整清洁，无脏点瑕疵 | CY/T60-2009 | 检测方法见本章第二节相关内容 |
| | | 套准误差 | | | ≤0.3mm | | | CY/T60-2009 | 精度为0.01mm的20倍读数放大镜 |

续表

| 检测步骤 | 检测部位 | 检测项 | 指标 | | | 标准编号 | 检测方法、工具或仪器 |
|---|---|---|---|---|---|---|---|
| | | | 定量 | | 定性 | | |
| | | | 精细产品 | 一般产品 | | | |
| 6 | 压凹凸 | 套准误差 | ≤0.70mm | ≤1.00mm | | QB/T3007-2008 | 精度为0.01mm的20倍读数放大镜 |
| | | 凹凸效果 | | | 同一印品上有多个压凹凸图文或同批产品压凹凸的效果应无明显差异 | CY/T60-2009 | 目测 |
| 7 | 烫印 | 外观 | | | 精细产品：①图文烫箔应完整清晰、牢固，无虚烫、糊版、脏版，无气泡、针眼、不变色；②字迹烫箔应清晰，无发毛，无缺笔断划；③表面光亮应均匀。一般产品：①图文烫箔应完整清晰，牢固，无虚烫、糊版、脏版，无气泡、针眼，不变色；②字迹烫箔应清晰，无明显残缺；③图文烫箔表面光亮，无明显差异。 | QB/T3007-2008 | 目测法 |
| | | | | | 烫印表面平实，图文完整清晰，无色变、漏烫、糊版、爆裂、气泡 | CY/T60-2009 | 目测 |
| | | 基材要求 | 表面张力≥$3.6\times10^{-2}$N/m | | 表面平整清洁，无脏点瑕疵 | CY/T60-2009 | 检测方法见本章第二节相关内容 |
| | | 烫印材料 | 同批同色色差$\Delta E\leq1.5$ | | 表面干净平整，无皱折 | CY/T60-2009 | 分光光度计 |
| | | 套印误差 | ≤0.3mm | | | CY/T60-2009 | 精度为0.01mm的20倍读数放大镜 |
| | | | ≤0.5mm | ≤0.7mm | | QB/T3007-2008 | |

续表

| 检测步骤 | 检测部位 | 检测项 | | 指标 | | | 标准编号 | 检测方法、工具或仪器 |
|---|---|---|---|---|---|---|---|---|
| | | | | 定量 | | 定性 | | |
| | | | | 精细产品 | 一般产品 | | | |
| 7 | 烫印 | 同批同色色差 | | $\Delta E \leqslant 3$ | | | CY/T60-2009 | 色差仪 |
| | | 结合牢度 | | ≥90% | | | CY/T60-2009 | 胶带压滚机和圆盘剥离试验机 |
| 8 | 模切压痕 | 模切外观 | | | | 切口光滑、痕线饱满，无污渍、毛边、粘连和爆线，无明显压印痕迹 | CY/T60-2009 | 目测 |
| | | | | | | 精细产品：切线应光滑，无毛边，无粘连。一般产品：切线应光滑，无明显毛边及粘连。 | QB/T3007-2008 | 目测 |
| | | 模切版* | 模切版与设计尺寸误差 | | | ±0.2mm | CY/T59-2009 | 精度为0.01mm的游标卡尺 |
| | | | 模切刀高度 | 高度为23.80mm，允差±0.02mm | | | CY/T59-2009 | 精度为0.01mm的游标卡尺 |
| | | | 压痕线宽度要求 | 允差±0.3mm | | 横切纸及纸板：当压痕线与纸张纤维方向平行时，压痕线的宽度应为纸张厚度×1.5+压痕刀厚度；当压痕线与纸张纤维方向垂直时，压痕线的宽度应为纸张厚度×1.3+压痕刀厚度；横切瓦楞纸板，当压痕线与纸张纤维方向平行时，压痕线的宽度应为纸张厚度×2+压痕刀厚度，当压痕线与纸张纤维方向垂直时，取压痕线的宽度应为纸张厚度×2+（0.1～0.15） | CY/T59-2009 | 精度为0.01mm的游标卡尺 |

续表

| 检测步骤 | 检测部位 | 检测项 | | 指标：定量：精细产品 | 指标：定量：一般产品 | 指标：定性 | 标准编号 | 检测方法、工具或仪器 |
|---|---|---|---|---|---|---|---|---|
| 8 | 模切、压痕 | 套准允差 | 模切刀版与纸张的套准允差 | ±0.5mm | | | CY/T59-2009 | 精度为0.01mm的20倍读数放大镜 |
| | | 压痕外观 | | | | 精细产品：压痕槽痕应清晰、饱满，无错位、漏压、断裂。一般产品：压痕槽痕应基本清晰、饱满，无错位、漏压、断裂。 | QB/T3007-2008 | 目测法 |
| | | 压痕总体要求 | | | | 根据纸张克重，确定压痕宽度，正比，以确保成型美观或压痕清晰、无暗线、炸线，折叠时压痕处不开裂；压痕深浅和宽度适中 | | 目测法 |
| | | 折叠反弹力 | | | | 符合后续加工及使用要求 | CY/T59-2009 | 挺度仪 |
| 9 | 粘合 | 外观 | | 折叠偏差不大于纸板厚度的1.5倍 | | ①成型美观，表面平整，无褶皱、擦痕、污渍和爆线；②压合位置准确。成型美观，位置准、牢固（粘合强度大于纸张纤维结合程度，纸板纤维脱落）、不溢胶 | CY/T61-2009 | 目测、精度为0.01mm的游标卡尺 |
| | | | | 粘位不正≤0.5mm，粘花盒面或溢胶≤0.25mm | | | | |
| | | 粘口（制盒盒片粘接部位） | | 粘接部位表面张力≥$3.6\times10^{-2}$N/m | | 粘接部位涂层附着牢固（涂层主要指上光油和油墨）；涂胶位置准确，粘接牢固，涂布均匀，不溢胶。 | CY/T61-2009 | 检测方法见本章第二节相关内容 |

续表

| 检测步骤 | 检测部位 | 检测项 | 指标 | | | 标准编号 | 检测方法、工具或仪器 |
|---|---|---|---|---|---|---|---|
| | | | 定量 | | 定性 | | |
| | | | 精细产品 | 一般产品 | | | |
| 9 | 粘合 | 粘接强度 | 粘接强度≥2.67N/m或黏合剂固化后揭开粘接部位，纸板纤维破损的面积不小于涂布黏合剂面积的50%，并且破损面分布均匀。 | | | CY/T61-2009 | 拉力试验机 |
| | | 折叠纸盒开盒性能 | | | 适合包装设备和被包装物的要求，容易成型，并且平整 | CY/T61-2009 | |

说明：表格中标有“*”的项为需知项。

## 三、判定规则

### （一）纸基类

1. 生产条件基本相同的同一品种、同一规格、同一生产周期的一组单位产品为一批。

2. 按 GB/T 2828.1－2003 检验抽样方案规定进行抽样，样本单位为件，每批最低样本抽样数一般为 5 件。

3. 不合格品的判定：每件产品按本标准的规定进行检验，其中有一项或一项以上技术指标不符合要求，则该产品为不合格品。

4. 不合格批的判定：每批产品按本标准的规定进行检验，其中有一件或一件以上为不合格品，则应加倍抽样复检。如仍有一件或一件以上产品为不合格品，则该批为不合格批。

### （二）塑料薄膜和玻璃纸装潢印刷品、包装复合膜印刷品类

1. 生产条件基本相同的同一品种、同一规格、同一生产周期的一组产品为一批。

2. 按 GB/T 2828.1 检验抽样方案规定进行抽样检验。膜的样本单位为卷，袋的样本单位为只。每批最低样本数量一般为膜不少于 3 卷，袋不少于 5 只。

3. 不合格品的判定。每件产品按本标准的规定进行检验，如有一项或一项以上技术指标不符合要求，则该产品为不合格品。

4. 不合格批的判定：每批产品按本标准的规定进行检验，其中有 1 件或 1 件以上的产品为不合格品，则应加倍抽样复检。如仍有 1 件或 1 件以上产品为不合格品，则该批为不合格批。

在九个检测项中（见表 7－2），有一项不合格即可判断为不合格。

# 第四节　凸版包装装潢印刷品

## 一、检测条件

（一）检验室温度、湿度：温度为 23℃ ±5℃，相对湿度为 $60\%^{+15}_{-10}$。

（二）试样预处理：在检验室温、湿度条件下，并在无紫外光照射环境中放置时间应不少于 8 小时。

（三）照明条件：CIE 标准照明体 $D_{65}$要求的光源；观察面上的照度应在 500～1500Lx 范围内；观察面的照度均匀度应不小于 80%。

## 二、检测项目及检测流程

### （一）检测项目

1. 印面外观：脏污和气泡点、图文清晰度、破损和划痕、总体要求。
2. 成品尺寸偏差：裁切偏差、模切偏差。
3. 印刷：实地、套印误差、条码印刷质量、成品图案位置偏差。
4. 覆膜：外观。
5. 上光、压光：成品质量要求。
6. 压凹凸：外观、套准误差、凹凸效果。
7. 烫印：外观、套印误差、同批同色色差、结合牢度。
8. 模切、压痕：外观、套准误差、压痕总体要求、折叠反弹力。
9. 粘合：外观、粘口、粘接强度、折叠纸盒开盒性能。

### （二）检测流程

**步骤一：检测印面外观**

检测项一：脏污和气泡点

标准要求：

（1）精细产品：无肉眼可见的污渍点和皱折，主要部位不允许有脏污和气泡点。

（2）一般产品：无明显污渍，主要部位不能有直径大于0.4mm的污渍点，直径小于等于0.4mm的污点不超过3点。

检测项二：图文清晰度

标准要求：图文印刷应清晰完整，层次清楚，网点清晰无变形、残缺和花糊版；小于5.5P（7号）的字应不影响认读。

检测项三：破损和划痕

标准要求：无破损、划伤、划痕和破损。

检测项四：总体要求

标准要求：

（1）色相符合付印样要求。

（2）精细产品覆膜无皱折、气泡等，边缘无翘起，一般产品覆膜不能有直径>0.4mm的气泡，直径≤0.4mm的气泡不超3个。

（3）精细产品电化铝烫箔平实、牢固、不变色、不糊版，无砂眼、残缺、毛边、划伤；一般产品无直径>0.3mm的烫箔砂眼，直径≤0.3mm的烫箔砂眼不超过2个。

（4）上光应平实、牢固、不变色、精细产品无污渍点，一般产品无明显污渍点。

相关标准：GB/T 7706－2008《凸版装潢印刷品》

检测工具、仪器和方法：

（1）脏污和气泡点的检测。用精度为0.01mm的20倍读数放大镜测量。

（2）图文清晰度、破损和划痕、总体要求的检测用目测法判断。

## 步骤二：检测成品尺寸偏差

检测项一：裁切尺寸偏差

标准要求：

（1）成品规格 390mm×543mm 及以下：精细产品 ±0.5mm；一般产品 ±1mm。

（2）成品规格 390mm×543mm 以上：精细产品 ±1mm；一般产品 ±1.5mm。

检测项二：模切尺寸偏差

标准要求：

（1）成品规格 135mm×195mm 及以下：精细产品纸类 ±0.4mm，膜类 ±0.5mm；一般产品纸类 ±0.5mm，膜类 ±0.6mm。

（2）成品规格 135mm×195mm 以上：精细产品纸类 ±0.6mm，膜类 ±0.8mm；一般产品纸类 ±0.7mm，膜类 ±1mm。

相关标准：GB/T 7706－2008《凸版装潢印刷品》

检测仪器和方法：使用精度为 0.02mm 的游标卡尺，在有尺寸规定的裁切或模切成品试样部测出其长度（精确至 0.1mm），与规定尺寸之差作为该成品规格尺寸的偏差值。

## 步骤三：检测印刷

检测项一：实地

标准要求：

（1）同色密度偏差。精细产品 $D_s \leqslant 0.05$；一般产品 $D_s \leqslant 0.07$。

（2）同批同色色差。精细产品 $L^* > 50$ 时，$\Delta E_{ab}{}^* \leqslant 5$；$L^* \leqslant 50$ 时，$\Delta E_{ab}{}^* \leqslant 4$。一般产品 $L^* > 50$ 时，$\Delta E_{ab}{}^* \leqslant 6$；$L^* \leqslant 50$ 时，$\Delta E_{ab}{}^* \leqslant 5$。

（3）墨层光泽度。精细产品 $G_s$（60°）$\geqslant 32\%$。

（4）墨层耐磨性。$A_s \geqslant 70\%$。

（5）墨层结合牢度（适用于“薄膜”和“上膜下纸”类产品）。$A_s \geqslant 85\%$。

检测项二：套印误差

标准要求：

（1）精细产品主要部位≤0.15mm，次要部位≤0.25mm。

（2）一般产品主要部位≤0.25mm，次要部位≤0.3mm。

检测项三：条码印刷质量

标准要求：符号等级≥1.5（EAN－13、EAN－8、UPC－A、UPC－E）；一般建议为 2.5，但也有客户要求 2.5 以上。

检测项四：成品图案位置偏差（有对称要求）

标准要求：

（1）成品规格 135mm×195mm 及以下：精细产品 ±0.4mm，一般产品 ±0.5mm。

（2）成品规格 135mm×195mm 以上：精细产品 ±0.8mm，一般产品 ±1mm。

相关标准：GB/T 7706－2008《凸版装潢印刷品》

GB/T 18348－2008《条码符号印制质量的检验》

检测工具、仪器和方法：

（1）实地印刷的检测。同色密度偏差用反射密度计检测；同批同色色差用分光光度计（色差仪）检测；墨层光泽度用光泽度仪检测；墨层结合牢度用胶带压滚机和圆盘剥离试验机检测，方法参见平版装潢印刷品的检测。

（2）套印误差的检测。用精度为0.01mm的20倍读数放大镜检测。

（3）条码印刷质量的检测。用条码检测仪检测。

（4）成品图案位置偏差的检测。用精度为0.02mm的游标卡尺检测。

## 步骤四：检测覆膜

标准要求：

（1）精细产品：覆膜无皱折、气泡等，覆膜层边缘不可翘起。

（2）一般产品：覆膜不能有直径>0.4mm的气泡，直径≤0.4mm的气泡不超3个。

相关标准：GB/T 7706－2008《凸版装潢印刷品》

检测工具和方法：使用精度为0.01mm的20倍读数放大镜目测法。

## 步骤五：检测上光

标准要求：上光平实、牢固、不变色、精细产品无污渍点，一般产品无明显污渍点。其余要求参见平版包装装潢印刷品质量要求，或见表7－3。

相关标准：GB/T 7706－2008《凸版装潢印刷品》

GB/T 30671－2014《纸质印刷品紫外线固化光油上光过程控制要求及检验方法》

检测工具、仪器及方法：见平版包装装潢印刷品检测的相关内容。

## 步骤六：检测压凹凸

参见平版包装装潢印刷品质量要求，或见表7－3。

## 步骤七：检测烫印

参见平版包装装潢印刷品质量要求，或见表7－3。

## 步骤八：检测模切、压痕

参见平版包装装潢印刷品质量要求，或见表7－3。

## 步骤九：检测粘合

该项要求适合需粘合的纸盒类凸版装潢印刷品，要求参见平版包装装潢印刷品质量要求，或见表7－3。

凸版包装装潢印刷品的检测流程见表7－3。

**表7-3　凸版包装装潢印刷品检测流程**

<table>
<tr><th rowspan="3">检测步骤</th><th rowspan="3">检测部位</th><th rowspan="3" colspan="2">检测项</th><th colspan="3">指标</th><th rowspan="3">标准编号</th><th rowspan="3">检测方法、工具或仪器</th></tr>
<tr><th colspan="2">定量指标</th><th rowspan="2">定性</th></tr>
<tr><th>精细产品</th><th>一般产品</th></tr>
<tr><td rowspan="4">1</td><td rowspan="4">外观</td><td colspan="2">脏污和气泡点</td><td>主要部位不允许有</td><td>主要部位不能有直径>0.4mm的污渍点，直径≤0.4mm的污点不超过3点</td><td>精细产品无肉眼可见的污渍点，无泡点和皱折；一般产品无明显污渍</td><td>GB/T7706-2008</td><td>目测<br>精度为0.01mm的20倍读数放大镜</td></tr>
<tr><td colspan="2">图文清晰度</td><td>小于5.5P（7号）的字应不影响认读</td><td>小于5.5P（7号）的字应不影响认读</td><td>图文印刷应清晰完整，层次清楚，网点清晰无变形、残缺和花糊版</td><td>GB/T7706-2008</td><td>目测</td></tr>
<tr><td colspan="2">破损和划痕</td><td></td><td></td><td>无破损、划伤、划痕和破损</td><td>GB/T7706-2008</td><td>目测</td></tr>
<tr><td colspan="2">总体要求</td><td colspan="3">①色相应符合付印样要求；②精细产品覆膜无皱折、气泡等，边缘无翘起，一般产品覆膜不能有直径>0.4mm的气泡，直径≤0.4mm的气泡不超3个；③精细产品电化铝烫箔平实、牢固、不变色、不糊版，无砂眼、残缺、毛边、划伤；一般产品无直径>0.3mm的烫箔砂眼，直径≤0.3mm的烫箔砂眼不超过2个；④上光应平实、牢固、不变色、精细产品无污渍点，一般产品无明显污渍点；</td><td>GB/T7706-2008</td><td>目测</td></tr>
<tr><td rowspan="4">2</td><td rowspan="4">成品尺寸偏差</td><td rowspan="2">裁切偏差</td><td>390mm×543mm及以下</td><td>±0.5mm</td><td>±1.0mm</td><td></td><td rowspan="2">GB/T7706-2008<br>GB/T7705-2008</td><td rowspan="2">精度为0.02mm的游标卡尺</td></tr>
<tr><td>390mm×543mm以上</td><td>±1mm</td><td>±1.5mm</td><td></td></tr>
<tr><td rowspan="2">模切偏差</td><td>135mm×195mm及以下</td><td>纸类±0.4mm，膜类±0.5mm；</td><td>纸类±0.5mm，膜类±0.6mm</td><td></td><td rowspan="2">GB/T7706-2008</td><td rowspan="2">精度为0.02mm的游标卡尺</td></tr>
<tr><td>135mm×195mm以上</td><td>纸类±0.6mm，膜类±0.8mm；</td><td>纸类±0.7mm，膜类±1.0mm</td><td></td></tr>
</table>

续表

| 检测步骤 | 检测部位 | 检测项 | | 指标 | | | 标准编号 | 检测方法、工具或仪器 |
|---|---|---|---|---|---|---|---|---|
| | | | | 定量指标 | | 定性 | | |
| | | | | 精细产品 | 一般产品 | | | |
| 3 | 印刷 | 实地 | 同色密度偏差 | $D_S \leqslant 0.05$， | $D_S \leqslant 0.07$ | | GB/T7706-2008 | 反射密度计 |
| | | | 同批同色色差 CIE$L^*a^*b$ | $L^*>50$时，$\Delta E_{ab}^* \leqslant 5$；$L^* \leqslant 50$时，$\Delta E_{ab}^* \leqslant 4$ | $L^*>50$时，$\Delta E_{ab}^* \leqslant 6$ $L^* \leqslant 50$时，$\Delta E_{ab}^* \leqslant 5$ | | | 分光光度计 |
| | | | 墨层光泽度% | $G_S(60°) \geqslant 32\%$ | | | | 光泽度仪 |
| | | | 墨层耐磨性% | $A_S \geqslant 70\%$ | | | | 摩擦试验机和反射密度计 |
| | | | 墨层结合牢度% | $A_S \geqslant 85\%$ | | | | 胶带压滚机和圆盘剥离试验机 |
| | | 套印误差 | | 主要部位≤0.15mm，次要部位≤0.25mm； | 主要部位≤0.25mm，次要部位≤0.3mm | | GB/T7706-2008 | 精度为0.01mm的20倍读数放大镜 |
| | | 条码印刷质量 | | 符号等级≥1.5 | | | GB/T18348-2008 | 条形码检测仪，检测方法见本书第九章 |
| | | 成品图案位置偏差（有对称要求） | 成品尺寸135mm×195mm及以下 | ±0.4mm | ±0.5mm | | GB/T7706-2008 GB/T7705-2008 | 精度为0.02mm的游标卡尺 |
| | | | 成品尺寸135mm×195mm以上 | ±0.8mm | ±1.0mm | | | |
| 4 | 覆膜 | 外观 | | | | 精细产品覆膜无皱折、气泡等，边缘无翘起，一般产品覆膜不能的直径＞0.4mm的气泡，直径≤0.4mm的气泡不超3个； | GB/T7706-2008 | 目测 |

续表

| 检测步骤 | 检测部位 | 检测项 | | | 指标 | | | 标准编号 | 检测方法、工具或仪器 |
|---|---|---|---|---|---|---|---|---|---|
| | | | | | 定量指标 | | 定性 | | |
| | | | | | 精细产品 | 一般产品 | | | |
| 5 | 上光、压光 | 原材料要求* | UV光油 | 黏度允差 | 相同型号允差为±10% | | | GB/T30671-2014 | 使用涂一4杯并按GB/T1723-1993《涂料粘度测定法》中黏度杯法的要求检测 |
| | | | | 最低固化能量 | 最低固化能量≤80mJ/cm² | | | GB/T30671-2014 | 调整固化设备输出能量为80mJ/cm2后，再对UV光油的最低固化能量进行检测 |
| | | | | 固化波长 | 280～420nm | | | GB/T30671-2014 | |
| | | | | 挥发性有机化合物VOCs | ≤20g/kg | | | GB/T30671-2014 | 气相色谱—质谱联用法、原子吸收光谱仪 |
| | | | | 苯类溶剂限量 | A类（适用于烟包等要求严格的产品）：苯≤1mg/kg;甲苯、已苯和二甲苯总和≤100mg/kg | B类（适用于一般产品）：苯≤100mg/kg;甲苯、已苯和二甲苯总和≤2000mg/kg | | GB/T30671-2014 | |
| | | | | 重金属、邻苯二甲酸酯类物质限量 | 符合GB24613《玩具用涂料中有害物质限量》 | | | GB/T30671-2014 | |
| | | | 底油 | 黏度允差 | 相同型号允差为±10% | | | GB/T30671-2014 | 使用涂一4杯并按GB/T1723-1993《涂料粘度测定法》中黏度杯法的要求检测 |

续表

| 检测步骤 | 检测部位 | 检测项 | | | 指标 | | | 标准编号 | 检测方法、工具或仪器 |
|---|---|---|---|---|---|---|---|---|---|
| | | | | | 定量指标 | | 定性 | | |
| | | | | | 精细产品 | 一般产品 | | | |
| 5 | 上光、压光 | 原材料要求* | 底油 | 涂布适性 | | | 良好的涂布适性，能在印刷品表面形成一层均匀、连续的底油层 | GB/T30671-2014 | 目测 |
| | | | | 结合牢度 | | | 与纸张表面和UV光油均具有良好的结合牢度 | GB/T30671-2014 | 胶带压滚机和圆盘剥离试验机 |
| | | | | 挥发性有机化合物$VOC_S$ | ≤500g/kg | | | GB/T30671-2014 | 气相色谱—质谱联用法 |
| | | | | 重金属、邻苯二甲酸酯类物质 | | | 符合GB24613《玩具用涂料中有害物质限量》 | GB/T30671-2014 | |
| | | | 纸质印刷品 | | 纸质印刷品油墨的表面张力≥38mN/m | | 纸张在印刷完成后，上光前的状态应是：表面平整、清洁；油墨已充分干燥； | GB/T30671-2014 | 检测方法见本章第二节相关内容 |
| | | 设备要求* | 紫外线灯 | | 功率≥80W/cm；发射能量≥80mJ/cm$^2$；发射的主波长在280～420nm之间 | | | GB/T30671-2014 | |
| | | | 紫外灯箱 | | 保证印刷品上光后温度在60℃以下 | | 有冷却等辅助功能，保证灯管正常工作 | GB/T30671-2014 | |
| | | | 油槽 | | | | 油槽具有搅拌、加热、过滤功能，并应加盖。 | GB/T30671-2014 | |

续表

| 检测步骤 | 检测部位 | 检测项 | | 指标 | | | 标准编号 | 检测方法、工具或仪器 |
|---|---|---|---|---|---|---|---|---|
| | | | | 定量指标 | | 定性 | | |
| | | | | 精细产品 | 一般产品 | | | |
| 5 | 上光、压光 | 工艺要求* | 上光环境 | 上光车间温度（23±7）℃；相对湿度（60±20）% | | 洁净、避阳光、通风 | GB/T30671-2014 | |
| | | | 上光准备 | 底油、UV光油与纸质印刷品在上光环境中至少放置4h，使之与上光环境温湿度适应后再上光 | | | GB/T30671-2014 | |
| | | | 固化能量 | 印刷品表面吸收紫外线能量不小于80mJ/cm² | | | GB/T30671-2014 | |
| | | | UV光油涂布量 | 3～6g/m² | | ①根据不同的纸质设定涂布量，纸质越疏松涂布量越大；②同批次产品布量应均匀一致 | GB/T30671-2014 | |
| | | | 操作要求 | | | ①纸质印刷品上光前应除粉、压平起平坐；②输纸正确，避免歪斜；③UV光油应避光，温度保持在23℃～50℃。 | GB/T30671-2014 | |
| | | 成品质量要求 | 外观 | | | 上光平实、牢固、不变色、精细产品无污渍点，一般产品无明显污渍点 | GB/T7706-2008 | 目测 |
| | | | | | | 干净、平整、光滑、无明显的外观缺陷 | GB/T30671-2014 | 目测 |

续表

| 检测步骤 | 检测部位 | 检测项 | | | 指标 | | | 标准编号 | 检测方法、工具或仪器 |
|---|---|---|---|---|---|---|---|---|---|
| | | | | | 定量指标 | | 定性 | | |
| | | | | | 精细产品 | 一般产品 | | | |
| 5 | 上光、压光 | 成品质量要求 | 光泽度 | | | | 同一批次印品相同部位的光泽度差别应不大于10GU① | GB/T30671-2014 | 光泽度仪 |
| | | | UV光油与印刷品的结合牢度 | | $A$≥90% | | | GB/T30671-2014 | 胶带压滚机和圆盘剥离试验机 |
| | | | 耐磨性 | | 摩擦50次以上，无明显划痕或摩擦300次，无油墨转移，适合任一项耐磨性为合格 | | | GB/T30671-2014 | 摩擦实验机和反射密度计 |
| | | | 爆线 | | ①不应有宽度≥0.2mm，长度≥1mm的裂痕；<br>②每10cm长度内，宽度＞0.2mm，长度＞1mm的裂痕不超6个 | | | GB/T30671-2014 | 精度为0.02mm的刻度放大镜 |
| | | | 色差 | UV上光后四色实地油墨及纸张空白位的CIELAB $\Delta E_{ab}^{*}$ | 黄≤3.5；品红≤3.5；青≤3.0；黑≤3；空白位≤2.0 | | | GB/T30671-2014 | 分光光度计 |
| | | | 套准 | | 光油套印误差≤0.3mm | | | 参考自烟草行业标准 | 精度为0.01mm的20倍读数放大镜 |
| 6 | 压凹凸 | 外观 | | | | | 精细产品凹凸印轮廓清晰、均匀，纸张纤维无断裂；一般产品凹凸印轮廓基本清晰、均匀，纸张纤维应无断裂 | 可参照GB/T7705-2008 | 目测 |

① 注：一般光泽度75GU以上为高光，光泽度30GU以下为亚光，光泽度在30GU～75GU之间为半亚光。

续表

| 检测步骤 | 检测部位 | 检测项 | | 指标 | | | 标准编号 | 检测方法、工具或仪器 |
|---|---|---|---|---|---|---|---|---|
| | | | | 定量指标 | | 定性 | | |
| | | | | 精细产品 | 一般产品 | | | |
| 6 | 压凹凸 | 套准误差 | | ≤0.3mm | | | CY/T60-2009 | 精度为0.01mm的20倍读数放大镜 |
| | | 凹凸效果 | | | | 同一印品上有多个压凹凸图文或同批产品压凹凸的效果应无明显差异 | CY/T60-2009 | 目测 |
| 7 | 烫印 | 外观 | | | | 烫印表面平实，图文完整清晰，无色变、漏烫、糊版、爆裂、气泡 | CY/T60-2009 | 目测 |
| | | 烫印材料要求* | | 同批同色色差 $\Delta E_{ab}^{*} \leq 1.5$ | | 表面平整清洁，颜色一致 | CY/T60-2009 | 色差仪 |
| | | 套印误差 | | ≤0.3mm | | | CY/T60-2009 | 精度为0.01mm的20倍读数放大镜 |
| | | 同批同色色差 | | $\Delta E_{ab}^{*} \leq 3$ | | | CY/T60-2009 | 分光光度计 |
| | | 结合牢度 | | $A \geq 90\%$ | | | CY/T60-2009 | 胶带压滚机和圆盘剥离试验机 |
| 8 | 模切 | 外观 | | | | 切口光滑、痕线饱满，无污渍、毛边、粘连和爆线，无明显压印痕迹 | CY/T60-2009 | 目测 |
| | | 模切版* | 模切版与设计尺寸误差 | | | ±0.2mm | CY/T59-2009 | 精度为0.01mm的游标卡尺 |
| | | | 模切刀高度 | 高度为23.80mm，允差±0.02mm | | | CY/T59-2009 | 精度为0.01mm的游标卡尺 |

续表

| 检测步骤 | 检测部位 | 检测项 | | 指标 | | | 标准编号 | 检测方法、工具或仪器 |
|---|---|---|---|---|---|---|---|---|
| | | | | 定量指标 | | 定性 | | |
| | | | | 精细产品 | 一般产品 | | | |
| 8 | 模切 | 模切版* | 压痕线宽度要求 | 允差±0.3mm | | 横切纸及纸板：当压痕线与纸张纤维方向平行时，压痕线的宽度应为纸张厚度×1.5+压痕刀厚度；当压痕线与纸张纤维方向垂直时，压痕线的宽度应为纸张厚度×1.3+压痕刀厚度；横切瓦楞纸板，当压痕线与纸张纤维方向平行时，压痕线的宽度应为纸张厚度×2+压痕刀厚度，当压痕线与纸张纤维方向垂直时，取压痕线的宽度应为纸张厚度×2+（0.1mm～0.15mm） | CY/T59-2009 | 精度为0.01mm的游标卡尺 |
| | | 套准允差 | 横切刀版与印张的套准允差 | 允差±0.5mm | | | CY/T59-2009 | 精度为0.01mm的20倍读数放大镜 |
| | | 压痕总体要求 | | | | 根据纸张克重，确定压痕宽度，正比，以确保成型美观或压痕清晰、无暗线、炸线，折叠时压痕处不开裂；压痕深浅和宽度适中 | | 目测 |
| | | 折叠反弹力 | | | | 符合后续加工及使用要求 | CY/T59-2009 | 挺度仪 |

续表

| 检测步骤 | 检测部位 | 检测项 | 指标 | | | 标准编号 | 检测方法、工具或仪器 |
|---|---|---|---|---|---|---|---|
| | | | 定量指标 | | 定性 | | |
| | | | 精细产品 | 一般产品 | | | |
| 9 | 粘合 | 外观 | 折叠偏差不大于纸板厚度的1.5倍 | | ①成型美观，表面平整，无褶皱、擦痕、污渍和爆线；②压合位置准确。成型美观，位置准、牢固（粘合强度大于纸张纤维结合程度，纸板纤维脱落）、不溢胶 | CY/T61-2009 | 目测<br>精度为0.01mm的游标卡尺 |
| | | | 粘位不正≤0.5mm，粘花盒面或溢胶≤0.25mm | | | | |
| | | 粘口（制盒盒片粘接部位） | 粘接部位表面张力≥3.6×10$^{-2}$N/m | | 粘接部位涂层附着牢固（涂层主要指上光油和油墨）；涂胶位置准确，粘接牢固，涂布均匀，不溢胶。 | CY/T61-2009 | 方法见本章第二节相关内容 |
| | | 粘接强度 | 粘接强度≥2.67N/m或黏合剂固化后揭开粘接部位，纸板纤维破损的面积不小于涂布黏合剂面积的50%，并且破损面分布均匀。 | | | CY/T61-2009 | 拉力试验机 |
| | | 折叠纸盒开盒性能 | | | 适合包装设备和被包装物的要求，容易成型，并且平整 | CY/T61-2009 | |

说明：表格中标有“*”的项为需知项。

## 三、判定规则

参照平版装潢印刷品的判定规则执行。

# 第五节 柔性版包装装潢印刷品

## 一、检测条件

（一）检验室温度、湿度：温度为23℃ ±5℃，相对湿度为60% $^{+15}_{-10}$。

（二）试样预处理：在检验室温、湿度条件下，并在无紫外光照射环境中放置时间不少于8小时。

（三）照明条件：CIE标准照明体$D_{65}$要求的光源；观察面上的照度应在500～1500Lx范围内；观察面的照度均匀度应不小于80%。

## 二、检测项目及检测流程

### （一）检测项目

1. 印面外观：脏污和气泡点、图文清晰度、破损和划痕、总体要求。
2. 成品尺寸偏差：模切偏差。
3. 印刷：实地、套印误差、条码印刷质量、成品图案位置偏差。
4. 覆膜：外观。
5. 上光、压光：成品质量要求。
6. 压凹凸：外观、基材要求、套准误差、压凹凸效果。
7. 烫印：外观、基材要求、烫印材料、套印误差、同批同色色差、结合牢度。
8. 模切、压痕：外观、套准误差、压痕总体要求、折叠反弹力、开槽。
9. 粘合：外观、粘口、粘接强度、折叠纸盒开盒性能。
10. 其他要求：手提扣、透气孔等功能性开口位置偏差。

### （二）检测流程

步骤一：检测印面外观

检测项一：脏污和气泡点

标准要求：

（1）纸张类：整洁、平整、无褶皱；精细产品主要部位无条杠、重影、水波纹、糊版、拉丝等。

（2）塑料与金属箔类：整洁、平整、无褶皱；精细产品主要部位无条杠、重影、水波纹、糊版、拉丝等，一般产品部位无明显条杠、重影、水波纹、划伤、糊版和拉丝等。

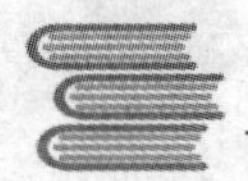



（3）瓦楞纸板类：

①一般产品主要部位硬口宽度不大于0.5mm，次要部位硬口宽度不大于1mm，露底面积不大于所在部位5%。

②整洁、平整、无翘曲；精细产品主要部位无条杠、水波纹、糊版、硬口、露底；次要部位无明显条杠、水波纹、糊版、硬口、露底；一般产品主要部位无明显条杠，水波纹，糊版，露底。

检测项二：图文清晰度

标准要求：

（1）纸张类：精细产品文字无缺笔断划；图像网点清晰、均匀；小于6.5P（小6号）的字应不影响认读。一般产品文字清晰完整；图像网点基本清晰、均匀；小于6.5P（6号）的字不影响认读。

（2）塑料与金属箔类：精细产品文字清晰完整、无缺笔断划；图像应网点清晰、均匀；小于6.5P（小6号）的字应不影响认读。一般产品文字清晰完整；图像网点基本清晰、均匀；小于6.5P（小6号）的字不影响认读。

（3）瓦楞纸板类：精细产品文字清晰完整、无残缺变形；图像网点清晰、层次清楚、均匀、无变形和残缺；小于7.5P（小6号）的字应不影响认读。一般产品文字清晰完整；图像网点基本清晰、层次清楚，无明显残缺和糊版；小于9P（5号）的字应不影响认读。

检测项三：破损和划痕

标准要求：无破损、划伤、划痕和破损。

检测项四：总体要求

标准要求：

（1）纸张类：

①精细产品覆膜牢固，无褶皱、卷曲、起泡、起膜、亏膜、划痕等；烫印牢固，无色变、漏烫、糊版、爆裂、气泡等；压凹凸轮廓清晰，凹凸效果无明显差异；上光表面干净、平整、光滑、完好，无花斑、褶皱现象；模切切口光滑、痕线饱满，无污渍、毛边、粘连和爆线，无胶条印痕和底模痕。

②一般产品覆膜牢固，无明显褶皱、卷曲、起泡、起膜、亏膜、划痕等；烫印牢固，无明显色变、漏烫、糊版、爆裂、气泡等；压凹凸轮廓基本清晰，凹凸效果无明显差异；上光表面干净、平整、光滑、完好，无花斑、褶皱现象；模切切口基本光滑、痕线饱满，无污渍、毛边、粘连和爆线，无胶条印痕和底模痕。

（2）塑料与金属箔类：

①精细产品覆膜牢固，无褶皱、卷曲、起泡、起膜、亏膜、划痕等；烫印牢固，无色变、漏烫、糊版、爆裂、气泡等；上光表面干净、平整、光滑、完好，无花斑、褶皱现象；模切切口光滑、痕线饱满，无污渍、毛边、粘连和爆线，无胶条印痕和底模痕。

②一般产品覆膜牢固，无明显褶皱、卷曲、起泡、起膜、亏膜、划痕等；烫印牢固，无明显色变、漏烫、糊版、爆裂、气泡等；上光表面干净、平整、光滑、完好，无花斑、褶皱现象；模切切口基本光滑、痕线饱满，无污渍、毛边、粘连和爆线，无胶条印痕和底模痕。

（3）瓦楞纸板类：

①精细产品上光表面干净、平整、光滑、完成，无花斑现象；模切切口光滑、痕线饱满，无污渍、毛边、粘连和爆线，无胶条印痕和底模痕。

②一般产品上光表面干净、平整、光滑、完好、无花斑现象。模切切口基本光滑、痕线饱满，无污渍、毛边、粘连和爆线，无明显胶条印痕和底模痕。

相关标准：GB/T 17497.1－2012《柔性版装潢印刷品 第1部分：纸张类》
GB/T 17497.2－2012《柔性版装潢印刷品 第2部分：塑料与金属箔类》
GB/T 17497.3－2012《柔性版装潢印刷品 第3部分：瓦楞纸板类》

检测工具和方法：

（1）脏污和气泡点的检测。用精度为0.01mm的20倍读数放大镜测量。

（2）图文清晰度、破损和划痕、总体要求的检测。用目测法判断。

## 步骤二：检测成品尺寸偏差

检测项：模切尺寸偏差

标准要求：

（1）纸张类、塑料与金属箔类：精细产品≤0.5mm、一般产品≤1mm。

（2）瓦楞纸板类：见表7－4。

**表7－4 瓦楞纸板成品尺寸允差表**

（单位：mm）

| | | | |
|---|---|---|---|
| 综合尺寸（纸箱长、宽、高之和）≤1400 | 纸板厚度≤4.9 | 精细产品：纵向±3，横向±2 | 一般产品：纵向±4，横向±3 |
| | 纸板厚度>4.9 | 精细产品：纵向±4，横向±3 | 一般产品：纵向±5，横向±4 |
| 综合尺寸（纸箱长、宽、高之和）>1400 | 纸板厚度≤4.9 | 精细产品：纵向±4，横向±3 | 一般产品：纵向±5，横向±4 |
| | 纸板厚度>4.9 | 精细产品：纵向±5，横向±4 | 一般产品：纵向±6，横向±5 |

相关标准：GB/T 17497.1－2012《柔性版装潢印刷品 第1部分：纸张类》
GB/T 17497.2－2012《柔性版装潢印刷品 第2部分：塑料与金属箔类》
GB/T 17497.3－2012《柔性版装潢印刷品 第3部分：瓦楞纸板类》

检测仪器：精度为0.02mm的游标卡尺。

检测方法：在有尺寸规定的模切成品试样部测出其长度（精确至0.1mm），与规定尺寸之差作为该成品规格尺寸的偏差值。

## 步骤三：印刷要求

检测项一：实地

标准要求：

（1）同批同色色差。

①纸张类：

A. 涂料纸：精细产品 $L^* > 50$，$\Delta E_{ab}^* \leqslant 3.5$；$L^* \leqslant 50$，$\Delta E_{ab}^* \leqslant 3$。

一般产品 $L^* > 50$，$\Delta E_{ab}^* \leqslant 4.5$；$L^* \leqslant 50$，$\Delta E_{ab}^* \leqslant 4$。

B. 非涂料纸：精细产品 $L^* > 50$，$\Delta E_{ab}^* \leqslant 5$；$L^* \leqslant 5$，$\Delta E_{ab}^* \leqslant 4$。

一般产品 $L^* > 50$，$\Delta E_{ab}^* \leqslant 5$；$L^* \leqslant 6$，$\Delta E_{ab}^* \leqslant 5$。

②塑料与金属箔类：

A. 塑　料：精细产品 $L^* > 50$，$\Delta E_{ab}^* \leqslant 3.5$；$L^* \leqslant 5$，$\Delta E_{ab}^* \leqslant 3$。

一般产品 $L^* > 50$，$\Delta E_{ab}^* \leqslant 5$；$L^* \leqslant 4$，$\Delta E_{ab}^* \leqslant 3.5$。

B. 金属箔：精细产品 $L^* > 50$，$\Delta E_{ab}^* \leqslant 4$；$L^* \leqslant 50$，$\Delta E_{ab}^* \leqslant 4$。

一般产品 $L^* > 50$，$\Delta E_{ab}^* \leqslant 4.5$；$L^* \leqslant 6$，$\Delta E_{ab}^* \leqslant 4$。

③瓦楞纸板类：

A. 精细产品 $L^* > 50$，$\Delta E_{ab}^* \leqslant 6$；$L^* \leqslant 50$，$\Delta E_{ab}^* \leqslant 5$。

B. 一般产品 $L^* > 50$，$\Delta E_{ab}^* \leqslant 7$；$L^* \leqslant 6$，$\Delta E_{ab}^* \leqslant 6$。

（2）墨层耐磨性。

①纸张类：反射密度计法：≥70%；目测法：印面墨层无露底（掉色）或摩擦纸面上无染色。

②瓦楞纸板类：反射密度计法：≥40%，上光后≥60%；目测法：印面墨层无露底（掉色）或摩擦纸面上无染色。

（3）墨层结合牢度。塑料与金属箔类：$A \geqslant 95\%$。

（4）墨层耐水性。瓦楞纸板类浸泡后的水溶液无颜色变化。

检测项二：套印误差

标准要求：

（1）纸张类。

①涂料纸：精细产品的主要部位≤0.2mm，次要部位≤0.3mm；一般产品的主要部位≤0.3mm，次要部位≤0.5mm。

②非涂料纸：精细产品的主要部位≤0.3mm，次要部位≤0.4mm；一般产品的主要部位≤0.3mm，次要部位≤0.5mm。

（2）塑料与金属箔类。

①精细产品的主要部位≤0.2mm，次要部位≤0.3mm。

②一般产品的主要部位≤0.3mm，次要部位≤0.5mm。

（3）瓦楞纸板类。

①精细产品的主要部位≤0.5mm，次要部位≤0.1mm。

②一般产品的主要部位≤1.5mm，次要部位≤2mm。

检测项三：条码印刷质量

标准要求：符号等级≥1.5（EAN－13、EAN－8、UPC－A、UPC－E）；一般建议为2.5，但也有客户要求2.5以上。

检测项四：成品图案位置偏差

标准要求：瓦楞纸板类。成品规格≤1400mm：精细产品±2mm，一般产品±4mm；成品规格>1400mm：精细产品±3mm，一般产品±6mm。

相关标准：GB/T 17497.1－2012《柔性版装潢印刷品　第1部分：纸张类》
GB/T 17497.2－2012《柔性版装潢印刷品　第2部分：塑料与金属箔类》
GB/T 17497.3－2012《柔性版装潢印刷品　第3部分：瓦楞纸板类》
GB/T 18348－2008《条码符号印制质量的检验》

检测仪器和方法：

（1）实地的检测。

①同批同色色差的检测。使用符合 GB/T 19437 的分光光度计（色度计），按 GB/T 18722 的规定进行。在试样中任选一张作为基准样张，用分光光度计先测出其 CIELAB 均匀色空间的 $L^*$、$a^*$、$b^*$ 值，然后分别测出其余试样与基准样张同色同部位的色差。比较试样各色同批同色色差，以最大值作为该试样同批同色色差。

②墨层耐磨性的检测。使用反射密度计法（摩擦检验机结合反射密度计）或目测法检测。

③墨层结合牢度的检测。使用胶带压滚机和圆盘剥离试验机检测。

④墨层耐水性的检测。检验工具，白色盛水容器一个。步骤：印样（瓦楞纸类产品）放置24小时后，裁切其印刷图文处50mm×100mm 作为试样；盛水容器中注入蒸馏水500ml，水温为25±2℃；将试样浸没于容器水中，30分钟后取出。目测白色容器中的水的颜色的变化。

（2）套印误差的检测。用精度为0.01mm 的20倍读数放大镜检测。

（3）条码印刷质量的检测。用条码检测仪检测。

（4）成品图案位置偏差的检测。用精度为0.02mm 的游标卡尺检测。

## 步骤四：检测覆膜

塑料与金属箔类应符合 GB/T 21302《包装用复合膜、袋通则》

## 步骤五：检测上光、压光

参见平版包装装潢印刷品质量要求，或见表7－5。

## 步骤六：检测压凹凸

参见平版包装装潢印刷品质量要求，或见表7－5。

## 步骤七：检测烫印

检测项一：外观
标准要求：参见平版包装装潢印刷品质量要求，或见表7－5。
检测项二：基材要求
标准要求：参见平版包装装潢印刷品质量要求，或见表7－5。
检测项三：烫印材料
标准要求：参见平版包装装潢印刷品质量要求，或见表7－5。

检测项四：套印误差

标准要求：

（1）纸张类：精细产品≤0.3mm；一般产品≤1mm。

（2）塑料与金属箔类：精细产品≤0.3mm；一般产品≤1mm。

相关标准：GB/T 17497.1－2012《柔性版装潢印刷品 第1部分：纸张类》
GB/T 17497.2－2012《柔性版装潢印刷品 第2部分：塑料与金属箔类》

检测工具、仪器和方法：参见平版包装装潢印刷品检测的相关内容。

### 步骤八：检测模切、压痕

检测项一：外观

标准要求：参见平版包装装潢印刷品质量要求，或见表7－5。

检测项二：模切版要求

标准要求：参见平版包装装潢印刷品质量要求，或见表7－5。

检测项三：套准误差

标准要求：参见平版包装装潢印刷品质量要求，或见表7－5。

检测项四：压痕总体要求

标准要求：压痕线（瓦楞纸板类产品）饱满均匀，居中，无破裂断线。

检测项五：折叠反弹力

标准要求：参见平版包装装潢印刷品质量要求，或见表7－5。

检测项六：开槽

标准要求：切断口表面残损宽度不得超过8mm。

相关标准：GB/T 17497.3－2012《柔性版装潢印刷品 第3部分：瓦楞纸板类》

检测工具、仪器和方法：参见平版包装装潢印刷品检测的相关内容。

### 步骤九：检测粘合

参见平版包装装潢印刷品质量要求，或见表7－5。

### 步骤十：检测其他要求

检测项：手提扣、透气孔等功能性开口位置偏差（瓦楞纸板类）

标准要求：

（1）成品规格≤1400：精细产品±2mm，一般产品±4mm。

（2）成品规格>1400mm：精细产品±3mm，一般产品±6mm。

相关标准：GB/T 17497.3－2012《柔性版装潢印刷品 第3部分：瓦楞纸板类》

检测工具、仪器和方法：按GB/T 17497.3－2012《柔性版装潢印刷品 第3部分：瓦楞纸板类》6.10的方法检测。

## 三、判定规则

参照平版装潢印刷品的判定规则执行。

表7-5 柔性版包装装潢印刷品检测流程表

| 检测步骤 | 检测部位 | 检测项 | | 指标：定量指标：精细产品 | 指标：定量指标：一般产品 | 指标：定性 | 标准编号 | 检测方法、工具或仪器 |
|---|---|---|---|---|---|---|---|---|
| 1 | 外观 | 脏污和气泡点 | 纸张类 | | | 整洁、平整、无褶皱；精细产品主要部位无条杠、重影、水波纹、糊版、拉丝等 | GB/T17497.1-2012 | 目测、精度为0.01mm的20倍读数放大镜 |
| | | | 塑料与金属箔类 | | | 整洁、平整、无褶皱；精细产品主要部位无条杠、重影、水波纹、糊版、拉丝等，一般产品部位无明显条杠、重影、水波纹、划伤、糊版和拉丝等 | GB/T17497.1-2012 | 目测、精度为0.01mm的20倍读数放大镜 |
| | | | 瓦楞纸板类 | | 主要部位硬口宽度不大于0.5mm，次要部位硬口宽度不大于1mm，露底面积不大于所在部位5%。 | 整洁、平整、无翘曲；精细产品主要部位无条杠、水波纹、糊版、硬口、露底；次要部位无明显条杠、水波纹、糊版、硬口、露底；一般产品主要部位无明显条杠，水波纹，糊版，露底。 | GB/T17497.1-2012 | 目测、精度为0.01mm的20倍读数放大镜 |
| | | 图文清晰度 | 纸张类 | 小于6.5P（小6号）的字应不影响认读 | 小于6.5P（6号）的字不影响认读 | ①精细产品文字无缺笔断划；图像网点清晰、均匀。②一般产品文字清晰完整；图像网点基本清晰、均匀 | GB/T17497.1-2012 | 目测 |
| | | | 塑料与金属箔类 | 小于6.5P（小6号）的字应不影响认读 | 小于6.5P（小6号）的字不影响认读 | ①精细产品文字清晰完整、无缺笔断划；图像应网点清晰、均匀。②一般产品文字清晰完整；图像网点基本清晰、均匀 | GB/T17497.1-2012 | 目测 |
| | | | 瓦楞纸板类 | 小于7.5P（小6号）的字应不影响认读 | 小于9P（5号）的字应不影响认读 | ①精细产品文字清晰完整、无残缺变形；图像网点清晰、层次清楚、均匀、无变形和残缺。②一般产品文字清晰完整；图像网点基本清晰、层次清楚，无明显残缺和糊版 | GB/T17497.1-2012 | 目测 |

续表

| 检测步骤 | 检测部位 | 检测项 | | 指标 | | | 标准编号 | 检测方法、工具或仪器 |
|---|---|---|---|---|---|---|---|---|
| | | | | 定量指标 | | 定性 | | |
| | | | | 精细产品 | 一般产品 | | | |
| 1 | 外观 | 破损和划痕 | | | | 无破损、划伤和划痕 | GB/T7706-2008 | 目测 |
| | | 总体要求 | 纸张类 | | | ①精细产品覆膜牢固，无褶皱、卷曲、起泡、起膜、亏膜、划痕等；烫印牢固，无色变、漏烫、糊版、爆裂、气泡等；压凹凸轮廓清晰，凹凸效果无明显差异；上光表面干净、平整、光滑、完好，无花斑、褶皱现象；模切切口光滑、痕线饱满，无污渍、毛边、粘连和爆线，无胶条印痕和底模痕。②一般产品覆膜牢固，无明显褶皱、卷曲、起泡、起膜、亏膜、划痕等；烫印牢固，无明显色变、漏烫、糊版、爆裂、气泡等；压凹凸轮廓基本清晰，凹凸效果无明显差异；上光表面干净、平整、光滑、完好，无花斑、褶皱现象；模切切口基本光滑、痕线饱满，无污渍、毛边、粘连和爆线，无胶条印痕和底模痕 | GB/T17497.1-2012 | 目测 |
| | | | 塑料与金属箔类 | | | ①精细产品覆膜牢固，无褶皱、卷曲、起泡、起膜、亏膜、划痕等；烫印牢固，无色变、漏烫、糊版、爆裂、气泡等；上光表面干净、平整、光滑、 | GB/T17497.2-2012 | 目测 |

续表

| 检测步骤 | 检测部位 | 检测项 | | 指标 | | | 标准编号 | 检测方法、工具或仪器 |
|---|---|---|---|---|---|---|---|---|
| | | | | 定量指标 | | 定性 | | |
| | | | | 精细产品 | 一般产品 | | | |
| 1 | 外观 | 总体要求 | 塑料与金属箔类 | | | 完好，无花斑、褶皱现象；模切切口光滑、痕线饱满，无污渍、毛边、粘连和爆线，无胶条印痕和底模痕。②一般产品覆膜牢固，无明显褶皱、卷曲、起泡、起膜、亏膜、划痕等；烫印牢固，无明显色变、漏烫、糊版、爆裂、气泡等；上光表面干净、平整、光滑、完好，无花斑、褶皱现象；模切切口基本光滑、痕线饱满，无污渍、毛边、粘连和爆线，无胶条印痕和底模痕 | GB/T 17497.2-2012 | 目测 |
| | | | 瓦楞纸板类 | | | ①精细产品上光表面干净、平整、光滑、完成，无花斑现象；模切切口光滑、痕线饱满，无污渍、毛边、粘连和爆线，无胶条印痕和底模痕。②一般产品上光表面干净、平整、光滑、完好、无花斑现象。模切切口基本光滑、痕线饱满，无污渍、毛边、粘连和爆线，无明显胶条印痕和底模痕。 | GB/T17497.3-2012 | 目测 |
| 2 | 成品规格尺寸 | 模切偏差 | 纸张类 | ≤0.5mm | ≤1mm | | GB/T17497.1-2012 | 精度为0.02mm的游标卡尺 |
| | | | 塑料与金属箔类 | ≤0.5mm | ≤1mm | | GB/T17497.2-2012 | |

续表

| 检测步骤 | 检测部位 | 检测项 | | | | 指标 | | | 标准编号 | 检测方法、工具或仪器 |
|---|---|---|---|---|---|---|---|---|---|---|
| | | | | | | 定量指标 | | 定性 | | |
| | | | | | | 精细产品 | 一般产品 | | | |
| 2 | 成品规格尺寸 | 模切偏差 | 瓦楞纸板类 | 综合尺寸（纸箱长、宽、高之和）≤1400mm | 纸板厚度≤4.9mm | 纵向±3mm，横向±2mm | 纵向±4mm，横向±3mm | | GB/T17497.3-2012 | 精度为0.02mm的游标卡尺 |
| | | | | | 纸板厚度>4.9mm | 纵向±4mm，横向±3mm | 纵向±5mm，横向±4mm | | | |
| | | | | 综合尺寸（纸箱长、宽、高之和）>1400mm | 纸板厚度≤4.9mm | 纵向±4mm，横向±3mm | 纵向±5mm，横向±4mm | | | |
| | | | | | 纸板厚度>4.9mm | 纵向±5mm，横向±4mm | 纵向±6mm，横向±5mm | | | |
| 3 | 印刷 | 实地 | 同批同色色差CIE $L^*a^*b$ | 纸张类 | 涂料纸 | $L^*>50$，$\Delta E_{ab}^*\leqslant3.5$；$L^*\leqslant50$，$\Delta E_{ab}^*\leqslant3$ | $L^*>50$，$\Delta E_{ab}^*\leqslant4.5$；$L^*\leqslant50$，$\Delta E_{ab}^*\leqslant4$ | | GB/T17497.1-2012 | 分光光度计 |
| | | | | | 非涂料纸 | $L^*>50$，$\Delta E_{ab}^*\leqslant5$；$L^*\leqslant5$，$\Delta E_{ab}^*\leqslant4$ | $L^*>50$，$\Delta E_{ab}^*\leqslant5$；$L^*\leqslant6$，$\Delta E_{ab}^*\leqslant5$ | | | |
| | | | | 塑料与金属箔类 | 塑料 | $L^*>50$，$\Delta E_{ab}^*\leqslant5$；$L^*\leqslant5$，$\Delta E_{ab}^*\leqslant3$ | $L^*>50$，$\Delta E_{ab}^*\leqslant5$；$L^*\leqslant4$，$\Delta E_{ab}^*\leqslant3.5$ | | GB/T17497.2-2012 | |

续表

| 检测步骤 | 检测部位 | 检测项 | | | | 指标 | | | 标准编号 | 检测方法、工具或仪器 |
|---|---|---|---|---|---|---|---|---|---|---|
| | | | | | | 定量指标 | | 定性 | | |
| | | | | | | 精细产品 | 一般产品 | | | |
| 3 | 印刷 | 实地 | 同批同色色差CIE $L^*a^*b$ | 塑料与金属箔类 | 金属箔 | $L^*>50$，$\Delta E_{ab}^*\leqslant 4$；$L^*\leqslant 50$，$\Delta E_{ab}^*\leqslant 4$ | $L^*>50$，$\Delta E_{ab}^*\leqslant 4.5$；$L^*\leqslant 6$，$\Delta E_{ab}^*\leqslant 4$ | | GB/T17497.2-2012 | |
| | | | | 瓦楞纸板类 | | $L^*>50$，$\Delta E_{ab}^*\leqslant 6$；$L^*\leqslant 50$，$\Delta E_{ab}^*\leqslant 5$ | $L^*>50$，$\Delta E_{ab}^*\leqslant 7$；$L^*\leqslant 6$，$\Delta E_{ab}^*\leqslant 6$ | | GB/T17497.3-2012 | |
| | | | 墨层耐磨性 | 纸张类 | | 反射密度计法：≥70；目测法：印面墨层无露底（掉色）或磨擦纸面上无染色 | | | GB/T17497.1-2012 | 摩擦试验机和反射密度计 |
| | | | | 瓦楞纸板类 | | 反射密度计法：$A_S\geqslant 40\%$，上光后$A_S\geqslant 60\%$；目测法：印面墨层无露底（掉色）或磨擦纸面上无染色 | | | GB/T17497.3-2012 | |
| | | | 墨层结合牢度 | 塑料与金属箔类 | | $A\geqslant 95\%$ | | | GB/T17497.2-2012 | 胶带压滚机和圆盘剥离试验机 |
| | | | 墨层耐水性 | 瓦楞纸板类 | | 浸泡半小时后的水溶液无颜色变化 | | | GB/T17497.3-2012 | 检测方法见本节检测步骤三相关内容 |

续表

| 检测步骤 | 检测部位 | 检测项 | | | 指标 | | | 标准编号 | 检测方法、工具或仪器 |
|---|---|---|---|---|---|---|---|---|---|
| | | | | | 定量指标：精细产品 | 定量指标：一般产品 | 定性 | | |
| 3 | 印刷 | 套印误差 | 纸张类 | 涂料纸 | 主要部位≤0.2mm，次要部位≤0.3mm | 主要部位≤0.3mm，次要部位≤0.5mm | | GB/T17497.1-2012 | 精度为0.01mm的20倍读数放大镜 |
| | | | | 非涂料纸 | 主要部位≤0.3mm，次要部位≤0.4mm | 主要部位≤0.3mm，次要部位≤0.5mm | | | 精度为0.01mm的20倍读数放大镜 |
| | | | 塑料与金属箔类 | | 主要部位≤0.2mm，次要部位≤0.3mm | 主要部位≤0.3mm，次要部位≤0.5mm | | GB/T17497.2-2012 | 精度为0.01mm的20倍读数放大镜 |
| | | | 瓦楞纸板类 | | 主要部位≤0.5mm，次要部位≤1mm | 主要部位≤1.5mm，次要部位≤2mm | | GB/T17497.3-2012 | 精度为0.01mm的20倍读数放大镜 |
| | | 条形码印刷质量 | | | 符号等级≥1.5 | | | GB/T18348-2008 | 条形码检测仪 |
| | | 成品图案位置偏差（有对称要求） | 瓦楞纸板类 | 成品规格≤1400mm | ±2mm | ±4mm | | GB/T17497.3-2012 | 精度为0.02mm的游标卡尺 |
| | | | | 成品规格＞1400mm | ±3mm | ±6mm | | | |

续表

| 检测步骤 | 检测部位 | 检测项 | | | 指标 | | | 标准编号 | 检测方法、工具或仪器 |
|---|---|---|---|---|---|---|---|---|---|
| | | | | | 定量指标 | | 定性 | | |
| | | | | | 精细产品 | 一般产品 | | | |
| 4 | 覆膜 | 外观 | 塑料与金属箔类 | | | | | GB/T21302 | 目测 |
| 5 | 上光、压光 | 原材料要求* | UV光油 | 黏度允差 | 相同型号允差为±10% | | | GB/T30671-2014 | 使用涂-4杯并按GB/T1723-1993《涂料粘度测定法》中黏度杯法的要求检测 |
| | | | | 最低固化能量 | 最低固化能量≤80mJ/cm² | | | GB/T30671-2014 | 调整固化设备输出能量为80mJ/cm²后，再对UV光油的最低固化能量进行检测 |
| | | | | 固化波长 | 280～420nm | | | GB/T30671-2014 | |
| | | | | 挥发性有机化合物$VOC_S$ | ≤20g/kg | | | GB/T30671-2014 | 气相色谱—质谱联用法、原子吸收光谱仪 |
| | | | | 苯类溶剂限量 | A类（适用于烟包等要求严格的产品）：苯≤1mg/kg；甲苯、已苯和二甲苯总和≤100mg/kg | B类（适用于一般产品）：苯≤100mg/kg；甲苯、已苯和二甲苯总和≤2000mg/kg | | GB/T30671-2014 | |

续表

| 检测步骤 | 检测部位 | 检测项 | | | 指标 | | | 标准编号 | 检测方法、工具或仪器 |
|---|---|---|---|---|---|---|---|---|---|
| | | | | | 定量指标 | | 定性 | | |
| | | | | | 精细产品 | 一般产品 | | | |
| 5 | 上光、压光 | 原材料要求* | | 重金属、邻苯二甲酸酯类物质限量 | | | | GB/T30671-2014 | 气相色谱—质谱联用法、原子吸收光谱仪 |
| | | | 底油 | 黏度允差 | 相同型号允差为±10% | | | GB/T30671-2014 | 使用涂-4杯并按GB/T1723-1993《涂料粘度测定法》中黏度杯法的要求检测 |
| | | | | 涂布适性 | | | 良好的涂布适性，能在印刷品表面形成一层均匀、连续的底油层 | GB/T30671-2014 | 目测 |
| | | | | 结合牢度 | | | 与纸张表面和UV光油均具有良好的结合牢度 | GB/T30671-2014 | 胶带压滚机和圆盘剥离试验机 |
| | | | | 挥发性有机化合物$VOC_S$ | ≤500g/kg | | | GB/T30671-2014 | 气相色谱—质谱联用法、原子吸收光谱仪 |
| | | | | 重金属、邻苯二甲酸酯类物质 | | | | GB/T30671-2014 | |

续表

| 检测步骤 | 检测部位 | | 检测项 | 指标 | | | 标准编号 | 检测方法、工具或仪器 |
|---|---|---|---|---|---|---|---|---|
| | | | | 定量指标 | | 定性 | | |
| | | | | 精细产品 | 一般产品 | | | |
| 5 | 上光、压光 | 设备要求* | 上光前纸质印刷品状态 | 纸质印刷品油墨的表面张力≥38mN/m | | 纸张在印刷完成后，上光前的状态应是：表面平整、清洁；油墨已充分干燥； | GB/T30671-2014 | 检测方法见本章第二节相关内容 |
| | | | 紫外线灯 | 功率≥80W/cm；发射能量≥80mJ/cm$^2$；发射的主波长在280～420nm之间 | | | GB/T30671-2014 | |
| | | | 紫外灯箱 | 保证印刷品上光后温度在60℃以下 | | 应有冷却等辅助功能，保证灯管正常工作 | GB/T30671-2014 | |
| | | | 油槽 | | | 油槽具有搅拌、加热、过滤功能，并应加盖。 | GB/T30671-2014 | |
| | | 工艺要求* | 上光环境 | 上光车间温度（23±7）℃；相对湿度（60±20）% | | 洁净、避阳光、通风 | GB/T30671-2014 | |
| | | | 上光准备 | | | 底油、UV光油与纸质印刷品在上光环境中至少放置4h，使之与上光环境温湿度适应后再上光 | GB/T30671-2014 | |
| | | | 固化能量 | 印刷品表面吸收紫外线能量不小于80mJ/cm$^2$ | | | GB/T30671-2014 | |
| | | | UV光油涂布量 | 3～6g/m$^2$ | | ①根据不同的纸质设定涂布量，纸质越疏松涂布量越大；②同批次产品布量应均匀一致 | GB/T30671-2014 | |
| | | | 操作要求 | | | ①纸质印刷品上光前应除粉、压平起平坐；②输纸正确，避免歪斜；③UV光油应避光，温度保持在23℃～50℃。 | GB/T30671-2014 | |

续表

| 检测步骤 | 检测部位 | 检测项 | | | 指标 | | | 标准编号 | 检测方法、工具或仪器 |
|---|---|---|---|---|---|---|---|---|---|
| | | | | | 定量指标 | | 定性 | | |
| | | | | | 精细产品 | 一般产品 | | | |
| 5 | 上光、压光 | 成品质量要求 | 外观 | | | | 干净、平整、光滑、无明显的外观缺陷 | GB/T30671-2014 | 目测 |
| | | | 光泽度 | | 同一批次印品相同部位的光泽度差别应不大于10GU[①] | | | GB/T30671-2014 | 光泽度仪 |
| | | | UV光油与印刷品的结合牢度 | | $A\geqslant 90\%$ | | | GB/T30671-2014 | 胶带压滚机和圆盘剥离试验机 |
| | | | 耐磨性 | | UV光油$A_S\geqslant 70\%$；水性光油$A_S\geqslant 40\%$ | | | GB/T30671-2014 | 摩擦实验机和反射密度计 |
| | | | 爆线 | | ①不应有宽度≥0.2mm，长度≥1mm的裂痕；②每10cm长度内，宽度＞0.2mm，长度＞1mm的裂痕不超6个 | | | GB/T30671-2014 | 精度为0.02mm的刻度放大镜 |
| | | | 色差 | UV上光后四色实地油墨及纸张空白位的CIElab$\Delta E_{ab}^*$ | 黄≤3.5；品红≤3.5；青≤3.0；黑≤3.0；空白位≤2.0 | | | GB/T30671-2014 | 分光光度计 |
| | | | 套印误差 | | 光油套印误差≤0.3mm | | | | 精度为0.01mm的20倍读数放大镜 |
| 6 | 压凹凸 | | 外观 | | 凹凸印轮廓清晰、均匀，纸张纤维无断裂 | 凹凸印轮廓基本清晰、均匀，纸张纤维应无断裂；同一印品上有多个压凹凸图文或同批产品压凹凸的效果应无明显差异 | | 可参考GB/T7705-2008 | 目测 |

① 注：一般光泽度75GU以上为高光，光泽度30GU以下为亚光，光泽度在30～75GU之间为半亚光。

续表

| 检测步骤 | 检测部位 | 检测项 | | 指标 | | | 标准编号 | 检测方法、工具或仪器 |
|---|---|---|---|---|---|---|---|---|
| | | | | 定量指标 | | 定性 | | |
| | | | | 精细产品 | 一般产品 | | | |
| 6 | 压凹凸 | 基材要求 | | 表面张力≥3.6×$10^{-2}$N/m | | 表面平整清洁，无脏点瑕疵 | CY/T60-2009 | 检测方法见本章第二节相关内容 |
| | | 套准允差 | | ≤0.3mm | | | CY/T60-2009 | 精度为0.01mm的20倍读数放大镜 |
| | | 压凹凸效果 | | | | 同一印品上有多个压凹凸图文或同批产品压凹凸的效果应无明显差异 | CY/T60-2009 | 目测 |
| 7 | 烫印 | 外观 | | | | 烫印表面平实，图文完整清晰，无色变、漏烫、糊版、爆裂、气泡 | | 目测 |
| | | 基材要求 | | 表面张力≥3.6×$10^{-2}$N/m | | 表面平整清洁，无脏点瑕疵 | CY/T60-2009 | 检测方法见本章第二节相关内容 |
| | | 烫印材料要求 | | 同批同色色差$\Delta E_{ab}^{*}\leq1.5$ | | 表面平整清洁，颜色一致 | | 色差仪 |
| | | 套印误差 | 纸张类 | ≤0.3mm | ≤1.0mm | | GB/T17497.1-2012 | 精度为0.01mm的20倍读数放大镜 |
| | | | 塑料与金属箔类 | ≤0.3mm | ≤1.0mm | | GB/T17497.2-2012 | |
| | | 同批同色色差 | | $\Delta E_{ab}^{*}\leq3$ | | | CY/T60-2009 | 分光光度计 |
| | | 结合牢度 | | $A\geq90\%$ | | | CY/T60-2009《纸质印刷品烫印与压凹凸过程控制及检测方法》6.2 | 胶带压滚机和圆盘剥离试验机 |

续表

| 检测步骤 | 检测部位 | 检测项 | | 指标 | | | 标准编号 | 检测方法、工具或仪器 |
|---|---|---|---|---|---|---|---|---|
| | | | | 定量指标 | | 定性 | | |
| | | | | 精细产品 | 一般产品 | | | |
| 8 | 模切、压痕 | 外观 | | | | 切口光滑、痕线饱满，无污渍、毛边、粘连和爆线，无明显压印痕迹 | CY/T60-2009 | 目测 |
| | | 模*切版 | 模切版与设计尺寸误差 | ±0.2mm | | | CY/T59-2009 | 精度为0.01mm的游标卡尺 |
| | | | 模切刀高度 | 高度为23.80mm，允差±0.02mm | | | CY/T59-2009 | 精度为0.01mm的游标卡尺 |
| | | | 压痕线宽度要求 | 允差±0.3mm | | 横切纸及纸板：当压痕线与纸张纤维方向平行时，压痕线的宽度应为纸张厚度×1.5+压痕刀厚度；当压痕线与纸张纤维方向垂直时，压痕线的宽度应为纸张厚度×1.3+压痕刀厚度；横切瓦楞纸板，当压痕线与纸张纤维方向平行时，压痕线的宽度应为纸张厚度×2+压痕刀厚度，当压痕线与纸张纤维方向垂直时，取压痕线的宽度应为纸张厚度×2+（0.1mm～0.15mm） | CY/T59-2009 | 精度为0.01mm的游标卡尺 |
| | | 套准允差 | 横切刀版与印张的套准允差 | ±0.5mm | | | CY/T59-2009 | 精度为0.01mm的20倍读数放大镜 |
| | | 压痕总体要求 | 瓦楞纸板类 | | | 压痕线饱满均匀，居中，无破裂断线 | GB/T17497.1-2012 | 目测 |
| | | 压痕总体要求 | | | | 根据纸张克重，确定压痕宽度，正比，以确保成型美观/压痕清晰、无暗线、炸线，折叠时压痕处不开裂；压痕深浅和宽度适中 | | |

说明：表格中标有“*”的项为需知项

续表

| 检测步骤 | 检测部位 | 检测项 | | 指标 | | | 标准编号 | 检测方法、工具或仪器 |
|---|---|---|---|---|---|---|---|---|
| | | | | 定量指标 | | 定性 | | |
| | | | | 精细产品 | 一般产品 | | | |
| 8 | 模切、压痕 | 折叠反弹力 | | | | 符合后续加工及使用要求 | CY/T59-2009 | 挺度仪 |
| | | 开槽 | 瓦楞纸板类 | 切断口表面残损宽度不得超过8mm | | | GB/T17497.3-2012 | 精度为0.5mm的钢板尺 |
| 9 | 粘合 | 外观 | | 折叠偏差不大于纸板厚度的1.5倍 | | ①成型美观，表面平整，无褶皱、擦痕、污渍和爆线；②压合位置准确。 | CY/T61-2009 | 目测<br>精度为0.01mm的游标卡尺 |
| | | | | 粘位不正≤0.5mm，粘花盒面或溢胶≤0.25mm | | | | |
| | | 粘口（制盒盒片粘接部位） | | 粘接部位表面张力≥$3.6\times10^{-2}$N/m | | 粘接部位涂层附着牢固（涂层主要指上光油和油墨）；涂胶位置准确，粘接牢固，涂布均匀，不溢胶。 | CY/T61-2009 | 方法见本章第二节相关内容 |
| | | 粘接强度 | | 粘接强度≥2.67N/m或黏合剂固化后揭开粘接部位，纸板纤维破损的面积不小于涂布黏合剂面积的50%，并且破损面分布均匀。 | | | CY/T61-2009 | 拉力试验机 |
| | | 折叠纸盒开盒性能 | | | | 适合包装设备和被包装物的要求，容易成型，并且平整 | CY/T61-2009 | |
| 10 | 其他要求 | 手提扣、透气孔等功能性开口位置偏差（瓦楞纸板类） | 成品规格≤1400mm | ±2mm | ±4mm | | GB/T17497.3-2012 5.8表8 | 精度为0.02mm的游标卡尺 |
| | | | 成品规格＞1400mm | ±3mm | ±6mm | | | |

说明：表格中标有“*”的项为需知项。

# 第八章　商业票据印刷检测

## 第一节　商业票据概述

### 一、商业票据的定义

商业票据是为经济活动链印制、用于表达信息流功能的载体。商业票据是社会、金融、商务活动中的特殊商品，是 CY/T 49.1 ~ CY/T 49.4 - 2008 商业票据标准描述的对象。除钞票、邮票之外，商业票据是商贸、交易活动中表示双方接受成交后交换的媒介凭证、记账单位和贮藏手段。起着活跃市场、繁荣经济、推动生产力发展的作用。从广义上讲，它包括金融凭证，如支票、债券、国库券、股份、银行承/兑/汇票、可转让定期存单、商业发票、海关发票和各类形式的商业、商务表格等。从狭义上讲，简称商业票据。

### 二、商业票据的分类

#### （一）按使用形式分类

1. 以纸币、支票等为代表的银行票证。
2. 以邮票、邮卡等为代表的邮政票证。
3. 工商业票据。
4. 电磁类票据和其他票据。

#### （二）按产品形态分类

1. 折叠式票据。
2. 卷式票据。
3. 本式票据。

#### （三）按填开方式分类

1. 手工填开票据。
2. 打印票据。
3. 定额票据。
4. 粘贴式票据。

## 三、商业票据的生产工艺

一般采用的生产工艺为：卷筒纸→打孔折页→印刷→配页→印号码→成品包装，这种工艺的每道工序由不同的单体设备和人工完成。

### （一）折叠式票据的生产工艺

卷筒纸→印刷→印号码（打码或喷码）→加工（打垄线、打孔）→折叠→配页打码→成品包装。这种方式从卷筒纸到折叠由轮转商业表格印刷机完成，如是多联票据需进行配页，单联使用的票据折叠后就可按量进行成品包装了。单联式的折叠票打码在印刷时就完成了。

### （二）卷式票据的生产工艺

卷筒纸→印刷→印号码（打码或喷码）→复卷（卷筒半成品）→分切（将复卷好的半成品放入卷式票据小卷分切机进行分切）→分卷包装。

### （三）本式票据的生产工艺

（1）平张纸印刷

纸张裁切→印刷→印号码（打码或喷码）→配页（单联不用配页）→分本→刷胶→订本→包封面→成品裁切→包装。

（2）轮转印刷

卷筒纸→印刷→印号码（打码或喷码）→裁单张→配页（单联不用配页）→分本→刷胶→订本→包封面→成品裁切→包装。

## 四、商业票据检测的几个术语

1. 输送孔。在连续式票据的两侧按一定间隔、一定位置分布的孔。以连续输送票据为目的，在折叠式票据或卷式票据的两侧，按规定间隔、位置、孔形冲切而成的孔。

2. 易撕线。以易于撕断为目的，在票据规定位置上的轧压线。与连续格式票据输纸方向垂直的轧压线，称横向易撕线，与连续格式票据输纸方向平行的轧压线，称纵向易撕线。

3. 票据尺寸。以长度计算单位表示票据的规格。与票据内容平行的边长为横向尺寸，与票据内容垂直的边长为纵向尺寸；其中连续格式票据与走纸方向垂直的距离为横向尺寸，与走纸方向平行为纵向尺寸。(这个术语和规格重复)

4. 识读标。又称色标，在票据的正面或背面规定位置，规定尺寸要求的色块。色标是有色标记符号，印在相同纸张的相同部位，用光电传感器越位传感器控制，根据光电元器件接收光的程度不同，产生的电流大小不同，对定位越位实现自动控制。

5. 规格。具有三要素：横向尺寸、纵向尺寸和每份联数。表示方法是：从左到右，先写票据纸幅的宽度尺寸（横向尺寸），再写票据的纵向尺寸（走纸方向）和每份票据的联数。

## 第二节　折叠式票据的检测

折叠式票据是以规定长度折叠形式为最终形态的单联或多联商业票据。折叠式票据是商业票据标准中的一个标准对象，规定了连续折叠格式票据的尺寸及其输送孔的直径和位置间距，这种连续长度的折叠式票据分有单联和多联，主要适用于自动数据处理打印设备。

### 一、检测条件

标准无相关描述，可参见平版包装装潢印刷品检测条件。

### 二、检测项目及检测流程

#### （一）检测项目

1. 外观：总体要求、端面倾斜度、易撕线、输送孔、裁纸边、图文重合偏差、断头数量、纸屑。
2. 规格：横向尺寸、纵向尺寸、每份联数。
3. 印刷：总体要求、墨色、套印。
4. 图文、表格、线条。
5. 条码和号码。
6. 识读标：位置误差、反射率、定位灵敏度。
7. 印后加工：装订位置、配页质量、粘胶质量。

#### （二）检测流程

步骤一：检测外观

检测项一：总体要求

标准要求：平整、清洁，无皱折、破损、毛边、裂口、粘连、异常颜色等缺陷；不应夹带其他纸张、纸屑或杂物。

相关标准：CY/T 49.1－2008《商业票据印制 第1部分：通用技术要求》

检测方法：目测法

检测项二：端面倾斜度

标准要求：折叠后端面应整齐，边缘应平直（见图8－1）；整叠票据的端面倾斜值不应大于0.25。

相关标准：CY/T 49.2－2008《商业票据印制 第2部分：折叠式票据》

检测工具：精度为0.02mm的标准计量器具检测，如万能量角器或三角板加直尺。

检测项三：易撕线

易撕线是以易于撕断为目的，在票据规定位置上的轧压线。与连续格式票据输纸方向垂直的轧压线称横向易撕线；与连续格式票据输纸方向平行的轧压线称纵向易撕线。

图8－1　折叠式票据的倾斜形状

横向易撕线抗张强度的检测一般以目测为主，必要时上机测试。套准误差指纵向、横向压线刀位置与票面上预印好的规矩线是否相对应重合的误差。

标准要求：

（1）总体要求：横向、纵向易撕线的轧压线应平直、清晰，不应有断裂。折缝应与横向易撕线重合。

（2）抗张强度。横向易撕线抗张强度应为原纸纵向强度的25%～45%。

（3）套准误差：≤0.5mm。

相关标准：CY/T 49.1－2008《商业票据印制 第1部分：通用技术要求》
　　　　　CY/T 49.2－2008《商业票据印制 第2部分：折叠式票据》

检测方法：总体要求按目测法；抗张强度按GB/T 9698－1995中的规定检测，套准误差按精度为0.02mm的标准计量器具检测。

检测项四：输送孔

输送孔指在连续式票据的两侧按一定间隔、一定位置分布的孔。输送孔的套准误差指输送孔的冲切头位置与票面上预印好的规矩线是否相对应重合的误差。

标准要求：

（1）套准误差≤0.5mm。

（2）各联输送孔偏差：多联成品上下各联输送孔偏差≤1mm。

相关标准：CY/T 49.1－2008《商业票据印制 第1部分：通用技术要求》
　　　　　CY/T 49.2－2008《商业票据印制 第2部分：折叠式票据》

检测工具：精度为0.02mm的标准计量器具检测。

检测项五：裁纸边

折叠式商业票据在印刷时，其票面上的规矩线是预印刷好的，有的原纸尺寸大于票据设计要求，这样在印刷加工时用两把裁纸刀对准预印刷好的规矩线，将多余的纸边裁切掉并保证纸边留有一定的宽度（见图8－2）。通常情况下，输送孔纵向中心线到纸边的距离为6±0.5mm。打印机工作时实现走纸顺畅，因为孔边尺寸是靠打印机纸边定位器控制的。纸边过大或过小都会造成打印机工作故障，纸边过小在打印时容易造成纸边破裂；纸边过大，会造成打印时输纸困难。所以印刷时必须把多余的纸边切除掉。

标准要求：裁纸边应与版面上对应的规矩线对应，误差≤0.5mm

相关标准：CY/T 49.2－2008《商业票据印制　第2部分：折叠式票据》

检测工具：精度为0.02mm的标准计量器具检测。

检测项六：图文重合偏差

标准要求：各联的图文重合偏差≤1mm。

相关标准：CY/T 49.2－2008《商业票据印制 第2部分：折叠式票据》

检测工具：精度为0.02mm的标准计量器具。

检测项七：断头数量

标准要求：不带号码、条码的票据，每箱断头不应超过2个；带打码的成品，每箱断头不应超过3个。

相关标准：CY/T 49.2－2008《商业票据印制 第2部分：折叠式票据》

检测方法：目测法。

检测项八：纸屑

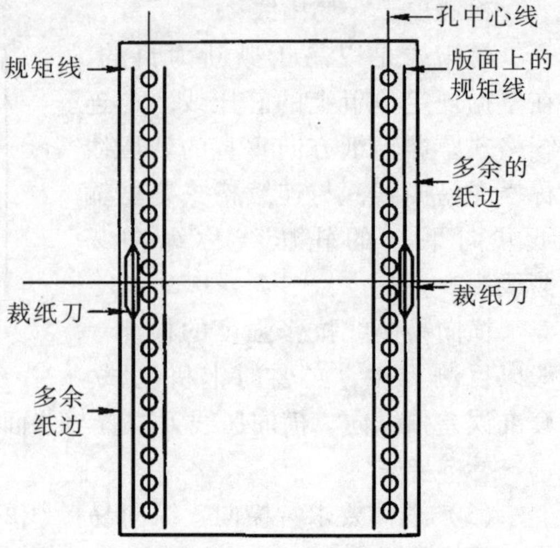

图8－2 折叠式商业票据裁纸边示例图

控制纸屑的数量是为了保证打印的畅通，如果输送孔中纸屑过多，纸屑掉入打印设备，会造成打印不畅或引起设备故障。

标准要求：任意连续500个输送孔中的纸屑不应多于1个。

相关标准：CY/T 49.1－2008《商业票据印制 第1部分：通用技术要求》

检测方法：目测法。

## 步骤二：检测规格

规格由每份横向尺寸、纵向尺寸、每份联数组成，其中纵向尺寸允许使用英寸单位。示标如下：

| 横向尺寸 | 纵向尺寸 | 每份联数 |
|---|---|---|
| 190.5mm | ×93.1mm | ×2或 |
| 190.5mm | ×（11/3）″ | ×2 |

检测项一：横向尺寸

标准要求：偏差＋1.5mm，－0.5mm。

检测项二：纵向尺寸

标准要求：单份纵向尺寸偏差≤0.5mm。

检测项三：每份联数

标准要求：装订不应多联、少联、联次颠倒。

相关标准：CY/T 49.1－2008《商业票据印制 第1部分：通用技术要求》

CY/T 49.2－2008《商业票据印制 第2部分：折叠式票据》

检测工具和方法：精度为0.02mm的标准计量器具检测和目测法。

## 步骤三：检测印刷

检测项一：总体要求

标准要求：无糊版、断线、断划、掉字、透印、重影等缺陷。

检测项二：墨色

标准要求：墨色应均匀一致，实地印刷墨色与样本实地墨色同色密度偏差小于0.07。

检测项三：套印

标准要求：印刷套印误差和覆盖区域印刷套准误差≤0.5mm。

相关标准：CY/T 49.1－2008《商业票据印制 第1部分：通用技术要求》

检测工具、仪器和方法：目测法、密度计、精度为0.02mm的标准计量器具。

## 步骤四：检测图文、表格、线条

标准要求：表格、线条、文字图案内容应正确、完整。

相关标准：CY/T 49.1－2008《商业票据印制 第1部分：通用技术要求》

检测方法：目测法。

## 步骤五：检测条码和号码

标准要求：一维码、二维码和号码的字迹应清晰完整、目视易辨，机读识别灵敏，号码不可漏印、间断、重码和错码。条码、号码字体字号应符合设计规定。

相关标准：CY/T 49.1－2008《商业票据印制 第1部分：通用技术要求》

检测方法：条码检测仪和目测法。

## 步骤六：检测识读标

检测项一：位置误差

位置误差指识读标（色标）上沿至天头易撕线的尺寸误差应小于0.5mm，有利于保证打印精度。

标准要求：<0.5mm。

检测项二：反射率

标准未规定反射率的要求，这取决于设计的要求。

检测项三：色标定位灵敏度

色标定位灵敏度也就是打印机执行色标定位的打印精度。

相关标准：CY/T 49.1－2008《商业票据印制 第1部分：通用技术要求》

检测仪器、工具和方法：

（1）位置误差的检测。用精度为0.02mm的游标卡尺检测。

（2）反射率的检测。用反射密度计检测。

（3）色标定位打印精度的检测。使用的色标印刷在卷式票据左边缘或右边缘（左边或右边、正面和背面，按设计规定），色标反射率≤10%，色标宽度内其他部分的反射率≥75%；在测试卷票时，执行色标程序（每份打印两行字符，然后利用色标定位命令走到易撕线），用刻度尺测量，连续打印3份样张，其每份从预印刷色标的上沿到第一行打印字符顶端的距离偏差，其最大偏差应符合设计规定的要求。

## 步骤七：检测印后加工

检测项一：装订位置

标准要求：装订齿合位置不应在纵向易撕线或输送孔上。

检测项二：配页质量

标准要求：不漏页。

检测项三：粘接位置

标准要求：胶粘处不自行脱落，也不粘连其他部分

相关标准：CY/T 49.2－2008《商业票据印制 第2部分：折叠式票据》

检测方法：目测法。

折叠式票据的检测流程详见表8－1。

表8-1 折叠式票据检测流程表

| 步骤 | 检测项 | | | 要求：定性 | 要求：定量 | 标准编号 | 检测仪器或检测方法 | 检测项类别 |
|---|---|---|---|---|---|---|---|---|
| 1 | 外观 | 总体要求 | | 平整、清洁，无皱折、破损、毛边、裂口、粘连、异常颜色等缺陷；不应夹带其他纸张、纸屑或杂物 | | CY/T49.1-2008 | 目测法 | C类项 |
| | | 端面倾斜度 | | 折叠后端面应整齐，边缘应平直， | 整叠票据的端面倾斜值不应大于0.25 | CY/T49.2-2008 | 精度为0.02mm的标准计量器具，如万能量角器或三角板加直尺 | B类项 |
| | | 易撕线 | 总体要求 | 横向、纵向易撕线的轧压线应平直、清晰，不应有断裂。折缝应与横向易撕线重合 | | CY/T49.2-2008 | 目测法 | C类项 |
| | | | 抗张强度 | | 横向易撕线抗张强度应为原纸纵向强度的25%～45% | CY/T49.2-2008 | 按GB/T9698-1995中的规定检测 | C类项 |
| | | | 套准误差 | | ≤0.5mm | CY/T49.1-2008 | 精度为0.02mm的标准计量器具检测 | B类项 |
| | | 输送孔 | 套准误差 | | ≤0.5mm | CY/T49.1-2008 | 精度为0.02mm的标准计量器具检测 | B类项 |
| | | | 各联输送孔偏差 | | 多联成品上下各联输送孔偏差≤1.0mm | CY/T49.2-2008 | 精度为0.02mm的标准计量器具检测 | B类项 |
| | | 裁纸边 | | 裁纸边应与版面上对应的规矩线对应 | 误差≤0.5mm | CY/T49.2-2008 | 按GB/T9698-1995中的规定检测 | B类项 |
| | | 图文重合偏差 | | | 各联的图文重合偏差≤1.0mm | CY/T49.2-2008 | 精度为0.02mm的标准计量器具检测 | B类项 |
| | | 断头数量 | | | 不带号码、条码的票据，每箱或1000份断头不应超过2个；带打码的成品，每箱或1000份断头不应超过3个 | CY/T49.2-2008 | 目测法 | C类项 |
| | | 纸屑 | | | 任意连续500个输送孔中的纸屑不应多于1个 | CY/T49.1-2008 | 目测法 | B类项 |

续表

| 步骤 | 检测项 | | 要求 | | 标准编号 | 检测仪器或检测方法 | 检测项类别 |
|---|---|---|---|---|---|---|---|
| | | | 定性 | 定量 | | | |
| 2 | 规格 | 横向尺寸 | | 横向尺寸偏差+1.5mm，-0.5mm | CY/T49.2-2008 | 精度为0.02mm的标准计量器具检测 | B类项 |
| | | 纵向尺寸 | | 单份纵向尺寸偏差≤0.5mm | CY/T49.2-2008 | 精度为0.02mm的标准计量器具检测 | B类项 |
| | | 每份联数 | 装订不应多联、少联、联次颠倒 | | CY/T49.1-2008 | 目测法 | B类项 |
| 3 | 印刷 | 总体要求 | 无糊版、断线、断划、掉字、透印、重影等缺陷。 | | CY/T49.1-2008 | 目测法 | B类项 |
| | | 墨色 | 墨色应均匀一致（与样本保持一致） | 实地印刷墨色与样本实地墨色同色密度偏差小于0.07 | CY/T49.1-2008 | 用符合ISO14981规定的光学密度计检测 | C类项 |
| | | 套印 | 印刷套印误差，覆盖区域印刷套准误差 | ≤0.5mm | CY/T49.1-2008 | 精度为0.02mm的标准计量器具检测 | B类项 |
| 4 | 图文、表格、线条 | | 表格、线条、文字图案内容应正确、完整。 | | CY/T49.1-2008 | 目测法 | B类项 |
| 5 | 条码和号码 | | 一维码、二维码和号码的字迹应清晰完整、目视易辨，机读识别灵敏，号码不可漏印、间断、重码和错码。条码、号码字体字号应符合设计规定。 | | CY/T49.1-2008 | 目测和条码检测仪 | B类项 |
| 6 | 识读标 | 位置误差 | | ＜0.5mm | CY/T49.1-2008 | 精度为0.02mm的游标卡尺 | B类项 |
| | | 反射率 | | 应符合设计要求 | CY/T49.1-2008 | 反射密度计 | |
| | | 定位灵敏度 | | | CY/T49.1-2008 | 色标定位灵敏度试验 | |
| 7 | 印后加工 | 装订位置 | 装订齿合位置不应在纵向易撕线或输送孔上 | | CY/T49.2-2008 | 目测法 | B类项 |
| | | 配页质量 | 不漏页 | | CY/T49.2-2008 | 目测法 | B类项 |
| | | 粘胶质量 | 胶粘处不自行脱落，也不粘连其他部分 | | CY/T49.2-2008 | 目测法 | C类项 |

## 三、检验判定规则

### （一）确定抽样方案和检查水平

检验抽样方案按 GB/T 2828.1 中的二次抽样方案的规定进行，检查水平取 S-3

1. 关于抽样方案的确定。按照 GB/T 2828.1-2003《计数抽样检验程序 第1部分：接收质量限（AQL）检索的逐批检验抽样计划》标准规定，其计数抽样方案包括：一次抽样检验方案（标准型抽样检验方案、挑选型抽样检验方案、调整型抽样检验方案），二次抽样检验方案（标准型抽样检验方案、挑选型抽样检验方案、调整型抽样检验方案），序贯型抽样检验方案和连续型抽样检验方案等。

二次抽样方案是：从批中抽取有 $n_1$ 个单位产品的第一样本，经逐个检验以后，如果发现的不合格品数或不合格数，小于或等于第一接收数 $Ac_1$，则接该批；如果等于或大于第一接收数 $Re_1$，则拒收该批；如果大于第一接收数 $Ac_1$，小于第一拒收数 $Re_1$，则必须抽取第二样本 $n_2$ 进行检验。如果第一样本能做出接收或不接收的规定，则无须抽取第二样本。

当需要从批中抽取第二样本 $n_2$ 时，第二样本也应逐个进行检验，然后后两个样本中发现的不合格品（或不合格数）相加，如果累计的不合格品（或不合格品）数小于或等于第二接收数 $Ac_2$，则接收该批；如果等于或大于第二拒收数 $Re_2$，则拒收该批。在必要时，第一样本与第二样本，可以同时抽取；如果第一样本能做出判定，则无须检验第二样本，如图 8-3 所示。

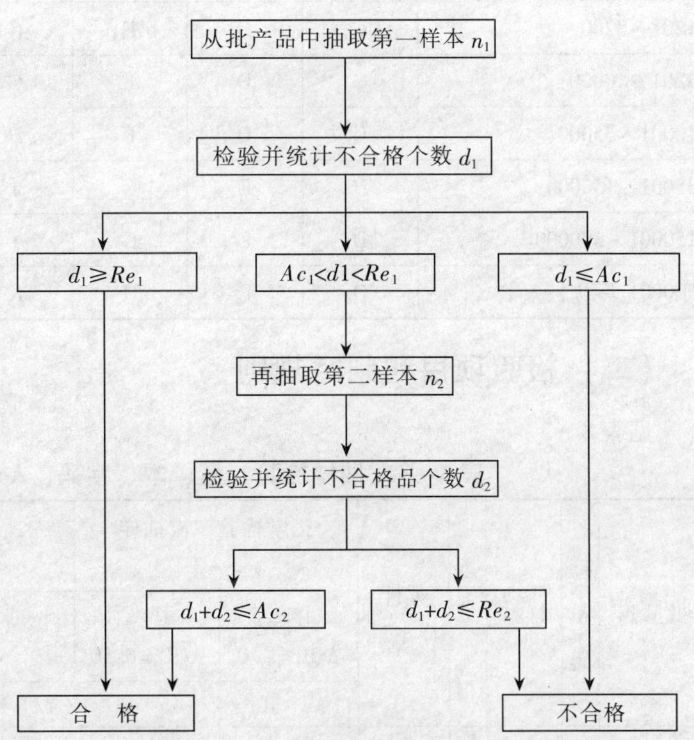


图 8-3　正常检验二次抽样方案

2. 关于检查水平的确定。检查水平是根据 GB/T 2828.1-2003 标准中的样本量字码表来确定的。根据字码表的规定，特定的批量对应着规定的检查水平，见表 8-2。

表 8－2　GB/T 2828.1－2003 样本量字码检验表

| 批量 | 特殊检验水平 | | | | 一般检验水平 | | |
|---|---|---|---|---|---|---|---|
| | S－1 | S－2 | S－3 | S－4 | Ⅰ | Ⅱ | Ⅲ |
| 2～8 | A | A | A | A | A | A | B |
| 9～15 | A | A | A | A | A | B | C |
| 16～25 | A | A | B | B | B | C | D |
| 26～50 | A | B | B | C | C | D | E |
| 51～90 | B | B | C | C | C | E | F |
| 91～150 | B | B | C | D | D | F | G |
| 151～280 | B | C | D | E | E | G | H |
| 281～500 | B | C | D | E | F | H | J |
| 501～1200 | C | C | E | F | G | J | K |
| 1201～3200 | C | D | E | G | H | K | L |
| 3201～10000 | C | D | F | G | J | L | M |
| 10001～35000 | C | D | F | H | K | M | N |
| 35001～150000 | D | E | G | J | L | N | P |
| 150001～500000 | D | E | G | J | M | P | Q |
| 500001 及以上 | D | E | H | K | N | Q | R |

## （二）检验项目和判定规则

见表 8－3。

表 8－3　抽样检验、量、本、字码、Ac、Re 对照表

<table>
<tr><th rowspan="3">批量 N</th><th rowspan="3">样本量字码</th><th rowspan="3">样本</th><th rowspan="3">样本大小</th><th rowspan="3">累计样本量</th><th colspan="4">正常检验二次抽样<br>S－3</th><th colspan="4">不合格分类</th></tr>
<tr><th colspan="2">B 类<br>AQL＝4.0</th><th colspan="2">C 类<br>AQL＝6.50</th><th colspan="2">B 类</th><th colspan="2">C 类</th></tr>
<tr><th>Ac</th><th>Re</th><th>Ac</th><th>Re</th><th>CY/T 49.1</th><th>CY/T 49.2</th><th>CY/T 49.1</th><th>CY/T 49.2</th></tr>
<tr><td rowspan="2">1～50</td><td rowspan="2">B</td><td>第一</td><td>2</td><td>4　2</td><td>0</td><td>1</td><td>0</td><td>1</td><td rowspan="6">5.2<br>5.3<br>5.4<br>5.6<br>5.7<br>5.8</td><td rowspan="6">4.2<br>4.5<br>4.6<br>4.7<br>4.10</td><td rowspan="6">5.1<br>5.5</td><td rowspan="6">4.3<br>4.4<br>4.8<br>4.9</td></tr>
<tr><td>第二</td><td>2</td><td>2　4</td><td>0</td><td>1</td><td>0</td><td>1</td></tr>
<tr><td rowspan="2">51～150</td><td rowspan="2">C</td><td>第一</td><td>3</td><td>4　3</td><td>0</td><td>1</td><td>0</td><td>2</td></tr>
<tr><td>第二</td><td>3</td><td>3　6</td><td>0</td><td>1</td><td>1</td><td>2</td></tr>
<tr><td rowspan="2">151～500</td><td rowspan="2">D</td><td>第一</td><td>5</td><td>5　5</td><td>0</td><td>2</td><td>0</td><td>2</td></tr>
<tr><td>第二</td><td>5</td><td>5　10</td><td>1</td><td>2</td><td>1</td><td>2</td></tr>
</table>

续表

| 批量 N | 样本量字码 | 样本 | 样本大小 | 累计样本量 | 正常检验二次抽样 S-3 | | | | 不合格分类 | | | |
|---|---|---|---|---|---|---|---|---|---|---|---|---|
| | | | | | B 类 AQL=4.0 | | C 类 AQL=6.50 | | B 类 | | C 类 | |
| | | | | | Ac | Re | Ac | Re | CY/T 49.1 | CY/T 49.2 | CY/T 49.1 | CY/T 49.2 |
| 501~3200 | E | 第一 | 8 | 8 | 0 | 2 | 0 | 3 | | | | |
| | | 第二 | 8 | 6 | 1 | 2 | 3 | 4 | | | | |
| 3201 以上 | F | 第一 | 13 | 13 | 0 | 3 | 1 | 3 | | | | |
| | | 第二 | 13 | 26 | 3 | 4 | 4 | 5 | | | | |

注：1. S-1、S-2、S-3、S-4、Ⅰ、Ⅱ、Ⅲ是检查水平代号，是提交检查批的批量与样本大小之间的对应关系，S-1~S-4 是特殊检查水平，Ⅰ、Ⅱ、Ⅲ是一般检查水平。

2. AQL 是接收质量限（以不合格品百分数或每百单位产品不合格数表示）。

3. Ac 是抽查检验批产品可接收数（$Ac_1$ 是第一次，$Ac_2$ 是第二次，可接收数）。

4. Re 是抽查检验批产品不可接收数（$Re_1$、$Re_2$ 分别是第一，第二次，拒收数）

5. N 是交检产品组批量。

6. n 是样本量（$n_1$，$n_2$ 分别为第一次、第二次样本）

7. d 是在抽样检验中，检出样本中的不合格数（$d_1$ 是第一次检；$d_2$ 是第二次检）

8. B 类、C 类是抽样检验中，对产品规范性技术要求检验项目分为 A、B、C 三类。一般对产品的最关键检验内容项划分为 A 类，A 类检验项目的可接收质量限 A 值很小；B 类项目，按检验项目的重要程度，比 A 类关键项目稍低一些，也称主要检验项目；C 类项目比按检验项目的重要程序 B 类项目再适当低些，也称一般的项目。

9. 不合格分类的项目，归属于哪个类和为各类选择接收质量，应适合特定情况的质量要求。

上表 8-3 也可以称为不合格品判定规则表。为方便大家理解判定规则，举一例子说明。

假设一个产品批量 N=400。《检验、量、本、字码、Ac、Re 对照表》如上表所示

1. 根据抽样检验、量、本、字码、Ac、Re 对照表查得“批量 N”栏“151~500（包含 400）”行与“样本量字码”列交汇单元格，查得样本含量代码为 D，根据 GB/T 2828.1-2003 样本量字码检验表查询，样本含量代码为 D，N=281~500（包含 400），对应检验水平显示，为特殊检验水平 S-3。

2. 根据抽样检验、量、本、字码、Ac、Re 对照表，AQL=4%（AQL 系数表示不合格品/样品数量），对应合格判定数为第一检验 Ac=0，不合格判定数 Re=2，样本数量为 5。

3. 在该批 400 中，抽取 5 个样本以 S-3 检验标准检验，不合格样品数量以 d 表示，若 d=0≤对应合格判定数 Ac（0），则判定该批产品合格可接收。若不合格样品数量为 d≥不合格判定数 Re（2），判定该批产品不合格不可接收。

4. 若检出不合格样品数量 d=1，Ac（0）≤d（1）≤Re（2），则进行二次抽检，根据抽样检验、量、本、字码、Ac、Re 对照表查得，AQL=4%，对应合格判定数为第二检

验 Ac = 1，不合格判定数 Re = 2，样本数量为 5。第二次检验需从原批次 400 - 5 = 395 中，再抽取 5 个样本以 S - 3 检验标准检验。若 d≤Ac（1），则判定该批产品合格可接收。若 d≥Re（2），则判定不合格。

# 第三节　卷式票据的检测

卷式票据是按规定格式长度，以轴线为中心连续卷绕而成的单联或多联商业票据。按照自动数据处理打印设备的走纸形式不同，又可分有输送孔牵引式卷式票据和无输送孔摩擦传动式发票。票面上的识别标（色标），在走纸时，因打字机上的光电耦合器件中的光敏光控三极管接收不到由光电二极管发出的光时就实现自动停止打印。

## 一、检测条件

标准无相关描述，可参见平版包装装潢印刷品检测条件。

## 二、检测项目及检测流程

### （一）检测项目

1. 外观：总体要求、接头、端面、易撕线、输送孔。

2. 规格：横向尺寸、单份长度、每卷份数（每卷长度）、卷芯、卷筒直径、每份联数。

3. 印刷：总体要求、墨色、套印。

4. 图文、表格、线条。

5. 条码和号码。

6. 识读标：位置误差、反射率、定位灵敏度。

### （二）检测流程

步骤一：检测外观

检测项一：总体要求

标准要求：平整、清洁，无皱折、破损、毛边、裂口、粘连、异常颜色等缺陷；不应夹带其他纸张、纸屑或杂物。

检测项二：接头

标准要求：每卷票应无接头。

检测项三：端面

卷式票据的内外卷绕张力应一致，卷绕的端面应平整、光滑，端面锯齿形瓦楞状或蝶状应小于 1mm。在卷绕张力作用下，票与芯管、票与票间不应松弛滑移，不应有失圆、卷筒芯偏斜或偏心等缺陷。这些技术要求的目的是保证所有印刷加工的卷式票据在进入

打印机工作时，实现走纸顺畅不卡滞，打印成行度误差小于0.2mm；打印成列度误差小于0.2mm。

标准要求：

（1）卷票端面平整，内外张力一致，票与芯管、票与票之间不应松动滑移。

（2）卷票外径≤60mm时，端面锯齿≤0.5mm；当卷票外径>60mm时，端面锯齿形≤1mm。

检测项四：易撕线

标准要求：套准误差≤0.5mm。

检测项五：输送孔

对于打印宽度≤82mm的卷式票据，基本不采用输送孔和易撕线，打印宽度≥82mm的多联商业票据，仍加工有输送孔和易撕线，不过不是卷式票据形式，而是折叠形式。所以从目前看，多联票据以折叠式为主，单联票据以卷式或平推式为主。

标准要求：套准误差≤0.5mm。

检测工具：

（1）总体要求和接头的检测。目测法。

（2）端面、易撕线和输送孔的检测。使用精度为0.02mm的标准计量器具。

## 步骤二：检测规格

1. 规格包括横向尺寸、单份长度、每卷份数（每卷长度）、卷芯内径和每份联数。

示例：横向尺寸　单份长度　每卷份数（每卷长度）卷芯内径　每份联数

76mm　×　200mm　×　50（10 000mm）　×　φ12mm　×　2

卷式票据由卷票和筒芯组成，卷筒规格的表示方法是先写纸幅横向尺寸，再写纸幅纵向尺寸，并用毫米表示。例如，76mm × 200mm，是表示卷票宽度为76mm，长度为200mm；卷式票据是由若干份无接头的票据组成的。通常一卷卷式票据的份数有25份、50份、100份；卷式票据的载体是筒芯，筒芯有两种材质，一种是纸质的，称纸芯，另一种是塑料管材制品。两种芯管都可以与卷票结合，组成卷式票据，但芯管的质量应保证卷式票据的直线度允差不大于0.2%。无论纸芯或塑料芯管，表面都要求平整光滑、无变形失圆、无裂纹、无气泡，管材切口应平整并与轴线平直。

2. 卷式票据印制不是单个的印制，而是有多个票据拼版印刷。在票与票之间印有分切规矩线，目的是在分切时下刀有目标，保证所有票据分切宽度在规定偏差之内，因为分切成的卷式票据，在打印走纸时是纸边定位的。纸边过小，易造成纸边破裂；纸过过大，因摩擦走纸纸页负重过大，会造成输纸困难。整卷票据中，单份卷式票据的定长尤其重要，所以在票据与票据间的连接点上，预印有规矩线，其目的是使票据在打印时能正确定位，不偏位跨越。由于单份卷式票据定长有了保证，则整卷票据的累积误差也不会超过规定要求。

检测项一：横向尺寸

标准要求：偏差≤0.5mm。

检测项二：单份长度

标准要求：偏差≤0.5mm。

检测项三：每卷份数（每卷长度）

标准要求：每卷总长度偏差≤1%。

检测项四：卷芯

标准要求：内径尺寸偏差+0.3～+0.5mm；长度尺寸偏差-0.3～-0.5mm。

检测项五：卷筒直径

卷式票据的卷纸直径误差应小于1～2mm，其目的是保证卷式票据进入打印机的卷筒仓内，在摩擦拖纸工作过程中，票据纸卷不与打印机的卷筒仓壁碰撞或卡滞而影响卷票输纸顺畅。

标准要求：外径≤60mm时，外径偏差≤1mm；外径>60mm时，外径偏差≤2mm。

检测项六：每份联数

标准要求：装订不多联、少联、联次颠倒。

相关标准：CY/T 49.1-2008《商业票据印制 第1部分：通用技术要求》
CY/T 49.3-2008《商业票据印制 第3部分：卷式票据》

检测方法：精度为0.02mm的标准计量器具和目测法。

## 步骤三：检测印刷

印刷属通用技术要求，属通用技术要求，与折叠式票据和本式票据的规定一致。

检测项一：总体要求

标准要求：无糊版、断线、断划、掉字、透印、重影等缺陷。

检测项二：墨色

标准要求：墨色应均匀一致（与样本保持一致），实地印刷墨色与样本实地墨色同色密度偏差小于0.07。

检测项三：套印

标准要求：印刷套印误差和覆盖区域印刷套准误差≤0.5mm。

相关标准：CY/T 49.1-2008《商业票据印制 第1部分：通用技术要求》

检测工具和方法：目测法、密度计、精度为0.02mm的标准计量器具。

## 步骤四：检测图文、表格、线条

图文、表格和线条的要求属通用技术要求，与折叠式票据和本式票据的规定一致。

标准要求：表格、线条、文字图案内容应正确、完整。

相关标准：CY/T 49.1-2008《商业票据印制 第1部分：通用技术要求》

检测方法：目测法。

## 步骤五：检测条码和号码

条码和号码的要求属通用技术要求，与折叠式票据和本式票据的规定一致。

标准要求：一维码、二维码和号码的字迹应清晰完整、目视易辨，机读识别灵敏，号码不可漏印、间断、重码和错码。条码、号码字体字号应符合设计规定。

相关标准：CY/T 49.1－2008《商业票据印制 第1部分：通用技术要求》

检测方法：条码检测仪和目测法。

## 步骤六：检测识读标

识读标的要求属通用技术要求，与折叠式票据和本式票据的规定一致。

检测项一：位置误差

位置误差指识读标（色标）上沿至天头易撕线的尺寸误差应小于0.50mm，有利于保证打印精度。

标准要求：<0.5mm。

检测项二：反射率

标准未规定反射率的要求，这取决于设计的要求。

检测项三：色标定位灵敏度

色标定位灵敏度也就是打印机执行色标定位的打印精度。

相关标准：CY/T 49.1－2008《商业票据印制 第1部分：通用技术要求》

检测仪器、工具和方法：

（1）位置误差的检测。用精度为0.02mm的游标卡尺检测。

（2）反射率的检测。用反射密度计检测。

（3）色标定位打印精度的检测。使用的色标印刷在卷式票据左边缘或右边缘（左边或右边、正面和背面，按设计规定），色标反射率≤10%，色标宽度内其他部分的反射率≥75%；在测试卷票时，执行色标程序（每份打印两行字符，然后利用色标定位命令走到易撕线），用刻度尺测量，连续打印3份样张，其每份从预印刷色标的上沿到第一行打印字符顶端的距离偏差，其最大偏差应符合设计规定的要求。

卷式票据的具体检测流程见表8－4。

**表8-4 卷式票据检测流程表**

| 步骤 | 检测项 | | 要求 | | 标准编号 | 检测仪器或检测方法 | 检测项类别 |
|---|---|---|---|---|---|---|---|
| | | | 定性 | 定量 | | | |
| 1 | 外观 | 总体要求 | 平整、清洁，无皱折、破损、毛边、裂口、粘连、异常颜色等缺陷；不应夹带其他纸张、纸屑或杂物。 | | CY/T49.1-2008 | 目测法 | C类项 |
| | | 接头 | 每卷票应无接头 | | CY/T49.3-2008 | 目测法 | C类项 |
| | | 端面 | 卷票端面平整，内外张力一致，票与芯管、票与票之间不应松动滑移 | 卷票外径≤60mm时，端面锯齿≤0.5mm；卷票外径＞60mm时，端面锯齿形≤1.0mm | CY/T49.3-2008 | 目测法、精度为0.02mm的标准计量器具 | C类项 |
| | | 易撕线 | | 套准误差≤0.5mm | CY/T49.1-2008 | 精度为0.02mm的标准计量器具检测 | B类项 |
| | | 输送孔 | | 套准误差≤0.5mm | CY/T49.1-2008 | 精度为0.02mm的标准计量器具检测 | B类项 |
| 2 | 规格 | 横向尺寸 | | 横向尺寸偏差≤0.5mm | CY/T49.3-2008 | 精度为0.02mm的标准计量器具检测 | B类项 |
| | | 单份长度 | | 单份长度偏差≤0.5mm | CY/T49.3-2008 | 精度为0.02mm的标准计量器具检测 | B类项 |
| | | 每卷份数（每卷长度） | | 每卷总长度偏差≤1% | CY/T49.3-2008 | 精度为0.02mm的标准计量器具检测 | B类项 |
| | | 卷芯 | 内径 | 尺寸偏差+0.3～+0.5mm | CY/T49.3-2008 | 精度为0.02mm的标准计量器具检测 | C类项 |
| | | | 长度 | 尺寸偏差-0.3～-0.5mm | CY/T49.3-2008 | 精度为0.02mm的标准计量器具检测 | C类项 |
| | | 卷筒直径 | | 外径≤60mm时，外径偏差≤1mm；外径＞60mm时，外径偏差≤2mm | CY/T49.3-2008 | 精度为0.02mm的标准计量器具检测 | B类项 |
| | | 每份联数 | 装订不多联、少联、联次颠倒 | | CY/T49.1-2008 | 目测法 | B类项 |

续表

| 步骤 | 检测项 | | 要求 | | 标准编号 | 检测仪器或检测方法 | 检测项类别 |
|---|---|---|---|---|---|---|---|
| | | | 定性 | 定量 | | | |
| 3 | 印刷 | 总体要求 | 无糊版、断线、断划、掉字、透印、重影等缺陷。 | | CY/T49.1-2008 | 目测法 | B类项 |
| | | 墨色 | 墨色应均匀一致（与样本保持一致） | 实地印刷墨色与样本实地墨色同色密度偏差小于0.07 | CY/T49.1-2008 | 用符合ISO14981规定的光学密度计检测 | C类项 |
| | | 套印 | 印刷套印误差，覆盖区域印刷套准误差 | ≤0.5mm | CY/T49.1-2008 | 精度为0.02mm的标准计量器具检测 | B类项 |
| 4 | 图文表格线条 | | 表格、线条、文字图案内容应正确、完整。 | | CY/T49.1-2008 | 目测法 | B类项 |
| 5 | 条码和号码 | | 一维码、二维码和号码的字迹应清晰完整、目视易辨，机读识别灵敏，号码不可漏印、间断、重码和错码。条码、号码字体字号应符合设计规定。 | | CY/T49.1-2008 | 目测和条码检验仪，方法见本书第九章 | B类项 |
| 6 | 识读标 | 位置误差 | | <0.5mm | CY/T49.1-2008 | 精度为0.02mm的游标卡尺 | B类项 |
| | | 反射率 | | | CY/T49.1-2008 | 反射密度计 | |
| | | 定位灵敏度 | | | CY/T49.1-2008 | 色标定位灵敏度试验 | |

## 三、检验判定规则

检验项目和判定规则执行见表8－5。

表8－5　抽样检验、量、本、字码、Ac、Re对照表

| 批量N | 样本量字码 | 样本 | 样本大小 | 累计样本量 | 正常检验二次抽样 S－3 | | | | 不合格分类 | | | |
|---|---|---|---|---|---|---|---|---|---|---|---|---|
| | | | | | B类 AQL＝4.0 | | C类 AQL＝6.50 | | B类 | | C类 | |
| | | | | | Ac | Re | Ac | Re | CY/T 49.1 | CY/T 49.3 | CY/T 49.1 | CY/T 49.3 |
| 1～50 | B | 第一 | 2 | 2　2 | 0 | 1 | 0 | 1 | 5.2 | 4.2 | 5.1 | 4.4 |
| | | 第二 | 2 | 2　4 | 0 | 1 | 0 | 1 | 5.3 | 4.3 | 5.5 | 4.6 |
| 51～150 | C | 第一 | 3 | 3　3 | 0 | 1 | 0 | 2 | 5.4 | 4.5 | | |
| | | 第二 | 3 | 3　6 | 0 | 1 | 1 | 2 | 5.6 | | | |
| 151～500 | D | 第一 | 5 | 5　5 | 0 | 2 | 0 | 2 | 5.7 | | | |
| | | 第二 | 5 | 5　10 | 1 | 2 | 1 | 2 | | | | |
| 501～3200 | E | 第一 | 8 | 8　8 | 0 | 2 | 0 | 3 | | | | |
| | | 第二 | 8 | 8　16 | 1 | 2 | 3 | 4 | | | | |
| 3201以上 | F | 第一 | 13 | 13　13 | 0 | 3 | 1 | 3 | | | | |
| | | 第二 | 13 | 13　26 | 3 | 4 | 4 | 5 | | | | |

注：1. S－1、S－2、S－3、S－4、Ⅰ、Ⅱ、Ⅲ是检查水平代号，是提交检查批的批量与样本大小之间的对应关系，S－1～S－4是特殊检查水平，Ⅰ、Ⅱ、Ⅲ是一般检查水平。

2. AQL是接收质量限（以不合格品百分数或每百单位产品不合格数表示）。

3. Ac是抽查检验批产品可接收数（$Ac_1$是第一次，$Ac_2$是第二次，可接收数）。

4. Re是抽查检验批产品不可接收数（$Re_1$、$Re_2$分别是第一，第二次，拒收数）。

5. N是交检产品组批量。

6. n是样本量（$n_1$，$n_2$分别为第一次、第二次样本）。

7. d是在抽样检验中，检出样本中的不合格数（$d_1$是第一次检；$d_2$是第二次检）。

8. B类、C类是抽样检验中，对产品规范性技术要求检验项目分为A、B、C三类。一般对产品的最关键检验内容项划分为A类，A类检验项目的可接收质量限A值很小；B类项目，按检验项目的重要程度，比A类关键项目稍低一些，也称主要检验项目；C类项目比按检验项目的重要程序B类项目再适当低些，也称一般的项目。

9. 不合格分类的项目，归属于哪个类和为各类选择接收质量，应适合特定情况的质量要求。

# 第四节　本式票据的检测

本式票据是按规定格式由单张机印刷后，装订成本的单联或多联商业票据。目前也

有用卷筒纸经表格印刷后裁为单张制成。本式票据，按填开方式又可分为手工填开式票据、计算机平推式打印本式票据和非填开式本式定额票据。

## 一、检测条件

标准无相关描述，可参见平版包装装潢印刷品检测条件。

## 二、检测项目及检测流程

### （一）检测项目

1. 外观：总体要求。
2. 规格：横向尺寸、纵向尺寸、每份联数、每本份数。
3. 印刷：总体要求、墨色、套印。
4. 图文、表格、线条。
5. 条码和号码。
6. 装订：总体要求、每份各联图文重合对准偏差。

### （二）检测流程

**步骤一：检测外观**

标准要求：平整、清洁，无皱折、破损、毛边、裂口、粘连、异常颜色等缺陷；不应夹带其他纸张、纸屑或杂物。

相关标准：CY/T 49.1－2008《商业票据印制　第1部分：通用技术要求》

检测方法：目测法。

**步骤二：检测规格**

规格由横向尺寸、纵向尺寸、每份联数、每本份数组成。

示例：横向尺寸　纵向尺寸　每份联数　每本份数

76mm　×　152mm　×　2　×　25（50）

本式票据的尺寸是用纸的两个尺寸表示，先写纸幅面的横向尺寸，再写纸幅面的纵向尺寸，用毫米表示。例如，76mm×152mm表示本式票据的宽度尺寸是76mm，长度尺寸是152mm，后面的尺寸就是纸的纵向尺寸。

标准要求：横向和纵向尺寸偏差≤1mm。

相关标准：CY/T 49.4－2008《商业票据印制　第4部分：本式票据》

检测方法：精度为0.02mm的标准计量器具检测。

**步骤三：检测印刷**

印刷的要求属技术要求，与折叠式票据和卷式票据的规定一致。

检测项一：总体要求

标准要求：无糊版、断线、断划、掉字、透印、重影等缺陷。

检测项二：墨色

标准要求：墨色应均匀一致，实地印刷墨色与样本实地墨色同色密度偏差小于0.07。

检测项三：套印

标准要求：印刷套印误差和覆盖区域印刷套准误差≤0.5mm。

相关标准：CY/T 49.1－2008《商业票据印制 第1部分：通用技术要求》

检测工具、仪器和方法：目测法、密度计、精度为0.02mm的标准计量器具。

## 步骤四：检测图文、表格、线条

图文、表格和线条的要求属通用技术要求，与折叠式票据和卷式票据的规定一致。

标准要求：表格、线条、文字图案内容应正确、完整。

相关标准：CY/T 49.1－2008《商业票据印制 第1部分：通用技术要求》

检测方法：目测法。

## 步骤五：检测条码和号码

条码和号码的要求属通用技术要求，与折叠式票据和卷式票据的规定一致。

标准要求：一维码、二维码和号码的字迹应清晰完整、目视易辨，机读识别灵敏，号码不可漏印、间断、重码和错码。条码、号码字体字号应符合设计规定。

相关标准：CY/T 49.1－2008《商业票据印制 第1部分：通用技术要求》

检测方法：条码检测仪和目测法。

## 步骤六：检测装订

装订是本式票据的一个关键工序，主要控制票据顺序号码和每份各联联次对准的正确性。目前社会上使用的票据，有些是无号码的，但大部分都是有号码的，印制的方式有单张纸印刷，表格轮转机印刷后裁单张，其装订配页方法要求也各异。

对无号码票据装订，只要确认无多联少联、联次颠倒就可撞齐对准后，进入裁切、刷胶、分本、裁成品、打包。

对有号码本票的装订，除检查每本票据号码正确外，还要检查每本份数是否正确，每本每联的顺序号是否正确，号码是否颠倒，票面是否有缺陷等。

对配页无误的票据依据侧边规、底边规为标准撞齐，并检查每联票据的套合情况。一般情况下，票据各联上下联、金额栏之间的误差（包括图文、表格对准偏差）不超过0.50mm。如误差超过0.5mm，就要过针检查。过针时，一般选在票面印张的对角线位置，作为穿针的基准点，如以边框线的交叉点为准，用针穿好，固定好，交给下一工序加工。

对配页无误或穿好针的票据，在进行裁切、刷胶、分本时应不影响票据的套准精度，尽量减少上下裁切搬动和移动，注意刷胶工序对票据套准精度误差的加大。刷胶后，应细心观察胶层是否干透，不能多分也不能少分，不能划伤票据。

对于表格机印刷的本式单张票据，无论是裁单张的或撕裂机加工的单张票据，其装

订方式和质量检查顺序应同上述一致。

用无碳纸印制的本式票据，在装订时应检查并确保印刷联次顺序的正确，即上页纸（CB）、中页纸（CFB）、下页纸（CF）不能有颠倒，装订成本前还应用圆珠笔对准装订线部位划写，检查上下各联显色是否一致，目的是通过划写，查验印刷时是否错印或纸张反印、装订是否装错票据联。

标准要求：

（1）总体要求装订应牢固、平整、无折角、残页、破口、脱落、缺页等缺陷。

（2）每份各联图文重合对准偏差≤0.5mm。

相关标准：CY/T 49.4－2008《商业票据印制 第4部分：本式票据》4.4

检测方法或工具：目测法或精度为0.02mm的标准计量器具检测。

本式票据的具体检测流程见表8－6。

表8-6 本式票据检测流程表

| 步骤 | 检测项 | | 要求（定性） | 要求（定量） | 标准编号 | 检测仪器或检测方法 | 检测项类别 |
|---|---|---|---|---|---|---|---|
| 1 | 外观 | 总体要求 | 平整、清洁，无皱折、破损、毛边、裂口、粘连、异常颜色等缺陷；不应夹带其他纸张、纸屑或杂物 | | CY/T49.1-2008 | 目测法 | C类项 |
| 2 | 规格 | 横向尺寸 | | 偏差≤1mm | CY/T49.4-2008 | 精度为0.02mm的标准计量器具检测 | C类项 |
| | | 纵向尺寸 | | 偏差≤1mm | CY/T49.4-2008 | | |
| | | 每份联数 | | | CY/T49.4-2008 | 目测法 | A类项 |
| | | 每本份数 | | | CY/T49.4-2008 | 目测法 | A类项 |
| 3 | 印刷 | 总体要求 | 无糊版、断线、断划、掉字、透印、重影等缺陷。 | | CY/T49.1-2008 | 目测法 | B类项 |
| | | 墨色 | 墨色应均匀一致（与样本保持一致） | 实地印刷墨色与样本实地墨色同色密度偏差小于0.07 | CY/T49.1-2008 | 用符合ISO14981规定的光学密度计检测 | C类项 |
| | | 套印 | 印刷套印误差，覆盖区域印刷套准误差 | ≤0.5mm | CY/T49.1-2008 | 精度为0.02mm的标准计量器具检测 | B类项 |
| 4 | 图文表格、线条 | | 表格、线条、文字图案内容应正确、完整。 | | CY/T49.1-2008 | 目测法 | B类项 |
| 5 | 条码和号码 | | 一维码、二维码和号码的字迹应清晰完整、目视易辨，机读识别灵敏，号码不可漏印、间断、重码和错码。条码、号码字体字号应符合设计规定。 | | CY/T49.1-2008 | 目测和条码检测仪，方法见本书第九章 | B类项 |
| 6 | 装订 | 总体要求 | | 装订应牢固、平整、无折角、残页、破口、脱落、缺页等缺陷 | CY/T49.4-2008 | 目测法 | C类项 |
| | | 每份各联图文重合对准偏差 | | 每份各联图文重合对准偏差≤0.5mm | CY/T49.2-2008 | 精度为0.02mm的标准计量器具检测 | B类项 |

## 三、检验判定规则

1. 依照 CY/T 49.1－2008 的相关规定实施。

2. 本部分 4.2 为 B 类检测项，4.3、4.4 为 C 类检测项。

3. 检验项目和判定规则执行见表 8－7。

**表 8－7　抽样检验、量、本、字码、Ac、Re 对照表**

| 批量 N | 样本量字码 | 样本 | 样本大小 | 累计样本量 | 正常检验二次抽样 S－3 | | | | 不合格分类 | | | |
|---|---|---|---|---|---|---|---|---|---|---|---|---|
| | | | | | B 类 AQL＝4.0 | | C 类 AQL＝6.50 | | B 类 | | C 类 | |
| | | | | | Ac | Re | Ac | Re | CY/T 49.1 | CY/T 49.4 | CY/T 49.1 | CY/T 49.4 |
| 1～50 | B | 第一 | 2 | 2 | 0 | 1 | 0 | 1 | 5.2<br>5.3<br>5.4<br>5.6<br>5.7 | 4.2 | 5.1<br>5.5 | 4.3<br>4.4 |
| | | 第二 | 2 | 4 | 0 | 1 | 0 | 1 | | | | |
| 51～150 | C | 第一 | 3 | 3 | 0 | 1 | 0 | 2 | | | | |
| | | 第二 | 3 | 6 | 0 | 1 | 1 | 2 | | | | |
| 151～500 | D | 第一 | 5 | 5 | 0 | 2 | 0 | 2 | | | | |
| | | 第二 | 5 | 10 | 1 | 2 | 1 | 2 | | | | |
| 501～3200 | E | 第一 | 8 | 8 | 0 | 2 | 0 | 3 | | | | |
| | | 第二 | 8 | 16 | 1 | 2 | 3 | 4 | | | | |
| 3201 以上 | F | 第一 | 13 | 13 | 0 | 3 | 1 | 3 | | | | |
| | | 第二 | 13 | 26 | 3 | 4 | 4 | 5 | | | | |

注：1. S－1、S－2、S－3、S－4、Ⅰ、Ⅱ、Ⅲ是检查水平代号，是提交检查批的批量与样本大小之间的对应关系，S－1～S－4 是特殊检查水平，Ⅰ、Ⅱ、Ⅲ是一般检查水平。

2. AQL 是接收质量限（以不合格品百分数或每百单位产品不合格数表示）。

3. Ac 是抽查检验批产品可接收数（$Ac_1$ 是第一次，$Ac_2$ 是第二次，可接收数）。

4. Re 是抽查检验批产品不可接收数（$Re_1$、$Re_2$ 分别是第一，第二次，拒收数）。

5. N 是交检产品组批量。

6. n 是样本量（$n_1$，$n_2$ 分别为第一次、第二次样本）。

7. d 是在抽样检验中，检出样本中的不合格数（$d_1$ 是第一次检；$d_2$ 是第二次检）。

8. B 类、C 类是抽样检验中，对产品规范性技术要求检验项目分为 A、B、C 三类。一般对产品的最关键检验内容项划分为 A 类，A 类检验项目的可接收质量限 A 值很小；B 类项目，按检验项目的重要程度，比 A 类关键项目稍低一些，也称主要检验项目；C 类项目比按检验项目的重要程序 B 类项目再适当低些，也称一般的项目。

9. 不合格分类的项目，归属于哪个类和为各类选择接收质量，应适合特定情况的质量要求。

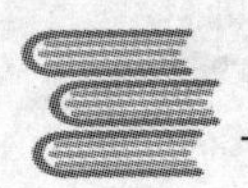


# 第九章　商品条码的检测

## 第一节　商品条码的基础知识

商品条码是由一组规则排列的条、空及其对应代码组成，表示商品代码的条码符号，包括零售商品、储运包装商品、物流单元、参与方位置等的代码与条码标识。

商品条码作为商品的全球唯一性标识，被喻为商品在市场流通的“身份证”和“通行证”，是实现商业现代化的基础，是商品进入超级市场、POS 扫描商店的入场券。现在，商品条码已经成为产品进入超市卖场、入驻商铺网上商城的必要条件。

目前使用最为普遍，也是最为人们熟知的商品条码是 EAN－13 条码。

### 一、EAN－13 编码

其中：

“690”为前缀码，由国际物品编码协会（GS1）分配；

“6901234”为厂商识别代码，由所在国家或地区编码组织分配；

“56789”为产品项目代码，由企业自行分配；

“2”为校验位，由标准算法计算得出。

图 9－1　常见的商品条码（EAN－13）示例

EAN－13 编码是一组 13 位数字，由厂商识别代码、商品项目代码和校验码三部分组成（见图 9－1）。EAN－13 编码最前面的 2～3 位数字称为前缀码，是国际物品编码协会（GS1）分配给国家（或地区）编码组织的代码，如美国的前缀码是 000～019，中国的前缀码是 690－699，中国台湾是 471，中国香港是 489，中国澳门是 958 。我国的厂商识别代码由中国物品编码中心负责分配和管理，在我国申请注册的厂商识别代码由 7－10 位数字组成。商品项目代码由厂商负责编制，由 2～5 位数字组成。在编制商品项目代码是应遵循唯一性、无含义、稳定性三个基本原则。校验码是 EAN－13 编码的最后一位数字，它是由前面 12 位数字依照专门的算法计算得出（具体算法见 GB12904）。

## 二、EAN－13 条码符号结构

图 9－2 EAN－13 商品条码的符号结构

EAN－13 条码符号是由左侧空白区、起始符、左侧数据符、中间分割符、右侧数据符、校验符、终止符、右侧空白区及供人识别字符组成。

1. 左侧空白区。位于条码符号最左侧的与空的反射率相同的区域，左侧空白区通常起到提示条码识读设备准备开始识读条码符号的作用，EAN－13 条码左侧空白区最小宽度为 11 个模块宽度。

2. 起始符。位于条码符号左侧空白区的右侧，表示信息开始的特殊符号，由 3 个模块组成。

3. 左侧数据符。位于起始符右侧，中间分割符左侧的一组条码字符。EAN－13 条码左侧数据符表示 6 位数字信息，由 42 个模块组成。

4. 中间分割符。位于左侧数据符的右侧，平分条码字符的特殊符号，由 5 个模块组成。

5. 右侧数据符。位于中间分割符右侧，校验符左侧的一组条码字符。EAN－13 条码右侧数据符表示 5 位数字信息，由 35 个模块组成。

6. 校验符。位于右侧数据符的右侧，表示校验码的条码字符，由 7 个模块组成。

7. 终止。是位于条码符号校验符的右侧，表示信息结束的特殊符号，由 3 个模块组成。

8. 右侧空白区。位于条码符号最右侧的与空的反射率相同的区域，EAN－13 条码右侧空白区最小宽度为 7 个模块宽度。

9. 供人识别字符。位于条码符号的下方，与条码相对应的数字。EAN－13 条码的供人识别字符为 13 位数字。

# 第二节　商品条码的设计要求

## 一、条码尺寸

条码尺寸随放大系数的变化而放大或缩小。EAN 条码的放大系数一般在 0.8～2.0 的范围内选择，见表 9－1，或参考 GB 12904－2008《商品条码零售商品编码与条码表示》。

条码符号尺寸的选择应考虑以下三点因素：

1. 可印刷条码面积的大小。比如，在礼品盒上有足够的空间印刷条码符号，那么就应选择相对较大的放大系数。

2. 印刷条件。如果具有优良的印刷条件和高品质的承印介质，可采用相对较小的放大系数。

3. 扫描环境。应用于零售环节时，在条码印刷品质符合要求的情况下，可选择较小的条码放大系数；用于仓储环境时，因扫描距离通常比较远，应选择较大的条码放大系数。如运货车操作工扫描的条码符号就应尽可能大一些。

**表 9－1　EAN－13 条码符号尺寸要求表**　　（单位：mm）

| 放大系数 | 起始符到终止符长度 | 条高（短） | 最小左空白区 | 最小右空白区 |
|---|---|---|---|---|
| 0.8 | 25.08 | 18.28 | 2.90 | 1.85 |
| 0.9 | 28.22 | 20.57 | 3.27 | 2.08 |
| 1.0 | 31.35 | 22.85 | 3.63 | 2.31 |
| 1.5 | 47.03 | 34.28 | 5.44 | 3.46 |
| 2.0 | 62.70 | 45.70 | 7.26 | 4.62 |

## 二、左右侧空白区宽度

空白区位于条码符号最左和最右侧，与空的反射率相同的区域。左右侧空白区的宽度尺寸是成功识读条码符号的重要条件之一，也是系统成员在设计和印刷商品包装时最易忽略的要素。

当放大系数为 1.00 时，EAN－13 条码符号的左、右侧空白区的最小宽度尺寸分别为 3.63mm 和 2.31mm；EAN－8 条码的左、右侧空白区的最小宽度为 2.31mm。在一定的放大系数下，凡是空白区小于国家标准要求的最小宽度尺寸的条码即判定为不合格条码。

## 三、条空颜色搭配

条空颜色搭配是指条码符号中条和空的颜色组合搭配。条码是使用专用识读设备依靠分辨条空的边界和宽窄来实现条码识别和译码的。商品条码扫描识读设备通常采用红

光作为扫描光，因此在设计条/空颜色时，应选对红光反射率低的颜色做条色，选对红光反射率高的颜色做空色。条与空的颜色反差越大越好。

由于黑色可吸收各种波长的可见光，白色能反射各种波长的可见光，因此，黑条白空是最理想的颜色搭配。

条空颜色搭配应符合 GB 12904－2008《商品条码 零售商品编码与条码表示》的相关要求。

**表 9－2　条码符号条空颜色搭配参考表**

| 序号 | 空色 | 条色 | 能否采用 | 序号 | 空色 | 条色 | 能否采用 |
|---|---|---|---|---|---|---|---|
| 1 | 白色 | 黑色 | √ | 17 | 红色 | 深棕色 | √ |
| 2 | 白色 | 蓝色 | √ | 18 | 黄色 | 黑色 | √ |
| 3 | 白色 | 绿色 | √ | 19 | 黄色 | 蓝色 | √ |
| 4 | 白色 | 深棕色 | √ | 20 | 黄色 | 绿色 | √ |
| 5 | 白色 | 黄色 | × | 21 | 黄色 | 深棕色 | √ |
| 6 | 白色 | 橙色 | × | 22 | 亮绿 | 红色 | × |
| 7 | 白色 | 红色 | × | 23 | 亮绿 | 黑色 | × |
| 8 | 白色 | 浅棕色 | × | 24 | 暗绿 | 黑色 | × |
| 9 | 白色 | 金色 | × | 25 | 暗绿 | 蓝色 | × |
| 10 | 橙色 | 黑色 | √ | 26 | 蓝色 | 红色 | × |
| 11 | 橙色 | 蓝色 | √ | 27 | 蓝色 | 黑色 | × |
| 12 | 橙色 | 绿色 | √ | 28 | 金色 | 黑色 | × |
| 13 | 橙色 | 深棕色 | √ | 29 | 金色 | 橙色 | × |
| 14 | 红色 | 黑色 | √ | 30 | 金色 | 红色 | × |
| 15 | 红色 | 蓝色 | √ | 31 | 深棕色 | 黑色 | × |
| 16 | 红色 | 绿色 | √ | 32 | 浅棕色 | 红色 | × |

注："√"表示能采用；"×"表示不能采用。

# 四、条码符号放置位置

## （一）基本原则

1. 位置选择

条码符号位置的选择应以符号位置相对统一、符号不易变形、便于扫描操作和识读为准则。首选的条码符号位置宜在商品包装背面的右侧下半区域内。条码符号与商品包装邻近边缘的间距应不小于 8mm 或不大于 100mm。商品包装背面不适宜放置条码符号时，可选择商品包装另一个适合的面的右侧下半区域放置条码符号。通常条码符号不应放置在商品包装的底面，以避免磨损。

2. 方向选择

商品包装上条码符号宜横向放置，见图 9－3（a）。横向放置时，条码符号的供人识别字符应为从左至右阅读。在印刷方向不能保证印刷质量和商品包装表面曲率及面积不允许的情况下，可以将条码符号纵向放置，如图 9－3（b）所示。纵向放置时，条码符号供人识别字符的方向宜与条码符号周围的其他图文相协调。

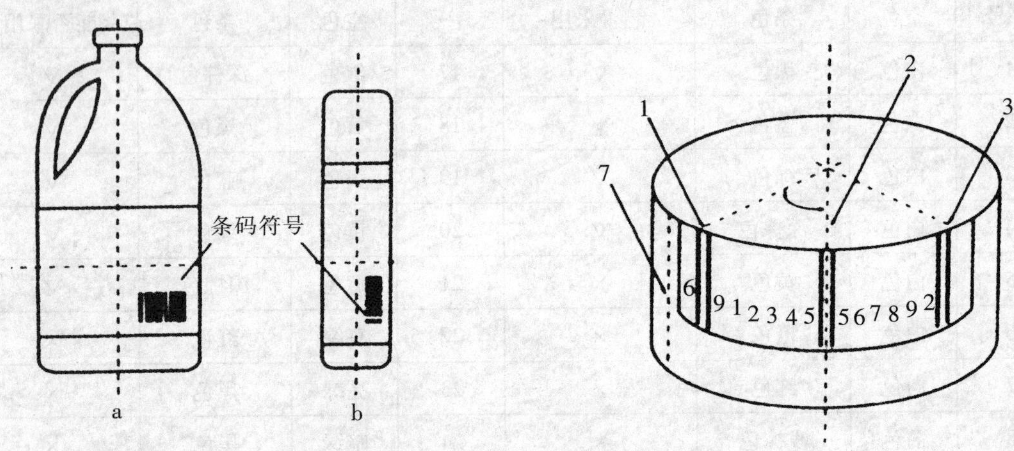


**图 9－3　条码符号放置的方向示意图**

3. 曲面上的符号方向

在商品包装的曲面上将条码符号的条平行于曲面的母线放置条码符号时，条码符号表面曲度 θ 应不大于 30°，如图 9－4 所示；可使用的条码符号放大系数最大值与曲面直径有关。条码符号表面曲度大于 30°，应将条码符号的条垂直于曲面的母线放置，如图 9－5 所示。

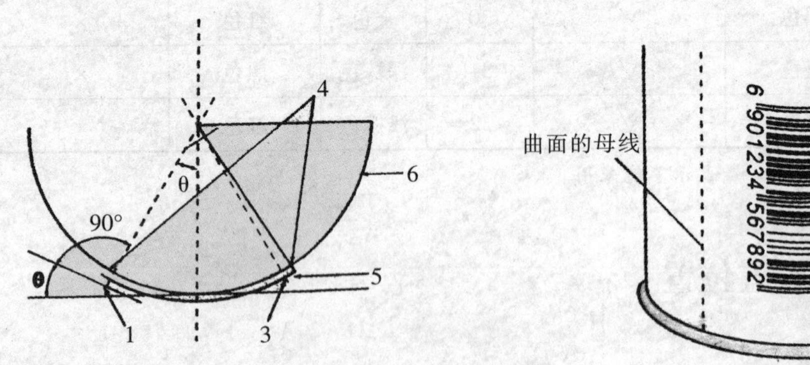


**图 9－4　条码符号表面曲度示意图**　　**图 9－5　条码符号的条与曲面的母线垂直**

4. 避免选择的位置

不应把条码符号放置在有穿孔、冲切口、开口、装订钉、拉丝拉条、接缝、折叠、

折边、交迭、波纹、隆起、褶皱、其它图文和纹理粗糙的地方。

不应把条码符号放置在转角处或表面曲率过大的地方。

不应把条码符号放置在包装的折边或悬垂物下边。

不应把条码符号放置在容易使条码符号变形和受其他损害的地方。

## （二）条码符号位置放置指南

1. 箱型包装

对箱型包装，条码符号宜印在包装背面的右侧下半区域，靠近边缘处，如图 9－6（a）所示。其次可印在正面的右侧下半区域，如图 9－6 所示。

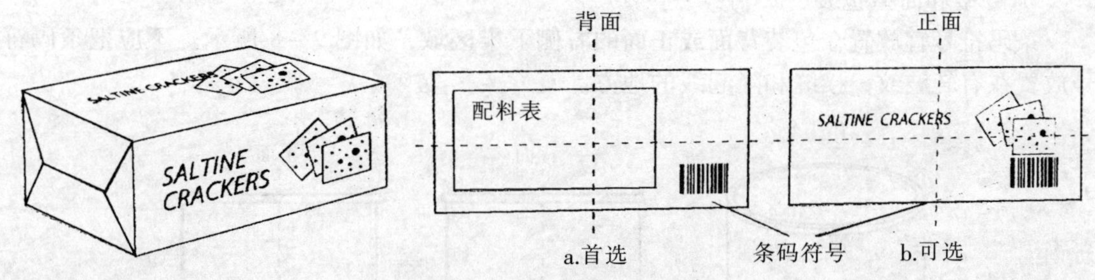


**图 9－6　箱型包装示意图**

2. 瓶型包装

条码符号宜印在包装背面或正面的右侧下半区域，如图 9－7 所示。不应把条码符号放置在瓶颈、壶颈处。

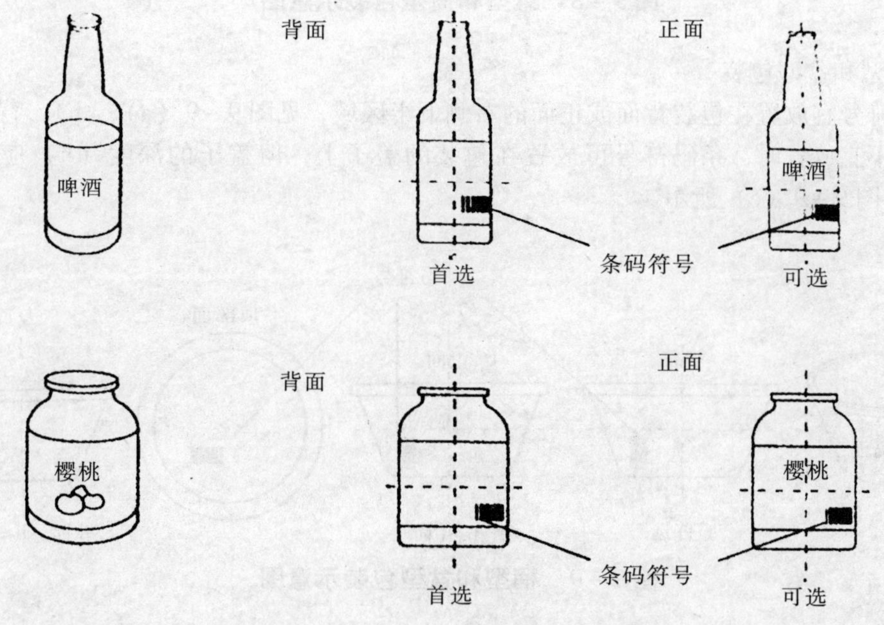

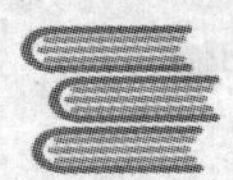


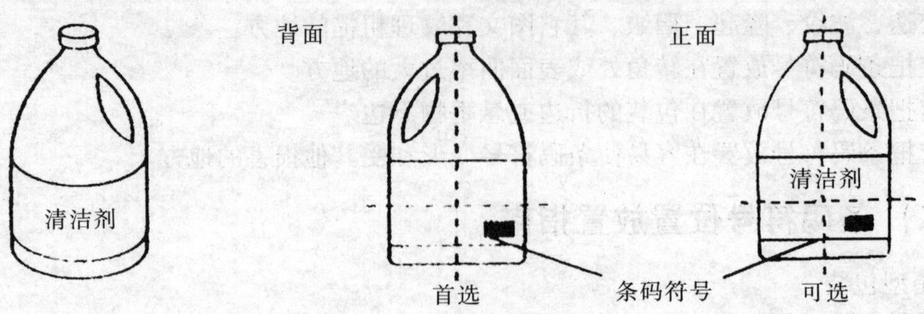


图 9－7　箱型包装示意图

3. 罐型和筒型包装

条码符号宜放置在包装背面或正面的右侧下半区域，如图 9－8 所示。不应把条码符号放置在有轧波纹、接缝和隆起线的地方。

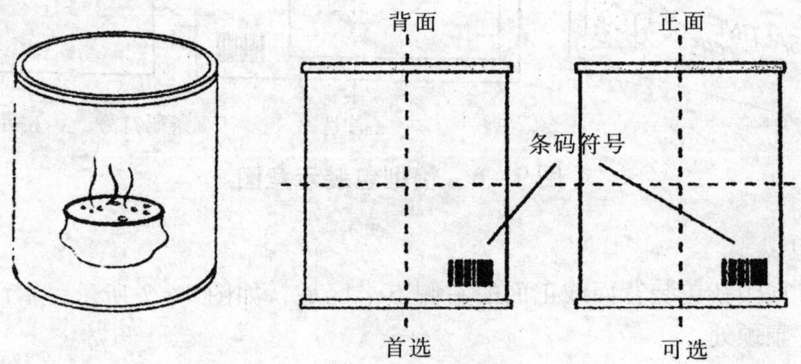


图 9－8　罐型和筒型包装示意图

4. 桶型和盆型包装

条码符号宜放置在包装背面或正面的右侧下半区域，见图 9－9（a）、（b）。背面、正面及侧面不宜放置时，条码符号可放置在包装的盖子上，但盖子的深度（h）应不大于 12mm，如图 9－9（c）所示。

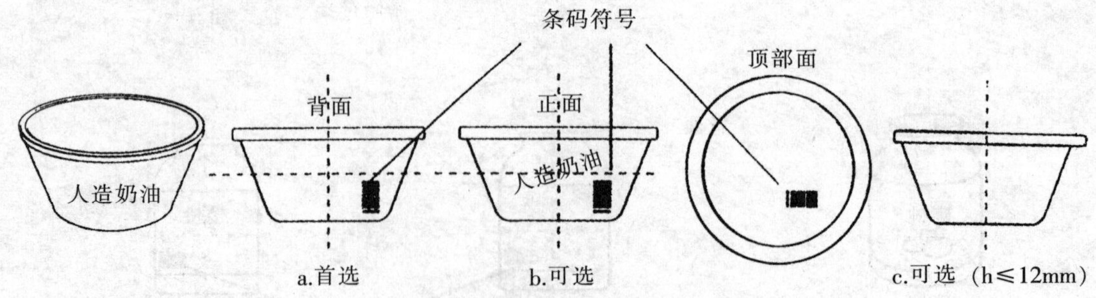


图 9－9　桶型和盆型包装示意图

5. 袋型包装

条码符号宜放置在包装背面或正面的右侧下半区域，尽可能靠近袋子中间的地方，

或放置在填充内容物后袋子平坦、不起皱折处，如图 9－10 所示。不应把条码符号放在接缝处或折边的下面。

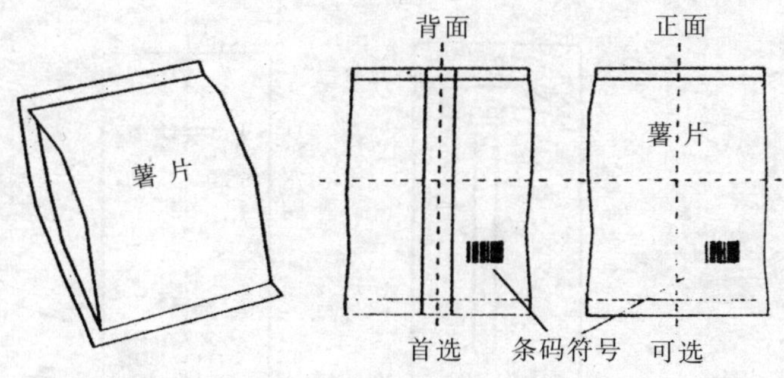


图 9－10　袋型包装示意图

6. 收缩膜和真空成型包装

条码符号宜放置在包装的较为平整的表面上，不应把条码符号放置在有皱折和扭曲变形的地方，如图 9－11 所示。

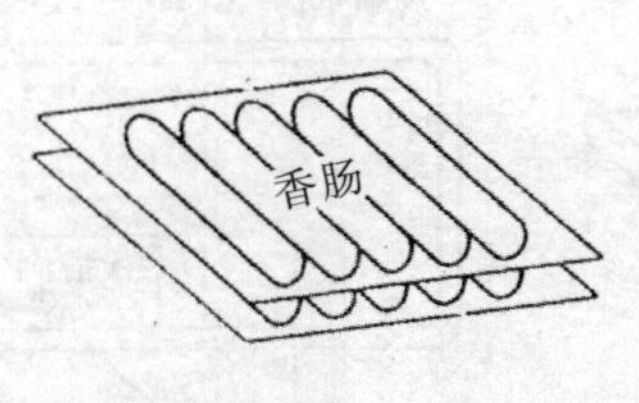


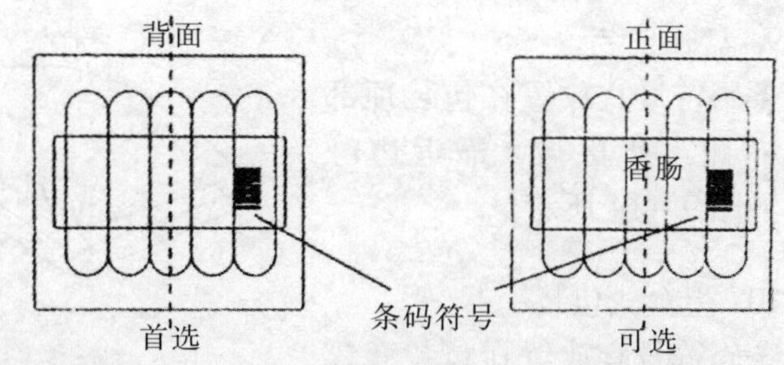


图 9－11　收缩膜和真空成型包装示意图

7. 泡型罩包装

条码符号宜放置在包装背面右侧下半区域，（靠近边缘处。在背面不宜放置时，可把条码符号放置在包装的正面，条码符号应离开泡型罩的突出部分。当泡型罩突出部分的高度（h）超过 12mm 时，条码符号应尽量远离泡型罩的突出部分，如图 9－12 所示。

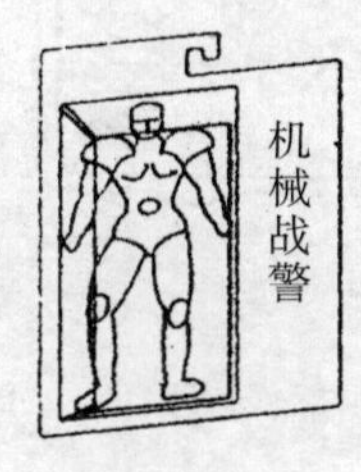


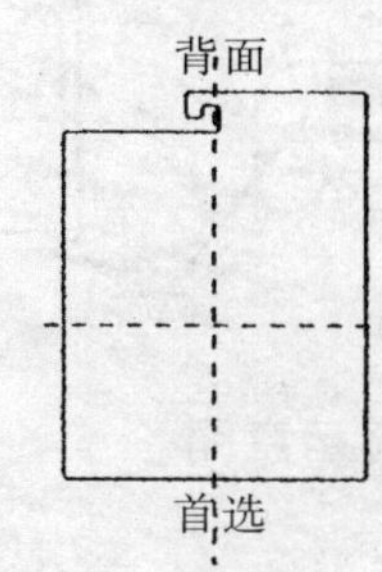


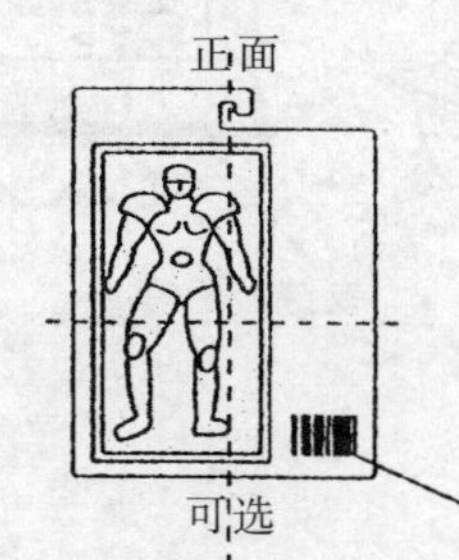


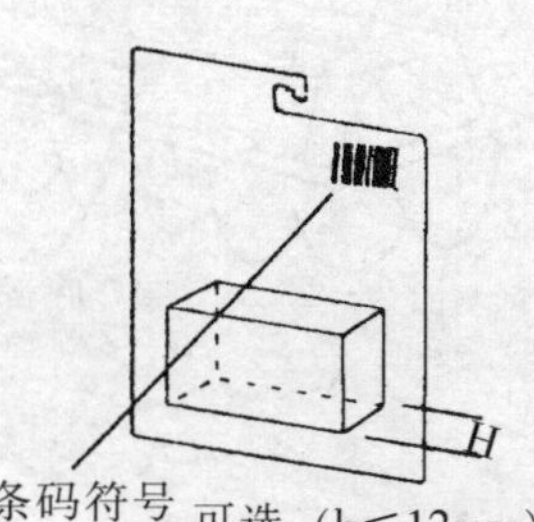


图 9－12　泡型罩包装示意图

8. 卡片式包装

条码符号宜放置在包装背面的右侧下半区域，靠近边缘处。在背面不宜放置时，可把条码符号放置在包装正面，条码符号应离开产品放置位置，避免条码符号被遮挡，如图 9－13。

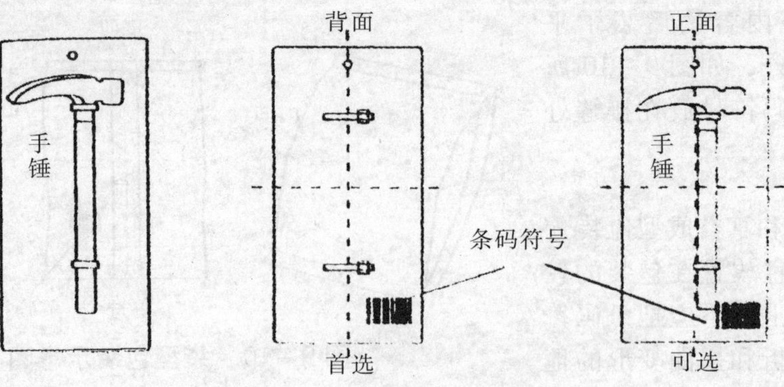


图 9－13　卡片式包装示意图

9. 盘式包装

条码符号宜放置在包装顶部面的右侧下半区域，靠近边缘处，如图 9－14 所示。

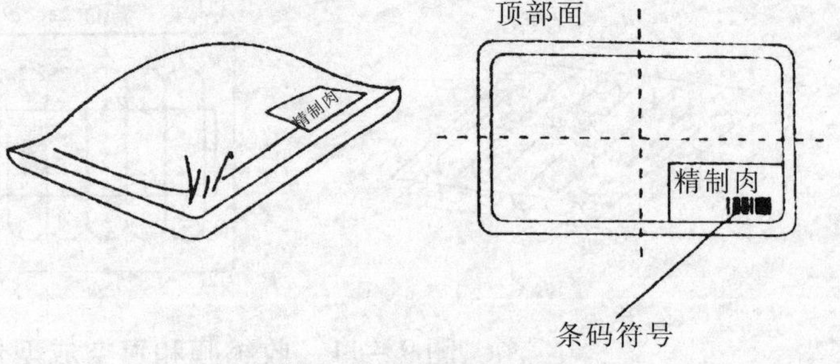


图 9－14　托盘式示意图

10. 蛋盒式包装

条码符号宜放置在包装有铰链的一面，且应在铰链以上盒盖右侧的区域内。此处不宜放置时，条码符号可放置在顶部面的右侧下半区域，如图 9－15 所示。

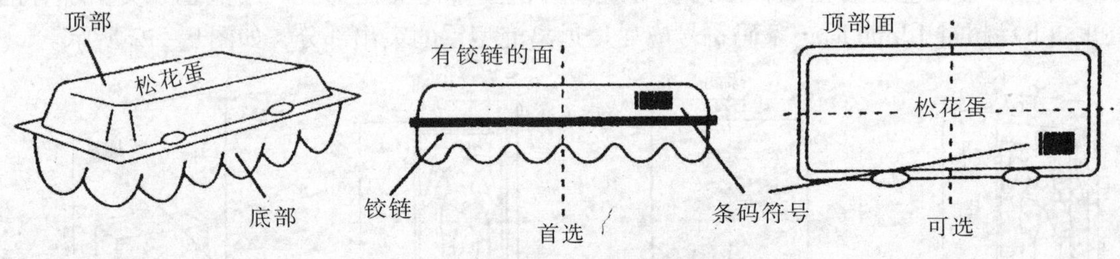


图 9－15　蛋盒式包装示意图

11. 多件组合包装

条码符号宜放置在包装背面的右侧下半区域，靠近边缘处。在背面不宜放置时，可把条码符号放置在包装的侧面的右侧下半区域，靠近边缘处，如图 9－16。当多件组合包装和其内部的单件包装都带有商品条码时，内部的单件包装上的条码符号应被完全遮盖住，多件组合包装上的条码符号在扫描时应该是唯一可见的条码。

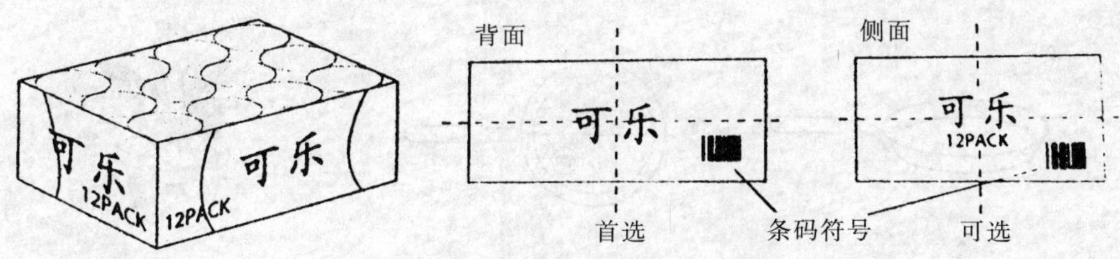


图 9－16　多件组合包装示意图

12. 体积大或笨重的商品包装

体积大或笨重的商品包装是指有两个方向（宽/高、宽/深或高/深）上的长度大于 45cm，或重量超过 13kg 的商品包装。

对于体积较大或笨重的商品包装，条码符号宜放置在包装背面右侧下半区域。包装背面不宜放置时，可以放置在包装除底面外的其它面上，并可将商品条码符号的供人识别字符高度放大至 16mm 以上，印在条码符号的附近。体积大或者笨重的商品包装上也可以使用两个同样的标记该商品的商品条码符号，一个放置在包装背面的右下部分，另一个放置在包装正面的右上部分，如图 9－17 所示。

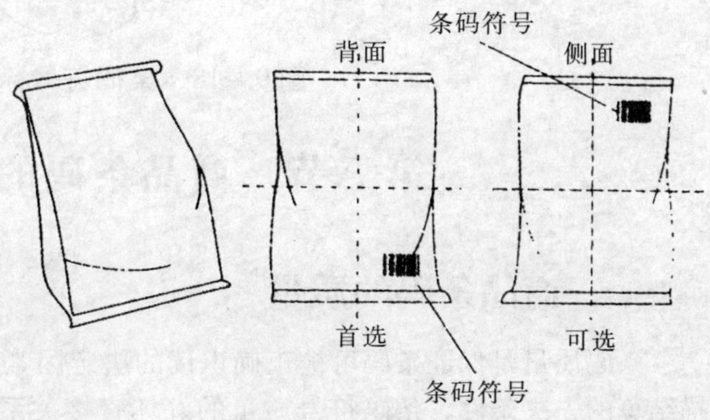


图 9－17　体积大或笨重的袋型包装示意图

13. 出版物

出版物上的条码符号的放置位置依出版物的类型而定。

书籍上条码符号的首选位置在书封底的右下角。

对于连续出版物，条码符号的首选位置在封底的左下角。

对于音像制品和电子出版物，附加条码符号宜印在外包装背面便于识读的位置。

需要附加条码符号的出版物，附加条码符号应放在主代码条码符号的右侧：附加条码符号条的方向与主代码条码符号条的方向平行，附加条码符号条的下端与主代码条码符号的起始符、中间分隔符、终止符条的下端平齐。

14. 透明塑料包装

对于透明塑料包装的服装类、纺织类、文教类等商品，条码符号的首选位置是包装正面的右下角。

15. 其他形式

对一些无包装的商品，商品条码符号可以印在挂签上。如果商品有较平整的表面且允许粘贴或缝上标签，条码符号可以印在标签上。如图 9－18 所示。

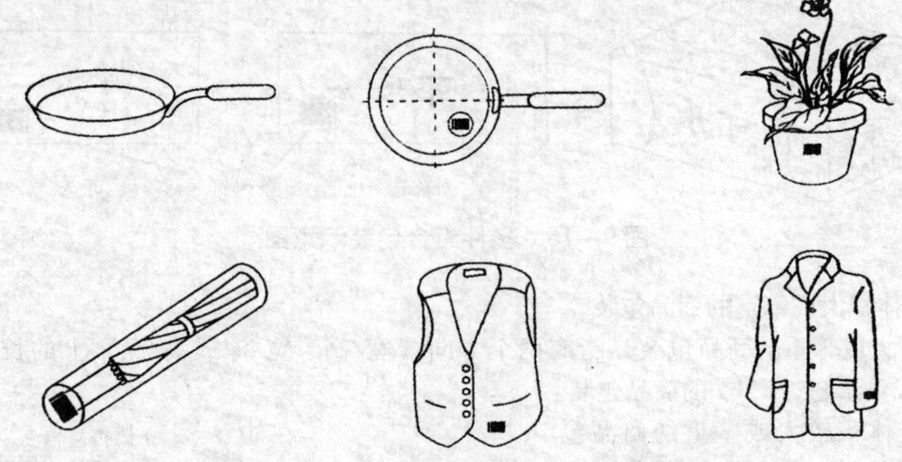

图 9 - 18　条码符号标签示意图

# 第三节　商品条码的质量和检测

## 一、商品条码的质量

条码质量是保证条码可被正确识读的决定因素，是 POS 商店实现商品准确、快速扫描结算的先决条件。条码符号质量的好坏直接关系到制造商、销售商和印刷企业乃至消费者等各个方面的利益。

在实际应用中，由于条码识读设备及识读环境的不同，具体应用目的的不同，对条码符号质量水平的要求就会有所不同。零售商品条码符号的质量要求在国家标准 GB12904 中以符号等级的形式作了相应规定。国家标准 GB12904 规定零售商品条码符号等级不得低于 1.5/06/670。其中，1.5 为符号等级；06 为测量孔径标号（测量孔径为 0.15mm）；670（nm）为测量光波长，其允许偏差为 ±10nm。

由于商品在包装、储存、装卸等过程中商品条码易受污染、损毁，使符号等级降低，因此，建议商品条码的印制质量等级不低于 2.5/06/670。详细要求参见国标 GB 12904 - 2008《商品条码零售商品编码与条码表示》。

## 二、商品条码的检测

国家标准 GB/T 18348 - 2008 对商品条码的质量检测环境、检测设备、检测项目、检测方法以及质量判定作了详细规定。

### （一）检测环境

温度：23℃ ±5℃

湿度：30% ~70%

## （二）检测设备

商品条码检测仪应能按 GB/T 14258－2003 的规定测量扫描反射率曲线参数值，应符合 ISO/IEC 15426－1 中一致性要求的规定。测量光波长为 670nm ± 10nm。测量孔径的选择符合表 9－3。空白区宽度的测量使用最小分度值不大于 0. 1mm 的长度测量仪器或最小分度值不大于 0. 01mm 的条码检测仪。Z 尺寸、条高的测量使用最小分度值不大于 0. 5mm 的钢板尺。

表 9－3　测量孔径的选择

| 被检条码符号类型 | X 尺寸/mm | 测量孔径的标称值/mm | 孔径标号 |
|---|---|---|---|
| EAN－13、EAN－8、UPC－A、UPC－E | 0. 264≤X≤0. 660 | 0. 15 | 06 |
| ITF－14 | 0. 250≤X＜0. 635 | 0. 25 | 10 |
| | 0. 635≤X≤1. 016 | 0. 50 | 20 |
| UCC/EAN－128 | 0. 250≤X＜0. 495 | 0. 15 | 06 |
| | 0. 495≤X＜0. 495 | 0. 25 | 10 |

注：在不知道 X 尺寸的情况下，用 Z 尺寸代替 X 尺寸

## （三）样品要求

检测时应尽可能使被检条码符号处于设计的被扫描状态对其进行检测。不能在实物包装形态下被检测的样品，可以进行适当处理，使样品平整，大小适合检测，且条码符号四周保留足够的固定尺寸。

条码符号的检验方法，详见 GB/T 14258－2008《条码符号印制质量的检验》国家标准。

## （四）检验项目

EAN－13 商品条码的检测项目共有 11 项：参考译码、最低反射率、符号反差、最小边缘反差、调制比、缺陷度、可译码度、Z 尺寸、空白区宽度、条高和印刷位置。

1. 参考译码

由条码检测仪或条码识读设备根据被检测条码符号的类型，选择适合的参考译码算法对条码符号进行译码，核对译码的结果与该条码符号所表示的数据是否相同，相同为译码正确，不同为译码错误，得不出译码数据为不能被译码。

2. 最低反射率（Rmin）

被测条码符号条的最低反射率。

最低反射率应不大于最高反射率的一半（即 Rmin≤0. 5Rmax）。有的检测设备直接给出反射率比（Rmin/ Rmax）来取代 Rmin。

3. 符号反差（SC）

符号反差（SC） = 最高反射率（Rmax）—最低反射率（Rmin）

符号反差反映条码符号条、空颜色搭配或承印材料及油墨的反射率是否满足要求。

4. 最小边缘反差（ECmin）

边缘反差（EC） = 邻接单元空反射率 - 邻接单元条反射率

最小边缘反差（ECmin）为一次扫描检测中得到的所有边缘反差中最小的一个。造成边缘反差小的部分原因见图 9 - 19。

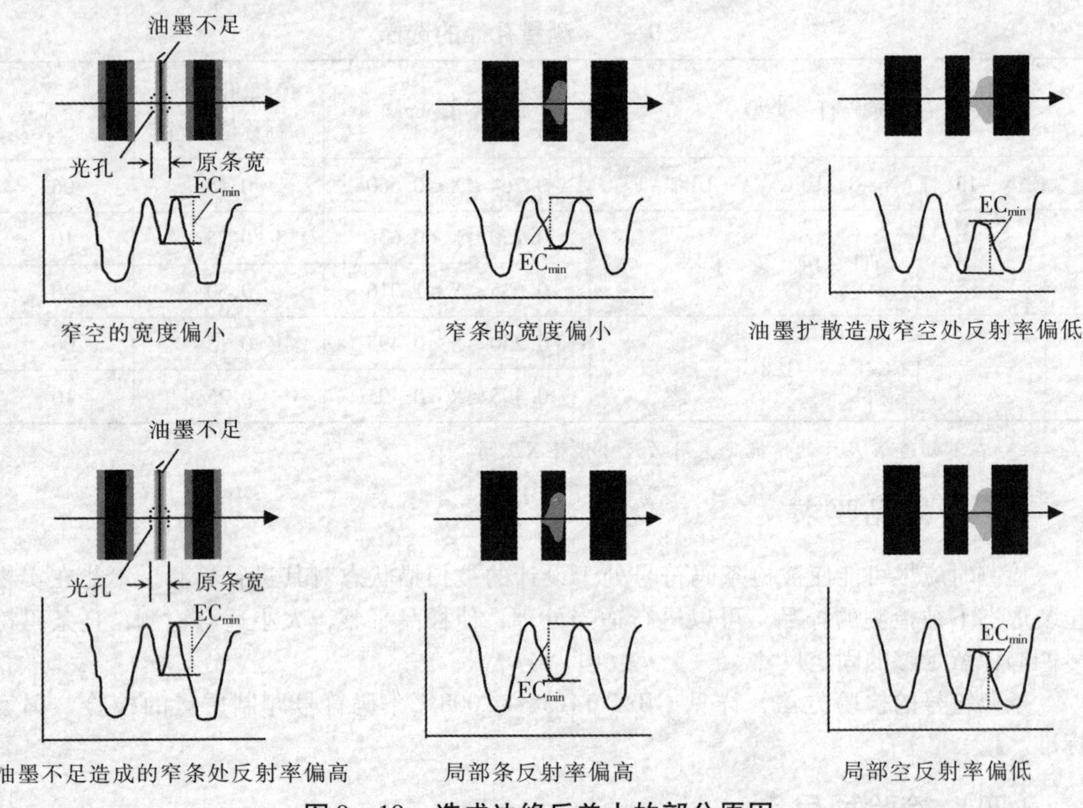


**图 9 - 19　造成边缘反差小的部分原因**

5. 调制比（MOD）

调制比（MOD） = 最小边缘反差（ECmin）/ 符号反差（SC），三者的关系见图 9 - 20。

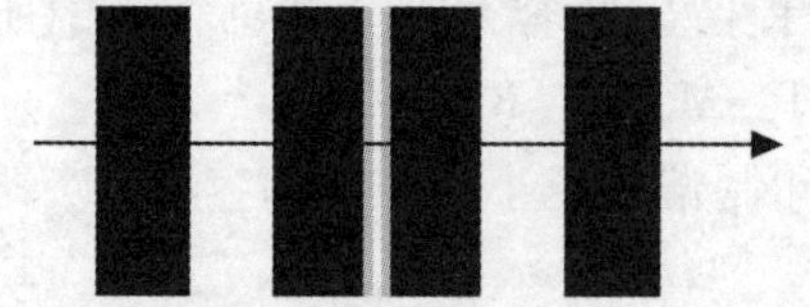

条码符号 A（$MOD_n$=0.29）不合格

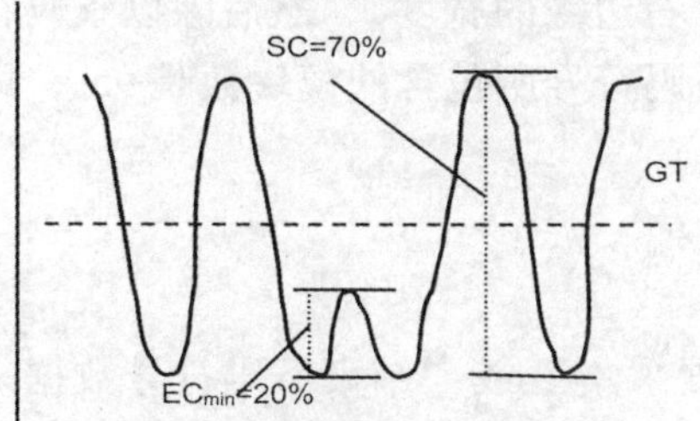


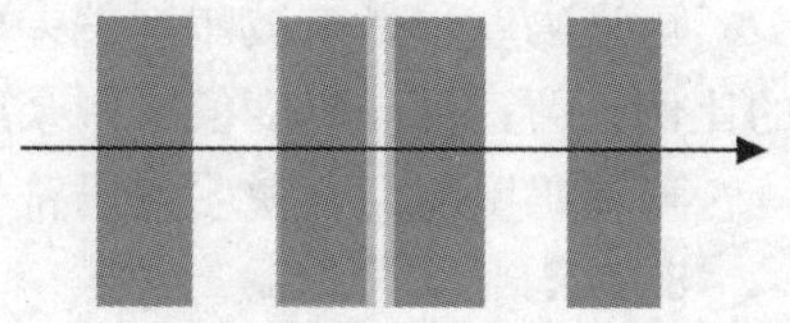

条码符号 B（MOD=0.50）合格

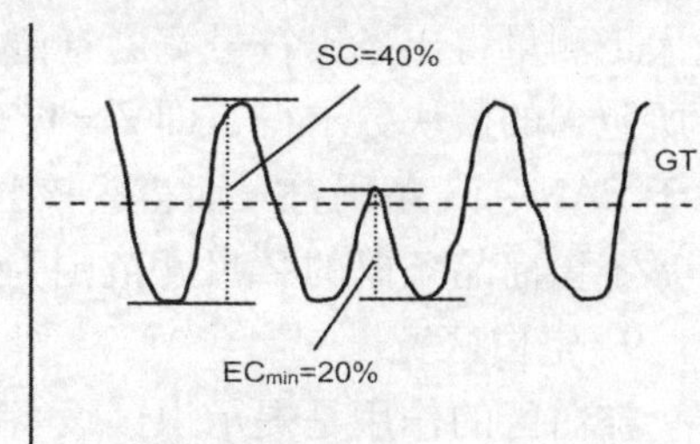


**图 9－20　ECmin、SC 与调制比（MOD）的关系示意图**

6. 缺陷度（Defects）

缺陷度（Defects）＝最大单元反射率非均匀度（ERNmax）/符号反差（SC）。

单元反射率非均匀度（ERN）反映了条码符号上脱墨、污点等缺陷对条/空局部的反射率造成的影响。

缺陷度大小与脱墨/污点的大小及其反射率、测量光孔直径和符号反差有关，其关系见图 9－21。

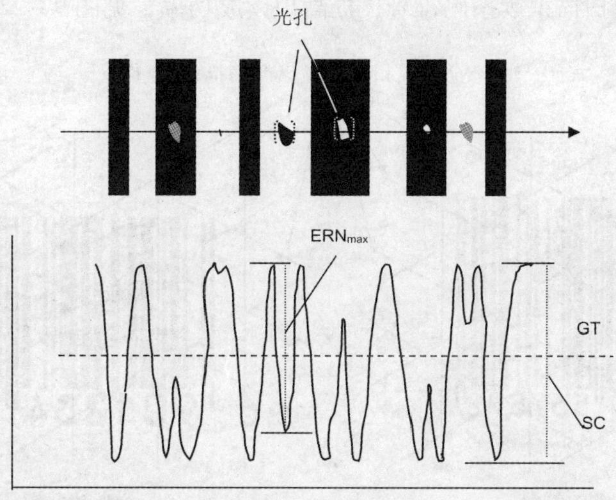


**图 9－21　脱墨、污点及光孔直径、ERNmax、SC 与缺陷度的关系示意图**

7. 可译码度

理想尺寸：条码规范或标准中规定的条码符号条/空单元宽度及条空组合宽度。

印制偏差：在条码符号的印制过程中，印制出来的条/空单元及条/空组合的实际宽度尺寸一般都会偏离其理想尺寸，印制偏差为实际宽度尺寸与相应理想尺寸之差。

容许误差（容差）：允许条/空单元及条/空组合的宽度在印制过程中出现一定限度的误差。

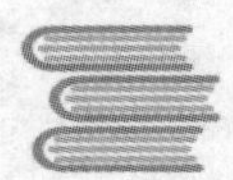



可译码度：是未被印制偏差占用、为扫描识读过程留出的容差部分在总容差中所占的比例，即：可译码度值 = 剩余容差/总容差 = | （RT – M）/（RT – A）| 。

可译码度越高，说明条码符号的印制精度越高、印制偏差越小、识读越容易。

8. Z 尺寸

Z 尺寸是指条码符号实际的模块宽度，可以通过条码检测设备直接测得，也可以先通过人工测量得出条码符号宽度（起始符左边缘到终止符右边缘的宽度），然后除以条码符号所包含的模块数求得，即 Z = L/M 。EAN – 13 商品条码符号所包含的模块数是 95 ，即对于 EAN – 13 条码符号而言，该公式中 M 值取 95 。

零售商品条码的 Z 尺寸范围为 0. 264mm ~ 0. 66mm 。

9. 空白区宽度

空白区的作用是提示识读设备“开始条码符号数据采集”或“结束条码符号数据采集”，空白区宽度不够常常导致条码符号不能识读，甚至造成误读。

空白区宽度在 GB12904 中是一项强制性指标，商品条码符号的空白区宽度不符合要求，该条码符号即被判定为不合格。

10. 条高

理论上，商品条码的高度（或条高）只要能容纳一条扫描线的高度，使扫描线经过条码符号所有的条和空（包括空白区），就能被扫描识读。但条高越小，对扫描线瞄准条码符号的要求就越高，也就造成，扫描识读条码符号的难度越大，成功识读的效率就越低。因此，只要印刷面积足够，就应该按照标准规定的条高印制条码符号，保证充分的识读冗余性，以方便扫描识读条码符号，提高识读成功率，见图 9 – 22。

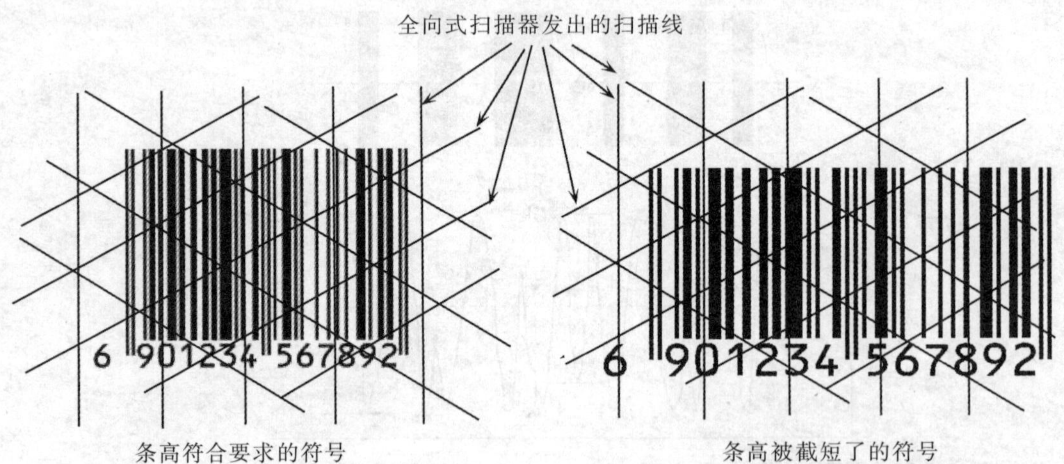


图 9 – 22　截短条码符号的条高对全向式扫描器识读的影响

11. 印刷位置

检查印刷位置的目的是看商品条码符号在包装的位置是否符合标准 GB/T 14257 的要求，确保在实际扫描应用时条码符号的完整性；以及有无穿孔、冲切口、开口、装订钉、

拉丝拉条、接缝、折叠、折边、交叠、波纹、隆起、褶皱和其他图文对条码符号造成损害或妨碍。

一般只能对实物包装进行此项检查。

### （五）商品条码检测方法

1. 确定检测带。检测带是商品条码符号的条码字符条底部边线以上，条码字符条高的 10% 处和 90% 处之间的区域。见下图检测带所示。

2. 对商品条码符号进行质量评价，应在条码符号的 10 个不同条高位置各进行一次扫描测量，10 次扫描的扫描路径宜保持等间距，扫描路径应通过包括空白区在内的整个符号宽度。见图 9－23。

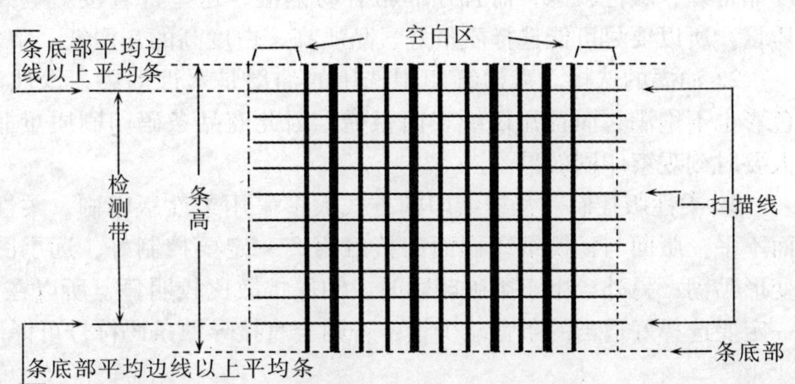


图 9－23　商品条码扫描线图

3. 确定扫描反射率曲线等级。每次扫描检测，取该次测量扫描反射率曲线的参考译码、最低反射率、符号反差、最小边缘反差、调制比、缺陷度、可译码度、空白区宽度等诸参数等级中的最小值作为该扫描反射率曲线的等级。

4. 商品条码符号等级的确定。10 次测量中有任何一次出现译码错误，则被检条码符号的符号等级为 0。10 次测量中都无译码错误（允许不译码），以 10 次测量扫描反射率曲线等级的算术平均值作为被检测条码符号的符号等级。

## 第四节　不同承印材料对商品条码印刷质量的影响

### 一、金属（铁、铝）

金属包装多以听、罐、盒的外形为主，用于饮料、食品和生物制品的包装。

1. 承印材料为铁时，印刷方式大多选择平版印刷，主要容易出现两个问题。一个是设计，因为罐和听的印刷面积不够，留给商品条码左右空白区的宽度往往不够；另一个是金属对油墨的吸附能力不足，为了避免印刷后图案缺损、变形，印刷中对油墨的选择非常重要，建议采用 UV 等优质油墨，采取紫外固化工艺，光照瞬间固化印刷的图案，从而避免在金属物上印刷的商品条码发生缺损、变形。

2. 承印材料为铝时，主要容易出现三个问题。一是铝质载体采用的印刷方式是曲面印刷，铝片先成型套在芯轴内，混动一圈成印，要求设计中商品条码条的方向和混动的方向一致；其次，曲面印刷中网点叠加形成的图案准确性不高，印刷图案的质量不好控制，要求现场操作中及时观察和调整；第三，铝印刷油墨是烘干的，印刷图案出印到完全定型需要一定时间，要求油墨质量能保证印刷上的图案在一定时间内不变形。

## 二、瓦楞纸

瓦楞纸多以盒、箱的形式为主，用于物流运输和商品外包装，常采用三层、五层和七层的瓦楞纸。

1. 瓦楞纸材料的选择。价格低廉的瓦楞纸较薄，表面粗糙且高低不平，纸面的光洁度非常差，颜色较深，而且还非常容易潮湿，这些都直接影响商品条码及其图案的印刷质量，所以要尽可能选择质量好、品质高、白度高的瓦楞纸。

2. 油墨的选择。瓦楞纸印刷选用的油墨是水性油墨，水性油墨的印刷效果无光泽，色彩也不饱满，而且瓦楞纸表面粗糙，因此商品条码印刷质量非常难控制，现场操作工人要时刻观察印刷效果。

3. 柔性版控制。瓦楞纸印刷方式大多采用柔性版印刷，柔性版版面较软，瓦楞纸纸面不平，版面与瓦楞纸印刷面的接触距离一定要控制好，远了图案不清，近了图案容易变形黏糊；另外，由于柔版印刷时，油墨扩散比较明显，所以在制作条码符号柔性版时，一定要选择好适当的条宽减少量，否则会直接导致条码符号可译码度低。

## 三、纸质材料

纸质印刷载体常用白板纸、金卡纸、银卡纸、镀铝纸、镭射覆膜纸，以盒、片、袋的形式为主，用于产品宣传、商品包装。

1. 印刷白板纸时，尤其要注意的是商品条码的设计，商品条码的左右空白区、条码高度、条码条和空的颜色搭配、印刷位置等参数一定要按照标准 GB12904 的要求来设计。

2. 金卡纸、银卡纸、镀铝纸和镭射覆膜纸一般用于高档商品包装。这类反射性较强的印刷载体对商品条码的识读影响非常大，不能直接在上面印刷商品条码，应先印基底白，并且要提高白色基底印刷油墨的浓度或加深印版的深度，使白色基底完全覆盖住下面的颜色，然后在基底白中印刷黑色商品条码。

## 四、塑料

塑料载体多以袋为主，广泛用于各行各业。塑料的材料有很多种，常用的有 PET、BOPP、尼龙、聚酯等，印刷方式主要分为柔性版和凹版印刷两种。其中柔性版印刷主要是图案简单及低端价格的单层表面印刷商品，凹版印刷是现在最主要的印刷方式，其印刷工艺和包装图案相对复杂，且大多采用复合膜。

1. 设计时考虑塑料张力。印刷塑料首先对印刷设计要求高，因为塑料在印刷过程中受到张力影响较大，这就需要在设计中将条码中条的方向和印刷钢管转动方向保持一致，减少印刷中张力对塑料变形的影响。

2. 塑料对制版要求也非常高，条码符号制版的条宽减少量、电雕穴深度和表面光洁度直接影响塑料上面印刷的商品条码质量。制版是影响塑料载体商品条码印刷质量的主

要环节。

3. 塑料材质的特性是对油墨的吸附性不高，经过臭氧处理后的塑料表面电晕值直接影响油墨效果，不同颜料材料的电晕值也不同，这就要求塑料材料针对油墨的不同，加工到合适的电晕值来保证商品条码和其他颜色图案在塑料表面的吸附光泽和色彩饱和度。

## 五、不干胶

不干胶多以粘贴形式作用于产品包装上。不干胶的印刷材料一般选用铜版纸，影响商品条码印刷质量的主要原因有以下两种。

提高不干胶印刷制版工艺水平，不干胶印商品条码质量不合格的原因是制版工艺没有达到合格商品条码技术要求，归根结底是设计人员对商品条码技术标准不了解造成的。经过专业培训后完全可以改变不合格情况的发生。

印刷设备老化是造成不干胶商品条码印刷质量不合格的第二个主要原因。在制版满足技术要求的前提下，一般的设备都可以印刷出合格的商品条码印刷品。如果不干胶印刷设备处于超年限和超负荷工作状态，则需要印刷企业尽快对设备进行更新换代。

# 附录一　检测标准和规范性文件

ICS 37.100.20
A 17

# 中华人民共和国国家标准

GB/T 788－1999
neq ISO 6716：1983

## 图书和杂志开本及其幅面尺寸

## Formats and their sizes of books and magazines

1999－11－11 发布 2000－05－01 实施

国家质量技术监督局 发布

GB/T 788 -1999

# 前　　言

本标准是在 GB/T 788 -1987《图书杂志开本及其幅面尺寸》的基础上修订而成的。其中主要修订内容是将原标准附录中的非标准开本部分删除。

本标准非等效采用 ISO 6716：1983《印制技术—教科书与杂志—未裁切单张纸与已裁切单页的尺寸》。鉴于国内纸张生产情况，本标准收录的原纸尺寸较 ISO 6716：1983 标准中的原纸尺寸少。

本标准自实施之日起，同时代替 GB/T 788 -1987。

本标准由中华人民共和国新闻出版署提出。

本标准由全国印刷标准化技术委员会归口。

本标准起草单位：新闻出版署条码中心。

本标准主要起草人：张振威。

本标准首次发布于 1965 年，第一次修订于 1987 年，第二次修订于 1999 年。

GB/T 788 -1999

# ISO 前言

ISO（国际标准化组织）是一个由各国标准化组织（ISO 成员国）组成的世界性联合体。国际标准的制定通常是由 ISO 技术委员会来执行的。每一个对技术委员会制定的标准主题感兴趣的成员国都有权向委员会表达自己的意见。与 ISO 有协作关系的各国际组织，无论是政府的还是非政府的，都可参与此项工作。

被技术委员会采纳的国际标准草案要经过各成员国投票表决。

ISO 6716 国际标准是由 ISO/TC 130 印刷技术委员会制定的，并于 1982 年 4 月表决通过。

中华人民共和国国家标准

GB/T 788－1999
neq ISO 6716：1983
代替 GB/T 788－1987

# 图书和杂志开本及其幅面尺寸

**Formats and their sizes of books and magazines**

## 1　范围

本标准规定了图书和杂志的开本及其幅面尺寸。

本标准适用于一般图书（含教科书）和杂志，不适用于需要采用特殊开本的图书和杂志。

## 2　代号说明

2.1　标准中的 A、B 表示开本尺寸系列的代号。

2.2　A 和 B 代号后面的数字，表示将全张纸对折长边裁切的次数。如，A4 表示将全张纸对折长边四次裁切为 16 开；A5 表示将全张纸对折长边 5 次裁切为 32 开。

2.3　表 1 中未裁切单张纸尺寸后面的 M，表示纸张的丝绺方向与该尺寸边平行。

## 3　图书和杂志开本及幅面尺寸

图书和杂志开本及幅面尺寸见表 1。

**表 1　图书和杂志开本及其幅面尺寸**　　mm

| 系　列 | 未裁切单张纸尺寸 | 已裁切成开本 | |
|---|---|---|---|
| | | 代　号 | 公称尺寸（允差 ±1 mm） |
| A | 890×1240M | A4 | 210×297 |
| | 890M×1240 | A5 | 148×210 |
| | 890×1240M | A6 | 105×144 |
| | 900×1280M | A4 | 210×297 |
| | 900M×1280 | A5 | 148×210 |
| | 900×1280M | A6 | 105×144 |
| B | 1000M×1400 | B5 | 169×239 |
| | 1000×1400M | B6 | 119×165 |
| | 1000M×1400 | B7 | 82×115 |

国家质量技术监督局 1999－11－11 批准　　2000－05－01 实施

ICS 35.240.30
A 19

# 中华人民共和国国家标准

GB/T 18358－2009
代替 GB/T 18358 2001

## 中小学教科书幅面尺寸及版面通用要求

General requirements of trim size and type area for primary and secondary school textbooks

2009－09－30 发布　　2010－02－01 实施

中华人民共和国国家质量监督检验检疫总局
中国国家标准化管理委员会 发布

GB/T 18358－2009

# 前　言

本标准代替 GB/T 18358－2001。与 GB/T 18358－2001 比较，本标准在以下方面做了修改和补充：

1. 充分考虑教科书版面设计的多样性，对分栏设计的版面提出了具体要求；

2. 对以图为主的教科书及艺术、音乐、美术、外语等学科的教科书，只要求版心尺寸符合规定，版面行数、字数不受限制；

3. 对义务教育小学阶段教科书汉字上加注拼音和理科教科书文字叙述中涉及的公式、符号高于单个字符，造成版面行距加大、行数减少的情况，增加了一定的灵活性；

4. GB/T 18358－2001 在前言中提出，"由于设备及再版等原因，中小学教科书仍可过渡性使用非标准的 787mm×1092mm 16 开规格，过渡期为五年。"鉴于目前我国现有印刷设备的实际状况，尚未具备以 B5 规格取代 184mm×260mm 规格（787mm×1092mm 16 开）的条件，因此，184mm×260mm 规格仍可继续延长使用五年。

本标准的附录 A 为规范性附录。

本标准由全国信息与文献标准化技术委员会提出并归口。

本标准起草单位：中国出版科学研究所、中央教育科学研究所、人民教育出版社、北京师范大学出版社。

本标准主要起草人：魏玉山、蔡逊、蔡京生、沙晓青、马迎莺、刘颖丽、刘玉柱、蒋列平、郑军。

本标准所代替标准的历次版本发布情况为：

——GB/T 18358－2001。

# 中小学教科书幅面尺寸及版面通用要求

## 1 范围

本标准规定了中小学教科书应采用的幅面尺寸及版面规格参数。

本标准适用于普通中小学使用的各种教科书。中小学生使用的教学辅助用书可参照采用本标准。

## 2 规范性引用文件

下列文件中的条款通过本标准的引用而成为本标准的条款。凡是注日期的引用文件，其随后所有的修改单（不包括勘误的内容）或修订版均不适用于本标准，然而，鼓励根据本标准达成协议的各方研究是否可使用这些文件的最新版本。凡是不注日期的引用文件，其最新版本适用于本标准。

GB/T 788-1999　图书和杂志开本及其幅面尺寸（neq ISO　6716：1983）

GB/T 9851.2　印刷技术术语　第2部分：印前术语

CY/T 50　出版术语

## 3 术语和定义

GB/T 9851.2 和 CY/T 50 界定的以及下列术语和定义适用于本标准。

3.1

**版面　type area**

印刷成品幅面中，图文和空白部分的总和。

[GB/T 9851.2-2008，定义3.1]

3.2

**版心　text block**

印版或印刷成品幅面中规定的印刷区域（不含出血图像、书眉和页码）。

3.3

**字号　type size**

区分单个字符大小的表示方法。

[GB/T 9851.2-2008，定义4.2]

## 4 幅面尺寸及版面要求

### 4.1 幅面尺寸

义务教育（1~9年级）教科书的幅面尺寸应采用 GB/T 788-1999 表1中的 A5 和 B5。

高中教科书的幅面尺寸应采用 GB/T 788－1999 表 1 中的 A5、B5 和 A4。

### 4.2　版面

#### 4.2.1　版心

各种幅面尺寸的版心规格须符合表 1 的要求。

表 1 所示的版心规格，适用于各类以文字为主的中小学教科书。以图为主的中小学教科书在设计时版心可大于表 1 规定的尺寸，但订口、切口、天头、地脚宽度不得小于 7mm。

采用分栏设计的教科书，应视学科特点合理分配栏宽，在达到便于学生学习的最佳视觉效果的前提下尽量提高版面利用率。分栏设计的教科书，版心范围以各栏的外侧边界为准。

#### 4.2.2　字体和字号

##### 4.2.2.1　正文用字

按不同的年级和学科，正文用字（不含少数民族文字和外文）字体、字号分为四类。

a 类：21 P～16 P（2 号～3 号字），正楷体为主，适用于义务教育 1～3 年级各科教科书。

b 类：14 P（4 号字），正楷体和书宋体为主，由正楷体逐渐过渡到书宋体，适用于义务教育 2～4 年级各科教科书。

c 类：12 P（小 4 号字），书宋体为主，适用于义务教育 5～9 年级和高中各科教科书。

d 类：10.5 P（5 号字），书宋体为主，适用于高中理科教科书。

注：P——Point，1 P≈0.35mm。

##### 4.2.2.2　目录、注释等用字

目录、注释等可参照正文用字适当减小，但义务教育小学阶段教科书的最小用字不得小于 10.5 P（5 号字），义务教初中阶段和高中教科书的最小用字不得小于 9 P（小 5 号字）。

#### 4.2.3　行数和字数

各种幅面尺寸和类别以文字（不含少数民族文字和外文）为主的中小学教科书，每面行数和每行字数须符合表 1 的要求。

以图为主的教科书及艺术、音乐、美术、外语等学科的教科书，版心规格应符合表 1 的要求，但不受版面行数、每行字数限制。

义务教育小学阶段教科书汉字上加注拼音和理科教科书文字叙述中涉及的公式、符号高于单个字符，造成版面行距加大，行数可相应减少。

表 1　中小学教科书幅面尺寸及版面基本参数

| 幅面尺寸代号 | 成品规格<br>mm | 类别 | 版心规格<br>mm | 字号 | 每面行数 | 每行字数 |
|---|---|---|---|---|---|---|
| A5 | 148×210 | a 类 | 106×168 | 21 P（2 号） | – | – |
| | | | | 16 P（3 号） | 20 | 19 |
| | | b 类 | 108×167 | 14 P（4 号） | 22 | 22 |
| | | c 类 | 106×164 | 12 P（小 4 号） | 25 | 25 |
| | | d 类 | 107×166 | 10.5 P（5 号） | 28 | 29 |
| B5 | 169×239 | a 类 | 128×194 | 21 P（2 号） | – | 23 |
| | | | | 16 P（3 号） | 23 | |
| | | b 类 | 128×191 | 14 P（4 号） | 25 | 26 |
| | | c 类 | 128×190 | 12 P（小 4 号） | 29 | 30 |
| | | d 类 | 129×196 | 10.5 P（5 号） | 33 | 35 |
| A4 | 210×297 | c 类 | 166×244 | 12P（小 4 号） | 37 | 39 |

# 附　录　A

## （规范性附录）

## 非标准中小学教科书幅面尺寸及版面基本参数

中小学教科书使用的非标准规格幅面尺寸及版面基本数见表 A.1。

表 A.1　非标准中小学教科书幅面尺寸及版面基本参数

| 成品规格<br>mm | 类别 | 版心规格<br>mm | 字号 | 每面行数 | 每行字数 |
|---|---|---|---|---|---|
| 184×260 | a 类 | 144×210 | 21 P（2 号） | – | – |
| | | | 16 P（3 号） | 25 | 26 |
| | b 类 | 143×214 | 14 P（4 号） | 28 | 29 |
| | c 类 | 144×210 | 12 P（小 4 号） | 32 | 34 |
| | d 类 | 144×208 | 10.5 P（5 号） | 35 | 39 |

# 中小学教科书用纸、印制质量要求和检验方法

## 1 范围

本标准规定了中小学教科书用纸、制版、印刷、装订等质量要求和检验方法。包括成品批质量抽检方法及包装、运输、贮存的要求。

本标准适用于普通中小学使用的各种教科书。中小学教学辅助用书及其他类别的教科书可参照采用本标准。

## 2 规范性引用文件

下列文件中的条款通过本标准的引用而成为本标准的条款。凡是注日期的引用文件，其随后所有的修改单（不包括勘误的内容）或修订版均不适用于本标准，然而，鼓励根据本标准达成协议的各方研究是否可使用这些文件的最新版本。凡是不注日期的引用文件，其最新版本适用于本标准。

GB/T 450 纸和纸板 试样的采取及试样纵横向、正反面的测定（GB/T 450－2008，ISO 186：2002，MOD）

GB/T 451.1 纸和纸板尺寸及偏斜度的测定

GB/T 451.2 纸和纸板定量的测定（GB/T 451.2－2002，eqv ISO 536：1995）

GB/T 456 纸和纸板平滑度的测定（别克法）（GB/T 456－2002，idt ISO 5627：1995）

GB/T 457 纸和纸板 耐折度的测定（GB/T 457－2008，ISO 5626：1993. MOD）

GB/T 459 纸和纸板伸缩性的测定（GB/T 459－2002，eqv ISO 5635：1978）

GB/T 462 纸、纸板和纸浆 分析试样水分的测定（GB/T 462－2008，ISO 287：1985，ISO 638：1978，MOD）

GB/T 1540 纸和纸板吸水性的测定（可勃法）（GB/T 1540－2002，neq ISO 535：1991）

GB/T 1541 纸和纸板 尘埃度的测定

GB/T 1543 纸和纸板 不透明度（纸背衬）的测定（漫反射法）（GB/T 1543－2005，ISO 2471：1998，MOD）

GB/T 1545 纸、纸板和纸浆 水抽提液酸度或碱度的测定（GB/T 1545—2008，ISO 6588：1981，MOD）

GB/T 7974 纸、纸板和纸浆亮度（白度）的测定 漫射/垂直法（GB/T 7974－2002，neq ISO 2470：1999）

GB/T 10335.1 涂布纸和纸板涂布美术印刷纸（铜版纸）

GB/T 10739 纸、纸板和纸浆试样处理和试验的标准大气条件（GB/T 10739－2002，eqv ISO 187：1990）

GB/T 12911　纸和纸板油墨吸收性的测定法

GB/T 12914－2008　纸和纸板　抗张强度的测定（ISO 1924－1：1992，ISO 1924－2：1994，MOD）

GB/T 22363　纸和纸板粗糙度的测定（空气泄漏法）本特生法和印刷表面法（GB/T 22363－2008，ISO 8791－2：1990，ISO 8791－4：1992，MOD）

GB/T 22365－2008　纸和纸板印刷表面强度的测定（ISO 3783：1980，MOD）

CY/T 5　平版印刷品质量要求及检验法

CY/T 30　胶印印版制作（CY/T 30－1999，eqv ISO 12218：1997）

CY/T 40　书刊装订用 EVA 热熔胶使用要求及检测方法

CY 42　纸质印刷品覆膜过程控制及检测方法　第 1 部分：基本要求

QB/T 1012　胶版印刷纸

QB/T 1211　胶印书刊纸

QB/T 2358　塑料薄膜包装袋　热合强度试验方法

QB/T 2693　彩色胶版印刷纸

## 3　技术要求

### 3.1　纸张要求

3.1.1　中小学教科书正文应使用 QB/T 2693 规定的彩色胶版印刷纸、QB/T 1012 规定的胶版印刷纸或 QB/T 1211 规定的胶印书刊纸，封面应使用 120g/m² 及以上的彩色胶版印刷纸或 GB/T 10335.1 规定的涂布美术印刷纸，彩色插页应使用 90g/m² 及以上的彩色胶版印刷纸、胶版印刷纸或涂布美术印刷纸。美术教科书彩色内文应使用涂布美术印刷纸。

3.1.2　纸张的技术指标应符合表 1 的规定。

表 1　纸张技术要求

| 指标名称 | | | 单　位 | 规　定 | | | |
|---|---|---|---|---|---|---|---|
| | | | | 胶印书刊纸 | 胶版印刷纸 | 彩色胶版印刷纸 | 涂布美术印刷纸 |
| 1 | 定量 | | g/m² | 55.0<br>60.0<br>70.0<br>80.0<br>90.0 | 55.0<br>60.0<br>70.0<br>80.0<br>90.0 | 60.0<br>70.0<br>80.0<br>90.0<br>100.0<br>120.0 | 90.0　100.0<br>105.0　115.0<br>128.0　157.0<br>175.0　200.0 |
| 2 | 定量偏差 | | % | ±4 | ±4 | ±4 | ±5 |
| 3 | 厚度偏差 | 55g/m² | μm | 65±6.0 | | / | |
| | | 60g/m² | | 70±7.0 | | / | |
| | | 70g/m² | | 82±8.0 | | / | |
| | | 80g/m² | | 94±9.0 | | / | |

续表

| 4 | 亮（白）度 | | | % | 72.0～80.0 | 75.0～85.0 | 80.0～90.0 | 85.0～90.0 |
|---|---|---|---|---|---|---|---|---|
| 5 | 不透明度≥ | | | % | 80.0 | 82.0 | 85.0 | 90.0 |
| 6 | 平滑度 | 正反面平均≥ | | S | 30 | 30 | 30 | / |
| | | 正反面差≤ | | % | 30 | 30 | 20 | / |
| 7 | 印刷表面粗糙度≤ | | | μm | / | / | 5.3 | 2.8 |
| 8 | 油墨吸收性 | | | % | / | / | / | 15～28 |
| 9 | 抗张指数 | 卷筒纸（纵向）≥ | | N·m/g | 35.0 | 35.0 | 40.0 | / |
| | | 平板纸（纵横平均）≥ | | N·m/g | 27.0 | 27.0 | 30.0 | / |
| 10 | 吸水性 | | | g/m² | 20.0～40.0 | | | |
| 11 | 伸缩性（横向）≤ | | | % | 3.0 | 3.0 | 2.0 | / |
| 12 | 耐折度（横向）≥ | | | 次 | 8 | 8 | 12 | / |
| 13 | 尘埃度 | 其中 | ≥0.2mm²～0.5mm²的尘埃不多于 | 个/m² | 100 | 80 | 60 | 32 |
| | | | >0.5mm²～1.5mm²的尘埃不多于 | | 2 | 2 | 2 | 2 |
| | | | >1.5mm²的尘埃 | | 不应有 | 不应有 | 不应有 | 不应有 |
| 14 | 印刷表面强度（中黏度拉毛油、正反面均）≥ | | | m/s | 0.8 | 1.0 | 1.2 | 1.4 |
| 15 | pH≥ | | | | 6.8 | | | / |
| 16 | 交货水分 | | | % | 4.0～8.0 | | | |

3.1.3 卷筒纸宽度偏差应不超过±3mm，卷筒直径为800mm±50mm；全张平板纸尺寸偏差应不超过±3mm，偏斜度应不超过3mm。

3.1.4 卷筒纸每卷的接头不多于2个，外包装及接头处应有明确标识。

3.1.5 同批纸的亮（白）度差值不大于3.0%。

3.1.6 纸张在印刷过程中不应有透印和明显的掉毛、掉粉现象。纸张应平整，纤维组织应均匀，色泽应一致，每批纸张均不应有明显差异。

3.1.7 纸面不应有影响印刷使用的外观纸病，如砂子、硬质块、褶皱及各种条痕、斑点、透光点、裂口、孔眼等，无纸片、残张、破损、折角等。按5.1.17、5.1.18方法检测，有纸病试样部分总质量应不超过试样总质量的1%。

**3.2 分色片要求**

分色片应符合：

a）实地密度≥3.50；

b）片基灰雾密度≤0.15；

c）对角线套准误差≤0.01%；

d）网线数（网点频率）：单色图像为$40cm^{-1}$～$48cm^{-1}$，彩色图像为$48cm^{-1}$～$70cm^{-1}$；

注：$cm^1$ 即线/cm。

e）软片线性化的阶调值误差≤±2%；

f）文字、网点无破裂；

g）版面干净，无脏迹、划痕和折痕。

## 3.3 印版制作要求

3.3.1 测控条上50%的阶调值转移到印版的阶调值减少量，见表2。

表2 测控条上50%的阶调值转移到印版的阶调值减少量

| 网线数/$cm^{-1}$ | 50%控制块的阶调值减少量/% |
| --- | --- |
| 50 | 3.0～4.0 |
| 60 | 3.5～5.0 |
| 70 | 4.5～6.0 |
| 注1：在该范围内阶调值减少量与网线数成正比。<br>注2：上述数据对应的是阳图型PS版。 | |

3.3.2 测控条上独立的、不透明的、直径大于25μm的网点都应以不变的形状转移到胶印印版上。

## 3.4 印刷要求

3.4.1 单色印刷应符合：

a）印刷墨色均匀，印页折标印刷实地密度测量值：0.9～1.3；

b）文字清晰，无重影、缺笔、断划、糊字、缺字等；

c）图内文字清楚；

d）线条、表格清楚，无明显模糊不清；

e）页面无明显褶皱、折痕、脏迹；

f）正反面套印允差≤2.0mm。

3.4.2 彩色印刷应符合：

a）印刷实地密度测量值应符合表3的要求。

表3 印刷实地密度测量值

| 色别 | 纸张类型 | |
| --- | --- | --- |
| | 涂布美术印刷纸 | 彩色胶版印刷纸/胶版印刷纸 |
| 黄（Y） | 0.85～1.20 | 0.80～1.05 |
| 品红（M） | 1.25～1.60 | 1.10～1.40 |
| 青（C） | 1.30～1.65 | 1.10～1.40 |
| 黑（K） | 1.40～1.80 | 1.00～1.50 |
| 注1：表中测量值为ISO标准T状态下密度值。<br>注2：上述密度值为绝对密度值。 | | |

b）亮调阶调值至少3%（$60cm^{-1}$）网点可以再现。

c）文字清晰，无重影、缺笔、断划、糊字、缺字等。

d）图像层次分明，网点清晰，印刷相对反差值 K 应符合表 4 要求。

**表 4 印刷相对反差 K 值**

| 色 别 | 纸张类型 | |
|---|---|---|
| | 涂布美术印刷纸 | 彩色胶版印刷纸/胶版印刷纸 |
| 黄（Y） | ≥0.25 | ≥0.20 |
| 品红（M） | ≥0.35 | ≥0.28 |
| 青（C） | | |
| 黑（K） | | |
| 注：$K=(D_{实地}-D_{75\%网点})/D_{实地}$<br>式中 $D_{实地}$ 表示实地密度；$D_{75\%网点}$ 表示 75% 网点的密度。 | | |

e）套印误差≤0.20mm。

f）颜色符合付印样，同批产品同色印刷实地密度允许误差应符合表 5 的要求。

**表 5 同批产品同色印刷实地密度允许误差**

| 色 别 | 纸张类型 | |
|---|---|---|
| | 涂布美术印刷纸 | 彩色胶版印刷纸/胶版印刷纸 |
| 黄（Y） | ≤0.10 | ≤0.15 |
| 品红（M） | ≤0.15 | ≤0.20 |
| 青（C） | ≤0.15 | ≤0.20 |
| 黑（K） | ≤0.20 | ≤0.25 |

g）版面干净，图像完整，页面无明显褶皱、折痕、脏迹。

## 3.5 装订要求

### 3.5.1 折页与配页

a）三折及三折以上书帖，应划口排除空气；

b）书帖平服整齐，无明显皱褶、折角、残页、套帖、缩帖和脏迹；

c）以页码中心点为准，相连两页之间页码位置允许误差≤4.0mm，全书页码位置允许误差≤7.0mm，画面接版允许误差≤1.5mm；

d）页码和版面顺序正确，无错帖。

### 3.5.2 封面覆膜、上光

a）覆膜粘接强度≥2.67N/cm，或者当薄膜与印刷品剥离时，所有图文上的油墨都应全部或部分转移到薄膜胶面上；

b）覆膜后分割的齐边尺寸准确，标称尺寸允差±1mm；

c）覆膜前后色差应符合表 6 的要求。

**表 6 覆膜产品四色实地油墨色差要求**

| 膜类型 | 黑（B） | 品红（M） | 青（C） | 黄（Y） |
|---|---|---|---|---|
| 亮光膜 | ≤3 | ≤3 | ≤3 | ≤3 |
| 亚光膜 | ≤10 | ≤7 | ≤7 | ≤7 |

d）表面干净、平整、不模糊，无脏迹、明显卷曲、皱折、破口、起膜、气泡、亏膜、划痕；

e）封面上光均匀，无划痕、脏迹。

### 3.5.3 胶粘装订

#### 3.5.3.1 书芯订联

a）黏合剂应符合 CY/T 40 的要求。

b）铣背深度以书帖被铣透为准，以保证黏合剂能渗透到书帖最里页，不出现散页、脱页和书背折断现象。铣背歪斜度（天头到地脚）≤1.0mm。

c）施胶厚度≤1.5mm。

d）胶粘订书刊粘接强度要求：在书册胶订成书后，胶层与书页的粘接强度≥4.5N/cm。

#### 3.5.3.2 包封面

a）侧胶选用应符合 CY/T 40 的要求；

b）侧胶宽度为 3.0mm～7.0mm，无侧胶粘接不牢或缺胶、溢胶、粘连图文等缺陷；

c）粘贴封面应正确、平整；

d）定型后的书背应平直，无明显空背、褶皱、挂胶等缺陷。

### 3.5.4 骑马订装

a）配帖顺序正确。

b）订位为钉锯外订眼距书芯长上下各 1/4 处，允许误差 ±3.0mm。钉锯均订在折缝线上，允差≤1.0mm。

c）无坏钉、漏订及重订，书册平服，钉脚平整、牢固。

### 3.5.5 成品质量

教科书成品外观质量应符合表 7 要求：

表 7 成品外观质量要求

| 指标名称 | 允差值、范围或描述 |
|---|---|
| 成品幅面裁切尺寸误差 | ≤ ±1.5mm |
| 成品歪斜 | ≤2.0mm |
| 封面勒口与书芯前口误差 | ≤1.5mm |
| 岗线 | ≤1.0mm |
| 书背字平移、歪斜误差 | 书厚≤10mm：允差≤1mm |
| | 10mm < 书厚≤20mm：允差≤2mm |
| | 20mm < 书厚≤30mm：允差≤2.5mm |
| | 书厚 > 30mm：允差≤3mm |
| 切口 | 无明显刀花、破头、无毛边 |
| 整体外观 | 整洁平服，无压痕、脏迹、小页 |

## 4　成品批质量抽检方法

教科书成品批质量抽检采用一次抽样方案，抽样方案样本大小、合格判定指标按表8执行。当抽样中不合格样品数大于合格判定数时，检验结果为批质量不合格。

表8　一次抽样、判定方案（检查水平为S－3，AQL值为6.5）　单位：册

| 批量 | 151～500 | 501～3 200 | 3 201～35 000 | 35 001～500 000 | >500 000 |
|---|---|---|---|---|---|
| 样本量 | 8 | 13 | 20 | 32 | 50 |
| 合格判定数 | 1 | 2 | 3 | 5 | 7 |

## 5　检验方法

### 5.1　纸张质量检验

5.1.1　纸张试样的采取和处理按GB/T 450和GB/T 10739的规定进行。

5.1.2　纸张的尺寸和偏差检验按GB/T 451.1的规定进行。

5.1.3　纸张的定量检验按GB/T 451.2的规定进行。

5.1.4　纸张的亮（白）度检验按GB/T 7974的规定进行。

5.1.5　纸张的不透明检验按GB/T 1543的规定进行。

5.1.6　纸张的平滑度检验按GB/T 456的规定进行。

5.1.7　印刷表面粗糙度检验按GB/T 22363的规定进行。夹样压力为980 kPa，彩色胶版纸应使用软垫，涂布美术印刷纸应使用硬垫。

5.1.8　纸张的油墨吸收性检验按GB/T 12911的规定进行。

5.1.9　纸张的抗张指数检验按GB/T 12914－2008的规定进行，如有争议以恒速拉伸法仲裁。

5.1.10　纸张的吸水性检验按GB/T 1540的规定进行。

5.1.11　纸张伸缩率检验按GB/T 459的规定进行。

5.1.12　纸张的耐折度检验按GB/T 457的规定进行。

5.1.13　纸张的尘埃度检验按GB/T 1541的规定进行。

5.1.14　纸张的印刷表面强度按GB/T 22365－2008的规定进行，使用国产中黏度拉毛油，如有争议以电动加速法进行仲裁。

5.1.15　纸张的pH检验按GB/T 1545的规定进行。

5.1.16　纸张的水分检验按GB/T 462的规定进行。

5.1.17　卷筒纸内部纸病的测定：取卷筒纸的外部10层，去掉最外部5层，其余5层为样品。将其切成0.05$m^2$的试样，选择并称重有纸病的试样，求出有纸病的试样占总试样的质量百分比。

5.1.18　平板纸纸病的测定：每批纸随机抽取10张作为样品，将其切成0.05$m^2$的试样，选择并称重有纸病的试样，求出有纸病的试样占总试样的质量百分比。

5.2　分色片质量检测方法

按 CY/T 30 中的规定进行。

5.3　印版制作质量检测方法

按 CY/T 30 中的规定进行。

5.4　印刷质量检测方法

按照 CY/T 5 中的规定进行。

5.5　装订质量检验方法

5.5.1　折页与配页检测方法

3.5.1 中 a)、b)、d）三项使用目测法，人工手动检查，c）项使用精度为 0.1mm 的标准直尺进行。

5.5.2　封面覆膜、上光质量检测方法

按 CY 42 规定的方法进行。

5.5.3　胶粘装订检测方法

5.5.3.1　书芯订联检测方法

5.5.3.1.1　黏合剂检测按照 CY/T 40 的要求进行。

5.5.3.1.2　铣背深度检测用人工目测法检查，铣背歪斜度和施胶厚度使用精度为 0.1mm 的标准直尺检测。

5.5.3.1.3　胶粘订书刊粘接强度检测方法

在 23±3℃环境下，将所测试胶粘订样书的中心页，通过一平板中间的细条缝，此时该书页两侧其他书页应以该条缝为中心线，平铺于平板之上。为使其平铺可以使用重物静压其上。之后用夹具将书页固定住，以使书页可以均匀承受缓慢增加的静态拉力。一般情况下，夹具的位移速度不应大于 5mm/s。

当书页所受外力 F 与书页长 L 的比值≥4.5N/cm，书页未从书背处脱落即可判定该胶订样书的粘接强度合格。

5.5.3.2　包封面检测方法

5.5.3.2.1　测胶检测按照 CY/T 40 的要求进行。

5.5.3.2.2　侧胶宽度使用精度为 0.1mm 的标准直尺人工测量。

5.5.3.2.3　侧胶粘接情况和书背要求由人工目测检查。

5.5.4　骑马订装检测方法

3.5.4 中的 a）和 c）用人工目测法进行检测，b）使用精度为 0.1mm 的标准直尺进行检测。

5.6　成品质量检测方法

5.6.1　表 7 中的成品幅面裁切尺寸误差、成品歪斜、封面勒口与书芯前口误差、岗线、书背字平移、歪斜误差使用精度为 0.1mm 的标准直尺，进行人工测量检查。

5.6.2　表 7 中的切口、整体外观直接人工目测检查。

## 6　包装、运输、贮存

### 6.1　包装

印刷成品用专用包装材料包紧、包实；每包有符合相关标准与规定的标识。

### 6.2　运输

不允许踩踏、重压或从高处扔下，注意防雨、防潮、防晒、防腐。

### 6.3　贮存

环境温度、湿度适宜。注意防潮、防晒、防油污、防蛀、防腐、不能重压。

**CY/T 1－1999　书刊印刷产品分类**

# 前　言

CY 1－91《书刊印刷产品分类》是1991年发布实施的新闻出版行业标准。根据《中华人民共和国标准化法》和国家质量技术监督局的要求，经新闻出版署批准，对其进行了修订。本标准对原标准主要有以下几点修订：

①由于印刷技术的发展和客户对某些印刷品的特殊要求，出现了使用两种以上印刷方式（如，平版印刷与凹版印刷）进行产品生产的情况，并有增多的趋势。因此，在此次修订中，将这种印刷产品单立一类，即“综合印刷产品”。

②随着计算机技术在印刷领域的广泛应用，出现了有别于传统模拟式印刷的数字式印刷。为此，修订时增加了“3.2 按转换模式分”类，在这一类目下列出了“模拟印刷产品”和“数字印尉产品”。

本标准自生效之日起，同时代替 CY 1－91。

本标准的附录 A 是提示的附录。

本标准由全国印刷标准化技术委员会提出并归口。

本标准起草单位：中国印刷总公司。

本标准主要起草人：魏志刚、廉洁。

本标准的首次发布日期：1991年7月1日。

中华人民共和国新闻出版行业标准

CY/T 1 -1999
代替 CY 1 -91

# 书刊印刷产品分类

## 1 范围

本标准规定了印刷产品分类的原则与方法。

## 2 引用标准

下列标准所包含的条文，通过在本标准中引用而构成为本标准的条文。本标准出版时，所示版本均 为有效。所有标准都会被修订，使用本标准的各方应探讨使用下列标准最新版本的可能性。

GB/T 9851 -1990 印刷技术术语

## 3 分类

本标准的本章及其他章节采用 GB/T 9851 的定义。

### 3.1 按印版特征分

a）凸版印刷产品；

b）平版印刷产品；

c）凹版印刷产品；

d）孔版印刷产品；

e）综合印刷产品；

f）其他印刷产品。

### 3.2 按转换模式分

a）模拟印刷产品；

b）数字印刷产品。

### 3.3 按印后加工形式分

a）精装产品；

b）平装产品；

c）骑马订装产品；

d）古线装产品；

e）其他印后加工产品。

### 3.4 按最终产品分

中华人民共和国新闻出版署 1999 -05 -07 批准　　　　1999 -09 -01 实施

a）图书；

b）期刊；

c）报纸；

d）其他。

### 3.5 按出版和印刷要求分

a）精细产品；

b）一般产品。

## 附 录 A

## （提示的附录）

## 印刷产品分类的基本原则和方法

### A1 印刷产品分类的基本原则

#### A1.1 科学性

选择分类对象最稳定的本质属性或特征作为分类的基础和依据。

#### A1.2 系统性

将选定的分类对象按一定顺序予以系统化，形成一个科学合理的分类体系。

#### A1.3 可扩延性

在增加新的分类对象时，不会打乱原来建立的分类体系，可以延拓和细化。

#### A1.4 兼容性

与有关标准协调一致。

### A2 印刷产品分类的基本方法

#### A2.1 线分类法

线分类法又称层级分类法。该法将初始分类对象按选定的若干属性或特征，逐次地分成相应的若干个层级的类目，并排成有层次的、逐级展开的分类体系。同位类目之间存在着并列关系。下位类目与上位类目之间存在着从属关系。

#### A2.2 面分类法

将选定的分类对象的若干个属性视为若干个“面”，每面又可分为独立的若干个类目，将这些类目加以组合，形成一个复合类目。

书刊印刷产品可采用面分类法，按印版特性、转换模式、印后加工形式和使用价值等面进行分类。

**CY/T 2－1999 印刷产品质量评价和分等导则**

# 前 言

CY 2－91《书刊印刷产品质量评价和分级方法》是1991年发布实施的新闻出版行业标准。根据《中华人民共和国标准化法》和国家质量技术监督局的要求，经新闻出版署批准，对其进行了修订。本标准对原标准主要有以下几点修订：

①本次修订以GB/T 12707《工业产品质量分等导则》为指导，对印刷产品质量等级的划分进行了修改，并以该标准对产品质量等级的评定原则作为印刷品质量等级的评定原则。

②原标准名称为《书刊印刷产品质量评价和分级方法》，考虑到标准的覆盖面，本次修订将“书刊”二字去掉，又考虑到与GB/T 12707《工业产品质量分等导则》的标准名称相对应，故将“分级方法”改为“分等导则”，这样，本标准的名称为《印刷产品质量评价和分等导则》。

本标准自生效之日起，同时代替CY 2－91。

本标准由全国印刷标准化技术委员会提出并归口。

本标准起草单位：中国印刷总公司。

本标准主要起草人：廉洁、魏志刚。

本标准的首次发布日期：1991年7月1日。

# 引 言

科学地分析和评价产品质量水平，需要建立宏观评价质量的指标体系，产品质量等级品率是该指标体系的主导指标，是产品质量水平的综合反映。为使印刷工业产品质量分等工作规范化，特制定本导则。

中华人民共和国新闻出版行业标准

CY/T 2－1999
代替 CY 2－91

# 印刷产品质量评价和分等导则

## 1 范围

本导则规定了印刷产品质量等级的划分和评定原则，印刷行业应按本导则的规定，制定本行业的产品质量分等办法，并确定分等产品目录。

本导则适用于在中华人民共和国境内生产和销售的印刷产品。

## 2 引用标准

下列标准所包含的条文，通过在本标准中引用而构成为本标准的条文。本标准出版时，所示版本均为有效。所有标准都会被修订，使用本标准的各方应探讨使用下列标准最新版本的可能性。

GB/T 12707 — 1991 工业产品质量分等导则

## 3 内容

### 3.1 产品设计评价

产品设计评价包括：

a）装帧设计；

b）原稿质量；

c）产品总体要求。

### 3.2 原辅材料评价

原辅材料评价包括：

a）印刷用原辅材料质量；

b）印后加工用原辅材料质量。

### 3.3 加工工艺评价

加工工艺评价包括：

a）各工序加工工艺；

b）各工序的质量标准；

c）成品的质量。

### 3.4 产品外观的综合评价。

### 3.5 牢固程度和是否便于使用。

中华人民共和国新闻出版署 1999－05－07 批准　　　　1999－09－01 实施

## 4 印刷产品质量等级的划分原则

本标准采用 GB/T 12707 的产品质量分等原则。

印刷产品质量水平划分为优等品、一等品和合格品三个等级。

### 4.1 优等品

优等品的质量标准必须达到国际先进水平，实物质量水平与国外同类产品相比达到近五年内的先进水平。

### 4.2 一等品

一等品的质量标准必须达到国际一般水平，实物质量水平应达到国际同类产品的一般水平或国内先进水平。

### 4.3 合格品

按我国一般水平标准（国家标准、行业标准、地方标准或企业标准）组织生产，实物质量水平必须达到相应标准的要求。

## 5 印刷产品质量等级的评定原则

5.1 印刷产品质量等级的评定，主要依据印刷产品的标准水平和实物质量指标的检测结果。

5.2 印刷产品质量等级的评定，由行业归口部门统一负责，并按国家统计部门的要求，按期上报统计结果。

5.2.1 优等品和一等品等级的确认，须有国家级检测中心、行业专职检验机构或受国家、行业委托的检验机构出具的实物质量水平的检验证明；合格品由企业检验判定。

5.2.2 印刷产品质量等级评定工作中标准水平的确认，须有部级或部级以上标准化机构出具的证明。

5.2.3 经国家、行业检验机构证明印刷产品的实物质量水平确已达到相应的等级水平，才可列人等级品率的统计范围。

5.3 为使印刷产品实物质量水平达到相应的等级要求，企业应具有生产相应等级产品的质量保证能力。

## 6 印刷产品标准水平的划分原则

6.1 印刷产品标准水平划分为国际先进水平标准、国际一般水平标准和国内一般水平标准三个等级。

6.1.1 国际先进水平标准，是指标准综合水平达到国际先进的现行标准水平。

6.1.2 国际一般水平标准，是指标准综合水平达到国际一般的现行标准水平。

6.1.3 国内一般水平标准，是指标准水平虽然达不到国际先进和国际一般两个等级标准水平，但是符合中华人民共和国标准化法的规定，达到仍在使用的现行标准水平。

6.2 标准综合水平是指对标准中规定的与产品质量相关的各项要求的综合评价。

对比标准的水平，也是指综合水平，不应将各国标准的高指标拼凑在一个标准中。

6.3 标准水平的对比对象为现行的国际标准或国外先进标准。

无对比对象的标准水平的确认，采取与国际、国外类似标准对比的方法，完全取决于我国资源优势的标准，如其最低一级产品技术要求不低于国外先进标准的水平，即认为具有国际先进水平的标准，不低于国际一般水平，即认为具有国际一般水平的标准，也可与收集到的国外实物进行对比。

6.4　与印刷产品质量相关的指标中任一项关键指标达不到国际先进标准水平或国际一般标准水平的，则不能认为是具有国际先进水平的标准或国际一般水平的标准。

**CY/T 3－1999 色评价照明和观察条件**

# 前 言

由于1991年版的《色评价照明和观察条件》的技术内容与当前印刷技术的发展水平和相关国际标准是一致的，因此，本版只是根据GB 1.1－1993《标准化工作导则》对标准的结构进行了编辑上的修改。

本标准自生效之日起，同时代替CY 3－1991。

本标准的附录A和附录B是提示的附录。

本标准由全国印刷标准化技术委员会提出并归口。

本标准起草单位：北京印刷学院。

本标准主要起草人：魏瑞玲、刘浩学。

本标准的首次发布日期：1991年7月1日。

中华人民共和国新闻出版行业标准

CY/T 3－1999
代替 CY 3－91

# 色评价照明和观察条件

## 1 范围

本标准规定了印刷行业观察颜色样品的照明和观察条件。

本标准适用于出版和印刷行业对彩色原稿（透射稿和反射稿）及其复制品观察评定的环境条件，也适用于与印刷相关的行业对颜色观察和评定的环境条件。

## 2 引用标准

GB/T 5702－1985　光源显色性评价方法

## 3 标准照明体和标准光源

### 3.1 CIE 标准照明体 $D_{50}$。

CIE 标准照明体 $D_{50}$ 代表相关色温为 5003 K 的典型昼光。在 CIE 1931 色品图上，照明体的色品坐标为 $x=0.345\ 7$，$y=0.358\ 6$；在 CIE 1960 UCS 色品图上的色品坐标为"$u=0.209\ 1$，$v=0.325\ 4$，其相对光谱功率分布见附录 B。

### 3.2 CIE 标准照明体 $D_{65}$。

CIE 标准照明体 $D_{65}$ 代表相关色温为 6 504 K 的典型昼光。在 CIE 1931 色品图上，其色品坐标为 $x=0.312\ 7$，$y=0.329\ 1$；在 CIE 1960 UCS 色品图上的色品坐标为 $u=0.197\ 8$，$v=0.312\ 2$，其相对光谱功率分布见附录 B。

### 3.3 标准光源

光源的指标应是照明装置的整体指标，包括光源的反光、散射装置的作用，或者是在观察面上测量的数值。

观察颜色样品所用的人工光源应为 3.1 和 3.2 中所述两种照明体的模拟体，光源与标准照明体的色品偏差值 $\triangle C$ 应小于 0.008，相当于 20 mireds。色品偏差值 $\triangle C$ 的计算方法见附录 A。

### 3.4 光源的显色指数

光源的一般显色指数 $R_a$ 应不小于 90，特殊显色指数 $R_i$（检验色样 9～15）应不小于 80。关于光源显色指数的计算见 GB/T 5702。

中华人民共和国新闻出版署 1999－08－08 批准　　1999－09－01 实施

## 4　照明条件

### 4.1　透射样品的照明条件

观察透射样品所采用的参照照明体为3.1中CIE标准照明体$D_{50}$，所用光源为$D_{50}$的模拟体。光源应均匀漫射照明观察面，使观察面的亮度为（1 000±250,）$cd/m^2$。在观察面上不应看到光源的轮廓或有亮度突变，亮度的均匀度应不小于80%。

### 4.2　反射样品的照明条件

用于观察反射样品（反射原稿和复制品）所采用的参照照明体为3.2中CIE标准照明体$D_{65}$，所用人工光源为$D_{65}$的模拟体。

用于观察反射样品的光源应在观察面上产生均匀的漫射光照明，照度范围为500 lx～1 500 lx，视被观察样品的明度而定。观察面不应有照度突变，照度的均匀度不小于80%。

### 4.3　照明均匀性的测量

根据观察面的面积，把观察面等分成9块或更多等分的数量。在垂直于每块面积的中心进行测量，平均亮度或照度为各点测量值的平均值，亮度或照度的均匀度为最大值与最小值之比。

为保证观察透射样品的光源装置所发出的光是均匀散射光，在与观察表面法线成0°～45°角之间任意角度的亮度测量值与垂直方向测量值之比不能低于85%。

测量用亮度计或照度计的光谱灵敏度应符合CIE明视觉光谱光效率函数$V(\lambda)$。

## 5　观察条件

### 5.1　观察者

进行色评价工作的观察者必须是非色盲和非色弱的正常色觉观察者。

### 5.2　透射样品与复制品比较时的观察条件

透射样品应由来自背后的均匀漫射光照明，在垂直于样品的表面观察。观察时应尽量将样品置于照明面的中部，使其至少在三个边以外有50mm宽的被照明边界。当所观察透射样品的面积总和小于70mm×70mm时，应适当减小被照明边界的宽度，使边界面积不超过样品面积的4倍，多余部分用灰色不透明的挡光材料遮盖。

### 5.3　直接观察透射样品的观察条件

直接观察透射样品而不与复制品比较的观察条件同5.1，只是被照明边界要用透射密度为（1.0±0.1）$D$的透射漫射材料遮盖，遮盖材料颜色与中性灰的偏差$\Delta C$应符合3.3中的规定。

### 5.4　反射样品的观察条件

观察反射样品时，光源与样品表面垂直，观察角度与样品表面法线成45°夹角，对应于0/45照明观察条件，如图1所示。作为替代观察条件，也可以用与样品表面法线成45°角的光源照明，垂直样品表面观察，对应于45/0的照明观察条件，如图2所示。但此

时观察面照度的均匀度应符合 4.2 中的规定。

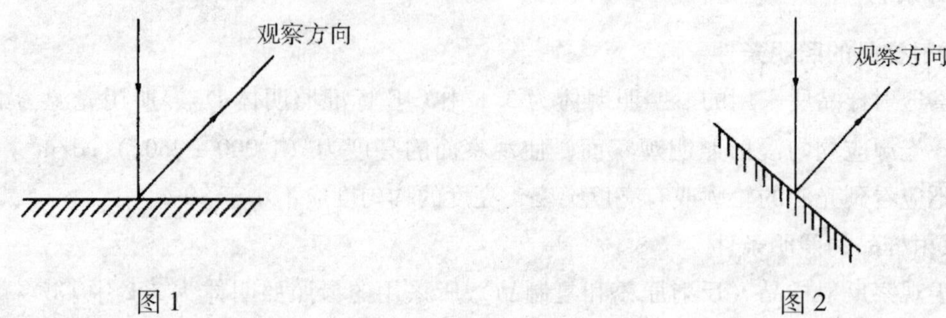


图 1　　　　图 2

当观察光泽度较大的样品时，观察角度可以在一定范围内调整，以找出最佳的观察角度。

### 5.5　环境色和背景色

观察面周围的环境色应当是孟塞尔明度值 6 ~ 8 的中性灰（N6/ ~ N8/），其彩度值越小越好，一般应小于孟塞尔彩度值的 0.3。若观察面周围的墙壁和地面不符合上述要求，则应用符合上述要求的挡板将样品围起来，或者使用环境反射光，在观察面上产生的照度小于 100 lx。

观察反射样品时的背景应是无光泽的孟塞尔颜色 N5/ ~ N7/，彩度值一般小于 0.3，对于配色等要求较高的场合，彩度值应小于 0.2。

## 附　录　A
## （提示的附录）
## 色品坐标和色差的计算方法

### A1　*uv* 坐标的计算

已知样品的三刺激值 $X$、$Y$、$Z$ 或 CIE 1931 色坐标 $x$、$y$，则

$$u=\frac{4X}{X+15Y+3Z},\ v=\frac{6Y}{X+15Y+3Z}$$

或

$$u=\frac{4x}{-2x+12y+3},\ v=\frac{6y}{-2x+12y+3}$$

### A2　光源与标准照明体色品偏差的计算

设光源的色品坐标为 $u_k$、$v_k$，标准照明体的色品坐标为 $u_s$、$v_s$，则色品偏差 $\triangle C$ 为

$$\triangle C=\left[(u_k-u_s)^2+(v_k-v_s)^2\right]^{\frac{1}{2}}$$

在 CIE 1931 色度图上，$\triangle C$ 对应于一个椭圆。观察透射样品用的光源的色品偏差应位于以 $x=0.3457$，$y=0.3586$ 为中心，以下面 4 点

$x_1=0.3590,\ y_1=0.3796$

$x_2=0.3369,\ y_2=0.3641$

$x_3=0.3324,\ y_3=0.3376$

$x_4=0.3545,\ y_4=0.3531$

为长轴和短轴的椭圆内（见图 A1），或等价于满足下面的不等式：

$$14.815x^2-14.4407xy+7.9309y^2-5.0617x-0.7041y+1<0$$

观察反射样品用光源的色品偏差应位于以 $x=0.3127$，$y=0.3291$ 为中心，以下面 4 点

$x_1=0.3245,\ Y_1=0.3481$

$x_2=0.3041,\ y_2=0.3344$

$x_3=0.3001,\ y_3=0.3101$

$x_4=0.3213,\ y_4=0.3238$

为长轴和短轴的椭圆内（见图 A2），或等价于满足下面的不等式：

$$16.0424x^2-14.6904xy+8.7109y^2-5.1971x-1.1464y+1<0$$

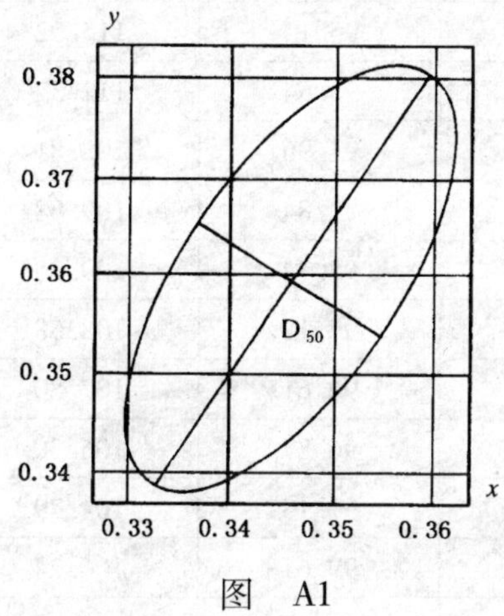


图　A1

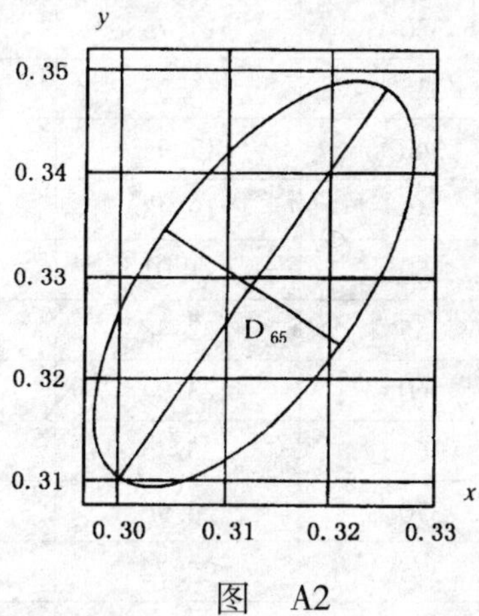


图　A2

# 附 录 B

## （提示的附录）

## 标准照明体 $D_{50}$、$D_{65}$，300 nm～830 nm，按 5 nm 间隔的相对光谱功率分布

表 B1

| λ nm | $D_{50}$ S（λ） | $D_{65}$ S（λ） | λ nm | $D_{50}$ S（λ） | $D_{65}$ S（λ） |
|---|---|---|---|---|---|
| 300 | 0.02 | 0.03 | 450 | 87.25 | 117.01 |
| 305 | 1.03 | 1.66 | 455 | 88.93 | 117.41 |
| 310 | 2.05 | 3.29 | 460 | 90.61 | 117.81 |
| 315 | 4.91 | 11.77 | 465 | 90.99 | 116.34 |
| 320 | 7.78 | 20.24 | 470 | 91.37 | 114.86 |
| 325 | 11.26 | 28.64 | 475 | 93.24 | 115.39 |
| 330 | 14.75 | 37.05 | 480 | 95.11 | 115.92 |
| 335 | 16.35 | 38.50 | 485 | 93.54 | 112.37 |
| 340 | 17.95 | 39.95 | 490 | 91.96 | 108.81 |
| 345 | 19.48 | 42.43 | 495 | 93.84 | 109.08 |
| 350 | 21.01 | 44.91 | 500 | 95.72 | 109.35 |
| 355 | 22.48 | 45.78 | 505 | 96.17 | 108.58 |
| 360 | 23.94 | 46.64 | 510 | 96.61 | 107.80 |
| 365 | 25.45 | 49.36 | 515 | 96.87 | 106.30 |
| 370 | 26.96 | 52.09 | 520 | 97.13 | 104.79 |
| 375 | 25.72 | 51.03 | 525 | 99.61 | 106.24 |
| 380 | 24.49 | 49.98 | 530 | 102.10 | 107.69 |
| 385 | 27.18 | 52.31 | 535 | 101.43 | 106.05 |
| 390 | 29.87 | 54.65 | 540 | 100.75 | 104.41 |
| 395 | 39.59 | 68.70 | 545 | 101.54 | 104.23 |
| 400 | 49.31 | 82.75 | 550 | 102.32 | 104.05 |
| 405 | 52.91 | 87.12 | 555 | 101.16 | 102.02 |
| 410 | 56.51 | 91.49 | 560 | 100.00 | 100.00 |
| 415 | 58.27 | 92.46 | 565 | 98.87 | 98.17 |
| 420 | 60.03 | 93.43 | 570 | 97.74 | 96.33 |
| 425 | 58.93 | 90.06 | 575 | 98.33 | 96.06 |
| 430 | 57.82 | 86.68 | 580 | 98.92 | 95.79 |

续表 B1

| λ<br>nm | $D_{50}$<br>S（λ） | $D_{65}$<br>S（λ） | λ<br>nm | $D_{50}$<br>S（λ） | $D_{65}$<br>S（λ） |
|---|---|---|---|---|---|
| 435 | 66.32 | 95.77 | 585 | 96.21 | 92.24 |
| 440 | 74.82 | 104.86 | 590 | 93.50 | 88.69 |
| 445 | 81.04 | 110.94 | 595 | 95.59 | 89.35 |
| 600 | 97.69 | 90.01 | 720 | 76.85 | 61.60 |
| 605 | 98.48 | 89.80 | 725 | 81.68 | 65.74 |
| 610 | 99.27 | 89.60 | 730 | 86.51 | 69.89 |
| 615 | 99.16 | 88.65 | 735 | 89.55 | 72.49 |
| 620 | 99.04 | 87.70 | 740 | 92.58 | 75.09 |
| 625 | 97.38 | 85.49 | 745 | 85.40 | 69.34 |
| 630 | 95.72 | 83.29 | 750 | 78.23 | 63.59 |
| 635 | 97.29 | 83.49 | 755 | 67.96 | 55.01 |
| 640 | 98.86 | 83.70 | 760 | 57.69 | 46.42 |
| 645 | 97.26 | 81.86 | 765 | 70.31 | 56.61 |
| 650 | 95.67 | 80.03 | 770 | 82.95 | 66.81 |
| 655 | 96.93 | 80.12 | 775 | 80.60 | 65.09 |
| 660 | 98.19 | 80.21 | 780 | 78.27 | 63.38 |
| 665 | 100.60 | 81.25 | 785 | 78.91 | 63.84 |
| 670 | 103.00 | 82.28 | 790 | 79.55 | 64.30 |
| 675 | 101.07 | 80.28 | 795 | 76.48 | 61.88 |
| 680 | 99.13 | 78.28 | 800 | 73.40 | 59.45 |
| 685 | 93.26 | 74.00 | 805 | 68.66 | 55.71 |
| 690 | 87.38 | 69.72 | 810 | 63.92 | 51.96 |
| 695 | 89.49 | 70.67 | 815 | 67.35 | 54.70 |
| 700 | 91.60 | 71.61 | 820 | 70.78 | 57.44 |
| 705 | 92.25 | 72.98 | 825 | 72.61 | 58.88 |
| 710 | 92.89 | 74.35 | 830 | 74.44 | 60.31 |
| 715 | 84.87 | 67.98 | | | |

中华人民共和国新闻出版行业标准

CY/T 12－1995

# 书刊印刷品检验抽样规则

## 1　主题内容与适用范围

本标准规定了书刊印刷产品的检验抽样规则。

本标准适用于书刊印刷的成品抽样检查规则。

## 2　术语

2.1　单位产品：为实施抽样检查的需要而划分的基本单位，称为单位产品，以成品“册”（本）、“张”为单位。

2.2　检查批：为实施抽样检查汇集起来的单位产品，称为检查批，简称批。

2.3　批量（N）：批中所包含的单位产品数，称为批量。

2.4　样本单位：从批中抽取用于检查的单位产品，称为样本单位。

2.5　样本：样本单位的全体，称为样本。

2.6　样本大小（n）：样本中所包含的样本单位数，称为样本大小。

2.7　不合格品：有一个或一个以上的质量特性不符合规定的单位产品，称为不合格品。

2.8　每百单位产品不合格品数：批中所有不合格品总数除以批量，再乘以100，称为每百单位产品不合格品数。即：

$$每百单位产品不合格品数=\frac{批中不合格品总数}{批量}\times 100$$

2.9　批质量：单个提交检查批的质量（用每百单位产品不合格品数表示），称为批质量。

2.10　逐批检查：为判断每个提交检查批的批质量是否符合规定要求，所进行的百分之百或从批中抽取样本的检查，称为逐批检查。

2.11　合格判定数（$R_c$）：作出批合格判断样本中所允许的最大不合格品数，称为合格判定数。

2.12　不合格判定数（$R_e$）：作出批不合格判断样本中所不允许的最小不合格品数，称为不合格判定数。

2.13　判定数组：合格判定数和不合格判定数或合格判定数系列和不合格判定数系列结合在一起，称为判定数组。

2.14　抽样方案：样本大小或样本大小系列和判定数组结合在一起，称为抽样方案。

2.15　抽样程序：使用抽样方案判断批合格与否的过程，称为抽样程序。

2.16　一次抽样方案：由样本大小 $n_1$ 规和判定数组［$A_c$，$R_e$］结合在一起组成的抽样方案，称为一次抽样方案。

2.17　二次抽样方案：由第一样本大小 $n_1$、第二样本大小 $n_2$ 判定数组［$A_1$，$A_1$，$R_1$，

中华人民共和国新闻出版署 1995－04－05 批准　　1996－01－01 实施

$R_2$］结合在一起组成的抽样方案，称为二次抽样方案。

## 3　抽样程序

### 3.1　批质量合格的规定

在订货合同中，订货方与供货方应协商确定批质量合格的条件。对此无明确规定者，按每百单位产品不合格品数为4.0执行。见附录A。

### 3.2　检查水平的规定

提交检查批的批量与样本大小之间的等级对应关系，称为检查水平。本标准规定检查水平为S－4。见附录B。

### 3.3　检查严格度的确定

检查的严格度是指提交批所接受检查的宽严程度。本标准规定进行正常检查。见附录C。

### 3.4　抽样方案类型的选择

为节省管理费用及压缩样本大小，根据检查批形成的情况决定选用一次、二次抽样方案中的一种。见附录D。

### 3.5　样本的抽取

以随机抽样方法抽取样本。抽取样本的时间，可以在检查批的形成过程中，也可以在检查批组成之后。抽取样本的地点，可以在企业的成品库中抽取，也可以在市场任一经销单位的仓库中抽取，必要时还可以在生产线上已经过检验尚未入库的成品中抽取。

以一份产品为一个检查批，按表1确定一次抽样方案样本大小，判定数组；

表1　一次抽样方案

| 批量 | 151～500 | 501～1200 | 1201～10000 | 10001～35000 | 35001～50000 | ≥500001 |
|---|---|---|---|---|---|---|
| 样本大小 | 13 | 20 | 32 | 50 | 80 | 125 |
| 合格判定数 | 1 | 2 | 3 | 5 | 7 | 10 |
| 不合格判定数 | 2 | 3 | 4 | 6 | 8 | 11 |

若一份产品形成为二个检查批，按表2确定二次抽样方案样本大小、判定数组：

表2　二次抽样方案

| 批量 | 501～1200 | 1201～10000 | 10001～35000 | 35001～50000 | ≥500001 |
|---|---|---|---|---|---|
| 第一样本数 | 13 | 20 | 32 | 50 | 80 |
| 第一合格判定数 | 0 | 1 | 2 | 3 | 5 |
| 第一不合格判定数 | 3 | 3 | 5 | 6 | 9 |
| 第二样本数 | 13 | 20 | 32 | 50 | 80 |
| 第二合格判定数 | 3 | 4 | 6 | 9 | 12 |
| 第二不合格判定数 | 4 | 5 | 7 | 10 | 13 |

### 3.6　特殊的情况

产品质量要求特别严格、批量不大于150或当生产过程中出现严重欠缺、需要全部检查的要逐个产品进行百分之百的检查。

## 4　样本的检验

### 4.1　检验依据

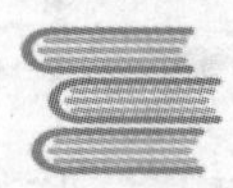



相应产品技术标准或订货合同中对单位产品规定的检验项目及质量要求。

4.2　逐批检查合格或不合格的判断

逐个对样本单位进行检查并累计不合格品总数。当采用一次抽样方案时，根据样本检验结果，若在样本中发现的不合格品数小于或等于合格判定数，则该批为合格批；若在样本中发现的不合格品数大于或等于不合格判定数，则该批为不合格批。采用二次抽样方案时，经检验，若在第一样本中发现的不合格品数小于或等于第一合格判定数，则该批为合格批；若在第一样本中发现的不合格品数大于或等于第一不合格判定数，则该批为不合格批。若在第一样本中发现的不合格品数，大于第一合格判定数同时又小于第一不合格判定数，则从整批中抽第二样本进行检查。在第一和第二样本中发现的不合格品数总和小于或等于第二合格判定数，则该批为合格批；若在第一和第二样本中发现的不合格品数总和大于或等于第二不台格判定数，则该批为不合格批。

4.3　检验方法:

4.3.1　计量测试法

用经计量部门检定的工具或仪器对产品的质量特性进行测量。

4.3.2　目测法

专业技术人员按标准要求目测判定产品质量。此法为计量测试法的辅助检验方法。

## 5　逐批检查后的处置

判为合格的批就整批接受，判为不合格的批原则上全部退回供货方或由供货方与订货方协商解决。

5.1　不合格品的再提交

对合格批中发现的不合格品，订货方有权拒绝接受。拒收的不合格品可以返修，经订货方同意后，可按规定方式再次提交检查。

5.2　不合格批的再提交

供货方在对不合格批进行百分之百检查的基础上，将发现的不合格品剔除或修理好以后，允许再次提交检查。

## 6　抽样检查条件

6.1　印刷产品质量监督检验机构

6.1.1　必须具有相对的独立性，执行检验工作任务时可确保公正性。

6.1.2　必须具备技术标准中规定精度的仪器设备、环境、条件，正确掌握这些仪器设备的使用方法、要领以及维修技术的能力。

6.1.3　必须建立一套严格的科学的管理制度且这些制度得到贯彻执行。

6.2　生产企业

6.2.1　必须设有相应的质量检测机构或有专职管理人员。

6.2.2　专职检验抽样人员应具有较丰富的工艺技术、质量知识。

6.2.3　有较完善的质量管理制度和质量标准。

6.2.4　产品质量较稳定。

# 附　录　A

## 产品批质量合格的判断

## (补充件)

抽样检验是以概率论和数理统计学为基础的科学检验方法。它是从批量产品中抽取样本，以样本检验结果来判定产品整个批质量是否合格的检查方法。

由于提交检查批的产品中不可能绝对保证没有不合格品，因此在判断产品的批质量是否合格时，首先要确定不合格品率的标准值。对于单个提交检查批，需规定每百单位产品不合格品数；对于一系列连续提交检查批，则需规定供货方可接受的平均每百单位产品最大不合格品数，该值在抽样检查中称作合格质量水平，以 AQL 表示。

不合格品率的标准值越小，相同样本的合格判定数则越小，提交检查批则越难以合格。

本标准规定对于单个提交检查批或连续提交检查批，不合格品率的标准值为4%，即每百单位产品最大不合格品数为4.0或合格质量水平（AQL）为4.0。

# 附　录　B

## 检查水平与样本大小

## (补充件)

提交检查批的批量与样本大小之间的等级对应关系，称为检查水平。检查水平分为4个特殊检查水平 S－1、S－2、S－3、S－4 和3个一般检查水平Ⅰ、Ⅱ、Ⅲ。

通常采用一般检查水平Ⅱ。当所需判别力较低时，可采用一般检查水平Ⅰ；当所需判别力较高时，可采用一般检查水平Ⅲ。特殊检查水平仅适用于必须使用较小的样本且能够或必须允许较大的误判风险的情况。

对于同一批量产品，检查水平以 S－1，S－2、S－3、S－4、Ⅰ、Ⅱ、Ⅲ为序，所需抽取的样本依次递增，见表 B1 及表 B2、表 B3。

表 B1　检查水平与样本大小字码

| 批量 | 特殊检查水平 | | | | 一般检查水平 | | |
|---|---|---|---|---|---|---|---|
| | S－1 | S－2 | S－3 | S－4 | Ⅰ | Ⅱ | Ⅲ |
| 151 ~ 280 | B | C | D | E | E | G | H |
| 281 ~ 500 | B | C | D | E | F | H | J |
| 501 ~ 1 200 | C | C | E | F | G | J | K |
| 1 201 ~ 3 200 | C | D | E | G | H | K | L |
| 3 201 ~ 10 000 | C | D | F | G | J | L | M |
| 10 001 ~ 35 000 | C | D | F | H | K | M | N |
| 35 001 ~ 150 000 | D | E | G | J | L | N | P |
| 150 001 ~ 500 000 | D | E | G | J | M | P | Q |
| ≥500 001 | D | E | H | K | N | Q | R |

表 B2　样本大小字码与样本大小（一次抽样）

| 样本大小字码 | 特宽检查 | 放宽检查 | 正常检查 | 加严检查 |
|---|---|---|---|---|
| B | 2 | 2 | 3 | 3 |
| C | 2 | 2 | 5 | 5 |
| D | 3 | 3 | 8 | 8 |
| E | 5 | 5 | 13 | 13 |
| F | 8 | 8 | 20 | 20 |
| G | 13 | 13 | 32 | 32 |
| H | 20 | 20 | 50 | 50 |
| J | 32 | 32 | 80 | 80 |
| K | 50 | 50 | 125 | 125 |
| L | 80 | 80 | 200 | 200 |
| M | 125 | 125 | 315 | 315 |
| N | 200 | 200 | 500 | 500 |
| P | 315 | 315 | 800 | 800 |
| Q | 500 | 500 | 1 250 | 1 250 |
| R | 800 | 800 | 2000 | 2000 |
| S | | | | 3150 |

表 B3　样本大小字码与样本大小（二次抽样）

| 样本大小字码 | 特宽检查 | 放宽检查 | 正常检查 | 加严检查 |
|---|---|---|---|---|
| B | | | 4 | 4 |
| C | | | 6 | 6 |
| D | 4 | 4 | 10 | 10 |
| E | 6 | 6 | 16 | 16 |
| F | 10 | 10 | 26 | 26 |
| G | 16 | 16 | 40 | 40 |
| H | 26 | 26 | 64 | 64 |
| J | 40 | 40 | 100 | 100 |
| K | 64 | 64 | 160 | 160 |
| L | 100 | 100 | 250 | 250 |
| M | 160 | 160 | 400 | 400 |
| N | 250 | 250 | 630 | 630 |
| P | 400 | 400 | 1 000 | 1 000 |
| Q | 630 | 630 | 1 600 | 1 600 |
| R | 1 000 | 1 000 | 2 500 | 2 500 |
| S | | | | 4000 |

## 附　录　C
## 检查严格度的确定
## （补充件）

检查严格度有正常检查、加严检查和放宽检查三种不同严格度的检查。

在检查开始时，应采用正常检查。除需按转移规则改变检查的严格度外，下一批检查严格度继续保持不变。

鉴于每种印刷品形成检查批的周期短、交货快捷，故本标准规定进行正常检查。

检查的严格度越宽，同一批量产品所需样本越小，见表 B2 及 B3。

## 附　录　D
## 检查批的形成与提出
## （补充件）

单位产品经简单汇集形成检查批。通常每个检查批应由同品种（尺寸、特性，所用材料，且生产时间和生产条件基本相同的单位产品组成。

批的形成、批量及提出和识别批的方式，应由供货方与订货方协商确定。必要时，供货方应对每个提交检查批提供适当的储存场所，提供识别和提出所需的工具设备，以及管理和取样所需的人员。

检查批可以和投产批、销售批或装运批相同。

例 1. 某印刷厂接受委托，印制图书 2 000 册，拟一次自备车拉走。委印合同中未规定该批书批质量合格的条件。试择抽样方案。

a. 投产批及装运批的批量均为 2 000 册，可以其为提交检查批。采用一次抽样方案；

b. 查表 1，得知样本大小为 32：

c. 成品码垛 8 层。可每层抽样 4 册：

d. 32 册样本单位中，有不合格品 3 册。从表 1 可知合格判定数为 3，故该图书印制质量为批合格，委印方应予接受；

e. 该批图书中已发现的 3 册不合格品及随后检查中发现的小合格品可退回印刷厂。

例 2. 某印刷厂接受委托，印制急需图书 30 万册，每天出书 7. 5 万册且次日运送出厂。试择抽样方案。

a. 提交检查批可与每日投产批相同。采用一次抽样方案：

b. 抽取样本的时间，可在检查批形成过程中，每天抽样。从表 1 中查出样本大小为 80 册，可每天从 7. 5 万册成品中抽样 80 册；

c. 样本中有 6 册不合格品，小于合格判定数，故当日该批图书质量合格；

d. 已发现及随后发现的不合格品均可退回印刷厂。

例3. 某印刷厂接受委托，印制急需画刊15万册，每天印装7.5万册，全部印装完毕的次日一次装运出厂。试择抽样方案。

a. 由于生产条件相同，生产时间连续且整批画刊一次装运，可按连续提交检查批选择二次抽样方案；

b. 从表2查出第一样本数为50，故需从第一大提交检查批中抽样50册；

c. 经检验，第一样本中有不合格品3册，等于第一合格判定数．故该批15万册画刊质量合格，无需抽取第二样本；

d. 已发现及随后发现的不合格品均可退回印刷厂。

例4. 试对某书店门市部一种热门小说印刷质量进行抽查检验。

a. 该种小说共进货50册，故需逐册检查；

b. 经检验，发现不合格品3册；

c. 该小说一次印数为2 000册，其合格判定数为5，故仅能判定此门市部所进的该批小说质量不合格，可退回供货方。

**附加说明：**

本标准由全国印刷标准化技术委员会提出并归口。

本标准由中国印刷公司负责起草。

本标准起草人廉洁、魏志刚、常彭景。

**CY/T 27－1999 装订质量要求及检验方法——精装**

# 前 言

CY/T 7.2～7.9－1991《印后加工质量要求及检验方法》系列标准是按照《印刷工业标准体系表》的要求编写的。1991 年 7 月发布，1991 年 10 月 1 日实施。几年来，由于印刷技术、设备、原辅材料和检验手段的变化，上述标准的内容已不适应当前生产的需要。此外，为方便使用，对上述标准的结构进行了如下调整、修订：将 CY/T 7.3－1991《精装书芯质量要求及检验方法》、CY/T 7.4－1991《胶粘装订质量要求及检验方法》、CY/T 7.5－1991《锁线订质量要求及检验方法》、CY/T 7.6－1991《精装书壳质量要求及检验方法》、CY/T 7.7－1991《覆膜质量要求及检验方法》、CY/T 7.8－1991《烫箔质量要求及检验方法》、CY/T 7.9－1991《裁切质量要求及检验方法》的有关内容合并，吸收 CY/T 13－1995《胶印印书质量要求及检验方法》、CY/T 16－1995《精装书刊质量分级与检验方法》、CY/T 20－1995《精装画册质量分级与检验方法》、CY/T 21－1995《经典著作质量分级与检验方法》的有关内容，修订成为《装订质量要求及检验方法——精装》。其他标准与本标准的内容不一致时，以本标准为准。

本标准的附录 A 和附录 B 是提示的附录。

本标准由全国印刷标准化技术委员会提出并归口。

本标准起草单位：中国印刷总公司。

本标准主要起草人：王淮珠、魏瑞玲、孔奇。

中华人民共和国新闻出版行业标准

CY/T 27－1999

# 装订质量要求及检验方法——精装

## 1 范围

本标准规定了精装书的装订质量要求及检验方法，其他精装印刷产品也可参照使用。

## 2 引用标准

下列标准所包含的条文，通过在本标准中引用而构成为本标准的条文。本标准出版时，所示版本均为有效。所有标准都会被修订，使用本标准的各方应探讨使用下列标准最新版本的可能性。

GB/T 9851－1990 印刷技术术语

GB/T 788－1999 图书和杂志开本及其幅面尺寸

## 3 质量要求

本标准的本章及其他章节采用 GB/T 9851 的定义。

### 3.1 书页与书帖

3.1.1 三折及三折以上书帖，应划口排除空气。

3.1.2 59g/$m^2$ 以下纸张最多折四折；60g/$m^2$～80g/$m^2$ 纸张最多折三折；81g/$m^2$ 以上纸张最多折二折。

3.1.3 书帖平服整齐，无明显八字皱折、死折、折角、残页、套帖和脏迹。

3.1.4 书帖页码和版面顺序正确，以页码中心点为准，相连两页之间页码位置允许误差≤4.0mm，全书页码位置允许误差≤7.0mm；画面接版允许误差≤1.5mm。

3.1.5 书帖与零散页张、图表的粘连位置要准确，遇有横图粘天头，不漏粘、联粘，牢固平整。粘口要求见表1。

表1 粘口要求 mm

| 订联方法 | 页张图表粘口 | 环衬粘口 |
|---|---|---|
| 锁线订 | 3.0～4.0 | 3.0～4.0（先粘时缩进折缝 1.5±0.5；后粘与折缝对齐） |
| 胶粘订 | 3.0～4.0 | 3.0～4.0 |

中华人民共和国新闻出版署 1999－05－07 批准 1999－09－01 实施

## 3.2　书芯订联

### 3.2.1　锁线订

a）锁线订针位与针数要求见表2。针位应均匀分布在书帖的后一折缝线上。

表2　锁线订针位与针数

mm

| 开本数 | 上下针位与上下切口的距离 mm | 针 数 | 针组 |
|---|---|---|---|
| ≥8 | 20～25 | 8～14 | 4～7 |
| 16 | 20～25 | 6～10 | 3～5 |
| 32 | 15～20 | 4～8 | 2～4 |
| ≤64 | 10～15 | 4～6 | 2～3 |

b）用线规格：42 支纱或60 支纱、4 股或6 股的白色蜡光塔线，或相同规格的塔形化纤线。

c）订缝形式：40g/m² 及以下的四折页书帖，41g/m²～60g/² 的三折页书帖，或相当以上厚度的书帖可用交叉锁。除此以外均用平锁。

d）锁线前根据开本尺寸与要求，调好订距、针数，并检查配页有无差错。

e）锁线后书芯各帖应排列正确、整齐、无破损、掉页和脏迹，书芯厚度应基本一致。

f）锁线松紧适当，无卷帖、歪帖、漏锁、扎破衬、折角、断线和线圈，缩帖≤2.5mm。

### 3.2.2　胶粘装订

a）胶粘装订用粘合剂粘度适当，严禁使用植物类粘合剂。

b）书帖划口排列正确，均在最后折缝线上。

c）锯口深度：2.0mm～3.0mm，锯口宽度：1.5mm～2.5mm，锯口数见表3。

d）胶粘装订以使粘合剂能渗透到书帖最里页张上，并粘牢为准。

e）胶粘装订后的书芯，每本厚度应基本一致，书背平直。

表3　胶粘装订开本与锯口数

| 开本数 | 锯口数 |
|---|---|
| 8 | 10～1 2 |
| 16 | 8～10 |
| 32 | 6～8 |
| 64 | 4～6 |

## 3.3 书芯加工

3.3.1 书芯加工形式：方背、圆背。圆背分有脊、无脊，方角、圆角，有无堵头布，软、硬衬，有无筒子纸。

3.3.2 半成品书芯加工前必须压平，排除书芯内部空气。压平后的书芯平实，厚度基本一致。

3.3.3 书芯裁切尺寸及误差符合 GB/T 788 的规定，非标准尺寸按合同要求；纸板尺寸误差 ±1.0mm；护封尺寸误差≤1.5mm；书芯、纸板歪斜度以对角线测量为准。

3.3.4 扒圆起脊要求如下：

a）书芯圆背的圆势应在 90°～130°之间；起脊高度为 3.0mm～4.0mm，书脊高与书芯表面倾斜度应是 120°±10°。

b）扒圆起脊后的书芯四角应垂直，书背无呲裂、皱折、破衬。

3.3.5 堵头布粘贴前，应用粘合剂将其过浆，干燥挺括后使用。具体要求如下：

a）方背堵头布的长以书背宽为准，误差 ±1.5mm；圆背堵头布的长以书背弧长为准，误差范围 1.5mm～2.0mm。

b）堵头布粘贴平服牢固、不歪斜，外露线棱整齐。

3.3.6 丝带书签应粘贴在书背上方中间位置，粘正、粘平、粘牢。

丝带长应比书芯对角线长 10.0mm～20.0mm；丝带宽：32 开本及以下为 2.0mm～3.0mm，16 开本及以上为 3.0mm～7.0mm。

3.3.7 书背布应居中，粘正、粘平、粘牢。

书背布的长应短于书芯长 15.0mm～25.0mm，书背布的宽应大于书背宽（方背）或书背弧长（圆背）40.0mm～50.0mm。

3.3.8 书背纸粘贴位置应准确，粘平、粘牢。

书背纸的长应短于书芯长 4.0mm～6.0mm，宽应与书背宽（方背）或弧长（圆背）相同；8 开以上画册书背纸的宽可与书背布宽相同。

3.3.9 筒子纸应粘贴平整、牢固。

a）筒子纸的长应短于书芯长 2.0mm～4.0mm，宽应足书背宽（方背）或弧长（圆背）的两倍加 5.0mm 粘口。

b）筒子纸应使用牛皮纸。

3.3.10 书芯加工的各种粘结，严禁使用植物类粘合剂。

## 3.4 书壳加工

3.4.1 书壳加工形式包括：整面、接面、圆角、方角、包角、不包角、活套、死套、烫箔、烫压凸凹印。

3.4.2　书壳应使用挺、平、光滑的灰白纸板。

3.4.3　纸板含水量不应高于12%，贮存温度应为5℃～30℃，相对湿度应为50%左右，严禁露天放置。

3.4.4　书壳尺寸要求：

a）中缝尺寸：方背（假脊）应是两张书壳纸板厚度加6.0mm（槽宽）；圆背应是一张书壳纸板厚度加6.0mm（槽宽）。

b）中径宽：圆背应是书背弧长加两个中缝宽；方背（假脊）应是书背宽加两个中缝宽和两张书壳纸板厚。

c）飘口宽：32开本及以下为3.0mm±0.5mm；16开本为3.5mm±0.5mm；8开本及以上为4.0mm±0.5mm。

d）包边宽：15.0mm。

e）接面联接边宽：12.0mm～14.0mm；粘口宽：4.0mm～6.0mm。

f）书壳纸板：长应是书芯长加两个飘口宽，宽应是书芯宽减2.0mm～3.0mm。

g）中径纸板：长应与书壳纸板长相同；方背假脊宽应是书背宽加两张书壳纸板厚；圆背宽应是书背弧长，或加1.5mm。

h）整面面料：长应是书壳纸板长加两个包边宽；宽应是两张书壳纸板宽加中径宽和两个包边宽。

i）接面书腰：长与整面长相同；宽应是中径宽加两个联接边宽。

j）接面面料：长与整面长相同或加长5.0mm；宽应是纸板宽加8.0mm～10.0mm。

3.4.5　书壳制作要求：

a）应使用水分少、干燥快、粘结牢固的动物胶或性能相近的合成树脂胶糊制书壳。

b）动物胶应提前浸泡，要用套锅形式。

c）动物胶在使用中应保持胶体流动的均匀性。

d）使用动物胶时，胶温应保持在75℃±10℃之间，胶与水的比例一般为1：3左右。

e）使用聚乙稀醇（PVA）合成树脂胶时，应使用套锅形式水浴加热。

f）聚乙稀醇（PVA）的使用温度应是45℃±10℃，胶与水的比例一般为1：2左右。

g）涂胶应少而均，不溢不花。

h）书壳纸板和中径纸板组合正确，尺寸允许误差：长≤1.5mm，宽≤2.5mm。

i）书壳糊制后，应表面平整，无胶脏粘联，方角整齐；圆角塞折至少五折，圆势适当、整齐；包边坚实、牢固，无空套。

j）书壳糊制后应面对面堆积、压平。压平后，将其立放，自然干燥10小时以后，再进行堆积，自然压平。不得烘干暴晒。

3.5　烫箔与压印

3.5.1　烫箔与压印分为单一烫箔、单一压凹凸印、混合烫和套烫几种形式。

3.5.2　烫印要求：

a）上版正确、牢固，根据所烫面积调定压力。

b）根据烫印形式、封面材料和烫箔种类确定烫印温度和时间，详见附录B。书壳应字迹、图案清晰，不糊版、花版，烫箔牢固，光泽度好。

c）压烫凹凸印应图文清晰。

d）以书背中心线为准，书背字误差范围见表4。

表4　书背字误差要求　mm

| 书背厚度 | 误差范围 |
|---|---|
| ≤10 | ≤1.0 |
| >10，≤20 | ≤2.0 |
| >20，≤30 | ≤2.5 |
| >30 | ≤3.0 |

3.6　套合加工

3.6.1　套合形式

套台形式有方背的假脊、平脊、方脊，圆背的真脊、假脊，粘合中的软背、硬背、活腔背等。

3.6.2　书芯与书壳套合要求

a）套合前，中缝（或书背）必须涂粘合剂，粘合剂不得涂在书壳纸板上，严禁使用植物类粘合剂。

b）套合时，以飘口规矩为准，符合3.4.4中c的规定。

c）套合后，三面飘口一致，书的四角垂直，歪斜误差≤1.5mm。

3.6.3　压槽要求

压槽用铜、铝或塑料线板。

a）压槽线板的高应为3.0mm，宽应为3.0mm~4.0mm。

b）先用热压板加热，温度要适当，压力要正确，然后用压槽板定型，或直接用压槽板及压槽金属条定型。槽形应牢固，整齐。

3.6.4　扫衬

a）根据书壳面料和环衬的质地选用适当的粘合剂。

b）扫衬粘合剂的粘度应适当，涂抹时应少而均，不溢不花。

c）扫衬压平后的精装书，错口堆积12小时以上，方可作为成品检查与包装。

3.6.5　精装成品质量要求

a）表面应平整、无明显翘曲，书的四角垂直符合3.6.2中c的规定；飘口符合3.4.4中c的规定；圆背圆势符合3.3.4中a的规定。

b）烫印字迹、图案清晰，不糊、不花，牢固有光泽。

c）书槽整齐牢固，深、宽度为3.0mm±1.0mm。

d）环衬和书芯前后无明显皱折。

e）烫印歪斜误差要求见3.5.2的d。

f）全套书的书背字上下误差≤2.5mm。

## 4　检验方法

### 4.1　测量法

按有关标准的要求，用符合规定的计量工具检验页码、粘口、针距、针数、圆势、脊高、飘口和书背、封面的烫印印迹。

### 4.2　目测法

按有关标准的要求，目测相应部位的质量。

## 5　包装、运输、贮存

### 5.1　包装

按客户要求的每包数量进行打包，用专用包装材料包装、包实。每包应加上标识。

### 5.2　运输

运输中不许将包件由高处扔下。不许砸、踏。注意防雨、防潮、防晒、防腐，不能重压。

### 5.3　贮存

贮存环境应温湿度适宜。注意防潮、防晒、防燥热、防油、防蛀、防腐。不能重压。

# 附　录　A

（提示的附录）

精装工艺流程

## A1　书芯生产工艺流程

### A1.1　锁线订

撞页→开料→折页→粘套页→捆帖→配帖→锁线→半成品检查→

压平→裁切半成品→涂粘合剂

↓

→捆书→涂粘合剂→分本→裁切半成品（涂粘合剂或润湿）→扒圆→起脊（方背例外）→涂粘合剂→粘书签丝带和堵头布→涂粘合剂→粘书背布→涂粘合剂→粘书背纸→（涂粘合剂粘筒子纸）。

### A1.2　胶粘订

撞页→开料→折页→粘套页→捆帖→配帖→半成品检查（锯口或铣背）→捆书→涂粘合剂→分本→裁切半成品→润湿→扒圆→起脊（方背例外）→涂粘合剂→粘书签丝带

和堵头布→涂粘合剂→粘书背布→涂粘合剂→粘书背纸。

**A1.3　精装书生产线（锁线以后开始）**

压平→涂粘合剂→烘干→压实定型→裁切半成品→夹丝带→扒圆→起脊→涂粘合剂→粘书背布→涂粘合剂→粘堵头布和书背纸并托平→扫衬→书芯与书壳套合→压平和压槽→成品。

## A2　书壳生产工艺流程

**A2.1　制硬壳**

计算书壳各部位用料尺寸→裁切书壳料→涂粘合剂→组壳→糊壳包边角→压平→自然干燥。

**A2.2　制软壳**

计算软面料尺寸→裁切软面料→热压粘合→烫箔→削边。

**A2.3　烫箔**

检修烫版→调定烫版和底板规矩→调定温度、时间、压力→烫箔。

## A3　套合工艺流程

涂中缝粘合剂→套壳→压槽→扫衬→压平→自然干燥→成品检查→包护封→套书盒→包装→贴标识。

# 附　录　B
## （提示的附录）
## 烫印温度与时间

| | PVC涂料面 | | 织物或真皮 | | 纸张 | | 塑料 | | 漆布 | |
|---|---|---|---|---|---|---|---|---|---|---|
| | 时间 min | 温度 ℃ | 时间 min | 温度 ℃ | 时间 min | 温度 ℃ | 时间 min | 温度 ℃ | 时间 min | 温度 ℃ |
| 电化箔 | 0.5～1 | 100～145 | 1～2 | 110～150 | 1～1.5 | 100～150 | 2 | 90～110 | 1～2 | 100～140 |
| 色箔 | 0.5～1 | 100～140 | 1 | 110～150 | 1～1.5 | 110～150 | 2 | 90～110 | 1 | 100～140 |
| 金属箔 | 0.5～1 | 100～140 | 1 | 110～150 | 1～1.5 | 110～150 | 2 | 90～110 | 1～2 | 100～140 |

**CY/T 28－1999 装订质量要求及检验方法——平装**

# 前 言

CY/T 7.2～7.9－1991《印后加工质量要求及检验方法》系列标准是按照《印刷工业标准体系表》的要求编写的。1991年7月发布，1991年10月1日实施。几年来，由于印刷技术、设备、原辅材料和检验手段的变化，上述标准的内容已不适应当前生产的需要。此外。为方便使用，对上述标准的结构进行了如下调整、修订：将CY/T 7.2－1991《平装书芯质量要求及检验方法》、CY/T 7.4－1991《胶粘装订质量要求及检验方法》、CY/T 7.5－1991《锁线订质量要求及检验方法》、CY/T 7.7－1991《覆膜质量要求及检验方法》、CY/T 7.8－1991《烫箔质量要求及检验方法》、CY/T 7.9－1991《裁切质量要求及检验方法》的有关内容合并，吸收CY/T 13－1995《胶印印书质量要求及检验方法》、CY/T 14－1995《教科书印制质量要求及检验方法》、CY/T 15－1995《平装书刊质量分级与检验方法》、CY/T 19－1995《平装画册质量分级与检验方法》的有关内容，修订成为《装订质量要求及检验方法——平装》。其他标准与本标准的内容不一致时，以本标准为准。

本标准的附录A是提示的附录。

本标准由全国印刷标准化技术委员会提出并归口。

本标准起草单位：中国印刷总公司。

本标准主要起草人：魏瑞玲、王淮珠、孔奇。

中华人民共和国新闻出版行业标准

CY/T 28－1999

# 装订质量要求及检验方法——平装

## 1 范围

本标准规定了平装书刊的装订质量要求及检验方法，其他平装印刷产品也可参照使用。

本标准适用于锁线订、胶粘装订、铁丝平订、缝纫订的平装产品。

## 2 引用标准

下列标准所包含的条文，通过在本标准中引用而构成为本标准的条文。本标准出版时，所示版本均为有效。所有标准都会被修订，使用本标准的各方应探讨使用下列标准最新版本的可能性。

GB/T 9851－1990 印刷技术术语

GB/T788－1999 图书和杂志开本及其幅面尺寸

## 3 质量要求

本标准的本章及其他章节采用 GB/T 9851 的定义。

### 3.1 书页与书帖

3.1.1 三折及三折以上书帖，应划口排除空气。

3.1.2 59g/m² 以下纸张最多折四折；60g/m²～80g/m² 纸张最多折三折；81g/m² 以上纸张最多折二折。

3.1.3 书帖平服整齐，无明显八字皱折、死折、折角、残页、套帖和脏迹。

3.1.4 书帖页码和版面顺序正确，以页码中心点为准，相连两页之间页码位置允许误差≤4.0mm，全书页码位置允许误差≤7.0mm；画面接版允许误差≤1.5mm。

3.1.5 胶粘装订书帖的划口排列正确，划透，均在折缝线上。

3.1.6 书芯粘连的零散页张应不漏粘、联粘，牢固平整，尺寸允许误差≤2.0mm。粘口要求见表1。

表1 粘口要求

mm

| 订联方法 | 页张图表粘口 | 环衬粘 口 |
|---|---|---|
| 铁丝平订 | 4.0～7.0 | 盖住订痕 |
| 缝纫订 | 4.0～8.0 | 盖住订痕 |
| 锁线订 | 3.0～4.0 | 3.0～4.0，先粘时缩进折缝2.0，后粘与折缝对齐 |
| 胶粘订 | 3.0～4.0 | 3.0～4.0 |

中华人民共和国新闻出版署 1999－05－07 批准　　　1999－09－01 实施

3.1.7　涂蜡均匀、不溢，蜡口宽度为1.5mm~2.5mm。

### 3.2　书芯订联

3.2.1　锁线订

a）锁线订针位与针数见表2。针位应均匀分布在书帖的最后一折缝线上。

表2　锁线订针位与针数

| 开本数 | 上下针位与上下切口的距离 mm | 针 数 | 针 组 |
|---|---|---|---|
| ≥8 | 20~25 | 8~14 | 4~7 |
| 16 | 20~25 | 6~10 | 3~5 |
| 32 | 15~20 | 4~8 | 2~4 |
| ≤64 | 10~15 | 4~6 | 2~3 |

b）用线规格：42 支纱或60 支纱、4 股或6 股的白色蜡光塔线，或相同规格的塔形化纤线。

c）订缝形式：40g/m² 及以下的四折页书帖，41g/m²~60g/m² 的三折页书帖，或相当以上厚度的书帖可用交叉锁。除此以外均用平锁。

d）锁线前根据开本尺寸与要求，调好订距、针数，并检查配页有无差错。

e）锁线后书芯各帖应排列正确、整齐，无破损、掉页和油脏。

f）锁线紧松适当，无卷帖、歪帖、漏锁、扎破衬、折角、断线和线圈，缩帖≤2.5mm。

3.2.2　胶粘订

a）胶粘订用粘合剂应粘度适当，以使粘合剂能渗透到书帖最里页张上，并以粘牢为准，严禁使用植物类粘合剂。

b）书帖划口排列正确，均在最后一折缝线上。

c）锯口深度：2.0mm~3.0mm，宽度：1.5mm~2.5mm。锯口数见表3。

表3　胶粘订开本与锯口数

| 开本数 | 锯口数 |
|---|---|
| 8 | 10~1 2 |
| 16 | 8~10 |
| 32 | 6~8 |
| 64 | 4~6 |

d）铣背深度：三折书帖为2.0mm~3.0mm，四折书帖为2.5mm~3.5mm，以书帖最里面一页能粘牢为准，铣削歪斜≤2.0mm。

e）粘书背纸

1. 书芯厚度在15mm 以上时，应粘书背纸；书芯厚度在15mm 以下时，可以不粘书背纸。

2. 封面用纸≥150g/m² 时，可不粘书背纸。

3. 用胶粘装订联动机粘贴书背纸时，其长度应比书芯长度长5.0mm~8.0mm，宽度与书背的宽度相同或两边各小于书背宽度1.0mm。

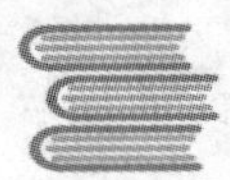



4. 手工粘贴书背纸，其长度应比书捆长 20.0mm ~ 40.0mm，宽度应与书芯的长度相同，误差应≤3.0mm。
5. 捆书时，天头或地脚的书芯缩帖 ≤2.5mm，书背缩帖 ≤1.0mm。书背纸应粘平、粘牢、不断裂、无歪斜。
6. 分本正确，书背无岗线，不割坏书页。

3.2.3 铁丝平订

a）铁丝平订的订位为钉锯外订眼距书芯上下各 1/4 处，允许误差 ±5.0mm。钉锯与书脊间的距离：书芯厚度≤4mm 时，为 3.0mm ~ 6.0mm；书芯厚度 >4mm 时，为 4.0mm ~ 7.0mm。

b）无坏锯、漏订、重订，订脚平服牢固。

c）根据纸质及书芯厚度，选用直径为 0.50mm ~ 0.70mm 的铁丝。

3.2.4 缝纫订

a）订线与书脊的距离要求：100 页及以下为 4.0mm ~ 6.0mm，100 页以上为 5.0mm ~ 8.0mm。

b）针数要求见表 4。16 页以下针距为 3.0mm ~ 4.0mm。

表 4　缝纫订开本与针数

| 开本数 | 针数 |
|---|---|
| 16 | 17 ±2 |
| 32 | 12 ±2 |
| 64 | 7 ±2 |

c）订线平直，无漏针、出套、扎豁和破碎，断线不超过 1 针。订线歪斜≤2.0mm，天头地脚空针≤15.0mm。

d）订缝的上线和底线对称锁紧，无线圈。

e）缝纫订应使用 60 支纱或 60 支纱以上的 6 股白色蜡光塔线，或规格相同的化纤线。

## 3.3 包封面

3.3.1 胶粘装订封面

a）机械粘贴封面的侧胶宽度为 3.0mm ~ 7.0mm。

b）粘贴封面应正确、牢固、平整。

c）定型后的书背应平直，岗线≤1.0mm。无粘坏封面，无折角。

d）粘合剂粘度要适当，书背纸和封面应粘牢，无粘合剂溢出。

3.3.2 铁丝平订和锁线订封面

a）根据书芯和封面纸的厚度，正确选用粘合剂的种类、粘度和用量。以书背为准，浆口≤7.0mm。封面与书应吻合，包紧、包平，无双封面，上下误差≤3.0mm。

b）烫背后，书背应平整，无马蹄状压痕及杠线、变色等。

c）封面用纸超过 $200g/m^2$ 时，粘口应压痕。

d）书背及粘口压痕误差≤1.0mm。

3.4 成品质量

3.4.1 封面与书芯粘贴牢固，书背平直，无空泡，无皱折、变色、破损。粘口符合要求。

3.4.2 成品尺寸符合 GB 788 的规定，非标准尺寸按合同要求。

3.4.3 成品裁切歪斜误差≤1.5mm。

3.4.4 成品裁切后无严重刀花，无连刀页，无严重破头。

3.4.5 书背字平移误差以书背中心线为准，书背厚度在 10mm 及以下的成品书，书背字平移的允许误差为≤1.0mm；书背厚度大于 10mm，且小于等于 20mm 的成品字，书背字平移的允许误差为≤2.0mm；书背厚度大于 20mm，且小于等于 30mm 的成品书，书背字平移的允许误差为≤2.5mm；书背厚度在 30mm 以上的成品书，书背字平移的允许误差均为 3.0mm。书背字歪斜的允许误差均比书背字平移的允许误差小 0.5mm。

3.4.6 成品护封上下裁切尺寸误差≤2.0mm。护封或封面勒口的折边与书芯前口对齐，误差≤1.0mm。

3.4.7 成品书背平直，岗线≤1.0mm。无粘坏封面，无折角，不显露钉锯。

3.4.8 成品外观整洁，无压痕。

3.5 封面覆膜

3.5.1 粘结牢固，表面平整不模糊，光洁度好。无皱折、起泡、粉箔痕和亏膜。

3.5.2 分割尺寸准确，不出膜，不明显卷曲，破口≤4.0mm。

3.5.3 干燥程度适当，无粘坏表面薄膜或纸张的现象。

3.5.4 覆膜后放置 10h~20h，覆膜质量应无变化。

3.5.5 覆膜环境应防尘、整洁，室内温度适当，涂胶装置应密封。

3.6 烫箔质量

3.6.1 烫箔后字迹、图案清晰，不糊版、花版，烫箔牢固，光泽度好。

3.6.2 烫箔后书背字居中，歪斜误差见 3.4.5。

## 4 检验方法

4.1 测量法

按有关标准的要求，用符合国家规定的计量工具检查相应部位的尺寸。

4.2 目测法

按有关标准的要求，目测相应部位的质量。

## 5 包装、运输、贮存

5.1 包装

按客户要求的每包数量打包，用专用包装材料包紧、包实，每包应加上标识。

5.2 运输

运输中不许将包件由高处扔下。不许砸、踏。注意防雨、防潮、防晒、防腐，不能重压。

5.3 贮存

贮存环境应温湿度适宜。注意防潮、防晒、防油、防蛀、防腐，不能重压。

# 附　录　A
（提示的附录）
平装工艺流程

## A1　铁丝平订工艺流程

折页→捆帖→粘套插页→上蜡→配帖→撞捆浆背→干燥分本→订书→半成品检查→涂粘合剂→包封面→烫背干燥→裁切成品→检验→包装→贴标识。

## A2　缝纫订工艺流程

折页→捆帖→粘、套插页→上蜡→配帖→撞捆浆背→干燥分本→订书→粘衬纸→半成品检查→涂粘合剂→包封面→烫背→干燥→裁切成品→检验→包装→贴标识。

## A3　锁线订工艺流程

折页→捆帖→粘、套页→粘环衬→配帖→锁线→半成品检查→压平→捆书涂粘合剂→粘书背纸→干燥→分本→涂粘合剂→包封面→烫背→干燥→裁切成品→检验→包装→贴标识。

## A4　胶贴装订工艺流程

### A4.1　机械加工

折页→捆帖→粘、套插页→粘环衬→配帖→半成品检查→托平、夹紧、铣背→涂粘合剂→粘书背纸→涂粘合剂→包封面→托打、夹紧、定型→裁切成品→检查→包装→贴标识。

### A4.2　半机械加工

折页（划口）→捆帖→粘、插套页→粘衬纸→配帖→半成品检查→锯口→撞捆涂粘合剂→粘书背纸（或纱布）→干燥、分本→涂粘合剂→包封面→烫背、干燥→裁切成品→检验→包装→贴标识。

**CY/T 29 -1999　装订质量要求及检验方法——骑马订装**

# 前　言

CY/T 7.2 ~7.9 -1991《印后加工质量要求及检验方法》系列标准是按照《印刷工业标准体系表》的要求编写的，1991 年 7 月发布，1991 年 10 月 1 日实施。几年来，由于印刷技术、设备、原辅材料和检验手段的变化，上述标准的内容已不适应当前生产的需要。此外，为方便使用，对上述标准的结构进行了如下调整、修订：将 CY/T 7.9 -1991《裁切质量要求及检验方法》、CY/T 7.7 -1991《覆膜质量要求及检验方法》、CY/T 7.8 -1991《烫箔质量要求及检验方法》的有关内容合并，吸收 CY/T 22 -1995《骑马订书刊质量分级与检验方法》的有关内容，修订成为《装订质量要求及检验方法——骑马订装》。其他标准与本标准的内容不一致时，以本标准为准。

本标准的附录 A 是提示的附录。

本标准由全国印刷标准化技术委员会提出并归口。

本标准起草单位：中国印刷总公司。

本标准主要起草人：孔奇、王淮珠、魏瑞玲。

中华人民共和国新闻出版行业标准

CY/T 29－1999

# 装订质量要求及检验方法——骑马订装

## 1 范围

本标准规定了骑马订装书刊的装订质量要求及检验方法，其他骑马订装印刷产品也可参照使用。

## 2 引用标准

下列标准所包含的条文，通过在本标准中引用而构成为本标准的条文。本标准出版时，所示版本均为有效。所有标准都会被修订，使用本标准的各方应探讨使用下列标准最新版本的可能性。

GB/T 9851－1990　印刷技术术语

GB/T 788－1990　图书和杂志开本及其幅面尺寸

## 3 质量要求

本标准的本章及其他章节采用 GB/T 9851 的定义。

### 3.1 使用铁丝规格

根据纸质与厚度，铁丝直径为 0.5mm～0.6mm。

### 3.2 书页与书帖

3.2.1　三折及三折以上书帖，应划口排除空气。

3.2.2　50g/m$^2$ 以下纸张最多折四折；60g/m$^2$～80g/m$^2$ 纸张最多折三折；81g/m$^2$ 以上纸张最多折二折。

3.2.3　书帖平服整齐，无明显八字皱纹、死折、折角、残页、套帖和脏迹。

3.2.4　书帖页码和版面顺序正确，以页码中心点为准，相连两页之间页码位置允许误差≤4.0mm，全书页码位置允许误差≤7.0mm，画面接版允许误差≤1.5mm。

### 3.3 装订质量

3.3.1　配（或贮）帖应正确、整齐。

3.3.2　订位为钉锯外钉眼距书芯长上下各 1/4 处，允许误差 ±3.0mm。

3.3.3　订后书册无坏钉、漏钉及垂钉，书册平服整齐、干净，钉脚平整、牢固，钉锯均钉在折缝线上，书帖歪斜≤2.0mm。

3.3.4　全书整洁，成品尺寸应符合 GB/T 788 的规定。非标准尺寸按合同要求。

中华人民共和国新闻出版署 1999－05－07 批准　　1999－09－01 实施

## 3.4　成品质量

3.4.1　成品裁切歪斜误差≤1.5mm。

3.4.2　成品裁切后无严重刀花，无连刀页，无严重破头。

3.4.3　成品外观整洁，无压痕。

## 4　检验方法

### 4.1　测量法

按有关标准的要求，用符合国家规定的计量工具检查相应部位的尺寸。

### 4.2　目测法

按有关标准的要求，用目测检验书本幅面及钉位的尺寸。

## 5　包装、运输、贮存

### 5.1　包装

按客户要求的每包数量打包，应使用专用包装材料包紧、包实，每包应加上标识。

### 5.2　运输

在运输中不许将包件由高处扔下。不许砸、踏。注意防雨、防潮、防晒、防腐，不能重压。

### 5.3　贮存

贮存环境应温湿度适宜。注意防潮、防晒、防油、防蛀、防腐，不能重压。

## 附　录　A

（提示的附录）

## 骑马订装工艺流程

### A1　单机工艺流程

折页→配帖→撞齐→订书→数册→压紧或捆书→裁切产品→计数→包装→帖标识。

### A2　联动机工艺流程

折页→配帖→订书→裁切成品→计数→包装→贴标识。

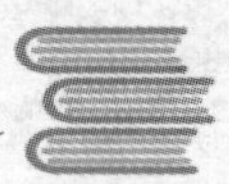



ICS 37.100.01
A 17

# 中华人民共和国国家标准

GB/T 30325－2013

# 精装书籍要求

General requirement of hard－cover binding

2013－12－31 发布 2014－06－01 实施

中华人民共和国国家质量监督检验检疫总局
中国国家标准化管理委员会 发布

GB/T 30325－2013

# 前　言

本标准按照 GB/T 1.1－2009 给出的规则起草。

本标准由新闻出版总署提出。

本标准由全国印刷标准化技术委员会（SAC/TC 170）归口。

本标准主要起草单位：安徽新华印刷股份有限公司、山东临沂新华印刷物流集团有限责任公司、德阳市利通印刷机械有限公司、深圳职业技术学院、深圳市精密达机械有限公司、深圳市裕同印刷股份有限公司、鹤山雅图仕印刷有限公司、恒昌石油化工有限公司、东莞市星宇高分子材料有限公司、汉高（中国）投资有限公司、中国印刷及设备器材工业协会、深圳市印刷行业协会、东莞市晟图钉装机械设备有限公司、上海紫宏机械有限公司、中华商务联合印刷（广东）有限公司、河南新华印刷集团有限公司、北京印刷学院。

本标准主要起草人：黄志军、王淮珠、夏屹、马俊、孟庆方、熊伟光、朱永双、刘剑桥、车良、邓国康、杨爱军、赖淦荷、李孟桃、曹凤翎、徐永才、刘霞、罗海平、张爱云、王凯、何晓辉。

GB/T 30325 -2013

# 精装书籍要求

## 1 范围

本标准规定了精装书册（书籍、本册）加工的术语和定义、造型分类、材料要求、过程控制要求、成品质量要求、检验方法及包装、贮存、运输。

本标准适用于精装书册（书籍、本册）的批量加工生产。

本标准不适用于手工、异型或特殊材料的精装书册制作。

## 2 规范性引用文件

下列文件对于本文件的应用是必不可少的。凡是注日期的引用文件，仅注日期的版本适用于本文件。凡是不注日期的引用文件，其最新版本（包括所有的修改单）适用于本文件。

GB/T 451.2 纸和纸板定量的测定

GB/T 462 纸、纸板和纸浆分析试样水分的测定

GB/T 2793 胶粘剂不挥发物含量的测定

GB/T 9851.7 印刷技术术语 第7部分：印后加工术语

GB/T 26203 纸和纸板 内结合强度的测定（Scott 型）

GB 27934.1 -2011 纸质印刷品覆膜过程控制及检测方法 第1部分：基本要求

GB/T 30326 -2013 平装书籍要求

GB/T 30327 印后加工一般要求

CY/T3 色评价照明和观察条件

## 3 术语和定义

GB/T 9851.7 界定的以及下列术语和定义适用于本文件。

3.1

**精装 hard - cover binding**

书芯经订联、裁切、造型后，用硬纸板或软质材料作书壳的，表面装潢讲究和耐用、耐保存的一种书籍装订方式。

[GB/T 9851.7 -2008，定义 3.3]

注：精装书籍结构简图见附录 B。

3.2

**扒圆 ronnding**

将裁切后的书芯背部加工成圆弧形的工艺。

[GB/T 9851.7 -2008，定义 3.14]

3.3

**起脊　backing**

在扒圆后的书脊处加工出一条隆起棱线的工艺。

[GB/T 9851.7－2008，定义3.15]

3.4

**环衬　end paper**

书芯前后各粘的一折两页的纸张，用于书芯与书壳的连接。

[GB/T 9851.7－2008，定义3.23]

3.5

**飘口　square**

精装书壳超出书芯切口的部分。

[GB/T 9851.7－2008，定义3.24]

3.6

**书壳　book case**

一种用硬纸板或软质材料、经加工后制成书籍封面。

[GB/T 9851.7－2008，定义3.25]

3.7

**中径　space between the boards**

硬质封面的封二和封三之间的部位。

3.8

**中径条　spine inlay**

在中径上粘接的纸板、卡纸或纸张。

3.9

**中缝　joint**

中径条与封二和封三之间的缝隙。

3.10

**包边　turn－in**

书壳封面材料向内的反折边。

3.11

**中腰　case spine**

精装书封壳的封一和封四的联接部位。

3.12

**死套　non－removable cover**

套合时，书芯与书封壳牢固粘结在一起的加工形式。

3.13

**活套　removable cover**

套合后，书芯与书封壳可以分开的加工形式。

## 4 造型分类

### 4.1 书芯造型

4.1.1 按书背造型分为方背（平脊、假脊）、圆背（有脊、无脊）。

4.1.2 按书角造型分为方角、圆角。

4.1.3 其他造型分为软衬、硬衬、有无堵头布、有无筒子纸。

### 4.2 书壳造型

4.2.1 按材质分为硬质书壳和软质书壳。

4.2.2 按表面加工、整饰形式分为整面、接面、圆角、方角、包角、烫印、压凹凸、模切等。

### 4.3 套合造型

4.3.1 按书背粘合形式分为实背（较背、硬背）、空背（活腔背）。

4.3.2 按套合形式分为活套和死套。

## 5 材料要求

### 5.1 书壳纸板

5.1.1 表面光滑，材质轻、松、挺、平。

5.1.2 含水率 8% ~12%。

5.1.3 紧度（表观密度）0.66g/cm$^3$ ~0.9g/cm$^3$。

### 5.2 胶黏剂

5.2.1 用于书壳的动物胶初步固化时间应为 3s ~10s，用于书背的动物胶初步固化时间应为 3s ~8s。

5.2.2 书背用水基胶初步固化时间应为 5s ~12s，扫衬用水基胶初步固化时间应在 6s ~15s。

5.2.3 水基胶固含量应在 45% 以上。

### 5.3 封面材料

5.3.1 表面平整，压痕折叠后不爆裂。

5.3.2 覆膜封面干燥不卷曲，无起膜现象。

5.3.3 PVC 涂布材料表面涂层均匀牢固，其纸基定量不低于 80g/m$^2$。

5.3.4 织品材料符合工艺加工需求。

### 5.4 装帧类材料

5.4.1 堵头布棱线分明，挺括，无毛状物。

5.4.2 烫印材料平实牢固，无变色、砂眼、残缺、划伤。

5.4.3 书背布、书背纸、筒子纸能满足书芯与书壳连接的要求。

## 6 过程控制要求

### 6.1 书芯加工

6.1.1 订联后的半成品书芯质量应符合 GB/T 30326 -2013 中 6.4.1 的要求。

6.1.2 半成品书芯加工前应压平，以排除书芯内部空气。压平后的书芯与其书背平均厚度基本一致、平实，无歪斜、卷帖、缩帖、破损。

6.1.3 施胶层应薄而均匀，书帖间的渗胶深度不应超过1.0mm，无侧漏。

6.1.4 压平后的书芯裁切，其四角呈90°，裁切允差±1.5mm。

6.1.5 书芯圆背的弧度 $a$ 应在90°~120°之间，如图1所示。

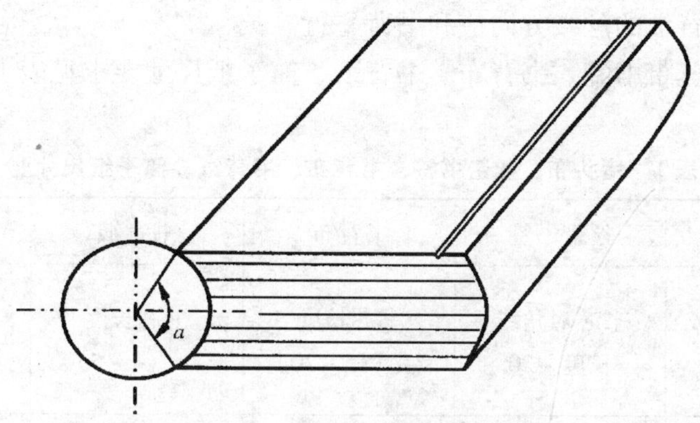


图1 圆背弧度示意图

6.1.6 无脊书背弧长为书背厚度的1.15倍；有脊书背弧长为书背厚度与纸板厚度之和的1.15倍。

注：书背厚度指书芯压平处理后的平均厚度。

6.1.7 扒圆后前口弧度上下对称且与书背一致。

6.1.8 起脊高度 $k$ 以纸板厚度为准，书脊凸出部分与书芯表面之间的夹角120°±10°。如图2所示。

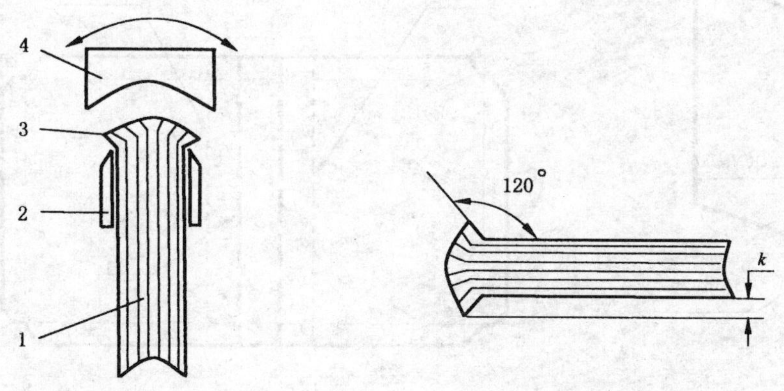


a. 起脊过程示意图 b. 起脊夹角示意图

说明：

1－书芯；2－夹书钳；3－书脊；4－起脊块。

图2 起脊示意图

6.1.9　扒圆起脊后书芯四角应垂直，上下脊高一致，脊的棱线平直。

6.1.10　书背无呲裂、皱褶、破衬，无回缩变形。

6.1.11　堵头布粘贴平服、牢固，不歪斜，线棱整齐外露，两端无毛状物。

6.1.12　丝带书签、书背布、书背纸、筒子纸应粘贴在书背居中位置，粘正、粘平、粘牢。

6.1.13　圆背书芯厚度40mm以上应使用筒子纸，宜采用强度和柔韧性较好的纸张。

6.1.14　所使用书背纸的丝缕方向应和书背平行。

6.1.15　堵头布、丝带书签、书背布、书背纸、筒子纸尺寸要求见表1。

**表1　堵头布、丝带书签、书背布、书背纸、筒子纸尺寸要**　　单位为毫米

| 类型 | 堵头布 | 丝带书签 | 书背布 | 书背纸 | 筒子纸 |
|---|---|---|---|---|---|
| 长度 | 书背宽度（弧长）+1 | 书芯对角线长度+20 | 书芯长度－（15～20） | 书芯长度－（4～5） | 书芯长度－（4～5） |
| 宽度 | 10～15 | 3～7 | 书背宽度（弧长）+（40～50） | 书背宽度（弧长）+1 | 两个书背宽度（弧长）+5 |

## 6.2　书壳加工

6.2.1　软质书壳应在封一与封四上、距书脊6mm～8mm的位置处各压一条压痕线。见图3。

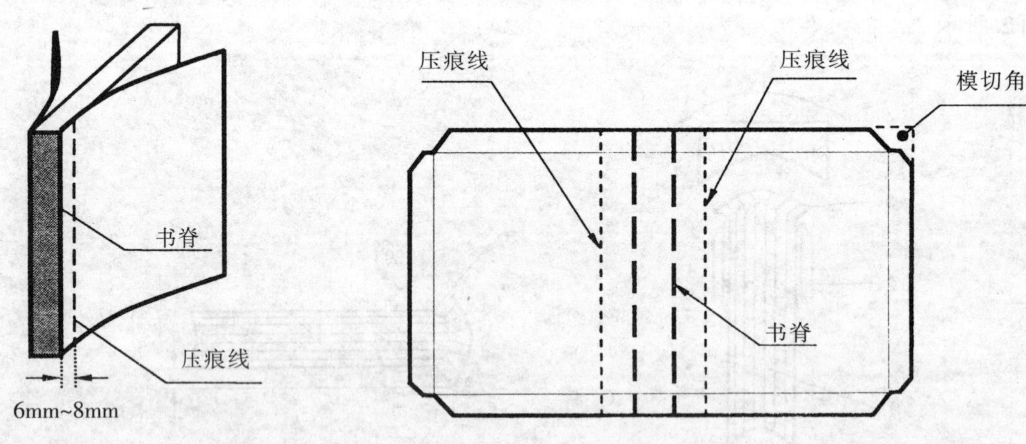


图3　压痕线制作示意图

6.2.2　硬质书壳开料尺寸要按附录A的要求计算，切口垂直，裁切尺寸允差±1.0mm。纸板开料应与封面材料丝缕方向垂直。

6.2.3　硬质书壳制作所用封面切角应规范，尺寸、角度应准确。

6.2.4　硬质书壳包封应包面平整、无褶皱。包边坚实、牢固；包角齐整、无断缝，规格一致，圆角皱褶不少于5个；各包边宽为15mm。

6.2.5　硬质书壳组合位置准确，天头地脚尺寸允差±1.0mm，书背前切口尺寸允差±2.0mm。沟槽宽度为7mm。中缝宽度按照附录A的要求计算。

6.2.6　硬质书壳制作完成后应面对面堆积，自然干燥，不准许烘干、曝晒。后续生产宜在10h后进行。

6.2.7　硬质书壳生产环境温度宜为23℃±7℃，相对湿度宜为60%±20%。

6.2.8　硬质书壳可根据开本及书芯厚度选择纸板厚度。

### 6.3　套合

6.3.1　根据加工方式和环衬材料选用适宜的黏合剂。

6.3.2　涂抹中缝胶应用胶均匀、位置准确，不应涂抹在书壳纸板上。

6.3.3　扫衬涂布黏合剂时应少而均匀，不溢不花，无漏涂；扫衬后应立即压平，使环衬与书封壳粘接平整、无皱褶、不起泡、粘接牢固。

6.3.4　书芯书封应吻合正确。

6.3.5　套合时以飘口为基准，套合后三边飘口一致，飘口宽度允差±0.5mm。

6.3.6　压槽应在套合后黏合剂未干燥时进行。根据书壳的表层材料确定压槽温度，宜为50℃～80℃。压槽板宽度3mm～4mm，槽深为纸板厚度+0.5mm。

6.3.7　压槽定型后的书本错口堆积12h以上，自然干燥后，方可进行成品检查与包装。

6.3.8　飘口宽度与开本的关系见表2。

**表2　飘口宽度与开本的关系**　　单位为毫米

| 开本 | A5及以下 | A4、B4 | A3及以上 |
|---|---|---|---|
| 飘口宽度 | 3.0±0.5 | 3.5±0.5 | 4.0±0.5 |

## 7　成品质量要求

7.1　全书书芯页码、版面顺序正确。

7.2　全书页码中心位置允差不大于5.0mm，相邻页码允差不大于3.0mm，接版允差±1.5mm。

7.3　书壳掀开角度不小于120°，书本表面整洁，无脏迹、胶痕、刮擦痕。

7.4　书册表面应平整，无明显翘曲；四角垂直；飘口符合6.3.8的规定；圆背弧度符合6.1.5的规定。

7.5　书册切口面无刀花、连页。

7.6　书册槽线平直，槽面无皱褶、破裂、起泡，槽形牢固、清晰。

7.7　环衬粘结牢固，无明显皱褶。

7.8　起脊高度或中径条高度与书表面平行，允差±1.0mm。

7.9　堵头布线棱整齐外露，平服牢固，两端不起毛。

7.10　烫印图文不糊、不花，清晰、牢固、有光泽，套准允差±0.5mm。

7.11 书背文字中心线对书背中心线平移误差和书背字歪斜误差应符合表3的规定。

表3 书背文字中心线对书背中心线的平移允差和歪斜允差 单位为毫米

| 书背宽度 | 书背文字中心线对书背中心线平移允差 | 书背文字中心线对书背中心线歪斜允差 |
|---|---|---|
| ≤10 | ≤1.0 | ≤0.7 |
| 10～20 | ≤2.0 | ≤1.5 |
| 20～30 | ≤2.5 | ≤1.8 |
| >30 | ≤3.0 | ≤2.0 |

7.12 护封上下尺寸与书壳尺寸一致，允差±2mm。护封书背字居中，勒口的折边与书壳前口齐平。

7.13 上光清晰、光洁，不溢、不花，无残损、气泡、孔眼。局部上光套印准确，允差±0.5mm。

7.14 压凹凸轮廓清晰，边沿无爆裂，套准允差±0.5mm。

7.15 覆膜质量符合GB 27934.1－2011中5.1的规定。

## 8 检验方法

### 8.1 目测法

在符合CY/T 3的条件下，4.1.1、4.3、4.4、6.1.2、6.1.3、6.1.7、6.1.9、6.1.10、6.1.11、6.1.12、6.1.14、6.2.2、6.2.4、6.3.3、7.1、7.3、7.4、7.5、7.7、7.8、7.9、7.10、7.13、7.14中定性指标，采用目测法检测。

### 8.2 测量法

8.2.1 用精度为0.5mm的钢板尺检验6.1.8、6.1.13、6.2.1、6.2.4、6.2.5、6.3.6、7.2、7.11和7.12。

8.2.2 用精度为0.1mm游标卡尺检测6.1.3渗胶深度、6.1.4允差、6.2.2尺寸允差、6.2.5尺寸允差、6.3.5飘口宽度、6.3.6槽深、7.2接版允差、7.8相关指标。

8.2.3 用直角三角板和半圆仪检测精装书壳垂直度、圆势。

8.2.4 用带刻度的精度为0.5mm的10倍放大镜检测烫印、压凹凸、局部上光套准精度。

8.2.5 用验校过的温湿度计测量6.2.7的环境温湿度和6.3.6的温度。

8.2.6 书壳纸板含水率按照GB/T 462的规定检测。

8.2.7 水性胶固含量按GB/T 2793的规定检测。

8.2.8 纸板的紧度按GB/T 26203的规定检测。

8.2.9 纸基定量按照GB/T 451.2的规定检测。

## 9 包装、贮存、运输

按照GB/T 30327的要求执行。

# 附 录 A
## (规范性附录)
## 书壳制作计算

### A.1 硬质书壳纸板尺寸

硬质书壳纸板示意见图 A.1。

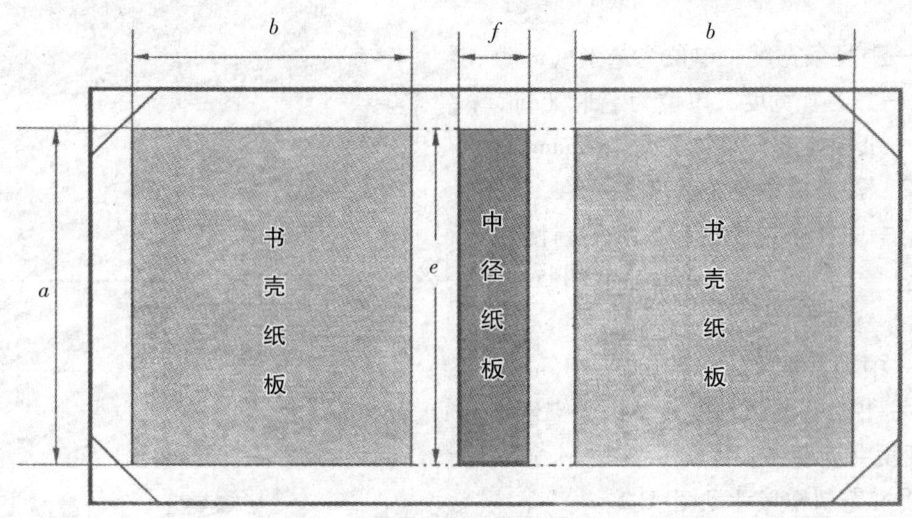


图 A.1 硬质书壳纸板示意图

#### A.1.1 长度

纸板长度使用式（A.1）计算：

$$a = l + p \times 2 \qquad (A.1)$$

式中：

$a$——纸板长度，单位为毫米（mm）；

$l$——书芯长度，单位为毫米（mm）；

$p$——飘口宽度，单位为毫米（mm）。

#### A.1.2 宽度

纸板宽度使用式（A.2）计算：

$$b = h - (4.0 \pm 0.5) \qquad (A.2)$$

式中：

$b$——纸板宽度，单位为毫米（mm）；

$h$——书芯宽度，单位为毫米（mm）。

#### A.1.3 中径条长度

中径条长度使用式（A.3）计算：

$$e = l + p \times 2 \qquad (A.3)$$

式中：

$e$——中径条长度，单位为毫米（mm）；

$l$——书芯长度，单位为毫米（mm）；

$p$——飘口宽度，单位为毫米（mm）。

### A.1.4 中径条宽度

#### A.1.4.1 方背书中径条宽度

方背书中径条宽使用式（A.4）计算：

$$f = d + c \times 2 + 1.0 \quad (A.4)$$

式中：

$f$——中径条宽度，单位为毫米（mm）；

$d$——书芯背宽度，单位为毫米（mm）；

$c$——纸板厚度，单位为毫米（mm）。

#### A.1.4.2 圆背书中径条宽度

圆背书中径条宽使用式（A.5）计算：

$$f = g + (1.5 \pm 0.5) \quad (A.5)$$

式中：

$f$——中径条宽度，单位为毫米（mm）；

$g$——书芯背圆弧长度，单位为毫米（mm）。

### A.2 硬质书壳制作尺寸

硬质书壳制作尺寸见图 A.2。

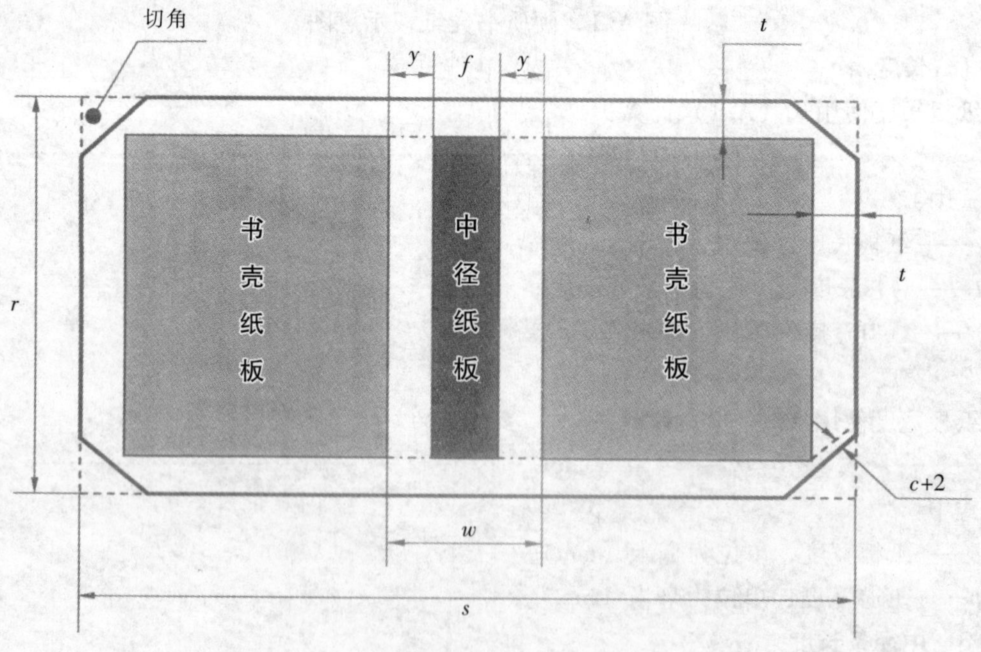


图 A.2 硬质书壳示意图

#### A.2.1 封面长度

封面长度使用式（A.6）计算：

$$r = a + t \times 2 + c \times 2 \quad \cdots\cdots (A.6)$$

式中：

$r$——书壳封面长度，单位为毫米（mm）

$a$——书壳纸板长度，单位为毫米（mm）；

$t$——包边宽度，单位为毫米（mm）

$c$——纸板厚度，单位为毫米（mm）。

**A.2.2　中径宽度**

中径宽度使用式（A.7）计算：

$$w = f + y \times 2 \quad \cdots\cdots (A.7)$$

式中：

$w$——中径宽度，单位为毫米（mm）

$f$——中径条宽度，单位为毫米（mm）；

$y$——中缝宽度，单位为毫米（mm）。

**A.2.3　封面宽度**

封面宽度使用式（A.8）计算：

$$s = b \times 2 + w + t \times 2 + c \times 2 \quad \cdots\cdots (A.8)$$

式中：

$s$——书壳封面宽度，单位为毫米（mm）；

$b$——书壳纸板宽度，单位为毫米（mm）；

$w$——中径宽度，单位为毫米（mm）；

$t$——包边宽度，单位为毫米（mm）；

$c$——纸板厚度，单位为毫米（mm）。

**A.2.4　中缝宽度**

**A.2.4.1　方背书中缝宽度**

方背书中缝宽度使用式（A.9）计算：

$$y = c \times 2 + z \quad \cdots\cdots (A.9)$$

式中：

$y$——中缝宽度，单位为毫米（mm）；

$c$——纸板厚度，单位为毫米（mm）；

$z$——沟槽宽度，单位为毫米（mm）。

**A.2.4.2　圆背书中缝宽度**

圆背书中缝宽度使用式（A.10）计算：

$$y = c + z \quad \cdots\cdots (A.10)$$

式中：

$y$——中缝宽度，单位为毫米（mm）；

$c$——纸板厚度，单位为毫米（mm）；

$z$——沟槽宽度，单位为毫米（mm）。

### A.2.5 其他

封面四角应等角裁切，斜边距纸板尖角垂直距离为纸板厚度加2mm（见图A.2）。

## A.3 软质书壳制作尺寸

软质书壳制作尺寸见图A.3。

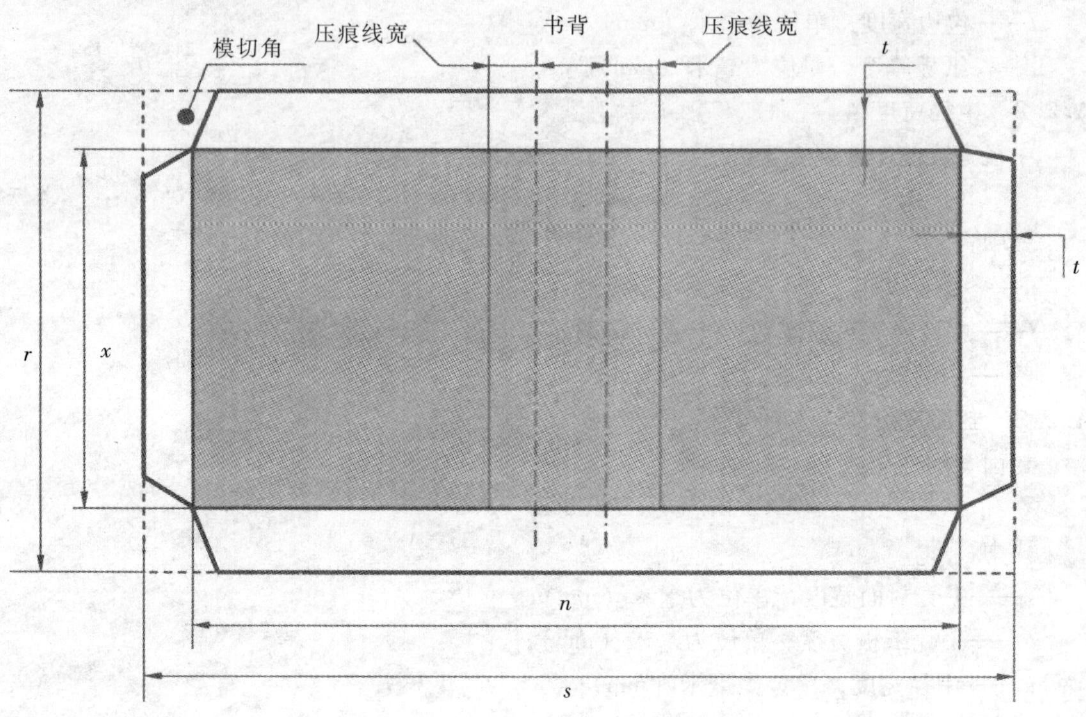


图A.3 软质书壳示意图

### A.3.1 封面尺寸

#### A.3.1.1 封面长度

封面长度使用式（A.11）计算：

$$r = x + t \times 2 \quad (A.11)$$

式中：

$r$——书壳封面长度，单位为毫米（mm）；

$r$——包边压线长度，单位为毫米（mm）；

$t$——包边宽度，单位为毫米（mm）。

#### A.3.1.2 封面宽度

封面宽度使用式（A.12）计算：

$$s = n + t \times 2 \quad (A.12)$$

式中：

$s$——书壳封面宽度，单位为毫米（mm）；

n——包边压线宽度，单位为毫米（mm）；

t——包边宽度，单位为毫米（mm）。

### A.3.2　包边压线尺寸

#### A.3.2.1　包边压线长度

包边压线长度使用式（A.13）计算：

$$x = l + p \times 2 \quad \text{(A.13)}$$

式中：

$x$——包边压线长度，单位为毫米（mm）；

$l$——书芯长度，单位为毫米（mm）；

$p$——飘口宽度，单位为毫米（mm）。

#### A.3.2.2　方背包边压线宽度

方背包边压线宽度使用式（A.14）计算：

$$n = d + h \times 2 + p \times 2 + (4 \sim 5) \quad \text{(A.14)}$$

式中：

$n$——包边压线宽度，单位为毫米（mm）；

$d$——书背宽度，单位为毫米（mm）；

$h$——书芯宽度，单位为毫米（mm）；

$p$——飘口宽度，单位为毫米（mm）。

#### A.3.2.3　圆背包边压线宽度

圆背包边压线宽度使用式（A.15）计算：

$$n = n \times 1.15 + h \times 2 + p \times 2 + (5 \sim 6) \quad \text{(A.15)}$$

式中：

$n$——包边压线宽度，单位为毫米（mm）；

$d$——书背宽度，单位为毫米（mm）；

$h$——书芯宽度，单位为毫米（mm）；

$p$——飘口宽度，单位为毫米（mm）。

### A.3.3　包边宽度

包边宽度为15mm。

### A.3.4　压痕线距书脊宽度

压痕线距书脊6mm～8mm。

### A.3.5　封面四角

封面四角应模切成型，接缝压边宽为2mm，切角中心处压边线应与包边压线在同一直线上（见图A.3）。

# 附　录　B

## （资料性附录）

## 精装书籍结构简图

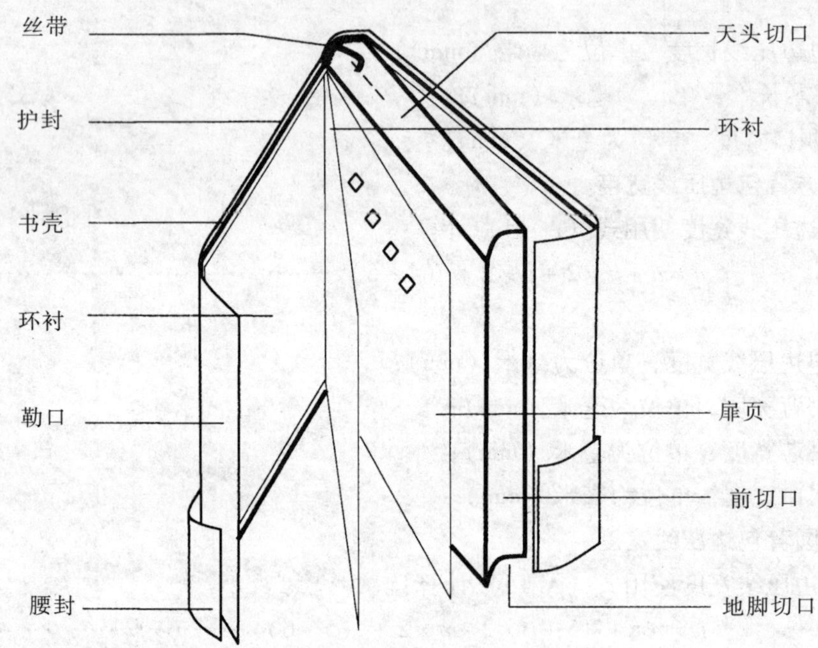



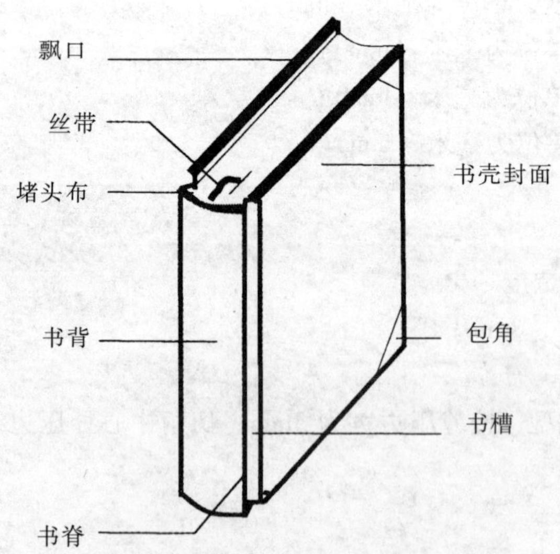



图 B.1　精装书籍结构简图

ICS 37.100.01
A　17

# 中华人民共和国国家标准

GB/T 30326－2013

# 平装书籍要求

General requirements of soft－cover binding

2013－12－31 发布　　　　2014－06－01 实施

中华人民共和国国家质量监督检验检疫总局
中国国家标准化管理委员会　发布

GB/T 30326－2013

# 前　言

本标准按照 GB/T 1.1－2009 给出的规则起草。

本标准由新闻出版总署提出。

本标准由全国印刷标准化技术委员会（SAC/TC 170）归口。

本标准起草单位：深圳市精密达机械有限公司、德阳市利通印刷机械有限公司、烟台裕同印刷包装有限公司、安徽新华印刷股份有限公司、深圳职业技术学院、合肥天尼制胶有限责任公司、恒昌石油化工有限公司、东莞市星宇高分子材料有限公司、鹤山雅图仕印刷有限公司、山东临沂新华印刷物流集团有限责任公司、汉高股份有限公司、中国印刷及设备器材工业协会、深圳市印刷行业协会、中华商务联合印刷（广东）有限公司、河南新华印刷集团有限公司、北京印刷学院。

本标准主要起草人：刘剑桥、王淮珠、张爱云、熊伟光、车良、王彬初、龚仁远、吴丽、许存友、杨爱军、赖淦荷、邓国康、孟庆方、曹凤翎、刘霞、罗海平、何勇、王凯、何晓辉。

GB/T 30326－2013

# 平装书籍要求

## 1　范围

本标准规定了平装书册（书籍、本册）加工的术语和定义、分类、材料要求、过程控制要求、成品质量要求、检验方法和包装、贮存、运输。

本标准适用于平装书册（书籍、本册）的印后加工和分发。其他类似印后产品的加工和分发可参照执行。

## 2　规范性引用文件

下列文件对于本文件的应用是必不可少的。凡是注日期的引用文件，仅注日期的版本适用于本文件。凡是不注日期的引用文件，其最新版本（包括所有的修改单）适用于本文件。

GB/T 451.2　纸和纸板定量的测定

GB/T 2793　胶粘剂不挥发物含量的测定

GB/T 9851.2－2008　印刷技术术语　第2部分：印前术语

GB/T 9851.7－2008　印刷技术术语　第7部分：印后加工术语

GB 27934.1－2011　纸质印刷品覆膜过程控制及检测方法　第1部分：基本要求

GB/T 30327－2013　印后加工一般要求

CY/T 17－1995　印后加工纸基印刷品上光质量要求及检测方法

CY/T 40－2007　书刊装订用EVA型热熔胶使用要求及检测方法

CY/T 60－2009　纸质印刷品烫印与压凹凸过程控制及检测方法

## 3　术语和定义

GB/T 9851.2、GB/T 9851.7、CY/T 40－2007界定的以及下列术语和定义适用于本文件。为了便 于使用，以下重复列出了GB/T 9851.2、GB/T 9851.7、CY/T 40－2007中的某些术语和定义。

3.1

**平装　soft－cover binding**

书芯经订联后，包软质封面、裁切成册的工艺方式。

[GB/T 9851.7－2008，定义3.2]

注：平装书籍结构图参见附录A。

3.2

**封面　cover**

与书芯固定连接的书本外皮。

3.3

**书帖　signature**

书籍印张按页码顺序折叠成一迭的书页。

[GB/T 9851.7－2008，定义 3.16]

3.4

**书芯　bookblock**

未上封面的书册。

[GB/T 9851.7－2008，定义 3.17]

3.5

**天头　head margin**

版心上沿至成品幅面上沿之间的空白区域。

[GB/T 9851.2－2008，定义 3.4]

3.6

**地脚　bottom margin**

版心下沿至成品幅面下沿之间的空白区域。

[GB/T 9851.2－2008，定义 3.5]

3.7

**订口　binding edge**

书本加工中需订联的部位。

注：改写 GB/T 9851.7－2008，定义 3.20。

3.8

**前口　fore edge**

与订口相对的翻阅部位。

3.9

**切口　cutting edges**

产品加工的裁切位置。

注：改写 GB/T 9851.7－2008，定义 3.21。

3.10

**勒口　flap**

书籍封面沿前切口向里折叠的部分。

注：改写 GB/T 9851.7－2008，定义 3.27。

3.11

**压痕线　creasing line**

用模具在印品上压出的线痕。

3.12

**衬纸　end paper**

平装书中与封二或封三相邻的空白页张。

3.13

**扉页　title page**

书芯正文前印有书名、作者、出版者的页张。

3.14

**粘接强度　adhesion strength**

使试样或产品的粘接部件的粘接界面分离所需的力，用牛顿每厘米（N/cm）表示。

[CY/T 40－2007，定义3.4]

3.15

**岗线　crest line**

平装包封造成的书脊处凸出封面的棱线。

## 4　分类

按书芯订联方式分为胶粘订、锁线订。

## 5　材料要求

### 5.1　书芯纸

5.1.1　印张平整，丝缕方向与订口方向平行。

5.1.2　油墨干燥，以印张油墨面相互摩擦不掉色为宜。

5.1.3　折叠后不爆裂。

5.1.4　满足开料、折页精度要求。

### 5.2　封面

5.2.1　表面平整、无粘连。

5.2.2　压痕、折叠后不爆裂。

5.2.3　封面定量宜在$120g/m^2$～$250g/m^2$范围；覆膜的封面质量应符合GB 27934.1－2011中5.1的规定；烫印或压凹凸的封面质量应符合CY/T 60－2009第6章的规定；上光的封面质量应符合CY/T 17－1995第3章的规定。

### 5.3　黏合剂

5.3.1　EVA型热熔胶的质量应符合CY/T 40－2007中4.1.1的要求。

5.3.2　用于书背的水基胶黏剂固含量宜大于45%，初步固化时间宜在5s～12s。

### 5.4　线

线径与针孔大小相适应，线的断裂负荷不小于15N。

## 6　过程控制要求

### 6.1　开料

印张裁切尺寸允差见表1。

表1　印张裁切尺寸允差

| 定量 $g/m^2$ | 幅面长度 mm | 长度允差 mm | 方正度允差 mm |
|---|---|---|---|
| <60 | 每100 | ±0.1 | ±0.2 |
| 60～170 | 每150 | | |
| >170 | 每200 | | |

6.2 折页

6.2.1 书帖页码、版面顺序正确。

6.2.2 书帖平服整齐，无明显八字皱、残页及脏迹。

6.2.3 除锁线订书帖的订口折缝外，三折及以上垂直折的书帖应从第二折起在折缝线上划口，形成排气口；订口折缝划口长度应保证书帖在配页过程中订口折缝不被拉断而造成配页困难。

6.2.4 采用切孔胶订的书帖，切孔长度一般为15mm～18mm，孔间距一般为3mm～7mm，切孔深度以划透书帖为准。

6.2.5 相邻两张书页的页码中心点允差不大于4.0mm；接版允差不大于1.5mm。

6.3 配页

6.3.1 书帖页码和版面排列顺序正确。

6.3.2 粘、套、插页位置正确；超出成品尺寸的拉页折叠后，应缩进成品尺寸1.5mm±0.5mm。

6.3.3 环衬折缝缩进书帖折缝1.5mm±0.5mm；粘口宽度4.0mm±1.0mm。

6.4 订联

6.4.1 锁线订

6.4.1.1 书芯页码、版面顺序正确。

6.4.1.2 无断线、漏锁、线圈。

6.4.1.3 针孔中心应位于书帖最后一折的折缝线上，允差±0.5mm。

6.4.1.4 书帖定位边平齐，缩帖景不大于2.0mm。

6.4.1.5 单帖厚度不大于0.7mm的书帖宜用交叉锁，其余用平锁。

注：平锁、平跳式交叉锁、斜跳式交叉锁的锁线方式参见附录B的图B.1、图B.2及图B.3。

6.4.1.6 书芯最大厚度宜不大于60mm。

6.4.1.7 锁线松紧适当，均匀一致。锁线后应压平，压平后书角垂直，无脏页、残页。

6.4.1.8 锁线针位、针组数与开本的关系宜符合表2的规定。针组应分布均匀。

表2 锁线针位、针组数与开本的关系

| 开本 | 针位与天头地脚边的距离 mm | 针组数 |
|---|---|---|
| ≥A3、B3 | 20～25 | ≥8 |
| A4、B4 | 20～25 | ≥6 |
| A5、B5 | 15～20 | ≥4 |
| ≤A6、B6 | 10～15 | ≥3 |

6.4.2 胶粘订

6.4.2.1 胶的型号应与书册纸质、厚度相匹配。

6.4.2.2 胶的使用温度以产品给出的技术参数为准。

6.4.2.3 胶在使用前应预热，EVA胶预热时间大于2h；PUR胶大于15min。

6.4.2.4 不同型号的胶不应混用。

6.4.2.5　采用铣背胶订时，铣背深度1.5mm±0.5mm，以书帖最里页铣透为准；铣背歪斜允差小于2.0mm。使用EVA胶的书背拉槽深度1.5mm±0.5mm，槽的间距不大于7.0mm，槽的宽度0.8mm~1.5mm；使用PUR胶的书背拉毛应均匀。

6.4.2.6　EVA胶书背胶层厚度1.0mm±0.2mm，PUR胶书背胶层厚度0.4mm±0.1mm，书背胶层厚度均匀、无空洞。

6.4.2.7　侧胶宽度3.0mm~6.0mm。

6.4.2.8　书芯涂胶后应在开放时间内完成包本定型；停机超过开放时间时，应将涂胶的书芯剔除。

6.4.2.9　使用EVA热熔胶包本冷却硬化定型后（时间大于3min）裁切。

6.4.2.10　符合6.4.1.1的要求。

## 7　成品质量要求

7.1　封面与书芯粘合正确且牢固；书脊与压痕线（翻阅线）之间距离为6.0mm~8.0mm；封面平整，无翘曲、皱褶及起膜现象。

7.2　书背平整，无皱褶和破损，无黏合剂溢出，四角方正，岗线不大于1.0mm。

7.3　全书页码中心位置允差不大于5.0mm，相邻页码允差不大于3.0mm，接版允差±1.5mm。

7.4　成品尺寸允差±1.5mm。

7.5　切口面平整无刀花，无连刀页，无破损。

7.6　书背文字与天头切口的距离允差±2.0mm。

7.7　书背文字中心线对书背中心线平移允差和书背字歪斜允差应符合表3的规定。

**表3　书背文字中心线对书背中心线的平移允差和歪斜允差单位为毫米**

| 书背宽度 | 书背文字中心线对书背中心线平移允差 | 书背文字中心线对书背中心线歪斜允差 |
|---|---|---|
| ≤10 | ≤1.0 | ≤0.7 |
| 10~20 | ≤2.0 | ≤1.5 |
| 20~30 | ≤2.5 | ≤1.8 |
| >30 | ≤3.0 | ≤2.0 |

7.8　勒口线超出书芯前切口不大于2mm。

7.9　书本粘接牢固，粘接强度应大于4.5N/cm。

7.10　书本应耐翻阅，不掉页，不断裂，并能在温度、湿度异常的环境中保持稳定的形态。

## 8　检验方法

8.1　封面定量按GB/T 451.2的规定检测。

8.2　水性胶固含量按GB/T 2793的规定检测。

8.3　线的牢度测试方法：接受测试的线在15N的静载荷下经过5s不断裂。

8.4　印张裁切的方正度符合GB/T 30327－2013 6.5的规定。

8.5 6.1长度允差及7.1、7.2、7.3、7.4、7.5、7.6、7.8使用精度为0.1mm的游标卡尺、钢直尺、角尺及目测法检测，其结果应符合上述条款相应的规定。

8.6 按以下方法检测书背文字中心线对书背中心线平移允差和歪斜允差。

见图1，找出成品书背上天头切口和地脚切口的中心点，用直线将两中心点连接起来，该直线叫书背中心线a。将书背上离夫头端最近的文字中心点与书背上离地脚端最近的文字中心点连接且延长至天头地脚端的直线叫书背文字中心线b。用游标卡尺分别测量两中心线在天头端和地脚端的距离，该距离即为书背文字中心线对书背中心线的允差，包括平移允差$\delta$和歪斜允差$\delta_1$、$\delta_2$。

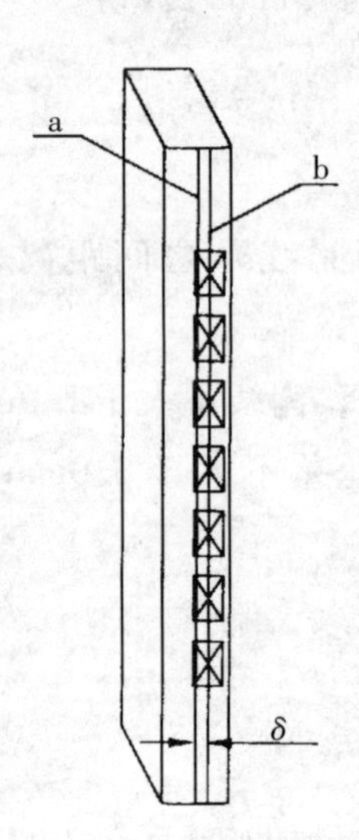


a. 书背文字中心线对书背中心线平移允差示意图

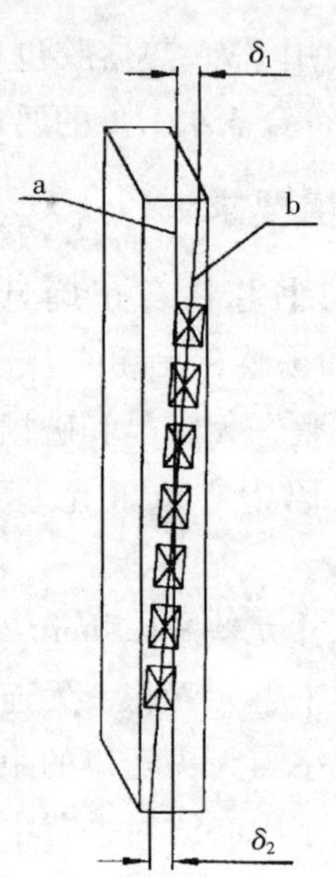


b. 书背文字中心线对书背中心线歪斜允差示意图

说明：

a——书背中心线；

b——书背文字中心线；

δ——书背文字中心线对书背中心线平移允差；

$\delta_1$——书背文字中心线对书背中心线歪斜允差；

$\delta_2$——书背文字中心线对书背中心线歪斜允差。

图1 书背文字中心线对书背中心线允差检测示意图

8.7 按CY/T 40－2007的5.7方法检测胶粘订书册的粘接强度，应符合7.9的规定。

8.8 将成品放置在温度40℃～70℃、相对湿度25%～98%的实验室里48h和将成品放置在温度0℃～10℃的实验室里48h，目视检查成品的形态应符合7.10的规定。

## 9　包装、贮存、运输

I　　按照 GB/T 30327－2013 第 10 章的要求执行。

# 附　录　A
## （资料性附录）
## 平装书籍结构图

平装书籍结构示意图见图 A. 1。

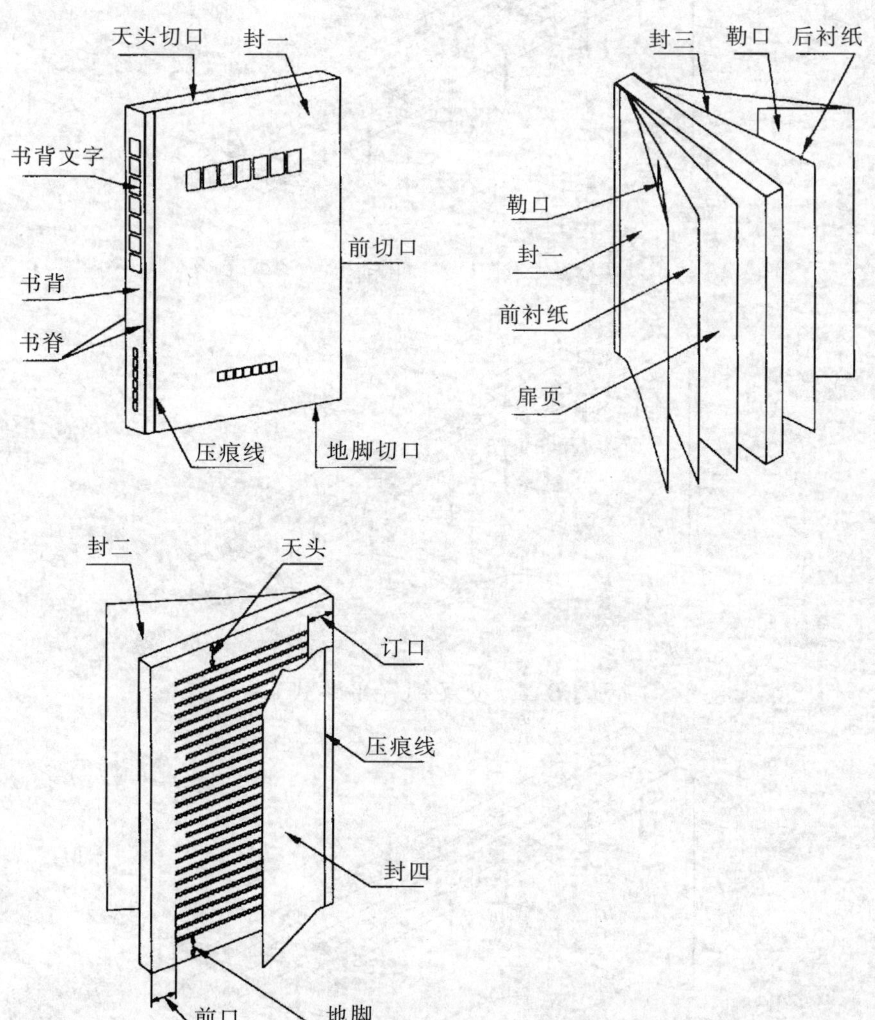


图 A. 1　平装书籍结构图

# 附　录　B
## （资料性附录）
## 锁线方式示意图

平装书册（书籍、本册）印后装订加工方式主要分为3大类，分别是平锁、平跳式交叉锁和斜跳式交叉锁，详见图B.1、图B.2和图B.3。

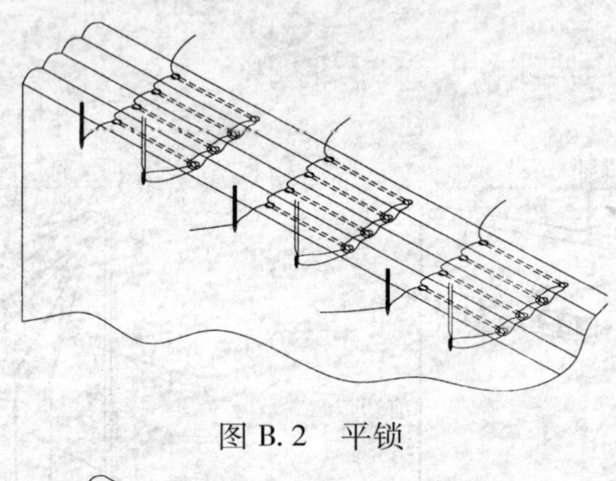

图B.2　平锁

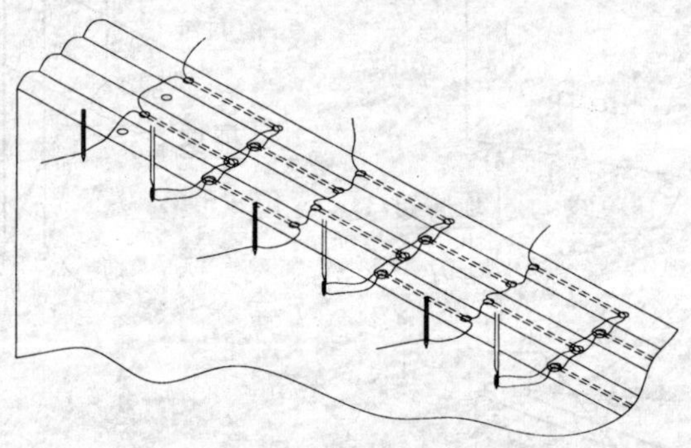

图B.2　交叉锁（平跳式）

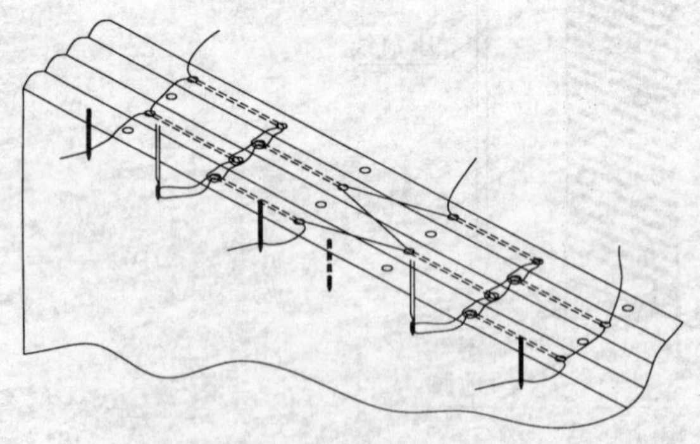

图B.3　交叉锁（斜跳式）

ICS 37.100.01
A　17
备案号：20119－2007

# 中华人民共和国新闻出版行业标准

CY/T 40－2007

# 书刊装订用 EVA 型热熔胶使用要求及检测方法

The instruction and testing methods of EVA hot－melt adhesives for bookbinding

2007－02－26 发布　　2007－02－26 实施

中华人民共和国新闻出版总署　发　布

CY/T 40－2007

# 前 言

本标准由全国印刷标准化技术委员会提出并归口。

本标准起草单位：新闻出版总署印刷产品质量监督检测中心、广州市芳海热熔胶制造有限公司、国民淀粉化学（广东）有限公司、北人集团公司、山东新华印刷厂、汉高（天津）国际贸易有限公司、北京文盛印刷材料有限公司、连云港诚兴胶粘剂厂、江苏盐城福启永林热熔胶科技有限公司、北京鑫顺双友印刷材料有限公司、郑州市汇明胶业有限公司、无锡市万力粘合材料厂、高等教育出版社、三河胜利装订厂、人民教育出版社、长春汇丰科技有限责任公司。

本标准主要起草人：王淮珠、郑全来、涂晓林、沈裕堂、杨超凡、黄家刚、程宝苓、徐桦、赵东升、王小平、彭殿义、张建军、陈宽玉、周其平、方旺喜、马德祥、师涛、郭绪、王成、马智勇、铁大鲲、王健。

# 引 言

无线胶粘订工艺是利用胶粘剂使书芯联结成册的一种书刊装订方法。它不仅适用于平装，也适用部分精装书籍的粘接。采用该工艺加工的书刊外观平整，且具有省工省料、装订质量好、加工速度快、适用范围广的特点。所以，无线胶粘订工艺在我国广泛应用，基本替代铁丝平订工艺。

在实际应用中，采用无线胶粘订工艺装订的书刊质量除与所选择的热熔胶质量有关外，还与工作环境、纸张的材质和特性、装订设备的调整状态、加工过程的工艺条件等诸多因素直接相关。由于缺少相关的使用标准，致使胶粘装订的书刊常出现散页、脱页、脆裂、书背变形、空泡、封面粘接不牢等质量问题。为此，制定相应的书刊装订用热熔胶使用标准，对于指导企业正确选用热熔胶产品，加强对装订环境、原材料、设备和工艺条件的控制与管理，确保胶粘订书刊的质量，是非常必要的。

本标准制定的目的，是为新闻出版行业提供书刊装订用热熔胶的使用质量要求，并引导企业规范无线胶粘订工艺条件和检测方法，使热熔胶装订的书刊质量达到相应的标准要求。本标准于2000年提出，经过调研、草案起草、征求意见、专家论证、试验、评测得以成稿。本标准的制定是社会需求与各方通力合作的产物，将对改进我国书刊无线胶粘订工艺和提高书刊无线胶粘订质量，带来深远影响。

CY/T 40－2007

# 书刊装订用EVA型热熔胶使用要求及检测方法

## 1　范围

本标准规定了书刊装订使用的EVA（乙烯－醋酸乙烯共聚物）型热熔胶（以下简称热熔胶）术语、技术要求、使用条件和测试方法。

本标准适用于使用无线胶粘订工艺加工的书册。

## 2　规范性引用文件

下列文件中的条款，通过本标准引用而构成为本标准的条文。凡是注日期的引用文件，其随后所有的修改单（不包括勘误的内容）或修订版均不适用于本标准，然而，鼓励根据本标准达成协议的各方研究是否可使用这些文件的最新版本。凡是不注日期的引用文件，其最新版本适用于本标准。

GB/T 528－1998　硫化橡胶和热塑性橡胶拉伸应力应变性能的测定

GB/T 2794　胶粘剂黏度的测定

GB/T 15332　热熔胶粘剂软化点的测定　环球法

GB/T 16998　热熔胶粘剂热稳定性测定

## 3　术语和定义

本标准在给出术语定义的同时，也给出计量单位，定义中无量纲的单位为1。

3.1

**脆性温度　brittleness temperature**

在规定条件下，试样不产生断裂的最低温度。用摄氏度（℃）表示。

3.2

**抗拉强度　tensile strength**

将试样拉伸至断裂过程的最大拉伸应力。用兆帕（MPa）表示。

3.3

**粘度　viscosity**

在应力作用下，热熔胶阻止流动的性能。用帕斯卡秒（Pa·s）表示。

3.4

**粘结强度　adhesion strength**

使试样或产品的粘结部件的粘结界面分离所需的力。用牛顿每厘米（N/cm）表示。

3.5

**断裂伸长率　elongation at break**

试样在拉断时的位移值与原长的比值。用百分比（%）表示。

3.6

**热稳定性　thermal stability**

试样在特定加热条件下，加热期间内一定时间间隔的黏度和其他特性的变化。

3.7

**软化点　softening point**

把规定质量的钢球置于填满试样的金属环上，在规定的升温条件下，钢球进入试样，从一定的高度下落，当钢球触及底层金属挡板时的温度，视为软化点，用摄氏度（℃）表示。

## 4　使用要求

### 4.1　热熔胶质量要求

#### 4.1.1　基础技术指标

表1　书刊装订用热熔胶技术指标及要求

| 技术指标 | | 背　胶 | | 边　胶 |
|---|---|---|---|---|
| 名称 | 环境条件 | 非涂布纸 | 涂布纸 | |
| 软化点/℃ | 25℃±3℃ | >82 | | >69 |
| 抗拉强度/MPa | 25℃±3℃ | >3 | >4 | >3 |
| 断裂伸长率/% | 25℃±3℃ | >200 | >300 | >200 |
| 熔融黏度/Pa·S | 180℃ | 3.0~6.0 | 4.0~6.5 | 1.5~4.0 |
| 热稳定性 | 180℃，24h | 黏度变化量小于1.5 Pa·s，外观无明显变化 | | |
| 脆性温度 | 0℃冰水 | 胶的标准试样片，在冰水混合物中对折不断裂 | | |

#### 4.1.2　包装标志

热熔胶的外包装袋上应注明该产品型号、批号、生产厂家、生产日期、保存期限及运输、储存注意事项及使用的技术参数。

### 4.2　胶粘装订机械要求

4.2.1　无线胶粘订机械应有背胶断胶装置。

4.2.2　无线胶粘订机械应有确保所开槽内无浮动纸毛屑的装置。

### 4.3　胶粘装订工艺要求

4.3.1　书帖折缝应不跑空。

4.3.2　折后书帖应闯齐、捆平。

4.3.3　单机使用时，书册应浆背、分本。

4.3.4　书帖进入书夹内，应保证书册平齐，无大于0.5mm的缩帖。

4.3.5　铣背深度应为1.5mm±0.5mm，拉槽深度应为1.5mm±0.5mm，拉槽间距应为5.0~7.0mm。

4.3.6　书背涂胶应均匀一致，书背胶层厚度应为1.0mm±0.2mm。

4.3.7　边胶宽度应为3.0～7.0mm。

4.3.8　使用100g/$m^2$ 以上纸张作封面应压书脊和侧胶痕。

4.3.9　正确选用胶粘剂，应能满足所用纸张粘接强度的要求。

**4.4　胶粘装订环境要求**

4.4.1　胶粘订车间温度应该恒定，一般应在17℃～30℃，最好保持在25℃±3℃的范围内。

4.4.2　胶粘订车间湿度应该恒定，一般相对湿度应在RH 50%±10%之间。

4.4.3　胶锅上方应有排烟装置。

4.4.4　装订车间应清洁防尘。

**4.5　使用热熔胶操作要求**

4.5.1　胶在使用前应预热2h以上，确认胶块完全熔融，并达到预定温度后方可使用。

4.5.2　书册应在胶的开放时间内完成夹紧和定型工作。

4.5.3　在胶的固化时间内，不应磕碰书册的书背部。

4.5.4　书册的裁切应在胶硬化后进行。

4.5.5　胶的使用温度以胶的技术参数为准（±5℃）。

4.5.6　不同品牌、不同型号的热熔胶不应混用。

4.5.7　应确保胶锅内胶温的准确无误。

4.5.8　正常情况下，预热胶锅应一季度清理一次，工作胶锅应两周清理一次。

4.5.9　胶锅内贮存胶应适量，严禁反复熔融胶，长时间停机应关闭胶锅加热装置。

**4.6　胶粘订书刊粘结强度要求**

书册胶订成书后，胶层与书刊内页的粘结强度应大于4.5N/cm。

**4.7　胶粘装订半成品和成品的贮存与运输要求**

4.7.1　热熔胶装订的书册在装卸运输过程中应轻拿轻放，防止野蛮装卸对书册的损伤。

4.7.2　热熔胶装订的书册贮存环境温度应在0℃～40℃。

4.7.3　热熔胶装订的书册不宜置放在室外及墙体和热源旁。

## 5　测试方法

**5.1　熔融粘度测试方法**

按GB/T 2794旋转黏度计法中规定的方法在180℃条件下进行测量。

**5.2　软化点测试方法**

按GB/T 15332中的方法进行测量。

**5.3　抗拉强度测试方法**

按GB/T 528中的15.1.1条款进行测量。

**5.4　断裂延伸率测试方法**

按GB/T 528中的15.1.3条款进行测量。

**5.5　热稳定性测试方法**

按GB/T 16998中的方法进行测量。

### 5.6 脆性温度测试方法

按照 GB/T 528 中 6.1 条款的要求制作 1 型哑铃状标准试样，将胶的标准试样片放置在冰水混合物中 30min 后，在冰水混合物中以两个夹子夹住对折 5 次后，如不断裂，即为符合要求。

### 5.7 胶粘订书刊粘结强度检验方法

在 23℃ ±3℃的环境下，将所测试胶粘订书刊中间书帖的中心页，通过一平板中间的细条缝，此时该书页两侧其他书页应以该细条缝为中心线，平铺于平板之上。为使其平铺可以使用重物静压其上。之后用夹具将书页固定住，以使书页可以均匀承受缓慢增加的静态模拟拉力。一般情况下，夹具的位移速度不应大于 5mm/s。

当书页所受外力 F 与书页长 L 的比值大于 4.5N/cm，书页未从书背处脱落即可判断该胶订书刊的粘结强度合格。

## 6 测试报告

本标准的测试报告应包括以下内容：

a. 样品来源、品种型号、生产批号；

b. 测试项目、测试日期、测试依据标准；

c. 测试结果；

d. 其他需要报告的内容。

ICS 37. 100. 01
A　17
备案号：24745 -2008

# 中华人民共和国新闻出版行业标准

CY/T 49. 1 -2008

# 商业票据印制
# 第1部分：通用技术要求

Printing on business form——
part 1：General specification

2008 -07 -14 发布　　2008 -07 -14 实施

中华人民共和国新闻出版总署　发　布

CY/T 49.1－2008

# 前　言

CY/T 49－2008《商业票据印制》分为4个部分：

——第1部分：通用技术要求；

——第2部分：折叠式票据；

——第3部分：卷式票据；

——第4部分：本式票据。

本部分为第1部分：通用技术要求。

本部分由中华人民共和国新闻出版总署提出。

本部分由全国印刷标准化技术委员会归口。

本部分起草单位：中国印刷技术协会商业票据印刷分会、北京京华印刷厂、东港安全印刷股份有限公司、无锡双龙信息纸有限公司、海门市海天纸业有限公司、商务印书馆上海印刷股份有限公司、上海伊诺尔印务有限公司、云南省国税印刷厂、北京豹驰技术发展有限公司。

本部分起草人：宋秉高、冯燕潮、王卫国、李培芬、邢建民、樊世云、陆洪兴、瞿维国。

CY/T 49.4－2008

# 商业票据印制
# 第1部分：通用技术要求

## 1　范围

本部分规定了商业票据印制的通用技术要求、试验方法、检测规定及包装、标志、运输、储存的要求。

本部分适用于商业票据印制的设计、生产、质量评价和检测。

## 2　规范性引用文件

下列文件中的条款通过本部分的引用而成为本部分的条款。凡是注日期的引用文件，其随后所有的修改单（不包括勘误的内容）或修订版均不适用于本部分。然而，鼓励根据本部分达成协议的各方研究是否可使用这些文件的最新版本。凡是不注日期的引用文件，其最新版本适用于本部分。

GB/T 2828.1　计数抽样检验程序　第1部分：按接收质量限（AQL）检索的逐批检验抽样计划

ISO 14981　印刷技术　过程控制　印刷中使用的反射密度计光学、几何学和测量学要求

## 3　术语和定义

本部分采用下列定义和术语。

3.1

**商业票据　business form**

为经济活动链印制的、用于表达信息流功能的载体。

3.2

**折叠式票据　fold continuous form**

以规定长度折叠形式为最终形态的单联或多联商业票据。

3.3

**卷式票据　roller continuous form**

以规定长度连续卷绕而成的单联或多联商业票据。

3.4

**本式票据　book form**

装订成本的单联或多联的商业票据。

3.5

**输送孔　feed hole**

在连续式票据的两侧按一定间隔、一定位置分布的孔。

3.6

**易撕线 tear line**

以易于撕断为目的，在票据规定位置上的轧压线。与连续格式票据输纸方向垂直的轧压线，称横向易撕线，与连续格式票据输纸方向平行的轧压线，称纵向易撕线。

3.7

**票据尺寸 form size**

以长度计量单位表示票据的规格。与票据内容平行的边长为横向尺寸，与票据内容垂直的边长为纵向尺寸；其中连续格式票据与走纸方向垂直的距离为横向尺寸，与走纸方向平行为纵向尺寸。

3.8

**识读标 registration mark**

在票据的正面或背面规定位置、规定尺寸要求的色块，称识读标。

## 4 分类、规格

### 4.1 分类

4.1.1 按产品形态可分为：折叠式票据、卷式票据和本式票据。

4.1.2 按填开方式可分为：手工填开票据、打印票据和定额票据。

### 4.2 规格

应具有如下要素：横向尺寸、纵向尺寸和每份联数。

## 5 技术要求

5.1 外观应平整、清洁，不应有皱折、破损、毛边、裂口、粘连、异常颜色等缺陷。不应夹带其他纸张、纸屑或杂物。

5.2 印制的表格、线条、文字、图案内容应正确、完整。无糊版、断线、断划、掉字、透印、重影等缺陷。

5.3 一维码、二维码和号码的字迹应清晰完整、目视易辨，机读识别灵敏，号码不可漏印、间断、重码和错码。条码、号码字体字号应符合设计规定。

5.4 识读标的任意方向的位置误差应小于0.5mm。

5.5 墨色应均匀一致，实地印刷墨色与样本实地墨色同色密度偏差小于0.07。

5.6 印刷套印误差≤0.5mm，易撕线套准误差≤0.5mm，输送孔孔位套准误差≤0.5mm，覆盖区域印刷套准误差≤0.5mm。

5.7 装订不应多联、少联、联次颠倒。

5.8 任意连续500个输送孔中的纸屑不应多于1个。

## 6 检验方法

6.1 定性指标用目测方法检验。

6.2　识读标用相对应的识读仪器识读检测。

6.3　墨色用符合 ISO 14981 规定的光学密度计检测。

6.4　套印误差用精度为 0.02mm 的标准计量器具检测。

## 7　检验规则

### 7.1　组批

检验应按同一品种、同一批次、基本封装单位为组批。

### 7.2　检验

7.2.1　检验抽样方法按 GB/T 2828.1 中的二次抽样方案的规定进行，检查水平取 S-3。

7.2.2　检验项目和判定规则见表 1：

表 1　不合格品判定规则表

<table>
<tr><th rowspan="2">检查方案<br>批量</th><th colspan="3">正常检查二次抽样　检查水平 S-3</th><th colspan="2">不合格分类</th></tr>
<tr><th>样本大小</th><th>B 类不合格品<br>AQL=4.0<br>Ac　Re</th><th>C 类不合格品<br>AQL=6.5<br>Ac　Re</th><th>B 类</th><th>C 类</th></tr>
<tr><td>1~50</td><td>2</td><td>0　1</td><td>0　1</td><td rowspan="5">5.2 条款<br>5.3 条款<br>5.4 条款<br>5.6 条款<br>5.7 条款<br>5.8 条款<br>5.9 条款</td><td rowspan="5">5.1 条款<br>5.5 条款</td></tr>
<tr><td>51~150</td><td>3<br>3（6）</td><td>0　1<br>0　1</td><td>0　2<br>1　2</td></tr>
<tr><td>151~500</td><td>5<br>5（10）</td><td>0　2<br>1　2</td><td>0　2<br>1　2</td></tr>
<tr><td>501~3 200</td><td>8<br>8（16）</td><td>0　2<br>1　2</td><td>0　3<br>3　4</td></tr>
<tr><td>3200 以上</td><td>13<br>13（25）</td><td>0　3<br>3　4</td><td>1　3<br>4　5</td></tr>
</table>

## 8　标识、包装、贮存、运输

### 8.1　标识

商业票据包装箱上的标识，应印有产品名称、起止号码（按规定）以及产品规格、产品数量、数量单位、生产企业（按规定）和生产日期。

### 8.2　包装

商业票据包装应防潮易搬运。

### 8.3　贮存

8.3.1　应通风、防高温、防潮、防油、防霉、防鼠、防止接触腐蚀性气体和液体。宜保持温度 -5℃~30℃、相对湿度 30%~70%。

8.3.2　产品离地面 0.15m，堆高小于 1.5m。距离墙壁、热源、冷源、窗口或空气入口处大于 0.5m。

8.3.3　无碳复写纸、干式复写纸票据贮存有效期为36个月；热敏纸票据、刮开式票据贮存有效期不小于6个月。

8.3.4　使用前应在22℃±2℃、相对湿度40%~70%的条件下进行干湿平衡处理，处理时间不应小于8h。

## 8.4　运输

8.4.1　运输过程中应防湿、防晒、防盗。

8.4.2　运输、贮存过程中不可扔、砸、踏或挤压，不应受雨雪或液体物质的淋袭或机械损伤。

ICS 37.100.01
A　17
备案号：24746－2008

# 中华人民共和国新闻出版行业标准

CY/T 49.2－2008

# 商业票据印制
# 第2部分：折叠式票据

Printing on business form—
Part 2：Fold continuous form

2008－07－14发布　　　　2008－07－14实施

中华人民共和国新闻出版总署　　发　布

CY/T 49.2－2008

# 前　言

CY/T 49－2008《商业票剧印制》分为4个部分：

——第1部分：通用技术要求；

——第2部分：折叠式票据。

——第3部分：卷式票据；

——第4部分：本式票据。

本部分为第2部分：折叠式票据。

本部分由中华人民共和国薪闻出版总署提出。

本部分由全国印刷标准化技术委员会归口。

本部分起草单位：中国印刷技术协会商业票据印刷分会、北京京华印刷厂、东港安全印刷股份有限公司、无锡双龙信息纸有限公司、海门市海天纸业有限公司、上海界龙现代印刷纸品有限公司、广州市人民印刷厂、上海紫光机械有限公司、江苏镇江邮电印刷厂、黑龙江省国家税务局票证站。

本部分起草人：王卫国、宋秉高、邢建民、冯燕潮、樊世云、李朝东、张世楷、陆召良。

CY/T 49.2－2008

# 商业票据印制
# 第2部分：折叠式票据

## 1　范围

本部分规定了折叠式票据印制的规格、技术要求、试验方法、检验规则及标志、包装、运输、储存的要求。

本部分适用于信息处理设备中打印设备使用的折叠式票据印制的设计、生产、质量评价和检测。

## 2　规范性引用文件

下列文件中的条款通过本部分的引用而成为本部分的条款。凡是注日期的引用文件，其随后所有的修改单（不包括勘误的内容）或修订版均不适用于本部分，然而，鼓励根据本部分达成协议的各方研究是否可使用这些文件的最新版本。凡是不注日期的引用文件，其最新版本适用于本部分。

GB/T 9698－1995　信息处理击打式打印机用连续格式纸通用技术条件

CY/T 49.1－2008　商业票据印制　第1部分：通用技术要求

## 3　规格

规格由每份横向尺寸、纵向尺寸、每份联数组成，其中纵向尺寸允许使用英寸单位。

示例：

| 横向尺寸 | | 纵向尺寸 | | 每份联数 |
|---|---|---|---|---|
| ↓ | | ↓ | | ↓ |
| 190.5mm | × | 93.1mm | × | 2或 |
| 190.5mm | × | (11/3)″ | × | 2 |

## 4　技术要求

4.1　CY/T 49.1－2008第5章的所有内容适用于本部分。

4.2　横向尺寸偏差 $^{+1.5mm}_{-0.5mm}$，单份纵向尺寸偏差≤0.5mm。

4.3　横向、纵向易撕线的轧压线应平直、清晰，不应有断裂。折缝应与横向易撕线重合。

4.4　横向易撕线抗张强度应为原纸纵向强度的25%～45%。

4.5　裁纸边应与版面上对应的规矩线对应，误差≤0.5mm。

4.6　多联成品上下各联输送孔偏差≤1.0mm；各联的图文重合偏差≤1.0mm。

4.7　配页装订不应漏页，装订啮合位置不应在纵向易撕线或输送孔上。

4.8　不带号码、条码的票据，每箱断头不应超过2个；带打码的成品，每箱断头不应超过3个。

4.9　胶粘处不应自行脱落，也不应粘连其他部分。

4.10　折叠后端面应整齐，具体要求按GB/T 9698－1995中3.7的要求。

## 5　检验方法

5.1　规格尺寸、套印误差、端面的倾斜度、输送孔偏差使用精度为0.02mm的标准计量器具检测。

5.2　横向易撕线抗张强度按GB/T 9698－1995中的规定检测。

5.3　份数、联数、纸屑、装订位置、配页装订质量、胶粘质量、断头质量，用目测法进行检测。

## 6　检验规则

6.1　依照CY/T 49.1－2008的相关规定实施。

6.2　本部分4.2、4.5、4.6、4.7、4.10为B类检测项，4.3、4.4、4.8、4.9为C类检测项。

## 7　标识、包装、贮存、运输

应符合CY/T 49.1－2008的相关规定。

ICS 37.100.01
A 17
备案号：24747－2008

# 中华人民共和国新闻出版行业标准

CY/T 49.3－2008

## 商业票据印制
## 第3部分：卷式票据

Printing on business form—
Part 3：Roller continuous form

2008－07－14发布　　2008－07－14实施

中华人民共和国新闻出版总署　发布

CY/T 49.3－2008

# 前　言

CY/T 49－2008《商业票据印制》分为4个部分：

——第1部分：通用技术要求；

——第2部分：折叠式票据；

——第3部分：卷式票据；

——第4部分：本式票据。

本部分为第3部分：卷式票据。

本部分由中华人民共和国新闻出版总署提出。

本部分由全国印刷标准化技术委员会归口。

本部分起草单位：中国印刷技术协会商业票据印刷分会、北京华印刷厂、东港安全印刷股份有限公司、无锡双龙信息纸有限公司、海门市海天纸业有限公司、浙江莱织华印刷有限公司、广东冠豪高新技术股份有限公司、浙江圣地票证印刷中心、珠海海桥纸业有限公司。

本部分起草人：冯燕潮、宋秉高、王卫国、邢建民、李培芬、杨晓明、张世楷、陆洪兴、周锋强。

CY/T 49.3 -2008

# 商业票据印制
# 第3部分：卷式票据

## 1 范围

本部分规定了卷式票据印制的分类、规格、技术要求、试验方法、检验规则及标志、包装、运输、储存的要求。

本部分适用于信息处理设备中使用卷式票据印制的设计、生产、质量评价和检测。

## 2 规范性引用文件

下列文件中的条款通过本部分的引用而成为本部分的条款。凡是注日期的引用文件，其随后所有的修改单（不包括勘误的内容）或修订版均不适用于本部分，然而，鼓励根据本部分达成协议的各方研究是否可使用这些文件的最新版本。凡是不注日期的引用文件，其最新版本适用于本部分。

CY/T 49.1 -2008 商业票据印制 第1部分：通用技术要求

CY/T 49.2 -2008 商业票据印制 第2部分：折叠式票据

## 3 规格

规格包括横向尺寸、单份长度、每卷份数（每卷长度）、卷芯内径和每份联数。

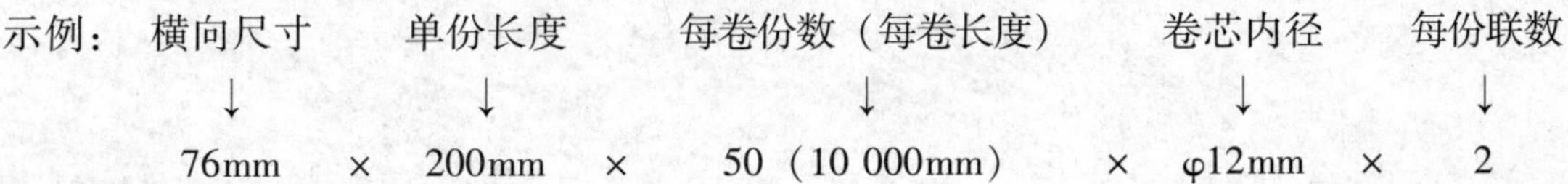


## 4 技术要求

4.1 CY/T 49.1 -2008 第5章的所有内容适用于本部分。

4.2 输送孔、易撕线应符合 CY/T 49.2 -2008 的相关规定。

4.3 横向尺寸偏差≤0.5mm，单份长度偏差≤0.5mm，每卷总长度偏差≤1%。

4.4 芯管内径尺寸偏差 +0.30 ~ +0.50mm；芯管长度尺寸偏差 -0.30 ~ -0.50mm。

4.5 外径≤60mm 时，外径偏差≤1.0mm；外径 >60mm 时，外径偏差≤2.0mm。

4.6 每卷票应无接头，卷票端面平整，内外张力一致。票与芯管、票与票之间不应松动滑移。卷票外径≤60mm 时，端面锯齿形≤0.5mm；当卷票外径 >60mm 时，端面锯齿形≤1.0mm。

## 5 检验方法

5.1 规格尺寸、端面锯齿形使用精度为0.02mm 的标准计量器具测量。

5.2 接头、断头缺陷，用目测法检测。

## 6 检验规则

6.1 依照 CY/T 49.1－2008 的相关规定实施。

6.2 本部分 4.2、4.3、4.5 为 B 类检测项，4.4、4.6 为 C 类检测项。

## 7 标识、包装、贮存、运输

应符合 CY/T 49.1－2008 的相关规定。

ICS 37.100.01
A 17
备案号：24748－2008

# 中华人民共和国新闻出版行业标准

CY/T 49.4－2008

# 商业票据印制
# 第4部分：本式票据

Printing on business form—
Part 4：Book form

2008－07－14发布 2008－07－14实施

中华人民共和国新闻出版总署 发 布

# 前　言

CY/T 49－2008《商业票据印制》分为4个部分：

——第1部分：通用技术要求；

——第2部分：折叠式票据；

——第3部分：卷式票据；

——第4部分：本式票据。

本部分为第4部分：本式票据。

本部分由中华人民共和国新闻出版总署提出。

本部分由全国印刷标准化技术委员会归口。

本部分起草单位：中国印刷技术协会商业票据印刷分会、北京京华印刷厂、东港安全印刷股份有限公司、无锡双龙信息纸有限公司、海门市海天纸业有限公司、广州市人民印刷厂、连云港云阪信息记录纸有限公司、东莞天盛特种纸制品有限公司、江门江桥特种纸有限公司。

本部分起草人：史建中、宋秉高、邓正栋、杨晓明、瞿维国、陆洪兴、李朝东、陆召良。

CY/T 49.4－2008

# 商业票据印制
# 第4部分：本式票据

## 1 范围

本部分规定了本式票据印制的分类、技术要求、试验方法、检验规则及标志、包装、运输、储存的要求。

本部分适用于本式票据印制的设计、生产、质量评价和检测。

## 2 规范性引用文件

下列文件中的条款通过本部分的引用而成为本部分的条款。凡是注日期的引用文件，其随后所有的修改单（不包括勘误的内容）或修订版均不适用于本部分，然而，鼓励根据本部分达成协议的各方研究是否可使用这些文件的最新版本。凡是不注日期的引用文件，其最新版本适用于本部分。

CY/T 49.1－2008 商业票据印制 第1部分；通用技术要求

## 3 规格

规格由横向尺寸、纵向尺寸、每份联数、每本份数组成。

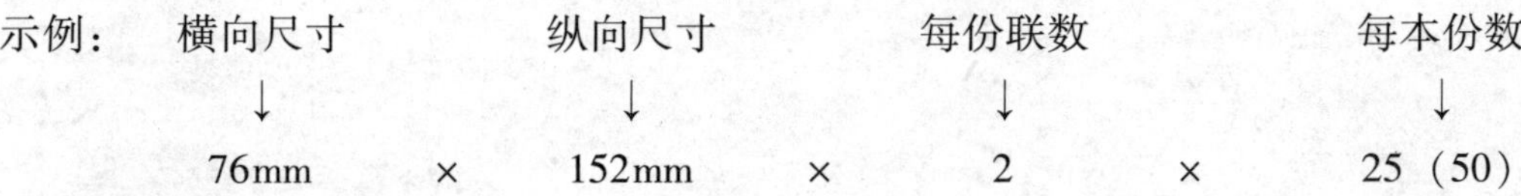

示例：横向尺寸 纵向尺寸 每份联数 每本份数

↓ ↓ ↓ ↓

76mm × 152mm × 2 × 25（50）

## 4 技术要求

4.1 CY/T 49.1－2008第5章的所有内容适用于本部分。

4.2 每份各联图文重合对准偏差≤0.50mm。

4.3 横向、纵向尺寸偏差≤1.0mm。

4.4 装订应牢固、平整，无折角、残页、破口、脱落、缺页等缺陷。

## 5 检验方法

5.1 规格尺寸，用精度为0.02mm的标准计量器具测量。

5.2 装订质量，用目测法检测。

## 6 检验规则

6.1 依照CY/T 49.1－2008的相关规定实施。

6.2 本部分4.2为B类检测项，4.3、4.4为C类检测项。

## 7 标识、包装、贮存、运输

应符合CY/T 49.1－2008的相关规定。

ICS 37.100.01
A 17

# 中华人民共和国国家标准

GB/T 7705－2008
代替 GB/T 7705－1987

## 平版装潢印刷品

The offset lithographic prints for decorating

2008－07－02 发布　　　　2008－12－01 实施

中华人民共和国国家质量监督检验检疫总局
中国国家标准化管理委员会　发布

GB/T 7705－2008

# 前　言

本标准代替 GB/T 7705－1987《平版装潢印刷品》。

本标准与（GB/T 7705－1987 相比主要修改如下：

——标准的结构形式按照 GB/T 1.1－2000 进行了修改；

——标准中的“外观”“成品规格尺寸偏差”“套印误差”及“实地印刷要求”等作了适当的修改；

——标准中增加了“烫箔”“凹凸印”“覆膜”及“上、压光”等印后加工要求和“墨层耐磨性”“墨层上光后印面的耐磨性”等要求。

本标准由新闻出版总署提出。

本标准由全国印刷标准化技术委员会归口。

本标准起草单位：上海包装造纸（集团）有限公司、国家轻工业包装装潢印刷制品质量监督检测上海站、上海烟草工业印刷厂、上海电气集团印刷包装机械有限公州、上海界龙实业股份有限公司、外贸无锡印刷有限公司、上海紫丹印务有限公司、浙江天外包装印刷股份有限公司、上海纺印印刷包装有限公司、中国包装技术协会包装印刷委员会。

本标准主要起草人：郑绍楠、陈麒祥、徐展望、高慧菁、孙健法、何从友、张耀宗、陈海萍、龚忠德、杨泳、周明香、顾闻杰、高善林。

本标准于 1987 年首次发布。

GB/T 7705 - 2008

# 平版装潢印刷品

## 1 范围

本标准规定了平版装潢印刷品的分类、要求、检验方法、检验规则、标志、包装、运输、贮存等。

本标准适用于平版胶印工艺生产的纸质装潢印刷品，其他平版印刷品也可参照使用。

## 2 规范性引用文件

下列文件中的条款通过本标准的引用而成为本标准的条款。凡是注日期的引用文件，其随后所有的修改单（不包括勘误的内容）或修订版均不适用于本标准，然而，鼓励根据本标准达成协议的各方研究是否可使用这些文件的最新版本。凡是不注日期的引用文件，其最新版本适用于本标准。

GB/T 2828.1 计数抽样检验程序 第1部分：按接收质量限（AQL）检索的逐批检验抽样计划（GB/T 2828.1 - 2003，ISO 2859 - 1：1999，IDT）

GB/T 17934.1 - 1999 印刷技术 网目调分色片、样张和印刷成品的加工过程控制 第1部分：参数和测试方法（eqv ISO 12647 - 1：1996）

GB/T 18720 印刷技术 印刷测控条的应用（GB/T 18720 - 2002，DIN 16527 - 1：1993，DIN 16527 - 3：1993，NEQ）

GB/T 18722 印刷技术 反射密度测量和色度测量在印刷过程控制中的应用（GB/T 18722 - 2002，eqv ISO 13656：2000）

CY/T 3 色评价照明和观察条件

ISO 13655 印刷图像的光谱测量与色度计算

ISO 14981 印刷用反射密度仪的光学几何与测量学条件

ISO 15994 印刷技术 印刷品测试视觉光泽度

## 3 术语和定义

下列术语和定义适用于本标准。

### 3.1

平版印刷 **planographic printing**

印版的图文部分和非图文部分几乎处于同一平面的印刷方式。

[GB/T 9851.1 - 2008，5.10]

### 3.2

胶印 **offset printing**

先将印版上的油墨传递到橡皮布上，再转印到承印物上的平版印刷方式。

[GB/T 9851.1 - 2008，5.10.1]

3.3

**烫印 hot foil - stamping**

在纸张、纸板、纸品、涂布类等物品上，通过烫模将烫印材料转移在被烫物上的加工。

[GB/T 9851.7 - 2008，4.6]

3.4

**压凹凸 embossing**

用模具将凹凸图案或纹理压到印品上的工艺。

[GB/T 9851.7 - 2008，4.1]

3.5

**覆膜 film laminating**

将涂有黏合剂的塑料薄膜覆合到印品表面的工艺。

[GB/T 9851.7 - 2008，4.5]

3.6

**上光 coating**

在印品表面涂布透明光亮材料的工艺。

[GB/T 9851.7 - 2008，4.4]

3.7

**压光 calendering**

把有涂布层的印刷品，通过滚筒滚压而增加光泽。

[GB/T 9851.9 - 1990，10.5]

3.8

**主要部位 prime section**

画面上反映主题的部位，如图像、文字、标志等。

3.9

**次要部位 subprime section**

画面上除主要部位以外的其他部位。

## 4 产品分类

### 4.1 精细产品

采用高质量印刷的材料和精细制版印刷工艺生产、质量符合精细产品要求的高档装潢印刷品。

### 4.2 一般产品

除精细产品以外的其他装潢印刷品。

## 5 技术要求

### 5.1 成品规格尺寸偏差

5.1.1　裁切成品规格尺寸偏差应符合表 1 的规定。

**表 1　裁切成品规格尺寸偏差**　　单位为毫米

| 裁切成品规格 | 尺寸极限偏差 | |
|---|---|---|
| | 精细产品 | 一般产品 |
| 390×543 及以下 | ±0.5 | ±1.0 |
| 390×543 以上 | ±1.0 | ±1.5 |

5.1.2　模切成品规格尺寸偏差应符合表 2 的规定。

**表 2　模切成品规格尺寸偏差**　　单位为毫米

| 横切成品规格 | 尺寸极限偏差 | |
|---|---|---|
| | 精细产品 | 一般产品 |
| 135×195 及以下 | ±0.4 | ±0.5 |
| 135×195 以上 | ±0.8 | ±1.0 |

5.1.3　有对称要求的成品图案位置偏差应符合表 3 的规定。

**表 3　有对称要求的成品图案位置偏差**　　单位为毫米

| 成品规格 | 对称图案位置极限偏差 | |
|---|---|---|
| | 精细产品 | 一般产品 |
| 135×195 及以下 | ±0.4 | ±0.5 |
| 135×195 以上 | ±0.8 | ±1.0 |

5.2　套印误差应符合表 4 的规定。

**表 4　套印误差**　　单位为毫米

| 套印部位 | 套印允许误差 | |
|---|---|---|
| | 精细产品 | 一般产品 |
| 主要部位 | ≤0.10 | ≤0.20 |
| 次要部位 | ≤0.10 | ≤0.25 |

5.3　实地印刷要求应符合表 5 的规定。

**表 5　实地印刷要求**

| 项目名称 | 单位 | 符号 | 指标值 | | | |
|---|---|---|---|---|---|---|
| | | | 精细产品 | | 一般产品 | |
| 同色密度偏差 | – | $D_s$ | ≤0.05 | | ≤0.07 | |
| 同批同色色差 | CIE$L^*a^*b^*$ | $\Delta E_{ab}^*$ | $L^*>50.00$ | $L^*\leqslant 50.00$ | $L^*>50.00$ | $L^*\leqslant 50.00$ |
| 墨层光泽度[a] | % | $G_s(60°)$ | ≥30 | | – | |
| 墨层耐磨性[b] | % | $A_s$ | ≥40 | | | |
| 墨层上光后印面的耐磨性[b] | % | $A_s$ | ≥70 | | | |

[a] 无光泽度要求的产品可取消此项指标。

[b] 无耐磨性要求的产品可取消此项指标。

5.4　网点印刷要求

5.4.1　亮调网点再现百分率：精细产品≤3%；一般产品≤5%。

5.4.2　正常墨量50%网点增大值应符合表6的规定。

表6　50%网点增大值

| 指标名称 | 指　标　值 | |
|---|---|---|
| | 精细产品 | 一般产品 |
| 50%网点增大值（$\Delta F$）[a] | ≤15% | ≤20% |
| [a] 在墨色实地密度正常情况下。 | | |

5.5　印面外观

5.5.1　精细产品

5.5.1.1　成品应整洁。每件成品主要部位上不能有直径＞0.3mm的墨皮、纸毛等脏污，直径≤0.3mm的墨皮、纸毛等脏污，不能超过2点；次要部位上不能有直径＞1mm的墨皮、纸毛等脏污，直径≤1mm的墨皮、纸毛等脏污，不能超过3点。

5.5.1.2　文字印刷应清晰完整，小于5.5 P（7号）的字应不影响认读。

注：P－Point，1 P约等于0.35mm。

5.5.1.3　印面不应存在划伤和条痕。

5.5.1.4　图像应清晰，层次清楚，网点应清晰均匀无变形和残缺。

5.5.1.5　印刷色相应符合付印样张要求。

5.5.2　一般产品

5.5.2.1　成品应整洁。每件成品主要部位上不能有直径＞1.5mm的墨皮、纸毛等脏污，直径≤1.5mm的墨皮、纸毛等脏污，不能超过2点；次要部位上不能有直径＞2mm的墨皮、纸毛等脏污，直径≤2mm的墨皮、纸毛等脏污，不能超过5点。

5.5.2.2　文字印刷应基本清晰完整，小于5.5 P（7号）的字应不影响认读。

注：P－Point，1 P约等于0.35mm。

5.5.2.3　印面不应存在明显条痕。

5.5.2.4　网点应较清晰均匀，应无明显残缺和花糊版。

5.5.2.5　印刷色相应基本符合付印样要求。

5.6　印面烫箔外观

5.6.1　精细产品

5.6.1.1　图文烫箔应完整清晰、牢固、平实，应无虚烫、糊版、脏版和砂眼。

5.6.1.2　字迹烫箔应清晰，应不发毛、无缺笔断划。

5.6.1.3　图文烫箔表面应光亮。

5.6.2　一般产品

5.6.2.1　图文烫箔应完整清晰、牢固、平实，应无明显虚烫、糊版、脏版。

5.6.2.2 字迹烫箔应清晰，应无明显残缺。

5.6.2.3 图文烫箔表面光亮度应无明显差异。

5.7 印面凹凸印外观

5.7.1 精细产品

5.7.1.1 图文凹凸印轮廓应清晰。

5.7.1.2 图文凹凸应均匀，纸张纤维应无断裂。

5.7.2 一般产品

5.7.2.1 图文凹凸印轮廓应基本清晰。

5.7.2.2 图文凹凸应基本均匀，纸张纤维应无断裂。

5.8 印面覆膜外观

5.8.1 精细产品

5.8.1.1 覆膜粘结应完整、牢固。

5.8.1.2 覆膜面应干净、平整，光洁度好，不变色，应无皱折、起泡等。

5.8.2 一般产品

5.8.2.1 覆膜粘结应完整、牢固。

5.8.2.2 覆膜面应基本干净、平整，应无明显皱折、起泡等。

5.9 印面上、压光外观

5.9.1 精细产品

5.9.1.1 上光涂层涂布应均匀，表面不能有气泡、条痕、起皱等。

5.9.1.2 上光膜面两侧亮度应一致，且光泽好。

5.9.1.3 压光表面光亮度应一致，且应有高光泽。

5.9.2 一般产品

5.9.2.1 上光涂层涂布应基本均匀，表面允许有少量的可接受的细小的气泡，但不可有条痕、起皱等。

5.9.2.2 上光膜面两侧亮度应基本一致，光泽好。

5.9.2.3 压光表面光亮度应基本一致，应有较高光泽。

6 检验方法

6.1 检验条件

6.1.1 检验室温度、湿度：温度为23℃ ±5℃，相对湿度为60% $^{+15}_{-10}$。

6.1.2 试样预处理：在6.1.1条件下，并在无紫外光照射环境中放置时间应≥8h。

6.1.3 观样光源：符合CY/T 3的规定。

6.2 外观、烫箔、凹凸印、覆膜、上/压光

将试样放在6.1.3光源下，进行目测鉴定。脏污点用精度为0.01mm的20倍读数放大镜测量。

6.3 成品规格尺寸偏差

6.3.1 裁切成品及模切成品规格尺寸偏差

在有尺寸规定的裁切或模切成品试样部位测出其长度（精确至0.1mm），与规定尺寸之差作为该成品规格尺寸偏差。

6.3.2 有对称要求的成品图案位置偏差

测量试样左右（或上下）任一对称部位的空白处宽度（精确至0.1mm），然后按式（1）计算出成品图案位置偏差。

$$\delta = \frac{|d_1 - d_2|}{2} \quad \cdots\cdots (1)$$

式中：

$\delta$——成品图案位置偏差，mm；

$d_1$、$d_2$——试样对称部位左右（或上下）空白处的宽度，mm。

6.4 套印误差

将试样放在6.1.3光源下，用精度为0.01mm的20倍读数放大镜分别测量试样主要部位和次要 部位任二色间的套印误差各3点，分别取其最大值，作为该试样主要部位和次要部位的套印误差。

6.5 同色密度偏差

6.5.1 仪器

采用符合ISO 14981的反射密度计。

6.5.2 仪器校正与使用

按GB/T 18722的规定进行。

6.5.3 检验步骤

6.5.3.1 测试时，印刷品应平整放置在符合GB/T 17934.1－1999附录B“测量反射密度用底衬材料”要求的底衬材料上。

6.5.3.2 仪器校正与使用方法：按6.5.2要求。

6.5.3.3 幅面尺寸为135mm×195mm及以下的成品，用反射式彩色密度计在同件试样同色的四角 和中间各测1点；幅面135mm×195mm以上的成品，在同件试样上均匀增测5点。

6.5.4 检验结果

6.5.4.1 每件试样同色密度偏差按式（2）计算。

$$D_s = \sqrt{\frac{\sum_{i=1}^{n} (\overline{D} - D_i)^2}{n-1}} \quad \cdots\cdots (2)$$

式中：

$D_s$——同色密度偏差；

$\overline{D}$——$n$ 次同色密度的平均值；

$D_i$——第 $i$ 次所测的同色密度；

$n$——所测的次数。

6.5.4.2 比较各色同色密度偏差的平均值，以最大值作为该试样同色密度偏差。

### 6.6 同批同色色差

#### 6.6.1 仪器

采用符合 ISO 13655 的分光光度计（色差计）。

#### 6.6.2 仪器校正与使用方法

按 GB/T 18722 的规定进行。

#### 6.6.3 检验步骤

在试样中任选一张作为基准样张，用分光光度计先测出其 CIE$L^* a^* b^*$ 值，然后分别测出其余试样与基准样张同色同部位的色差。

#### 6.6.4 检验结果

比较试样各色同批同色色差，以最大值作为该试样同批同色色差。

### 6.7 墨层光泽度

#### 6.7.1 仪器

采用符合 ISO 15994 的光泽度计。

#### 6.7.2 仪器校正与使用方法

按 ISO 15994 的规定进行。

#### 6.7.3 检验步骤

6.7.3.1 取平整、无折皱的试样。

6.7.3.2 用光泽度计分别对试样不同色层表面进行测量，面积 $\leqslant 100\text{cm}^2$ 的色层面上测 3 点，面积 $> 100\text{cm}^2$ 的色层面上测 5 点。

6.7.3.3 每个试样每种色光泽度测量结果差值 $> 5$ 个光泽度单位时，应增加一倍测量点。

#### 6.7.4 检验结果

计算试样各点同色光泽度的平均值作为该试样该色的墨层光泽度。

### 6.8 墨层耐磨性、墨层上光后印面的耐磨性

6.8.1　仪器

6.8.1.1　摩擦检验机

摩擦台采用表面粗糙度不低于 1.60$\mu$m 的硬性塑料体，并有固定试样的装置；摩擦体采用二块厚 8mm、硬度为 50Hs ~ 53Hs、大小为 25mm × 50mm 的橡胶，二块摩擦体内侧相距 45mm；摩擦检验的摩擦次数达 43 次/min ± 2 次/min，行程约 60mm。摩擦检验机见图 1。

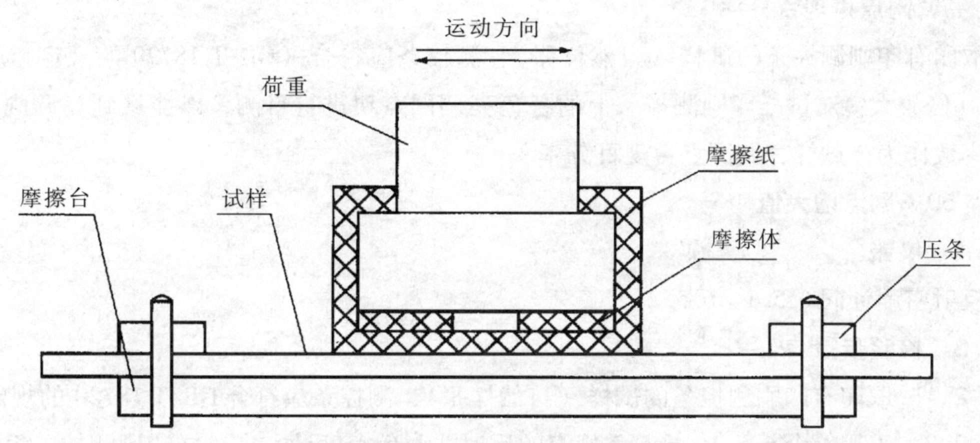


图 1　摩擦检验机

6.8.1.2　反射密度计

反射密度计同 6.5.1、6.5.2。

6.8.2　检验条件

6.8.2.1　摩擦纸采用 80g/m$^2$ 的清洁胶版纸，宽度为 50mm。

6.8.2.2　荷重为 20N ±0.2N。

6.8.2.3　摩擦次数为 43 次/min ±2 次/min，行程约 60mm。

6.8.3　检验步骤

6.8.3.1　剪切成一定尺寸的试样固定在摩擦台上，试样待测量层面积应大于摩擦体所摩擦的面积。

6.8.3.2　按 6.5.3 测定试样上待磨墨层的彩色密度，测 3 点取平均值。

6.8.3.3　将试样固定在摩擦台上，将摩擦纸固定在摩擦体上。

6.8.3.4　开启摩擦检验机往返摩擦 43 次/min ± 2 次/min，停机取下试样。

6.8.3.5　按 6.5.3 测定被摩擦最严重的墨层的彩色密度，测 3 点取平均值。

6.8.4　检验结果

墨层耐磨性、墨层上光后印面的耐磨性按式（3）计算。

$$A_s = \frac{D}{D_0} \times 100\% \quad \cdots\cdots (3)$$

式中：

$A_s$——墨层耐磨性；

$D$——试样摩擦后的平均密度值；

$D_0$——试样摩擦前的平均密度值。

6.9　亮调网点再现百分率

取印有印刷测控条的试样（自然样张），测控条应符合（GB/T 18720 的规定，用 20 倍～50 倍放大镜对试样印刷测控条上的各色亮调网点块进行目测，以能见到亮调网点的百分率数作为该试样亮调网点再现百分率。

6.10　50%网点增大值

6.10.1　仪器

反射密度计同 6.5.1、6.5.2。

6.10.2　检验步骤

6.10.2.1　取印有印刷测控条的试样（自然样张），测控条应符合 GB/T 18720 的规定。

6.10.2.2　采用符合 6.5.1、6.5.2 规定的反射式彩色密度计，在试样印刷测控条上测出任一色实地块密度值，再测出同一色标称覆盖率的网点密度值。

6.10.2.3　再按式（4）计算出试样上任一色 50% 网点的实际面积覆盖率 $F_D$（%）值。

$$F_D = \frac{1 - 10^{-D_R}}{1 - 10^{-D_V}} \times 100\% \quad \cdots\cdots (4)$$

式中：

$F_D$——试样上任一色 50% 网点实际面积覆盖率（%）；

$D_V$——任一色实地密度值；

$D_R$——同一色标称覆盖率为 50% 的网点密度值。

6.10.3　检验结果

6.10.3.1　按式（5）计算出任一色 50% 网点增大值 $\triangle F$。

$$\triangle F = F_D - 50\% \quad \cdots\cdots (5)$$

式中：

$\triangle F$——任一色 50% 网点增大值；

$F_D$——试样上任一色 50% 网点实际面积覆盖率（%）；

50%——同一色标称覆盖率。

6.10.3.2　试样各色网点增大值中以最大值作为该试样该色的 50% 网点增大值。

# 7　检验规则

7.1　生产条件基本相同的同一品种、同一规格、同一生产周期的一组单位产品为一批。

7.2　按 GB/T 2828.1 检验抽样方案规定进行抽样检验。样本单位为件。每批最低样本抽样数一般为 5 件。

7.3　不合格品的判定：每件产品按本标准的规定进行检验，如有一项或一项以上技术指标不符合要求，则该产品为不合格品。

7.4　不合格批的判定：每批产品按本标准的规定进行检验，其中有 1 件或 1 件以上为不合格品，则应加倍抽样复检。如仍有 1 件或 1 件以上产品为不合格品，则该批为不合格批。

## 8　标志、包装、运输、贮存

### 8.1　标志

每包明显部位应贴合格标签，注明用户单位、产品名称、品种规格、数量、生产企业名称、生产日期及检验员代号等。

### 8.2　包装

根据合同要求或按产品的体积、质量、数量用纸箱或用牢固的包装纸和捆扎带分包捆扎。

### 8.3　运输

运输中不能扔、砸、踏，应防潮、防曝晒、防雨淋、防热烤、防重压及防腐蚀气、防液体。

### 8.4　贮存

贮存环境要求通风防潮、防尘防晒、防油、防霉、防腐蚀气、防液体，不能重压。贮存期一般为自生产之日起不超过 6 个月。

ICS 37.100.01
A 17

# 中华人民共和国国家标准

GB/T 7706-2008
代替 GB/T 7706-1987

# 凸版装潢印刷品

The relief prints for decorating

2008-07-02 发布　　2008-12-01 实施

中华人民共和国国家质量监督检验检疫总局
中国国家标准化管理委员会　发布

GB/T 7706 - 2008

# 前　言

本标准代替 GB/T 7706 - 1987《凸版装潢印刷品》。

本标准与 GB/T 7706 - 1987 相比主要修改如下：

——标准的结构形式按照 GB/T 1. 1 - 2000 进行了修改；

——标准中的"外观""成品规格尺寸偏差""套印误差"及"实地印刷要求"等作了适当的修改；

——标准中增加了"墨层结合牢度"的要求。

本标准的附录 A 为规范性附录。

本标准由新闻出版总署提出。

本标准由全国印刷标准化技术委员会归口。

本标准起草单位：上海包装造纸（集团）有限公司、国家轻工业包装装潢印刷制品质量监督检测上海站、全国轻工业包装标准化中心、上海正伟印刷有限公司、上海集振印刷厂责任有限公司、中国包装技术协会包装印刷委员会。

本标准主要起草人：郑绍楠、陈麒祥、蔡和平、魏嘉宏、高慧菁、王国雄。

本标准于 1987 年首次发布。

GB/T 7706 - 2008

# 凸版装潢印刷品

## 1 范围

本标准规定了凸版装潢印刷品的分类、要求、检验方法、检验规则、标志、包装、运输、贮存等。

本标准适用于凸版印刷（柔性版印刷除外）工艺生产的纸质和塑料薄膜装潢印刷品。

## 2 规范性引用文件

下列文件中的条款通过本标准的引用而成为本标准的条款。凡是注日期的引用文件，其随后所有的修改单（不包括勘误的内容）或修订版均不适用于本标准，然而，鼓励根据本标准达成协议的各方研究是否可使用这些文件的最新版本。凡是不注日期的引用文件，其最新版本适用于本标准。

GB/T 2792 - 1998　压敏胶粘带 180°　剥离强度测定方法（eqv JISZ 0237：1991）

GB/T 2828.1　计数抽样检验程序　第 1 部分：按接收质限（AQL）检索的逐批检验抽样计划（GB/T 2828.1 - 2003，ISO 2859 - 1：1999，IDT）

GB/T 17934.1 - 1999　印刷技术　网目调分色片、样张和印刷成品的加工过程控制　第 1 部分：参数和测试方法（eqv ISO 12647 - 1：1996）

GB/T 18722　印刷技术　反射密度测量和色度测量在印刷过程控制中的应用（GB/T 18722 2002，eqv ISO 13656：2000）

CY/T3　色评价照明和观察条件

ISO 13655　印刷图像的光谱测量与色试计算

ISO 14981　印刷用反射密度仪的光学几何与测量学条件

ISO 15994　印刷技术　印刷品测试视觉光泽度

## 3 术语和定义

下列术语和定义适用于本标准。

3.1

**凸版印刷　relief printing**

用图文部分高于非图文部分的印版进行印刷的方式。分为直接凸版印刷和间接凸版印刷。

[GB/T 9851.1 - 2008，5.7]

3.2

**烫印　hot foil - stamping**

在纸张、纸板、纸品、涂布类等物品上，通过烫模将烫印材料转移在被烫物上的

加工。

［GB/T 9851.7－2008，4.6］

3.3

**覆膜　film laminating**

将涂有黏合剂的塑料薄膜覆合到印品表面的工艺。

［GB/T 9851.7－2008，4.5］

3.4

**上光　coating**

在印品表面涂布透明光亮材料的工艺。

［GB/T 9851.7－2008，4.4］

3.5

**主要部位　prime section**

画面上反映主题的部位，如图像、文字、标志等。

［GB/T 7705－2008　平版装潢印刷品，3.8］

3.6

**次要部位　subprime section**

画面上除主要部位以外的其他部位。

［GB/T 7705－2008　平版装潢印刷品，3.9］

## 4　产品分类

### 4.1　精细产品

采用高质量印刷主、辅材料和精细制版工艺生产、质量符合精细产品各项指标的高档装潢印刷品。

### 4.2　一般产品

除精细产品以外的其他装潢印刷品。

## 5　技术要求

### 5.1　成品规格尺寸偏差

5.1.1　裁切成品规格尺寸偏差应符合表1的规定。

**表1　裁切成品规格尺寸偏差**　　单位为毫米

| 裁切成品规格 | 尺寸极限偏差 | |
|---|---|---|
| | 精细产品 | 一般产品 |
| 390×543及以下 | ±0.5 | ±1.0 |
| 390×543以上 | ±1.0 | ±1.5 |

5.1.2　模切成品规格尺寸偏差应符合表2的规定。

**表2　模切成品规格尺寸偏差**　　单位为毫米

| 模切成品规格 | 尺寸极限偏差 | | | |
|---|---|---|---|---|
| | 精细产品 | | 一般产品 | |
| | 纸类 | 膜类 | 纸类 | 膜类 |
| 135×195 及以下 | ±0.4 | ±0.5 | ±0.5 | ±0.6 |
| 135×195 以上 | ±0.6 | ±0.8 | ±0.7 | ±1.0 |

5.1.3　有对称要求的成品图案位置偏差应符合表3 的规定。

**表3　有对称要求的成品图案位置偏差**　　单位为毫米

| 成品规格 | 对称图案允许偏差 | |
|---|---|---|
| | 精细产品 | 一般产品 |
| 135×195 及以下 | ±0.4 | ±0.5 |
| 135×195 以上 | ±0.8 | ±1.0 |

5.2　套印误差应符合表4 的规定。

**表4　套印误差**　　单位为毫米

| 套印部位 | 套印允许误差 | |
|---|---|---|
| | 精细产品 | 一般产品 |
| 主要部位 | ≤0.15 | ≤0.25 |
| 次要部位 | ≤0.25 | ≤0.30 |

5.3　实地印刷要求应符合表5 的规定。

**表5　实地印刷要求**

| 指标名称 | 单位 | 符号 | 指标值 | | | |
|---|---|---|---|---|---|---|
| | | | 精细产品 | | 一般产品 | |
| 同色密度偏差 | | $D_s$ | ≤0.05 | | ≤0.07 | |
| 同批同色色差 | CIEL*a*b* | $\Delta E_{ab}^*$ | $L^*$ >50.00 | $L^*$ ≤50.00 | $L^*$ >50.00 | $L^*$ ≤50.00 |
| 墨层光泽度[a] | % | $G_s$(60°) | ≥32 | | – | |
| 墨层耐磨性 | % | $A_s$ | ≥70 | | | |
| 墨层结合牢度[b] | % | $A$ | ≥85 | | | |

[a] 无光泽度要求的产品可取消此项指标。

[b] 墨层结合牢度是指墨层与薄膜平面之间的结合牢度。无此项要求的产品可取消此项指标。

**5.4　印面外观**

**5.4.1　精细产品**

5.4.1.1　成品应整洁，无刮痕、污渍、残缺。

5.4.1.2　文字印刷应清晰完整，无残缺变形，小于5.5 P（7 号）的字应不影响认读。

注：P－Point，1 P 约等于0.35mm。

5.4.1.3　网点应清晰均匀，无残缺。

5.4.1.4　印刷主要部位不能存在条痕、重影。

5.4.1.5　印刷主要部位不能有肉眼可见的污渍点。

5.4.1.6　印刷色相应符合付印样要求。

5.4.1.7　覆膜不能有皱折、气泡等，覆膜层边缘不可翘起。

5.4.1.8　电化铝烫箔应平实、牢固、不变色、不糊版，应无烫箔砂眼、残缺、毛边、划伤。

5.4.1.9　上光应平实、牢固、不变色、无污渍点。

5.4.2　一般产品

5.4.2.1　成品应整洁，无明显刮痕、污渍、残缺。

5.4.2.2　文字印刷应较清晰完整，无明显残缺变形，小于5.5 P（7号）的字应不影响认读。

注：P－Point，1 P约等于＋0.35mm。

5.4.2.3　网点应较清晰完整，无明显残缺。

5.4.2.4　印刷主要部位不能存在条痕、重影。

5.4.2.5　每件成品主要部位上不能有直径＞0.4mm的污渍点，直径≤0.4mm的污点不能超过3点。

5.4.2.6　印刷色相应基本符合付印样要求。

5.4.2.7　每件覆膜成品上不能有直径＞0.4mm的气泡，直径≤0.4mm的气泡不能超过3个。

5.4.2.8　电化铝烫箔应平实、牢固、不变色、不糊版，每件成品上不能有直径＞0.3mm的烫箔砂眼，直径≤0.3mm的烫箔砂眼不能超过2个。

5.4.2.9　上光应平实、牢固、不变色、无明显污渍点。

## 6　检验方法

### 6.1　检验条件

6.1.1　试验室温度、湿度：温度为23℃±5℃，相对湿度为60$^{+15}_{-10}$%。

6.1.2　试样预处理：在6.1.1条件下，在无紫外光照射环境中放置时间应≥8h。

6.1.3　观样光源：符合CY/T 3的规定。

### 6.2　外观

将试样放在6.1.3所规定的观样光源下，通过目测进行鉴定。其中污点、气泡用精度为0.01mm经计量鉴定合格的20倍刻度显微镜测量。

### 6.3　成品规格尺寸偏差

#### 6.3.1　裁切成品及模切成品规格尺寸偏差

在有尺寸规定的裁切或模切成品试样部位测出其长度（精确至0.1mm），与规定尺寸之差作为该成品试样规格尺寸偏差。

#### 6.3.2　有对称要求的成品图案位置偏差

测量试样左右（或上下）任一对称部位的空白处宽度（精确至0.1mm），然后按式（1）计算出成品图案位置偏差。

式中：

$$\delta = \frac{|d_1 - d_2|}{2} \quad \cdots\cdots (1)$$

式中：

$\delta$——成品图案位置偏差，mm；

$d_1$、$d_2$——试样对称部位左右（或上下）空白处的宽度，mm。

**6.4　套印误差**

将试样放在6.1.3所规定的观样光源下，用精度为0.01mm的20倍刻度显微镜分别测量试样主要部位和次要部位任二色间的套印误差各3点，分别取其最大值，作为该试样主要部位和次要部位的套印误差。

**6.5　同色密度偏差**

**6.5.1　仪器**

采用符合ISO 14981的反射密度计。

6.5.2　仪器校正与使用方法

按GB/T 18722的规定进行。

**6.5.3　检验步骤**

**6.5.3.1**　测试时，印刷品应平整放置在符合GB/T 17934.1－1999附录B，“测量反射密度用底衬材料”要求的底衬上。

**6.5.3.2**　仪器校正与使用方法按6.5.2要求。

**6.5.3.3**　幅面尺寸为135mm×195mm及以下的成品，用反射式彩色密度仪在同件试样同色的四角和中间各测1点；幅面尺寸为135mm×195mm以上的成品，在同件试样上均匀增测5点。

**6.5.4　检验结果**

**6.5.4.1**　每件试样同色密度偏差按式（2）计算。

$$D_s = \sqrt{\frac{\sum_{i=1}^{n} (\overline{D} - D_i)^2}{n - 1}} \quad \cdots\cdots (2)$$

式中：

$D_s$——同色密度偏差；

$\overline{D}$——$n$次同色密度的平均值；

$D_i$——第$i$次所测的同色密度；

$n$——所测的次数。

**6.5.4.2**　比较各色同色密度偏差的平均值，以最大值作为该试样同色密度偏差。

**6.6　同批同色色差**

**6.6.1　仪器**

采用符合IS0 13655的分光光度计（色差计）。

**6.6.2　仪器校正与使用方法**

按GB/T 18722的规定进行。

6.6.3 检验步骤

在试样中任选一张作为基准样张，用分光光度计 j 先测出其 CIE$L^*a^*b^*$，然后分别测出其余试样与基准样张同色同部位的色差。

6.6.4 检验结果

比较试样各色同批同色色差，以最大值作为该试样同批同色色差。

6.7 墨层光泽度

6.7.1 仪器

采用符合 ISO 15994 的光泽度计。

6.7.2 仪器校正与使用方法

按 ISO 15994 的规定进行。

6.7.3 检验步骤

6.7.3.1 取平整、无折皱的试样。

6.7.3.2 用光泽度计分别对试样不同色层表面进行测量，面积≤100cm$^2$ 的色层面上测 3 点，面积 >100cm$^2$ 的色层面上测 5 点。

6.7.3.3 每个试样每种色光泽度测量结果差值 >5 个光泽度单位时，应增加一倍测量点。

6.7.4 检验结果

计算试样各点同色光泽度的平均值作为该试样该色的墨层光泽度。

6.8 墨层耐磨性

6.8.1 仪器

6.8.1.1 摩擦试验机

摩擦台采用表面粗糙度不低于 1.60μm 的硬性塑料体，并有固定试样的装置；摩擦体采用二块厚 8mm、硬度为 50Hs ~ 53Hs、大小为 25mm × 50mm 的橡胶，二块摩擦体内侧相距 45mm；摩擦试验的摩擦次数应达 43 次/min ± 2 次/min，行程约 60mm。摩擦试验机见图 1。

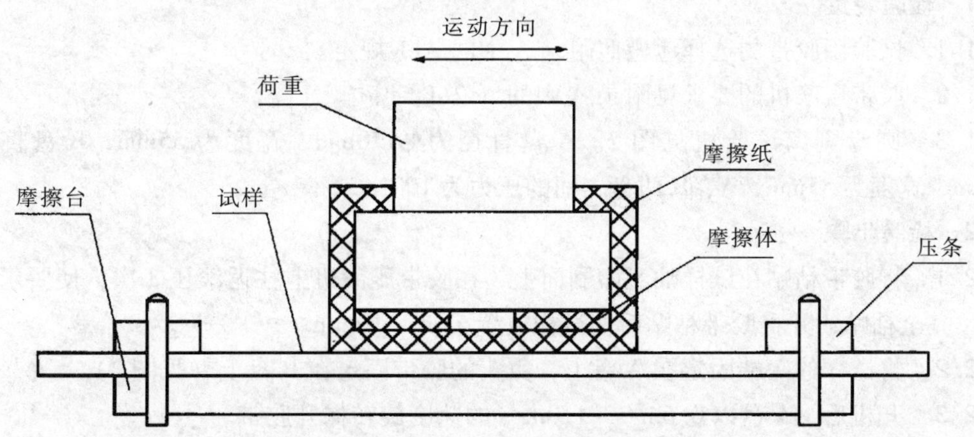


图 1 摩擦试验机

6.8.1.2　反射密度计

6.8.1.2　反射密度计

反射密度计同6.5.1、6.5.2。

6.8.2　检验条件

6.8.2.1　摩擦纸采用80g/m$^2$的清洁胶版纸，宽度为50mm。

6.8.2.2　荷重为20N ±0.2N。

6.8.2.3　摩擦次数为43次/min ±2次/min，行程约60mm。

6.8.3　检验步骤

6.8.3.1　剪切成一定尺寸的试样固定在摩擦台上，试样待测量层面积应大于摩擦体所摩擦的面积。

6.8.3.2　按6.5.3测定试样上待磨墨层的彩色密度，测3点取平均值。

6.8.3.3　将试样固定在摩擦台上，将摩擦纸固定在摩擦体上。

6.8.3.4　开启摩擦试验机往返摩擦43次/min ±2次/min，停机取下试样。

6.8.3.5　按6.5.3测定被摩擦最严重的墨层的彩色密度，测3点取平均值。

6.8.4　检验结果

墨层耐磨性按式（3）计算。

$$A_s = \frac{D}{D_0} \times 100\% \quad \cdots\cdots (3)$$

式中：

$A_s$——墨层耐磨性；

$D$——试样摩擦后的平均密度值；

$D_0$——试样摩擦前的平均密度值。

6.9　墨层结合牢度

6.9.1　检验装置

6.9.1.1　试验用胶带的选择应遵照附录A中的A.1规定。

6.9.1.2　胶带压滚机的要求见附录A中的A.2.1。

6.9.1.3　圆盘剥离试验机见图2。A盘直径为$\phi$170mm、宽度为55mm，B盘直径为$\phi$65mm、宽度为55mm，A、B两盘之间的压力为100N。

6.9.2　检验步骤

6.9.2.1　将胶带粘贴在试样油墨印刷面上，在胶带压滚机上往返滚压3次，使要求的试样部位完全粘贴，并将胶带粘贴后的试样放置5min ~ 10min。

6.9.2.2　将试样的一端固定在A盘上，露头的胶带固定在B盘上（见图2）。

6.9.2.3　开机后，A盘以0.6m/s ~ 1.0m/s的速度旋转揭开胶带。

6.9.2.4　取下试样，用宽20mm的半透明毫米格纸覆盖在被揭部分，分别数出油墨层所占的格数和被揭去的油墨层所占的格数。

6.9.3　检验结果

墨层结合牢度按式（4）计算。

$$A = \left(\frac{A_1}{A_1 + A_2}\right) \times 100\% \quad \cdots\cdots (4)$$

式中：

$A$——墨层结合牢度；

$A_1$——油墨层的格数；

$A_2$——被揭去的油墨层的格数。

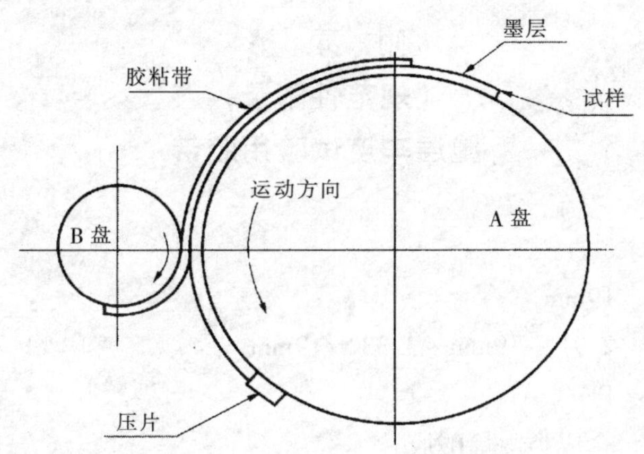


图 2　圆盘剥离试验机

## 7　检验规则

7.1　生产条件基本相同的同一品种、同一规格、同一生产周期的一组单位产品为一批。

7.2　按 GB/T 2828.1 检验抽样方案规定进行抽样。样本单位为件。每批最低样本抽样数一般为 5 件。

7.3　不合格品的判定：每件产品按本标准的规定进行检验，如有一项或一项以上技术指标不符合要求，则该产品为不合格品。

7.4　不合格批的判定：每批产品按本标准的规定进行检验，其中有 1 件或 1 件以上产品为不合格品，则应加倍抽样复检。如仍有 1 件或 1 件以上产品为不合格品，则该批为不合格批。

## 8　标志、包装、运输、贮存

### 8.1　标志

每包横头上应贴检验合格标签，注明用户单位、产品名称、品种规格、数量、生产企业名称、生产日期及检验员代号等。

### 8.2　包装

根据合同要求或按产品的体积、质量、数量用牢固的包装纸和捆扎带分包捆扎、塑料袋或纸箱包装。

## 8.3 运输

运输中不能扔、砸、踏，应防潮、防曝晒、防雨淋、防热烤、防重压及防腐蚀气、液体。

## 8.4 贮存

贮存环境要求通风防潮、防尘防晒、防油、防霉、防腐蚀气、液体、不能重压。贮存期一般为自生产之日起不超过6个月。

# 附 录 A
## (规范性附录)
## 墨层牢度试验用胶带

**A.1 胶带的基奉要求**

A.1.1 宽度 19mm

A.1.2 粘合力 2.91N/19mm ~ 3.33N/19mm

A.1.3 胶带基材 PE

A.1.4 胶粘剂 合成类丙烯酸胶

A.1.5 溶剂 芳香烃类

**A.2 胶带粘合力测定方法**

**A.2.1 胶带压滚机**

A.2.1.1 压辊为橡胶覆盖的金属滚轮，直径为$\phi$84mm ±1mm，宽度为45mm。

A.2.1.2 橡胶硬度（邵尔A型）为60°~80°，厚度为6mm。

A.2.1.3 压辊荷重20N ±0.5N。

A.2.1.4 滚压速度0.3m/min。

**A.2.2 拉力试验机**

拉力试验机应能自动记录剥离负荷，并有绘图输出。

**A.2.3 试验方法**

A.2.3.1 试验室温度为25℃ ±2℃、相对湿度为60% ±5%。

A.2.3.2 胶带被粘材料应在A.2.3.1的条件下放置2h以上。

A.2.3.3 将胶带剥开，粘贴到被粘材料上，在胶带压滚机上往返滚压三次，放置5min后再试验。

A.2.3.4 拉力试验机以0.3m/min的速度连续剥离，并按GB/T 2792 - 1998中的7.2求积仪法计算粘合力。

A.2.3.5 每卷测三次，求平均值为胶带粘合力。

ICS 37.100.01
A　17

# 中华人民共和国国家标准

GB/T 7707－2008
代替 GB/T 7707－1987

# 凹版装潢印刷品

The intaglio prints for decorating

2008－07－02 发布　　2008－12－01 实施

中华人民共和国国家质量监督检验检疫总局
中国国家标准化管理委员会　发布

GB/T 7707－2008

# 前　言

本标准代替 GB/T 7707－1987《凹版装潢印刷品》。

本标准与 GB/T 7707－1987 相比主要修改如下：

——标准的结构形式按照 GB/T 1.1－2000 进行了修改；

——标准中的“外观”“套印误差”及“实地印刷要求”等作了适当的修改。

本标准的附录 A 为规范性附录。

本标准由新闻出版总署提出。

本标准由全国印刷标准化技术委员会归口。

本标准起草单位：上海包装造纸（集团）有限公司、国家轻工业包装装潢印刷制品质量监督检测上海 站、全国轻工业包装标准化中心、上海紫江彩印包装有限公司、江苏彩华集团昆山市张浦彩印厂、四川成都市顶新包装印务有限公司、中国包装技术协会包装印刷委员会。

本标准主要起草人：郑绍楠、陈麒祥、陆佳平、侯小平、包燕敏、张立生、黄波。

本标准于 1987 年首次发布。

GB/T 7707－2008

# 凹版装潢印刷品

## 1　范围

本标准规定了凹版装潢印刷品的要求、试验方法、检验规则、标志、包装、运输等。

本标准适用于凹版印刷工艺生产的塑料薄膜和玻璃纸装潢印刷品、包装复合膜印刷品。

本标准不适用于纸质凹版印刷装潢印刷品。

## 2　规范性引用文件

下列文件中的条款通过本标准的引用而成为本标准的条款。凡是注日期的引用文件，其随后所有的修改单（不包括勘误的内容）或修订版均不适用于本标准，然而，鼓励根据本标准达成协议的各方研究是否可使用这些文件的最新版本。凡是不注日期的引用文件，其最新版本适用于本标准。

GR/T 2792－1998　压敏胶粘带180°剥离强度测定力法（eqv JISZ 0237：1991）

GB/T 2828.1　计数抽样检验程序　第1部分：按接收质量限（AQL）检索的逐批检验抽样计划（GB/T 2828.1－2003，ISO 2859－1：1999，IDT）

GB/T 18722　印刷技术　反射密度测量和色度测量在印刷过程控制中的应用（GB/T 18722－2002，eqv ISO 13656：2000）

CY/T 3　色评价照明和观察条件

ISO 13655　印刷图像的光谱测量与色度计算

ISO 14981　印刷用反射密度仪的光学几何与测量学条件

ISO 15994　印刷技术　印刷品测试视觉光泽度

## 3　术语和定义

下列术语和定义适用于本标准。

3.1

**凹版印刷　recess printing**

印版的图文部分低于非图文部分的印刷方式。

[GB/T 9851.1－2008，5.12]

3.2

**网目调凹印　halftonegravure**

通过网穴大小和深浅变化来再现其阶调值的凹版印刷方式。

[GB/T 9851.5－2008，2.3]

3.3

**主要部位 prime section**

画面上反映主题的部位，如图像、文字、标志等。

[GB/T 7705－2008，3.8]

3.4

**次要部位 subprime section**

画面上除主要部位以外的其他部位。

[GB/T 7705－2008，3.9]

## 4 技术要求

4.1 套印误差应符合表1的规定。

**表1 套印误差**

单位为毫米

| 承印材质 | 套印部位 | 套印允许误差 |
|---|---|---|
| 双向拉伸类薄膜 | 主要部位 | ≤0.20 |
| | 次要部位 | ≤0.35 |
| 非双向拉伸类薄膜 | 主要部位 | ≤0.30 |
| | 次要部位 | ≤0.60 |

**4.2 实地印刷要求应符合表2的规定。**

**表2 实地印刷要求**

| 项目名称 | 单位 | 符号 | 指标值 | |
|---|---|---|---|---|
| 同色密度偏差 | | $D_s$ | ≤0.06 | |
| 同批同色色差 | $CIEL^*a^*b^*$ | $\Delta E_{ab}^*$ | $L^*>50.00$ | $L^*\leq 50.00$ |
| | | | ≤5.00 | ≤4.00 |
| 墨层光泽度[a] | % | $G_s(60°)$ | ≥35 | |
| 墨层结合牢度[b] | % | $A$ | ≥95 | |

[a] 仅指表印产品。无光泽度要求的产品可取消此项指标。

[b] 仅指墨层与薄膜表面之间的结合牢度。其指标值为除金、银墨外的墨层与薄膜表面之间的结合牢度指标值。

### 4.3 印面外观

4.3.1 成品应整洁，应无明显油墨污渍、残缺、刀丝等。

4.3.2 文字印刷应清晰完整、无残缺变形，小于7.5P（6号）的字应不影响认读。

注：P－Point，1P约等于0.35mm。

4.3.3 实地印刷印迹边缘应光洁、墨色均匀、无明显水纹状。

4.3.4 印刷层次过渡应平稳、无明显阶调跳跃。

4.3.5 网点应清晰均匀、无明显变形和残缺。

4.3.6 印刷色相应符合付印样张要求。

## 5 检验方法

### 5.1 检验条件

5.1.1 试验室温度、湿度：温度为23℃±5℃，相对湿度60% $^{+15}_{-10}$%。

5.1.2 试样预处理：在5.1.1的条件下，并在无紫外光照射环境中放置时间应≥8h。

5.1.3 观样光源：符合CY/T 3的规定。

### 5.2 外观

将试样放在5.1.3所规定的观样光源下，通过目测进行鉴定。

### 5.3 套印误差

将检测样放在5.1.3所规定的观样光源下，用精度为0.01mm的20倍读数放大镜分别测量检测样主要部位和次要部位任二色间的套印误差各3点，分别取其最大值，作为该检测样主要部位和次要部位的套印误差。

### 5.4 同色密度偏差

5.4.1 仪器

采用符合ISO 14981的反射密度计。

5.4.2 仪器校正与使用方法

接GB/T 18722的规定进行。

5.4.3 检验步骤

5.4.3.1 测试时试样的底衬应为白色。

5.4.3.2 仪器校正与使用方法按5.4.2。

5.4.3.3 幅面尺寸为135mm×195mm及以下的成品，在同件试样同色的四角和中间各测1点；幅面尺寸为135mm×195mm以上的成品，在同件试样上均匀增测5点。

5.4.4 检验结果

5.4.4.1 每件试样同色密度偏差按式（1）计算。

$$D_s = \sqrt{\frac{\sum_{i=1}^{n}(\overline{D} - D_i)^2}{n-1}} \qquad (1)$$

式中：

$D_s$——同色密度偏差；

$\overline{D}$——$n$次同色密度的平均值；

$D_i$——第$i$次所测的同色密度；

$n$——所测的次数。

5.4.4.2 比较各色同色密度偏差的平均值，以最大值作为该试样同色密度偏差。

### 5.5 同批同色色差

5.5.1 仪器

采用符合 ISOO 13655 的分光光度计（色差计）。

5.5.2 仪器校正与使用方法

按 GB/T 18722 的规定进行。

5.5.3 检验步骤

在试样中任选一张作为基准样张，用分光光度计先测出其 CIE$L^*a^*b^*$ 均匀色空间的 CIE$L^*a^*b^*$ 值，然后分别测出其余试样与基准样张同色同部位的色差。

5.5.4 检验结果

比较试样各色同批同色色差，以最大值作为该试样同批同色色差。

5.6 墨层光泽度

5.6.1 仪器

采用符合 ISO 15994 的光泽度计。

5.6.2 仪器校正与使用方法

按 ISO 15994 的规定进行。

5.6.3 检验步骤

5.6.3.1 取平整、无折皱的试样。

5.6.3.2 用光泽度计分别对试样不同色层表面进行测量，面积≤$100cm^2$ 的色层面上测 3 点，面积 >$100cm^2$ 的色层面上测 5 点。

5.6.3.3 每个试样每种色光泽度测量结果差值 >5 个光泽度单位时，应增加一倍测量点。

5.6.4 检验结果

计算试样各点同色光泽度的平均值作为该试样该色的墨层光泽度。

5.7 墨层结合牢度

5.7.1 试样要求

5.7.1.1 采用普通凹印油墨印刷的试样，应放置 8h 后方可进行墨层结合牢度的测试。

5.7.1.2 采用需固化的凹印油墨印刷的试样，应放置 24h 后方可进行墨层结合牢度的测试。

5.7.2 检验装置

5.7.2.1 试验用胶带的选择应遵照附录 A 中的 A.1 规定。

5.7.2.2 胶带压滚机的要求见附录 A 中的 A.2.1 规定。

5.7.2.3 圆盘剥离试验机见图 1。A 盘直径为 $\phi$170mm、宽度为 55mm，B 盘直径为 $\phi$65mm、宽度为 55mm，A、B 两盘之间的压力为 100N。

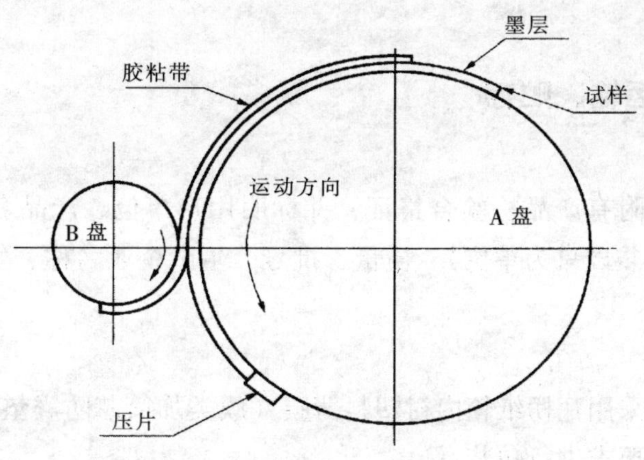


图 2 圆盘剥离试验机

#### 5.7.3 检验步骤

5.7.3.1 将胶带粘贴在试样油墨印刷面上，在胶带压滚机上往返滚压三次，使要求的试样部位完全粘贴，并将胶带粘贴后的试样放置 5min ~ 10min。

5.7.3.2 将试样的一端夹在 A 盘上，露头的胶带固定在 B 盘上（见图 1）。

5.7.3.3 开机后，A 盘以 0.6m/s ~ 1.0m/s 的速度旋转揭开胶带。

5.7.3.4 取下试样，用宽 20mm 的半透明毫米格纸覆盖在被揭部分，分别数出油墨层所占的格数和被揭去的油墨层所占的格数。

#### 5.7.4 检验结果

墨层结合牢度按式（2）计算。

$$A = \left(\frac{A_1}{A_1 + A_2}\right) \times 100\% \quad \cdots\cdots (2)$$

式中：

$A$——墨层结合牢度；

$A_1$——油墨层的格数；

$A_2$——被揭去的油墨层的格数。

## 6 检验规则

6.1 生产条件基本相同的同一品种、同一规格、同一生产周期的一组产品为一批。

6.2 按 GB/T 2828.1 检验抽样方案规定进行抽样检验。膜的样本单位为卷，袋的样本单位为只。每批最低样本数量一般为膜不少于 3 卷，袋不少于 5 只。

6.3 不合格品的判定：每件产品（膜或袋）按本标准的规定进行检验，如有一项或一项以上技术指标不符合要求，则该产品为不合格品。

6.4 不合格批的判定：每批产品（膜或袋）按本标准的规定进行检验，其中有 1 件或 1 件以上的产品为不合格品，则应加倍抽样复检。如仍有 1 件或 1 件以上产品为不合格品，则该批为不合格批。

## 7 标志、包装、运输、贮存

### 7.1 标志

产品包装箱内应附有产品检验合格证，并标明用户单位、产品名称、品种规格、数量（膜以米为单位、袋以只为单位）、质量、批号、生产企业名称、生产日期、检验员代号等。

### 7.2 包装

膜、袋产品均应采用瓦楞纸箱内衬塑料薄膜（膜类加筒芯防震垫套芯）或纸类包装，也可按供需双方合同要求进行包装。

### 7.3 运输

运输中应轻装轻卸，应避免碰撞和接触锐利物体，避免重压，应防晒、防雨淋、防热烤。应能保证包装完好及产品不受污染与损伤。

### 7.4 贮存

产品应贮存在清洁、干燥、通风、温度适中的库房内。应远离热源，距热源应不少于1m。不应堆放过高，以防重压。产品贮存期一般为自生产之日起不超过6个月。

## 附 录 A

## （规范性附录）

## 墨层牢度试验用胶带

### A.1 胶带的基本要求

**A.1.1** 宽度 19mm

**A.1.2** 粘合力 2.91N/19mm ~ 3.33N/19mm

**A.1.3** 胶带基材 PE

**A.1.4** 胶粘剂 合成类丙烯酸胶

**A.1.5** 溶剂 芳香烃类

### A.2 胶带粘合力测定方法

**A.2.1 胶带压滚机**

**A.2.1.1** 压辊为橡胶覆盖的金属滚轮，直径为 $\phi$84mm ±1mm，宽度为45mm。

**A.2.1.2** 橡胶硬度（邵尔A型）为60°~80°，厚度为6mm。

**A.2.1.3** 压辊荷重20N ±0.5N。

**A.2.1.4** 滚压速度0.3m/min。

**A.2.2 拉力试验机**

拉力试验机应能自动记录剥离负荷，并有绘图输出。

**A.2.3 试验方法**

A.2.3.1 试验室温度为25℃±2℃、相对湿度为60%±5%。

A.2.3.2 胶带被粘材料应在A.2.3.1的条件下放置2h以上。

A.2.3.3 将胶带剥开，粘贴到被粘材料上，在胶带压滚机上往返滚压三次，放置5min后再试验。

A.2.3.4 拉力试验机以0.3m/min的速度连续剥离，并按GB/T 2792－1998中的7.2求积仪法计算粘合力。

A.2.3.5 每卷测三次，求平均值为胶带粘合力。

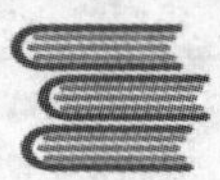



ICS 01.140
分类号：A17
备案号：24994－2008

# 中华人民共和国轻工行业标准

QB/T 3007－2008

# 凹版纸基装潢印刷品

The paper based intaglio prints for decorating

2008－06－16 发布　　2008－12－01 实施

中华人民共和国国家发展和改革委员会　发布

QB/T 3007－2008

# 前　言

本标准是根据凹版纸基包装印刷行业的生产需要和技术进步提出并制定的。

本标准由中国轻工业联合会提出。

本标准由全国轻工业包装标准化中心归口。

本标准起草单位：上海包装造纸（集团）有限公司、国家轻工业包装装潢印刷制品质量监督检测上海站、中国包装联合会包装印刷委员会、汕头市东风印刷厂有限公司、上海烟草工业印刷厂、常德金鹏凹版印刷有限公司、云南侨通包装印刷有限公司、盛威得（上海）油墨有限公司。

本标准主要起草人：郑绍楠、陈麒祥、陆维强、任瑞宝、孔繁辉、文杰、赵敏。

本标准首次发布。

QB/T 3007－2008

# 凹版纸基装潢印刷品

## 1 范围

本标准规定了凹版纸基装潢印刷品的产品分类、要求、试验方法、检验规则和标志、包装、运输贮存。

本标准适用于凹版印刷工艺生产的纸张或以纸张为基材的复合包装材料的包装印刷品。

## 2 规范性引用文件

下列文件中的条款通过本标准的引用而成为本标准的条款。凡是注日期的引用文件，其随后所有的修改单（不包括勘误的内容）或修订版均不适用于本标准，然而，鼓励根据本标准达成协议的各方研究是否可使用这些文件的最新版本。凡是不注日期的引用文件，其最新版本适用于本标准。

GB/T 9851.6－1990　印刷技术术语　凹版印刷术语

GB/T 9851.9－1990　印刷技术术语　印后加工术语

GB/T 18722－2002　印刷技术　反射密度测量和色度测量在印刷过程中的运用

GB/T 2828.1－2003　计数抽样检验程序　第1部分：按接收质量限（AQL）检索的逐批检验抽样计划

CY/T 3－1999　色评价照明和观察条件

ISO 13655：1996　印刷图象的光谱测量与色度计算

ISO 14981：2000　印刷用反射密度仪的光学几何与测量学条件

ISO 15994：2005　印刷技术　印刷品测试视觉光泽度

## 3 定义

下列术语和定义适用于本标准。

3.1

**凹版　form of intaglio printing**

由网穴和网墙组成的图文部分低于空白部分的印版。

3.2

**凹版印刷　intaglio printing**

用凹版施印的一种印刷方式。

3.3

**主要部位　principal location**

画面上反映主题的部位，如图案、文字、标志等。

3.4

**次要部位　less important location**

画面上除主要部位以外的其他部位。

3.5

**烫箔　foil - stamping**

以金属箔或颜料箔，通过热烫或冷烫转印到印刷品或其他物品表面上，以增进装饰效果。

3.6

**凹凸印　embossing**

用凹凸两块印版，把印刷品压印出浮雕图像的加工。

3.7

**覆膜　laminating**

将塑料薄膜采用粘和剂经热压覆贴到印刷品表面，起保护及装饰作用。

3.8

**上光　varnishing** 在印刷品表面涂布上一层上光涂料，干后起保护和增加印刷品装饰的作用。

3.9

**压光　finishing**

把经涂布压光油的印刷品，通过镜面热压滚筒滚压而增加光泽。

3.10

**模切　die cutting**

以成型钢刀模版（或刀模辊筒），在模切机上把印刷品轧切成符合尺寸要求的几何形状。

3.11

**压痕　creasing**

利用钢线模版（或压痕辊筒）进行压印，在印刷品上压出供弯折的槽痕。

3.12

**裁切　cutting**

用刀片（或刀辊筒）把印刷品切成符合要求的尺寸。

3.13

**复合包装材料　laminatcd packaging material**

把纸张、塑料薄膜或金属箔等两种或两种以上材料复合在一起，以适应各种用途要求的包装材料。

## 4　产品分类

### 4.1　精细产品

采用高质量印刷材料和精细制版印刷工艺生产、质量符合精细级产品要求的高档包装印刷品。

4.2 一般产品

除精细产品以外的其他包装印刷品。

## 5 要求

### 5.1 印刷和印后加工外观

#### 5.1.1 印刷外观

5.1.1.1 精细产品

5.1.1.1.1 印面应光洁、平整。主要部位允许有1个不明显缺陷的色点（直径不大于0.7mm）；次要部位允许有2个不明显缺陷的色点（直径为0.7mm~1.0mm）。

5.1.1.1.2 实地印刷应平实、光洁。

5.1.1.1.3 网点印刷应清晰、完整、均匀。

5.1.1.1.4 图文、线条印刷应清晰完整，无残缺、脏污、刀丝、条痕。

5.1.1.1.5 条形码印刷应完整、清晰，无残缺；条形码印刷应符合国家标准要求。

5.1.1.1.6 图文、线条印刷色相应符合样张（标样）要求。

5.1.1.1.7 凡有卫生环保要求的印刷品，应符合国家相关标准的规定。

5.1.1.2 一般产品

5.1.1.2.1 印面应光洁、平整。主要部位允许有2个不明显缺陷的色点（直径不大于1.0mm）；次要部位允许有3个不明显缺陷的色点（直径为1.0mm~1.5mm）。

5.1.1.2.2 实地印刷应平实、光洁。

5.1.1.2.3 网点印刷应基本清晰、完整、均匀，无明显丢失。

5.1.1.2.4 图文、线条印刷应清晰完整，无明显残缺、脏污、刀丝、条痕。

5.1.1.2.5 条形码印刷应完整、清晰，无残缺；条形码印刷应符合国家标准要求。

5.1.1.2.6 图文、线条印刷色相应基本符合样张（标样）要求。

5.1.1.2.7 凡有卫生环保要求的印刷品，应符合国家相关标准的规定。

5.1.2.1 烫箔外观

5.1.2.1.1 图文烫箔应完整清晰、牢固，无虚烫、糊版、脏版，无气泡、针眼，不变色。

5.1.2.1.2 字迹烫箔应清晰，无发毛、无缺笔断划。

5.1.2.1.3 图文烫箔表面光亮度应均匀。

5.1.2.2 一般产品

5.1.2.2.1 图文烫箔应完整清晰、牢固，无虚烫、糊版、脏版，无气泡、针眼，不变色。

5.1.2.2.2 字迹烫箔应清晰，无明显残缺。

5.1.2.2.3 图文烫箔表面光亮，无明显差异。

5.1.3　凹凸印外观

5.1.3.1　精细产品

图文凹凸印轮廓应清晰、饱满，纸张应无破裂。

5.1.3.2　一般产品

图文凹凸轮廓应基本清晰、饱满，纸张应无破裂。

5.1.4　覆膜外观

5.1.4.1　精细产品

5.1.4.1.1　覆膜贴合应完整、牢固。

5.1.4.1.2　覆膜面应干净、平整、光洁，无皱褶、起泡、卷曲等。

5.1.4.2　一般产品

5.1.4.2.1　覆膜贴合应完整、牢固。

5.1.4.2.2　覆膜面应基本干净、平整，无明显皱折、卷曲等。

5.1.5　上光外观

5.1.5.1　精细产品

上光涂层涂布应适量均匀，表面应干净、平整，无粘连、起泡、条痕或起皱。

5.1.5.2　一般产品

上光涂层涂布应基本适量均匀，表面应基本干净、平整，无粘连、起泡、条痕或起皱。

5.1.6　压光外观

5.1.6.1　精细产品

5.1.6.1.1　压光油涂布应适量均匀，压光后印刷品表面应不变色，无麻点，无起泡。

5.1.6.1.2　压光后两侧膜面亮度应一致。

5.1.6.2　一般产品

5.1.6.2.1　压光油涂布应基本适量均匀，压光后印刷品表面应基本不变色，无麻点，无起泡。

5.1.6.2.2　压光后两侧膜面亮度应基本一致。

5.1.7　裁（模）切外观

5.1.7.1　精细产品

切线应光滑，无毛边，无粘连。

5.1.7.2　一般产品

切线应光滑，无明显毛边及粘连。

5.1.8　压痕外观

5.1.8.1　精细产品

压痕槽痕应清晰、饱满，无错位、漏压、断裂。

5.1.8.2　一般产品

压痕槽痕应基本清晰、饱满，无错位、漏压、断裂。

## 5.2 裁（模）切成品规格尺寸偏差和对称要求的成品图文位置偏差

### 5.2.1 裁切成品规格尺寸偏差

裁切成品规格尺寸偏差应符合表1的规定。

表1 裁切成品规格尺寸偏差 单位为毫米

| 成品规格 | 指标值 | |
|---|---|---|
| | 精细产品 | 一般产品 |
| 390×540[a] 及以下 | ±0.5 | ±1.0 |
| 390×540[a] 以上 | ±1.0 | ±1.5 |

[a]390×540 是以纸张标准全张尺寸 787×1092 开切。

### 5.2.2 模切成品规格尺寸偏差

模切成品规格尺寸偏差应符合表2的规定。

表2 裁切成品规格尺寸偏差 单位为毫米

| 成品规格 | 指标值 | |
|---|---|---|
| | 精细产品 | 一般产品 |
| 135×195[a] 及以下 | ±0.3 | ±0.5 |
| 135×195[a] 以上 | ±0.6 | ±1.0 |

[a]135×195 是以纸张标准全张尺寸 787×1092 开切，下同。

### 5.2.3 有对称要求的成品图文位置偏差

有对称要求的成品图案位置偏差应符合表3的规定。

表3 有对称要求成品图案位置偏差 单位为毫米

| 成品规格 | 指标值 | |
|---|---|---|
| | 精细产品 | 一般产品 |
| 135×195 及以下 | ±0.4 | ±0.5 |
| 135×195 以上 | ±0.8 | ±1.0 |

## 5.3 套印误差

套印误差应符合表4的规定。

表4 套印误差 单位为毫米

| 凹凸机 | 套印部位 | 指标值 | |
|---|---|---|---|
| | | 精细产品 | 一般产品 |
| 卷筒纸 | 主要部位 | ≤0.20 | ≤0.30 |
| | 次要部位 | ≤0.30 | ≤0.40 |
| 单张纸 | 主要部位 | ≤0.25 | ≤0.35 |
| | 次要部位 | ≤0.40 | ≤0.50 |

## 5.4 实地印刷要求

实地印刷要求应符合表5的规定。

表5 实地印刷要求

| 项目名称 | 单位 | 符号 | 指标值 | | | |
|---|---|---|---|---|---|---|
| | | | 精细产品 | | 一般产品 | |
| 同批同色色差 | CIEL* a* b* | $\Delta E_{ab}^*$ | $L^* > 50.00$ | $L^* \leqslant 50.00$ | $L^* > 50.00$ | $L^* \leqslant 50.00$ |
| | | | ≤3.50 | ≤2.50 | ≤4.50 | ≤3.50 |
| 墨层上光后印面光泽度[a] | % | $G_s(60°)$ | ≥60 | | | |
| 墨层上光后印面耐磨性[b] | % | $A_s$ | ≥70 | | | |

[a] 无墨层上光光泽度要求或上亚光的产品可取消此指标。

[b] 无墨层上光耐磨性要求的产品可取消此指标。

## 5.5 烫箔套印要求

烫箔套烫误差要求应符合表6的规定

表6 套烫误差要求　　单位为毫米

| 指标名称 | 指标值 | |
|---|---|---|
| | 精细产品 | 一般产品 |
| 套印误差 | ≤0.50 | ≤0.70 |

## 5.6 凹凸套压要求

凹凸套压误差要求应符合表7的规定。

表7 套印误差要求　　单位为毫米

| 指标名称 | 指标值 | |
|---|---|---|
| | 精细产品 | 一般产品 |
| 套印误差 | ≤0.70 | ≤1.00 |

# 6 试验方法

## 6.1 试验条件

### 6.1.1 试验室温度、湿度

温度（25±2）℃，相对湿度（60±5）%。

### 6.1.2 试样预处理

在6.1.1的条件下，并在无紫外光照射环境中放置时间应不小于8h。

## 6.2 光源

观样台光源应符合CY/T3－1999的规定。

## 6.3 检验仪器和计量器具

长度计量器具（各类尺等）、常规检验用10～15倍放大镜、20倍刻度显微镜（精度0.01mm）、反射式彩色密度计、积分球式分光光度计、光泽度计、磨擦试验机。

所用仪器或器具应符合相关规定与要求，并按操作规程校准各仪器或器具。

6.4　印刷和印后加工外观

将试样放在6.2规定的光源下，通过目测进行鉴定，其中色点用刻度显微镜测量。

6.5　裁（模）切成品规格尺寸偏差和有对称要求的图案位置偏差

6.5.1　裁切成品及模切成品规格尺寸偏差

对有尺寸规定的裁切或模切成品试样部位，用尺和刻度显微镜测量其尺寸，与规定尺寸之差为该成品规模尺寸偏差。

6.5.2　有对称要求的成品图案位置偏差

用尺和刻度显微镜测量试样任一对称部位的左右（或上下）空白处宽度。成品图案位置偏差按公式（1）计算。

$$\delta = \frac{|d_1 - d_2|}{2} \qquad (1)$$

式中：

$\delta$——成品图案位置偏差，单位为毫米（mm）；

$d_1$、$d_2$——试样对称部位左右（或上下）空白处的宽度，单位为毫米（mm）。

6.6　套印误差

将试样平整放在测试台光源下，用精度为0.01mm的20倍刻度显微镜测量试样主要部位和次要部位任二色间的套印误差各3点，分别取其最大值，即为该试样主要部位和次要部位的套印误差。

6.7　同批同色色差

6.7.1　仪器

采用符合ISO 13655：1996的积分球式分光光度计。

6.7.2　仪器校正与使用方法

按GB/T 18722－2002的规定进行。

6.7.3　检验步骤

在试样中任选（或由客户选定）一张作为基准样张，测出其CIE$L^*a^*b^*$均匀色空间的CIE$L^*a^*b^*$值，然后测量其余试样与基准样张同色同部位的色差。

6.7.4　试验结果

比较各色同批同色色差，以最大值为该试样同批同色色差。

6.8　墨层上光后印面光泽度

6.8.1　仪器

采用符合ISO 15994：2005的光泽度计。

6.8.2　仪器校正与使用方法

按ISO 15994：2005的规定进行。

6.8.3　试验步骤

取平整、无褶皱的试样，分别对试样不同色表层面进行测量，面积不大于100cm$^2$的

色层面上测 3 点，面积大小于 100cm$^2$ 的色层面上测 5 点。

每个试样每种色光泽度测量结果差值大于 5 个光泽度单位时，应增加一倍测量点。

### 6.8.4 试验结果

试样各点同色光泽度的平均值为该试样该色的墨层光泽度。

## 6.9 墨层上光后印面耐磨性

### 6.9.1 仪器

#### 6.9.1.1 摩擦试验机

采用符合 JISK－5701 标准的摩擦试验机（见图 1）

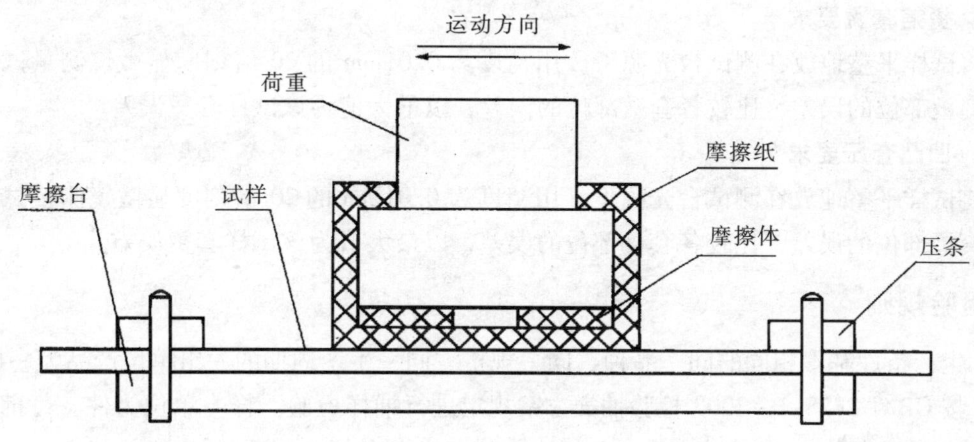


图 1 摩擦试验机

#### 6.9.1.2 反射式彩色密度计

采用符合 ISO14981：2000 的反射式彩色密度计。

### 6.9.2 采用校正与使用方法

按 GB/T1822－2002 的规定进行。

### 6.9.3 试验条件

6.9.3.1 摩擦纸采用 80g/m$^2$ 的清洁胶版纸，宽度为 50mm。

6.9.3.2 摩擦次数为来回（43±2）回。

6.9.3.3 荷重为（20N±0.2）N。

### 6.9.4 试验步骤

6.9.4.1 剪切成一定尺寸的试样，试样待测量层面积应大于摩擦体所摩擦的面积。

6.9.4.2 按 6.9.2 方法测定试样上待磨墨层的彩色密度，测 3 点，取其平均值，即为试样摩擦前该色的平均密度值（$D_0$）。

6.9.4.3 将试样固定在摩擦台上，将摩擦纸固定在摩擦体上。

6.9.4.4 开启摩擦检验机往返摩擦（43±2）回，停机取下试样。

6.9.4.5 在被摩擦最严重的墨层上按 6.9.2 方法测定彩色密度，测 3 点，取基平均值，即为试样摩擦后该色的平均密度值（D）。

### 6.9.5 试验结果

墨层上光后印面的耐磨性按式（2）计算。

$$A_s = \frac{D}{D_0} \times 100\% \quad \cdots\cdots (2)$$

式中：

$A_s$——墨层耐磨性；

$D$——试样摩擦后的平均密度值；

$D_0$——试样摩擦前的平均密度值。

### 6.10 烫箔套烫要求

将试样平整地放在测试台光源下，用精度为0.01mm的20倍刻度显微镜测量试样上同一套烫部位的误差，比较各套烫部位的误差，以最大值为该试样套烫误差。

### 6.11 凹凸套压要求

将试样平整地放在测试台光源下，用精度为0.01mm的20倍刻度显微镜测量试样上同一套烫部位的误差，比较各套烫部位的误差，以最大值为该试样套烫误差。

## 7 检验规则

7.1 生产条件基本相同的同一品种、同一规格、同一生产周期的一组单位产品为一批。

7.2 按GB/T 2828.1－2003检验抽样方案规定进行抽样检验。样本单位为件。每批最低样本抽样数一般为5件。

7.3 不合格品的判定：每件产品按本标准的规定进行检验，如有一项或一项以上技术指标不符合要求，则该产品为不合格品。

7.4 不合格批的判定：每批产品按本标准的规定进行检验，其中有一件或一件以上为不合格品，则应加倍抽样复检。如仍有一件或一件以上产品为不合格品，则该批为不合格批。

## 8 标志、包装、运输、贮存

### 8.1 标志

产品外包装上应贴上与产品相对应的贴头标识，并注明用户单位、产品名称、品种规格、数量、重量、批号、生产企业名称、生产日期、检验员代号等。

### 8.2 包装

产品可采用瓦楞纸箱或纸类包装，也可按供需双方合同要求进行包装，不许错装。

### 8.3 运输

运输工具要整洁，无污染，产品运输中应文明，禁止野蛮装卸，应避免碰撞和触碰锐利物体、重压，应防晒、防雨淋、防热烤。保证产品包装完好及不受污染。

### 8.4 贮存

产品应贮存在清洁、干燥、通风、温湿度适中的库房内，且远离热源。堆码要适中，以防重压。库房内外消防通道应畅通，并按要求配备消防器材。

产品贮存期一般为自生产之日起不超过6个月。

ICS 37.100.01
A 17

# 中华人民共和国国家标准

GB/T 17497.1－2012
部分代替 GB/T 17497－1998

## 柔性版装潢印刷品 第1部分：纸张类

Decorative products by flexographic printing－Part 1：Paper

2012－12－31 发布　　2013－06－01 实施

中华人民共和国国家质量监督检验检疫总局
中国国家标准化管理委员会 发布

GB/T 17497.1 -2012

# 前　言

GB/T 17497《柔性版装潢印刷品》分为3个部分：

——第1部分：纸张类；

——第2部分：塑料与金属箔类；

——第3部分：瓦楞纸板类。

本部分为GB/T 17497的第1部分。

本部分按照GB/T 1.1-2009给出的规则起草。

本部分部分代替GB/T 17497-1998《柔性版装潢印刷品》，与GB/T 17497-1998相比，主要技术要求变化如下：

——删除了属于过程控制的“实地密度”（见1998年版4.2）；

——删除了属于过程控制的“网点增大值”（见1998年版4.6）；

——对“印面外观”作了适当的修改（见5.1，1998年版4.1）；

——对“套印误差”作了适当的修改（见5.2，1998年版4.4）；

——对“同批同色色差”作了适当的修改（见5.3.1，1998年版4.5）；

——对“墨层耐磨性”作了适当的修改（见5.3.2，1998年版4.3）；

——增加了“印面脏污点限量”要求（见5.1.1.4，5.1.2.4）；

——增加了“烫印与压凹凸印刷图文的套准误差”要求（见5.4）；

——增加了“模切尺寸误差”要求（见5.5）。

请注意本文件的某些内容可能涉及专利。本文件的发布机构不承担识别这些专利的责任。

本部分由新闻出版总署提出。

本部分由全国印刷标准化技术委员会（SAC/TC 170）归口。

本部分起草单位：江苏彩华包装集团公司、武汉华艺柔印环保科技有限公司、上海东王子包装有限公司、湖北金三峡印务有限公司、洛阳百林威油墨有限公司、西安德鑫印刷机械有限公司、国家轻工业包装装潢印刷制品质量监督检测上海站、上海市印刷品质量监督检验站、中国包装联合会包装印刷委员会、中国印刷技术协会柔性版印刷分会。

本部分主要起草人：夏嘉良、陈国新、孙义柱、曾成海、吴铁军、李新胜、郑绍楠、任兴春、陈麒祥、龚仁俦。

本部分所代替标准的历次版本发布情况为：

——GB/T 17497-1998。

GB/T 17497.1－2012

# 柔性版装潢印刷品
# 第1部分：纸张类

## 1 范围

GB/T 17497的本部分规定了纸张类柔性版装潢印刷品的要求、检验方法、检验规则、标志、包装、运输、贮存等。

本部分适用于柔性版装潢印刷的涂料纸、非涂料纸印刷品。

## 2 规范性引用文件

下列文件对于本文件的应用是必不可少的。凡是注日期的引用文件，仅注日期的版本适用于本文件。凡是不注日期的引用文件，其最新版本（包括所有的修改单）适用于本文件。

GB/T 2828.1 计数抽样检验程序 第1部分：按接收质量限（AQL）检索的逐批检验抽样计划

GB/T 18722 印刷技术 反射密度测量和色度测量在印刷过程控制中的应用

GB/T 19437 印刷技术 印刷图像的光谱测量和色度计算

GB/T 23649 印刷技术 过程控制 印刷用反射密度计的光学、几何学和测量学要求

CY/T 3 色评价照明和观察条件

## 3 术语和定义

下列术语和定义适用于本文件。

3.1

**柔性版印刷 flexographic printing**

用弹性凸印版将油墨转移到承印物上的印刷方式。

[GB/T 9851.1－2008，定义5.10]

3.2

**烫印 hot foil－stamping**

在纸张、纸板、纸品、涂布类等物品上，通过烫模将烫印材料转移在被烫物上的加工。

[GB/T 9851.7－2008，定义4.7]

3.3

**压凹凸 embossing**

用模具将凹凸图案或纹理压印在印品上的工艺。

[GB/T 9851.7－2008，定义4.2]

3.4

**上光 coating**

在印品表面涂布透明光亮材料的工艺。

[GB/T 9851.7－2008，定义4.5]

3.5

**覆膜 film laminating**

将涂有黏合剂的塑料薄膜覆合到印品表面的工艺。

[GB/T 9851.7－2008，定义4.6]

3.6

**模切 die cutting**

用模具将印品切成所需形状的工艺。

[GB/T 9851.1－2008，定义4.10]

3.7

**压痕 creasing**

用模具在印品上压出线痕的工艺。

[GB/T 9851.1－2008，定义4.3]

3.8

**主要部位 prime section**

画面上反映主题的部位，如图案、文字、标志等。

[GB/T 7705－2008，定义3.8]

3.9

**次要部位 subprime section**

画面上除主要部位以外的其他部位。

[GB/T 7705－2008，定义3.9]

3.10

**耐磨性 abrasion resistance**

印刷品表面的油墨耐重复摩擦的程度

[GB/T 9851.3－2008，定义6.5]

## 4 产品分类

根据产品质量分为精细产品和一般产品。

## 5 技术要求

### 5.1 印面外观

5.1.1　**精细产品**

5.1.1.1　成品应整洁、平整、无褶皱。

5.1.1.2　文字清晰完整、无缺笔断划，小于小 6 号（6.5 P）的文字应不影响认读。

5.1.1.3　主要部位无条杠、重影、水波纹、划伤、糊版和拉丝等。

5.1.1.4　印面脏污点限量要求应符合表 1 的规定。

**表 1　精细产品印面脏污点限量要求**

| 脏污点最大长度/mm | 产品主要部位面积/$m^2$ | | | 脏污点最大长度/mm | 产品次要部位面积/$m^2$ | | |
| --- | --- | --- | --- | --- | --- | --- | --- |
| | ≤0.5 | 0.5~1.0 | ≥1.0 | | ≤0.5 | 0.5~1.0 | ≥1.0 |
| ≥1.00 | 不允许 | | | ≥1.50 | 不允许 | | |
| 0.35~1.00 | ≤3 个 | ≤5 个 | ≤8 个 | 0.50~1.50 | ≤3 个 | ≤5 个 | ≤8 个 |
| ≤0.35 | 允许 | | | ≤0.50 | 允许 | | |

5.1.1.5　图像网点应清晰、均匀。

5.1.1.6　覆膜牢固，无褶皱、卷曲、起泡、起膜、亏膜、划痕等。

5.1.1.7　烫印牢固，无色变、漏烫、糊版、爆裂、气泡等。

5.1.1.8　图文凹凸轮廓清晰，凹凸效果无明显差异。

5.1.1.9　上光表面干净、平整、光滑、完好，无花斑、褶皱现象。

5.1.1.10　模切切口光滑、痕线饱满，无污渍、毛边、粘连和爆线，无胶条印痕和底模痕。

5.1.2　**一般产品**

5.1.2.1　成品整洁、平整、无褶皱。

5.1.2.2　文字清晰完整，小于 6 号（7.5 P）的文字不影响认读。

5.1.2.3　主要部位无明显条杠，重影、水波纹、划伤、糊版和拉丝等。

5.1.2.4　印面脏污点限量要求应符合表 2 的规定。

**表 2　一般产品印面脏污点限量要求**

| 脏污点最大长度/mm | 产品主要部位面积/$m^2$ | | | 脏污点最大长度/mm | 产品次要部位面积/$m^2$ | | |
| --- | --- | --- | --- | --- | --- | --- | --- |
| | ≤0.50 | 0.50~1.00 | ≥1.00 | | ≤0.50 | 0.50~1.00 | ≥1.00 |
| ≥1.50 | 不允许 | | | ≥2.00 | 不允许 | | |
| 0.40~1.50 | ≤3 个 | ≤5 个 | ≤8 个 | 0.60~2.00 | ≤3 个 | ≤5 个 | ≤8 个 |
| ≤0.40 | 允许 | | | ≤0.60 | 允许 | | |

5.1.2.5　图像网点基本清晰、均匀。

5.1.2.6　覆膜牢固，无明显褶皱、卷曲、起泡、起膜、亏膜、划痕等。

5.1.2.7　烫印牢固，无明显色变、漏烫、糊版、爆裂、气泡等。

5.1.2.8　图文凹凸轮廓基本清晰，凹凸效果无明显差异。

5.1.2.9　上光表面干净、平整、光滑、完好、无花斑、褶皱现象。

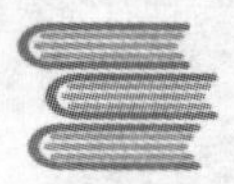



5.1.2.10 模切切口基本光滑、痕线饱满，无污渍、毛边、粘连和爆线，无明显胶条印痕和底模痕。

## 5.2 套印误差

套印误差应符合表3的规定。

表3 套印误差 单位为毫米

| 承印材料 | 精细产品 | | 一般产品 | |
|---|---|---|---|---|
| | 主要部位 | 次要部位 | 主要部位 | 次要部位 |
| 涂料纸 | ≤0.20 | ≤0.30 | ≤0.30 | ≤0.50 |
| 非涂料纸 | ≤0.30 | ≤0.40 | ≤0.50 | ≤1.00 |

## 5.3 实地印刷

### 5.3.1 同批同色色差

同批同色色差应符合表4的规定。

表4 同批同色 CIELAB$\Delta E_{ab}^*$色差要求

| 承印材料 | 精细产品 | | 一般产品 | |
|---|---|---|---|---|
| | $L^*>50.00$ | $L^*\leqslant 50.00$ | $L^*>50.00$ | $L^*\leqslant 50.00$ |
| 涂料纸 | ≤3.50 | ≤3.00 | ≤4.50 | ≤4.00 |
| 非涂料纸 | ≤5.00 | ≤4.00 | ≤6.00 | ≤5.00 |

### 5.3.2 实地印刷墨层耐磨性

精细产品和一般产品印面墨层或上光后墨层耐磨性应符合下列要求之一：

a）采用反射密度计法应符合表5的规定。

表5 反射密度计法墨层耐磨性要求

| 项目 | 要求 |
|---|---|
| 墨层耐磨性/% | ≥70 |
| 上光后墨层耐磨性/% | >180 |

b）采用目测法应符合表6的规定。

表6 目测法墨层耐磨性要求

| 项目 | 要求 |
|---|---|
| 墨层耐磨性 | 印面墨层无露底（掉色）或磨擦纸面上无染色 |
| 上光后墨层耐磨性 | |

## 5.4 烫印与压凹凸印刷图文的套准误差

精细产品≤0.3mm，一般产品≤1.0mm。

## 5.5 模切尺寸误差

精细产品≤0.5mm，一般产品≤1.0mm。

## 6　检验方法

### 6.1　检验条件

6.1.1　试验室温度为23℃ ±5℃，相对湿度为（60 $^{+15}_{-10}$）%。

6.1.2　试样预处理，在6.1.1条件下，并在无紫外线光照射环境中放置时间≥8h。

6.1.3　观样条件符合CY/T 3的规定。

### 6.2　印面外观

将试样放在6.1.3光源下，进行印面外观目测检验。脏污点的最大长度用精度为0.01mm的20倍读数放大镜测量。

### 6.3　套印误差

将试样放在6.1.3光源下，用精度为0.01mm的20倍读数放大镜分别测量试样主要部位和次要部位任二色间的套印误差各3点，分别取其最大值，作为该试样主要部位和次要部位的套印误差。

### 6.4　同批同色色差

6.4.1 仪器

6.4.1.1　采用符合GB/T 19437的分光光度计。

6.4.1.2　按GB/T 18722的规定进行。

6.4.2　检验步骤

在试样中任选一张作为基准样张，用分光光度计先测出其CIELAB均匀色空间的 $L^{*}a^{*}b^{*}$ 值，然后分别测出其余试样与基准样张同色同部位的色差。

6.4.3　检验结果

比较试样各色同批同色色差，以最大值作为该试样同批同色色差。

### 6.5　墨层耐磨性

6.5.1　仪器

6.5.1.1　摩擦检验机

摩擦台采用表面粗糙度不低于1.60μm的硬性塑料体，并有固定试样的装置；摩擦体采用二块厚8mm、硬度为50 HS～53 HS、大小为25mm×50mm的橡胶，二块摩擦体内侧相距45mm；摩擦检验 的摩擦速度为43次/min±2次/min，行程约60mm。摩擦检验机见图1。

6.5.1.2　反射密度计

采用符合GB/T 23649的反射密度计按GB/T 18722规定的使用方法进行。

6.5.2　检验步骤

6.5.2.1　裁切大于摩擦体所摩擦面积的试样。

6.5.2.2　采用符合6.5.1.2规定的反射密度计测定试样上待磨墨层或上光后墨层的密度，测3点取平均密度值。

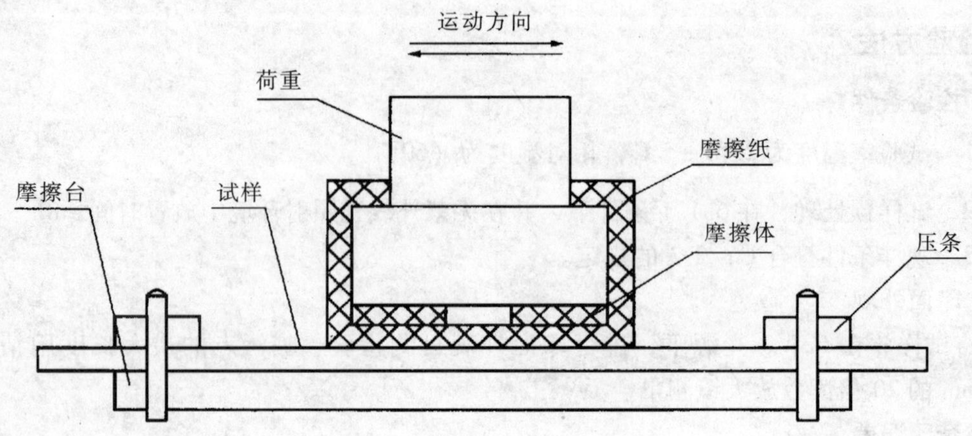


图1　摩擦检验机

6.5.2.3　将试样固定在摩擦台上，将按表7中要求的摩擦纸固定在摩擦体上。

6.5.2.4　开启摩擦试验机，按表7往返摩擦（摩擦体每一个往返为一次），停机后取下试样。

6.5.2.5　采用测量墨层或上光后墨层摩擦前后实地密度的变化判定墨层耐磨性。

表7　墨层耐磨性检验条件

| 项目 | 摩擦纸 | 荷重/N | 摩擦速度/（次/min） | 摩擦次数 |
|---|---|---|---|---|
| 墨层耐磨性 | 80g/m² 清洁胶版纸 | 20.05 ±0.2 | 43 ±2 | 40 |
| 上光后墨层耐磨性 | | | | 60 |

**6.5.3　检验结果**

6.5.3.1　反射密度计法

6.5.3.1.1　采用符合6.5.1.2规定的反射密度计测定被摩擦最严重的墨层或上光后墨层的密度，测3点取平均密度值。

6.5.3.1.2　检验结果

墨层或上光后墨层耐磨性按式（1）计算。

$$A_s = \frac{D}{D_0} \times 100\% \quad (1)$$

式中：

$A_s$——墨层或上光后墨层耐磨性；

$D$——试样摩擦后的平均密度值；

$D_0$——试样摩擦前的平均密度值。

**6.5.3.2　目测法**

对试样的耐磨性进行目测判定。

6.6　烫印与压凹凸同印刷图文的套准误差

将试样平整地放在测试台上，用精度为0.01mm的20倍刻度放大镜测量试样烫印同印刷图文同一部位上的套准误差，以最大值为该试样的套准误差。

6.7　模切尺寸误差

将试样平整地放在测试台上，对试样上有尺寸要求的模切成品部位，测量其长度（精确至0.1mm），测量尺寸与规定尺寸之差为该试样模切尺寸偏差，以最大值为该试样的模切尺寸误差。

## 7　检验规则

7.1　批量

生产条件相同的同一品种、同一规格、同一生产周期的产品为一批。

7.2　样本数量

委托送检产品样本单位为件。每批最低样本数量不少于5件。

7.3　抽样方法

监督检验产品，按GB/T 2828.1进行抽样。

7.4　质量判定

7.4.1　不合格品的质量判定

每件产品按本部分的规定进行检验，如有一项或一项以上技术指标不符合要求，则该产品为不合格品。

7.4.2　不合格批的质量判定

每批产品按本部分的规定进行检验，其中有1件或1件以上为不合格品，则应加倍抽样复检。如仍有1件或1件以上产品为不合格品，则该批为不合格批。

## 8　标志、包装、运输、贮存

8.1　标志

在每包（卷）产品包装上应贴有标志，应印有用户单位、产品名称、品种规格、数量、生产企业名称、生产日期及检验员代号等。

8.2　包装

根据不同要求使用相应的包装材料进行包装，确保牢固和易搬运。

8.3　运输

运输中不能扔、砸、踏或挤压，应防潮、防晒、防雨淋，确保运输全过程安全、可靠。

8.4　贮存

贮存环境要求通风，防高温、防潮、防尘、防晒、防油、防霉、防鼠、防止接触腐蚀气（液）体，不能重压。贮存期为自生产之日起不超过6个月。

ICS 37.100.01
A 17

# 中华人民共和国国家标准

GB/T 17497.2－2012
部分代替 GB/T 17497－1998

## 柔性版装潢印刷品
## 第2部分：塑料与金属箔类

**Decorative products by flexographic priting—**
**Part 2：Plastic film and foil**

2012－12－31 发布　　2013－06－01 实施

中华人民共和国国家质量监督检验检疫总局
中国国家标准化管理委员会　发布

GB/T 17497.2－2012

# 前　言

GB/T 17497《柔性版装潢印刷品》分为3个部分：

——第1部分：纸张类；

——第2部分：塑料与金属箔类；

——第3部分：瓦楞纸板类。

本部分为GB/T 17497的第2部分。

本部分按照GB/T 1.1－2009给出的规则起草。

本部分部分代替GB/T 17497－1998（柔性版装潢印刷品》，与GB/T 17497－1998相比，主要技术变化如下：

——删除了属于过程控制的“实地密度”（见1998年版4.2）

——删除了属于过程控制的“网点增大值”（见1998年版4.6）；

——对“印面外观”作了适当的修改（见5.1，1998年版4.1）；

——对“套印误差”作了适当的修改（见5.2，1998年版4.4）；

——对“同批同色色差”作了适当的修改（见5.3，1998年版4.5）；

——增加了“印面脏污点限量”要求（见5.1.1.4，5.1.2.4）；

——增加了“烫印与印刷图文的套准误差”要求（见5.7）；

——增加了“模切尺寸误差”要求（见5.8）。

请注意本文件的某些内容可能涉及专利。本文件的发布机构不承担识别这些专利的责任。本部分由中华人民共和国新闻出版总署提出。

本部分由全国印刷标准化技术委员会（SAC/TC 170）归口。

本部分起草单位：江苏彩华包装集团公司、深圳市英杰激光数字制版有限公司、上海正伟印刷有限公司、兰州新世纪彩色包装印刷有限责任公司、中山市松德包装机械股份有限公司、上海紫泉标签有限公司、北京印刷学院、上海出版印刷高等专科学校、中国包装联合会包装印刷委员会、中国印刷技术协会柔性版印刷分会。

本部分主要起草人：唐敏艳、刘铁、李祥春、徐勇、张幸彬、王洋、许文才、殷金华、滕跃民、陈麒祥、龚仁俦。

本部分所代替标准的历次版本发布情况为：

——GB/T 17497－1998。

**GB/T 17497.2－2012**

# 柔性版装潢印刷品
# 第2部分：塑料与金属箔类

## 1　范围

GB/T 17497的本部分规定了塑料与金属箔类柔性版装潢印刷品的要求、检验方法、检验规则、标志、包装、运输、贮存等。

本部分适用于柔性版装潢印刷的塑料与金属箔类印刷品。

## 2　规范性引用文件

下列文件对于本文件的应用是必不可少的。凡是注日期的引用文件，仅注日期的版本适用于本文件。凡是不注日期的引用文件，其最新版本（包括所有的修改单）适用于本文件。

GB/T 2828.1　计数抽样检验程序　第1部分：按接收质量限（AQL）检索的逐批检验抽样计划

GB/T 7707－2008　凹版装潢印刷品

GB/T 18722　印刷技术　反射密度测量和色度测量在印刷过程控制中的应用

GB/T 19437　印刷技术　印刷图像的光谱测量和色度计算

GB/T 21302　包装用复合膜、袋通则

CY/T 3　色评价照明和观察条件

CY/T 17　印后加工纸质印刷品上光质量要求及检验方法

## 3　术语和定义

下列术语和定义适用于本文件。

3.1

**柔性版印刷　flexographic printing**

用弹性凸印版将油墨转移到承印物上的印刷方式。

[GB/T 9851.1－2008，定义5.10]

3.2

**烫印　hot foil－stamping**

在纸张、纸板、纸品、涂布类等物品上，通过烫模将烫印材料转移在被烫物上的加工。

[GB/T 9851.7－2008，定义4.7]

3.3

**上光　coating**

在印品表面涂布透明光亮材料的工艺。

［GB/T 9851. 7－2008，定义 4. 5］

3. 4

**覆膜　film laminating**

将涂有黏合剂的塑料薄膜覆合到印品表面的工艺。

［GB/T 9851. 7－2008，定义 4. 6］

3. 5

**模切　die cutting**

用模具将印品切成所需形状的工艺。

［GB/T 9851. 1－2008，定义 4. 10］

3. 6

**主要部位　prime section**

画面上反映主题的部位，如图案、文字、标志等。

［GB/T 7705－2008，定义 3. 8］

3. 7

**次要部位　subprime section**

画面上除主要部位以外的其他部位。

［GB/T 7705－2008，定义 3. 9］

## 4　产品分类

根据产品质量分为精细产品和一般产品。

## 5　技术要求

### 5. 1　印面外观

#### 5. 1. 1　精细产品

5. 1. 1. 1　成品应整洁、平整、无褶皱。

5. 1. 1. 2　文字清晰完整、无缺笔断划，小于小 6 号（6. 5P）的文字应不影响认读。

5. 1. 1. 3　主要部位无条杠、重影、水波纹、划伤、糊版和拉丝等。

5. 1. 1. 4　印面脏污点限量要求应符合表 1 的规定。

**表 1　精细产品印面脏污点限量要求**

| 脏污点最大长度/mm | 产品主要部位面积/$m^2$ | | | 脏污点最大长度/mm | 产品次要部位面积/$m^2$ | | |
|---|---|---|---|---|---|---|---|
| | ≤0. 3 | 0. 3～0. 8 | ≥0. 8 | | ≤0. 5 | 0. 5～1. 0 | ≥1. 0 |
| ≥0. 35 | 不允许 | | | ≥0. 8 | 不允许 | | |
| 0. 2～0. 35 | ≤3 个 | ≤5 个 | ≤7 个 | 0. 35～0. 8 | ≤3 个 | ≤5 个 | ≤7 个 |
| ≤0. 2 | 允许 | | | ≤0. 35 | 允许 | | |

5. 1. 1. 5　图像网点应清晰、均匀。

5. 1. 1. 6　覆膜牢固，无褶皱、卷曲、起泡、起膜、亏膜、划痕等。

5. 1. 1. 7　烫印牢固，无色变、漏烫、糊版、爆裂、气泡等。

5.1.1.8　上光表面干净、平整、光滑、完好，无花斑、褶皱等现象。

5.1.1.9　模切切口光滑、痕线饱满，无污渍、毛边、粘连和爆线，无胶条印痕和底模痕。

### 5.1.2　一般产品

5.1.2.1　成品整洁、平整、无褶皱。

5.1.2.2　文字清晰完整，小于6号（7.5P）的文字不影响认读。

5.1.2.3　主要部位无明显条杠，重影、水波纹、划伤、糊版和拉丝等。

5.1.2.4　印面脏污点限量要求应符合表2的规定。

**表2　一般产品印面脏污点限量要求**

| 脏污点最大长度/mm | 产品主要部位面积/$m^2$ | | | 脏污点最大长度/mm | 产品次要部位面积/$m^2$ | | |
|---|---|---|---|---|---|---|---|
| | ≤0.30 | 0.30~0.80 | ≥0.80 | | ≤0.30 | 0.30~0.80 | ≥0.80 |
| ≥0.50 | 不允许 | | | ≥0.80 | 不允许 | | |
| 0.35~0.50 | ≤3个 | ≤5个 | ≤7个 | 0.50~0.80 | ≤3个 | ≤5个 | ≤7个 |
| ≤0.35 | 允许 | | | ≤0.50 | 允许 | | |

5.1.2.5　图像网点基本清晰、均匀。

5.1.2.6　覆膜牢固，无明显褶皱、卷曲、起泡、起膜、亏膜、划痕等。

5.1.2.7　烫印牢固，无明显色变、漏烫、糊版、爆裂、气泡等。

5.1.2.8　上光表面干净、平整、光滑、完好、无花斑、褶皱现象。

5.1.2.9　模切切口基本光滑、痕线饱满，无污渍、毛边、粘连和爆线，无明显胶条印痕和底模痕。

## 5.2　套印误差

套印误差应符合表3的规定。

## 5.3　实地印刷

同批同色色差应符合表4的规定。

**表3　套印误差单位为毫米**

| 承印材料 | 精细产品 | | 一般产品 | |
|---|---|---|---|---|
| | 主要部位 | 次要部位 | 主要部位 | 次要部位 |
| 塑料与金属箔 | ≤0.20 | ≤0.30 | ≤0.30 | ≤0.50 |

## 5.3　实地印刷

同批同色色差应符合表4的规定。

**表4　同批同色 CIELAB$\Delta E_{ab}^*$ 色差要求**

| 承印材料 | 精细产品 | | 一般产品 | |
|---|---|---|---|---|
| | $L^*>50.00$ | $L^*\leqslant 50.00$ | $L^*>50.00$ | $L^*\leqslant 50.00$ |
| 塑料 | ≤3.50 | ≤3.00 | ≤4.00 | ≤3.50 |
| 金属箔 | ≤4.00 | ≤4.00 | ≤4.50 | ≤4.00 |

5.4 墨层结合牢度

墨层结合牢度应符合 GB/T 7707－2008 中 4.2 的规定。

5.5 上光

上光应符合 CY/T 17 的规定或 GB/T 30671－2014《纸质印刷品紫外线固化光油上光过程控制要求及检验方法》应符合 GB/T 21302《包装用复合膜袋规则》包装用复合膜、袋通则的规定。

5.6 覆膜

应符合 GB/T 21302《包装用复合膜袋规则》包装用复合膜、袋通则的规定。

5.7 烫印与印刷图文的套准误差

精细产品≤0.3mm，一般产品≤1.0mm。

5.8 模切尺寸误差

精细产品≤0.5mm，一般产品≤1.0mm。

## 6 检验方法

6.1 检验条件

6.1.1 试验室温度为23℃ ±5℃，相对湿度为 $(60^{+15}_{-10})\%$。

6.1.2 试样预处理，在 6.1.1 条件下，并在无紫外线光照射环境中放置时间≥8h。

6.1.3 观样条件符合 CY/T 3 的规定。

6.2 印面外观

将试样放在 6.1.3 光源下，进行印面外观目测检验。脏污点的最大长度用精度为 0.01mm 的 20 倍读数放大镜测量。

6.3 套印误差

将试样放在 6.1.3 光源下，用精度为 0.01mm 的 20 倍读数放大镜分别测量试样主要部位和次要部位任两色间的套印误差各 3 点，分别取其最大值，作为该试样主要部位和次要部位的套印误差。

6.4 同批同色色差

6.4.1 仪器

采用符合 GB/T 19437 的分光光度计，按 GB/T 18722 规定的使用方法进行。

6.4.2 检验步骤

在试样中任选一张作为基准样张，用分光光度计先测出其 CIELAB 均匀色空间的 $L^* a^* b^*$ 值，然后分别测出其余试样与基准样张同色同部位的色差。

6.4.3 检验结果

比较试样各色同批同色色差，以最大值作为该试样同批同色色差。

6.5 墨层结合牢度

按照 GB/T 7707－2008 中 5.7 的要求进行检验。

### 6.6 烫印同印刷图文的套准误差

将试样平整地放在测试台上，用精度为0.01mm的20倍刻度放大镜测量试样烫印同印刷图文同一部位上的套准误差，以最大值为该试样的套准误差。

### 6.7 模切尺寸误差

将试样平整地放在测试台上，对试样上有尺寸要求的模切成品部位，用精度为0.01mm的20倍刻度放大镜测量其尺寸，与规格尺寸之差为该试样模切尺寸误差，以最大值为该试样的模切尺寸误差。

## 7 检验规则

### 7.1 批量

生产条件相同的同一品种、同一规格、同一生产周期的产品为一批。

### 7.2 样本数量

委托送检产品样本单位为件。每批最低样本数量不少于5件。

### 7.3 抽样方法

监督检验产品，按GB/T 2828.1进行抽样。

### 7.4 质量判定

#### 7.4.1 不合格品的质量判定

每件产品按本部分的规定进行检验，如有一项或一项以上技术指标不符合要求，则该产品为不合格品。

#### 7.4.2 不合格批的质量判定

每批产品按本标准的规定进行检验，其中有1件或1件以上为不合格品，则应加倍抽样复检。如仍有1件或1件以上产品为不合格品，则该批为不合格批。

## 8 标志、包装、运输、贮存

### 8.1 标志

在每包（卷）产品包装上应贴有标志，应印有用户单位、产品名称、品种规格、数量、生产企业名称、生产日期及检验员代号等。

### 8.2 包装

根据不同要求使用相应的包装材料进行包装，确保牢固和易搬运。

### 8.3 运输

运输中不能扔、砸、踏或挤压，应防潮、防晒、防雨淋，确保运输全过程安全、可靠。

### 8.4 贮存

贮存环境要求通风，防高温、防潮、防尘、防晒、防油、防霉、防鼠、防止接触腐蚀气（液）体，不能重压。贮存期为自生产之日起不超过6个月。

ICS 37.100.01
A 17

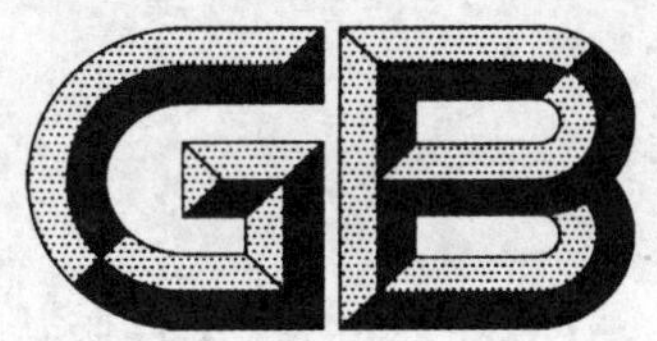

# 中华人民共和国国家标准

GB/T 17497.3-2012
部分代替 GB/T 17497-1998

## 柔性版装潢印刷品
## 第3部分：瓦楞纸板类

**Decorative products by flexographic printing—**
**Part 3: Corrugated board**

2012-12-31 发布 2013-06-01 实施

中华人民共和国国家质量监督检验检疫总局
中国国家标准化管理委员会 发布

**GB/T 17497.3－2012**

# 前　言

GB/T 17497《柔性版装潢印刷品》分为3个部分：

——第1部分：纸张类；

——第2部分：塑料与金属箔类；

——第3部分：瓦楞纸板类。

本部分为第3部分。

本部分按照GB/T 1.1－2009给出的规则起草。

本部分部分代替GB/T 17497－1998《柔性版装潢印刷品》，与GB/T 17497－1998相比，主要技术变化如下：

——删除了属于过程控制的“实地密度”（见1998年版4.2）；

——删除了属于过程控制的“网点增大值”（见1998年版4.6）；

——对“印面外观”作了适当的修改（见5.1，1998年版4.1）；

——对“套印误差”作了适当的修改（见5.2，1998年版4.4）；

——对“同批同色色差”作了适当的修改（见5.3.1，1998年版4.5）；

——对“墨层耐磨性”作了适当的修改（见5.3.2，1998年版4.3）；

——增加了“印面脏污点限量”要求（见5.1.1.4，5.1.2.4）；

——增加了“模切尺寸误差”要求（见5.6）；

请注意本文件的某些内容可能涉及专利。本文件的发布机构不承担识别这些专利的责任。

本部分由中华人民共和国新闻出版总署提出。

本部分由全国印刷标准化技术委员会（SAC/TC 170）归口。

本部分起草单位：武汉华艺柔印环保科技有限公司、上海东王子包装有限公司、博斯特（上海）有限公司、浙江绿成包装集团有限公司、上峰集团有限公司、浙江胜达集团有限公司、常州市武进海力制辊有限公司、上海印刷技术研究所、中国包装联合会包装印刷委员会、中国印刷技术协会柔性版印刷分会。

本部分主要起草人：吴红一、孙义柱、葛彦、刘鹰、钟云方、滕大良、刘伟、周建宝、陈麒祥、林逢铭。

本部分所代替标准的历次版本发布情况为：

——GB/T 17497－1998。

GB/T 17497.3－2012

# 柔性版装潢印刷品
# 第 3 部分：瓦楞纸板类

## 1　范围

GB/T 17497 的本部分规定了瓦楞纸板类柔性版装潢印刷品的要求、检验方法、检验规则、标志、包装、运输、贮存等。

本部分适用于柔性版装潢印刷的瓦楞纸板类直接印刷的印刷品。

## 2　规范性引用文件

下列文件对于本文件的应用是必不可少的。凡是注日期的引用文件，仅注日期的版本适用于本文件。凡是不注日期的引用文件，其最新版本（包括所有的修改单）适用于本文件。

GB/T 2828.1　计数抽样检验程序　第 1 部分：按接收质量限（AQL）检索的逐批检验抽样计划

GB/T 18722　印刷技术　反射密度测量和色度测量在印刷过程控制中的应用

GB/T 19437　印刷技术　印刷图像的光谱测量和色度计算

GB/T 23649　印刷技术　过程控制　印刷用反射密度计的光学、几何学和测量学要求

CY/T 3　色评价照明和观察条件

CY/T 59－2009　纸质印刷品模切过程控制及检测方法

## 3　术语和定义

下列术语和定义适用于本文件。

3.1

**柔性版印刷　flexographic printing**

用弹性凸印版将油墨转移到承印物上的印刷方式。

[GB/T 9851.1－2008，定义 5.10]

3.2

**上光　coating**

在印品表面涂布透明光亮材料的工艺。

[GB/T 9851.7－2008，定义 4.5]

3.3

**模切　die cutting**

用模具将印品切成所需形状的工艺。

[GB/T 9851.1－2008，定义 4.10]

3.4

**糊版　filling in**

油墨和/或纸粉沉积在印版的细小空白区。

[GB/T 9851.1－2008，7.4]

3.5

**硬口　halo**

文字、线条或色块周边出现浓色与白色双边的墨迹。

[GB/T 9851.3－2008，6.2]

3.6

**耐磨性　abrasion resistance**

印刷品表面的油墨耐重复摩擦的程度。

[GB/T 9851.3－2008，6.5]

3.7

**主要部位　prime section**

画面上反映主题的部位，如图案、文字、标志等。

[GB/T 7705－2008，定义 3.8]

3.8

**次要部位　subprime section**

画面上除主要部位以外的其他部位。

[GB/T 7705－2008，定义 3.9]

## 4　产品分类

根据产品质量分为精细产品和一般产品。

## 5　技术要求

### 5.1　印面外观

#### 5.1.1　精细产品

5.1.1.1　成品应整洁、平整、无翘曲。

5.1.1.2　文字清晰完整、无残缺变形，小于小 6 号（7.5P）的文字应不影响认读。

5.1.1.3　主要部位无条杠、水波纹、糊版、硬口、露底；次要部位无明显条杠、水波纹、糊版、硬口、露底。

5.1.1.4　印面脏污点限量要求应符合表 1 的规定。

表 1　精细产品印面脏污点限量要求

| 脏污点最大长度/mm | 产品主要部位面积/$m^2$ | | | 脏污点最大长度/mm | 产品次要部位面积/$m^2$ | | |
|---|---|---|---|---|---|---|---|
| | ≤0.5 | 0.5～1.0 | ≥1.0 | | ≤0.5 | 0.5～1.0 | ≥1.0 |
| ≥1.50 | 不允许 | | | ≥2.00 | 不允许 | | |
| 0.5～1.5 | ≤3 个 | ≤5 个 | ≤8 个 | 1.0～2.0 | ≤3 个 | ≤5 个 | ≤8 个 |
| ≤0.5 | 允许 | | | ≤1.0 | 允许 | | |

5.1.1.5　图像网点清晰、层次清楚、均匀、无变形和残缺。

5.1.1.6　上光表面干净、平整、光滑、完好，无花斑现象。

5.1.1.7　模切切口光滑、痕线饱满，无污渍、毛边、粘连和爆线，无胶条印痕和底模痕。

**5.1.2　一般产品**

5.1.2.1　成品整洁、平整、无翘曲。

5.1.2.2　文字清晰完整，小于5号（9P）的文字不影响认读。

5.1.2.3　印刷主要部位无明显条杠，水波纹，糊版，露底，硬口宽度不大于0.5mm；次要部位硬口宽度不大于1mm，露底面积不大于所在部位5%。

5.1.2.4　印面脏污点限量要求应符合表2的规定。

**表2　一般产品印面脏污点限量要求**

| 脏污点最大长度/mm | 产品主要部位面积/$m^2$ | | | 脏污点最大长度/mm | 产品次要部位面积/$m^2$ | | |
|---|---|---|---|---|---|---|---|
| | ≤0.5 | 0.5~1.0 | ≥1.0 | | ≤0.5 | 0.5~1.0 | ≥1.0 |
| ≥2.0 | 不允许 | | | ≥3.0 | 不允许 | | |
| 1.5~2.0 | ≤3个 | ≤5个 | ≤8个 | 2.0~3.0 | ≤3个 | ≤5个 | ≤8个 |
| ≤1.5 | 允许 | | | ≤2.0 | 允许 | | |

5.1.2.5　图像网点基本清晰，层次清楚，无明显残缺和糊版。

5.1.2.6　上光表面干净、平整、光滑、完好、无花斑现象。

5.1.2.7　模切切口基本光滑、痕线饱满，无污渍、毛边、粘连和爆线，无明显胶条印痕和底模痕。

**5.2　套印误差**

套印误差应符合表3的规定。

**表3　套印误差**　　单位为毫米

| 承印部位 | 精细产品 | 一般产品 |
|---|---|---|
| 主要部分 | ≤0.5 | ≤1.5 |
| 次要部分 | ≤1.0 | ≤2.0 |

**5.3　实地印刷**

5.3.1　同批同色色差应符合表4的规定。

**表4　同批同色 CIELAB$\Delta E_{ab}^*$ 色差要求**

| 项目 | 精细产品 | | 一般产品 | |
|---|---|---|---|---|
| $L^*$值条件 | $L^*>50.00$ | $L^*\leq 50.00$ | $L^*>50.00$ | $L^*\leq 50.00$ |
| CIELAB$\Delta E_{ab}^*$色差 | ≤6.00 | ≤5.00 | ≤7.00 | ≤6.00 |

**5.3.2　实地印刷墨层耐磨性**

精细产品和一般产品印面墨层或上光后墨层摩擦前后实地密度的变化符合下列要求

之一：

a. 目测法应符合表5的规定。

表5　目测法墨层耐磨性要求

| 项目 | 要求 |
|---|---|
| 墨层耐磨性 | 印面墨层无露底（掉色）或磨擦纸面上无染色 |
| 上光后墨层耐磨性 | |

b. 采用目测法应符合表6的规定。

表6　反射密度计法墨层耐磨性要求

| 项目 | 要求 |
|---|---|
| 墨层耐磨性/% | ≥40 |
| 上光后墨层耐磨性/% | ≥60 |

### 5.4　压痕

压痕线饱满均匀，居中，无破裂断线。

### 5.5　开槽

切断口表面裂损宽度不得超过8mm。

### 5.6　切尺寸误差

模模切尺寸误差应符合表7的规定。

表7　模切尺寸误差　　单位为毫米

| 综合尺寸[a] | 项目 | 精细产品 | | 一般产品 | |
|---|---|---|---|---|---|
| | 纸板厚度 | ≤4.9 | >4.9 | ≤4.9 | >4.9 |
| ≤1400 | 纵向 | ±3 | ±4 | ±4 | ±5 |
| | 横向 | ±2 | ±3 | ±3 | ±4 |
| >1400 | 纵向 | ±4 | ±5 | ±5 | ±6 |
| | 横向 | ±3 | ±4 | ±4 | ±5 |

[a]综合尺寸是指瓦楞纸箱长、宽、高之和。

### 5.7　成品图文位置偏差

位置偏差值应符合表8的规定。

### 5.8　手提扣、透气孔等功能性开口位置偏差

位置偏差应符合表8的规定。

表8　位置偏差单位为毫米

| 成品规格 | 尺寸极限偏差 | |
|---|---|---|
| | 精细产品 | 一般产品 |
| ≤1400 | ±2 | ±4 |
| >1400 | ±3 | ±6 |

5.9　墨层耐水性

浸泡后的水溶液无颜色变化。

# 6　检验方法

6.1　检验条件

6.1.1　试验室温度为23℃±5℃，相对湿度为（$60^{+15}_{-10}$）%。

6.1.2　试样预处理，在6.1.1条件下，并在无紫外线光照射环境中放置时间≥8h。

6.1.3　观样光源符合CY/T 3的规定。

6.2　印面外观

将试样放在6.1.3光源下，进行印面外观的目测检验。脏污点及硬口用精度为0.01mm的20倍读数放大镜测量。

6.3　套印误差

将试样放在6.1.3光源下，用精度为0.01mm的20倍读数放大镜分别测量试样主要部位和次要部位任色间的套印误差各3点，分别取其最大值，作为该试样主要部位和次要部位的套印误差。

6.4　同批同色色差

6.4.1　仪器

6.4.1.1　采用符合GB/T 19437的分光光度计。

6.4.1.2　仪器使用方法按GB/T 18722的规定进行。

6.4.2　检验步骤

在试样中任选一张作为基准样张，用分光光度计先测出其CIELAB均匀色空间的$L^*a^*b^*$值，然后分别测出其余试样与基准样张同色同部位的色差。

6.4.3　检验结果

比较试样各色同批同色色差，以最大值作为该试样同批同色色差。

6.5　墨层耐磨性

6.5.1　仪器

6.5.1.1　摩擦检验机

摩擦台采用表面粗糙度不低于1.60μm的硬性塑料体，并有固定试样的装置；摩擦体采用二块厚8mm、硬度为50HS～53HS、大小为25mm×50mm的橡胶，二块摩擦体内侧相距45mm；摩擦检验的摩擦速度为43次/min±2次/min，行程约60mm。摩擦检验机如图1所示。

6.5.1.2　反射密度计

采用符合GB/T 23649的反射密度计，按GB/T 18722规定的使用方法进行。

6.5.2　检验步骤

6.5.2.1　采用目测墨层或上光后墨层摩擦后印面墨层颜色变化来判定印面墨层或上光墨

层耐磨性的具体步骤如下：

a. 裁切大于摩擦体所摩擦的面积的试样；

b. 按表 9 的条件进行检验。

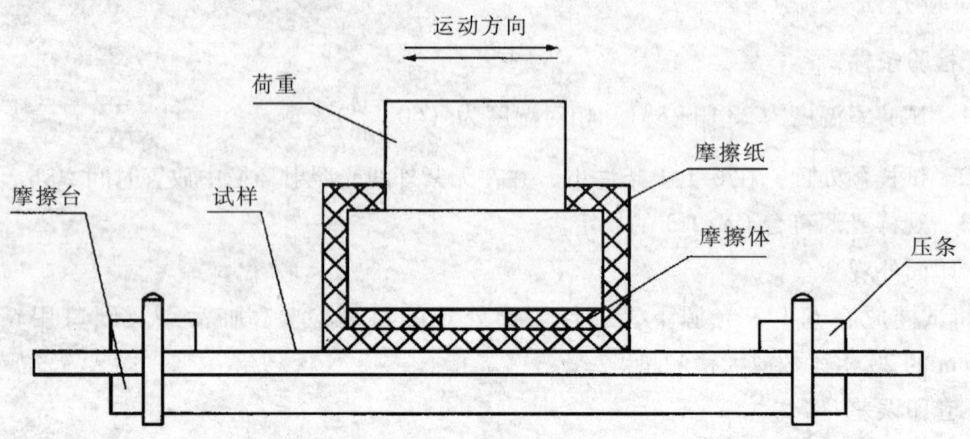


图 1　摩擦检验机

**表 9　目测法墨层耐磨性检验条件**

| 项目 | 摩擦纸 | 荷重/N | 摩擦速度/（次/min） | 摩擦次数 |
| --- | --- | --- | --- | --- |
| 墨层耐磨性 | $80g/m^2$ 清洁胶版纸 | 20.0 ±0.2 | 43 ±2 | 40 |
| 上光后墨层耐磨性 | | | | 60 |

6.5.2.2　采用反射密度计测量墨层或上光后墨层摩擦前后实地密度的变化来判定印面墨层或上光后墨层耐磨性的具体步骤如下：

a. 裁切大于摩擦体所摩擦的面积的试样；

b. 采用符合 6.5.1.2 规定的反射密计测定试样上待磨墨层或上光后墨层的密度，测 3 点取平均密度值；

c. 按表 9 的条件进行检验；

d. 采用符合 6.5.1.2 规定的反射密度计测定被摩擦最严重的墨层或上光后墨层的密度，测 3 点取平均密度值；

e. 墨层或上光后墨层耐磨性按式（1）计算：

$$A_s = \frac{D}{D_0} \times 100\% \quad (1)$$

式中：

$A_s$——墨层或上光后墨层耐磨性；

$D$——试样摩擦后的平均密度值；

$D_0$——试样摩擦前的平均密度值。

6.6　压痕

将试样放在 6.1.3 光源下进行目测。

6.7　开槽

用符合 GB/T 9056 要求，标尺精度为 0.5mm 的直尺进行测量。

6.8　模切尺寸偏差

在有尺寸规定的模切成品试样部位用卷尺测出其长度，与规定尺寸之差作为该成品规格尺寸偏差。

6.9　成品图文位置偏差

在有图文位置要求的部位测量试样左右、上下空白处的距离（精确至 1mm），与规定尺寸之差为成品图文位置偏差值。

6.10　功能性开口位置偏差

测量试样左右（或上下）任一对称部位的空白处宽度（精确至 1mm），然后按式（2）计算出位置偏差。

$$\delta = \frac{d_1 - d_2}{2} \quad \cdots\cdots (2)$$

式中：

$\delta$——位置偏差，mm；

$d_1$、$d_2$——试样对称部位左右（或上下）空白处的宽度，mm。

6.11　墨层的耐水性

6.11.1　检验工具

白色盛水容器一个。

6.11.2　检验步骤

6.11.2.1　印样放置 24h 后，裁切其印刷图文处 50mm×100mm 作为试样。

6.11.2.2　盛水容器中注入蒸馏水 500ml，水温为（25±2）℃。

6.11.2.3　将试样浸没于容器水中，30min 后取出。

6.11.3　检验结果

目测白色容器中水的颜色变化。

7　检验规则

7.1　批量

生产条件相同的同一品种、同一规格、同一生产周期的产品为一批。

7.2　样本数量

委托送检产品样本单位为件。每批最低样本数量不少于 5 件。

7.3　抽样方法

监督检验产品，按 GB/T 2828.1 进行抽样。

7.4　质量判定

#### 7.4.1 不合格品的质量判定

每件产品按本标准的规定进行检验，如有一项技术指标不符合要求，则该产品为不合格品。

#### 7.4.2 不合格批的质量判定

每批产品按本标准的规定进行检验，其中有1件为不合格品，则应加倍抽样复检。如仍有1件产品为不合格品，则该批为不合格批。

## 8 标志、包装、运输、贮存

### 8.1 标志

在每捆明显部位应贴有标志，应印有用户单位、产品名称、品种规格、数量、生产企业名称、生产日期及检验员代号等。

### 8.2 包装

根据不同要求使用相应的包装材料进行包装或用牢固的捆扎带分包捆扎，确保牢固和易搬运。

### 8.3 运输

运输中不能扔、砸、踏或挤压，应防潮、防晒、防雨淋，确保运输全过程安全、可靠。

### 8.4 贮存

贮存环境要求通风，防高温、防潮、防尘、防晒、防油、防霉、防鼠、防止接触腐蚀气（液）体，不能重压。贮存期为自生产之日起不超过6个月。

ICS 37.100.01
A 17

# 中华人民共和国国家标准

GB 27934.1－2011

# 纸质印刷品覆膜过程控制及检测方法 第1部分：基本要求

## Lamination process control and testing methods for paper prints— Part 1：General requirements

2011－12－30 发布 2012－06－01 实施

中华人民共和国国家质量监督检验检疫总局
中国国家标准化管理委员会 发布

# 前　　言

**本部分第 4 章的 4.2 为强制性的，其余为推荐性的。**

国家标准《纸质印刷品覆膜过程控制及检测方法》为多部分标准，已经或计划发布以下部分：

——第 1 部分：基本要求；

——第 2 部分：乙烯 - 醋酸乙烯共聚物（EVA）热熔胶预涂覆膜；

——第 3 部分：水基胶黏剂即涂干式覆膜；

——第 4 部分：反应型聚氨酯（PUR）热熔胶即涂覆膜；

——第 5 部分：水基胶黏剂即涂湿式覆膜。

本部分为国家标准《纸质印刷品覆膜过程控制及检测方法》的第 1 部分。

本部分按照 GB/T 1.1 - 2009 给出的规则起草。

请注意本文件的某些内容可能涉及专利。本文件的发布机构不承担识别这些专利的责任。

本部分由新闻出版总署提出。

本部分由全国印刷标准化技术委员会（SAC/TCl70）归口。

本部分起草单位：北京康得新复合材料股份有限公司、新闻出版总署出版产品质量监督检测中心、东莞市星宇高分子材料有限公司、鹤山雅图仕印刷有限公司、深圳市三上实业有限公司、无锡市万力粘合材料有限公司、恒昌涂料（惠阳）有限公司、东莞市隽思产品检测有限公司、温州金海岸化工有限公司。

本部分主要起草人：徐曙、卢明、涂晓林、王淮珠、赖淦荷、冯庆民、周其平、纪小宾、杨爱军、陈德财、池正毅。

# 引　　言

纸质印刷品覆膜属于印后表面整饰加工工艺的一种，是指在纸质印刷品表面用覆膜机覆合一层塑料薄膜而形成的一种纸塑合一产品的加工技术。

覆膜的作用是提高印刷品的耐磨、耐折、抗拉、耐湿、耐油性能，保护印刷品外观效果和延长使用寿命。

覆膜工艺种类较多，质量差异也较大。《纸质印刷品覆膜过程控制及检测方法》多部分标准是根据我国对环保的要求、适应覆膜新技术的发展、确保覆膜产品质量而制定。

# 纸质印刷品覆膜过程控制及检测方法
# 第1部分：基本要求

## 1 范围

本部分规定了纸质印刷品覆膜的术语和定义及原材料要求、覆膜质量要求、检测方法和成品储存、运输要求。

本部分适用于纸质印刷品的覆膜过程控制及检测。

## 2 规范性引用文件

下列文件对于本文件的应用是必不可少的。凡是注日期的引用文件，仅注日期的版本适用于本文件，凡是不注日期的引用文件，其最新版本（包括所有的修改单）适用于本文件。

GB/T 1040.3 塑料 拉伸性能的测定 第3部分：薄膜和薄片的试验条件

GB/T 2410 透明塑料透光率和雾度的测定

GB/T 2918 塑料试样状态调节和试验的标准环境

GB/T 10003－2008 普通用途双向拉伸聚丙烯（BOPP）薄膜

GB/T 14216 塑料 膜和片润湿张力试验方法

GB/T 16958－2008 包装用双向拉伸聚酯薄膜

GB/T 18722 印刷技术 反射密度测量和色度测量在印刷过程控制中的应用

CY/T 3 色评价照明和观察条件

HJ/T 220－2005 环境标志产品技术要求 胶粘剂

## 3 术语和定义

下列术语和定义适用于本文件。

3.1

**覆膜 film laminating**

将涂有胶黏剂的塑料薄膜覆合到印刷品表面的工艺。

3.2

**褶皱 crease**

薄膜或覆膜产品出现的重叠或不平整的现象。

3.3

**划伤 scratch**

薄膜或覆膜产品表面出现的线状痕迹。

3.4

**暴筋 gage bands**

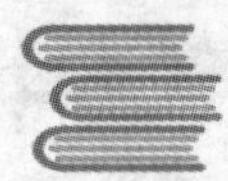


塑料薄膜卷材沿着圆周方向凸起的条状棱现象。

3.5

**雾度 haze**

透过试样而偏离入射光方向的散射光通量与透射光通量之比，用百分数表示（对于本方法来说，仅把偏离入射光方向2.5°以上的散射光通量用于计算雾度）。

3.6

**粘结强度 adhesive strength**

使试样或产品的粘结界面分离所需的力。单位为牛顿每厘米（N/cm）。

3.7

**卷曲 curl**

在无外力作用的情况下，覆膜产品出现的翘曲现象。

3.8

**脱膜 delamination**

覆膜后出现的局部或全部的塑料薄膜与印刷品脱离的现象。

3.9

**亏膜 short film**

指覆膜产品上薄膜的宽度和长度小于要求的现象。

3.10

**起泡 bubble**

覆膜后塑料薄膜与印刷品之间出现气泡的现象。

3.11

**覆膜色差 color variation after lamination**

专指纸质印刷品实地部分在覆膜前后颜色上的差异。以CIELAB$\Delta E_{ab}^{*}$表示。

3.12

**覆膜温度 laminating temperature**

覆膜时加热辊筒表面的温度。单位为摄氏度（℃）。

3.13

**覆膜速度 laminating speed**

覆膜时，单位时间内印刷品与薄膜覆合的长度。单位为米每分（m/min）。

3.14

**覆膜压强 laminating pressure**

覆膜机覆合部啮合辊筒间单位面积上的相互作用力，单位为兆帕（MPa）。

3.15

**放卷张力 unwinding tension**

覆膜过程中薄膜纵向所承受的牵引力。单位为牛顿（N）。

3.16

**预涂膜 thermal laminating film**

预先将热熔胶涂布在薄膜上形成的复合材料。

## 4　原材料要求

### 4.1　薄膜要求

4.1.1　覆膜用薄膜外观应符合表1规定。

表1　薄膜外观要求

| 项　　目 | 外观要求 |
|---|---|
| 鱼眼、晶点（白点） | ≤1.5mm² |
| 褶皱 | 使用过程中能展平 |
| 划伤 | 允许轻微 |
| 暴筋 | 凸起部位与相临低点的差值≤2μm |
| 膜卷端面整齐度 | ≤2.0mm |
| 膜卷的松紧度 | 搬动、生产时无膜间滑动 |
| 接头数 | 每1 000m不多于1个，且需用有色胶带做标记 |

4.1.2　即涂薄膜物理机械性能应符合表2规定。

表2　即涂薄膜物理机械性能要求

| 项　　目 | | 双向拉伸聚丙烯（BOPP）薄膜 | | 双向拉伸聚酯（BOPET）亮光薄膜 |
|---|---|---|---|---|
| | | 亮光膜 | 亚光膜 | |
| 润湿张力/mN/m | 处理面 | ≥38 | ≥38 | ≥48 |
| 雾度/% | | ≤2.0 | ≥70 | ≤8.0 |
| 拉伸强度/MPa | 纵向 | ≥120 | ≥100 | ≥170 |
| | 横向 | ≥200 | ≥160 | ≥170 |
| 热收缩率/% | 纵向 | ≤4.5 | ≤4.5 | ≤3.0 |
| | 横向 | ≤3.0 | ≤3.0 | ≤3.0 |

4.1.3　预涂膜物理机械性能应符合表3规定。

表3　预涂膜物理机械性能要求

| 项　　目 | | 双向拉伸聚丙烯（BOPP）预涂膜 | | 双向拉伸聚酯（BOPET）亮光预涂膜 |
|---|---|---|---|---|
| | | 亮光膜 | 亚光膜 | |
| 润湿张力 mN/m | 涂膜面 | ≥38 | ≥38 | ≥38 |
| 雾度 % | | ≤5.0 | 70±10 | ≤10.0 |
| 拉伸强度 MPa | 纵向 | ≥70 | ≥60 | ≥70 |
| | 横向 | ≥130 | ≥100 | ≥70 |
| 热收缩率 % | 纵向 | ≤4.0 | ≤4.0 | ≤2.0 |
| | 横向 | ≤2.0 | ≤2.0 | ≤1.0 |

### 4.2 胶黏剂环保要求

4.2.1 胶黏剂内苯、甲苯、二甲苯的总含量应小于 1 000mg/kg，其中苯的含量应小于 100mg/kg。

4.2.2 胶黏剂内卤代烃的含量应小于 1 000mg/kg。

### 4.3 纸质印刷品要求

4.3.1 表面清洁、平整。

4.3.2 印刷品含水量与覆膜环境湿度、温度相适应。

4.3.3 印刷品油墨层应充分干燥后再覆膜。

4.3.4 覆膜前印刷品油墨的润湿张力不小于 38mN/m。

## 5 覆膜质量要求

### 5.1 覆膜粘结强度

符合下列条件之一，即认为粘结强度合格：

a）当薄膜与印刷品剥离时，油墨大部或全部转移到薄膜胶面上。

b）覆膜产品粘结强度符合后加工要求。

### 5.2 外观要求

5.2.1 图文清晰、表面干净、平整、无明显卷曲。

5.2.2 无褶皱、划伤、脱膜、亏膜、起泡。

### 5.3 覆膜色差

覆膜后四色实地油墨的 CIELAB$\Delta E_{ab}^*$ 色差值应符合表 4 的要求。

表 4 覆膜后四色实地油墨 CIELAB$\Delta E_{ab}^*$ 二色差值

| 膜类型 | 黑 | 品红 | 青 | 黄 |
|---|---|---|---|---|
| 亮光膜 | ≤3.0 | ≤3.0 | ≤3.0 | ≤3.0 |
| 亚光膜 | ≤10.0 | ≤7.0 | ≤7.0 | ≤7.0 |

### 5.4 稳定性要求

覆膜后在与覆膜环境相匹配的条件下放置 24h 以上，应符合本部分 5.1、5.2、5.3 的要求。

### 5.5 工艺要求

如对覆膜产品表面有后加工的要求（如烫印、UV 上光、压纹等），应在覆膜前做样品试验，满足使用要求后方可批量生产。

## 6 检测方法

### 6.1 试样状态调节和试验的标准环境

按 GB/T 2918 规定的标准环境和允许偏差范围进行，温度为（23 ± 2）℃，相对湿度为（50 ± 10）%，状态调节时间不少于 4h，并在此条件试验。

### 6.2 薄膜物理机械性能的检测

6.2.1 雾度检测方法按照 GB/T 2410 标准执行。

6.2.2 拉伸强度的检测方法按照 GB/T 1040.3 标准执行。试验速度及取样方法，BOPP 薄膜按照 GB/T10003－2008 中 5.6 执行，BOPET 薄膜按照 GB/T 16958－2008 中 6.5.1 执行。

6.2.3 润湿张力检测方法按照 GB/T14216 标准执行。

6.2.4 BOPP 薄膜的热收缩率检测方法按照 GB/T 10003－2008 中 5.7 执行，BOPET 薄膜按照 GB/T16958－2008 中 6.5.2 执行。

### 6.3 预涂膜的检测

6.3.1 雾度检测方法

按照 GB/T 2410 标准执行前，需对样品进行处理。处理方法是：膜卷的宽度方向为试样的横向，在受检样品上沿横向均匀依次裁取 120mm×120mm 的正方形试样 5 片，将裁好的试样有序悬挂在特制的支架上（见图 1）置于 120℃～123℃（BOPP 预涂膜）、150℃～153℃（BOPET 预涂膜）烘干箱中，每个样品间隔 25mm～30mm，在样品的下面放一块 300mm×300mm 的隔热板，防止局部受热。试验时不鼓风，加热 30s 后立即取出，冷却至试验环境温度检测。试样表面不能污染和粘连。

单位为毫米

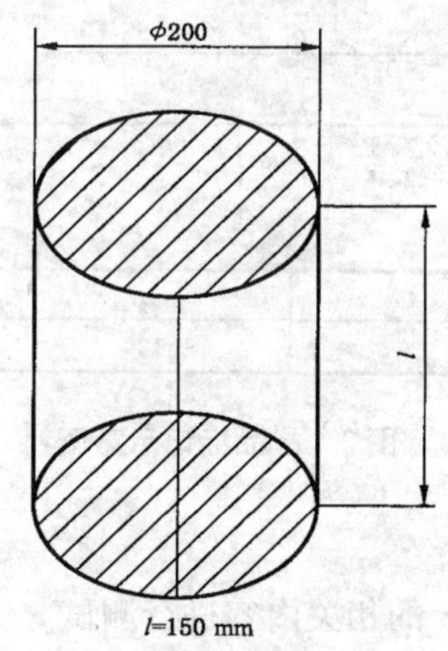


图 1 支架

6.3.2 热收缩率的检测方法

膜卷的长度方向和宽度方向分别为试样的纵向和横向。在受检样品上沿横向均匀依次裁取 120mm×120mm 的正方形试样 5 片，取样要正，正方形的边应分别平行、垂直于膜卷的纵向方向，标记纵、横方向，在试样纵横向中间做 100mm 的标记（见图 2），将试样有序地悬挂在特制的支架上（见图 1），置于 120℃～123℃（BOPP 预涂膜）、150℃～153℃（BOPET 预涂膜）烘干箱中，每个样品间隔 25mm～30mm，在样品的下面放一块 300mm×300mm 的隔热板，防止局部受热。试验时不鼓风，加热 30s 后立即取出，冷却至试验环境温度后，测量纵横向的标记长度（准确到 0.5mm）。按照下式分别计算纵横向热收缩率，取 5 个试样的算数平均值。

$$T = (L - L_1) / L \times 100\%$$

式中：

T——试样的热收缩率，以% 表示；

L——加热前标记直线的长度，单位为毫米（mm）；

$L_1$——加热后标记直线的长度，单位为毫米（mm）。

单位为毫米

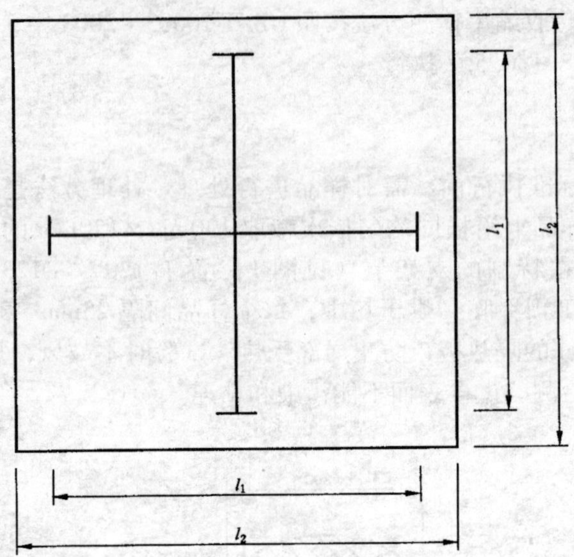


| $l_1$ | $l_2$ |
|---|---|
| 100 | 120 |

图 2　样品标记示意图

6.3.3　其他的检验项目同 6.2。

### 6.4　胶黏剂的检测

按照 HJ/T 220－2005 附录 A 的相关内容进行测试。

### 6.5　纸质印刷品的检测

覆膜前纸质印刷品上油墨层的润湿张力检测按照 GB/T 14216 执行。

### 6.6　覆膜产品质量的检测

6.6.1　外观检测

按照 CY/T 3 的规定进行检测。

6.6.2　覆膜色差检测

覆膜前后纸质印刷品的色差按照 GB/T 18722 中的要求和方法进行测量。

## 7　成品储存、运输要求

7.1　储存环境应洁净。

7.2　储存环境温度 5℃ ~40℃。

7.3　成品避免阳光直射，与热源保持 2m 以上间隔，防止潮湿。

7.4　运输时应防止碰撞或接触锐利的物体，轻装轻卸，避免日晒雨淋。

ICS 37.100.01
A 17

# 中华人民共和国国家标准

GB 27934.2-2011

# 纸质印刷品覆膜过程控制及检测方法 第2部分：乙烯-醋酸乙烯共聚物(EVA)热熔胶预涂覆膜

**Lamination process control and testing methods for paper prints - Part 2: Lamination with EVA adhesive**

2011-12-30 发布　　　　2012-06-01 实施

中华人民共和国国家质量监督检验检疫总局
中国国家标准化管理委员会　发布

# 前　　言

国家标准《纸质印刷品覆膜过程控制及检测方法》为多部分标准，已经或计划发布以下部分：

——第 1 部分：基本要求；

——第 2 部分：乙烯－醋酸乙烯共聚物（EVA）热熔胶预涂覆膜；

——第 3 部分：水基胶黏剂即涂干式覆膜；

——第 4 部分：反应型聚氨酯（PUR）热熔胶即涂覆膜；

——第 5 部分：水基胶黏剂即涂湿式覆膜。

本部分为国家标准《纸质印刷品覆膜过程控制及检测方法》的第 2 部分。

本部分按照 GB/T1.1－2009 给出的规则起草。

请注意本文件的某些内容可能涉及专利。本文件的发布机构不承担识别这些专利的责任。

本部分由新闻出版总署提出。

本部分由全国印刷标准化技术委员会（SAC/TC 170）归口。

本部分起草单位：北京康得新复合材料股份有限公司、北京市印刷技术研究所。

本部分主要起草人：徐曙、王淮珠、王子秋、卢明、赵红霞。

# 纸质印刷品覆膜过程控制及检测方法
# 第2部分：乙烯-醋酸乙烯共聚物（EVA）热熔胶预涂覆膜

## 1 范围

本部分规定了乙烯-醋酸乙烯共聚物（EVA）热熔胶预涂覆膜的术语和定义及原材料要求、工艺要求、设备要求、环境要求、操作要求、成品质量要求、检测方法和成品储存、运输要求。

本部分适用于乙烯-醋酸乙烯共聚物（EVA）热熔胶预涂覆膜与纸质印刷品覆合的工艺过程控制。

## 2 规范性引用文件

下列文件对于本文件的应用是必不可少的。凡是注日期的引用文件，仅注日期的版本适用于本文件，凡是不注日期的引用文件，其最新版本（包括所有的修改单）适用于本文件。

GB/T 1227 精密压力表

GB/T 8808-1988 软质复合塑料材料剥离试验方法

GB 27934.1-2011 纸质印刷品覆膜过程控制及检测方法 第1部分：基本要求

HG/T 3949 美纹纸压敏胶粘带

## 3 术语和定义

GB 27934.1-2011 界定的术语和定义适用于本文件。

## 4 原材料要求

4.1 预涂膜应符合 GB 27934.1-2011 中 4.1 的表1、表3 的规定。

4.2 纸质印刷品应符合 GB 27934.1-2011 中 4.3 的规定。

## 5 工艺要求

### 5.1 覆膜准备

覆膜前预涂膜与纸质印刷品在覆膜的环境中至少要放置 4h，使之与现场环境相适应后再进行覆膜加工。

### 5.2 覆膜温度

5.2.1 根据覆膜速度及纸质印刷品材质、定量设定覆膜温度，应控制在95℃~120℃。

5.2.2 同批次产品覆膜温度应稳定。

## 5.3 覆膜速度

5.3.1 根据覆膜设备及纸质印刷品材质、定量设定覆膜速度，应控制在15m/min～80m/min。

5.3.2 同批次产品覆膜速度应稳定。

## 5.4 覆膜压强

5.4.1 覆膜压强应控制在10MPa～20MPa。

5.4.2 同批次产品覆膜压强应稳定。

## 5.5 放卷张力

均匀、适度，薄膜平整和覆膜后成品不卷曲。

# 6 设备要求

6.1 确保温控传感器的灵敏、准确和稳定。

6.2 加热辊的表面轴向和径向温度应均匀，轴向等分3个点的温度允差均≤5℃，径向（同一圆周）等分3个点的温度允差均≤3℃。

6.3 确保覆膜压力表灵敏、准确和稳定。

6.4 挤压辊轴向和径向覆膜压强应均匀稳定，啮合处美纹纸压敏胶粘带压痕宽度差均≤1mm。

6.5 加热辊筒表面状态良好。

# 7 环境要求

7.1 覆膜现场的温度应控制在（23±7）℃。

7.2 覆膜现场的相对湿度应控制在（60±20）%。

7.3 覆膜环境应洁净。

# 8 操作要求

8.1 纸质印刷品的宽度应大于使用预涂膜的宽度，两侧应多出2mm。

8.2 纸质印刷品纵向应有搭口（叠加），搭口部分为3mm～8mm。

8.3 输纸正确，避免歪斜。

# 9 成品质量要求

9.1 覆膜粘结强度不小于2.2N/cm或符合GB 27934.1－2011中5.1的要求。

9.2 成品其他质量要求符合GB 27934.1中第5章的要求。

# 10 检测方法

### 10.1 原材料的检测

按照GB 27934.1－2011中第6章相应条款的要求检测。

10.2　覆膜温度检测

10.2.1　使用检定的温度检测仪，检测覆膜设备加热辊传感器测温点温度，使其与设备控制器显示温度差异恒定。

10.2.2　使用检定的温度检测仪，检测加热辊的温度，在轴向左、中、右 3 个位置沿圆周方向 3 等分点，共测定 9 个点的温度。

10.3　覆膜速度检测

采用单位时间覆膜的张数乘以每张输送长度的方法计算速度。

10.4　覆膜压强检测

10.4.1　压力表稳定性检测

使用符合 GB/T 1227 要求的压力表，检测覆膜设备压力，使其与覆膜设备压力显示数值差异恒定。

10.4.2　轴向压强均匀性的测量

在啮合部位两个辊子之间，轴向左、中、右 3 个位置各放置一条长 150mm × 宽 15mm 的符合 HG/T 3949 要求的美纹纸压敏胶粘带，两个辊子啮合后泄压，分别测量 3 条胶粘带的压痕，其压痕宽度差均应≤1.0mm。

10.4.3　径向压强均匀性的测量

在挤压辊轴向左、中、右 3 个位置沿圆周方向 3 等分，共确定 9 个位置。分别对同一轴向上的 3 个等分位置按轴向压强均匀性的测量方法进行测量，共测量 3 次，同一圆周上 3 个美纹纸压敏胶粘带压痕宽度差均应≤1.0mm。

10.5　环境温湿度检测

使用检定的温湿度计检测。

10.6　粘结强度检测

取覆膜后成品，按照覆膜纵向或横向取长 200mm × 宽 15mm 样条，用手将薄膜和印刷品剥开 50mm 长度，按照 GB/T8808 – 1988 中第 6 章的 A 法和第 7 章的规定执行。

## 11　成品储存、运输要求

按照 GB 27934.1 – 2011 中第 7 章的规定执行。

ICS 37.100.01
A 17

# 中华人民共和国国家标准

GB/T 27934.3－2011

# 纸质印刷品覆膜过程控制及检测方法
# 第3部分：水基胶黏剂即涂干式覆膜

Lamination process control and testing methods for paper prints—
Part 3：Drying lamination with water－based adhesive

2011－12－30 发布　　2012－06－01 实施

中华人民共和国国家质量监督检验检疫总局
中国国家标准化管理委员会　发布

GB/T 27934.3 -2011

# 前言

国家标准《纸质印刷品覆膜过程控制及检测方法》为多部分标准，已经或计划发布以下部分：

——第1部分：基本要求；

——第2部分：乙烯—醋酸乙烯共聚物（EVA）热熔胶预涂覆膜；

——第3部分：水基胶黏剂即涂干式覆膜；

——第4部分：反应型聚氨酯（PUR）热熔胶即涂覆膜；

——第5部分：水基胶黏剂即涂湿式覆膜。

本部分为国家标准《纸质印刷品覆膜过程控制及检测方法》的第3部分。

本部分按照GB/T 1.1 -2009给出的规则起草。

请注意本文件的某些内容可能涉及专利。本文件的发布机构不承担识别这些专利的责任。

本部分由新闻出版总署提出。

本部分由全国印刷标准化技术委员会（SAC/TC 170）归口。

本部分起草单位：东莞星宇高分子材料有限公司、深圳市三上实业有限公司、鹤山雅图仕印刷有限 公司、山东临沂新华印刷物流集团有限责任公司。

本部分主要起草人：赖淦荷、王淮珠、邓国康、孟庆方、冯庆民、郑牧湘、纪小宾、张联聪、杨振翔、孙运飞。

GB/T 27934.3－2011

# 纸质印刷品覆膜过程控制及检测方法 第3部分：水基胶黏剂即涂干式覆膜

## 1 范围

本部分规定了水基胶黏剂即涂干式覆膜的术语和定义及原材料要求、工艺要求、设备要求、成品质量要求、检测方法和成品储存、运输要求。

本部分适用于水基胶黏剂将薄膜与纸质印刷品复合的工艺过程控制。

## 2 规范性引用文件

下列文件对于本文件的应用是必不可少的。凡是注日期的引用文件，仅注日期的版本适用于本文件。凡是不注日期的引用文件，其最新版本（包括所有的修改单）适用于本文件。

GB/T 2793　胶黏剂不挥发物含量的测定

GB/T 1723　涂料粘度测定法

GB/T 14518　胶黏剂的pH值测定

GB 27934.1－2011　纸质印刷品覆膜过程控制及检测方法　第1部分：基本要求

GB/T 27934.2－2011　纸质印刷品覆膜过程控制及检测方法　第2部分：乙烯一醋酸乙烯共聚物（EVA）热熔胶预涂覆膜

## 3 术语和定义

GB 27934.1－2011界定的以及下列术语和定义适用于本文件。

3.1

**水基胶黏剂　water－based adhesive**

以水为溶剂或分散介质的高分子聚合物作为主要粘结料的胶黏剂。

3.2

**即涂干式覆膜　on－site coating type dry lamination**

薄膜涂胶后立即进行烘干复合的工艺。

3.3

**烘干温度　drying temperature**

覆膜过程烘干装置的温度。单位为℃。

## 4 原材料要求

### 4.1 水基胶黏剂

4.1.1　环保要求符合GB 27934.1－2011中4.2的规定。

4.1.2　固含量：≥40.0%。

4.1.3 黏度：≥12.0s，(25±1)℃。

4.1.4 酸碱度（pH值）：8.0±1.0。

4.2 薄膜应符合 GB 27934.1－2011 中4.1的表1、表2的规定。

4.3 纸质印刷品应符合 GB 27934.1－2011 中4.3的规定。

## 5 工艺要求

### 5.1 覆膜准备

覆膜前，薄膜、水基胶黏剂与纸质印刷品在覆膜环境中至少要放置4h，使之与现场温湿度相适应后再进行覆膜。

### 5.2 覆膜环境

5.2.1 覆膜车间的温度应控制在（23±7)℃。

5.2.2 覆膜车间的相对湿度应控制在（60±20)%。

5.2.3 覆膜环境应洁净。

### 5.3 覆膜工艺温度

5.3.1 根据纸质印刷品的材质、定量、涂胶量和烘干装置长度及覆膜速度设定烘干温度，应控制在60℃～90℃；设定覆膜温度，应控制在50℃～90℃。

5.3.2 同批次产品覆膜工艺温度应稳定。

### 5.4 覆膜速度

5.4.1 根据覆膜设备及纸质印刷品材质、定量设定覆膜速度，应控制在8m/min～50m/min。

5.4.2 同批次产品覆膜速度应稳定。

### 5.5 覆膜压强

5.5.1 根据纸质印刷品材质与覆膜速度设定覆膜压强，应控制在5MPa～20MPa。

5.5.2 同批次产品覆膜压强应稳定。

### 5.6 放卷张力

均匀、适度，薄膜平整和覆膜后成品不卷曲。

### 5.7 涂胶量

5.7.1 根据纸质印刷品材质设定涂胶量，应控制在12g/m$^2$～20g/m$^2$。

5.7.2 同批次产品涂胶量应均匀一致。

### 5.8 操作要求

5.8.1 纸质印刷品应除粉、压平。

5.8.2 纸质印刷品纵向应有搭口（叠加)，搭口部分为3mm～8mm。

5.8.3 输纸正确，避免歪斜。

5.8.4 水基胶黏剂容器应加盖，应有循环过滤、搅拌装置。

## 6 设备要求

6.1 应确保温控传感器的灵敏、准确和稳定。

6.2　烘干装置状态良好。

6.3　热压辊的表面温度应均匀，温度允差≤5℃。

6.4　挤压辊轴向和径向覆膜压强应均匀稳定，啮合处美纹纸压敏胶粘带压痕宽度差均≤1.0mm。

6.5　确保覆膜压力表灵敏、准确和稳定。

6.6　加热辊筒表面状态良好。

6.7　涂胶装置需密封。

## 7　成品质量要求

符合 GB 27934.1－2011 中第 5 章的规定。

## 8　检测方法

### 8.1　原材料的检测

8.1.1　水基胶黏剂固含量按 GB/T 2793 的要求检测。

8.1.2　水基胶黏剂黏度使用涂－4 杯按 GB/T 1723 中粘度杯法的要求检测。

8.1.3　水基胶黏剂酸碱度（pH 值）按 GB/T 14518 的要求检测。

8.1.4　薄膜性能按 GB 27934.1－2011 中 6.2 的要求检测。

8.1.5　纸质印刷品按 GB 27934.1－2011 中 6.5 的要求检测。

### 8.2　环境温湿度检测

使用检定的温湿度计检测。

### 8.3　覆膜工艺温度检测

使用检定的温度测试仪检测烘干装置和热压辊的温度，使其与设备上控制器显示温度差异恒定。

### 8.4　覆膜压强检测

按照 GB/T 27934.2－2011 中 10.4 的要求检测。

### 8.5　覆膜速度检测

采用单位时间覆膜的张数乘以每张输送长度的方法计算速度。

### 8.6　热压辊表面温度允差检测

使用检定的温度检测仪沿轴向左、中、右 3 个位置进行测量。

### 8.7　涂胶量检测

用定量的水基胶黏剂重量除以覆膜的总面积得出涂胶量，单位为 $g/m^2$。

## 9　成品储存、运输要求

按照 GB 27934.1－2011 中第 7 章的规定执行。

ICS 37.100.01
A 17

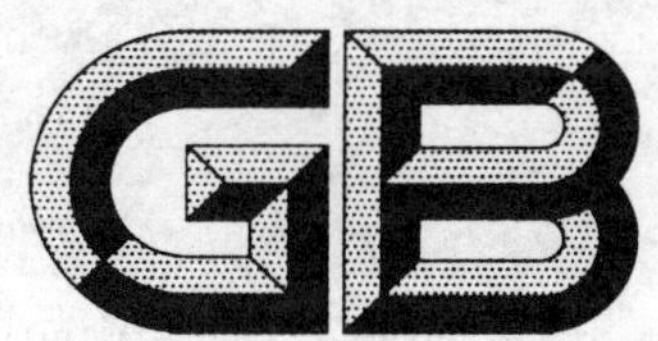

# 中华人民共和国国家标准

GB/T 27934.4－2011

# 纸质印刷品覆膜过程控制及检测方法 第4部分：反应型聚氨酯（PUR）热熔胶即涂覆膜

Lamination process control and testing methods for paper prints—Part 4：Lamination with polyurethane reactive hot melt adhesive

2011－12－30发布 2012－06－01实施

中华人民共和国国家质量监督检验检疫总局
中国国家标准化管理委员会 发布

GB/T 27934.4－2011

# 前　言

国家标准《纸质印刷品覆膜过程控制及检测方法》为多部分标准，已经或计划发布以下部分：

——第 1 部分：基本要求；

——第 2 部分：乙烯－醋酸乙烯共聚物（EVA）热熔胶预涂覆膜；

——第 3 部分；水基胶粘剂即涂干式覆膜；

——第 4 部分：反应型聚氨酯（PUR）热熔胶即涂覆膜；

——第 5 部分：水基胶黏剂即涂湿式覆膜。

本部分为国家标准《纸质印刷品覆膜过程控制及检测方法》的第 4 部分。

本部分按照 GB/T 1.1－2009 给出的规则起草。

请注意本文件的某些内容可能涉及专利。本文件的发布机构不承担识别这些专利的责任。

本部分由新闻出版总署提出。

本部分由全国印刷标准化技术委员会（SAC/TC 170）归口。

本部分起草单位：无锡市万力粘合材料有限公司、史丹利蒙（上海）机械有限公司、汉高股份有限公司、东莞市星宇高分子材料有限公司、东莞市隽思产品检测有限公司、北京尚唐印刷包装有限公司。

本部分主要起草人：周其平、王淮珠、刘小丽、肖忠春、余广强、赖淦荷、陈德财、黄技元、谢世忠、唐穗敏、张振辉。

GB/T 27934.4－2011

# 纸质印刷品覆膜过程控制及检测方法 第4部分：反应型聚氨酯（PUR）热熔胶即涂覆膜

## 1 范围

本部分规定了反应型聚氨酯（PUR）热熔胶即涂覆膜的术语和定义及原材料要求、工艺要求、设备 要求、环境要求、成品质量要求、检测方法和成品储存、运输要求。

本部分适用于反应型聚氨酯（PUR）热熔胶即涂覆膜与纸质印刷品复合的工艺过程控制。

## 2 规范性引用文件

下列文件对于本文件的应用是必不可少的。凡是注日期的引用文件．仅注日期的版本适用于本文件。凡是不注日期的引用文件，其最新版本（包括所有的修改单）适用于本文件。

GB/T 1227 精密压力表

GB/T 18446－2009 色漆和清漆用漆基 异氰酸酯树脂中二异氰酸酯单体的测定

GB 27934.1－2011 纸质印刷品覆膜过程控制及检测方法 第1部分：基本要求

## 3 术语和定义

GB 27934.1－2011 界定的以及下列术语和定义适用于本文件。

3.1

**反应型聚氨酯（PUR）热熔胶 polyurethane reactive hot melt adhesive**

由异氰酸酯与多元醇反应而生成的一种具有氨基甲酸酯链段重复结构单元的聚合物，能与空气中 的湿气反应形成稳定化学结构的热熔胶，简称 PUR 热熔胶。

## 4 原材料要求

### 4.1 PUR 热熔胶

4.1.1 无沉淀、均相、有一定光泽。

4.1.2 有害物质限量符合 GB 27934.1－2011 中 4.2 的规定。

4.1.3 游离甲苯二异氰酸酯（TDI）不检出。

### 4.2 薄膜

符合 GB 27934.1－2011 中 4.1 的规定。

### 4.3 纸质印刷品

符合 GB 27934.1－2011 中 4.3 的规定。

## 5 工艺要求

### 5.1 覆膜准备

应使薄膜、纸质印刷品与现场环境的温湿度相匹配。

### 5.2 覆膜环境

5.2.1 覆膜现场的温度应控制在（23±5）℃。

5.2.2 覆膜车间的相对湿度应保持在（60±10）%。

5.2.3 覆腆环境应洁净。

### 5.3 PUR 热熔胶的使用温度

5.3.1 使用温度应为（80±10）℃。

5.3.2 同批次产品覆膜过程的使用温度应稳定。

### 5.4 覆膜速度

5.4.1 应控制在 12m/min～80m/min。

5.4.2 同批次产品的覆膜速度应稳定。

### 5.5 覆膜压强

5.5.1 应控制在 0.2MPa～0.6MPa。

5.5.2 覆膜压强应稳定。

### 5.6 放卷张力

均匀、适度，薄膜平整和覆膜后成品不卷曲。

### 5.7 涂胶量

5.7.1 根据纸质印刷品的材质、定量确定涂胶量，应控制在 2.0g/m$^2$～5.0g/m$^2$。

5.7.2 同批次产品涂胶量应稳定。

### 5.8 稳定性要求

5.8.1 膜、纸复合后应在温度为（23±5）℃、相对湿度为（60±10）% 的环境中继续放置不少于 8h。

5.8.2 覆膜成品应符合 GB 27934.1－2011 中 5.5 的规定再进行后序加工。

## 6 设备要求

6.1 应确保温控传感器的灵敏、准确和稳定。

6.2 覆膜速度应连续可调。

6.3 加热辊筒表面状态良好。

6.4 涂胶装置的精度符合使用要求。

6.5 具有自动除粉装置。

6.6 熔胶装置应密封。

## 7 成品质量要求

符合 GB 27934.1－2011 中第 5 章的要求。

## 8　检测方法

**8.1　原材料的检测**

**8.1.1**　PUR 热熔胶中有害物质含量按照 GB 27934.1－2011 中 6.4 检测。

**8.1.2**　游离甲苯二异氰酸酯（TDI）含量的测试按照 GB/T 18446－2009 的规定进行。

**8.1.3**　薄膜按照 GB 27934.1－2011 中 6.2 检测。

**8.1.4**　纸质印刷品按照 GB 27934.1－2011 中 6.5 检测。

**8.2　环境温湿度检测**

使用检定的温湿度计检测。

**8.3　PUR 热熔胶的使用温度检测**

使用检定的温度检测仪检测，使其与设备控制器上显示的温度差异恒定。

**8.4　覆膜速度检测**

依靠设备速度控制装置进行。

**8.5　覆膜压强检测**

使用符合 GB/T 1227 要求的压力表，检测覆膜设备压力。

**8.6　涂胶量检测**

可以采用以下两种方法之一：

a. 用定量的胶黏剂重量除以覆膜的总面积得出涂胶量，单位为克每平方米（$g/m^2$）。

b. 使用检定的电子天平（精确度为 0.000 1g，仪器公差应小于 ±0.000 2g）分别称取同样面积涂胶和未涂胶薄膜的重量，用所得重量差除以该薄膜的面积得出涂胶量，单位为克每平方米（$g/m^2$）。

**8.7　覆膜成品质量检测**

按照 GB 27934.1－2011 中 6.6 的要求检测。

## 9　成品储存、运输要求

按照 GB 27934.1－2011 中第 7 章的要求检测。

ICS 37.100.01
A 17

# 中华人民共和国国家标准

GB/T 30671-2014

# 纸质印刷品紫外线固化光油上光过程控制要求及检验方法

Ultraviolet curable varnishing process control requirements and testing methods for paper prints

2014-12-31 发布　　2015-07-01 实施

中华人民共和国国家质量监督检验检疫总局
中国国家标准化管理委员会　发布

GB/T 30671 -2014

# 前　言

本标准按照GB/T 1.1 -2009给出的规则起草。

本标准由国家新闻出版广电总局提出。

本标准由全国印刷标准化技术委员会（SAC/TC 170）归口。

本标准主要起草单位：洋紫荆油墨（浙江）有限公司、鹤山雅图仕印刷有限公司、安徽安泰新型包装材料有限公司、上海天岑机械制造有限公司、深圳劲嘉彩印集团股份有限公司、深圳市力群印务股份有限公司、中荣印刷集团有限公司、汉高股份有限公司、星光印刷（深圳）有限公司、中华商务联合（广东）印刷有限公司、国际纸业舒尔物德包装（广州）有限公司。

本标准主要起草人：杨爱军、李永超、邓国康、孙小玉、戴祖玺、谭荣洪、吴湛锡、周国煜、祝斌伟、王徽、廖文。

GB/T 30671 -2014

# 引　言

紫外线固化光油上光（简称UV上光）是指在印刷品表面经过UV光油涂布固化的一种加工工艺。UV上光具有固化速度快、膜层光泽度高、耐磨性强，可使UV上光图文产生强烈的立体感、主体感、色彩更加鲜艳的特点，在印刷行业已广泛使用。

纸质印刷品上光质量与UV光油质量、工作环境、纸张特性、油墨特性、加工工艺等诸多因素有关，特别是当前国内外对重金属、挥发性有机化合物（VOCs）、邻苯二甲酸酯类等有害物质的含量均有明确要求，因此，制定纸质印刷品UV上光过程控制要求及检测方法标准是非常必要的。

GB/T 30671－2014

# 纸质印刷品紫外线固化光油<br>上光过程控制要求及检验方法

## 1 范围

本标准规定了纸质印刷品紫外线固化光油上光的术语和定义、原材料要求、工艺要求、设备要求、成品质量要求、检测方法及成品储存、运输要求。

本标准适用于纸质印刷品的紫外线固化光油上光过程控制要求及检验方法。

## 2 规范性引用文件

下列文件对于本文件的应用是必不可少的。凡是注日期的引用文件，仅注日期的版本适用于本文件。凡是不注日期的引用文件，其最新版本（包括所有的修改单）适用于本文件。

GB/T 1723 涂料粘度测定法

GB/T 7706 凸版装潢印刷品

GB/T 9278 涂料试样状态调节和试验的温湿度

GB/T 9754 色漆和清漆 不含金属颜料的色漆漆膜的20°、60°和80°镜面光泽的测定

GB/T 14216 塑料 膜和片润湿张力的测定

GB/T 18722 印刷技术 反射密度测量和色度测量在印刷过程控制中的应用

GB/T 23986 色漆和清漆 挥发性有机化合物（VOC）含量的测定 气相色谱法

GB 24613 玩具用涂料中有害物质限量

CY/T 3 色评价照明和观察条件

ASTM D5264 用苏瑟兰德摩擦试验机对印刷品抗磨性的试验方法（Standard practice for abrasion resistance of printed materials by the sutherland rub tester）

## 3 术语和定义

下列术语和定义适合用于本文件。

3.1

**紫外线固化光油 ultraviolet curable varnish**

利用紫外线能量进行固化的涂饰剂，亦称UV光油。

3.2

**固化能量 curing energy**

使 UV 光油从液态瞬间聚合转化为固态所需的紫外线能量。

3.3

**结合牢度 bonding strength**

UV 光油与印刷品的连结强度。

3.4

**耐磨性 rub resistance**

材料抵抗机械磨损的能力。

3.5

**爆线 cracking; fracture**

压、折痕处出现破损的现象。

[CY/T 59－2009，定义 3.1]

3.6

**底油 primer varnish**

加强 UV 光油与纸张之间结合牢度、提升印刷品视觉效果的一种涂饰剂。

## 4 原材料要求

### 4.1 UV 光油

4.1.1 相同型号黏度允差为 ±10%。

4.1.2 最低固化能量应不大于 80mJ/cm$^2$。

4.1.3 UV 光油固化所需的波长宜为 280nm～20nm。

4.1.4 挥发性有机化合物（VOCs）限量不大于 20g/kg。

4.1.5 苯类溶剂限量应符合表 1 的要求。

**表 1 苯类溶剂限量**

| 种类 | A 类 | B 类 |
|---|---|---|
| 苯 | ≤1mg/kg | ≤100mg/kg |
| 甲苯、乙苯和二甲苯总和 | ≤100mg/kg | ≤2 000mg/kg |
| 注：A 类适用于烟包等要求严格产品，B 类适用于一般产品。 | | |

4.1.6 重金属、邻苯二甲酸酯类物质限量应符合 GB 24613 的要求。

### 4.2 底油

4.2.1 相同型号黏度允差为 ±10%。

4.2.2 对印刷品具有良好的涂布适性，能在印刷品表面形成一层均匀、连续的底油层。

4.2.3 对纸张表面和 UV 光油均具有良好的结合牢度。

4.2.4 挥发性有机化合物（VOCs）限量不大于 50g/kg。

4.2.5 重金属、邻苯二甲酸酯类物质限量应符合 GB 24613 的要求。

### 4.3 纸质印刷品

4.3.1 表面应平整、清洁。

4.3.2 油墨应充分干燥。

4.3.3 表面张力应不小于 38mN/m。

## 5 设备要求

5.1 紫外灯线功率应不小于 80W/cm；在正常工作速度下，紫外灯发射的能量应不小于 80mJ/cm$^2$。紫外灯发射的主波长应在 280 nm ~420 nm 之间。

5.2 紫外灯箱应具有冷却等辅助功能，保证灯管正常工作。

5.3 对印刷品应具有冷却功能，保证印刷品上光后温度在 60℃以下。

5.4 UV 光油油槽应加盖，宜具有搅拌、加热、过滤功能。

## 6 工艺要求

### 6.1 上光环境

6.1.1 上光车间的温度应控制在（23 ±7）℃。

6.1.2 上光车间的相对湿度应控制在（60 ±20）%。

6.1.3 上光环境应洁净、避阳光、通风。

### 6.2 上光准备

底油、UV 光油与纸质印刷品在上光环境中至少放置 4h，使之与上光环境温湿度适应后再上光。

### 6.3 固化能量

印刷品表面吸收紫外线能量不小于 80mJ/cm$^2$。

### 6.4 UV 光油涂布置

6.4.1 根据纸质印刷品材质设定 UV 光油涂布量，应控制在 3g/m$^2$ ~6g/m$^2$ 之间，通常，纸质越疏松，涂布量应越大。

6.4.2 同批次产品涂布量应均匀一致。

### 6.5 操作要求

6.5.1 纸质印刷品上光前应除粉、压平。

6.5.2 输纸正确，避免歪斜。

6.5.3 UV 光油应避光，温度保持在 25℃ ~50℃之间。

## 7 成品质量要求

### 7.1 外观

成品表面应干净、平整、光滑，无明显的外观缺陷。

## 7.2 光泽度

同一批次印品相同部位的光泽度差别应不大于10GU。

注：一般光泽度75GU以上为高光，光泽度30GU以下为亚光，光泽度在30GU~75GU之间为半亚光。

## 7.3 UV光油与印刷品的结合牢度

结合牢度不小于90%。

## 7.4 耐磨性

符合下列情形之一，耐磨性即为合格。

a. 摩擦50次以上，无明显划痕；

b. 摩擦200次，无油墨转移。

## 7.5 爆线

7.5.1 不应有宽度大于0.2mm，长度大于1mm的裂痕。

7.5.2 每10cm长度内，宽度大于0.2mm，长度不大于1mm的裂痕不应超过6个。

## 7.6 色差

UV上光后，四色实地油墨及纸张空白位的CIELAB$\Delta E_{ab}^*$色差值应符合表2的要求。

表2 UV上光后四色实地油墨及纸张空白位的CIELAB$\Delta E_{ab}^*$色差值

| 黄 | 品红 | 青 | 黑 | 空白位 |
|---|---|---|---|---|
| ≤3.5 | ≤3.5 | ≤3.0 | ≤3.0 | ≤2.0 |

# 8 检验方法

## 8.1 试样状态调节和试验的标准环境

按GB/T 9278-2008《涂料试样状态调节和试验的温湿度》规定的标准环境和允许偏差范围进行，温度为（23±2）℃，相对湿度为（50±10）%，状态调节时间不少于4h，并在此条件试验。

## 8.2 原材料的检测

### 8.2.1 UV光油的黏度

使用涂-4杯并按GB/T 1723-1993《涂料粘度测定法》中黏度杯法的要求检测。

### 8.2.2 UV光油最低固化能量

调整固化设备输出能量为80mJ/cm² 后，再对UV光油的最低固化能量进行检测。

### 8.2.3 UV光油挥发性有机化合物（VOCs）限量

按照GB/T 23986-2009《色漆和清洗挥发性有机化合物（VOC）含量的测定气相色谱法》的规定检测。

### 8.2.4 苯类溶剂限量

按照GB 24613-2009《玩具用涂料中有害物质限量》的规定检测。

8.2.5 重金属、邻苯二甲酸酯类物质限量

按照 GB 24613 的规定检测。

8.2.6 底油

底油黏度使用涂 –4 杯及按 GB/T 1723 中黏度杯法的要求检测。

8.2.7 纸质印刷品

纸质印刷品油墨层的表面张力检测按照 GB/T 14216 –2008《塑料膜和片润湿张力的测定》的要求检测。

8.3 环境温湿度

使用检定的温湿度计检测。

8.4 UV 光油涂布量

用定量的 UV 光油重量除以 UV 上光的总面积得出涂布量，单位为克每平方米($g/m^2$)。

8.5 设备

8.5.1 使用检定的 UV 能量计测量紫外灯管发射的能量。

8.5.2 使用检定的红外测温计测量印刷品的温度。

8.6 成品

8.6.1 外观

在符合 CY/T 3 –1999《色评价照明和观察条件》的条件下，目测。

8.6.2 光泽度

按照 GB/T 9754 –1988《色漆和清漆，不含金属颜料的包漆 漆膜 20°、60°和 85°镜面光泽的测定》规定的入射角为 60°的方法检测。

8.6.3 结合牢度

按照 GB/T 7706 –2008《凹凸装潢印刷品》中规定墨层结合牢度的检测方法检测。

8.6.4 耐磨性

按照 ASTM D5264 规定检测，摩擦纸为 $80g/m^2$ 胶版纸，摩擦体荷重 17.8N。摩擦(磨损)试验机

8.6.5 爆线

压线痕后正折 180°一次，使用精度为 0.02mm 的刻度放大镜进行检测。

8.6.6 色差

UV 光油上光前后纸质印刷品的色差按照 GB/T 18722 –2002《印刷技术反射密度测量和色度测量在印刷过程控制中的作用》中的要求和方法进行检测。

## 9 成品储存、运输要求

9.1 储存环境应洁净。

9.2 储存环境温度 5℃ ~40℃。

9.3 应避免阳光直射，与热源保持 2m 以上间隔，防止潮湿。

9.4 运输时应防止碰撞或接触锐利的物体，轻装轻卸，避免日晒雨淋。

ICS 37.100.01
A 17
备案号：26217－2009

# 中华人民共和国国家标准

CY/T 59－2009

# 纸质印刷品模切过程控制及检测方法

Die－cutting process control and test methods on paper－based print products

2009－06－21 发布 2009－06－21 实施

中华人民共和国新闻出版总署 发 布

# 前　言

本标准的附录 A 为资料性附录。

本标准由中华人民共和国新闻出版总署批准。

本标准由全国印刷技术标准化委员会提出并归口。

本标准由主要起草单位：星光印刷（苏州）有限公司、博斯特（上海）有限公司、北京印刷学院、上海烟草包装印刷有限公司、国家印刷装璜制品质量监督检验中心。

本标准主要起草人：何晓辉、许文才、戴祖玺、刘铮、任瑞宝、马勇。

本标准为首次发布。

CY/T 59 -2009

# 纸质印刷品模切过程控制及检测方法

## 1　范围

本标准规定了纸质印刷品模切术语、工艺基础条件、工艺过程控制、质量要求、检验方法。

本标准适用于纸和纸板印刷品的平压平模切（含压痕）。瓦楞纸板的模切（含压痕）加工可参照使用。

## 2　规范性引用文件

下列文件中的条款通过本标准的引用而成为本标准的条款。凡是注日期的引用文件，其随后所有的修改单（不包括勘误的内容）或修订版均不适用于本标准，然而，鼓励根据本标准达成协议的各方研究是否可使用这些文件的最新版本。凡是不注日期的引用文件，其最新版本适用于本标准。

GB/T 10335.3　涂布纸和纸板　涂布白卡纸

GB/T 10335.4　涂布纸和纸板　涂布白纸板

## 3　术语和定义

下列术语与定义适用于本标准。

3.1

**爆线　cracking；fracture**

压、折痕处出现破损的现象。

3.2

**模切版　dieboard**

模切压痕版配以相应的胶条、底模版和清废版等的统称。

3.3

**压痕　creasing**

利用模具在纸或纸板上压出痕迹或槽痕的工艺。

3.4

**折叠反弹力　folding elasticity**

沿痕线折叠一定角度后所产生的回复力。

## 4　工艺基础条件

4.1　纸质基材各项性能指标符合 GB/T 10335.3、GB/T 10335.4 规定。

4.2　模切版的要求

4.2.1　模切版与产品设计的尺寸允差 ±0.2mm。

4.2.2　多联产品重复精度控制在 0.1mm 以内。

4.2.3　模切刀高度为23.80mm，允差±0.02mm。

4.2.4　当压痕线与纸张纤维方向平行时，压痕线的宽度应为纸张厚度×1.5+压痕刀厚度；当压痕线与纸张纤维方向垂直时，压痕线的宽度应为纸张厚度×1.3+压痕刀厚度。

4.2.5　刀、线接合应紧密。

4.2.6　连接点宽度≤0.5mm。

4.2.7　模切版材应平整。

注1：模切刀、压痕刀安装尺寸见附录图A.1。

4.3　模切设备压力均匀。

## 5　工艺过程控制要求

5.1　装版位置允差±0.2mm。

5.2　模切品表面不应出现明显压印痕迹。

5.3　推荐作业环境温度：(23±7)℃；相对湿度：(60±15)%。

## 6　质量要求

6.1　模切刀版与印张的套准允差±0.5mm。

6.2　压痕线宽度允差±0.3mm。

6.3　折叠反弹力符合后续加工及使用要求。

6.4　外观质量要求：切口光滑、痕线饱满，无污渍、毛边、粘连和爆线，无明显压印痕迹。

## 7　检测方法

7.1　纸质基材各项性能检测按GB/T 10335.3、GB/T 10335.4中的规定执行。

7.2　使用分度值为0.01mm标准量具对模切版与产品设计的尺寸允差、多联产品重复精度、模切版上连接点、模切刀高度进行测量。

7.3　使用分度值为0.1mm的标准量具对装版位置允差、模切刀版与印张的套准允差、压痕线宽度允差进行测量。

7.4　折叠反弹力按图1所示检测。

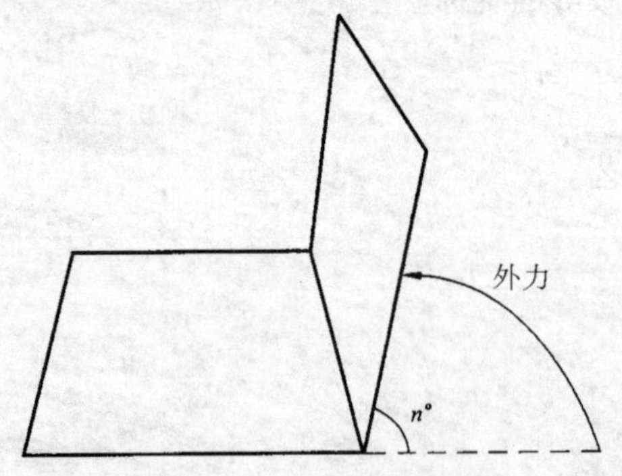


a. 施加外力，使纸板折叠$n°$

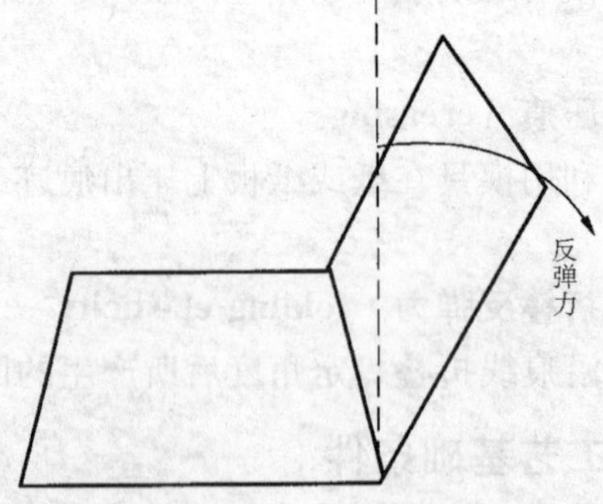


b. 停止施加外力后，纸板受自身作用反弹

图1　折叠反弹力测试示意图

CY/T 59－2009

## 附　录　A
## （资料性附录）
## 模切刀、压痕刀安装尺寸示意图

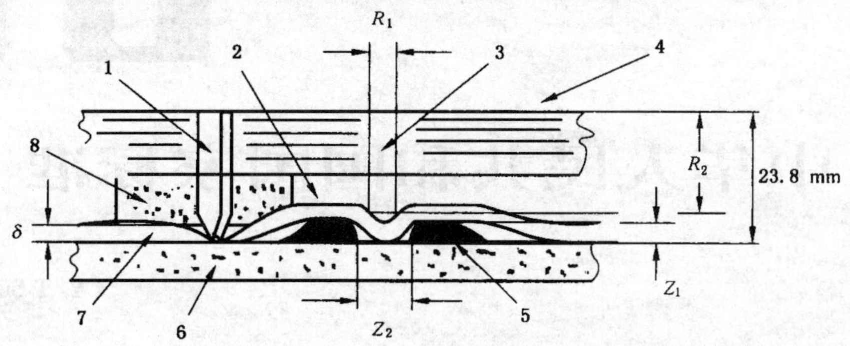


1——模切刀；

2、7——纸板；

3——压痕刀；

4——模切版；

5——阴模（压痕用底模）；

6——钢板；

8——海绵橡胶条；

$\delta$——纸板厚度（mm）；

$R_1$——压痕刀厚度（mm）；

$R_2$——压痕刀高度（mm）；

$Z_1$——底模（阴模）厚度（mm）；

$Z_2$——压痕槽宽（mm）。

图 A.1　模切刀、压痕刀安装尺寸示意图

ICS 37. 100. 01
A 17
备案号：26218 -2009

# 中华人民共和国国家标准

CY/T 60 -2009

# 纸质印刷品烫印与压凹凸过程控制及检测方法

Hot foil—stamping and embossing process control and test methods on paper—based print products

2009 -06 -21 发布　　2009 -06 -21 实施

中华人民共和国新闻出版总署　发　布

CY/T 60－2009

# 前 言

本标准由中华人民共和国新闻出版总署批准。

本标准由全国印刷标准化技术委员会提出并归口。

本标准主要起草单位：星光印刷（苏州）有限公司、博斯特（上海）有限公司、上海理工大学、库尔兹压烫科技（合肥）有限公司、上海烟草包装印刷有限公司、国家印刷装璜制品质量监督检验中心。

本标准主要起草人：王晓红、殷金华、戴祖玺、刘铮、曹静、周宇侃、任瑞宝、马勇、王淮珠。

本标准为首次发布。

CY/T 60－2009

# 纸质印刷品烫印与压凹凸过程控制及检测方法

## 1 范围

本标准规定了纸质印刷品烫印与压凹凸过程控制及检测方法的术语和定义、工艺基础条件、工艺过程控制要求、质量要求、检测方法。

本标准适用于纸质印刷品的烫印与压凹凸过程控制及检测。

## 2 规范性引用文件

下列文件中的条款通过本标准的引用而成为本标准的条款。凡是注日期的引用文件，其随后所有的修改单（不包括勘误的内容）或修订版均不适用于本标准，然而，鼓励根据本标准达成协议的各方研究是否可使用这些文件的最新版本。凡是不注日期的引用文件，其最新版本适用于本标准。

GB/T 7706　凸版装潢印刷品

GB/T 14216　塑料　膜和片湿润张力试验方法（GB/T 14216－2008，idt ISO 8296－2003）

CY/T 3　色评价照明和观察条件

## 3 术语和定义

下列术语与定义适用于本标准。

3.1

**爆裂　cracking**

烫印/压凹凸物表面破裂的现象。

3.2

**糊版　flaky**

超出应烫印图文范围而造成烫印图文模糊不清的现象。

3.3

**漏烫　missing**

烫印图文缺失的现象。

## 4 工艺基础条件

### 4.1 基材要求

4.1.1　表面平整清洁，无脏点瑕疵。

4.1.2　表面张力≥$3.6\times10^{-2}$N/m。

### 4.2 烫印材料要求

4.2.1 表面干净、平整，无折皱。

4.2.2 同批同色色差（CIE$L^*a^*b^*$）$\Delta E_{ab}^* \leqslant 1.5$。

### 4.3 模具要求

4.3.1 模具版平整度应符合表1的要求。

表1 模具版平整度要求

| 项目 | 要求 | | |
|---|---|---|---|
| 模具版表面任意两点之间的距离/mm | ≤150 | 150~300 | ≥300 |
| 厚度平均允差/mm | ±0.05 | ±0.10 | ±0.15 |

4.3.2 模具版加工精度应符合表2的要求。

表2 模具版加工精度要求

| 项目 | 要求 | | |
|---|---|---|---|
| 模具版表面任意两点之间的距离/mm | ≤150 | 150~300 | ≥300 |
| 厚度平均允差/mm | ±0.05 | ±0.10 | ±0.15 |

4.3.3 凹凸模具之间的配合压力均匀适当、不错位。

## 5 工艺过程控制要求

5.1 根据工艺要求设定烫印温度，温度波动范围控制在±10℃以内。

5.2 调整压力均匀适当。

5.3 作业环境的温度：(23±7)℃；相对湿度：(60±15)%。

## 6 质量要求

6.1 烫印表面平实，图文完整清晰，无色变、漏烫、糊版、爆裂、气泡。

6.2 烫印材料与烫印基材之间的结合牢度≥90%。

6.3 同批同色色差（CIE$L^*a^*b^*$）$\Delta E_{ab}^* \leqslant 3$。

6.4 烫印与压凹凸图文与印刷图文的套准允差≤0.3mm。

6.5 压凹凸图文对应位置的凹凸效果无明显差异。

## 7 检测方法

### 7.1 基材表面张力检测

按照GB/T 14216的规定执行。

### 7.2 烫印材料的性能检测

7.2.1 外观测量条件符合CY/T 3规定。

7.2.2 同批同色色差按照GB/T 7706的规定执行。

### 7.3 模具检测

在模具版平面上任取3点，使用分度值0.01mm的标准量具分别测量各点的厚度，取平均值。

**7.4　质量检测**

7.4.1　外观检测条件符合 CY/T 3 的规定。

7.4.2　烫印材料与烫印基材的结合牢度检测按照 GB/T 7706 的规定执行。

7.4.3　同批同色色差按照 GB/T 7706 的规定执行。

7.4.4　使用分度值 0.01mm 的标准量具进行烫印套准检测。

7.4.5　在自然光下观察凹凸效果。

ICS 37. 100. 01
A　17
备案号：26219 -2009

# 中华人民共和国国家标准

CY/T 61 -2009

# 纸质印刷品制盒过程控制及检测方法

Box - making process control and test methods on paper - based print products

2009 -06 -21 发布　　　　2009 -06 -21 实施

中华人民共和国新闻出版总署　　发　布

CY/T 61－2009

# 前 言

本标准由中华人民共和国新闻出版总署批准。

本标准由全国印刷标准化技术委员会提出并归口。

本标准主要起草单位：星光印刷（苏州）有限公司、博斯特（上海）有限公司、天津科技大学、汉高（中国）投资有限公司、上海烟草包装印刷有限公司、国家印刷装璜制品质量监督检验中心。

本标准主要起草人：陈蕴智、唐万有、戴祖玺、刘铮、余广强、任瑞宝、马勇。

本标准为首次发布。

CY/T 61－2009

# 纸质印刷品制盒过程控制及检测方法

## 1　范围

本标准规定了纸质印刷品制盒术语和定义、制盒工艺过程控制、质量要求、检测方法。

本标准适用于纸质印刷品制盒，瓦楞纸板的制盒加工亦可参照使用。

## 2　规范性引用文件

下列文件中的条款通过本标准的引用而成为本标准的条款。凡是注日期的引用文件，其随后所有的修改单（不包括勘误的内容）或修订版均不适用于本标准，然而，鼓励根据本标准达成协议的各方研究是否可使用这些文件的最新版本。凡是不注日期的引用文件，其最新版本适用于本标准。

GB/T 451.3　纸和纸板厚度的测定（GB/T 451.3－2002，idt ISO 534：1988）

GB/T 9056　金属直尺

GB/T 14216　塑料　膜和片润湿张力试验方法（GB/T 14216－2008，idt ISO 8296－2003）

GB/T 21389　游标、带表和数显卡尺

CY/T 3　色评价照明和观察条件

CY/T 59　纸质印刷品模切过程控制及检测方法

HBC 18　环境产品技术要求　环境标志产品认证技术要求　黏合剂

## 3　术语和定义

下列术语和定义适用于本标准。

3.1

**爆线　cracking；fracture**

压、折痕处出现破损的现象。

3.2

**折叠纸盒开盒性能　openability for folding carton**

纸盒在粘接、压平状态下，沿折叠线的垂直方向施加一定的推力，使纸盒张开成型的性能。

## 4　工艺过程控制要求

### 4.1　制盒要求

4.1.1　制盒盒片符合 CY/T 59《纸质印刷品模切过程控制及检测方法》标准的要求。

4.1.2　粘接部位表面张力≥$3.6\times10^{-2}$N/m。

4.1.3　制盒盒片粘接部位涂层附着牢固。

### 4.2　黏合剂及涂布要求

4.2.1　黏合剂应与制盒材料及工艺匹配。

4.2.2　黏合剂应符合 HBC 18 的要求。

4.2.3　涂胶位置准确，压合后粘接牢固，粘接部位侧边和两端不溢胶。连续涂布黏合剂时，涂胶长度方向上胶痕连续不间断、均匀；间隔涂布黏合剂时，涂胶区域内涂布均匀。

### 4.3　成型要求

4.3.1　折叠偏差不大于纸板厚度的 1.5 倍。

4.3.2　压合位置准确，压力与压合时间满足黏合剂固化要求。

### 4.4　作业环境要求

温度：(23±7)℃；相对湿度：(60±15)%。

## 5　质量要求

### 5.1　粘接强度

符合下列条件之一，即认为粘接强度合格。

a. 粘接强度≥267N/m。

b. 黏合剂固化后揭开粘接部位，纸板纤维破损的面积不小于涂布黏合剂面积的50%，并且破损面分布均匀。

### 5.2　折叠纸盒开盒性能

适合包装设备和被包装物的要求。

### 5.3　外观要求

表面平整，无褶皱、擦痕、污渍和爆线。

## 6　检测方法

### 6.1　表面张力

按照 GB/T 14216 规定执行。

### 6.2　折叠偏差

按 GB/T 451.3 规定执行。

### 6.3　粘接强度

6.3.1　仪器

拉力试验机，读数示值误差为±1%。指针式实测示值应在表盘满刻度的 15%~85%之间。

6.3.2　样品制备

试样宽度（10.0 ±0.5）mm，试样长度（100 ±1）mm；从粘接部位（或以相同制盒材料和黏合剂粘接的适合测量要求的样品）裁取试样 10 条。

用符合 GB/T 21389 要求，分度值为 0.02mm 的卡尺和符合 GB/T 9056 要求，标尺标记为 0.5mm 直尺进行测量。

6.3.3　检测步骤

6.3.3.1　在温度（23 ±7）℃、相对湿度（60 ±15）%，固化时间（4 ±1）h 条件下检测。

6.3.3.2　以粘接部位为中心，揭开呈 180°，把试样的两端夹在试验机的两个夹具上，试样轴线应与上下夹具中心线相重合（见图 1），并要求松紧适宜。夹具间距离为 50mm，检测速度为（300 ±20）mm/min，读取试样分离时的最大载荷。

下列情况视为合格：

a. 由于粘接力大，试样被拉断；

b. 试样被拉时，纸板纤维破损。

6.3.4　用下面公式计算：

$$P = \frac{1000F}{L} \qquad (1)$$

式中：

$P$——粘接强度，N/m；

$F$——试样分离时所需的最大力，N；

$L$——试样宽度，mm。

检测结果以 10 个试样的算术平均值为粘接强度。

**6.4　外观检测**

外观测量条件符合 CY/T 3 的规定。

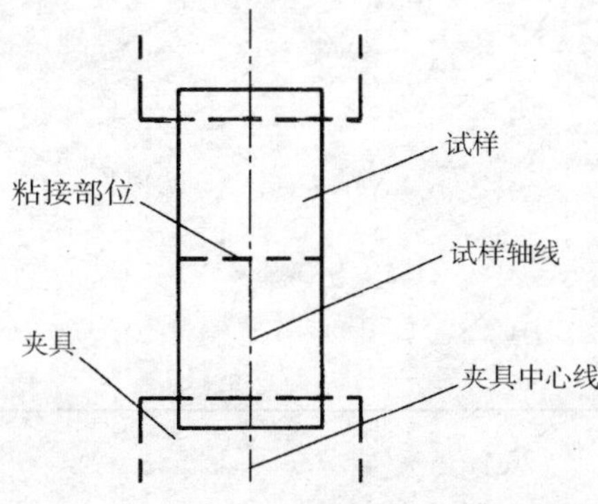


图 1　试样轴线与夹具中心线位置

ICS 35.040

A 24

# 中华人民共和国国家标准

GB/T 18348－2008

代替 GB－18348－2001

# 商品条码　条码符号印制质量的检验

Bar code for commodity－Bar code symbol print quality verification

2008－07－28 发布　　2009－01－01 实施

中华人民共和国国家质量监督检验检疫总局
中国国家标准化管理委员会　发布

GB/T 18348 - 2008

# 前　言

本标准依据 GB/T 14258 - 2003《信息技术　自动识别与数据采集技术　条码符号印制质量的检验》，参考《GSI 通用规范》，规定了商品条码符号印制质量的检验方法。

本标准采用了 GB/T 14258 - 2003 规定的检测方法和质量评价方法；根据商品条码的特点，设置了检验项目；给出了计算可译码度的公式；规定了条码符号质量的判定方法。

本标准代替 GB/T 18348 - 2001《商品条码符号印制质量的检验》。

本标准与 GB/T 18348 - 2001 相比主要变化如下：

——标准名称改为“商品条码条码符号印制质量的检验”；

——删去了第 3 章中的所有术语和定义；增加了“参考译码”和“译码正确性”的术语和定义；

——在“检测条件”（第 5 章）中，把“环境条件”改为：“检测室温度 23℃ ±5℃，相对湿度 30% ~70%”；增加了“人工测量的照明”和“条码检测仪测量的照明”的条；把“综合特性测量仪器”改为“条码检测仪”；在“测量孔径”一条中增加了“测量孔径的选择”的内容；

——在“检测项目”（第 6 章）中，用“Z 尺寸”项目代替了“放大系数”项目；增加了“宽窄比”一项；

——增加了关于“条/空反射率和条/空尺寸偏差检测方法”的注（第 7 章），删除了原标准 7.12“参考检验方法”；

——根据商品条码的定义，增加了对 UCC/EAN - 128 和 ITF - 14 条码符号的检测内容；

——增加了“参考译码”的内容（见 7.3.4）；

——把“光学特性参数值测定”的内容放入附录 B 中；

——把 EAN/UPC 条码可译码度测定的内容放入附录 C 中并增加了 UCC/EAN - 128 和 ITF - 14 两种类型商品条码可译码度测定的内容，把“条码中各有关部分的尺寸示意图”放在附录 C 的适当位置；

——增加了“商品条码符号 X 尺寸的范围”的内容（见表 4）；

——增加了“商品条码符号空白区最小宽度要求”的内容（见表 5）；

——增加了对“空白区宽度”项目检测结果进行等级评定并且“空白区宽度”的等级参与符号等级评定的规定（见 7.6.3 和 8.1）；

——增加了“商品条码条高的要求”的内容（见表 7）；

——增加了“商品条码的符号等级要求”的内容（见表 8）；

——把原标准附录 A 的内容移至附录 C 相应的条中；

——把原标准附录 B 的内容放入附录 A 中并增加了“偏差的测量与计算”（见 A. 2. 1）和“平均条宽偏差的检测方法”（见 A. 3）的内容；

——删去了原标准附录 C 的内容；

——对原标准附录 D“检验报告参考格式”的内容进行了修改，放在附录 E 中。

本标准的附录 B、附录 C、附录 D 为规范性附录，附录 A、附录 E 为资料性附录。

本标准由全国物流信息管理标准化技术委员会提出并归口。

本标准起草单位：中国物品编码中心。

本标准主要起草人：熊立勇、赵辰、罗秋科、王迎春、刘伟。

本标准于 2001 年首次发布，本次为第一次修订。

# 商品条码　条码符号印制质量的检验

## 1　范围

本标准规定了商品条码符号印制质量的检验方法。

本标准适用于印制的商品条码符号的质量检验。

## 2　规范性引用文件

下列文件中的条款通过本标准的引用而成为本标准的条款。凡是注日期的引用文件，其随后所有的修改单（不包括勘误的内容）或修订版均不适用于本标准，然而，鼓励根据本标准达成协议的各方研究是否可使用这些文件的最新版本。凡是不注日期的引用文件，其最新版本适用于本标准。

GB/T 2828.1 计数抽样检验程序　第1部分：按接收质量限（AQL）检索的逐批检验抽样计划（GB/T 2828.1－2003，ISO 2859－1：1999，IDT）

GB/T 2829　周期检验计数抽样程序及表（适用于对过程稳定性的检验）

GB 12904－2008　商品条码　零售商品编码与条码表示

GB/T 12905　条码术语

GB/T 13262　不合格品率的计数标准型一次抽样检查程序及接样表（GB/T 13262－1991，neq JISZ9002：1975）

GB/T 14257　商品条码符号位置

GB/T 14258－2003　信息技术　自动识别与数据采集技术　条码符号印制质量的检验（ISO/IEC 15416：2000，MOD）

GB/T 14437　产品质量监督计数一次抽样检验程序及抽样方案

GB/T 15425　EAN·UCC 系统 128 条码

GB/T 15482　产品质量监督小总体计数一次抽样检验程序及抽样表

GB/T 16306　产品质量监督复查程序及抽样方案

GB/T 16830　商品条码　储运包装商品的编码与条码表示

ISO/IEC 15426－1　信息技术　自动识别与数据采集技术　条码检测仪一致性规范　第1部分：一维条码

GSl 通用规范

## 3　术语和定义

GB 12904－2008、GB/T 12905、GB/T 14258－2003 确立的以及下列术语和定义适用于本标准。

3.1

**参考译码　reference decode**

按照 GB/T 14258－2003 规定的方法，用指定的参考译码算法确定条码符号所表示数据过程的参数。

3.2

**译码正确性　correctness of decode**

用符合条码码制规范的方法对条码符号译码所得到的数据与该条码符号所表示的数据相同的特性。

## 4　抽样

在商品条码印制质量的检验中，应根据检验的类别和适用的抽样标准制定抽样方案：

a）连续批的有数个厂商可供选择的购入检查和有确定用户的出厂检验，采用 GB/T 2828.1 来确定抽样方案；

b）单批的购入、工序和出厂检验，采用 GB/T 13262 来确定抽样方案；

c）生产过程稳定性的检查，采用 GB/T 2829 来确定抽样方案；

d）供需双方验收检验，在合同中有抽样约定的，按约定确定抽样方案；

e）商品条码质量监督检验监督总体量大的场合，采用 GB/T 14437 来确定抽样方案；

f）商品条码质量监督检验监督总体量小的场合，采用 GB/T 15482 来确定抽样方案；

g）商品条码质量监督复查，采用 GB/T 16306 来确定抽样方案。

## 5　检测条件

### 5.1　环境条件

#### 5.1.1　温度和湿度

检测室温度 23℃ ±5℃，相对湿度 30% ~70%。

#### 5.1.2　照明

##### 5.1.2.1　人工测量的照明

采用 D65 光源的模拟体（色温 5 500K ~6 500K），顶光照明，照度 500Lx ~1 500Lx。

##### 5.1.2.2　条码检测仪测量的照明

检测工作区域照度应符合条码检测仪的技术要求，如无要求时检测工作区域的照度不大于 100 lx。

### 5.2　检测设备

#### 5.2.1　条码检测仪

##### 5.2.1.1　基本功能

条码检测仪应能按 GB/T 14258－2003 的规定测量扫描反射率曲线参数值。

##### 5.2.1.2　一致性

条码检测仪应符合 ISO/IEC 15426－1 中一致性要求的规定。

5.2.1.3　测量光波长

测量光波长为670 nm ± 10 nm。

5.2.1.4　测量孔径

测量孔径的选择见表1。

表1　测量孔径的选择

| 被测条码符号类型 | X尺寸/mm | 测量孔径的标称值/mm | 孔径参考号 |
|---|---|---|---|
| EAN-13、EAN-8、UPC-A、UPC-E | 0.264≤X≤0.660 | 0.15 | 06 |
| ITF-14 | 0.250≤X<0.635 | 0.25 | 10 |
| | 0.635≤X≤1.016 | 0.50 | 20 |
| UCC/EAN-128 | 0.250≤X<0.495 | 0.15 | 06 |
| | 0.495≤X≤1.016 | 0.25 | 10 |
| 注：在不知道X尺寸的情况下，用Z尺寸代替X尺寸。 | | | |

5.2.1.5　测量光路

测量光路应符合GB/T 14258-2003中4.2.1.3的规定。

5.2.1.6　反射率基准

以氧化镁（MgO）或硫酸钡（$BaSO_4$）作为100%反射率的基准。

5.2.2　长度测量仪器

5.2.2.1　空白区宽度测量仪器

最小分度值不大于0.1mm的长度测量仪器或最小分度值不大于0.01mm的条码检测仪。

5.2.2.2　Z尺寸、条高测量仪器

最小分度值不大于0.5mm的钢板尺，适用于人工测量。

5.3　被检样品

应尽可能使被检条码符号处于设计的被扫描状态对其进行检测。对不能在实物包装形态下被检测的样品，以及标签、标纸、包装材料上的条码符号样品，可以进行适当处理，使样品平整、大小适合于检测，且条码符号四周保留足够的固定尺寸。对于不透明度小于0.85的符号印刷载体，检测时应在符号底部衬上反射率小于5%的暗平面。不透明度的测量见GB/T 14258-2003的D.1。

## 6　检测项目

6.1　参考译码

6.2　光学特性

6.2.1　最低反射率

6.2.2　符号反差

6.2.3　最小边缘反差

6.2.4　调制比

6.2.5　缺陷度

6.3　可译码度

6.4　Z 尺寸

6.5　宽窄比

注：本项目不适合于（n，k）条码符号。

6.6　空白区宽度

6.7　条高

6.8　印刷位置

6.9　其他（GB 12904－2008、GB/T 15425 或 GB/T 16830 对条码符号质量的其他要求或参数）

## 7　检测方法

对于 6.1～6.3 和 6.5～6.6 所列检测项目采用 GB/T 14258－2003 中规定的扫描反射率融线分析—质量分级检测方法。

注：在条码符号印制过程质量控制中需要了解和分析条/空反射率和条/空尺寸的状况、确定改进方法时，可以采用条/空反射率和条/空尺寸偏差检测方法，见附录 A。

### 7.1　一般要求

#### 7.1.1　检测带

检测带是商品条码符号的条码字符条底部边线以上，条码字符条高的 10% 处和 90% 处之间的区域（见图 1）。

应该在检测带内对条码符号进行 6.1～6.6 所列项目的检测。

图 1　检测带

### 7.1.2　扫描测量次数

在检测 6.1～6.3 和 6.5～6.6 所列项目时，对每个被检条码符号扫描测量的次数按检验类别确定：

a）对条码符号进行质量评价，应在条码符号的 10 个不同条高位置各进行一次扫描测量，10 次扫描的扫描路径宜保持等间距。扫描路径应通过包括空白区在内的整个符号宽度。

b）在其他情况下，对每一个条码符号扫描测量的次数可以适当减少，参见 GB/T 14258－2003 的附录 G。

## 7.2　扫描测量

用符合 5.2.1 规定的检测仪，按 7.1 的要求，对条码符号扫描测量反射率，得出扫描反射率曲线。扫描反射率曲线可以是存放在存储器中的数据形式或可供人观察的形式。

## 7.3　扫描反射率曲线分析和参数值测定

### 7.3.1　基本方法

通过分析扫描反射率曲线的特征，确定各个参数值。扫描反射率曲线特征示意见图 2。

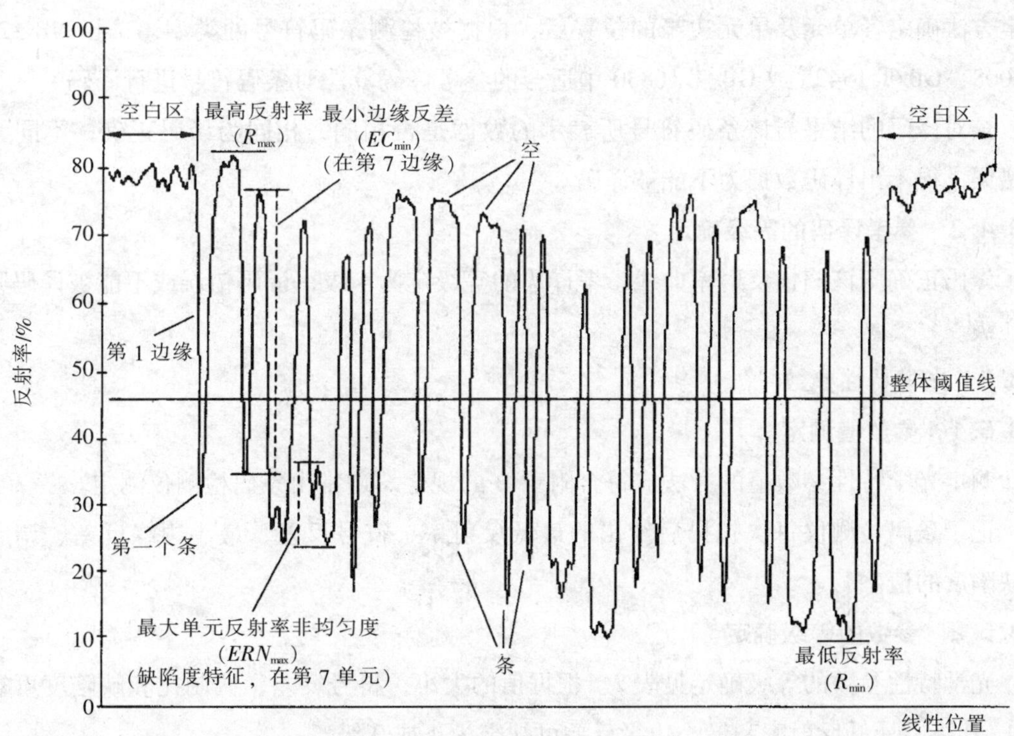


图 2　扫描反射率曲线特征示意图

7.3.2 单元的确定

为了区分条单元和空单元，需要确定一个整体阈值（$GT$）。整体阈值是等于最高反射率与最低反射率之和的二分之一的反射率界限值，计算见公式（1）。

$$GT = (R_{max} + R_{min}) /2 \qquad (1)$$

式中：

$R_{max}$——最高反射率；

$R_{min}$——最低反射率。

在整体阈值之上的每一个曲线包围区域被确定为空单元，在整体阈值以下的每一个曲线包围区域被确定为条单元。

7.3.3 单元边缘的确定

扫描反射率曲线上两相邻单元（包括空白区）空反射率（$R_s$）、条反射率（$R_b$）中间值即（$R_s + R_b$）/2 的点的横坐标即该两相邻单元边缘的位置。

7.3.4 参考译码

7.3.4.1 译码方法

由条码检测仪对扫描反射率曲线，按 7.3.2 规定的单元确定和 7.3.3 规定的单元边缘确定方法确定各单元及单元边缘的位置后，根据被检测条码符号的类型，选择 GB 12904－2008、GB/T 15425 或 GB/T 16830 中适合的参考译码算法对条码符号进行译码。

核对译码的结果与该条码符号所表示的数据是否相同，相同为译码正确，不同为译码错误，得不出译码数据为不能被译码。

7.3.4.2 参考译码的等级确定

译码正确则该扫描反射率曲线参考译码的等级定为 4 级，译码错误或不能被译码则定为 0 级。

7.3.5 光学特性参数

7.3.5.1 参数值测定

测定光学特性参数值的方法应符合附录 B 的规定。通常由条码检测仪测定。

记录条码检测仪每次扫描后给出的最低反射率、符号反差、最小边缘反差、调制比和缺陷度的值。

7.3.5.2 参数的等级确定

光学特性参数的等级确定见表 2。根据值的大小，符号反差、调制比和缺陷度可被定为 4 ~0 级，最低反射率和最小边缘反差可被定为 4 或 0 级。

**表 2 光学特性参数的等级确定**

| 等级 | 最低反射率 ($R_{min}$) | 符号反差（SC） | 最小边缘反差 ($EC_{min}$) | 调制比（MOD） | 缺陷度（Defects） |
|---|---|---|---|---|---|
| 4 | ≤0.5$R_{max}$ | SC≥70% | ≥15% | MOD≥0.70 | Delects≤0.15 |
| 3 | – | 55%≤SC<70% | – | 0.60≤MOD<0.70 | 0.15<Defects≤0.20 |
| 2 | – | 40%≤SC<55% | – | 0.50≤MOD<0.60 | 0.20<Defects≤0.25 |
| 1 | – | 20%≤SC<40% | – | 0.40≤MOD<0.50 | 0.25<Defeets≤0.30 |
| 0 | >0.5$R_{max}$ | SC<20% | <15% | MOD<0.40 | Defects>0.30 |

### 7.3.6 可译码度

#### 7.3.6.1 可译码度的测定

测定可译码度的方法应符合附录 C 的规定。通常由条码检测仪测定。

记录条码检测仪每次扫描后给出的可译码度。

#### 7.3.6.2 可译码度等级的确定

可译码度（V）的等级确定见表 3。

**表 3 可译码度的等级确定**

| 可译码度（V） | 等级 |
|---|---|
| V≥0.62 | 4 |
| 0.50≤V<0.62 | 3 |
| 0.37≤V<0.50 | 2 |
| 0.25≤V<0.37 | 1 |
| V<0.25 | 0 |

### 7.4 Z 尺寸

按 D.1 规定的方法测量和计算条码符号的 Z 尺寸。根据符号规范规定的 X 尺寸范围判断 Z 尺寸是否符合规定。各种类型商品条码符号 X 尺寸的范围见表 4。

**表 4 商品条码符号 x 尺寸的范围** 单位为毫米

| 条码符号类型 | 应用对象 | X尺寸 | | |
|---|---|---|---|---|
| | | 最小值 | 首选值 | 最大值 |
| EAN－13、EAN－8、UPC－A、UPC－E | 零售商品 | 0.264 | 0.330 | 0.660 |
| | 可零售的储运包装商品 | 0.495 | 0.660 | 0.660 |
| | 储运包装商品 | 0.495 | 0.660 | 0.650 |
| ITF－14 | 储运包装商品 | 0.495 | 1.016 | 1.016 |
| | 其他[a] | 0.250 | 0.495 | 0.495 |
| UCC/EAN－128 | 储运包装商品 | 0.495 | – | 1.016 |
| | 物流单元 | 0.495 | 0.495 | 0.940 |
| | 其它[a] | 0.250 | 0.495 | 0.495 |

[a] 其他应用对象包括在供应链的供需双方使用的贸易项目，如医疗保健晶、纸张、包装材料、电气设备、通讯设备等。

### 7.5 宽窄比（$N$）

宽窄比的测量方法见 D.2。ITF－14 条码符号的宽窄比（$N$）的测量值应在 $2.25 \leq N \leq 3.00$ 范围内，测量值在此范围内则宽窄比评为 4 级，否则评为 0 级。

### 7.6 空白区宽度

#### 7.6.1 空白区宽度的要求

各种类型商品条码符号空白区最小宽度的要求见表 5。

表 5 商品条码符号空白区最小宽度要求　　单位为毫米

| 条码符号类型 | 空白区最小宽度 | |
|---|---|---|
| | 左侧空白区 | 右侧空白区 |
| EAN－13 | 11X | 7X |
| EAN－8 | 7X | 7X |
| UPC－A | 9X | 9X |
| UPC－E | 9X | 7X |
| ITF－14、UCC/EAN－128 | 10X | 10X |
| 主符号（EAN－13、UPC－A、UPC－E）加 2 位或 5 位附加符号[a] | 同无附加符号时的主符号 | 5X[b] |

注：在不知道 $X$ 尺寸的情况下，用 $Z$ 尺寸代替 $X$ 尺寸。把计算得到的空白区宽度数值修约到一位小数。

[a] 主符号与附加符号的最小间隔与无附加符号时的主符号右侧空白区最小宽度相同；最大间隔为 12X。

[b] 此处指的是附加符号的右侧空白区。

#### 7.6.2 空白区宽度的测量

##### 7.6.2.1 用条码检测仪测量

按 7.1 的要求，用具有空白区检测功能的条码检测仪扫描测量。检测仪应能按照空白区的定义测量空白区宽度，根据条码符号的 Z 尺寸及表 5 的要求对空白区宽度是否满足要求做出判断。

##### 7.6.2.2 人工测量

在 5.1.2.1 规定的照明条件下，用符合 5.2.2.1 要求的长度测量器具，在检测带内人眼观察的空白区最窄处测量空白区宽度。人工测量的结果可作为各次扫描反射率曲线的空白区宽度参数值使用。根据条码符号的 Z 尺寸及表 5 的要求对空白区宽度是否满足要求做出判断。

注：在有些情况下，检测仪按照空白区的定义测量的空白区宽度比人眼观察测量的空白区宽度大。如果出现这种差异，建议探讨将二者测量结果统一的可能性；在无法统一时，宜注明界定空白区边界的方法。

#### 7.6.3 空白区宽度的等级确定

空白区宽度的等级确定见表 6。

表6　空白区宽度的等级确定

| 空白区宽度 | 等级 |
| --- | --- |
| 大于或等于标准要求的最小宽度 | 4 |
| 小于标准要求的最小宽度 | 0 |

## 7.7　条高

在5.1.2.1规定的照明条件下，用符合5.2.2.2要求的长度测量器具测量。

对商品条码条高的要求见表7。

表7　商品条码条高的要求　　单位为毫米

| 条码类型 | 条高 |
| --- | --- |
| EAN－13、UPC－A、UPC－E | ≥69.24X |
| EAN－8 | ≥55.24X |
| UCC/EAN－128（X<0.495） | ≥13 |
| UCC/EAN－128（X≥0.495） | ≥32 |
| ITF－14（X<0.495） | ≥13 |
| ITF－14（X≥0.495） | ≥32 |
| 注：在不知道X尺寸的情况下，用Z尺寸代替X尺寸。把计算得到的条高数值修约到整数个位。 | |

## 7.8　印刷位置

按GB/T 14257的规定进行目检。

# 8　检测数据处理

## 8.1　扫描反射率曲线等级的确定

取单次测量扫描反射率曲线的参考译码、最低反射率、符号反差、最小边缘反差、调制比、缺陷度、可译码度、空白区宽度、宽窄比诸参数等级中的最小值作为该扫描反射率曲线的等级。

注：各参数的等级及扫描反射率曲线的等级用字母表示时，字母等级与数字等级的对应关系是：A－4，B－3，C－2，D－1，F－0。

## 8.2　符号等级的确定

10次测量中有任何一次出现译码错误，则被检条码符号的符号等级为0。

10次测量中都无译码错误（允许有不译码），以10次测量扫描反射率曲线等级的算术平均值作为被检条码符号的符号等级值。

## 8.3　符号等级的表示方法

符号等级以G/A/W的形式来表示，其中G是符号等级值，精确至小数点后一位；A是测量孔径的参考号；W是测量光波长以纳米为单位的数值。例如，2.7/06/660表示，符号等级值为2.7，测量时使用的是参考号为06的、标称直径为0.15mm的孔径，测量光波长为660 nm。

注：符号等级值也可以用字母A、B、C、D或F来表示，字母符号等级与数字符号等级的对应关系是：A－（3.5≤G≤4.0），B－（2.5≤G<3.5），C－（1.5≤C<2.5），D－（0.5≤G<1.5），

F－（G<0.5）。

## 8.4 扫描反射率曲线各单项参数检测结果的表示方法

对于一个条码符号经检测得出的10个扫描反射率曲线，可以计算各单项参数（除参考译码外）10次测量值的平均值并确定平均值的等级；可以计算参考译码参数10次测量的等级的平均值，把这些测量值的平均值及其相对应等级或等级的平均值作为检测结果在检测报告中给出。

# 9 判定

根据检验结果，按照GB 12904－2008、GB/T 15425、GB/T 16830或《GSl通用规范》中关于符号质量的要求，进行单个商品条码符号质量的判定。

对各种类型商品条码的符号等级的要求见表8。

表8 商品条码的符号等级要求

| 条码类型 | 符号等级 |
|---|---|
| EAN－13、EAN－8、UPC－A、UPC－E | ≥1.5/06/670 |
| UCC/EAN－128（X<0.495mm） | ≥1.5/06/670 |
| UCC/EAN－128（X≥0.495mm） | ≥1.5/10/670 |
| ITF－14（X<0.635mm） | ≥1.5/10/670 |
| ITF－14（X≥0.635mm） | ≥0.5/20/670 |

# 10 检验报告

检验报告应包括以下内容：

a）被检条码符号的条码类型；

b）条码符号的供人识别字符；

c）条码符号所标识的商品的名称、商标和规格；

d）条码符号的承印材料；

e）测量光波长和测量孔径的直径；

f）检验依据的标准；

g）各项检验结果；

h）符号等级；

i）判定结论；

j）检验人、报告审核人和报告批准人的签名；

k）检验单位的印章；

l）检验日期。

检验报告参考格式见附录E。

# 附　录　A
## （资料性附录）
## 条/空反射率、印刷对比度和条/空尺寸偏差的检测方法

### A.1　条/空反射率和印刷对比度的检测方法

#### A.1.1　检测步骤

用分辨率不低于1%（反射率）的反射率测量仪器检测。在条码符号条高方向上均匀取五个测量位置，从起始符到终止符逐一测量各条/空的反射率，每一高度位置的测量重复上述步骤。

#### A.1.2　数据处理

**A.1.2.1**　取同一高度位置上各条反射率中的最大值及各空反射率中的最小值，作为这一高度位置上的条/空反射率。

**A.1.2.2**　取五个不同高度位置上条反射率中的最大值及空的反射率中的最小值，作为该条码符号的条/空反射率。

**A.1.2.3**　印刷对比度（PCS值）按公式（A.1）计算：

$$PCS = \frac{R_L - R_D}{R_L} \qquad \text{(A.1)}$$

式中：

$R_L$——条码符号空的反射率；

$R_D$——条码符号条的反射率。

#### A.1.3　判定方法

根据检测结果，EAN/UPC条码依据GB 12904－2008中F.2的规定，UCC/EAN－128和ITF－14条码可参照这个规定，判定条码符号光学特性能否符合要求。

### A.2　条/空尺寸偏差的检测方法

#### A.2.1　偏差的测量与计算

测量条码符号中各条、空及条空组合的实际宽度，计算实际宽度与相应名义宽度尺寸的差即偏差。

对于（n，k）条码，名义宽度尺寸应根据测量的Z尺寸（见D.1）及被测条、空或条空组合所属的条码字符，按照相应的条码码制规范确定；对于两种单元宽度条码，名义宽度尺寸应根据测量的Z尺寸和宽窄比（见D.2），以及被测条、空所属的条码字符，按照相应的条码码制规范确定。

#### A.2.2　检测步骤

用分辨率不低于0.01mm的长度测量仪器检测。在条码符号条高方向上均匀取五个测量位置，从起始符到终止符逐一测量各条/空尺寸，每一高度位置的测量重复上述步骤。

#### A.2.3　数据处理

**A.2.3.1**　取同一高度位置上各条/空尺寸偏差的最大值和最小值作为这一高度位置上的条/空尺寸偏差的最大、最小值。

**A.2.3.2**　取五个不同高度位置上各条/空尺寸偏差的最大值和最小值作为该条码符号的

条/空尺寸偏差。

**A. 2. 4　判定方法**

根据检测结果，EAN/UPC 条码依据 GB 12904－2008 中 F. 1 的规定，UCC/EAN－128 和 ITF－14 条码可参照这个规定，判定条码符号条空尺寸偏差能否符合要求。

**A. 3　平均条宽偏差的检测方法**

测量条码符号中各条的实际宽度，用公式（A. 2）计算平均条宽偏差。

$$\overline{D}_b = \frac{\sum_{i=1}^{n}(b_i - B_i)}{n} \quad \text{(A. 2)}$$

式中：

$\overline{D}_b$——平均条宽偏差；

$n$——条码符号中条的总数；

$i$——条的序号；

$b_i$——第 $i$ 条的实际宽度；

$B_i$——第 $i$ 条的名义宽度。

注：在有些条码检测仪的检测报告中，平均条宽偏差被称为“平均条宽增量”或“平均条宽增益”。

## 附　录　B

## （规范性附录）

## 光学特性参数值的测定

**B. 1　导言**

对每条扫描反射率曲线，按照 B. 2 至 B. 6 规定的方法测定光学特性参数值。

**B. 2　最低反射率**

在扫描反射率曲线上找出最低反射率（$R_{min}$），最低反射率应不高于最高反射率（$R_{max}$）的二分之一。

注：有些条码检测仪直接给出最低反射率与最高反射率之比，即 $R_{min}/R_{max}$

**B. 3　符号反差**

符号反差（$SC$）按公式（B. 1）计算：

$$SC = R_{max} - R_{min} \quad \text{(B. 1)}$$

**B. 4　最小边缘反差**

边缘反差（$EC$）按公式（B. 2）计算：

$$EC = R_s - R_b \quad \text{(B. 2)}$$

式中：

$R_s$——相邻单元（包括空白区）空的反射率；

$R_b$——相邻单元条的反射率。

取扫描反射率曲线所有边缘反差中的最小值作为该扫描反射率曲线的最小边缘反差（$EC_{min}$）。

**B. 5　调制比**

调制比（$MOD$）按公式（B. 3）计算：

$$MOD = EC_{min}/SC \quad \cdots\cdots \quad (B.3)$$

式中：

$EC_{min}$——最小边缘反差；

$SC$——符号反差。

**B.6　缺陷度**

计算扫描反射率曲线的各单元（包括空白区）中最高峰反射率与最低谷反射率之差，即单元反射率非均匀度（$ERN$）。条单元中无峰、空单元及空白区中无谷的，其 $ERN$ 为 0。取所有 $ERN$ 中的最大值作为该扫描反射率曲线的最大单元反射率非均匀度（$ERN_{max}$）。

扫描反射率曲线的缺陷度（Defects）按公式（B.4）计算：

$$\text{Defects} = \frac{ERN_{max}}{SC} \quad \cdots\cdots \quad (B.4)$$

式中：

$ERN_{max}$——最大单元反射率非均匀度；

$SC$——符号反差。

# 附　录　C

## （规范性附录）

## 可译码度的测定

**C.1　导言**

**C.1.1**　根据被测条码符号类型，按照 C.2、C.3 或 C.4 规定的方法对每条扫描反射率曲线测定可译码度。

**C.1.2**　对每条扫描反射率曲线，按 7.3.3 规定的单元边缘确定方法，确定各单元的边界，然后测量相应单元边缘间的距离，确定 C.2.1、C.3.1，或 C.4.1 所描述的条码符号各单元或单元组合的宽度。

**C.1.3**　所有尺寸测量值的单位与扫描反射率曲线所在坐标系的横坐标（即“线性位置”坐标）采用的单位相同。

**C.2　EAN－13、EAN－8、UPC－A、UPC－E 条码**

**C.2.1　尺寸测量**

在扫描反射率曲线上测量：

——各条码字符的宽度（$p$）；

——各条码字符中相邻两条相应的左或右边缘之间的距离（$e_1$、$e_2$）；

——起始符、终止符中相邻两条相应的左或右边缘之间的距离（$e_1$）；

——中间分隔符中相邻两条相应的左或右边缘之间的距离（$e_1$、$e_2$、$e_3$、$e_4$）；

——表示 1、2、7、8 的条码字符中条单元宽度的和（$b_1 + b_2$）。

EAN/UPC 条码中各部分尺寸的示意图见图 C.1。

**C.2.2　可译码度的计算**

**C.2.2.1**　各条码字符及起始符、中间分隔符、终止符中相邻两条同侧边缘之间距离相关的可译码度值 $V_C$ 按公式（C.1）计算。

$$V_C = \frac{\{|e_i - RT_j| \text{ 的最小值}\}}{p/14} \quad \cdots\cdots \quad (C.1)$$

式中：

$e_i$——字符中相邻两条相应的左或右边缘之间距离的测量值，对于条码字符、起始符、终止符：$i=1$，2；对于中间分隔符：$i=1$，2，3，4；

$RT_j$——参考阈值（$j=1$，2，3，4），其中 $RT_1=1.5p/7$、$RT_2=2.5p/7$、$RT_3=3.5p/7$、$RT_4=4.5p/7$；

$p$——相应条码字符的宽度测量值。

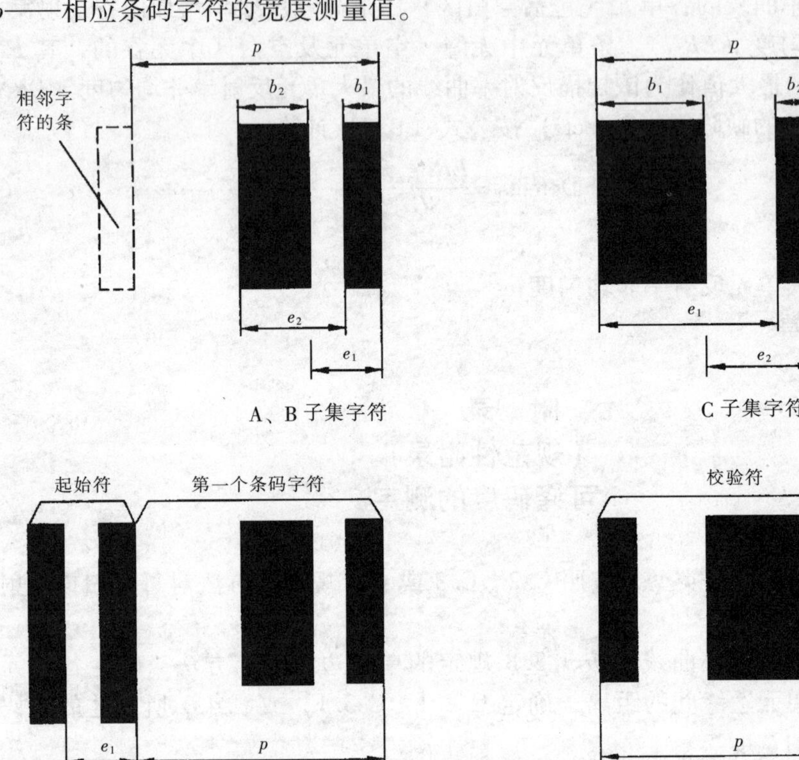


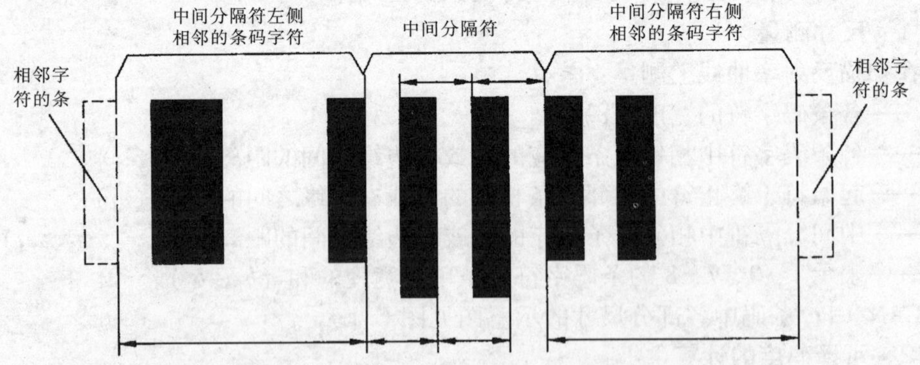


$b_i$（$i=1$，2）——条码字符中条的宽度；

$p$——条码字符的宽度；

$e_i$（$i=1$，2，3，4）——条码符号中相邻两条相应的左或右边缘之间的距离。

图 C.1　EAN/UPC 条码中各有关部分的尺寸示意图

注：计算与 e 尺寸相关的可译码性值 $V_1$ 时，对于起始符、终止符的 $e_1$，公式中的 p 取相邻条码字符的宽度；对于中间分隔符的 $e_1$、$e_2$、$e_3$，p 可取中间分隔符左侧相邻条码字符的宽度；对于中间分隔符的 $e_2$、$e_3$、$e_4$，p 可取中间分隔符右侧相邻条码字符的宽度。

注：对于起始符、终止符的 $e_1$，公式（C.1）中的 $p$ 取相邻条码字符的宽度；对于中间分隔符的 $e_1$、$e_2$、$e_3$，$p$ 可取中间分 隔符左侧相邻条码字符的宽度；对于中间分隔符的 $e_2$、$e_3$、$e_4$，$p$ 可取中间分隔符右侧相邻条码字符的宽度。

**C.2.2.2** A 子集中表示 1、2、7、8 的条码字符中（$b_1+b_2$）相关的可译码度值 $V$ 按公式（C.2）计算。

$$V_1=\frac{|(7/p)\times(b_1+b_2)-4|}{15/13} \quad \cdots\cdots\cdots\cdots\cdots\cdots \text{(C.2)}$$

式中：

$p$——相应条码字符的宽度的测量值；

（$b_1+b_2$）——条码字符中两个条的宽度之和的测量值。

**C.2.2.3** B 和 C 子集中表示 1、2、7、8 的条码字符中（$b_1+b_2$）相关的可译码度值 $V_2$ 按公式（C.3）计算。

$$V_2=\frac{|(7/p)\times(b_1+b_2)-3|}{15/13} \quad \cdots\cdots\cdots\cdots\cdots\cdots \text{(C.3)}$$

式中：

$p$——相应条码字符的宽度测量值；

（$b_1+b_2$）——条码字符中两个条的宽度之和的测量值。

**C.2.2.4** 表示 0、3、4、5、6、9 的条码字符及起始符、中间分隔符、终止符的可译码度值为相应的 $V_C$ 值；A 子集中表示 1、2、7、8 的条码字符的可译码度值为相应的 $V_C$ 值、$V_1$ 值中的较小者；B 和 C 子集中表示 1、2、7、8 的条码字符的可译码度值为相应的 $V_C$ 值、$V_1$ 值中的较小者。

**C.2.2.5** 扫描反射率曲线的可译码度为该扫描反射率曲线所有条码字符及起始符、中间分隔符、终止符的可译码度值中的最小值。

## C.3 ITF－14 条码

### C.3.1 尺寸测量

在扫描反射率曲线上测量：

——各条单元的宽度（$b$）；

——各空单元的宽度（$s$）；

——各字符对的 10 个单元宽度之和（$p$）。

ITF－14 条码中各部分尺寸的示意图见图 C.2。

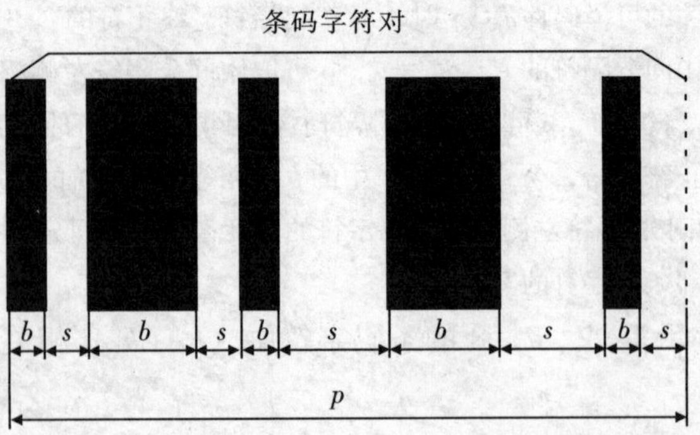

条码字符对

b s b s b s b s b s

p

b——条宽度；

s——空宽度；

p——条码字符对的单元宽度之和

图 C. 2　ITF－14 条码中各有关部分的尺寸示意图

**C. 3. 2　可译码度的计算**

**C. 3. 2. 1**　用公式（C. 4）计算参考阈值（*RT*）。

$$RT = 7p/64 \qquad \text{（C. 4）}$$

式中：

*p*——条码字符对中 10 个单元的宽度之和的测量值。

注：对于起始符和终止符，公式（C. 4）中的 *p* 取相邻的条码字符对的 10 个单元的宽度之和的测量值。

**C. 3. 2. 2**　各条码字符对、起始符、终止符与窄单元相关的可译码度值 $V_1$ 按公式（C. 5）计算。

$$V_1 = (RT - e) / (RT - Z) \qquad \text{（C. 5）}$$

式中：

*RT*——参考阈值；

*e*——字符中最宽的窄单元的宽度测量值；

*Z*——*Z* 尺寸。

注：*Z* 尺寸的测量与计算见 D. 1. 2。

**C. 3. 2. 3**　各条码字符对、起始符、终止符与宽单元相关的可译码度值 $V_2$ 按公式（C. 6）计算。

$$V_2 = (E - RT) / (N \times Z - RT) \qquad \text{（C. 6）}$$

式中：

*E*——字符中最窄的宽单元的宽度测量值；

*RT*——参考阈值；

*N*——宽窄比；

*Z*——*Z* 尺寸。

注：*Z* 尺寸和宽窄比的测量与计算分别见 D. 1. 2 和 D. 2。

**C. 3. 2. 4**　条码字符对、起始符、终止符的可译码度值为相应的 $V_1$ 值、$V_2$ 值中的较

小者。

**C.3.2.5**　扫描反射率曲线的可译码度为该扫描反射率曲线所有条码字符对及起始符、终止符的可译码度值中的最小值。

注：上述 ITF－14 条码符号可译码度值的计算是采用 GB/T 14258－2003 规定的方法，依据 GB/T 16830 中规定的参考译码算法。有些条码检测仪采用《GSl 通用规范》规定的方法计算 ITF－14 条码符号可译码度值。条码检测仪制造商宜在说明书中说明计算 ITF－14 条码符号可译码度值的方法所依据的标准。

## C.4　UCC/EAN－128 条码

### C.4.1　尺寸测量

在扫描反射率曲线上测量：

——各条码字符的宽度（$p$）；

——各条码字符中相邻两条相应的左或右边缘之间的距离（$e_1$、$e_2$、$e_3$、$e_4$）；

——各条码字符中条单元宽度的总和（$b_1+b_2+b_3$）。

UCC/EAN－128 条码中各部分尺寸的示意图见图 C.3。

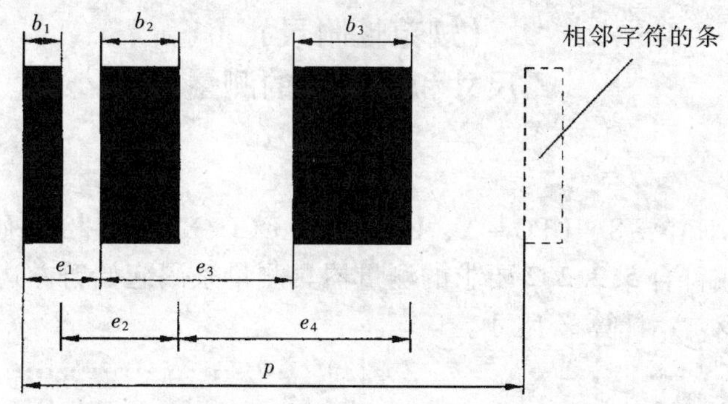


$b_i$（$i=1,2,3$）——条的宽度；

$p$——条码字符的宽度；

$e_i$（$i=1,2,3,4$）——条码字符中相邻两条相应的左或右边缘之间的距离。

**图 C.3　UCC/EAN－128 条码中各有关部分的尺寸示意图**

### C.4.2　可译码度的计算

**C.4.2.1**　与条码字符中相邻两条同侧边缘之间距离相关的可译码度值 $V_1$，按公式（C.7）计算。

$$V_1=\frac{\{|e_i-RT_j|\text{ 的最小值}\}}{p/22} \quad \cdots\cdots (C.7)$$

式中：

$e_i$——条码字符中相邻两条相应的左或右边缘之间距离的测量值（$i=1,2,3,4$）；

$RT_j$——参考阈值（$j=1,2,3,4,5,6,7$），其中 $RT_1=1.5p/11$、$RT_2=2.5p/11$、$RT_3=3.5p/11$、$RT_4=4.5p/11$、$RT_5=5.5p/11$、$RT_6=6.5P/11$、$RT_7=7.5p/11$；

$p$——相应条码字符的宽度测量值。

注：由于终止符比其他条码字符多一个终止条，终止符的可译码度值 $V_1$ 需要计算两次，第一次使用从左至右的 6 个单元，第二次使用从右至左的 6 个单元，取两次计算值中的较小者作为 $V_1$。

C. 4. 2. 2 与条码字符中条的宽度总和相关的可译码度值 $V_2$ 按公式（C. 8）计算。

$$V_2 = \frac{1.75 - |(W_b \times 11/p) - M|}{1.75} \quad \text{(C. 8)}$$

式中：

$W_b$——条码字符中条的宽度总和（$b_1 + b_2 + b_3$）的测量值；

$p$——相应条码字符的宽度测量值；

$M$——条码字符中条的模块数。

注：终止符的可译码度值 $V_2$ 需要计算两次，第一次使用从左至右的 6 个单元，第二次使用从右至左的 6 个单元，取两次计算值中的较小者作为 $V_2$。

C. 4. 2. 3 各条码字符的可译码度值为相应的 $V_1$ 值、$V_2$ 值中的较小者。

C. 4. 2. 4 扫描反射率曲线的可译码度为该扫描反射率曲线所有条码字符的可译码度值中的最小值。

## 附 录 D
## （规范性附录）
## Z 尺寸和宽窄比的测量

### D. 1 Z 尺寸的测量

D. 1. 1 EAN－13、EAN－8、UPC－A、UPC－E、UCC/EAN－128 条码

用条码检测仪或符合 5. 2. 2. 2 要求的测量器具测量条码起始符左边缘到终止符右边缘的长度，用公式（D. 1）计算 Z 尺寸。

$$Z = l/M \quad \text{(D. 1)}$$

式中：

$Z$——$Z$ 尺寸，mm；

$l$——条码起始符左边缘到终止符右边缘的长度，mm；

$M$——条码中（不含左、右空白区）所含模块的数目（对于 EAN－13、UPC－A，$M=95$；对于 EAN－8，$M=67$；对于 UPC－E，$M=51$；对于 UCC/EAN－128，M＝11×数据符及含在数据中的辅助字符的个数＋46）。

D. 1. 2 ITF－14 条码

通常用条码检测仪测量。

测量条码中所有条、空单元的宽度，单位为 mm。用公式（D. 2）计算 Z 尺寸。

$$Z = (\text{窄条宽度的平均值} + \text{窄空宽度的平均值})/2 \quad \text{(D. 2)}$$

式中：

$Z$——$Z$ 尺寸，mm。

注：在测定可译码度过程中测量 Z 尺寸，条、空单元的宽度测量值及 Z 尺寸单位与扫描反射率曲线所在坐标系的横坐标选用的单位相同。

### D. 2 宽窄比的测量

通常用条码检测仪测量。

测量条码中所有条、空单元的宽度，单位为 mm。利用按 D. 1. 2 方法得出的 Z 尺寸，用公式（D. 3）计算 ITF－14 条码的宽窄比。

$N =$（宽条宽度的平均值

宽空宽度的平均值）$/2Z$ ………………………… （D.3）

式中：

$N$——宽窄比；

$Z$——$Z$ 尺寸，mm。

注：在测定可译码度过程中测量宽窄比，条、空单元的宽度测量值及 $Z$ 尺寸的单位可以与扫描反射率曲线所在坐标系的横坐标选用的单位相同。

## 附 录 E
## （资料性附录）
## 检验报告内页参考格式

**商品条码符号质量检验报告** 第 页共 页

<table>
<tr><td rowspan="2">样品名称</td><td colspan="2" rowspan="2">＊条码符号印制品</td><td>商标</td><td colspan="2"></td></tr>
<tr><td>规格/包装</td><td colspan="2"></td></tr>
<tr><td rowspan="2">厂　商</td><td colspan="2" rowspan="2">＊＊</td><td>承印材料</td><td colspan="2"></td></tr>
<tr><td>条码类型</td><td colspan="2"></td></tr>
<tr><td>客户名称</td><td colspan="2">＊＊＊</td><td>供人识别字符</td><td colspan="2"></td></tr>
<tr><td>客户地址</td><td colspan="2"></td><td>采样日期</td><td colspan="2"></td></tr>
<tr><td>送样者</td><td colspan="2"></td><td>检验日期</td><td colspan="2"></td></tr>
<tr><td>检验依据</td><td colspan="5">＊＊＊＊</td></tr>
<tr><td rowspan="2">检验条件</td><td>温度</td><td></td><td>相对湿度</td><td colspan="2"></td></tr>
<tr><td>测量孔径</td><td></td><td>测量光波长</td><td colspan="2"></td></tr>
<tr><td>检验结论</td><td colspan="5">＊＊＊＊＊</td></tr>
<tr><td>备　注</td><td colspan="5"></td></tr>
</table>

批准： 审核： 主检：

注1：＊处填写条码符号所标识的商品的名称。

注2：＊＊处填写条码符号表示的商品代码中的厂商识别代码所标识的厂商的名称。

注3：＊＊＊处填写送检客户的名称。

注4：＊＊＊＊处填写检验依据的标准，如 GB 12904－2008《商品条码 零售商品的编码与条码表示》、GB/T 14257《商品条码符号放置》等。

注5：＊＊＊＊＊处填写“经检测和判定，被检样品符号等级为××；其他检测项目结果符合或不符合国家标准”的 结论。依据强制性标准检验、监督抽查检验还需给出综合判断合格或不合格的结论。

第　　页共　　页

<table>
<tr><th colspan="7">检测结果</th></tr>
<tr><th>序号</th><th colspan="2">检测项目</th><th>技术要求[b]</th><th>实测值[b]</th><th colspan="2">单项判定</th></tr>
<tr><td>1</td><td colspan="2">符号等级</td><td>≥1.5/06/670±10</td><td>3.0/06/660</td><td colspan="2">符合</td></tr>
<tr><td>2</td><td colspan="2">译码数据</td><td>6901234567892</td><td>6901234567892</td><td colspan="2">符合</td></tr>
<tr><td rowspan="2">3</td><td rowspan="2">空白区宽度/mm</td><td>左侧</td><td>≥3.6</td><td>3.7</td><td>符合</td><td rowspan="2">4级</td></tr>
<tr><td>右侧</td><td>≥2.3</td><td>2.4</td><td>符合</td></tr>
<tr><td>4</td><td colspan="2">Z尺寸/mm</td><td>0.264～0.660</td><td>0.330</td><td colspan="2">符合</td></tr>
<tr><td>5</td><td colspan="2">条高/mm</td><td>≥22</td><td>23</td><td colspan="2">符合</td></tr>
<tr><td>6[a]</td><td colspan="2">宽窄比（ITF－14）</td><td></td><td></td><td></td><td>级</td></tr>
<tr><td>7[a]</td><td colspan="2">条码符号宽度（UCC/EAN－128）</td><td></td><td></td><td colspan="2"></td></tr>
<tr><td>8[a]</td><td colspan="2">商品代码的有效性</td><td>厂商识别代码有效</td><td>厂商识别代码有效</td><td colspan="2">符合</td></tr>
<tr><td>9[a]</td><td colspan="2">编码唯一性</td><td>一品一码</td><td>/[c]</td><td colspan="2">/[c]</td></tr>
<tr><td>10</td><td colspan="2">条码类型</td><td>EAN/UPC条码</td><td>EAN－13</td><td colspan="2">符合</td></tr>
<tr><td>11[a]</td><td colspan="2">符号位置</td><td>GB/T 14257</td><td>/[c]</td><td colspan="2">/[c]</td></tr>
<tr><td>备注</td><td colspan="6"></td></tr>
</table>

| 附　加　测　试[a] | | | |
|---|---|---|---|
| UCC/EAN－128条码对应用标识符的编码 | | | |
| | | | |

| 扫措反射率曲线分析（10次扫描平均值） | | | |
|---|---|---|---|
| 1 | 参考译码（Reference decode） | | |
| 2[d] | 最低反射率/最高反射率（$R_{min}/R_{max}$） | | |
| 3 | 符号反差（$SC$） | | |
| 4 | 最小边缘反差（$EC_{min}$） | | |
| 5 | 调制比（$MOD$） | | |
| 6 | 缺陷度（Defects） | | |
| 7 | 可译码度（Decodability） | | |

a　可根据所检条码类型或实际情况取舍。

b　表中的数据是以零售商品条码为例。

c　符号“/”表示无此项或此项不检。

d　有些条码检测仪给出的是最低反射率与最高反射率之比，即 $R_{min}/R_{max}$，则可以把最低反射率项目设为 $R_{min}/R_{max}$ 项目。

# 中华人民共和国国家标准

GB/T 1416－2003
代替 GB/T 1416－1993

# 信 封

Envelopes

## 前 言

本标准代替 GB/T 1416－1993《信封》。

本标准与 CB/T 1416－1993 相比主要变化如下：

——调整了信封品种、规格；

——修改了信封用纸的技术要求；

——规定了邮政编码颜色、航空标志底色的色标；

——扩大的美术图案区域；

——增加了寄信单位的信息及“贴邮票处”“航空” 标志的英文对照词；

——完善了试验方法；

——补充了国际信封封舌内的指导性文字内容。

本标准的第 4 章非等效选用 IS0269－1985（E）第 5 章的尺寸．替代了原标准中信封的品种规格。其主要差异在于：本标准国内信封采用了 IS0269－1985（E）第 5 章中的：B6、DL、C5、C4 以命名的尺寸；国际信封采用了 IS0269－1985（E）第 5 章中的 C6、DL、C5、C4。以命名的尺寸。原标准中 6 号信封的规格和尺寸仍保留，命名更改为 ZL。

本标准由国家邮政局提出。

本标准由国家邮政局邮政科学研究规划院归口。

本标准由国家邮政局上海研究院所负责起草。

本标准主要起草人：梅清、高镇海、蒋辰。

本标准 1978 年首次发布，1987 年第一次修订，1993 年第二次修订。

中华人民共和国国家质量监督检验检疫总局 2003－11－19 发布 2002－06－01 实施

# 信　封

## 1　范围

本标准规定了信封的术语和定义、规格尺寸、技术要求、试验方法、检验规则和包装、标志、贮存等内容。

本标准适用于国内、国际邮政通信使用的信封。

## 2　规范性引用文件

下列文件中的条款通过本标准的引用而成为本标准的条款：凡是注日期的引用文件，其随后所有的修改单（不包括勘误的内容）或修订版均不适用于本标准，然而，鼓励根据本标准达成协议的各方研究是否可使用这些文件的最新版本。凡是不注日期的引用文件，其最新版本适用于本标准。

GB/T 2828.1　计数抽样检验程序　第1部分：按接收质量限（AQL）检索的逐批检验抽样计划（适用于连续批的检查）

GB/T 2829　周期检验计数抽样程序及表（适用于对过程稳定性的检验）

QB/T 2234　信封用纸

YD/T 775　信封检测方法

## 3　术语和定义

下列术语和定义适用于本标准。

3.1

**国内信封　domestic envelopes**

用于国内寄递函件的信封。

3.2

**国际信封　international envelopes**

用于寄往其他国家或地区的函件的信封。

3.3

**封舌　sealing flap**

信封上预留的、用于封口的部分。

3.4

**起墙　folded root－edge**

在信封两侧及底边增大的折叠部分。

## 4　品种、规格

信封的品种、规格见表1。

表1　信封的品种、规格　　单位为毫米

| 品种 | 代号 | 规格 | | 公差 | 备注 |
|---|---|---|---|---|---|
| | | 长 L | 宽 B | | |
| 国内信封 | B6 | 176 | 125 | ±1.5 | C5、C4 信封可有起墙和无起墙两种。起墙厚不大于 20mm |
| | DL | 220 | 110 | | |
| | ZL | 230 | 120 | | |
| | C5 | 229 | 162 | | |
| | C4 | 324 | 229 | | |
| 国际信封 | C6 | 162 | 114 | | |
| | DL | 220 | 110 | | |
| | C5 | 229 | 162 | | |
| | C4 | 324 | 229 | | |

注：230mm × 120mm 规格的信封一般适用于自动封装的商业信函和特种专用信封用。

## 5　技术要求

### 5.1　式样

信封一律采用横式。国内信封的封舌应在正面的右边或上边。国际信封的封舌应在正面的上边。

### 5.2　信封用纸

#### 5.2.1　信封用纸的技术要求

信封用纸的技术要求应符合 QB/T 2234 的规定，见表2、表3。表中色纸颜色可按合同确定，反射率不得低于 38.0%。

表2　I 型（白色信封用纸）技术指标

| 指标名称 | | | 单　位 | 规　定 | | |
|---|---|---|---|---|---|---|
| | | | | A 等 | B 等 | C 等 |
| 抗张指数 | 横向 | 不小于 | N. m/g | 26.5 | 22.5 | 19.6 |
| 平滑度 | 正面 | 不小于 | S | 40 | 30 | 30 |
| 耐折度 | 横向 | 不小于 | 次 | 20 | 10 | 5 |
| 施胶度 | | 不小于 | mm | 0.75 | | |
| 不透明度 | | 不小于 | % | 88 | | |
| 印刷表面强度 | 正面 | 不小于 | m/s | 1.5 | 1 | 0.8 |
| 亮度（白度） | | 不小于 | % | 75 | 70 | 65 |
| 尘埃度 | | 不多于 | | 40 | 56 | 80 |
| $0.3mm^2 \sim 1.5mm^2$ | | | 个/$m^2$ | 4 | 8 | 16 |
| 其中：$1.0mm^2 \sim 1.5mm^2$ 的黑色 >$1.5mm^2$ | | | | 不许有 | 不许有 | 不许有 |
| 交货水分 | | | % | 6.0 ~ 10.0 | | |

## 5.2.2 国内信封

5.2.2.1 B6、DL、ZL 号信封应选用不低于 80g/m$^2$ 的 B 等信封用纸Ⅰ、Ⅱ型。

5.2.2.2 C5、C4 以号信封应选用不低于 100g/m$^2$ 的 B 等信封用纸重Ⅰ、Ⅱ型。

## 5.2.3 国际信封

国际信封应选用不低于 100g/m$^2$ 的 A 等信封用纸重Ⅰ、Ⅱ型。

## 5.3 印刷要求

## 5.3.1 国内信封

5.3.1.1 信封正面左上角的收信人邮政编码框格颜色应为金红色，色标为 PANTONE1795C。在绿光下对底色的对比度应大于 58%，在红光下对底色的对比度应小于 32%。其框格位置及尺寸见图 1、图 2。

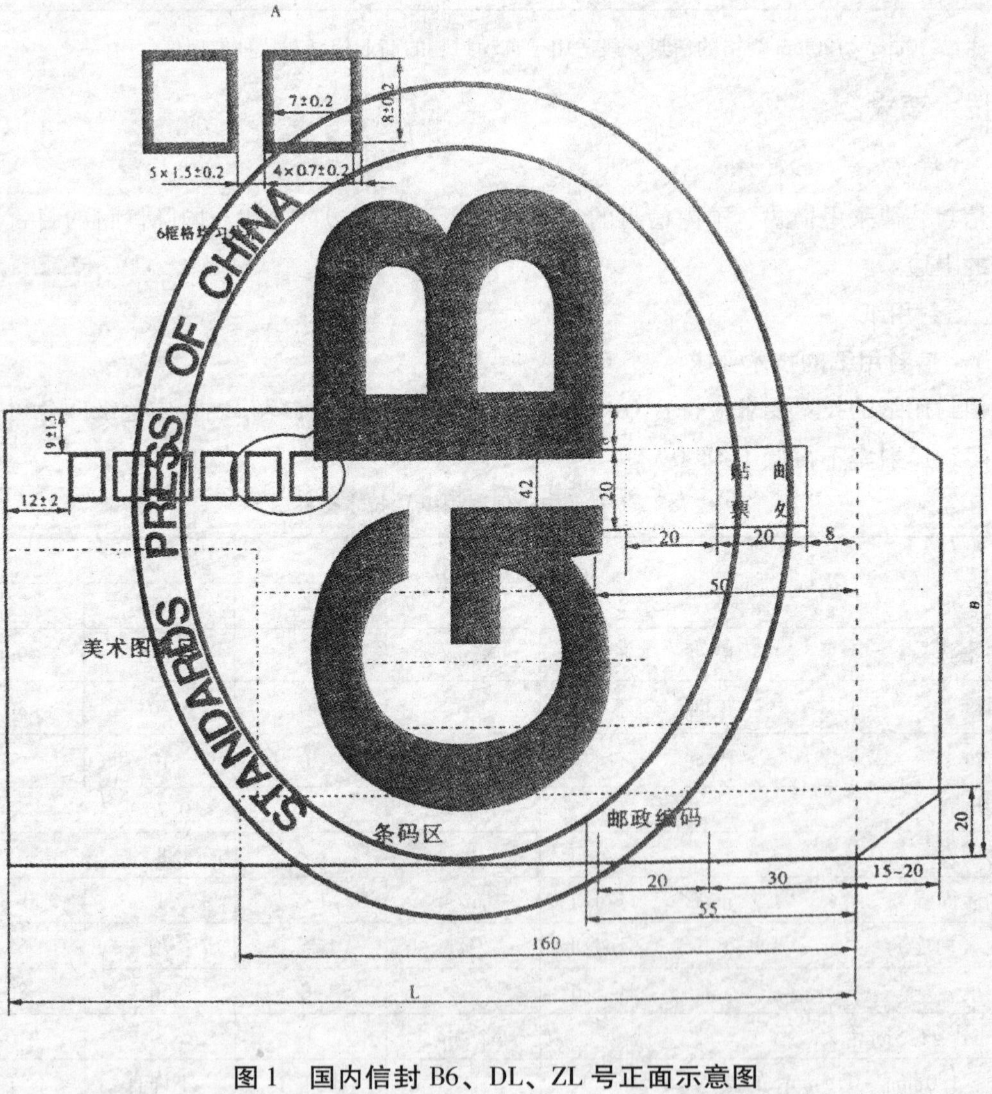

图 1 国内信封 B6、DL、ZL 号正面示意图

5.3.1.2 信封正面左上角应距左边 90mm，距上边 26mm 的范围内为机器阅读扫描区，

除红框外，不得印任何图案和文字。

5.3.1.3　信封正面右下角应印有“邮政编码”字样，字体应采用宋体，字号为小四号。其位置见图1、图2。

5.3.1.4　信封正面右上角应印有贴邮票的框格，框格内应印“贴邮票处”四个字，字体应采用宋体，字号为小四号。其位置见图1、图2。

5.3.1.5　信封背面的右下角，应印有印制单位、数量、出厂日期、监制单位和监制证号等内容。也可印上印制单位的电话号码。字体应采用宋体，字号为五号以下，其位置见图3。

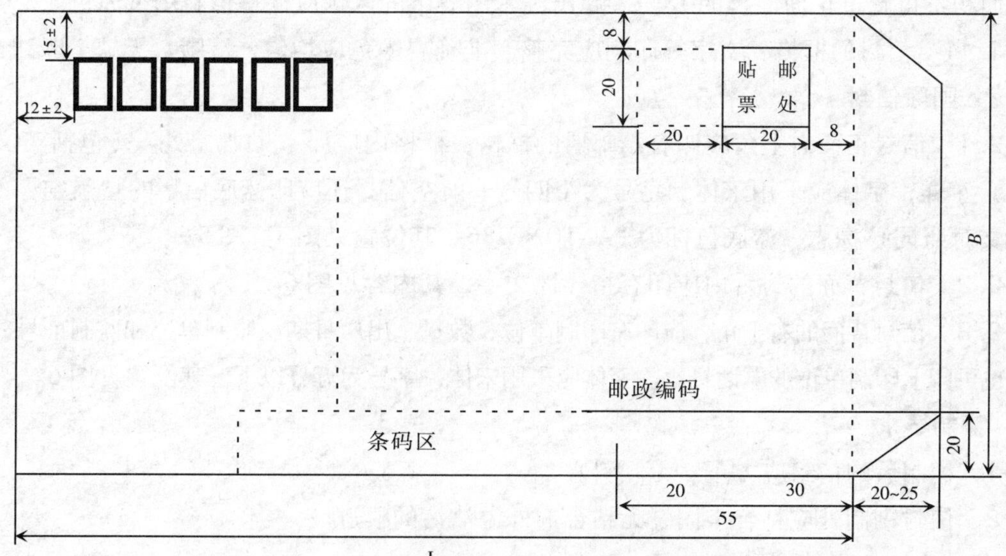


图2　国内信封C5、C4号正面示意图

单位为毫米

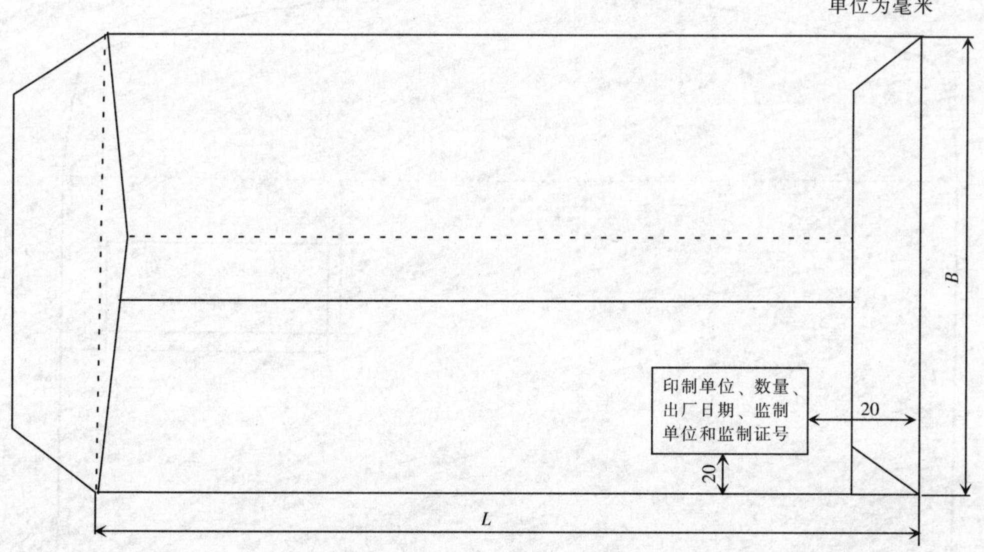


图3　国内信封及反面示意图

5.3.1.6 凡需在信封上印寄信单位名称和地址的可同时印企业标识，其位置必须在离底边20mm以上靠右边的位置。

5.3.1.7 离右边55mm～160mm，离底边20mm以下的区域为条码打印区，此区应保持空白。

5.3.1.8 信封的任何地方不得印广告。

5.3.1.9 国内信封B6、DL、ZL的正面可印有书写线，其位置应符合图1要求。

5.3.1.10 信封上可印美术图案，其位置在信封正面离上边，26mm以下的左边区域，占用面积不得超过正面面积的18%。超出美术图案区的区域应保持信封用纸原色。

5.3.1.11 信封的框格、文字等印刷应完整、准确。墨色应均匀，清晰，无缺笔断线。

**5.3.2 国际信封**

5.3.2.1 信封正面右上角应印有贴邮票的框格，框格内应印“贴邮票处”（包括英文对照词）字样，字体应采用宋体，字号为小四号。航空信封还应印蓝底白字的“航空”（包括英文对照词）标志，蓝底色标为PANTONE286。其位置见图4、图5。

5.3.2.2 信封背面的封舌内应印有指导性文字，其内容见图6。

5.3.2.3 信封背面的右下角，应印有印制单位、数量、出厂日期、监制单位和监制证号等内容。也可印上印制单位的电话号码。字体应采用宋体，字号为五号以下。其位置见图6。

**5.4 糊制要求**

5.4.1 糊制后的信封应方正、无倾斜。

5.4.2 信封糊制处应粘合牢固、无粘合剂外溢沾污的痕迹。

单位为毫米

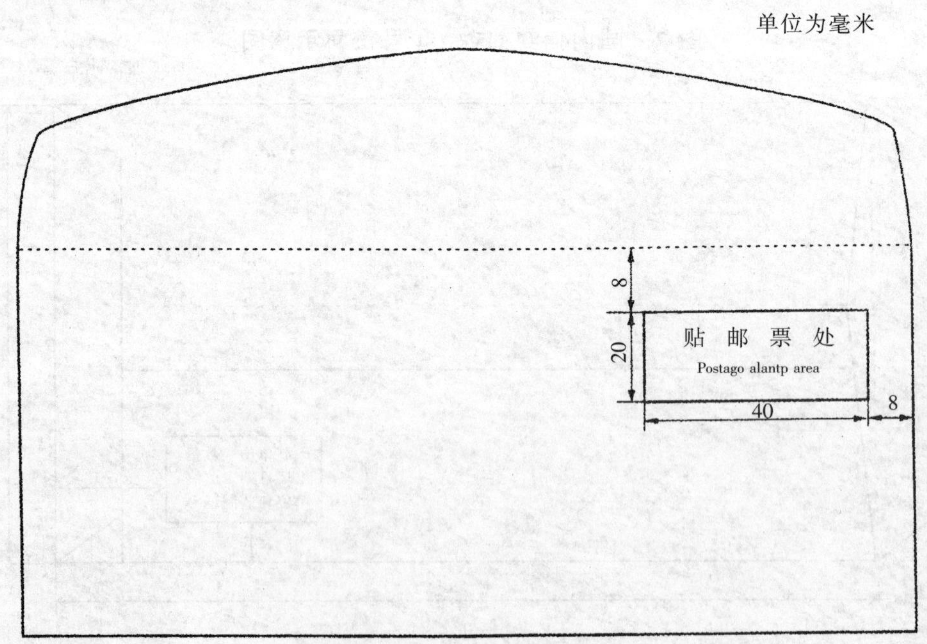


**图4 国际普通信封示意图**

单位为毫米

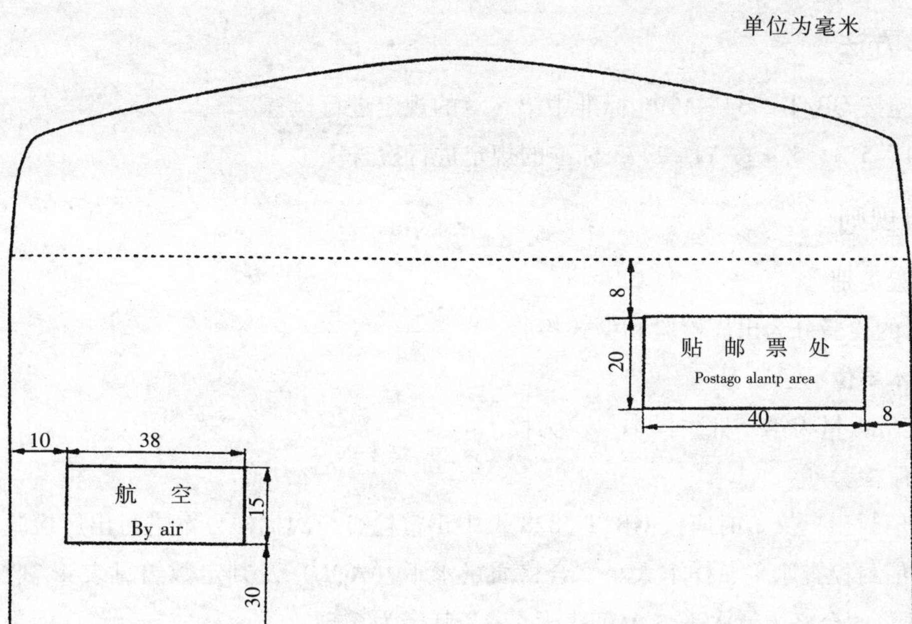


图5 国际航空信封示意图

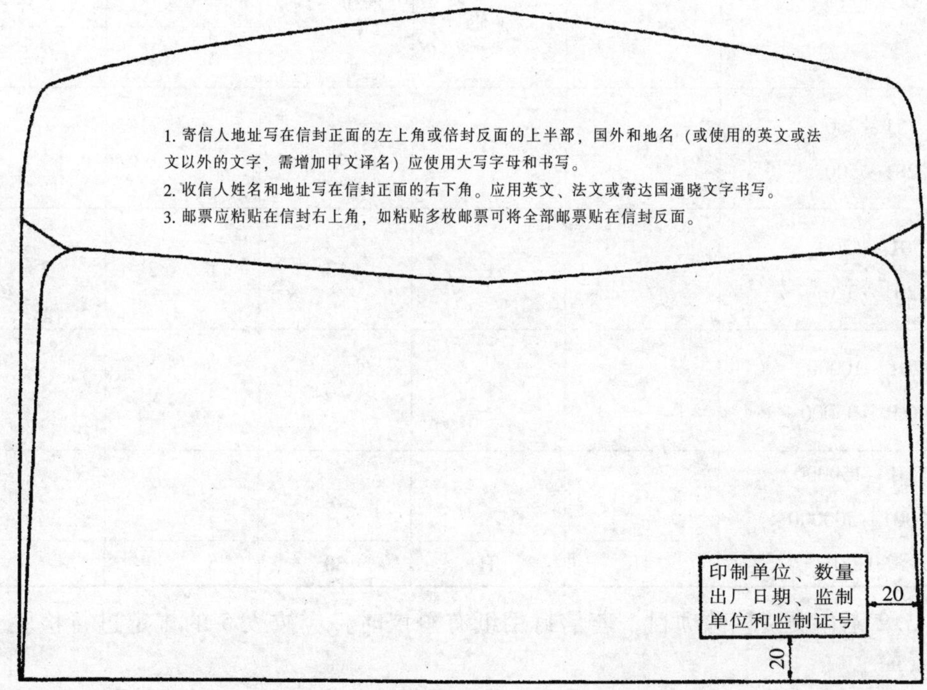


图6 国际信封反面示意图

## 6 试验方法

6.1 试验按 QB/T 2234－1996 标准中第 5 章的规定进行检查。

6.2 5.1、5.3、5.4 按 YD/T775 标准的规定进行检查。

## 7 检验规则

### 7.1 检验类别

信封的检验分为出厂检验和型式检验。

### 7.2 样本单位

以交货数量为第一批，样本单位为枚。

### 7.3 出厂检验

7.3.1 信封出厂交货时应按 GB/T 2828.1 中正常检查一次抽样方案进行出厂检验。

7.3.2 信封检查水平、样本大小、合格质量水平（AQL）及判定数组见表 4。收信人邮政编码框格的合格质量水平（AQL）为 4.0，其余为 6.5。

表 4 出厂检验抽样方案表

| 批量范围 | 特殊检查水平 | 样本大小字码 | 样本大小 | 合格质量水平（AQL） | | | |
|---|---|---|---|---|---|---|---|
| | | | | 4.0 | | 6.5 | |
| | S－3 | | | Ac | Re | Ac | Re |
| 151～280<br>281～500 | D | D | 8 | ↓ | | 1 | 2 |
| 501～1200<br>1201～3200 | E | E | 13 | 1 | 2 | 2 | 3 |
| 3201～10000<br>10001～35000 | F | F | 20 | 2 | 3 | 3 | 4 |
| 35001～150000<br>150001～500000 | G | G | 32 | 3 | 4 | 5 | 6 |
| ≥500001 | H | H | 50 | 5 | 6 | 7 | 8 |

7.3.3 5.2 不作交货检验项目，若信封用纸有争议时，应按表 5 的规定进行检验，并提供检验报告。

### 7.4 型式检验

7.4.1 型式检验的周期为一年，但在下列任一情况下也应作型式检验：

**表5　正常检查二次抽样方案**

<table>
<tr><th rowspan="3">批量（捆）</th><th colspan="5">检查水平 s-4</th><th colspan="2">不合格类别</th></tr>
<tr><th rowspan="2">样本大小</th><th colspan="2">B类不合格<br>AQL=4.0</th><th colspan="2">C类不合格<br>AQL=6.5</th><th rowspan="2">B类不合格</th><th rowspan="2">C类不合格</th></tr>
<tr><th>Ac</th><th>Re</th><th>Ac</th><th>Re</th></tr>
<tr><td rowspan="3">26-90</td><td>3</td><td>0</td><td>1</td><td>-</td><td>-</td><td rowspan="7">耐破指数<br>不透明度<br>耐折度<br>绿光反射率</td><td rowspan="7">定量<br>抗张指数<br>平滑度<br>施胶度<br>尘埃度<br>亮度（白度）<br>交货水分<br>外观质量<br>印刷表面强度</td></tr>
<tr><td>5</td><td>-</td><td>-</td><td>0</td><td>2</td></tr>
<tr><td>5（10）</td><td>-</td><td>-</td><td>1</td><td>2</td></tr>
<tr><td rowspan="2">91-500</td><td>8</td><td>0</td><td>2</td><td>0</td><td>3</td></tr>
<tr><td>8（16）</td><td>1</td><td>2</td><td>3</td><td>4</td></tr>
<tr><td rowspan="2">501-1200</td><td>13</td><td>0</td><td>3</td><td>1</td><td>3</td></tr>
<tr><td>13（26）</td><td>3</td><td>4</td><td>4</td><td>5</td></tr>
</table>

a）试制定型鉴定；

b）正常生产中，每累积产量达100万枚时；

c）正式生产后材料或工艺变更时；

d）停产半年以上又恢复生产时；

e）质量监督部门要求作型式检验时。

7.4.2　信封应采用GB/T 2829中判别水平Ⅱ的二次抽样方案对当前生产的并经出厂检验合格的产品进行型式检验。

7.4.3　信封检查项目、样本大小、不合格质量水平（RQL）及判定数组（$A_1$、$R_1$、$A_2$、$R_2$）见表6。

**表6　型式检验抽样方案表**

<table>
<tr><th>样本单位</th><th>检查项目</th><th>条　目</th><th>判断水平</th><th>不合格质量水平及判定数组</th></tr>
<tr><td rowspan="2">第一样本25</td><td>式　样</td><td>5.1</td><td rowspan="4">Ⅱ</td><td rowspan="4">RQL=8<br>$A_1$　$R_1$<br>$A_2$　$R_2$<br>0　2<br>1　2</td></tr>
<tr><td>信封用纸</td><td>5.2</td></tr>
<tr><td rowspan="2">第一样本25</td><td>印刷要求</td><td>5.3</td></tr>
<tr><td>糊制要求</td><td>5.4</td></tr>
</table>

**7.4.4　判定规则**

在第一样本中，若不合格品数小于或等于第一合格判定数（$A_1$），则型式检验合格。若不合格品数大于或等于第一不合格判定数（$R_1$），则型式检验不合格。

在第一样本中，若不合格品数大于第一合格判定数（$A_1$），小于第一不合格判定数（$R_1$），则抽第二样本进行检查。在第一和第二样本中，若不合格品数的总和小于或等于第二合格判定数（$A_2$），则型式检验合格。若不合格品数的总和大于或等于第二不合格判定数（$R_2$），则型式检验不合格。

## 8 包装、标志、贮存

### 8.1 包装

按订货合同的要求进行包装。

### 8.2 标志

在信封的包装内应附产品合格证书。包装上应标有以下内容：

a）产品标准编号；

b）产品名称、规格；

c）数量、重量、体积；

d）出厂日期；

e）印制单位；

f）防潮湿标志。

### 8.3 贮存

信封应保持平整，贮存在通风干燥处，并有防潮湿和防有害物质浸蚀的措施，避免信封发生质变，影响使用。

# 中华人民共和国通信行业标准

YD/T 738－95

## 透明窗口信封（国内）

本标准参照采用国际标准 ISO 1831，ISO 4882 及 ISO/DIS 11180 和 UPU 有关文件。

### 1　主题内容与适用范围

本标准规定了透明窗口信封的规格尺寸、信封用纸和透明窗薄膜材料、印刷要求、糊制要求、试验方法、检验规则和标志、包装、运输、贮存。

本标准适用于国内邮政信函业务中透明窗口信封和采用透明窗口信封的信函。

### 2　引用标准

| | |
|---|---|
| GB/T 1416 | 信封 |
| GB 10003 | 通用型双向拉伸聚丙烯薄膜 |
| GB 10805 | 食品包装用硬质聚氯乙烯薄膜 |
| GB 2828 | 逐批检查计数抽样程序及抽样表（适用于生产过程稳定性的检查） |
| QB 1454 | 书皮纸 |
| QB 1012 | 胶版印刷纸 |
| ZB Y 32016 | 单面胶版印刷纸 |
| ZB Y 32014 | 牛皮纸 |

### 3　术语

#### 3.1　透明窗口信封

正面开长方形窗口，窗口粘贴有透明薄膜的信封。

#### 3.2　内件

用透明窗口信封装寄的符合邮政业务规定的各种书信、公文、单据等。

### 4　规格尺寸

4.1　透明窗口必须在信封的正面

4.2　透明窗口为长 100mm，宽 40mm 的长方形，四周园角半径应小于或等于 5mm，其长边应和信封长边平行。透明窗口的位置、尺寸见图 1：

4.3　透明窗口信封尺寸应符合 GB/T 1416 信封的有关规定，可优选用以下两种，见表 1。

### 5　技术要求

#### 5.1　信封用纸

中华人民共和国邮电部 1995－01－11 发布　　　　1995－07－01 实施

透明窗口信封用纸应符合 GB/T 1416 的要求。

**5.2　透明窗口薄膜材料及其规格**

**5.2.1**　透明窗口薄膜材料应采用无色透明薄膜，如聚丙烯、聚乙烯双向拉伸膜。透明薄膜厚度不得小于 0.03mm，其尺寸为长 118mm，宽 58mm 的长方形，长宽公差分别为 ±2mm，见图 2。

**5.2.2**　薄膜透明度不得小于90%，其他性能可参 GB 10003 和 GB 10805 的要求。

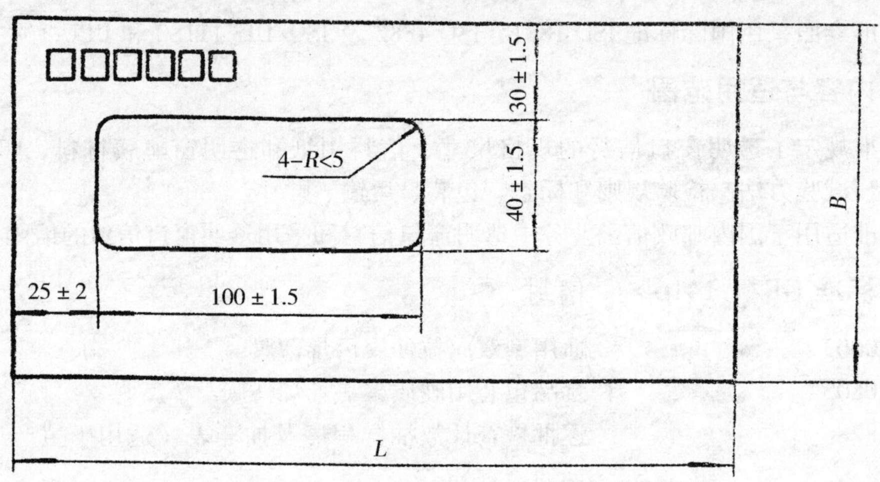


**图 1　透明窗口信封正面　　　　比例 1：2**

**表 1　可优选的透明窗口信封尺寸**

| 信封尺寸　长（L）×宽（B）公差 | 适用内件尺寸 |
| --- | --- |
| A　220 × 110 ± 1.5 | A4 纸（210 × 297）[1]　16 开纸（190 × 270）[2] |
| B　208 × 110 ± 1.5 | 16 开纸（190 × 270）　B5 纸（180 × 260） |

注：1）计算机打印设备打印纸（241 × 297），裁去二边导引孔后为（211 × 297）。

2）计算机打印设备打印纸（381 × 297），经纵向对折后为（190 × 297）。

**5.3　印刷要求**

**5.3.1**　透明窗口信封的印刷应符合 GB/T 1416 的相关要求。

**5.3.2**　在透明窗口的四周，除下边外其余三边的 8mm 区域内应为空白。

**5.3.3**　透明窗口的航空信封，蓝底白字的航空标志位置见图 3。

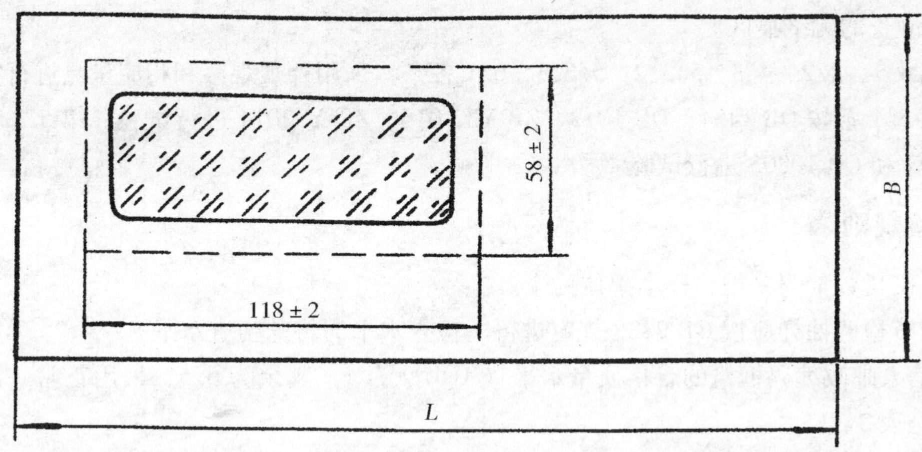


图 2　透明薄膜与窗口粘合位置示意图

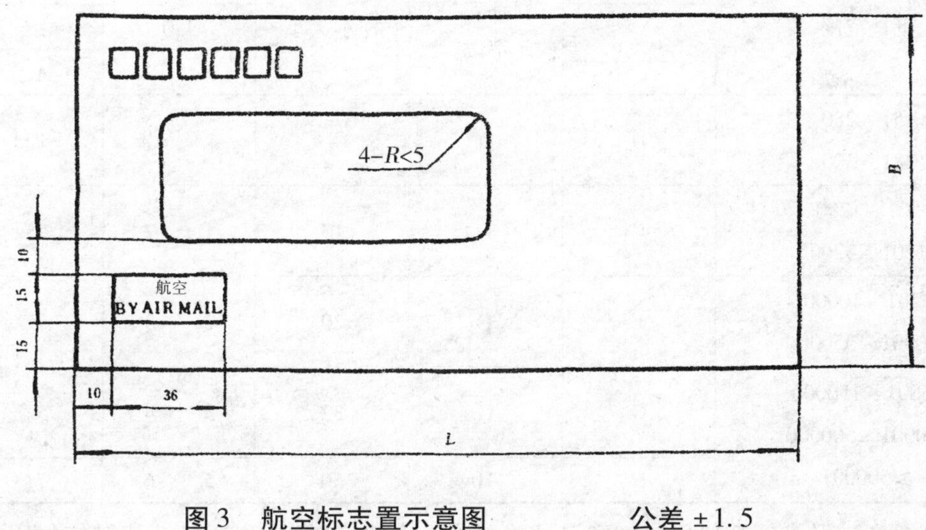


图 3　航空标志置示意图　　　　　公差 ±1.5

5.4　使用透明窗口信封时，内件应符合附录 A 的要求。

## 6　糊制要求

6.1　透明窗口信封的糊制应符合 GB/T 1416 的相关要求。

6.2　透明窗口的透明薄膜必须牢固均匀地粘贴在窗口四边内侧．透明薄膜和信封应平整无皱折，无粘合剂外溢沾污的痕迹。粘合带宽度不得小于 5mm。

6.3　信封封舌涂有的粘合剂应粘着力强，且无毒。

6.4　信封的糊制式样参照 GB/T 1416。

## 7　检验方法

7.1　第 6.2 条中信封窗口与透明薄膜的粘接强度：用手剥开粘合部位检查被剥开薄膜的粘合部位，如果粘合部残存有粘接的纸痕，说明粘接强度高。允许粘合带上有两处各不超过5mm长的无纸痕区。

7.2　第4.1，4.2，4.3，5.3.2，5.3.3，6.1各条，采用外观观察和相应量具进行检测。

7.3　第5.1条按QB 1454，QB 1012，ZB Y32 016，ZB Y32014进行试验。第5.2.2条按GB 10003和GB 10805进行试验。

## 8　检验规则

8.1　以交货数量为一批，样本单位为个。

8.2　交货检验抽样应按GB 2828规定进行。检查水平为特殊检查水平S－3。

收信人邮政编码框格的合格质量水平（AQL）为4，其余为6.5，采用正常一次抽样方案，见表2。

表2

| 批量范围 | 特殊检查水平 S－3 | 样本大小字码 | 样本大小 | 合格质量水平（AQL） 4.0 Ac | 4.0 Re | 6.5 Ac | 6.5 Re |
|---|---|---|---|---|---|---|---|
| 151～280<br>281～500 | D | D | 8 | ↓ | | 1 | 2 |
| 501～1200<br>1201～3200 | E | E | 13 | 1 | 2 | 2 | 3 |
| 3201～10000<br>10001～35000 | F | F | 20 | 2 | 3 | 3 | 4 |
| 35001～150000<br>150001～500000 | G | G | 32 | 3 | 4 | 5 | 6 |
| ≥500001 | H | H | 50 | 5 | 6 | 7 | 8 |

8.3　第5章涉及GB/T 1416中5.2.1条的内容，不作交货检验项目，若对信封用纸质量有争议，应按7.3条的相关规定进行检验，并提供检验报告。

8.4　第5.2.1条不作交货检验项目，若对透明薄膜的质量有争议时，应按7.3条的相关规定进行检验，并提供检验报告。

## 9　包装、标志和贮存

透明窗口信封的包装、标志和贮存应按GB/T 1416的第8章执行。

# 附 录 A
## 透明窗口信封的内件
## （参考件）

**A1 内件的规格尺寸**

内件的规格尺寸应参照国家有关纸张标准的规定，优先推荐表 1 所示三种。

**A2 必须在内件的指定位置上打印有收件人邮政编码、地址和姓名等信息，见图 A1。**

第一行必须是收件人的邮政编码。邮政编码字号为 2 号字，字体不得用花体和手写体，字符、字迹的颜色是黑色字迹应完整、清晰。具体要求可参照 ISO 1831。相邻二个邮政编码数字间留有一个空格。

在第一行邮政编码与第二行之间的间距不得小于 3mm。

在第二行开始至第六行依次为收件人的地址、单位和姓名，字体大小宜采用 4 号字。

每行左面第一个字符必须对齐，第一个字符到窗口左边的距离不得小于 5mm。

第一行邮政编码与窗口上边沿的距离不得小于 3mm，其倾斜度不得超过 3°。

内件收件人地址信息打印区的字符 PCS 值不得小于 0.5。透明窗显示实例见图 A1。

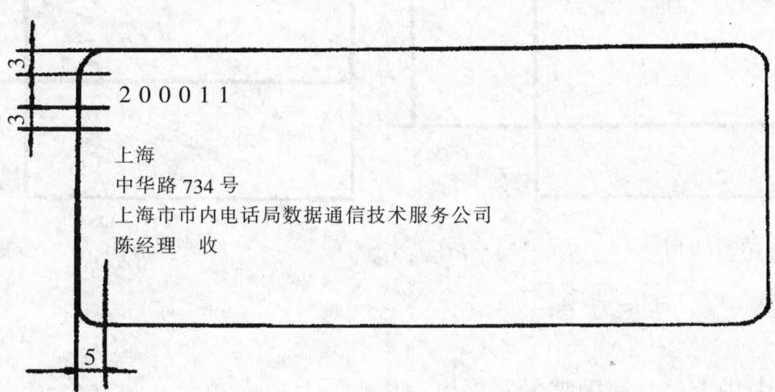


**A3 内件的折叠方式参照图 A2。内件在信封内有所移动时，收件人邮政编码、地址和姓名仍应完整地通过透明窗口清晰地显示出来。**

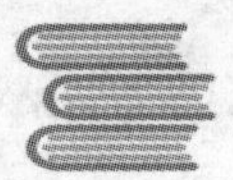



比例 1：4

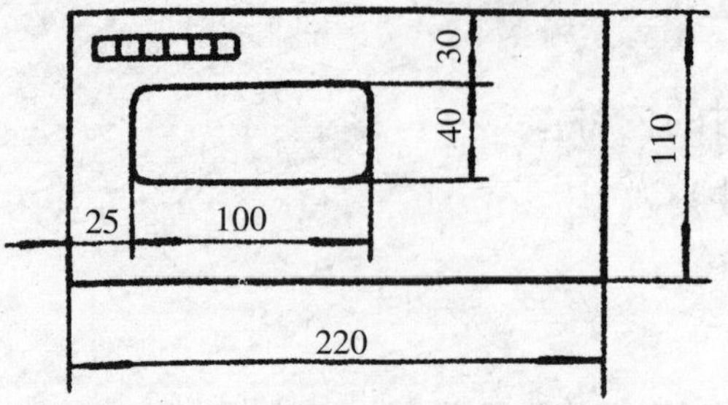

信封 A

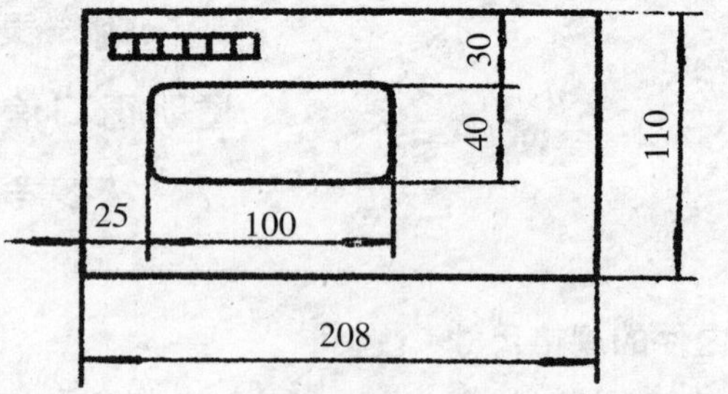

信封 B

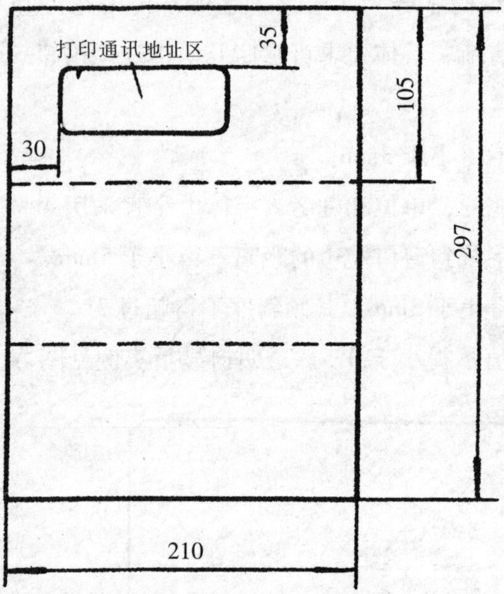

信封 A 内件

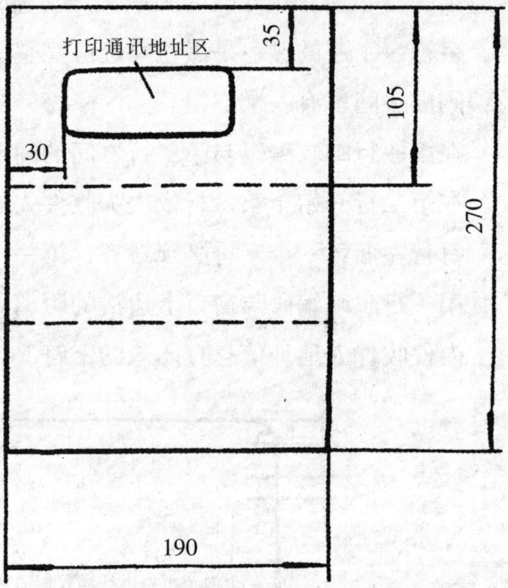

信封 B 内件

附加说明：

本标准由中华人民共和国邮电部提出。

本标准由邮电部邮政科学研究规划院归口。

本标准由邮电部第三研究所负责起草。

本标准主要起草人王中元、卞阿巧、黎小云、石文。

# 中华人民共和国通信行业标准

YD/T 813－1996

## 透明窗口信封（国际）

## 前 言

本标准是根据由国际标准化组织/万国邮联混合工作组制定的 ISO 11180－1993《邮政地址》和 1994 年汉城万国邮政大会通过的万国邮政联盟公约实施细则，以及中华人民共和国邮电部《国际邮件处理规则》中的相关条文编制的。

有关透明窗口信封（国际）的外型尺寸，用纸要求参照 GB/T 1416－93《信封》：

有关透明窗口信封（国际）的透明窗口薄膜材料、信封糊制、试验方法、检验规则、包装、标志和贮存参照 YD/T 738－95《透明窗口信封（国内）》。

本标准的附录 A 是标准的附录。

本标准由中华人民共和国邮电部科技司提出。

本标准由邮电部邮政科学研究规划院归口。

本标准由邮政部第三研究所负责起草。

本标准主要起草人：王中元 卞阿巧。

中华人民共和国邮电部 1996－03－13 发布　　　　1996－07－01 实施

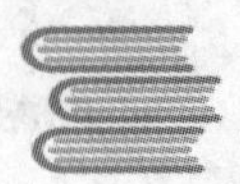


# 透明窗口信封（国际）

## 1 范围

本标准规定了透明窗口信封（国际）的规格尺寸、技术要求、糊制要求、试验方法、检验规则、包装、标志和贮存。

本标准适用于邮政通信中交寄国际及港澳台地区信函使用的透明窗口信封。

## 2 引用标准

下列标准所包含的条文，通过在本标准中引用而构成为本标准的条文。本标准出版时，所示版本均为有效。所有标准都会被修订，使用本标准的各方应探讨使用下列标准最新版本的可能性。

GB/T 1416－93　信封
YD/T 738－95　透明窗口信封（国内）
QB 1012－91　胶版印刷纸
ISO 11180－1993　邮政地址

## 3 规格尺寸

3.1 透明窗口信封（国际）的尺寸应符合 GB/T 1416－93 第 4 章的规定，应优先选用以下三种。见表 1。

表 1　透明窗口信封（国际）的尺寸　mm

| 代号 | 信封尺寸　长（L）×宽（B） | 公差 |
|---|---|---|
| 5 | 220×110 | ±1.5 |
| 7 | 230×160 | ±2 |
| 9 | 324×229 | ±2 |

注：1. 代号的含义同 GB/T 1416。
2. 透明窗口信封（国际）一律不用起墙。

### 3.2 透明窗口的位置

透明窗口在信封的正面。透明窗口应位于图 1 所示点划线框内，透明窗口的位置不能妨碍加盖日戳。

### 3.3 透明窗口的规格

透明窗口呈长方形，其长度为 90mm～115mm，宽度为 40mm～45mm，四周圆角半径应小于或等于 5mm，透明窗口的长边应与信封长边平行。

## 4 技术要求

4.1 透明窗口信封一律采用横式，封口应在正面的右边或上边。

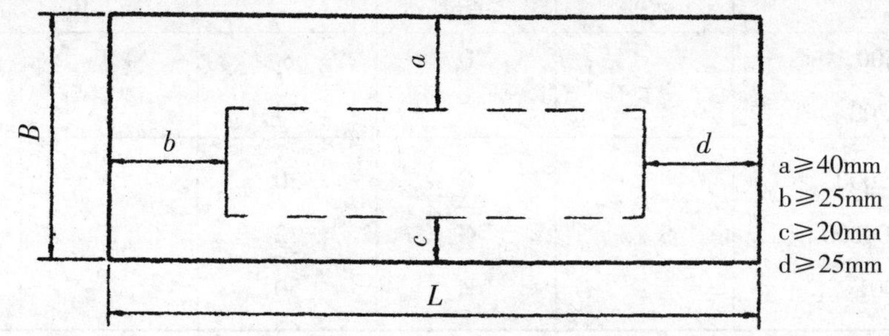


图1 透明窗口位置区域示意图

### 4.2 信封用纸

4.2.1 透明窗口信封用纸应选用不低于 lOOg/m² 的 B 等胶版印刷纸。

4.2.2 信封用纸的技术要求应符合 QB 1012 的规定。

### 4.3 透明窗口薄膜材料及其规格

4.3.1 透明窗口薄膜材料采用无色透明薄膜，如聚乙烯双向拉伸膜。透明薄膜厚度不得小于 0.03mm。

4.3.2 薄膜透明度不得小于 90%，其他性能可参照 YD/T 738 -95 中 5.2.2 的规定。

**4.4 在透明窗口四周的 8mm 区域内应为空白。**

## 5 糊制要求

5.1 透明窗口信封的糊制应符合 GB/T 1416 -93 中 5.4 的规定。

5.2 透明窗口的透明薄膜必须牢固粘贴在窗口四边内侧，透明薄膜和信封应平整无明显皱折，无粘合剂外溢的痕迹。粘合带宽度不得小于 5mm。

5.3 信封封舌涂有的粘合剂应粘着力强，且无毒。

## 6 试验方法与检验规则

### 6.1 抽样

6.1.1 以交货数量为一批，样本单位为枚。

6.1.2 交货检验抽样应按表 2 规定进行。

检查水平为特殊检查水平 S -3。合格质量水平（AQL）为 6.5，采用正常一次抽样方案，见表 2。

表2　正常检查一次抽样方案

| 批量范围 | 特殊检查水平 | 样本大小字母 | 样本大小 | 合格质量水平（AQL）6.5 | |
|---|---|---|---|---|---|
| | | | | Ac | Re |
| 151～500 | S－3 | D | 8 | 1 | 2 |
| 501～3200 | | E | 13 | 2 | 3 |
| 3201～35000 | S－3 | F | 20 | 3 | 4 |
| 35001～500000 | | G | 32 | 5 | 6 |
| ≥500001 | | H | 50 | 7 | 8 |

6.2　5.2中信封窗口与透明薄膜粘接强度：用手剥开粘合部位检查被剥开薄膜的粘合部位，粘合部位残存有粘接的纸痕。并允许粘合带上有两处各不超过5mm长的无纸痕区。

6.3　3.1，3.2，3.3，4.1，5.1，5.2采用外观观察和相应量具进行检测。

6.4　4.2按GB/T 1416－93中6.3的规定进行试验。

6.5　4.3按QB 1012－91标准中7.3相应的规定进行试验。

## 7　包装、标志、贮存

透明窗口信封（国际）的包装、标志和贮存应符合GB/T 1416－93第8章的规定。

## 附　录　A
## （标准的附录）
## 收件人名址

使用透明窗口信封（国际）时，透明窗口应清晰、完整地透视收件人的名址。收件人名址的格式要求应符合ISO 11180的规定：邮政地址需紧密书写，每个词的字母间不留间距，不得标画重点线。建议用大写字母书写寄达国、投递局和寄达地的名称。地址的名行应于左部取齐。邮政地址的行数限为6行。邮政地址每行的字符数量限为30个。

业务说明或标志也可通过透明窗口显示，标志应位于收件人名址的上方。

# 印制质量缺陷认定和综合判定方法

## （国家新闻出版广电总局 2016. 3）

| 类别 | 质量问题特性 | 一般质量缺陷 | 严重质量缺陷（分类：A、B、C） | |
|---|---|---|---|---|
| 成品外观 | 本版图书成品裁切尺寸、成品歪斜超标 | ≥1mm | ≥2mm/严重影响外观 | C/B |
| | 教材教辅成品裁切尺寸、成品歪斜超标 | ≥1. 5mm | ≥ 2. 5mm/严重影响外观 | C/B |
| | 成品切口严重刀花（有手感）、封面毛边及破头 | 轻微 | 严重影响外观 | B |
| | 成品书背不平直、起皱、破损 | 轻微 | 严重影响外观 | B |
| | 岗线超标 | >1. 0mm | – | |
| | 书背字平移、歪斜误差 | 书厚<10mm：>1mm　书厚 10 ~ 20mm：>2mm　书厚 20 ~ 30mm：>2. 5mm　书厚>30mm：>3mm | 严重影响外观 | B |
| | 封面、封底破损 | 轻微 | 严重影响外观 | B |
| | 成品护封上下裁切尺寸误差 | >2mm | – | |
| | 护封或封面勒口、折边与书芯前口误差 | >1mm | 严重影响外观 | B |
| 图文印刷 | 图文出现明显缺版、掉版现象 | 不影响阅读 | 影响阅读/严重影响外观 | A/B |
| | 图文出现破洞、残损、油污、水印等脏迹 | 不影响阅读 | 影响阅读/严重影响外观 | A/B |
| | 页面出现墨皮、砂眼 | 少许，不影响阅读 | 影响阅读 | A |
| | 彩色封面套印误差 | >0. 20mm | ≥0. 25mm/严重影响外观 | C/B |
| | 彩色正文套印误差 | >0. 20mm | > 0. 30mm/严重影响外观 | C/B |
| | 正文部分出现糊字、坏字、缺笔断划（或表格断线）现象 | 可辨认 | 不可辨认 | A |
| | 封面烫箔有文字虚花、断划、糊字现象 | 可辨认 | 不可辨认 | A |
| | 出现粘脏/过版页/废页 | 小面积，不影响阅读 | 大面积，影响阅读 | A |
| | 文字墨色出现明显色差 | △D≥0. 2 | △D≥0. 3 | B |

续表

| 类别 | 质量问题特性 | 一般质量缺陷 | 严重质量缺陷（分类：A、B、C） | |
|---|---|---|---|---|
| 印后加工 | 画面接版误差（横竖或左右） | >1.5mm | 关键部位>2mm | B |
| | 相连页码误差 | >4mm | – | – |
| | 全书页码误差 | >7mm | – | |
| | 图文区域出现"死折" | 不影响阅读 | 图文断开>2mm 或影响阅读 | A |
| | 有明显八字折或图文区域以外有折皱或折角 | 不影响阅读 | 影响阅读 | A |
| | 胶订出现散页、掉页 | – | 影响使用 | A |
| | 封皮（一侧或两侧）无侧胶或粘接不上 | 一侧无侧胶或粘接不上 | 两侧无侧胶或粘接不上 | A |
| | 少侧胶或少量野胶，铁丝订有漏钉现象 | 侧胶宽度<3mm 或>7mm | 严重野胶 | B |
| | 侧胶粘接封二、封三图文 | 压图，不影响阅读 | 压字，影响阅读 | A |
| | 连刀页或缩页 | 连刀页或缩帖<2mm | 缩帖≥2mm | B |
| | 配页出现错帖（页）、重帖（页）、少帖（页）、倒头帖（页） | – | 影响使用 | A |
| | 书背起泡、空背 | 露胶根，小空泡 | 散页、掉页、背胶断裂 | A |
| | 教材教辅胶粘订粘接强度 | – | <4.5N/cm | B |
| | 骑马订或铁丝订出现重钉、漏钉、坏钉 | 不影响使用 | 影响使用 | A |
| | 骑马订订位误差绝对值 | >3mm | >6mm | C |
| | 铁丝订订位误差绝对值 | >5mm | >8mm | C |
| | 精装书壳翘曲 | 明显翘曲 | 严重影响外观 | B |
| | 精装书书背布与书壳连接 | 短于书芯25mm | 环衬破裂 | B |
| | 精装书飘口尺寸 | 8K及以上：>4.5mm 或<3.5mm；16K：>4mm 或<3mm；32K 及以上：>3.5mm 或<2.5mm | 严重不一致或歪斜，严重影响外观 | B |
| | 精装书沟槽 | 不平服或宽度>4mm 或<2mm | 严重影响外观 | B |
| | 精装书环衬和书芯前后皱折 | 明显皱折 | 严重影响外观 | B |
| | 精装书书签带过短 | 短于书芯对角线 | – | |
| | 覆膜起皱、起泡、卷曲、起膜、亏膜 | 轻微 | 严重影响外观 | B |
| | 上光不均匀，有划痕、脏迹 | 轻微 | 严重影响外观 | B |

符合下列其中一条的单册样品判定为不合格：

（1）存在 1 项及以上 A 类严重质量缺陷的；

（2）存在 2 项及以上 B 类严重质量缺陷的；

（3）存在 1 项 C 类严重质量缺陷和 2 项及以上一般质量缺陷的；

（4）存在 4 项及以上一般质量缺陷的本版图书；

（5）存在 5 项及以上一般质量缺陷的教材教辅。

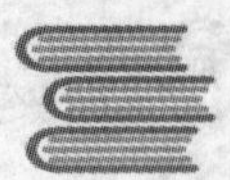



ICS 65.160
X 85
备案号：48469－2015

# 中华人民共和国烟草行业标准

YC/T 330－2014
代替 YC/T 330－2009

# 卷烟条与盒包装纸印刷品

## Printed cigarette carton and packet packaging papers

2014－12－24 发布　　2015－01－15 实施

国家烟草专卖局　发布

# 前　言

本标准按照 GB/T 1.1 -2009 给出的规则起草。

本标准代替 YC/T 330 -2009《卷烟条与盒包装纸印刷品》。本标准与 YC/T 330 -2009 相比，主要技术变化如下：

——在技术要求中，增加了“卷烟条与盒包装纸印刷品生产中应使用的溶剂范围”，并删除挥发性有机化合物含量的规定；将“荧光性物质”指标修改为“D65 荧光亮度”指标，并仅针对卷烟盒包装纸印刷品的背面；将外观定性指标与定量指标分开；删除了厚度、耐折性、转移包装纸、压痕挺度（纵向或横向）、交货水分、卷盘尺寸和数量指标、卷盘盒包装纸接头等指标；

——在检验方法中，增加了 D65 荧光亮度、卷烟包装标识等 2 项指标的检验方法；

——取消了检验规则有关内容；

——调整了包装、标志、运输和贮存。

请注意本文件的某些内容可能涉及专利。本文件的发布机构不承担识别这些专利的责任。

本标准由国家烟草专卖局提出。

本标准由全国烟草标准化技术委员会烟用材料分技术委员会（SAC/TC144/SC 8）归口。

本标准起草单位：云南中烟工业有限责任公司、国家烟草质量监督检验中心、上海烟草集团有限责任公司、上海烟草包装印刷有限责任公司、中国烟草标准化研究中心、中国烟草总公司郑州烟草研究院、湖南中烟工业有限责任公司、广东中烟工业有限责任公司、江苏中烟工业有限责任公司、云南侨通包装印刷有限公司。

本标准主要起草人：朱瑞芝、缪明明、刘志华、樊瑛、司晓喜、唐纲岭、孙健法、谢雯燕、岳衡、陈宸、赵乐、段良勇、赵文平、李中皓、徐继俊、张承明、任建新、文杰、冯洪涛、张曼辉、王嘉乐、桂永发、王凯、顾永圣、范子彦、贺琛、樊美娟、戴云辉、杨蕾。

本标准所代替标准的历次版本发布情况为：

——YC/T 330 -2009。

# 卷烟条与盒包装纸印刷品

## 1　范围

本标准规定了卷烟条与盒包装纸印刷品的术语和定义、技术要求、抽样、检验方法、以及包装、标志、运输和贮存。

本标准适用于卷烟条与盒包装纸印刷品。

## 2　规范性引用文件

下列文件对于本文件的应用是必不可少的。凡是注日期的引用文件，仅注日期的版本适用于本文件。凡是不注日期的引用文件，其最新版本（包括所有的修改单）适用于本文件。

GB 5606.2　卷烟　第2部分：包装标识

GB/T 7705－2008　平版装潢印刷品

GB/T 7974　纸、纸板和纸浆　蓝光漫反射因数D65亮度的测定（漫射/垂直法，室外日光条件）

GB/T 10342－2002　纸张的包装和标志

GB/T 18348　商品条码　条码符号印制质量的检验

GB/T 18722　印刷技术　反射密度测量和色度测量在印刷过程控制中的应用

GB/T 19437　印刷技术　印刷图像的光谱测量和色度计算

GB/T 22838.1　卷烟和滤棒物理性能的测定　第1部分：卷烟包装和标识

CY/T 3 色评价照明和观察条件

## 3　术语和定义

下列术语和定义适用于本文件。

3.1

**条包装纸**　carton blank；parceling paper

印有商标、条码、图案、文字等内容，将一定数量的盒装（硬盒或软盒）卷烟包装成条的专用纸。

3.2

**盒包装纸**　packet blank；label

印有商标、条码、图案、文字等内容，将一定数量的卷烟包装成盒（硬盒或软盒）的专用纸。

3.3

**模切**　die cutting

用模具将印品切成所需形状的工艺。

［GB/T 9851.7—2008，定义4.10］

3.4

**裁切**　cutting

将纸张、印张、书册等按所需尺寸切开的工艺。

[GB/T 9851.7－2008，定义 4.11]

3.5

**烫印**　hot foil－stamping

在纸张、纸板、纸品、涂布类等物品上，通过烫模将烫印材料转移在被烫物上的加工。

[GB/T 9851.7－2008，定义 4.7]

3.6

**压凹凸**　embossing

用模具将凹凸图案或纹理压到印品上的工艺。

[GB/T 9851.7－2008，定义 4.2]

3.7

**耐磨性**　abrasion resistance

印刷品表面的油墨耐重复摩擦的程度。

[GB/T 9851.3－2008，定义 6.5]

## 4　技术要求

### 4.1　基本要求

4.1.1　卷烟条与盒包装纸印刷品生产中使用的溶剂应在乙醇、正丙醇、异丙醇、乙酸乙酯、乙酸正丙酯、乙酸异丙酯、丙二醇甲醚、丙二醇乙醚、丁二酸二甲酯、戊二酸二甲酯、己二酸二甲酯和 2－丁酮等 12 种范围内。

4.1.2　卷烟条与盒包装纸印刷品应无明显异味。

### 4.2　外观指标

卷烟条与盒包装纸印刷品的外观应符合表 1 的规定。

**表 1　外观要求**

| 项目 | 要　求 |
|---|---|
| 卷烟包装标识 | 图案、文字应符合 GB 5606.2、国家有关法律法规以及行业规定的要求 |
| 外观 | 图案和文字准确、清晰和完整，表面整洁、平整，无漏印、错印，无明显残缺、划伤和条痕，无影响包装机正常使用的翘边、变形、褶皱；压凹凸表面均匀、轮廓清晰、边缘处无破裂 |

### 4.3　物理指标

卷烟条与盒包装纸印刷品物理指标应符合表 2 的规定。

表2　物理指标

| 项目 | | 单位 | 指标 |
|---|---|---|---|
| 商品条码符号等级 | | – | ≥1.5/06/670[a] |
| 同色色差 | | CIEL * a * b * | $\Delta E^{*}_{ab}$ ≤3.0，或与标准样张[b] 一致 |
| 裁切/模切尺寸偏差 | 条包装纸印刷品 | mm | ±0.5 |
| | 盒包装纸印刷品 | mm | ±0.3 |
| 套印误差 | | mm | ≤0.3 |
| 墨层耐磨性 | | % | ≥70 |
| 烫印误差 | | mm | ≤0.4 |
| 压凹凸误差 | | mm | ≤0.4 |
| D65 荧光亮度[c] | | % | ≤1.0 |

[a] 1.5/06/670 表示符号等级值为 1.5，测量孔径标号为 06（标称直径为 0.15mm），测量光峰值波长为 670nm ±10 nm。

[b] 标准样张由供需双方协商确定，应保存在避光的密封包装中。

[c] 仅针对卷烟盒包装纸印刷品的背面。

### 4.4　其他指标

其他指标要求由供需双方协商确定。

## 5　抽样

5.1　以同一材料、牌号、规格、工艺在一段时间内生产或交收的产品为一个检验批。

5.2　从检验批中随机抽取三个包装单元（箱或托盘）。

5.3　样品抽取

对平张条与盒包装纸印刷品，从三个包装单元（5.2）中，各随机抽取一包（扎或捆），再分别从已抽取的三包（扎或捆）中，随机抽取 50 张，共计 150 张，作为实验室样品。分别密封包装，避免样品污染。

对卷盘盒包装纸印刷品，从三个包装单元（5.2）中各随机抽取一卷，再分别从已抽取的三卷中从每卷表面第一层开始，连续切取 50 张的长度，共计 150 张的长度，作为实验室样品。分别密封包装，避免样品污染。

注：三份样品，其中一份测定用，另外两份作为备用样品。

## 6　检验方法

### 6.1　检验条件

#### 6.1.1　外观、物理指标的检验条件

试样应在温度为（23 ±5）℃，相对湿度（$60^{+15}_{-10}$）%，无紫外光照射环境中放置 8h 以上进行检测。

6.1.2　观样条件

观样光源应符合 CY/T 3 的规定，光源与操作台面相距 800mm 左右，观察者眼睛与目视部位相距 400mm 左右。

6.2　异味

在抽样过程中打开包装后，通过感官进行检验。

6.3　卷烟包装标识

按照 GB/T 22838.1 的规定进行检验。

6.4　外观

从检验样品（5.3）中随机抽取 10 张作为试样。在观样条件（6.1.2）下，以标准样张为基准，依次将各张试样与标准样张进行目测对比检验。10 张试样与标准样张对比后均符合外观指标要求的，则结果表述为符合，反之为不符合。

6.5　商品条码符号等级

按 GB/T18348 的规定进行检验。

6.6　同色色差

6.6.1　试样数量

从检验样品（5.3）中随机抽取 5 张作为试样。

6.6.2　目测对比检验

在观样条件（6.1.2）下，以标准样张为基准，依次目测对比 5 张试样与标准样张同色同部位的颜色差异。5 张试样与标准样张对比后颜色均无明显差异的，则结果表述为符合，反之为不符合。

6.6.3　仪器检验

6.6.3.1　仪器

采用符合 GB/T 19437 规定的分光光度计，仪器校准与使用按 GB/T 18722 的规定进行。

6.6.3.2　检验步骤

先用分光光度计（6.6.3.1）检验标准样张 CIEL＊$a$＊$b$＊均匀色空间的 L＊值、$a$＊值和 $b$＊值作为基准数据，然后依次检验 5 张试样与标准样张同色同部位的 $E_{ab}^*$ 值。检验结果以 5 张试样 $E_{ab}^*$ 值的最大值表示。

6.7　裁切/模切尺寸偏差

从检验样品（5.3）中随机抽取 3 张作为试样，对试样上有尺寸要求的裁切或模切成品部位，测量其长度（精确至 0.1mm），测量尺寸与规定尺寸之差为该试样成品裁切/模切尺寸偏差，检验结果以 3 张试样检验数据的最大值表示。

6.8　墨层耐磨性

从检验样品（5.3）中随机抽取 3 张作为试样，按 GB/T 7705 – 2008 中 6.8 规定的方法进行检验，检验结果以 3 张试样检验数据的最小值表示。

### 6.9 套印误差、烫印误差和压凹凸误差

从检验样品（5.3）中随机抽取3张作为试样，在观样条件（6.1.2）下，用精度为0.01mm的20倍刻度放大镜，分别测量试样同一部位任二色间套印误差，烫印、压凹凸同印刷图文间的误差各三点，分别取其最大值，检验结果以3张试样检验数据的最大值表示。

### 6.10 D65荧光亮度

按照GB/T 7974的规定进行检验。

## 7 包装、标志、运输和贮存

### 7.1 包装、标志

卷烟条与盒包装纸印刷品的包装和标志按GB/T 10342－2002中第4章规定进行，并补充如下：

a）每个包装体上应标明产品名称、执行标准编号、生产企业名称、地址、检验员代码，并有防尘、防潮、防挤压标记。

b）卷烟条与盒包装纸印刷品生产企业应保证产品质量，不应混装、错装、少装，并在包装单元上附上质量检验合格证。

### 7.2 运输

产品运输工具应保持干燥、清洁、无异味；运输过程中应防雨、防潮、防晒、防挤压，不应与有毒、有异味、易燃等物品同车运输；装卸时应小心轻放。

### 7.3 贮存

卷烟条与盒包装纸印刷品应贮存在清洁、干燥、通风、防火的仓库内，不应与有毒、有异味、易燃等物品同贮一处。

# 附录二
# 出版物印刷品常见的质量缺陷

# 1. 成品外观缺陷

## 书背破损

【表现】存在于平装类书刊，表现为书背两头破口、破头甚至掉渣等。

【产生原因】①书页未压实；②书背未干透；③三面刀或切纸机刀片或压纸板压力不当；④连二裁切时书本过厚或裁纸刀角度过大、过钝；⑤封面纸张过脆或丝缕不当等。

## 切口刀花

【表现】主要存在于较厚的书刊，表现为书刊三面切口部分出现凹凸不平的花纹。

【产生原因】由于切刀不锋利或刀刃被崩磨损坏等。

## 破头

【表现】主要存在于平装书刊，表现为书背上下两端撕裂破碎。

【产生原因】①书册裁切后由于无破头装置；②书册裁切时书背未干透。

## 书背不平直

【表现】主要存在于平装类书刊，表现为书背褶皱、起泡，书背本身不平齐，有凹凸现象等。

【产生原因】①背胶胶层过厚或二次释放造成夹紧不当；②胶包封面时，上封夹高矮不一；③没有在开放时间内完成夹紧工作，裁切时压力过大等；④托书板调整不当。

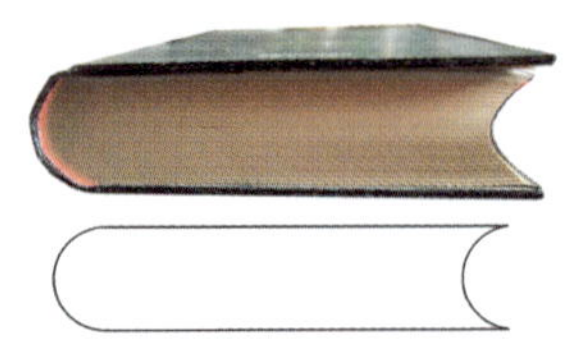

**定型不良**

【表现】主要存在于较厚的精装产品及一些厚本平装产品，表现为：圆孤不能定型，翻动后不能自然回圆或方口向书口方向出圆。

【产生原因】①书芯没有压实；②书背刷胶不匀、过薄或胶过稀等；③精装套壳后压槽及干燥时间不足；④平装后背卡纸过薄。

## 2. 图文印刷缺陷

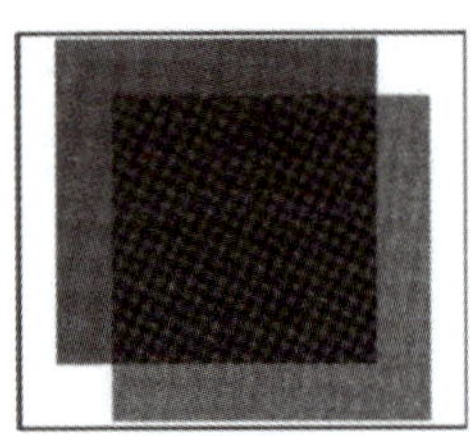

**龟纹**

【表现】主要存在于网版产品中，表现为画面上出现重复性的不应有的方纹或花纹。

【产生原因】①常由制版时网线角度选择不当等引起；②印刷稿网纹与复制网纹相交产生的扰射反应引起。

**图像虚糙**

【表现】存在于网线图像中，表现为图像模糊，层次不清。

【产生原因】常由制版引起：①对光不实或胶片不平是主要原因；②图像放大倍数过高等；③电子文件原稿精度不够。

**套印不正**

【表现】书刊彩页正、背面版面位置偏差；彩页图像各色位置偏差、图像双影等，常见于单色、双色机印刷的彩刊。

【产生原因】①纸张定位不准；②拼版、装版位置不准；③咬纸牙磨损或调节不良、交接不准；④纸张含水量不一致或供水量不一致引起印品伸缩不一。

**印迹不实**

【表现】表现为网点不饱满或虚毛，色调暗淡或文字线条印迹发虚。

【产生原因】①滚筒压力轻或橡皮布轧低；②刷墨辊压力过轻或供水过大；③印版密度过低或不匀；④胶片密度过低；⑤晒版曝光过量；⑥显影不当；⑦纸张掉粉。

**花版（掉版）**

【表现】表现为网点缩小或线条字迹变细、实地花白、图像不清。

【产生原因】①常由印版磨损引起，主要原因有：润版药水酸性强或水量过大；水滚压力过大；墨层过薄；滚筒压力过大；纸张脱粉掉毛等。②印版不平晒版时网点丢失；③版材药膜涂布不匀。

**糊版**

【表现】表现为字图空白处糊成一片，模糊不清。

【产生原因】①油墨粘度过高，流动性差，印版存墨过多使网点扩大；②润版药水 pH 值低使亲水层被破坏；③水辊压力轻，供水不良或停机后印版干涸；④版面砂目磨损变浅；⑤水墨不平衡，墨量过大且稀，而水量过小。

**重影**

【表现】表现为网点或线条留有侧影，画面失真或双影。

【产生原因】①设备磨损精度不良；②橡皮布太松，受压后串动；③咬纸牙松动或调节不良；④印版没有拉紧或松动、折裂；⑤纸张拱曲或荷叶边、紧边等。

**毛刺（倒顺毛）**

【表现】表现为图文边缘产生向前或向后的毛刺。

【产生原因】①印版滚筒包衬与压印滚筒包衬不正确，线速不等产生滑动；②纸毛等杂物粘附于橡皮布使压力及压印滚筒半径增大；③印版字图一侧砂目磨损亲油。

**条痕（杠子）**

【表现】表现为画面上轴向的深色条纹（俗称墨杠）或白色条纹（称白杠）。

【产生原因】①墨杠缘于版面一条条的网点扩大或毛刺，常由滚筒传动齿轮或轴承等磨损、压力过大跳动引起的滚筒与印版及印刷墨辊之间的相对滑动或震动引起；②白杠缘于网点一条条的缩小，常由水辊压力过大或水辊传动齿轮磨损等原因造成水辊滑动引起；③印版滚粉，橡皮滚筒包衬过大或橡布松动；④版面水量过大。

**脏污**

【表现】表现为产品上油脏，脏痕明显、牢固并不易擦掉。

【产生原因】①润版药水 pH 值不当；②水辊压力过小；③印版砂目磨损、堵塞或过浅；④曝光或显影过度砂目损坏；⑤油墨过稀或油性太大；⑥印版上有水渍。

**浮墨**

【表现】脏污面积较大、浮于纸面，可以擦掉。

【产生原因】①油墨化水或乳化严重，使润版药水脏污；②水大，墨辊上堆墨过多造成油墨飞溅于印版。

**脏线、脏点**

【表现】存在于图版或实地中的环状白斑及小墨点。

【产生原因】①印版挖改、整版及拼晒版时造成的脏线未除净；②水辊、墨辊内混入砂子等异物划伤印版③纸张掉毛脱粉及墨皮等粘于印版；④空气中的灰尘粘于印版；⑤印版砂眼等未除净。

**背面粘脏**

【表现】存在于印品背面的墨迹污染。

【产生原因】①墨层过厚，油墨太稀及温度低、燥油用量过少等造成油墨干燥过慢；②纸张吸收性差；③印品堆放过高或过早移动蹭脏；④喷粉过少或粉质太细；⑤色序不当、油墨浮于纸面。

**油墨不干**

【表现】主要存在于实地等产品，表现为经较长时间油墨不干或粘连掉色。

【产生原因】①调墨油、撤粘剂等用量过多或燥油用量过少；②润版药水 pH 值过低，油墨乳化严重；③纸张吸墨性差。

**油墨不匀**

【表现】单色或专色印刷产品正面、背面或全书墨色浓淡不一；多色印刷产品色相不一；跨页图色相不一。

【产生原因】①印刷中供墨量不一，水墨不平衡；②版面压力不一致；③纸张表面粗糙不平；④墨辊调节不良或老化；⑤供水量不稳或油墨调配不匀；⑥印版字迹或网点密度不匀；⑦套色时各色墨量不适或色序不当。

## 缺色

【表现】表现为书页或彩页缺少一至数色、图文或文字不全。

【产生原因】①主要由印刷时的双张故障造成；②压印时的合压故障也可造成；③检查失检或漏检。

## 反印

【表现】表现为书页、彩页上反印上背面印版的印迹，字图模糊。

【产生原因】①压印滚筒粘污，产生于印刷机供纸间断时离压控故控障或大折角、坏纸等漏印；②油墨不干或墨层过厚，堆放时粘脏；③橡皮滚筒清洗不干净。

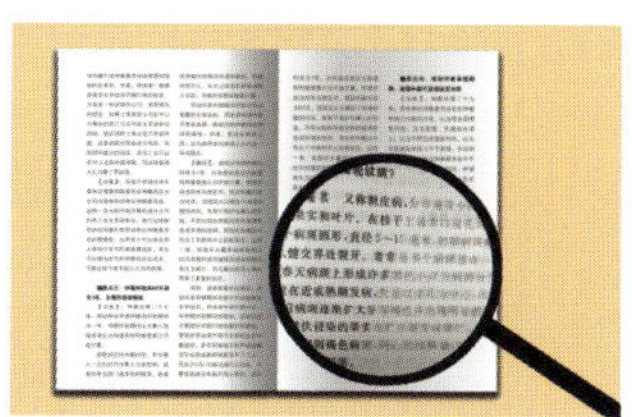

## 印迹丢失

【表现】各种产品均有发生，表现为部分印迹（文字或图像）完全丢失。

【产生原因】①纸屑附着在印版或橡皮上；②印版严重磨损。

## 纸张破损

【表现】页面不完整，有破损。

【产生原因】①印刷纸张叼口破损；②纸张在传送过程中破损；③传纸破损；④纸张本身有破损。

## 透印

【表现】印在纸张背面的图文由正面可见。

【产生原因】①纸张过于透明；②油墨过量；③印刷压力过大；④橡皮滚筒清洗不干净。

**页面折皱**

【表现】页面不平整。

【产生原因】①在生产过程中整个纸卷宽度、缠绕硬度和纸张厚度不均匀；②印刷机中某一段纸带的张力过小；③由纸架造成的皱纸；④印刷单元的橡皮滚筒压力调节不当；⑤压纸轮和拉纸辊的调节不正确（相互之间不水平或两边压力不均衡）；⑥导纸辊上堆积有纸粉和油墨；⑦折页机三角板的角度调节不当；⑧印刷机的印刷单元、折页机上层结构、拉纸装置及折页机构等组件相互匹配不当。

**书页褶皱**

【表现】表现为书页、画面内或纸边处产生细褶。

【产生原因】①纸张受潮后松紧不一或弓皱引起；②咬纸牙或毛刷轮等调节不当使纸张不平；③纸张过薄或顺丝易产生弓皱起褶。

## 3. 印后加工缺陷

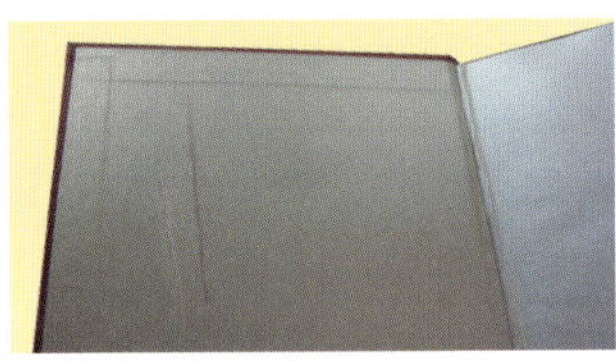

**衬纸起皱**

【表现】存在于精装产品，表现为前后衬纸甚至部分书页起皱并不能恢复。

【产生原因】①纸张耐潮性差；②扫衬胶水过稀，施胶过厚或不匀；③书壳没有充分干燥；④纸板不平整；⑤衬纸偏薄。

**书壳翘曲**

【表现】存在于精装产品，表现为书壳干燥后向外翘曲变形。

【产生原因】①书壳纸板不平或吸潮变形；②纸板下料丝缕不当；③封面用料缩水性强或糊壳时施胶不匀；④糊壳及上壳后压平、干燥不良；⑤纸板偏薄。

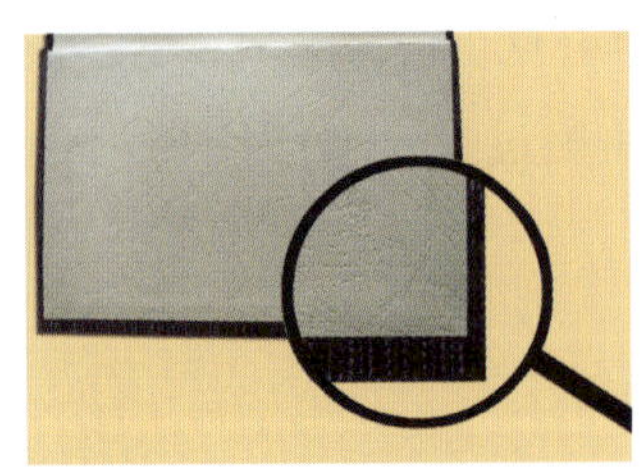

**三口不一**

【表现】存在于精装产品，表现为三面飘口大小不一致或歪斜。

【产生原因】①书芯尺寸不标准或歪斜；②扒圆弧度不适或起脊高度深度不适；③纸板裁切尺寸不一或糊壳尺寸不一、歪斜；④上壳不居中或歪斜。

**包书封后书芯断裂**

【表现】书页装订不牢或漏订，书页经翻动后出现掉页。

【产生原因】①涂胶不均匀；②铣刀铣背不平行或铣背深度不够；③胶粘剂老化或胶温过高；④用胶不当（如胶内松香含量过多），胶质与所加工纸质不符合；⑤封面纸张过厚、硬而书芯纸张过薄软，造成封面与书芯薄厚悬殊，相互拉力不等，致使前后书页断裂漏胶；⑥书芯较厚。

**侧胶开胶**

【表现】封面与书芯分离。

【产生原因】①边胶未单独使用；②拼版时未留足4mm边胶；③纸张与胶不匹配；④未控制好胶温。

**书背空胶或空泡**

【表现】涂胶不均，胶体有孔眼。

【产生原因】①书背厚度上下不一致，造成夹书板夹书不平行，无法均匀涂胶；②胶轮调整不当，涂胶后有钟乳石状，胶液无法塞满书背；③均胶辊与书背胶层没有接触上；④涂胶辊调整不合理；⑤下书板坡度过大，下书不平行；⑥背胶老化且有杂质；⑦胶液中有气泡。

**背胶开胶**

【表现】主要存在于无线胶粘订的书籍，背胶与书芯完全分离。

【产生原因】①背胶的温胶未控制好；②背胶型号选择不对；③胶严重老化或乳化。

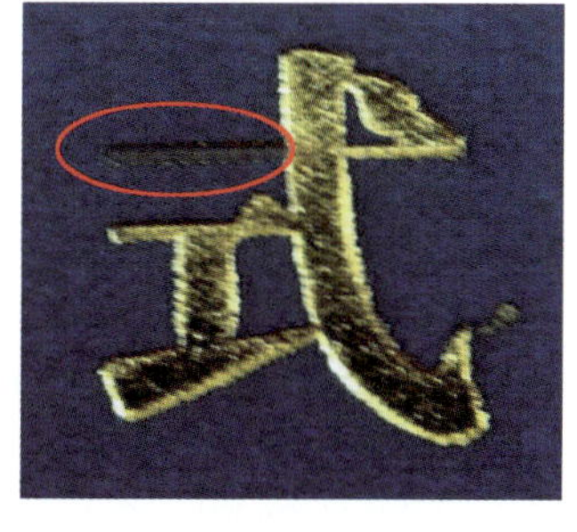


**烫印不实**

【表现】主要存在于精装书壳，表现为电化铝或漆布等烫印不良、版面发花或粘结不牢，及压凹起凸、印迹过浅等。

【产生原因】①电化铝型号、烫印温度及速度不适合面料；②纸板薄厚不匀或压力不当；③烫印大面积实地时压力不足；④实地上油墨不干或粉化、晶化。

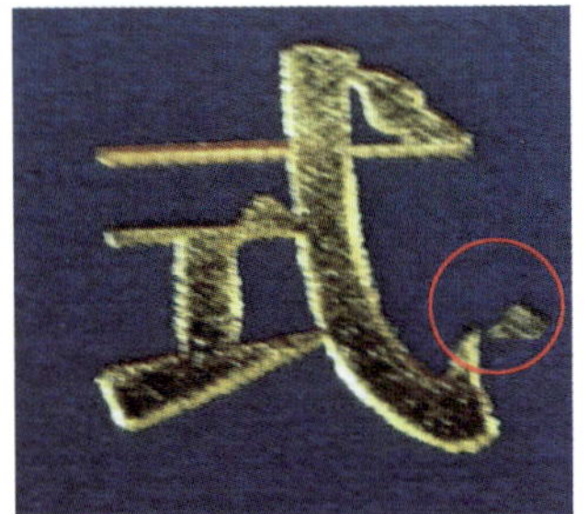


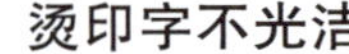

### 烫印字不光洁

【表现】主要存在于精装书壳，表现为文字或图案边缘不齐或糊版上脏。

【产生原因】①印版字图边缘不齐或坡度过大；②书壳干燥不良；③电化铝型号、温度、速度不适合面料要求；④纸板薄厚不匀或压力不当等。

### 覆膜起皱

【表现】铜版纸、胶版纸、白板纸等，在覆膜后出现纸张起皱。

【产生原因】①温度控制不当。相对湿度过高，纸张吸潮起“荷叶边”、“紧边”等 造成覆膜过程中纸张起皱；②辊筒压力不均匀，造成覆膜过程中纸张起皱。③胶辊本身不平或有污物，造成覆膜时纸张起皱；④拉力过大，薄膜收卷撕裂；⑤输纸歪斜。

### 覆膜起泡

【表现】覆膜不平整，间有气泡或薄膜皱褶。

【产生原因】①印刷墨层未干透，②印刷墨层过厚；③复合辊表面温度过高；④覆膜干燥温度过高；⑤薄膜有皱褶或松弛现象、薄膜不均匀或卷边也会至起泡；⑥粘合剂浓度高、粘度大或涂布不均匀、用量少也可至起泡；⑦喷粉不匀。

### 白页

【表现】主要存在于单张纸印刷的单色书刊，表现为书页一面无字，常成帖（8 页、16 页或 32 页）出现。

【产生原因】①主要由印刷时的双张故障造成；②压印时的合压故障也可造成；③检查失检或漏检。

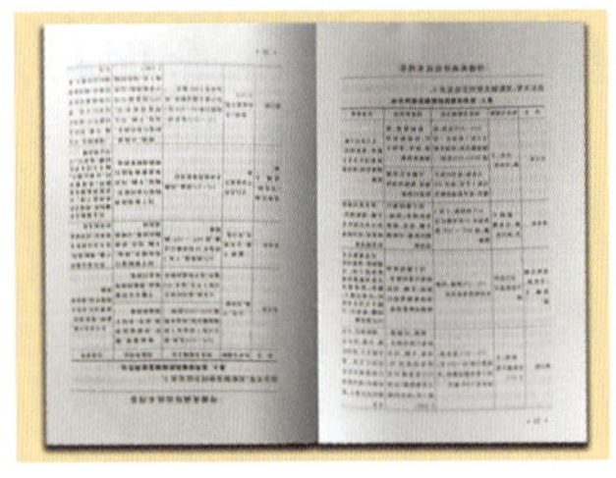

### 倒页

【表现】主要存在于单张纸两面分别印刷的各种产品中，表现为整张或整帖书页、彩页正背面页码、内容不相连接产生于印刷背面时大页倒置。

【产生原因】①垛纸失误倒置或零散的大页放倒投入印刷；②配粘错误。

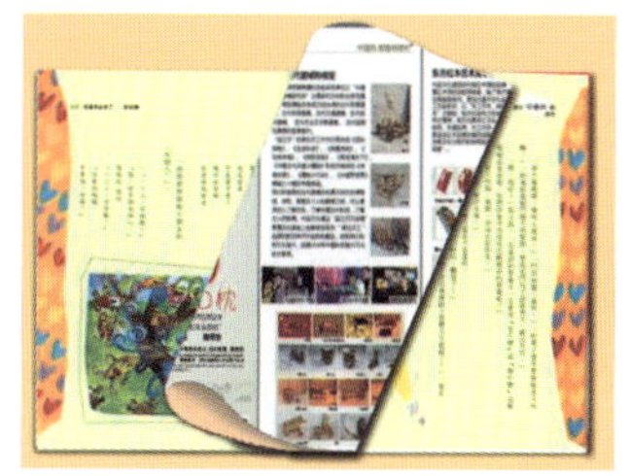

**错页**

【表现】存在于单张纸正背面分别印刷的产品，表现为整张或整帖书、彩页正背面的内容或页码不相关。

【产生原因】由半成品书页中混入其他产品造成。印刷时半成品管理混乱及更换印品时现场清理不好造成。

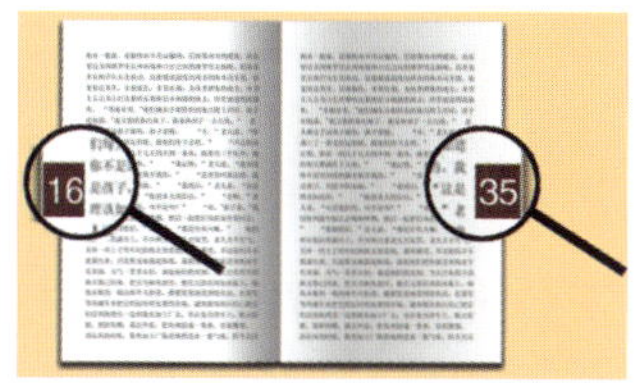


**错帖（错装）**

【表现】存在于成册产品，表现为某一书帖在全书中的顺序错误。

【产生原因】①因印刷大页或折页配页时书页混杂造成；②配页时装帖失误。

**大折角**

【表现】主要存在于单张薄纸印刷的书、彩色产品。表现为较大折角，折角处往往无字图。

【产生原因】①纸张折角未严格挑选；纸张翘角；②印刷中输纸或收纸时折角故障造成。

**裁切出血**

【表现】表现为切口处字图被切掉，切口露出字或图的印迹。

【产生原因】①印刷时的大歪页及折页大歪页是裁出血的主要因素；②印版版心尺寸过大，切口留边过小；③版面规格明显偏差。

**错版**

【表现】主要存在于书刊正文及零件产品，表现为某一版面内容与全书不符。

【产生原因】①常由装版或印刷中途换版失误造成；②印版混杂管理不善造成。

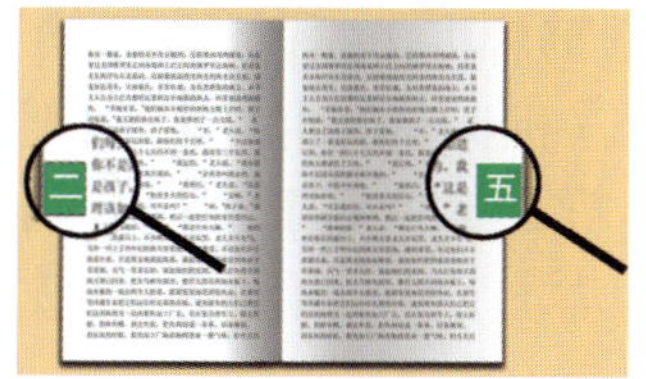


**缺页**

【表现】书刊中缺少部分书页，内容不全。

【产生原因】①常由配页故障少帖造成，粘页、套印故障及配页后分本或配套故障也可造成；②轮转印刷机折页时掉页。

**掉页**

【表现】书页装订不牢、漏订或脱胶，书页经翻动后出现掉页。

【产生原因】①胶订产品书背割口不透、施胶不充分或不匀及胶变质等故障；②锁线漏锁、断线或掉套等故障及书背刷胶不良等；③折页或订本时书页不齐漏订。

**八字折**

【表现】书册中页张皱折不平；切书后前口出现凹凸不平；书册的上或下切口出现水浪折。

【产生原因】主要是书帖内的空气没被排除出去造成的。手工折页在倒数第二折缝上没破口或破口没到位；②手工折页没将折缝刮实；③折页机没安装破口装置，致使折好的书帖内空气无法排除；④折页机破口刀破口过小或破口刀片使用不当，空气不能完全排除；⑤折页机破口折缝位置不当；⑥折页机折辊或顶规调整不当。

**连刀页**

【表现】相连页码未裁切分开。

【产生原因】①裁切刀片运行不正常；②撞页不齐；③裁切尺寸误差。

**版芯歪斜、大歪页**

【表现】主要存在于单张纸正背面分别印刷或各色分别印刷的各种产品，表现为书页正背面版面、页码或彩色图像各色明显错位。

【产生原因】①由印刷时纸张定位故障造成；②纸张静电过大也有较大影响。

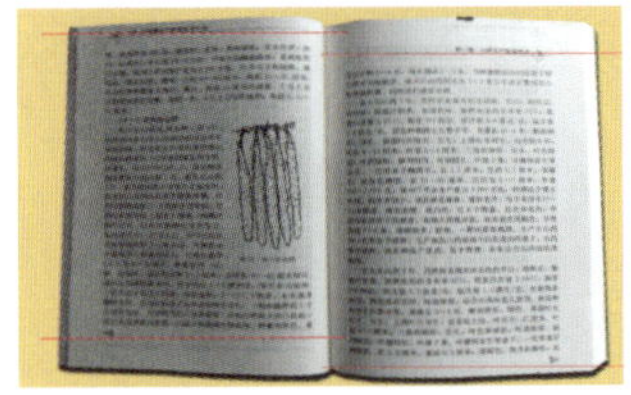

**页码超标**

【表现】捆书帖时没撞理整齐，图像页张歪斜，齐边不齐，造成书帖相邻页码不达标。

【产生原因】①手工折页没按住，刮页后折边错位不齐；②手工折页没刮实，压后折缝移动；③机器折页时：a. 输页辊与挡规不垂直，有歪斜现象。b. 折页辊传送歪斜；c. 输页辊（或折页辊）调整不当，书帖折后折缝不压实，卷边后折边不齐。

## 4. 报纸印刷缺陷

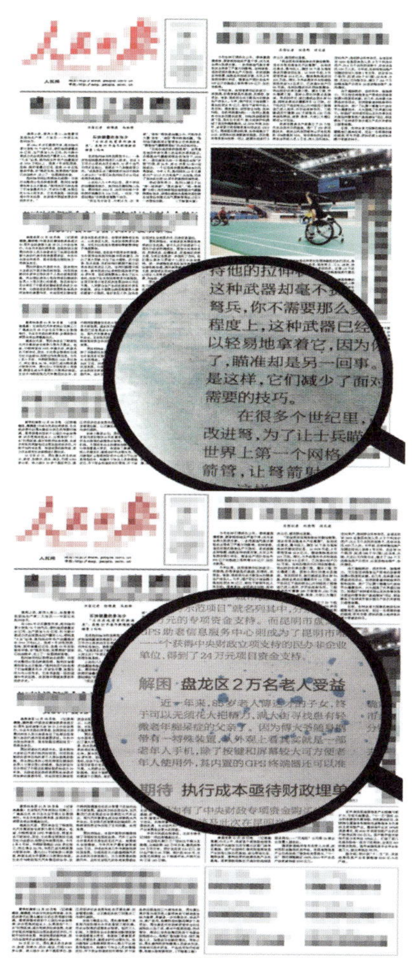

这种武器却毫不费
弩兵，你不需要那么
程度上，这种武器已经
以轻易地拿着它，因为
了，瞄准却是另一回事。
是这样，它们减少了面对
需要的技巧。
在很多个世纪里，
改进弩，为了让士兵瞄
世界上第一个网格
箭管，让弩箭射

解困 盘龙区2万名老人受益

期待 执行成本亟待财政埋单

**版面脏污**

【表现一】非图文部分出现水印般脏污。

【产生原因】水油不平衡。该图为青版水小墨大，墨层侵浸水层部位（非图文部份），产生脏污。

【表现二】版面出现点、块状脏迹。

【产生原因】橡皮布或墨版带脏。由于长时间高速印刷，纸灰堆积过多，混合油墨形成多余脏点转移到承印物上，粘脏版面。

库

【表现三】印刷品出现水印样脏痕。

【产生原因】上一组印版的橡皮布或墨版上残留的印迹未被彻底清洁，粘脏下一组印版的版面。

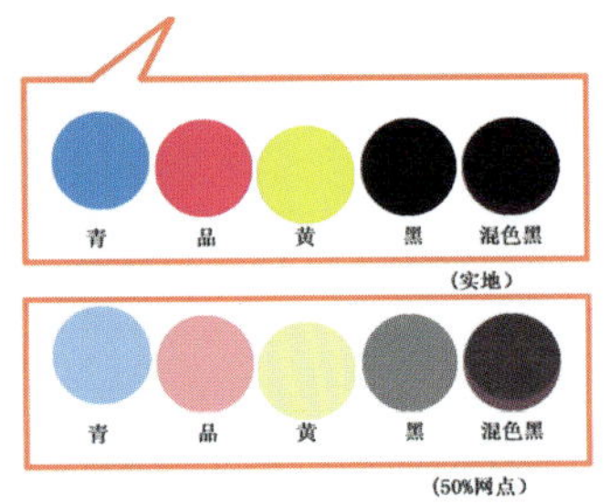


**套印不准和色相不正（以灰平衡检测点为图例）**

【表现一】图案出现重影或模糊。

【产生原因】从色标可见，青版与黄版均有不同程度偏移，造成套印不准。

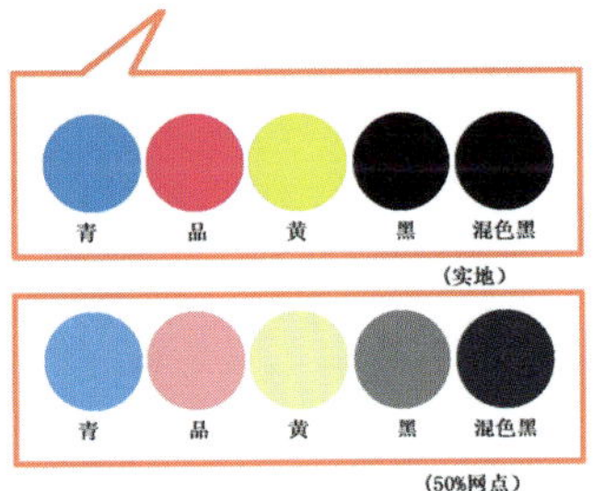


【表现二】印刷色彩整体偏青。

【产生原因】青版过重。从色标可见，50%网点中的青色明显过重，使得混色黑明显偏青。

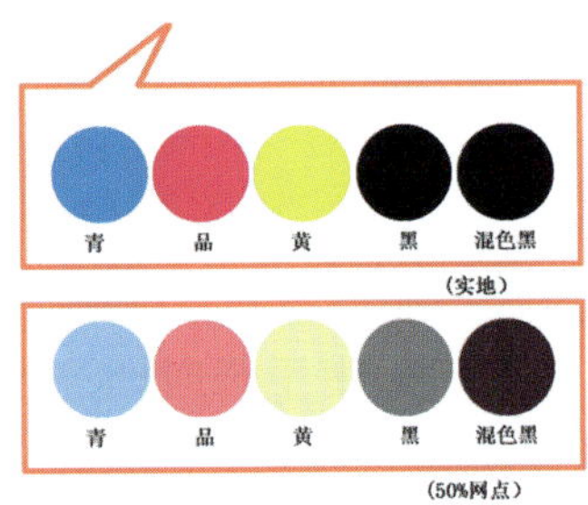


【表现三】印刷色彩整体偏红。

【产生原因】品红版过重。从色标可见，50%网点中的品色明显过重，使得混色黑明显偏红。

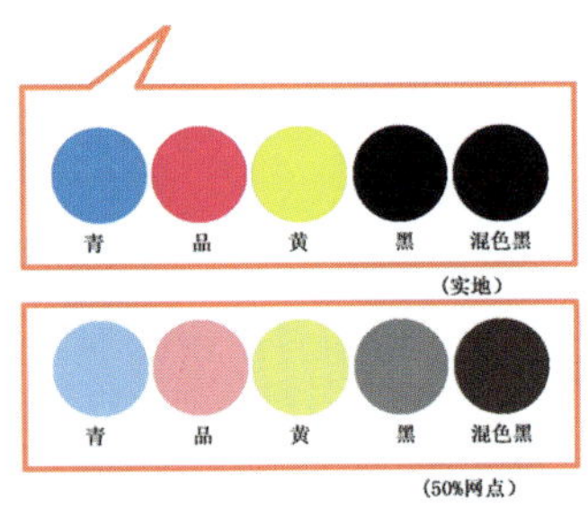


【表现四】印刷色彩整体偏黄。

【产生原因】黄版过重。从色标可见，50%网点中的黄色明显过重，使得混色黑明显偏黄。

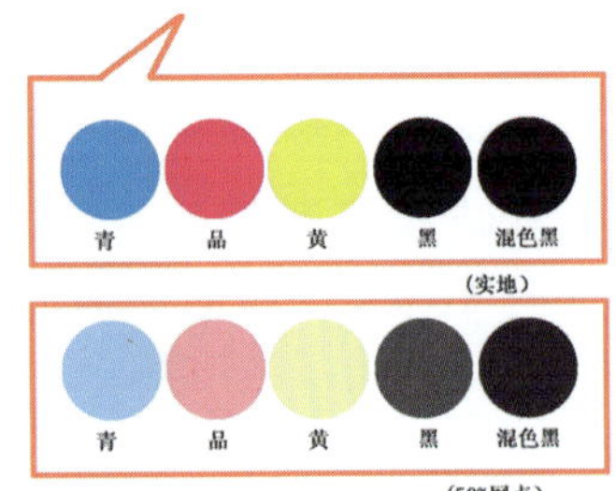


【表现五】印刷色彩整体偏深，图案呆板，层次不明。

【产生原因】黑版过重。从色标可见，50%网点中的黑色明显过重，使得混色黑明显偏深。

# 附录三　纸张相关知识

# 1. 常见纸张开切和图书开本尺寸

单位：mm × mm

## （1）纸张开切

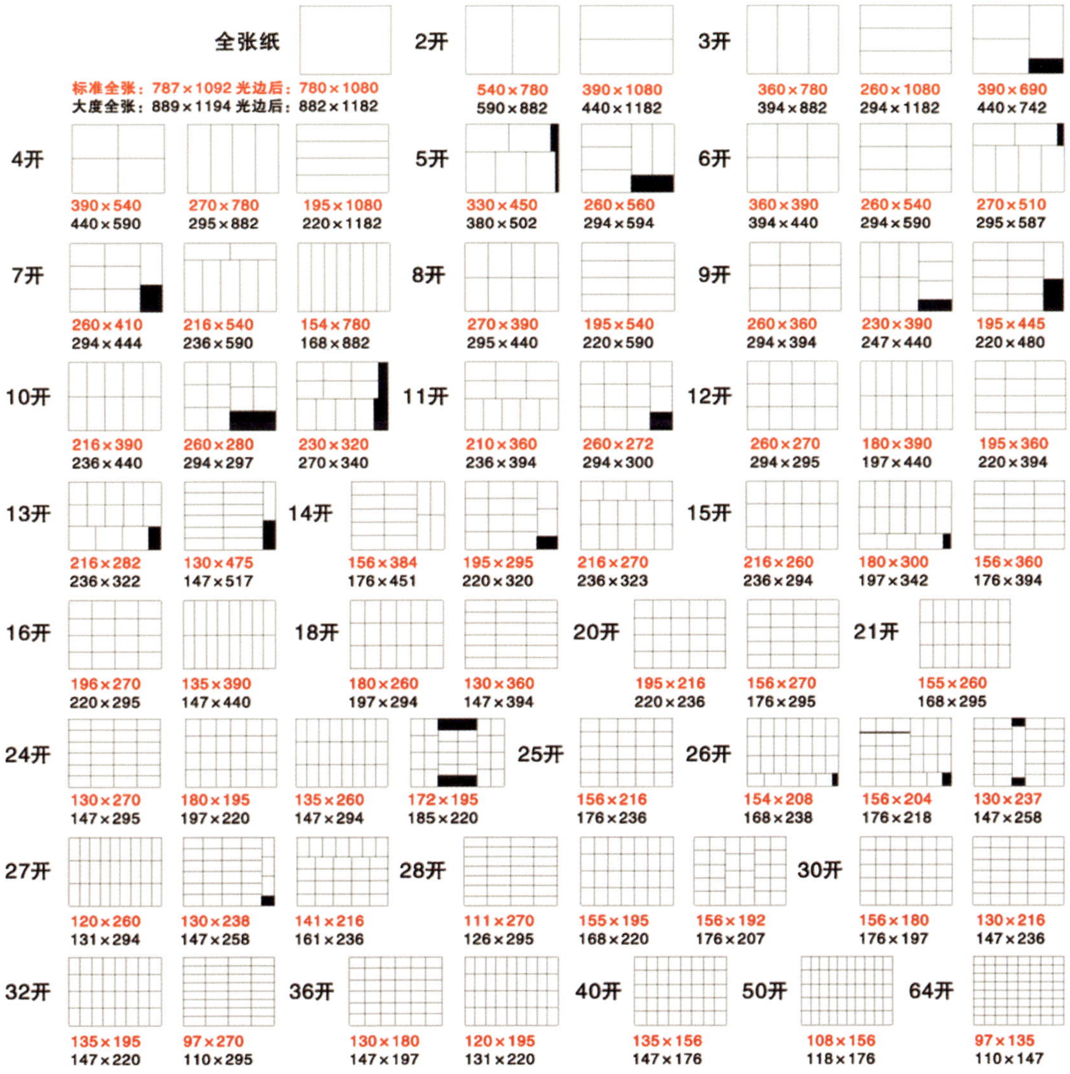

**全张纸**

标准全张：787×1092 光边后：780×1080
大度全张：889×1194 光边后：882×1182

**2开**

- 540×780 / 590×882
- 390×1080 / 440×1182

**3开**

- 360×780 / 394×882
- 260×1080 / 294×1182
- 390×690 / 440×742

**4开**

- 390×540 / 440×590
- 270×780 / 295×882
- 195×1080 / 220×1182

**5开**

- 330×450 / 380×502
- 260×560 / 294×594

**6开**

- 360×390 / 394×440
- 260×540 / 294×590
- 270×510 / 295×587

**7开**

- 260×410 / 294×444
- 216×540 / 236×590
- 154×780 / 168×882

**8开**

- 270×390 / 295×440
- 195×540 / 220×590

**9开**

- 260×360 / 294×394
- 230×390 / 247×440
- 195×445 / 220×480

**10开**

- 216×390 / 236×440
- 260×280 / 294×297
- 230×320 / 270×340

**11开**

- 210×360 / 236×394
- 260×272 / 294×300

**12开**

- 260×270 / 294×295
- 180×390 / 197×440
- 195×360 / 220×394

**13开**

- 216×282 / 236×322
- 130×475 / 147×517

**14开**

- 156×384 / 176×451
- 195×295 / 220×320
- 216×270 / 236×323

**15开**

- 216×260 / 236×294
- 180×300 / 197×342
- 156×360 / 176×394

**16开**

- 196×270 / 220×295
- 135×390 / 147×440

**18开**

- 180×260 / 197×294
- 130×360 / 147×394

**20开**

- 195×216 / 220×236
- 156×270 / 176×295

**21开**

- 155×260 / 168×295

**24开**

- 130×270 / 147×295
- 180×195 / 197×220
- 135×260 / 147×294
- 172×195 / 185×220

**25开**

- 156×216 / 176×236

**26开**

- 154×208 / 168×238
- 156×204 / 176×218
- 130×237 / 147×258

**27开**

- 120×260 / 131×294
- 130×238 / 147×258
- 141×216 / 161×236

**28开**

- 111×270 / 126×295
- 155×195 / 168×220
- 156×192 / 176×207

**30开**

- 156×180 / 176×197
- 130×216 / 147×236

**32开**

- 135×195 / 147×220
- 97×270 / 110×295

**36开**

- 130×180 / 147×197
- 120×195 / 131×220

**40开**

- 135×156 / 147×176

**50开**

- 108×156 / 118×176

**64开**

- 97×135 / 110×147

## （二）图书开本尺寸

787×1092 规格　16 开：185×260　32 开：130×184　64 开：90×130
889×1194 规格　16 开：210×285　32 开：142×210　64 开：102×140

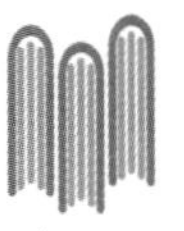



## 2. 常用纸张规格、开本及成品尺寸一览表

单位：mm×mm

| 规格 \ 成品尺寸 \ 开数 | 8K | 12K | 16K | 20K | 24K | 32K | 48K | 64K | 备注 |
|---|---|---|---|---|---|---|---|---|---|
| 635×940 | 225×298 | 200×235 | 150×215 | | | | | | |
| 720×1010 | 240×485 | | 170×240 | | | 114×165 | | | |
| 787×1092 | 260×380 | 250×260 | 184×260 | 180×205 | 170×180 | 130×184 | 115×120 | 90×130 | |
| 850×1168 | 280×410 | 280×270 | 202×280 | 202×222 | 184×202 | 140×202 | 130×136 | 92×130 | |
| 880×1230 | 295×425 | 295×290 | 210×295 | 210×232 | 194×210 | 146×208 | 135×142 | 95×136 | |
| 889×1194 | 285×430 | 288×284 | 210×285 | 212×228 | 190×212 | 142×210 | 138×138 | 102×140 | |
| 890×1260 | 305×430 | 305×286 | 210×297 | 212×240 | 200×212 | 148×210 | 138×145 | 100×140 | |

# 3. 常用纸张标准令重、每吨令数换算表

| 定量 g/m² | 787mm×1092mm | | 787mm×1194mm | | 850mm×1168mm | | 889mm×1194mm | | 880mm×1230mm | |
|---|---|---|---|---|---|---|---|---|---|---|
| | 标准令重 kg/令 | 折算令数 令/吨 | 标准令重 kg/令 | 折算令数 令/吨 | 标准令重 kg/令 | 折算令数 令/吨 | 标准令重 kg/令 | 折算令数 令/吨 | 标准令重 kg/令 | 折算令数 令/吨 |
| | $k1=0.4297$ | | $k2=0.4898$ | | $k3=0.4964$ | | $k4=0.5307$ | | $k5=0.5412$ | |
| 17 | 7.3 | 136.988 | 8 | 125 | 8.4 | 119.048 | 9 | 111.11 | 9.2 | 108.696 |
| 28 | 12 | 83.333 | 13.2 | 75.758 | 13 | 71.942 | 14.9 | 67.114 | 15.2 | 65.78 |
| 30 | 12.9 | 77.519 | 14.1 | 70.922 | 14.9 | 67.114 | 15.9 | 62.803 | 16.2 | 61.728 |
| 32 | 13.8 | 72.464 | 15 | 66.667 | 15.9 | 62.893 | 17 | 58.824 | 17.3 | 57.803 |
| 35 | 15 | 66.667 | 16.4 | 60.876 | 17.4 | 57.471 | 18.6 | 53.763 | 18.9 | 52.91 |
| 40 | 17.2 | 58.14 | 18.8 | 53.191 | 19.9 | 50.251 | 21.2 | 47.17 | 21.6 | 46.296 |
| 48.8 | 21 | 47.61 | 22.9 | 43.008 | 24.2 | 41.322 | 25.9 | 38.81 | 20.4 | 37.879 |
| 49 | 21.1 | 47.393 | 23 | 43.478 | 24.3 | 41.152 | 20 | 38.402 | 20.5 | 37.73 |
| 51 | 21.9 | 45.662 | 24 | 41.667 | 25.3 | 39.526 | 27.1 | 36.9 | 27.6 | 36.232 |
| 52 | 22.3 | 44.843 | 24.4 | 40.984 | 25.8 | 38.76 | 27.6 | 36.232 | 28.1 | 35.587 |
| 55 | 23.6 | 42.373 | 25.8 | 38.78 | 27.3 | 36.63 | 29.2 | 34.247 | 29.8 | 33.557 |
| 60 | 25.8 | 38.78 | 28.2 | 35.461 | 29.8 | 33.557 | 31.8 | 31.447 | 32.5 | 30.769 |
| 65 | 27.9 | 35.842 | 30.5 | 32.787 | 32.3 | 30.96 | 34.5 | 28.986 | 35.2 | 28.409 |
| 70 | 30.1 | 33.223 | 32 | 30.395 | 34.7 | 28.818 | 37.1 | 26.954 | 37.9 | 26.385 |
| 80 | 34.4 | 29.07 | 37.6 | 26.596 | 39.7 | 25.189 | 42.5 | 23.529 | 43.3 | 23.095 |
| 85 | 30.5 | 27.397 | 39.9 | 25.063 | 42.2 | 23.697 | 45.1 | 22.173 | 46 | 21.739 |
| 90 | 38.7 | 25.84 | 42.3 | 23.641 | 44.7 | 22.371 | 47.8 | 20.921 | 48.7 | 20.534 |
| 100 | 43 | 23.25 | 47 | 21.277 | 49.6 | 20.161 | 53.1 | 18.832 | 54.1 | 18.484 |
| 115 | 49.4 | 20.243 | 54 | 18.519 | 57.1 | 17.513 | 61 | 16.393 | 62.2 | 16.077 |
| 120 | 51.6 | 19.38 | 56.4 | 17.73 | 59.6 | 10.779 | 63.7 | 15.699 | 64.9 | 15.408 |
| 128 | 55 | 18.182 | 80.1 | 16.63 | 63.5 | 15.748 | 67.9 | 14.728 | 69.3 | 14.43 |
| 130 | 55.9 | 17.889 | 61.1 | 16.367 | 64.5 | 15.504 | 69 | 14.493 | 70.4 | 14.205 |
| 140 | 60.2 | 16.611 | 65.8 | 15.198 | 69.5 | 14.388 | 74.3 | 13.459 | 75.8 | 13.193 |
| 150 | 64.5 | 15.504 | 70.5 | 14.184 | 74.5 | 13.423 | 79.6 | 12.536 | 81.2 | 12.315 |
| 157 | 67.5 | 14.815 | 73.8 | 13.55 | 77.9 | 12.837 | 83.3 | 12.005 | 85 | 11.765 |
| 180 | 77.3 | 12.937 | 84.6 | 11.82 | 89.4 | 11.186 | 95.5 | 10.471 | 97.4 | 10.267 |
| 200 | 85.9 | 11.641 | 94 | 10.638 | 99.3 | 10.07 | 100.1 | 9.425 | 108.2 | 9.242 |

续表

| 定量 g/m² | 787mm×1092mm | | 787mm×1194mm | | 850mm×1168mm | | 889mm×1194mm | | 880mm×1230mm | |
|---|---|---|---|---|---|---|---|---|---|---|
| | 标准令重 kg/令 | 折算令数 令/吨 | 标准令重 kg/令 | 折算令数 令/吨 | 标准令重 kg/令 | 折算令数 令/吨 | 标准令重 kg/令 | 折算令数 令/吨 | 标准令重 kg/令 | 折算令数 令/吨 |
| | $k1=0.4297$ | | $k2=0.4898$ | | $k3=0.4964$ | | $k4=0.5307$ | | $k5=0.5412$ | |
| 230 | 98.8 | 10.121 | 108.1 | 9.251 | 114.2 | 8.757 | 122.1 | 8.19 | 124.5 | 8.032 |
| 240 | 103.1 | 9.699 | 112.8 | 8.865 | 119.1 | 8.396 | 127.4 | 7.849 | 129.9 | 7.698 |
| 250 | 107.4 | 9.311 | 117.5 | 8.511 | 124.1 | 8.058 | 132.7 | 7.536 | 135.3 | 7.391 |
| 256 | 110 | 9.091 | 120.3 | 8.313 | 127.1 | 7.868 | 135.9 | 7.358 | 138.5 | 7.22 |
| 260 | 111.7 | 8.953 | 122.1 | 8.19 | 120.1 | 7.746 | 138 | 7.246 | 140.7 | 7.107 |
| 270 | 116 | 8.621 | 126.8 | 7.886 | 134 | 7.463 | 143.3 | 6.978 | 146.1 | 6.845 |
| 280 | 120.3 | 8.313 | 131.5 | 7.605 | 139 | 7.194 | 148.6 | 6.729 | 151.5 | 6.601 |
| 290 | 124.6 | 8.026 | 136.2 | 7.342 | 144 | 6.944 | 153.9 | 6.498 | 156.9 | 6.373 |
| 300 | 128 | 7.758 | 140.9 | 7.097 | 148.9 | 6.716 | 159.2 | 6.281 | 162.4 | 6.158 |
| 350 | 150.4 | 6.649 | 164.4 | 6.083 | 173.7 | 5.757 | 185.7 | 5.385 | 189.4 | 5.28 |
| 400 | 171.9 | 5.817 | 187.9 | 5.322 | 108.6 | 5.035 | 212.3 | 4.71 | 216.5 | 4.619 |

**1. 折算令重（kg/令）**

（1）计算公式：

令重 $A$（kg/令）=纸张定量 $W$（g/m²）×纸张长度 $L$（m）×纸张宽度 $w$（m）/2

（2）计算公式简式：$A=(W\cdot L\cdot w)/2$

（3）计算结果保留位数：保留一位小数

（4）计算示例：求定量为80g/m²，规格为787mm×1092mm 纸张的令重。

$A=(W\cdot L\cdot w)/2$

$=80\times0.787\times1.092/2$

$=34.4$ kg/令

**2. 折算令数（令/吨）**（1）计算公式：令数（令/吨）=1000÷每令纸的重量

（2）计算结果保留位数：保留三位小数

（3）计算示例：

已知令重为34.4 kg/令，求定量为80g/m²，规格为787mm×1092mm 纸张的令数。

$=1000\div34.4$ kg/令

$=29.069$ 令/吨

**3. $K$ 的计算方法**

由 $A=K\cdot W$，得：$K=A/W$

由 $A=(W\cdot L\cdot w)/2$，带入上式，得：

$K=(L\cdot w)/2$（即，$K$ 等于纸张的长（m）乘宽（m）除2）

# 参考文献

[1] 龚萍等．实用出版印刷工艺指南［M］．昆明：云南科技出版社，2003.

[2] 金银河．实用包装印后加工技术指南［M］．北京：印刷工业出版社，2006.

[3] 王淮珠．无线胶粘订工艺技术手册［M］．北京：印刷工业出版社，2005.

[4] 王淮珠．精、平装工艺及材料［M］．北京：印刷工业出版社，2005.

[5] 许文才，智川．特种印刷技术问答［M］．北京：化学工业出版社，2008.

[6] 伍秋涛．软包装质量检测技术［M］．北京：印刷工业出版社，2009.

[7] 张改梅．纸盒和纸袋印刷 300 问［M］．北京：化学工业出版社，2005.

[8] 马若丹．印刷工艺与计价（第二版）［M］．北京：印刷工业出版社，2011.

[9] Nelson R. Eldred. 包装印刷［M］．赵志强，陈虹，陈媛媛译．北京：印刷工业出版社，2010.

[10] 印刷工业出版社编辑部．烟酒包装设计及生产技术［M］．北京：印刷工业出版社，2011.

[11] 金银河．印刷工艺［M］．北京：中国轻工业出版社，2013.

[12] 赵伟立．印刷品质量检测［M］．北京：化学工业出版社，2008.

[13] 何晓辉．印刷质量检测与控制［M］．北京：中国轻工业出版社，2011.

[14] 何晓辉，孟婕，赵艳东．印刷质量控制与检测［M］．北京：印刷工业出版社，2008.

[15] 全国印刷标准化技术委员会．常用印刷标准解读［M］．北京：印刷工业出版社，2011.

[16] 郑元林．印刷品质量检测与控制技术［M］．北京：化学工业出版社，2010.

[17] 杨祖彬，戴宏民．绿色包装印刷工艺及材料［M］．北京：印刷工业出版社，2009.

[18] 张朴，侯云汉．印刷工艺［M］．武汉：华中师范大学出版社，2011.

[19] 全国印刷标准化技术委员会，中国标准出版社第四编辑部．常用印刷标准汇编［M］．北京：中国标准出版社，2009.

[20] 齐晓堃，周文华，杨永刚．印刷材料及适性［M］．北京：印刷工业出版社，2014.

[21] 齐晓堃．印刷工艺学［M］．北京：中国轻工业出版社，2012.

[22] 陈世军．印刷品质量检测与控制［M］．北京：印刷工业出版社，2008.

[23] 潘松年．包装工艺学（第四版）[M]．北京：印刷工业出版社，2014.

[24] 余成发，董娟娟．产品包装检测与评价 [M]．北京：印刷工业出版社，2012.

[25] 王淮珠．印后加工中 PUR 胶的技术详解及其应用与发展 [J]．印刷技术，2009（7）．

[26] 张涛．不同印刷载体对商品条码印刷质量的影响 [EB/OL]．（2015－03－02）[2015－11－18]．http：//www. cqn. com. cn/news/zjpd/wpbm/zxdt/1010267. html